Wohnungslüftung – frei und ventilatorgestützt

Jetzt diesen Titel zusätzlich als E-Book downloaden und 70 % sparen!

Als Käufer dieses Buchtitels haben Sie Anspruch auf ein besonderes Kombi-Angebot: Sie können den Titel zusätzlich zum Ihnen vorliegenden gedruckten Exemplar für nur 30 % des Normalpreises als E-Book beziehen.

Der BESONDERE VORTEIL: Im E-Book recherchieren Sie in Sekundenschnelle die gewünschten Themen und Textpassagen. Denn die E-Book-Variante ist mit einer komfortablen Volltextsuche ausgestattet!

Deshalb: Zögern Sie nicht. Laden Sie sich am besten gleich Ihre persönliche E-Book-Ausgabe dieses Titels herunter.

In 3 einfachen Schritten zum E-Book:

1. Rufen Sie die Website **www.beuth.de/e-book** auf.

2. Geben Sie hier Ihren persönlichen, nur einmal verwendbaren E-Book-Code ein:

   29466D46BAK98D5

3. Klicken Sie das „Download-Feld“ an und gehen dann weiter zum Warenkorb. Führen Sie den normalen Bestellprozess aus.

Hinweis: Der E-Book-Code wurde individuell für Sie als Erwerber dieses Buches erzeugt und darf nicht an Dritte weitergegeben werden. Mit Zurückziehung dieses Buches wird auch der damit verbundene E-Book-Code für den Download ungültig.

Wohnungslüftung – frei und ventilatorgestützt

Dipl.-Ing. Ehrenfried Heinz

mit Beiträgen von
Prof. Dr.-Ing. Thomas Hartmann
(in den Abschnitten 2, 3, 7 und 9) und
Dipl.-Ing. (FH) Dirk Borrmann
(im Abschnitt 8)

Wohnungslüftung – frei und ventilatorgestützt

Anforderungen, Grundlagen, Maßnahmen, Normenanwendung

4., aktualisierte und
erweiterte Auflage

Herausgeber:
DIN Deutsches Institut für Normung e. V.

Beuth Verlag GmbH · Berlin · Wien · Zürich

Herausgeber: DIN Deutsches Institut für Normung e. V.

Berlin · Wien · Zürich
Saatwinkler Damm 42/43
13627 Berlin

Telefon: +49 30 2601-0
Telefax: +49 30 2601-1260
Internet: www.beuth.de
E-Mail: kundenservice@beuth.de

Titelbild: Aleks Kend, Nutzung unter Lizenz von adobestock.com

Satz: Beuth Verlag GmbH, Berlin

Druck: L&C, Krakow

Gedruckt auf säurefreiem, alterungsbeständigem Papier nach DIN EN ISO 9706

ISBN 978-3-410-29466-5
ISBN (E-Book) 978-3-410-29467-2

Autorenporträts

Dipl.-Ing. Ehrenfried Heinz

1960 bis 1966 Studium an der Technischen Universität Dresden, Fakultät Maschinenwesen, Fachrichtungen Wärmetechnik sowie Heizungs- und Lüftungstechnik

1966 bis 1991 in der außeruniversitären praxisorientierten Forschung Wissenschaftlicher Mitarbeiter und Themenleiter auf den Gebieten Heizungs-, Lüftungs- und Klimatechnik bei der Bauakademie der DDR in Berlin; von 1975 bis 1990 zusätzlich fachliche Zuständigkeit für die TGL 34700, Blätter 1–4, „Wohnungslüftung“

1992 – ab Gründung des Instituts für Erhaltung und Modernisierung von Bauwerken e. V. (IEMB) an der TU Berlin – bis 2005 Leitung des Referats Technische Gebäudeausrüstung, ab 1996 zusätzlich Stellv. Leiter der Abt. Energieeinsparung und Emissionsminderung/Bauphysik

Seit 2006 unter „HEINZ Lüftung+Feuchteschutz; Beratung, Schulung, Gutachten“ freiberuflich tätig

Seit 1989 Mitarbeit in diversen Arbeitsausschüssen sowie Arbeits- und Redaktions-kreisen von NHRS und NABau bei DIN e. V. – ab Juni 2002 zeitweilige Federführung bei der Neubearbeitung von DIN 1946-6:2009 „Lüftung von Wohnungen“, aktuell auch weiterhin aktiv an der Bearbeitung dieser Norm beteiligt

2001 bis 2009 Bestellter Lüftungs-Sachverständiger (A) beim DIBt Berlin

Mitglied im Bundesverband für Wohnungslüftung (VfW) e. V. und im Fachverband Luftdichtheit im Bauwesen (FliB) e. V. – von 2002 bis 2014 zusätzlich Beisitzer im Vorstand

Mitglied im Herausgeberbeirat der Zeitschrift Moderne Gebäudetechnik, HUSS-MEDIEN GmbH, Berlin

Seit 1966 zahlreiche Veröffentlichungen in Fachzeitschriften, Broschüren und im Rahmen von Fachbüchern sowie umfangreiche Vortrags- und Seminartätigkeit

Prof. Dr.-Ing. Thomas Hartmann

Jahrgang 1967, studierte Maschinenbau an der TU Dresden

1993 bis 1995 Mitarbeit in einer Planungs- und Ausführungsfirma für Haustechnik

1995 bis 2001 wissenschaftlicher Mitarbeiter des Instituts für Thermodynamik und Technische Gebäudeausrüstung der TU Dresden

2001 Promotion zum Thema „Bedarfsgeregelte Wohnungslüftung“

2002 bis 2004 Gruppenleiter „Lüftungstechnik“ am Institut für Thermodynamik und Technische Gebäudeausrüstung der TU Dresden

Seit 2004 Tätigkeit als Geschäftsführer am ITG – Institut für Technische Gebäudeausrüstung Dresden Forschung und Anwendung GmbH

Mitarbeit in nationalen und internationalen Normungsvorhaben und -ausschüssen (DIN NHRS, DIN NABau, CEN/TC 156, Sachverständigenausschuss Lüftung beim DIBt, u. a. Auslegung von Lüftungsanlagen, energetische Bilanzierung im Rahmen der EnEV und EPBD)

Zahlreiche Vorträge und Veröffentlichungen in Fachzeitschriften auf dem Gebiet der TGA

Honorarprofessor für Kälte- und Klimatechnik an der HTWK Leipzig (FH) und Lehrtätigkeit in der Weiterbildung u. a. bei EIPOS Dresden, ZUB Kassel und für die Architektenkammer Sachsen

Dipl.-Ing. (FH) Dirk Borrmann

Geschäftsfeldleiter Elektro- und Gebäudetechnik bei der TÜV Rheinland Industrie Service GmbH

Prüfsachverständiger für technische Anlagen

Herr Borrmann ist bei der TÜV Rheinland Industrie Service GmbH als Geschäftsfeldleiter der Elektro- und Gebäudetechnik in der Region Berlin-Brandenburg tätig. In seiner Funktion obliegt ihm die operative Leitung und die strategische Geschäftsentwicklung.

Er engagiert sich ehrenamtlich als Vorstandsmitglied der Gesundheitstechnischen Gesellschaft (GG), ist Mitglied im VDI, in der Brandenburgischen

Ingenieurkammer (BBIK), in der Arbeitsgemeinschaft Betrieblicher Brandschutz Berlin (AGBB), in der Arbeitsgemeinschaft Schadenverhütung (AGS) und arbeitet in den Richtlinienausschüssen der VDI 6010 und der VDI 3819 mit.

Darüber hinaus ist Herr Bormann Dozent für Brandschutz bei der Beuth Hochschule für Technik Berlin und hat als Autor an Fachartikeln und Fachbüchern mitgewirkt.

Vorwort zur 4. Auflage

Die nachstehenden Vorworte zur 1. bis 3. Auflage sind grundsätzlich weiterhin aktuell. Eine erneute Überarbeitung dieses Buches war vor allem der seit Erscheinen der 1. Auflage umfangreichsten Aktualisierung und Erweiterung der fachbezogenen europäischen und nationalen technischen Regelwerke und Rechtsvorschriften geschuldet.

Die Notwendigkeit einer 4. Auflage wird dabei aber auch von den europäischen und nationalen Festlegungen über energetische Anforderungen (auch) an (Wohn-)Gebäude unterstrichen. Am 18. Juni 2020 hat der Bundestag hierzu das GebäudeEnergieGesetz (GEG) verabschiedet. Nach Unterrichtung des Bundesrats und Unterzeichnung durch den Bundespräsidenten ist das Gesetz am 01.11.2020 in Kraft getreten. Die bewährte Gliederung wurde dabei im Wesentlichen beibehalten.

Grundlage für die adäquate Planung, Ausführung und Instandhaltung funktionssicherer Lüftungstechnik ist weiterhin die 2019 erneut komplett überarbeitete DIN 1946-6 *Lüftung von Wohnungen*, die auch in dieser 4. Auflage einen Schwerpunkt der Ausführungen bildet. Dabei ist besonders erwähnenswert, dass mit ihr nicht mehr nur Systeme der freien und ventilatorgestützten Lüftung, sondern auch Mischformen aus beiden ausführlich als sogenannte *Kombinierte Lüftungssysteme* behandelt werden. Hierbei spielt auch der zunehmende Einsatz von dezentralen Systemen eine Rolle. Neu ist, dass der Einfluss der Infiltration auf die Planung des Außenluftvolumenstroms deutlich eingeschränkt wurde. In Verbindung mit der häufig vernachlässigten Instandhaltung der Lüftungstechnik für Wohnungen wird darauf hingewiesen, dass im neuen Schornsteinfeger-Handwerksgesetz festgestellt wird, dass *„das Bundesministerium für Wirtschaft und Energie ermächtigt wird, ... durch Rechtsverordnung zu bestimmen, welche ... Lüftungsanlagen oder sonstigen Einrichtungen (Anlagen) in welchen Zeiträumen gereinigt oder überprüft werden müssen“*.

Die entsprechende Änderung der Auslegung von außenfensterlosen Bäder- und Toilettenraum-Lüftungen nach DIN 18017-3 ist folgerichtig ebenfalls Gegenstand dieses Buches. Auch der Unterabschnitt zur *Feuchte-* und *Schimmelpilz*-Problematik bei *sommerlicher Kellerlüftung* ist – neben den Hinweisen in einem neuen ausführlichen Anhang in DIN 1946-6 – ergänzt worden. Das gilt auch für die diesbezüglichen Probleme in Verbindung mit der Radonfreisetzung in Kellerräumen gefährdeter Regionen in Deutschland. Sie haben ihren Niederschlag auch im aktuellen Entwurf der diesbezüglichen DIN-Norm 18117-1 *Bauliche und lüftungstechnische Maßnahmen zum Radonschutz* gefunden.

Auch für die 4. Auflage wurde wiederum auf fachkundige Hilfe zurückgegriffen. An erster Stelle sei hier Herr Prof. Dr.-Ing. Thomas Hartmann genannt, der sich noch umfangreicher als bei der 3. Auflage eingebracht hat. Seine Aktualisierungen bzw. Ergänzungen finden sich vor allem in den Unterabschnitten 2.5 „Technische Regelwerke und Rechtsvorschriften“, 3.4 „Kombinierte Lüftungssysteme“, 7.5 „Berechnung des Jahres-Primärenergiebedarfs im Gebäudeenergiegesetz (GEG) und 7.6 „Labeling/Ecodesign“, 9.3.2 „Wahl des Lüftungssystems“ und 9.3.3 „Festlegung (Außen-) Luftvolumenströme“, 9.4.5 „Kombinierte Lüftung“ sowie 9.5.2 „Lüftung von Kellerräumen“ wieder. Besonderer Dank gebührt außerdem auch Herrn Dipl.-Ing. (FH) Dirk Borrmann, der wieder den Unterabschnitt 8.3 „Brandschutz“ nicht nur komplett überarbeitet, sondern auch erweitert und damit auf den aktuellsten Stand gebracht hat.

Abschließend ebenfalls ein herzliches Dankeschön an Frau Katharina Förster vom Beuth Verlag, die mit verständnisvoller Geduld um eine fristgerechte Fertigstellung des Gesamtwerkes bemüht war. Unser Dank gilt in nicht minderem Maße auch für Frau Kathrin Bandow, die mit großem Engagement die Endredaktion übernommen und zu einem erfolgreichen Abschluss geführt hat.

Hoppegarten, November 2020/Februar 2021 i. A. Ehrenfried Heinz

Postskript:

Liebe Leserin, lieber Leser,

gestatten Sie mir an dieser Stelle ganz zum Schluss in Verbindung mit dem Thema Lüftung auch noch einige Anmerkungen zur hochaktuellen Pandemiesituation während der Überarbeitung des vorliegenden Buches. Auch wenn die dafür zu treffenden lüftungstechnischen Vorbeugemaßnahmen nicht vordergründig für (Wohn-)Räume gedacht waren bzw. sind.

Unter dem Schlagwort AHA (1 Abstand halten, 2 Hygienemaßnahmen beachten, 3 Atemschutzmaske tragen) wurden wesentliche Verhaltensmaßregeln einprägsam zusammengefasst. Aus Sicht des Lüftungsfachmannes fehlten dabei anfänglich lediglich noch Hinweise zur jeweiligen Lüftungssituation, die das Verständnis für entsprechend notwendige Maßnahmen rechtzeitig vertieft hätten.

Bis zum endgültigen Redaktionsschluss im Februar 2021 wurde immer noch ein fixer Abstand von ca. 1,50 (... 2) Meter als ausreichend eingestuft, um die Infektionsgefahr hinreichend minimieren zu können. Dabei spielt(e) es keine

Rolle, ob der Aufenthalt im Freien oder in einem geschlossenen Raum stattfindet. Offensichtlich ist für die Abstandsregelung ursprünglich lediglich die Unterbindung einer Tröpfcheninfektion ins Kalkül gezogen worden. Bezieht man aber die über Aerosole („*Gase, besonders* (Atem-)*Luft, die feste*, z. B. Viren, *oder flüssige Stoffe in feinstverteilter Form enthalten*" – nach Duden, 27. Auflage 2017) drohende Gefahr mit ein, ist ein festgeschriebener Abstand zumindest diskussionswürdig. Im Freien könnten bei entsprechend günstiger Witterung (merkliche Luftbewegung) und lautlosem Verhalten der Personen (Verweilen oder normale Fortbewegung) auch Abstände von weniger als 1,50 Meter ausreichend sein. Anders stellt es sich in kleineren geschlossenen Räumen ohne entsprechende Lüftungsmaßnahmen (z. B. in öffentlichen Verkehrsmitteln, Gaststätten, aber auch in Klassenzimmern und Warteräumen von Arztpraxen!) dar. Bei hinreichend hoher Personenbelegung dürften hier auch Abstände von mehreren Metern nicht immer ausreichen. Ursache ist der nicht gewährleistete unmittelbare Abtransport der belasteten Luft durch stetigen Luftwechsel in Form von gleichzeitiger Außenluftzufuhr und Abluftabführung. Dieses Problem verstärkt sich noch, wenn die anwesenden Personen keine oder nur den Mund bedeckende Atemschutzmasken tragen.

Aus Sicht des Lüftungstechnikers war und ist es deshalb unter den Bedingungen einer Pandemie angeraten, in geschlossenen Räumen (gemäß auch den Empfehlungen und diesbezüglichen Regeln zur Wohnungslüftung) immer für ausreichende Lüftung zu sorgen. Darunter ist sowohl die gewährleistete Zuführung von Außenluft (auch häufig als Frischluft bezeichnet, obwohl diese in immer weniger Regionen so genannt werden kann) als auch die Abführung (u. U. mit Viren) belasteter Raumluft zu verstehen. Nur wenn das gewährleistet ist, macht die eingeführte Abstandsregel auch in geschlossenen Räumen wirklich Sinn.

Letztendlich ergibt sich in diesem Zusammenhang doch noch eine direkte Verbindung zur Wohnungslüftung. Sollte in Pandemiezeiten z. B. einmal unerwarteter Besuch vor Ihrer Tür stehen, der in die Wohnung gebeten werden soll, sind Sie mit einer funktionierenden nutzerunabhängigen Lüftung vor einer eventuell möglichen Infektion besser geschützt als ohne eine solche.

Vorwort 3. Auflage

Die nachstehenden Vorworte zur 1. und zur 2. Auflage sind überwiegend weiterhin aktuell. Die Notwendigkeit der Überarbeitung der 2. Auflage mit dem Wissensstand von 2010 resultierte vorrangig aus der Aktualisierung und Erweiterung der fachbezogenen europäischen und nationalen technischen Regelwerke und Rechtsvorschriften.

Die Bedeutung der 3. Auflage wird dabei nach wie vor auch von den europäischen und nationalen Festlegungen über energetische Anforderungen (auch) an (Wohn-)Gebäude unterstrichen. Die Neufassung der „Richtlinie über die Gesamtenergieeffizienz von Gebäuden“ vom 18. Mai 2010 durch das EU-Parlament verpflichtete alle Mitgliedstaaten auch weiterhin, ab 2021 nur noch Niedrigst-Energiegebäude zu errichten.

Im daraus resultierenden „Energiekonzept“ der BR Deutschland „für eine umweltschonende, zuverlässige und bezahlbare Energieversorgung“ vom 28. September 2010 hieß es dazu im Abschnitt *„Modernisierungsoffensive für Gebäude“:*

„Mit der Novelle der EnEV 2012 wird das Niveau ‚klimaneutrales Gebäude‘ für Neubauten bis 2020 auf der Basis von primärenergetischen Kennwerten eingeführt. Der daran ausgerichtete Sanierungsfahrplan für Gebäude im Bestand beginnt 2020 und führt bis 2050 stufenweise auf ein Zielniveau einer Minderung des Primärenergiebedarfs um 80 Prozent . ... Der Standard für 2020 wird vergleichsweise moderat gewählt, so dass zunächst nur die energetisch schlechtesten Gebäude betroffen sind, die in der Regel auch bauphysikalisch saniert werden müssen. Bei der Sanierung haben die Eigentümer die Wahl zwischen Maßnahmen an der Gebäudehülle, der Verbesserung der Anlagentechnik oder dem Einsatz erneuerbarer Energien. ... .“

Grundlage für die adäquate Planung, Ausführung und Instandhaltung funktionssicherer Lüftungstechnik ist in der gegenwärtigen Phase noch immer die 2009 erstmalig komplett überarbeitete DIN 1946-6 „Lüftung von Wohnungen“, die weiterhin einen Schwerpunkt der Ausführungen auch in dieser 3. Auflage bildet.

Neben der 2014 begonnenen Fortschreibung von DIN 1946-6 und der Erarbeitung diverser Beiblätter sowie vielen weiteren nationalen und europäischen technischen Regelwerken (z. B. EN 16798 und Ökodesign-Label) wurden neben der Energie-Einspar-Verordnung 2014 (EnEV 2014) bei gleichzeitiger Ankündigung erhöhter Anforderungen ab 2016 auch noch weitere Rechtsvorschriften aktualisiert.

Zur Feuchte- und Schimmelpilz-Problematik einschließlich ihrer Ursachenbestimmung und Vermeidung wurden die Hinweise zur sommerlichen Kellerlüftung auch um die mit der Lüftung verbundene Radon-Problematik ergänzt und erweitert.

Auch für die 3. Auflage wurde wieder auf fachkundige Hilfe zurückgegriffen. An erster Stelle sei diesbezüglich auf den Einstieg von Herrn Prof. Dr.-Ing. Thomas Hartmann als Koautor dieses Buches hingewiesen. Seine Aktualisierungen bzw. Ergänzungen finden sich in den Unterabschnitten 2.5 „Technische Regelwerke und Rechtsvorschriften", 7.5 „Ventilatorgestützte Lüftung in der EnEV" zzgl. 7.6 „Labeling/Ecodesign", 9.3.3 „Festlegung (Außen-) Luftvolumenströme" und 9.5.2 „Lüftung von Kellerräumen".

Besonderer Dank gebührt wiederum auch Herrn Dipl.-Ing. (FH) Dirk Borrmann, der den Unterabschnitt 8.3 „Brandschutz" nicht nur komplett überarbeitet, sondern auch erweitert und damit auf den aktuellsten Stand gebracht hat.

Abschließend aber auch noch ein herzliches Dankeschön an Frau Gisela Renner, die die meisten bildlichen Darstellungen aktualisiert, und an Frau Norma Müller vom Beuth Verlag, die sich mit großer Sorgfalt und Geduld um die fristgerechte Fertigstellung des Gesamtwerkes bemüht hat.

Hoppegarten/Dresden, im Oktober 2015

Ehrenfried Heinz/Thomas Hartmann

Vorwort 2. Auflage

Welche Art der Wohnungslüftung ist für welche Anforderungen geeignet? Wann genügt noch freie Lüftung, wann ist eine ventilatorgestützte Lösung notwendig? Dieses Buch – eine vollständig überarbeitete und erweiterte Fassung der 1. Auflage – gibt hierauf und auf viele weitere Fragen zur Lüftungs-, Feuchte- und Schadstoffproblematik in Wohnungen und in vergleichbaren Nutzungseinheiten Antworten.

Das nachstehende Vorwort zur 1. Auflage ist überwiegend auch weiterhin aktuell. Die Notwendigkeit der umfassenden Aktualisierung (ca. ¾ des Inhalts ist neu) und Erweiterung der 1. Auflage mit dem Stand vom Jahre 2000 resultierte nicht nur aus der fortschreitenden Entwicklung des Fachwissens und der damit verbundenen Weiterentwicklung diesbezüglicher Produkte, sondern auch aus der Aktualisierung und Erweiterung der fachbezogenen europäischen und nationalen technischen Regelwerke und Rechtsvorschriften.

Die Bedeutung der 2. Auflage wird darüber hinaus auch von den europäischen und nationalen Festlegungen über energetische Anforderungen (auch) an (Wohn-)Gebäude unterstrichen. Das EU-Parlament hat diesbezüglich am 18. Mai 2010 die Neufassung der „Richtlinie über die Gesamtenergieeffizienz von Gebäuden“ verabschiedet. Alle Mitgliedstaaten sind seitdem verpflichtet, diese Richtlinie innerhalb von zwei Jahren in nationales Recht umzusetzen. Mittelfristig sind die Bauvorschriften aber schon so zu gestalten, dass ab 2021 nur noch Niedrigst-Energiegebäude errichtet werden.

Im daraus resultierenden „Energiekonzept“ der BR Deutschland *„für eine umweltschonende, zuverlässige und bezahlbare Energieversorgung“* vom 28. September 2010 heißt es dazu im Abschnitt *„Modernisierungsoffensive für Gebäude“*:

„Mit der Novelle der EnEV 2012 wird das Niveau ‚klimaneutrales Gebäude‘ für Neubauten bis 2020 auf der Basis von primärenergetischen Kennwerten eingeführt. Der daran ausgerichtete Sanierungsfahrplan für Gebäude im Bestand beginnt 2020 und führt bis 2050 stufenweise auf ein Zielniveau einer Minderung des Primärenergiebedarfs um 80 Prozent . ... Der Standard für 2020 wird vergleichsweise moderat gewählt, so dass zunächst nur die energetisch schlechtesten Gebäude betroffen sind, die in der Regel auch bauphysikalisch saniert werden müssen. Bei der Sanierung haben die Eigentümer die Wahl zwischen Maßnahmen an der Gebäudehülle, der Verbesserung der Anlagentechnik oder dem Einsatz erneuerbarer Energien. ... .“

Für die Wohnungslüftung bedeutet das, dass bzgl. *Verbesserung der Anlagentechnik* kaum noch auf lüftungstechnische Maßnahmen verzichtet werden kann, um bei aller Energieeffizienz die Erfüllung der Anforderungen an den Bautenschutz und die Raumlufthygiene nicht zu gefährden, auch wenn davon nicht immer alle Wohnungen bzw. Nutzungseinheiten betroffen sind. Und in vielen Fällen dürften die angestrebten Ziele im hochdichten Gebäude nur noch mit Systemen der ventilatorgestützten Lüftung risikofrei erreicht werden. Es ist dabei nicht ausgeschlossen, dass ihr Einsatz (zumindest) für Neubauten zwingend vorgeschrieben wird. Unter der Annahme, dass die Luftdichtheit neuer und modernisierter Gebäude gesamtheitlich im Bereich eines Luftwechsels beim (Mess-) Differenzdruck von $\Delta p = 50$ Pa im Bereich von $n_{50} < 1\ h^{-1}$ liegen wird, besitzen neben bedarfsgeführten Lüftungsanlagen bzw. -geräten Zu-/Abluftanlagen bzw. -geräte mit hocheffizienter Wärmerückgewinnung inklusive Wärmepumpeneinsatz und solarer bzw. erdreichintegrierter Luftvorwärmung in Verbindung mit einem immer energiebewussteren oder auch nur sparsameren Nutzer zunehmend größere Einsatzchancen.

Grundlage für die adäquate Planung, Ausführung und Instandhaltung funktionssicherer Lüftungstechnik ist auch schon in der gegenwärtigen Phase die 2009 erstmalig komplett überarbeitete DIN 1946-6 „Lüftung von Wohnungen“, die einen Schwerpunkt der Ausführungen auch in dieser Auflage bildet.

Neben Wiedergabe und Erläuterung der neuesten wissenschaftlichen und praxisnahen Erkenntnisse nach DIN 1946-6 und vielen weiteren nationalen und europäischen technischen Regelwerken und Rechtsvorschriften werden aber auch noch weiterhin offene Probleme bzw. Fragen angesprochen und Entwicklungs-Erfordernisse aufgezeigt.

Alle Hinweise auf Norm- und Richtlinien-Inhalte können jedoch nicht die Vorschriften selbst ersetzen. Ihre Anwendung in Planung und Ausführung erfordert in jedem Falle die Kenntnis des jeweils gesamten Inhalts. Dieser stellt darüber hinaus kein endgültiges Fixum dar. Ebenso wie die wissenschaftlichen Erkenntnisse und die Weiterentwicklung des Produktsortiments, unterliegen auch die Normfestlegungen einem ständigen Aktualisierungsprozess, den der Anwender nicht aus den Augen verlieren sollte.

Die Ausführungen zur Feuchte- und Schimmelpilz-Problematik einschließlich ihrer Ursachenbestimmung und Vermeidung wurden ergänzt und erweitert.

Eine nicht unwesentliche Ergänzung, die ihren Niederschlag bisher noch nicht in der Normung gefunden hat, stellen die Hinweise zur sommerlichen Kellerlüftung dar.

Der Abschnitt „Modernisierungsmängel in der Praxis“ berücksichtigt als „Unzulänglichkeiten in der Praxis“ nunmehr auch Probleme beim Neubau.

Von Interesse dürften ebenfalls Ergebnisse zur Nutzerakzeptanz von lüftungstechnischen Maßnahmen in Wohnungen sein, die die Ausführungen abrunden.

Auch für die 2. Auflage habe ich teilweise auf fachkundige Hilfe zurückgegriffen. An erster Stelle sei diesbezüglich wiederum ganz besonders Frau Gisela Renner für die Erarbeitung der meisten bildlichen Darstellungen sowie für die sehr zeitaufwändigen Formatierungsarbeiten gedankt. Das gilt auch für Frau Andrea Renner, die sie dabei nicht nur unterstützte, sondern beim abschließenden Korrekturlesen auch noch half, die üblichen kleinen Fehler auszumerzen. Herzlich bedanken möchte ich mich desgleichen bei den Herren Dipl.-Ing. Hans-Peter Tennhardt und Dipl.-Ing. (FH) Dirk Borrmann für die kritische Durchsicht und Ergänzung der Unterabschnitte 8.2 „Schallschutz“ und 8.3 „Brandschutz“ sowie bei den Herren Dr.-Ing. Thomas Hartmann und Dr.-Ing. Dirk Reichel für das Einverständnis zur Verwendung zahlreicher publizierter Forschungsergebnisse.

Abschließend noch ein großes Dankeschön an Frau Norma Müller und Frau Sabine Wolf vom Beuth Verlag, die im Rahmen der Übernahme des gesamten Buchverlagsprogramms „Bauwesen“ vom Verlag HUSSMedien per 1. Oktober 2010 sich nicht nur innerhalb kürzester Zeit mit dem schon so gut wie fertig gestellten Manuskript vertraut machen mussten, sondern dem Titel mit großer Anstrengung auch zur fristgemäßen Fertigstellung mitverholfen haben.

Hoppegarten, im Januar 2011 Ehrenfried Heinz

Vorwort 1. Auflage

Das Bestreben, die CO_2-Emission auch durch Reduktion des Energiebedarfs im häuslichen Bereich zu mindern, führt zu neuen bautechnischen Lösungen, die indes auch Auswirkungen auf die Wohnungslüftung haben können. Eine zunehmende Schadenshäufigkeit signalisiert umfängliche Lüftungsprobleme, die der Nutzer offensichtlich nicht mehr allein bewältigen kann. Das vorliegende Buch richtet sich deshalb in erster Linie an alle, die mit Planung, Ausführung und Instandhaltung der Lüftung in Wohnungen zu tun haben, d. h. an Architekten und planende Ingenieure; Verantwortliche von Wohnungs-Unternehmen, Bauträgern und Bauaufsichtsämtern; Bauherren und Hauskäufer; Hersteller von Lüftungskomponenten; Instandhaltungsbetriebe; Schornsteinfeger sowie an Lehrer und Studierende bzw. AusBilder und Auszubildende. Aber auch für den fachlich völlig unbelasteten Haus- bzw. Wohnungsnutzer bieten die Ausführungen die Möglichkeit, sich Hintergrundwissen anzueignen, das im Zusammenwirken mit Architekt oder Bauträger nicht nur zur Vermeidung von Schäden beitragen kann, sondern in der Nutzungsphase zusätzlich auch Vorteile hinsichtlich der Erhaltung der Funktionsfähigkeit und der Reduktion des Energiebedarfs bietet.

Dem Planenden wird kein „Rezeptbuch“ geboten, dafür findet er aber hier, aufbauend auf lüftungstechnischem Grundlagenwissen, ergänzend zu den aktuellsten Empfehlungen in (Euro-)Normen und Richtlinien umfassende Entscheidungshilfen zur Systemwahl. Dazu gehört auch die Abschätzung des zu erwartenden Heizwärme- und Elektroenergiebedarfs für ausgewählte Lösungen in Verbindung mit Überlegungen zur Vorausschau auf das den Energiebedarf stark dominierende Verhalten der Nutzer. Es wird dabei gezeigt, dass der Einbau von Ventilatoren nicht automatisch eine kontrollierte Lüftung zur Folge haben und die Installation von Zu- und Abluftanlagen mit Wärmerückgewinnung nicht zwingend zur Energieeinsparung führen muss.

Auf die Abbildung und Beschreibung von konkreten Produkten wurde in diesem Buch bewusst verzichtet. Wert wurde aber auf die Darstellung der für viele sicher noch wenig bekannten Wechselbeziehungen zwischen Lüftungstechnik, Bauwerk und Nutzer gelegt. Es wird in diesem Zusammenhang gezeigt, dass die lüftungstechnische Eignung der Wohnung für eine ausgewählte Systemlösung mittels Messung der Luftdurchlässigkeit ihrer Hüllkonstruktion nachgewiesen werden kann. Wie aus der Kenntnis der externen und internen Gebäudedichtheit auch auf die energetische und bauphysikalische Qualität des Gebäudes geschlossen werden kann, dürfte ebenfalls von Interesse sein.

Aber auch auf Verantwortung und Mitwirkung des Nutzers bei der Lösung von Lüftungsproblemen, z. B. angesichts des zunehmenden Schimmelpilzbefalls in sanierten und neuen Wohnungen, wird erstmals ausführlich eingegangen. In diesen Themenkreis fallen auch Probleme der Nutzerakzeptanz gegenüber installierter Lüftungstechnik.

Mieter, Bauherr oder Käufer müssen durch eine fachgerechte, messtechnisch untersetzte Abnahme die Gewissheit erhalten, dass sie sich auf die Realisierung der offerierten Effekte, z. B. hinsichtlich Luftqualität und Energieeffizienz, verlassen können. Weil Messungen noch immer Stiefkind der Abnahme lüftungstechnischer Maßnahmen sind, wird darauf näher eingegangen.

Gut geplante und ausgeführte Lüftungstechnik erhalten Nutzer und Bauwerk aber nur dann auch auf Dauer „gesund", wenn Bauwerk und Technik regelmäßig fachkundig inspiziert, gewartet und instand gesetzt werden; dem wurde im Abschnitt Instandhaltung Rechnung getragen.

Um in Zukunft die „Sanierung der Modernisierung" möglichst zu vermeiden, werden abschließend häufige Modernisierungsmängel von der Planung bis zur Instandhaltung aufgezeigt.

Das Buch ist auf Anregung und mit redaktioneller Unterstützung meiner Lektorin, Frau Dipl.-Ing. Barbara Roesler, entstanden. Dafür möchte ich ihr ausdrücklich danken. Ein besonders großes Dankeschön gilt Frau Gisela Renner, die nicht nur alle Zeichnungen anfertigte, sondern auch alle kniffligen Formatierungsfragen löste. Ebenfalls bedanken möchte ich mich bei Herrn Dr.-Ing. Dirk Reichel für die Überlassung diverser Diagramme zur Luftdurchlässigkeit von Gebäudehüllen aus seiner Dissertationsschrift sowie bei den nachfolgend aufgeführten Herren für die kritische Durchsicht einzelner Abschnitte: PD Dr. med. habil. Dr.-Ing. Wolfgang Bischof (1.1: Raumluftqualität und Wirkung auf den Menschen), Prof. Dr.-Ing. Klaus Fitzner (2.1.1: Raumluftqualität), Dr.-Ing. Werner Riedel (2.1.2: Raumluftfeuchte) und Dipl.-Ing. Hans-Peter Tennhardt (7.1: Schallschutz). Nicht zuletzt herzlichen Dank auch an meine Frau, die den häufigeren „Rückzug" ins Arbeitszimmer mit großem Verständnis toleriert hat.

Das vorliegende Buch wurde nach bestem Wissen und Gewissen auf der Grundlage des mir gegenwärtig bekannten wissenschaftlichen Erkenntnisstandes sowie unter strikter Wahrung des Neutralitätsprinzips erarbeitet. Weil eventuelle Irrtümer und Druckfehler jedoch nicht ausgeschlossen werden können, wird für die Richtigkeit der Aussagen, Angaben und Empfehlungen keine Haftung übernommen.

Allen Lesern wünsche ich eine fruchtbare Mehrung ihrer (Er-)Kenntnisse mit der gleichzeitigen Bitte, mich durch Anregungen zur Aktualisierung, Verbesserung und Vervollständigung des Buches zu unterstützen. Ich bin aber auch für Hinweise auf eventuelle Fehler und Unzulänglichkeiten sowie für die Übermittlung alternativer Einsichten und Erkenntnisse dankbar.

Berlin, im August 2000 Ehrenfried Heinz

Inhaltsverzeichnis

0 Begriffe

Grundlage für das Verständnis eines jeden Fachtextes sind Kenntnis und konsequente Anwendung einer einheitlichen Fachsprache. Für die Lüftungstechnik und hier speziell für die Wohnungslüftung werden alteingeführte und neue Fachbegriffe vor allem in [DIN EN 12792] sowie ergänzend in [DIN 1946-6] und [DIN 4719] definiert. Vom Beirat des DIN-Normenausschuss Heiz-und Raumlufttecnik (NHRS) wurde darüber hinaus am 19.01.2011 der neu gegründete Terminologie-Ausschuss NA 041-01-70 AA mit der Vereinheitlichung der Terminologie innerhalb des gesamten NHRS beauftragt.

Trotzdem und weil die Arbeiten im NA 041-01-70 AA bei Redaktionsschluss noch nicht abgeschlossen waren, kann es sowohl infolge Nichtkenntnis als auch durch Nichtbeachtung nach wie vor zu Missverständnissen kommen. Auch die weitere Verwendung von abweichenden Begriffs-Bezeichnungen und -Definitionen in alten und neuen DIN-Dokumenten (z. B. [DIN 18017-3], [DIN 1946-6] und [DIN EN 16798]) (Beispiele siehe Tabelle 0.1) trägt unvermeidlich zu Widersprüchen bei.

Tabelle 0.1: Beispielhafte Gegenüberstellung von „Praxis"- und aktuellen Norm-Begriffen [HEINZ19]

Praxis- bzw. veraltete Norm-Begriffe	aktuelle, mehrheitlich genormte Begriffe
bedarfsabhängige Lüftung	bedarfsgeführte Lüftung
Bedarfslüftung (DIN 1946-6:1998-10)	Intensivlüftung
Belüftung (DIN 18017-3, CEN/TR 14788)	ventilatorgestützte Lüftung (mittels Zuluft)
Dunstabzugshaube (div. Normen)	Abluft- oder Umluft-Herdhaube
Entlüftung (DIN 18017-3, CEN/TR 14788)	ventilatorgestützte Lüftung (mittels Abluft)
Fensterlüftung	freie Lüftung über geöffnete Fenster
Frischluft	Außenluft
Fugenlüftung	(Luft-)In- und -Exfiltration
Grundlüftung (DIN 1946-6:1998-10)	Nennlüftung
Kaminlüftung	Schachtlüftung
kontrollierte (Wohnungs-)Lüftung	kontrollierte Wohnungslüftung (2018 erstmalig in [E DIN 4749] definiert)

Praxis- bzw. veraltete Norm-Begriffe	aktuelle, mehrheitlich genormte Begriffe
Lüfter, Frischluftventil, Zwangslüftung, Außenwand-Luftdurchlass (DIN 1946-6:1998-10)	Außenbauteil-Luftdurchlass (ALD) (in diesem Buch: Gebäudehüllen-Luftdurchlass – GLD/ALD)
Lüfter, Gebläse	Ventilator
Lüftungsöffnung, Lüftungsventil	Luftdurchlass
Luftwechselrate	Luftwechsel (-zahl, -wert)
mechanische, maschinelle, erzwungene Lüftung; Zwangs- oder Anlagenlüftung	ventilatorgestützte Lüftung
Mindestlüftung (DIN 1946-6:1998-10), Urlaubslüftung, Feinlüftung	Lüftung zum Feuchteschutz
	reduzierte Lüftung
natürliche Lüftung	freie Lüftung
Schachtanlage	Lüftungsschacht
Stoßlüftung	Intensivlüftung
Wärmeisolation, Wärmeisolierung	Wärmedämmung
Wärmetauscher, Wärmeaustauscher	Wärmeübertrager

Um Missverständnissen wenigstens im Rahmen dieses Buches vorzubeugen, sollen am Anfang der 4. Auflage wieder die den erweiterten Wohnungslüftungs-Bereich betreffenden relevanten Begriffe stehen (Tabelle 0.2). Sie basieren im Wesentlichen auf den Definitionen in [E DIN 4749] und in den vorgenannten DIN und DIN EN-Normen[1]. Wenn das unter besonderer Berücksichtigung spezieller Belange der Wohnungslüftung notwendig erschien und wenn unterschiedliche Begriffsbestimmungen vorlagen, wurden diese auch modifiziert oder abweichend beschrieben. Die Begriffsdefinitionen nach [E DIN 4749] haben dabei Vorrang, wenn sie sich nur auf die Wohnungslüftung beziehen. Alle Begriffe wurden darüber hinaus durch relevante Abkürzungen, Formelzeichen bzw. Indizes und Einheiten komplettiert. *Kursiv* geschriebene Begriffe sind an entsprechender Stelle in Tabelle 0.2 definiert.

1 Die jeweils aktuellen Begriffs-Festlegungen können unter „www.din.de“ im Portal „DIN-TERMinologie online“ nachgeschlagen werden. Darin werden nur Begriffe aus abgeschlossenen Normwerken berücksichtigt, nicht aus Entwürfen o. Ä. zu diesen.

Tabelle 0.2: Begriffe, Abkürzungen, Formelzeichen/Indizes und Einheiten

Nr.	Begriff	Definition	Abkürzung/ Formelzeichen Index	Einheit
1	Abluft	aus einer *Zone* oder einem *Raum* ausströmende (belastete) Luft	AbL, Ab	–
2	Abluft-(Lüftungs-) Anlage	Gesamtheit der *Lüftungskomponenten* zur ventilatorgestützten Abluftförderung und ggf. Abluftfilterung	AbAnl	–
3	Ab(luft)-Luftdurchlass*)	*Luftdurchlass* in Lüftungsschächten, Haupt- oder einzelnen *Luftleitungen* sowie in Lüftungsgeräten, durch den *Abluft* aus einem *Abluftraum* strömt	AbLD	–
4	Abluft-(Lüftungs-) Gerät	Blockförmige Einheit von *Lüftungsbauteilen* zur ventilatorgestützten Abluftförderung und ggf. Außenluftfilterung	AbG	–
5	Ablufträume	Gesamtheit der *Räume*, aus denen *Abluft* über *AbLD* und *Lüftungsschacht* bzw. *Abluftleitung* indirekt oder über *GLD/ALD* direkt ins Freie strömen kann; z. B. Küche, Bad-/Dusch-/WC-, Hausarbeits- und Sauna-Raum	–	–
6	Abluft-(Lüftungs-)System	*Lüftungssystem*, bei dem in Zonen oder in einzelnen *Nutzungseinheiten* bzw. *Räumen ventilatorgestützt* ein Unterdruck erzeugt wird, der das Nachströmen von *Außenluft* über GLD bzw. *Undichtheiten* in der *Gebäudehülle* bewirkt (*Unterdrucklüftung*)	AbLS	–
7	(Lüftungs-) Anlage	Gesamtheit der *Lüftungskomponenten* zur *ventilatorgestützten* Luftförderung und -behandlung, die der Aufrechterhaltung eines bestimmten Luftzustandes in *Zonen* oder einzelnen *Nutzungseinheiten* bzw. *Räumen* dient	LA, Anl	–

Nr.	Begriff	Definition	Abkürzung/ Formelzeichen Index	Einheit
8	Aufenthaltsbereich	Bereich in einem Gebäude, in dem definierte Bedingungen für den Aufenthalt von Nutzern einzuhalten sind; in Wohngebäuden: *Behaglichkeits*-Zone in Räumen, die durch einen Höhenbereich von 0,1 m bis 1,8 m über dem Fußboden und einen Abstand von den Wänden von 0,5 m und von den Außenfenstern/-türen und Heizflächen von 1,0 m begrenzt wird	AB	–
9	Auslegungs-Differenzdruck	geplanter Unterschied des Gesamtdrucks, z. B. zwischen *Außen(luft)-* und *Zu(luft)-Luftdurchlass* bei *Lüftungsanlagen* bzw. *-geräten* oder über einzelne *Luftdurchlässe*	Δp_{Ausl}	Pa
10	Außenbauteil-Luftdurchlass	siehe *Gebäudehüllen-Luftdurchlass*	ALD	–
11	Außenluft	direkt in einen *Raum* oder in eine *Lüftungs-Anlage* oder in ein *Lüftungsgerät* einströmende unbehandelte Luft aus dem Freien	AuL, Au	m³/h, l/s
12	Außen(luft)-Luftdurchlass*)	*Luftdurchlass*, durch den *Außenluft* direkt oder über eine *Luftleitung* in eine *Lüftungsanlage* oder in ein *Lüftungsgerät* strömt; Anmerkung: steht im ggw. noch üblichen Sprachgebrauch auch für *Gebäudehüllen-LD (GLD)* und Außenwand-LD (ALD)	AuLD	–
13	Bauteil	einzelnes, nicht in weitere Einzelteile zerlegbares Element	–	–
14	bedarfsgeführte Lüftung	Methode zur nutzerunabhängigen Regelung des *Luftvolumenstroms* einer *Lüftungsanlage* oder eines *Lüftungsgerätes* nach einer geeigneten Führungsgröße in Abhängigkeit von den jeweiligen Anforderungen	BL	–

Nr.	Begriff	Definition	Abkürzung/ Formelzeichen Index	Einheit
15	(thermische) Behaglichkeit	Umgebungsbedingungen in einem Raum, bei denen sich eine statistisch ermittelte Mehrheit der Nutzer wohl fühlt Anmerkung: Die Einflussfaktoren auf die thermische Behaglichkeit sind in [DIN EN ISO 7730] festgelegt.	–	–
16	(Lüftungs-) Betriebsstufen/ Lüftungsstufen	für Auslegung bzw. Betrieb von *Einrichtungen zur freien Lüftung* oder *Lüftungsanlagen* bzw. *-geräten* maßgebende Quantifizierung der Gesamt-Außenluftvolumenströme für *Lüftung zum Feuchteschutz, Reduzierte Lüftung, Nenn-* und *Intensivlüftung*	BS/LSt	–
17	(Luft-)Dichtheit	Zustandsbeschreibung der *Hüllkonstruktion* von Gebäuden hinsichtlich ihrer ungeplanten *(Luft-) Durchlässigkeit* – Synonym für möglichst geringe *Durchlässigkeit* Antonym: *(Luft-)Undichtheit*	–	–
18	(Luft-)Durchlass	*Lüftungskomponente* in *Luftleitungen* und *Lüftungsschächten* sowie in der *Gebäudehülle*, durch die Luft je nach Druckgefälle ein- oder ausströmen kann, z. B. *Ab(luft)- (AbLD), Außen(luft)- (AuLD), Fort(luft)- (FoLD), Gebäudehüllen- (GLD/ALD), Zu(luft)- (ZuLD)* und *Überström(luft)- (ÜLD) Luftdurchlass*	LD	–
19	(Luft-)Durchlässigkeit	*Luftvolumenstrom*, der bei gegebenem *Auslegungs-Differenzdruck* über *Luftdurchlässe* sowie über *Undichtheiten* in der *Gebäudehülle* in eine *Nutzungseinheit* ein- oder aus dieser ausströmt	$q_{v,p}$	$m^3/(h \cdot Pa^n)$, $l/(s \cdot Pa^n)$

Nr.	Begriff	Definition	Abkürzung/ Formel-zeichen Index	Einheit
20	Einrichtung zur freien Lüftung	Bauteil oder Komponente zur Unterstützung und ggf. Regulierung der Lüftung infolge natürlich verursachter Differenzdrücke durch Wind und thermischen Auftrieb; *Gebäudehüllen-Luftdurchlass*, *Lüftungsschacht* mit *Ab(luft)-* und *Fort(luft)-Luftdurchlass* sowie öffenbares Fenster	–	–
21	Einzelraum-Lüftungsgerät	*Lüftungsgerät* für die *Lüftung* eines einzelnen *Raumes*	R-LG	–
22	Einzelventilator	Innerhalb der *Nutzungseinheit* befindlicher *Ventilator* mit oder ohne *Luftfilter* zur Abluftförderung aus einem *(Abluft-) Raum*	EV	–
23	Einzel-ventilator-Lüftungs-anlage	*Abluftanlage* mit mehreren *Einzelventilatoren* für *Räume* in *Nutzungseinheiten* in Mehr- oder Einfamilienhäusern	EVA	–
24	Enthalpie-änderungsgrad	Verhältnis der Enthalpie-Differenzen von Außenluft-Austritt und -Eintritt zu Abluft- und Außenlufteintritt in ein bzw. aus einem Wärmerückgewinnungsgerät bei gleichen *Luftmasseströmen*	η_h	– oder %
25	Erdreich-Luft-Wärme-übertrager	Einrichtung zur Übertragung von thermischer Energie vom Erdreich auf einen leitungsgebundenen *Luftmassestrom* im Heiz- oder Kühlfall	E-WÜt	–
26	(Luft-) Exfiltration	ungeplantes und unkontrolliertes Ausströmen von *Raumluft* durch *Undichtheiten* in der *Gebäudehülle* infolge natürlicher Antriebskräfte (siehe auch *(Luft-)Infiltration*)	Exf	–

Nr.	Begriff	Definition	Abkürzung/ Formelzeichen Index	Einheit
27	Feuchtegehaltsänderungsgrad	Verhältnis der absoluten *Luftfeuchte*-Differenzen von *Außenluft*-Austritt und -Eintritt zu *Abluft*- und *Außenluft*-Eintritt in ein bzw. aus einem Wärmerückgewinnungsgerät bei gleichen *Luftmasseströmen*	η_x	– oder %
28	(Luft-)Filter	Bauteil zur Abscheidung von partikelförmigen Verunreinigungen aus strömender Luft	–	–
29	Fläche der Nutzungseinheit	Summe der Produkte der lichten Grundflächenmaße aller direkt und indirekt beheizten *Räume einer Nutzungseinheit*	A_{NE}	m^2
30	Fortluft	ins Freie strömende *Abluft*	FoL, Fo	–
31	Fort(luft)-Luftdurchlass*)	*Luftdurchlass* in *Lüftungsschächten*, *Haupt*- oder einzelnen *Luftleitungen* sowie in *Lüftungsgeräten*, aus denen *Fortluft* direkt ins Freie strömt	FoLD	–
32	Freie Lüftung	*Lüftung* infolge natürlichen Druckunterschieds zwischen umbauten Räumen und dem Freien durch Wind bzw. thermischen Auftrieb	fr	–
33	Gebäudehülle	äußere Umfassungsfläche, die das Innenvolumen eines Gebäudes vom Freien abgrenzt	–	–
34	Gebäudehüllen-Luftdurchlass**)	*Luftdurchlass*, der das geplante Durchströmen von Luft durch die *Gebäudehülle* in beiden Richtungen ermöglicht Anmerkung: nach [DIN 1946-6] „Außenbauteil-Luftdurchlass (ALD)“	GLD	–
35	Gerät	aus mehreren Bauteilen und/oder Komponenten bestehende Einheit	G	–

Nr.	Begriff	Definition	Abkürzung/ Formelzeichen Index	Einheit
36	(Lüftungs-) Gerät	*Gerät* zur ventilatorgestützten Luftförderung und *-behandlung*, das der Aufrechterhaltung eines bestimmten Luftzustandes in *Nutzungseinheiten* oder *Räumen* dient	LG	–
37	Hauptleitung	vorzugsweise senkrecht angeordneter Teil des *Luftleitungsnetzes*, in den *Abluft* über *AbLD* direkt bzw. über anbindende *Luftleitungen* eintritt und zum *FoLD* geleitet wird Anmerkung: nach [E DIN 4749] „Zusammenführung der Luftleitungen aus mehreren oder Aufspaltung der Luftleitungen in mehrere Nutzungseinheiten“	HL	–
38	Heizen	Zuführen von *sensibler Wärme* in eine *Nutzungseinheit* oder einen *Raum*	H	–
39	Heizlast	thermischer Energiestrom, der zur Aufrechterhaltung einer (Soll-) Raumtemperatur einer *Nutzungseinheit* oder einem *Raum* zugeführt werden muss	Φ_H	W
40	(Abluft-)Herdhaube	*Gerät* zur Erfassung von Emissionen aus der Küchenherd-Nutzung sowie deren Ableitung mittels *Ab-* oder *Fortluft* ins Freie Anmerkung: Die Ableitung kann mit eigenem oder *Zentral-Ventilator* erfolgen.	AbL-HH	–
41	(Umluft-)Herdhaube	*Gerät* zur Erfassung und Abscheidung von bestimmten Emissionen aus der Küchenherd-Nutzung mittels *Umluft* vor Ort mit eigenem *Ventilator*	UmL-HH	–

Nr.	Begriff	Definition	Abkürzung/ Formelzeichen Index	Einheit
42	Hüllkonstruktion	alle Umfassungsflächen, die das Innenvolumen eines Gebäudes vom Freien, vom Erdreich und von direkt anschließenden anderen Gebäuden abgrenzt Anmerkung: Die Hüllkonstruktion ist maßgebend für die *Luftdichtheit* des zu betrachtenden Gebäudes.	–	–
43	Hygiene	Gesamtheit aller Maßnahmen, die der Erhaltung und Förderung des physiologischen und physischen Wohlbefindens und der Erhaltung der Gesundheit des Menschen dienen	–	–
44	Induktion	Ansaugen und Mitführen von *Raumluft* (Sekundärluft) durch einen Zuluftstrahl (Primärluft)	–	–
45	Induktions-Verhältnis	Verhältnis von Sekundär- zu Primär-*Luftstrom*	i	–
46	(Luft-) Infiltration	ungeplantes und unkontrolliertes Einströmen von *Außenluft* in eine *Nutzungseinheit* oder in einen *Raum* durch *Undichtheiten* in der *Gebäudehülle* infolge natürlicher Antriebskräfte**)	Inf	–
47	Inspektion	Maßnahmen zur Feststellung und Beurteilung des Istzustandes einer/s *Lüftungsanlage/-gerätes* oder einer *Einrichtung zur freien Lüftung* einschließlich der visuellen bzw. messtechnischen Bestimmung der Ursachen der Abnutzung sowie Ableitung notwendiger Konsequenzen für die Weiternutzung	–	–

Nr.	Begriff	Definition	Abkürzung/ Formelzeichen Index	Einheit
48	Instandhaltung	Kombination aller technischen und administrativen Maßnahmen während des Lebenszyklus einer/s *Lüftungsanlage/-gerätes* oder *Einrichtung zur freien Lüftung* zum Erhalt des funktionsfähigen Zustands und energieeffizienten Betriebs oder zur Zurückführung in dieselben; Anmerkung: beinhaltet *Inspektion, Wartung, Instandsetzung* und *Verbesserung*	–	–
49	Instandsetzung	Maßnahmen zur Wiederherstellung des Sollzustands und/oder der Funktion einer/s *Lüftungsanlage/-gerätes* bzw. einer *Einrichtung zur freien Lüftung*	–	–
50	Intensivlüftung	nutzungsbedingte kurzzeitige *Lüftung* mit erhöhtem *Luftvolumenstrom* zum Abbau von Lastspitzen (Lastbetrieb) Anmerkung: nach DIN 1946-6 „zeitweilige *Lüftung* ...“	IL	–
51	(Lüftungs-) Komponente	aus mehreren Bauteilen bestehende Einheit von *Einrichtungen zur freien Lüftung* oder von *Lüftungsanlagen/-geräten*	LK	–
52	Kühlen	Abführen von *sensibler Wärme* aus einer *Nutzungseinheit* oder einem *Raum*	K	–
53	freie Kühlung	Absenken sommerlicher Raumtemperaturen mittels intensiver *Lüftung* in Zeiten mit niedriger Außenlufttemperatur	–	–

Nr.	Begriff	Definition	Abkürzung/ Formelzeichen Index	Einheit
54	Kurzschlussströmung	direktes Ansaugen von *Fortluft* am *Außen(luft)- bzw. Gebäudehüllen-Luftdurchlass*, von *Zuluft* am *Ab(luft)-Luftdurchlass* bzw. von *Überströmluft* über Undichtheiten von Leitungsdurchführungen aus anderen *Nutzungseinheiten*	–	–
55	Luftart	Bezeichnung der Luft abhängig vom Ort und Grad der *Luftbehandlung* oder *-belastung*, z. B. *Außenluft* AuL, *Zuluft* ZuL, *Umluft* UmL, *Überströmluft* ÜL, *Abluft* AbL und *Fortluft* FoL (Bild 0.1 bis Bild 0.3)	–	–
56	Luftbehandlung	behaglichkeits- und hygienebedingte kontrollierte Änderung des Luftzustands der *Außenluft* bzgl. Temperatur und Feuchte sowie des Gehalts an festen und gasförmigen Beimengungen	–	–
57	Luftbelastung	ungünstige Veränderung des Luftzustands der Raumluft im *Aufenthaltsbereich* durch Aufnahme von Wärme und Wasserdampf sowie von unterschiedlichen Arten an Beimengungen	–	–
58	Luftfeuchte	Wasserdampfgehalt in trockener Luft	–	–
59	(absolute) Luftfeuchte	dampfförmige Wassermasse je Masseeinheit trockener Luft	x	g/kg, g/m³
60	(relative) Luftfeuchte	Verhältnis der vorhandenen Wasserdampfmasse zur höchstmöglichen bei gleichem Druck und gleicher Temperatur, oder auch: Wasserdampfteildruck der Luft bezogen auf den Sättigungs-druck des Wasserdampfes bei gleicher Temperatur	φ_p, φ	– oder %

Nr.	Begriff	Definition	Abkürzung/ Formelzeichen Index	Einheit
61	Luftfilter	*Gerät* zum Abscheiden von partikelförmigen Beimengungen aus *Luftströmen*	–	–
62	Luftführung	der Auslegung und Anordnung von *Luftdurchlässen* zugrunde zu legende Luftströmung im *Raum*, vorzugsweise bei *ventilatorgestützter Lüftung*	–	–
63	Luftheizung	ventilatorgestützte Zuführung von thermischer Energie in Form erwärmter *Außenluft (Zuluft)* in einen Raum zur Kompensation der *Transmissions-Wärme*verluste	LH	–
64	Luftleitung	Kanal oder Rohr zum Weiterleiten eines *Luftstroms*	LL	–
65	Luftleitungsnetz	Gesamtheit aller *Luftleitungen* einer *Lüftungsanlage*	LLN	–
66	Luftmassestrom	Luftmasse je Zeiteinheit	q_m	kg/h, kg/s
67	Luftrate	*Luftstrom* je Bezugseinheit (Person, Fläche oder Volumen), z. B. *Luftwechsel*	q_x/BE	div.
68	Luftstrom	Luftmasse oder Luftvolumen je Zeiteinheit	q_x	siehe 66, 69
69	Luftvolumenstrom	Luftvolumen je Zeiteinheit	q_v	m^3/h, l/s
70	Lüftung	Lufterneuerung in *Nutzungseinheiten* bzw. *Räumen* durch Austausch von Raum- gegen *Außenluft*	–	–
71	(einseitige) Lüftung	überwiegend durch Windeinwirkung verursachte *freie Lüftung* von nach nur einer Gebäudeseite orientierten *Räumen* oder *Nutzungseinheiten*	EL	–

Nr.	Begriff	Definition	Abkürzung/ Formelzeichen Index	Einheit
72	(Gleichdruck-) Lüftung	*ventilatorgestützte Lüftung* mit gleichen Auslegungswerten für Zu(luft)- und Ab(luft)-*Luftstrom* sowie zeit- und lastabhängiger Anpassung von Zu(luft)- und Ab(luft)-*Luftstrom*; Anmerkung: auch ausgeglichene oder balancierte *Lüftung*	–	–
73	(kontrollierte Wohnungs-) Lüftung	bedarfsgeführte Lüftung in Verbindung mit größtmöglicher *Luftdichtheit* der *Hüllkonstruktion*	KWL	–
74	(Stoß-)Lüftung	*freie Lüftung* über ein vollständig geöffnetes Fenster zum Zwecke der kurzzeitigen Intensivierung des *Luftwechsels*	–	–
75	(thermische Auftriebs-)Lüftung	durch Temperaturunterschiede zwischen dem Gebäudeinneren und dem Freien in *Lüftungsschächten* oder direkt in *Nutzungseinheiten* oder *Räumen* mit übereinander liegenden *Gebäudehüllen-Luftdurchlässen* verursachte freie Lüftung	–	–
76	(Überdruck-) Lüftung	*ventilatorgestützte Lüftung* vorwiegend nur mit Zu(luft)-*Luftstrom*	–	–
77	(Unterdruck-) Lüftung	*ventilatorgestützte Lüftung* vorwiegend nur mit Ab(luft)-*Luftstrom*	–	–
78	(Wind-)Lüftung	*freie Lüftung*, verursacht durch Druckunterschiede infolge Windeinwirkung über *Luftdurchlässe* und Undichtheiten in der *Gebäudehülle*	–	–
79	Lüftungseffektivität	Wirksamkeit von *lüftungstechnischen Maßnahmen* im *Aufenthaltsbereich*	ε_{Az}	–

Nr.	Begriff	Definition	Abkürzung/ Formelzeichen Index	Einheit
80	Lüftungs-Heizwärmebedarf	thermische Energie für das Erwärmen eines *Außenluft-Massestroms* auf (Soll-)Raumlufttemperatur	Q	J, Ws
81	Lüftungsschacht	senkrecht angeordnete einzelne *Luftleitung*, bei *ventilatorgestützter Lüftung* auch aus Hauptschacht und den geschossweise angebundenen Nebenschächten bestehend	LSch	–
82	Lüftungssystem	Gesamtheit aller *lüftungstechnischen Maßnahmen* zur *freien* oder *ventilatorgestützten Lüftung*	LS	–
83	Lüftungstechnische Maßnahme	*Einrichtung zur freien Lüftung* oder *ventilatorgestützte Lüftung* zur Sicherstellung eines nutzerunabhängigen *Luftwechsels* in der jeweils geplanten *Lüftungs-Betriebsstufe*	LtM	–
84	Lüftung zum Feuchteschutz	notwendige *Lüftungs-Betriebsstufe* zur Sicherstellung des Bautenschutzes (Feuchte) unter üblichen Nutzungsbedingungen bei teilweise reduzierten Feuchtelasten; z. B. zeitweilige Abwesenheit der Nutzer und kein Wäschetrocknen in der *Nutzungseinheit* (Minimalbetrieb Feuchte)	FL	–
85	Luftwechsel	stündlicher (Außen-)*Luftvolumenstrom* bezogen auf das (Netto-) Volumen einer Raumeinheit; im Wohnungsbau vorzugsweise das Volumen einer gesamten *Nutzungseinheit*	n	h^{-1}
86	Nennlüftung	notwendige *Lüftungs-Betriebsstufe* zur Sicherstellung der hygienischen Anforderungen sowie des Bautenschutzes bei Anwesenheit aller Nutzer (Normalbetrieb)	NL	–

Nr.	Begriff	Definition	Abkürzung/ Formel-zeichen Index	Einheit
87	Nutzungs-einheit	*Wohnung* (WE), Einfamilienhaus (EFH) oder vergleichbare andere ein- oder mehrgeschossige Raumgruppe	NE	–
88	Querlüftung	*(Wind-)Lüftung* von *Nutzungseinheiten* oder *Räumen*, die nach mindestens zwei Gebäudeseiten orientiert sind	QL	–
89	(umbauter) Raum	von einer *Hüllkonstruktion* umschlossener Abschnitt einer *Nutzungseinheit*	R	–
90	Reduzierte Lüftung	notwendige *Lüftungs-Betriebsstufe* zur Sicherstellung der hygienischen Mindestanforderungen sowie des Bauten-schutzes (Feuchte) unter üblichen Nutzungsbedingungen bei teilweise reduzierten Feuchte- und Stofflasten; z. B. infolge zeitweiliger Abwesenheit von Nutzern (Minimalbetrieb *Hygiene*)	RL	–
91	Sammelleitung	Teil des *Luftleitungsnetzes*, in dem *Abluft* aus mehreren *Hauptleitungen*, anderen *Luftleitungen* oder *einzelnen Luftdurchlässen* erfasst und gemeinsam weitergeleitet wird	–	–
92	Schachtlüftung	überwiegend durch thermische Auftriebswirkung in einem *Lüftungsschacht* verursachte *freie Lüftung* von *Nutzungseinheiten* bzw. *Räumen*	SchL	–
93	Schall-Druck-pegel	vom menschlichen Ohr wahrgenommenes Resultat der von einer oder mehreren Schallquellen abgestrahlten (emittierten) *Schallleistung* abzüglich der (Druck-)Verluste durch den Luftwiderstand zwischen Quelle und Empfänger	L	dB

Nr.	Begriff	Definition	Abkürzung/ Formelzeichen Index	Einheit
		sowie durch das Absorptionsvermögen der einen *Raum* umgebenden Flächen Anmerkung: dekadischer Logarithmus vom Verhältnis des gemessenen mittleren quadratischen Schalldrucks zum Quadrat des Bezugsschalldrucks Der Bezugsschalldruck beträgt 20 µPa.		
94	(Schalldruck-) Oktavpegel	bewerteter Summenpegel (Bandpegel) aus 8 festgelegten Bandmittenfrequenzen	L_A	dB(A)
95	Schall-Leistungspegel	nicht messbares Resultat aus dem 10-fachen dekadischen Logarithmus des Quotienten von vorhandener Schallleistung zur Schallleistung an der Hörschwelle Anmerkung: dekadischer Logarithmus vom Verhältnis der ermittelten Schallleistung zur Bezugsschallleistung Die Bezugsschallleistung beträgt 1 pW.	L_W	dB
96	Selbstlüftung	*Luftin-* und *-exfiltration*	–	–
97	Temperaturänderungsgrad	Verhältnis der Temperatur-Differenzen von Außenluft-Austritt und -Eintritt zu Abluft- und Außenluft-Eintritt in ein bzw. aus einem Wärmerückgewinnungsgerät bei gleichen *Luftmasseströmen*	η_θ	– oder %
98	(Luft-) Temperaturgradient	vertikaler Unterschied der Lufttemperatur je Meter Raumhöhe	$\Delta\theta_{vert}$	K/m
99	thermische Energie	Wärme oder Kälte	Q	J, Ws

Nr.	Begriff	Definition	Abkürzung/ Formelzeichen Index	Einheit
100	Transmissionswärme	infolge Temperaturunterschieds zwischen dem Gebäudeinneren und außen verursachter thermischer Energiestrom durch die *Hüllkonstruktion*	Φ_T	W
101	Überströmluft	in *Nutzungseinheiten* von den *Räumen* mit höherem zu den *Räumen* mit niedrigerem Druckniveau strömende, weiter-verwendbare (teil-) belastete *Außen-* oder *Zuluft* (Bild 0.2)	ÜL, Ü	–
102	Überström(luft)-Luftdurchlass*)	*Lüftungskomponente* in Innentüren oder -wänden einer *Nutzungseinheit*, die eine Luftströmung von den *Räumen* mit höherem zu den *Räumen* mit niedrigerem Druckniveau auch bei geschlossenen Innentüren sicherstellt	ÜLD	–
103	Überströmraum	*Raum* in der *Nutzungseinheit*, der sich strömungsmäßig zwischen *Zuluft-* und *Ablufträumen* befindet	–	–
104	(Luft-)Undichtheit	ungeplante *(Luft-)Durchlässigkeit* der *Hüllkonstruktion* in Form von Fugen geschlossener Öffnungen, Stößen, Überlappungen, Durchdringungen und Materialfehlstellen, die zur *Luft-In-* und/oder *-Exfiltration* führt	–	–
105	Ventilator	Strömungsmaschine zur Förderung von Luft oder anderen Gasen bis zu einem Förderdruck von 30 000 Pa; Bezeichnung bei höheren Drücken: Gebläse	V	–
106	ventilatorgestützte Lüftung	durch Ventilatorarbeit bewirkte *Lüftung*	vg	–

Nr.	Begriff	Definition	Abkürzung/ Formelzeichen Index	Einheit
107	(lüftungstechnische) Verbesserung	Maßnahme zur Steigerung der Funktionssicherheit einer *lüftungstechnischen Maßnahme* bei größtmöglicher Energieeffizienz	–	–
108	Verteilleitung	Abschnitt in einem *Luftleitungsnetz*, aus dem *Zuluft* auf mehrere *Luftleitungen* verteilt wird oder über mehrere *Zu(luft)-Luftdurchlässe* austritt	–	–
109	(latente) Wärme	thermische Energie für die Verdunstung bzw. Verdampfung von Wasser bei konstanter (Soll-)Raumlufttemperatur in einer *Nutzungseinheit* oder einem *Raum*	Q_l	J, Ws
110	(sensible) Wärme	thermische Energie für die Aufrechterhaltung einer (Soll-) Raumlufttemperatur bei konstanter *absoluter Luftfeuchte*	Q_s	J, Ws
111	(Heiz-)Wärmebedarf	notwendige thermische Energie zur Einhaltung einer (Soll-) Temperatur in einer *Nutzungseinheit* oder einem *Raum*	Q_H	J, Ws
112	Wärmelast	Oberbegriff für *Heiz-* und *Kühllast*	Φ	W
113	Wärmebereitstellungsgrad	Verhältnis der von einem Wärmerückgewinnungsgerät insgesamt zur Nutzung bereitgestellten Enthalpie zur Enthalpiedifferenz der massegleichen *Luftströme* von *Abluft* und *Außenluft* am *Lüftungsgerät* einschließlich möglicher Zuschläge, z. B. durch Antriebswärme, und Abschläge, z. B. durch Frostschutz- bzw. Abtauprozesse	η'_{WRG} (WBG)	– oder %
114	Wärmegewinn	thermische Energiemenge, die einer *Nutzungseinheit* oder einem *Raum* durch innere und solare Energiequellen ungeplant zugeführt wird	Q_G	J, Ws

Nr.	Begriff	Definition	Abkürzung/ Formelzeichen Index	Einheit
115	Wärmerückgewinnung	Maßnahme zur teilweisen Wiedernutzung der thermischen Energie von *Abluft* mittels direkter oder indirekter Übertragung auf *Außenluft* oder Trinkwasser	WRG	–
116	Wärmeübertrager	*Gerät* zur Übertragung thermischer Energie von einem *Massestrom* auf einen anderen	WÜt	–
117	Wärmeverlust	thermische Energie, die aus einem *Raum* oder einem Anlagensystem in Form von *Transmissions-* bzw. *Lüftungswärme* entweicht	Q_V	J, Ws
118	Wartung	Maßnahmen zum Funktionserhalt von *Einrichtungen zur freien Lüftung* oder von *Lüftungsanlagen/ -geräten*	–	–
119	Wohnung	Summe der *Räume*, die die Führung eines Haushalts ermöglicht, als Etagen- und Maisonette-Wohnung oder Einfamilienhaus (freistehend, Doppelhaushälfte oder Reihenhaus); auch Wohnungseinheit	WE/NE	–
120	Wohnungs-Lüftungsgerät	*Lüftungsgerät* für die Lüftung einer *Nutzungseinheit/Wohnung*	NE-LG, WE-LG	–
121	(Lüftungs-)Zentrale	Ort für die zentrale Anordnung von *Ventilator(en)* einschließlich weiterer geplanter *Lüftungskomponenten*	LZ	–
122	Zentralventilator	*Ventilator* zur Ab- oder Zuluftförderung aus bzw. in mehrere(n) *Nutzungseinheiten* oder *Räume(n)*	ZV	–
123	Zentralventilator-Lüftungsanlage	*Abluft-, Zuluft-* oder *Zu-/Abluftanlage* mit zentral angeordnetem(n) *Ventilator(en)* für die *Lüftung* von einer oder von mehreren *Nutzungseinheiten*	ZVA	–

Nr.	Begriff	Definition	Abkürzung/ Formelzeichen Index	Einheit
124	Zone	von einer *Hüllkonstruktion* umschlossener Bereich eines Gebäudes mit mehreren gleichartigen *Nutzungseinheiten* Anmerkung: nach [E DIN 4749] „Bereich eines Raumes oder einer Gruppe von Räumen innerhalb eines Gebäudes, der/die thermodynamisch behandelt wird/werden“	Z	–
125	Zuluft	in einen *Raum* einströmende (vor-)behandelte *Außenluft* bei *ventilatorgestützter Lüftung*	ZuL, Zu	–
126	Zu-/Abluftsystem	*Lüftungssystem*, bei dem sich durch Einsatz von *Zu-* und *Abluftanlagen* bzw. *-geräten* in *Nutzungseinheiten* vorzugsweise Gleichdruck einstellt	ZuAbLS	–
127	Zu(luft)-Luftdurchlass*)	*Luftdurchlass*, durch den *Zuluft* in einen *Raum* eintritt	ZuLD	–
128	Zulufträume	Gesamtheit der *Räume*, in die thermisch unbehandelte *Außenluft* über *Gebäudehüllen-Luftdurchlässe* einströmt oder behandelte *Außenluft (Zuluft)* mittels *ventilatorgestützter Lüftung* zugeführt wird: z. B. Wohn-, Schlaf-, Gäste-, Arbeits- und Kinderzimmer sowie ständig oder zeitweise genutzte Hobby-(Dach- und Keller-)*Räume*	–	–
129	Zuluft-(Lüftungs-) System	*Lüftungssystem*, bei dem ventilatorgestützt *Außenluft* oder *Zuluft* in *Nutzungseinheiten* oder *Räume* gefördert wird, die als *Ab-/Fortluft* über *GLD* bzw. *Lüftungsschächte* sowie über *Undichtheiten* in der *Gebäudehülle* ins Freie strömt *(Überdrucklüftung)*	ZuLS	–

Nr.	Begriff	Definition	Abkürzung/ Formelzeichen Index	Einheit

*) Weil die korrekte Schreibweise der die jeweiligen Luftarten bezeichnenden Luftdurchlässe Abluft-, Außenluft-, Fortluft-, Überströmluft- und Zuluft-**Luftdurchlass** lauten müsste, in der umgänglichen Fachsprache aber nur die Kurzformen Ab-, Außen-, Fort-, Überström- und Zu-Luftdurchlass verwendet werden, wurden in diesem Buch generell die „Kompromiss"-Schreibweisen Ab(luft)-, Außen(luft)-, Fort(luft)-, Überström(luft)- und Zu(luft)-Luftdurchlass verwandt, die beidem gerecht werden.

**) Für [DIN 1946-6]:2019-12 wurde vom NA 041-02-51 AA „Lüftung von Wohnungen" eine Umbenennung von Außenwand-Luftdurchlass in „Außenbauteil-Luftdurchlass (ALD)" festgelegt, um einerseits die Luftdurchlässe in Fensterbereichen eindeutiger einbeziehen und andererseits die eingeführte Abkürzung „ALD" beibehalten zu können. Da sowohl Außenwände als auch Fenster immer untrennbare Bestandteile der definierten Gebäudehülle sind, wird auch in der 4. Auflage dieses Buches der Begriff „Gebäudehüllen-Luftdurchlass (GLD)" dem Begriff Außenbauteil-Luftdurchlass (ALD) vorgezogen. Dadurch soll auch eine deutlichere Abgrenzung zum ‚reinen' Außen(luft)-Luftdurchlass (AuLD) erzielt werden.

***) Bzgl. der Definition von (Luft-)Infiltration besteht in der Fachwelt derzeitig offensichtlich keine einheitliche Auffassung.

Nach [E DIN 4749] und [VDI 4700-1] wird unter Infiltration, gemäß Duden-Rechtschreibung „einsickern, eindringen" im Sinne von *„ungeplantes und unkontrolliertes Einströmen ... infolge* (ausschließlich) *natürlicher Antriebskräfte"* verstanden. Das bedeutet so viel wie ‚ohne die Nutzung zusätzlicher Antriebskräfte', zum Beispiel infolge Planung lüftungstechnischer Maßnahmen (LtM).

Nach [DIN V 18599], [DIN EN 12831] und [DIN 1946-6] (teilweise) wird davon abweichend die gesamte durch Undichtheiten in der Gebäudehülle strömende Außenluft verstanden. Dazu gehört neben der durch natürliche Antriebskräfte verursachten auch diejenige, die die Folge geplanter LtM (Abluft- und Zuluftanlagen sowie u. U. auch Schachtlüftung) ist. Aus [DIN EN 12792] und [DIN EN 16798-3] ist keine direkte oder indirekte Festlegung ersichtlich.

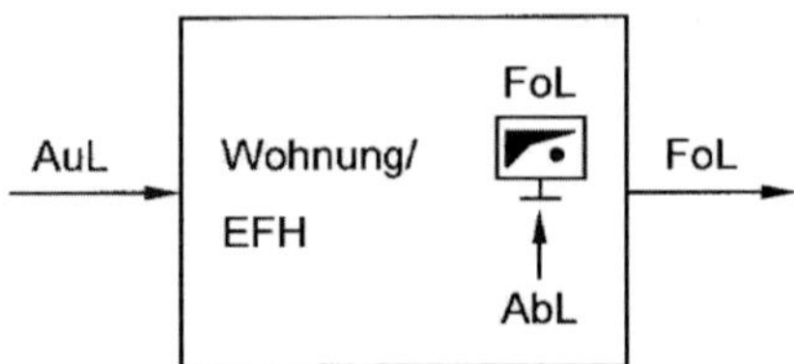

Bild 0.1: Luftarten bei freier Lüftung

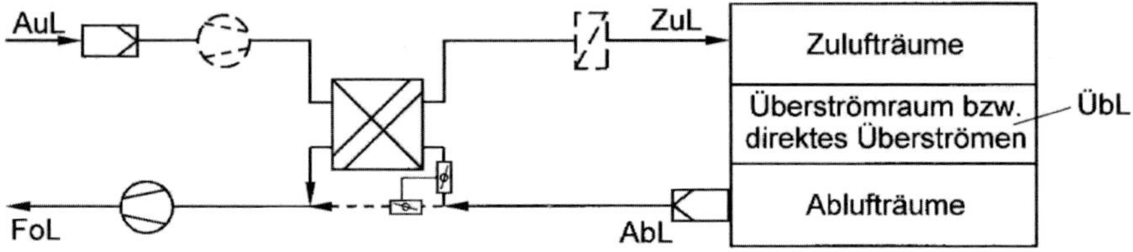

Bild 0.2: Luftarten bei ventilatorgestützter Lüftung

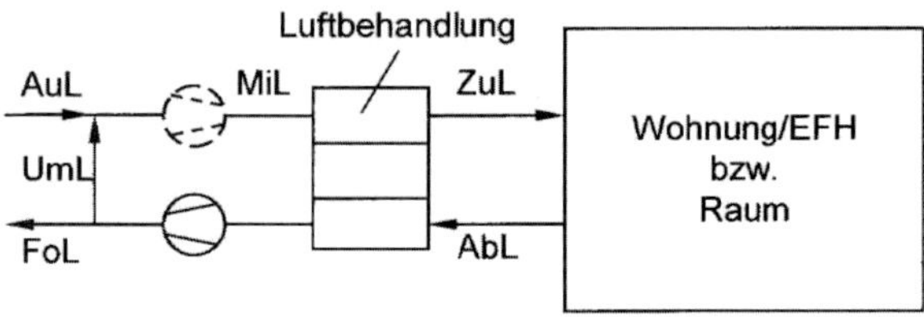

Bild 0.3: Luftarten bei Luftbehandlung durch ventilatorgestützte Lüftung

1 Allgemeine Anforderungen an die Lüftung

1.1 Allgemeines

Der Mensch braucht neben Nahrungsmitteln und Wasser auch **Luft** zum Leben. Dazu heißt es in [UBA19]: *„Menschen in Mitteleuropa halten sich heute durchschnittlich 90 Prozent der Zeit in Innenräumen auf. Pro Tag atmet der Mensch 10 bis 20 m³ Luft ein, je nach Alter und je nachdem, wie aktiv er ist. Dies entspricht einer Masse von 12 bis 24 kg Luft. Das ist weitaus mehr als die Masse an Lebensmitteln und Trinkwasser, die eine Person täglich zu sich nimmt. Deshalb ist es wichtig, dass Vorkehrungen getroffen werden, die eine gute Innenraumluftqualität sicherstellen. Es müssen daher Vorgaben erarbeitet werden, ab welcher Konzentration ein Stoff in der Raumluft ‚schädlich' ist. Dazu dienen Richtwertableitungen."*

Während im Freien ausreichend Luft zur Verfügung steht, verzeichnen umbaute Räume („Innenräume") häufig einen Mangel daran. Dieser äußert sich – wie vielfach angenommen – aber nur sehr selten in dem nicht ausreichenden Vorhandensein von **Sauerstoff**. Unterschiedlichste Probleme treten vielmehr dann auf, wenn nicht genügend trockene Außenluft für den Abtransport von **Raumluftfeuchtigkeit** in die Räume hinein und auch wieder aus diesen heraus gelangen kann und wenn die zur Verfügung stehende Außenluft qualitativ und quantitativ nicht in der Lage ist, entstehende **Schad**- und **Geruchsstoff**-Konzentrationen im Raum auf ein zuträgliches Maß zu begrenzen. Darüber hinaus besteht eine akute Gefahr für Leib und Leben, wenn der für die **Verbrennung** von fossilen Brennstoffen in häuslichen **Feuerstätten** (zur Erwärmung der Aufenthaltsräume bzw. zur Warmwasserbereitung) notwendige Sauerstoff wegen zu geringer Außenluftzuführung nicht in ausreichendem Maße bereitgestellt werden kann.

Luft wird wegen ihres Sauerstoffgehalts vom Menschen nicht nur zum Atmen benötigt. In Räumen ist sie als Außenluft darüber hinaus auch notwendig für

1) den Abtransport von Raumluft- und Bauwerks-Feuchtigkeit,
2) die Reduktion des Gehalts der Raumluft an Schad- und Geruchsstoffen und
3) die gefahrlose Verbrennung von fossilen Brennstoffen in häuslichen Feuerstätten.

Aufgabe der Lüftung ist es, den vorgenannten Anforderungen durch eine ausreichende Versorgung mit möglichst sauberer und ausreichend sauerstoffhaltiger Außenluft gerecht zu werden. Das ist kaum problematisch, solange die dafür stets zur Verfügung stehende Luft keine oder nur geringfügige Immissionen aufweist. Bei ausreichender **Luftdurchlässigkeit der Gebäudehülle** lassen sich in Verbindung mit hinreichend intensiver Lüftung über geöffnete **Fenster** die vorgenannten Anforderungen in einer Umgebung ohne größere Luftverschmutzung problemlos auf natürlichem Wege, d. h. ohne zusätzlichen (Elektro-)Energieaufwand für den Luftaustausch (Luftwechsel) in Innenräumen erfüllen. Mit Problemen ist bei wenig oder beinahe gar nicht luftdurchlässigen Gebäuden zu rechnen. Kritisch wird es in diesem Zusammenhang vor allem dann, wenn die Außenluft über längere Zeiträume merklich kühler als die Raumluft ist, deshalb erwärmt werden muss und dafür kostspielige **Heizenergie** benötigt wird. In den kühleren Klimaregionen der Erde hat das vermehrt Gebäudelösungen zur Folge, die nicht nur Schutz gegen Witterungseinflüsse bieten, sondern neben zusätzlicher **Wärmedämmung** auch möglichst **luftundurchlässige Gebäudehüllen** besitzen. Letztere können ohne alternative (lüftungstechnische) Gegenmaßnahmen zu einem ernsthaften **Lüftungsproblem** führen. Es währte sehr lange, bis dieses Problem als solches überhaupt zur Kenntnis genommen wurde. Bedenklich ist, dass der (Kenntnisnahme-)Prozess bis heute noch immer nicht bei allen Entscheidungsträgern abgeschlossen zu sein scheint und deshalb auch nicht immer zu folgerichtigen (lüftungstechnischen) Konsequenzen führt.

Der mit den weltweit allgemein anerkannten Erkenntnissen der zunehmenden Erwärmung der Erdatmosphäre durch das bei allen Verbrennungsprozessen auf der Basis von **fossilen Brennstoffen** frei werdende „Treibhausgas" Kohlendioxid (CO_2) einhergehende Zwang zur Intensivierung der **Energieverbrauchs-Reduktion** verschärft das Lüftungsproblem weiter. Das äußert sich z. B. durch in Wohnungen auftretende **Feuchtigkeitsprobleme** einschließlich **Schimmelpilz-Wachstum** und kann zudem zu **hygienischen Beeinträchtigungen** durch zu hohe Schadstoff-Konzentrationen in der Raumluft bzw. Problemen bei der **Verbrennungsluftzuführung** führen.

Der Zwang zur globalen **Reduktion der CO_2-Emissionen** sowie die damit verbundene Notwendigkeit zur **Verringerung der Luftdurchlässigkeit der Gebäudehülle** zwecks Vermeidung unkontrollierter Lüftungswärmeverluste kann zu **nicht vernachlässigbaren Lüftungsproblemen** führen, wenn keine entsprechenden (**lüftungstechnischen**) **Gegenmaßnahmen** getroffen werden.

Die nachfolgenden Ausführungen sollen einen qualitativen und quantitativen Überblick vornehmlich über die Fragen und Probleme der **Raumluftqualität** infolge des Auftretens von Raumluftbelastungen in Form von **Geruchs- und Schadstoffen** sowie von **Feuchte-Emissionen** geben und auch auf die Problematik ungenügender **Verbrennungsluftzufuhr** aufmerksam machen.

1.2 Raumluftqualität und ihre Wirkung auf den Menschen

Sauerstoff wird von allen höheren Lebewesen zur Erhaltung der Lebensfunktionen benötigt. Er wird mit der (Atem-)Luft aufgenommen, verbindet sich im Körper teilweise mit Kohlenstoff und wird als Kohlendioxid wieder ausgeschieden. Ist die Atemluft mit anderen Beimengungen als den natürlicherweise in sauberer Luft enthaltenen verunreinigt, können Belästigungen, Unwohlsein, Befindlichkeitsstörungen, Störungen der Körperfunktionen bis hin zu akuten und chronischen Schädigungen der Gesundheit auftreten.

Saubere trockene Luft enthält in Volumen-%:

- Stickstoff: 78,09
- Sauerstoff: 20,95
- Argon: 0,93
- Kohlendioxid: 0,033
- Wasserstoff: 0,01
- sowie Spuren von Helium, Neon, Krypton und Xenon

[Witth93]

Erst im 19. Jahrhundert begann der Mensch, die Probleme verunreinigter Luft bewusst zu erkennen und sich näher mit ihnen zu befassen. Heute weiß man, dass der Qualität der Raumluft größte Bedeutung zukommt: *„Die Luft in Innenräumen ist oftmals viel stärker verunreinigt als die Außenluft“* [Rat87]. In Innenräumen hält sich der Mensch wie eingangs erwähnt bis zu 90 % des Tages auf [UBA19, Rat87, Witth93] und kann dabei folgenden die Luft verunreinigenden **Beimengungen** ausgesetzt sein:

- Gesamtheit flüchtiger organischer Komponenten (TVOC: total volatile organic compounds): synthetische und natürliche Luftverunreinigungen, die bereits bei Raumtemperatur aus der Innenausstattung und Produkten des täglichen Bedarfs ausgasen (Kohlenwasserstoffe wie z. B. Alkane oder Alkene als Fettlöser und Toluol in Klebstoffen, Lacken und Druckerzeugnissen sowie natürliche Bestandteile mancher Holzarten, wie z. B. Terpene in Duftstoffen);

- biologische Luftbeimengungen wie Keime und pathogene Mikroorganismen (z. B. Bakterien, Pilze und Viren) sowie allergene Bestandteile im Hausstaub (z. B. Milbenkot, Pilzsporen, Pollen und Tierepithelien);
- anorganische Stoffe (Chemikalien), auch mit toxischer Wirkung;
- Geruchsstoffe und
- (Fein-)Stäube, mit oder ohne angelagerte Schadstoffe (z. B. SVOC – semivolatile organic compounds, die als schwerflüchtige organische Verbindungen über längere Zeiträume ausgasen und biologische Luftbeimengungen).

Im Rahmen dieses Buches ist es nicht möglich, die derzeit bekannten Raumluft-Verunreinigungen und ihre Quellen auch nur annähernd aufzuzählen. Allein das europäische Chemikalieninventar EINECS (European Inventory of Existing Commercial Chemicals) nennt mehr als hunderttausend chemische Stoffe. Im Chemical Abstract Service (CAS) sind mehr als 7 Millionen Verbindungen aufgelistet und jährlich kommen allein innerhalb der EU etwa 1 000 neue hinzu [LANUV09], deren eventuelles gesundheitliches Risiko nur schwer oder erst nach längerer Zeit richtig einzuschätzen ist. Tabelle 1.1 zeigt eine kleine Auswahl der wichtigsten emittierten Stoffe einschließlich ihrer Quellen [GRÜN03, RAD98, PLU96, Schad96, Wohn95].

Tabelle 1.1: Beispiele für Raumluft-Verunreinigungen und ihrer Quellen

Quelle	Stoff-Emissionen (Raumluft-Beimengungen)
Mensch, Haustiere	Kohlendioxid (CO_2), Wasserdampf (H_2O), Keime und Mikroorganismen, Allergene, Stäube, Geruchsstoffe
Energieversorgung, häusliche Aktivitäten und Hilfsmittel	
(raumluftabhängige) Heizung und Warmwasserbereitung	Kohlenmonoxid (CO), Kohlendioxid (CO_2), Stickstoffdioxid (NO_2), Aldehyde, Kohlenwasserstoffe, polycyclische aromatische Kohlenwasserstoffe (PAK), Wasserdampf (H_2O), Staubpartikel (Feinstaub)
Kochen, Braten, Backen, Grillen	Wasserdampf (H_2O), Fette, Geruchsstoffe

Quelle	Stoff-Emissionen (Raumluft-Beimengungen)
Pflege- und Reinigungsmittel, Kosmetika	Aromastoffe und andere organische Verbindungen und Säuren, teilweise als Aerosol, Konservierungsstoffe, Lösungsmittel, Treibgase, Geruchsstoffe
Produkte des Heimwerker- und Bastelbedarfs	Lösungsmittel aus Farben, Lacken und Klebstoffen, Holzschutzmittel, Geruchsstoffe
Mittel zur Ungeziefer-Bekämpfung und Desinfektion sowie für den Schutz von Holz, Textilien und Zimmerpflanzen	Pestizide, Insektizide, ausgasende Wirkstoffe und Lösungsmittel, Pyrethroide, Geruchsstoffe
Duschen, Baden, Waschen; Pflanzenhaltung	Wasserdampf (H_2O); Pilzsporen
Betreten der Wohnung, Lüftung, Hausarbeiten, brennende Kerzen	(Fein-)Staub mit vielfältigen schädlichen Anlagerungen
Rauchen	CO, NO_2, Acrolein und andere Aldehyde, Nitrosamine, Tabakrauch-Partikel (Feinstaub), PAK, Geruchsstoffe
Gebäude und Raumausstattung	
Bau- und Renovierungsmaterial	Radon, Asbest, Formaldehyd und andere organische Verbindungen, z. B. Lösungs- und Holzschutzmittel, Klebstoffe, polychlorierte Biphenyle (PCB), Geruchsstoffe
Möbel, Wandbekleidungen, Raumtextilien	Lösungsmittel, Formaldehyd (CH_2O) und andere organische Verbindungen, (Fein-)Staub, Geruchsstoffe

An der Beantwortung der Frage, welche der bekannten **Luftbeimengungen** in welchen Konzentrationen und über welche Expositionszeiträume hinweg zu **Irritationen** bzw. **Schädigungen beim Menschen** führen können, haben sich schon [Rat87] und [Witth93] versucht. Das Ergebnis, dass sich diese Frage nur schwer und wenn, dann nur für einige wenige Luftschadstoffe beantworten lässt, gilt im Wesentlichen auch heute noch. Für diese Luftschadstoffe haben nationale und internationale Gremien z. B. **MAK-, TRK-** und **MIK-Werte** als Grenz- und Richtwerte definiert. Dabei ist aber zu beachten, dass nach [Rat87] *„solche Werte meist für bestimmte Zwecke oder Anwendungsbereiche erarbeitet werden und dass ihnen daher meist bestimmte Annahmen oder Voraussetzungen zugrunde liegen. Deshalb können diese Werte nur in sehr begrenztem Maße in anderen als den vorgesehenen Bereichen als Beurteilungsgrundlage dienen"*.

Im Einzelnen bedeuten dabei:

- **MAK-**(maximale Arbeitsplatzkonzentrations-)**Werte** dienen dem Schutz der Gesundheit des (definitionsgemäß) gesunden Erwachsenen am Arbeitsplatz, wobei die Aufenthaltsdauer und die Konstitution des Beschäftigten eine entscheidende Rolle spielen. Bei ihrer Einhaltung wird die Gesundheit bei täglicher bzw. wöchentlicher Exposition von 8 bzw. 40 Stunden nicht beeinträchtigt.
- **TRK**-(technische Richtkonzentrations-)**Werte** werden für gefährliche, z. B. krebserzeugende und das Erbgut verändernde Arbeitsstoffe festgelegt, für die zurzeit noch keine toxikologisch-arbeitsmedizinisch begründeten MAK aufgestellt werden können. Die TRK basieren auf technischen Erkenntnissen und arbeitsmedizinischen Erfahrungen bezüglich des gefährlichen Arbeitsstoffs.
- **MIK**-(maximale Immissionskonzentrations-)**Werte**, unterteilt in Lang- (MIKD) und Kurzzeitwerte (MIKK), „sind rein wirkungsbezogene, wissenschaftlich begründete und aus praktischen Erfahrungen abgeleitete Werte mit medizinischer oder naturwissenschaftlicher Indikation" ohne Berücksichtigung der technischen Realisierbarkeit. Sind für einen Schadstoff keine MIK-Werte bekannt, kann nach [Rat87] ein vorläufiger Wert angenommen werden, der einem Zwanzigstel des MAK-Wertes entspricht.

MAK beschreibt die höchstzulässige Konzentration eines Arbeitsstoffes als Gas, Dampf oder Schwebstoff in der Luft am Arbeitsplatz;

TRK ist ein Anhaltswert für die bedenkliche Konzentration eines gefährlichen Arbeitsstoffes als Gas, Dampf oder Schwebstoff in der Luft am Arbeitsplatz;

MIK beschreibt das Verhältnis von Schadstoffen zum Luftvolumen sowohl in der bodennahen Außen- als auch in der Raumluft.

Im Weiteren wird bis auf die MAK-Werte einschließlich der Staubgrenzwerte nur noch auf wohnungsspezifische Vorgaben bzw. Richtwerte näher eingegangen (Tabellen 1.2 und 1.3).

Tabelle 1.2: Auswahl von MAK- und MIK-Werten (Stand 2003 ... 2014)

Substanz	MAK [DFG14]		MIK [LANUV06[*)], Rat87, VDI 2310[**)]]	
	ppm	mg/m^3	MIKD	MIKK
			mg/m^3	
Aceton $H_3C\text{-}CO\text{-}CH_3$	500	1200	120	360
Ammoniak NH_3	20	14	2	1
Asbest			220 Fasern/m^3 pro Jahr[*)]	
Chlor Cl_2	0,5	1,5		
Fluor F_2				
Formaldehyd CH_2O	0,3	0,37/1,2[4)]	0,03	0,07
Kohlenstoffdioxid CO_2	5 000	9 100		
Kohlenstoffmonoxid CO	30	35	10[**)]	50[**)]
Nikotin (ISO)				
Ozon O_3				0,12/0,1[1)**)]
Quecksilber Hg		0,02 (E)[3)]	50 ng/m^3[*)]	
Schwefeldioxid SO_2	1	2,7	0,3[**)]	1 ($\leq$ 1/d)[**)]
Stickstoffdioxid NO_2	0,5	0,95	0,02[5)**)]	0,05[5)**)]
Stickstoffmonoxid NO	0,5	0,63	0,5[**)]	1[**)]
allgemeiner Staubgrenzwert (ASGW) (2014)		(A) 1,25[2)]/$\leq$ 3,0[3)]; (E) 10	0,3	0,45
Schwebstaub			0,25 ... 0,075[**)]	0,5[**)]

MIKD Dauerwert (zwischen 24 h und Jahresmittel)

MIKK Kurzzeitwert (zwischen 0,5 h und Tagesmittel)

1) 0,5/8 Stunden

2) ASGW als Schichtmittelwert (ASGW): (A) alveolengängige Fraktion (A-Staubfraktion), gilt für eine mittlere Dichte von 2,5 g/cm^3 [TRGS 900]

3) einzelner Schichtmittelwert

4) Ein Momentanwert von 1 ml/m^3 entsprechend 1,2 mg/m^3 sollte nicht überschritten werden.

5) für Wohngebiete [VDI 2310]

2019 setzte darüber hinaus der Ausschuss für Innenraumrichtwerte (AIR) beim Umwelt-Bundesamt *„bundeseinheitliche, gesundheitsbezogene Richtwerte für die Innenraumluft fest, die als Maßstab für die Bewertung der Innenraumluftqualität öffentlicher und privater Gebäude in Deutschland angewandt werden können. Der AIR besteht aus Fachleuten des Bundes und der Länder, die auf Mandat der Arbeitsgemeinschaft der Obersten Landesgesundheitsbehörden (AOLG) benannt werden. …*

Innenraumluft-Richtwerte für einzelne Stoffe erarbeitet die „Ad-hoc-Arbeitsgruppe", die aus Mitgliedern der Innenraumlufthygiene-Kommission (IRK) beim Umweltbundesamt sowie der Arbeitsgemeinschaft der Obersten Landesgesundheitsbehörden (AOLG) besteht….

Es gibt zwei Richtwert-Kategorien:

***Richtwert II** (RW II) ist ein wirkungsbezogener Wert, der sich auf die gegenwärtigen toxikologischen und epidemiologischen Kenntnisse zur Wirkungsschwelle eines Stoffes unter Einführung von Unsicherheitsfaktoren stützt. Er stellt die Konzentration eines Stoffes dar, bei deren Erreichen beziehungsweise Überschreiten unverzüglich zu handeln ist. Diese höhere Konzentration kann, besonders für empfindliche Personen bei Daueraufenthalt in den Räumen, eine gesundheitliche Gefährdung sein. Je nach Wirkungsweise des Stoffes kann der Richtwert II als Kurzzeitwert (RW II K) oder Langzeitwert (RW II L) definiert sein.*

***Richtwert I** (RW I – Vorsorgerichtwert) beschreibt die Konzentration eines Stoffes in der Innenraumluft, bei der bei einer Einzelstoffbetrachtung nach gegenwärtigem Erkenntnisstand auch dann keine gesundheitliche Beeinträchtigung zu erwarten ist, wenn ein Mensch diesem Stoff lebenslang ausgesetzt ist. Eine Überschreitung ist allerdings mit einer über das übliche Maß hinausgehenden, unerwünschten Belastung verbunden. Aus Gründen der Vorsorge sollte auch im Konzentrationsbereich zwischen Richtwert I und II gehandelt werden, sei es durch technische und bauliche Maßnahmen am Gebäude (handeln muss in diesem Fall der Gebäudebetreiber) oder durch verändertes Nutzerverhalten. RW I kann als Zielwert bei der Sanierung dienen. …"*

Die Innenraumluft-Richtwerte nach Tabelle 1.3, die nach dem vorgenannten Schema abgeleitet wurden, berücksichtigen auch empfindliche Personengruppen, wie z. B. Kinder und kranke Menschen. Sie *„… helfen im Einzelfall zu klären, ob eine gesundheitlich bedenkliche Innenraumluftqualität besteht. Bei Streitigkeiten …"* können *„sie als Grundlage der Gutachterbeurteilung dienen, ob eine Wohnung ‚krank' macht oder nicht."* [UBA19]

Alle Richtwerte in Tabelle 1.3 beziehen sich auf Einzelstoffe und beinhalten keine Aussagen über mögliche Kombinationswirkungen verschiedener Substanzen.

Tabelle 1.3: Richtwerte für die Innenraumluft [UBA19]

Substanz	RW II[1)]	RW I[2)]	Einheit	seit:
Toluol	3	0,3	mg/m³	2016
Dichlor-methan	2 (24 h)[3)]	0,2	mg/m³	1997
Pentachlor-phenol (PCP)	1	0,1	µg/m³	1997
Stickstoff-dioxid NO_2	0,35 (½ h)	–	mg/m³	2018
	0,06 (1 Woche)	–		
Phenylethen (Styrol)	0,3	0,03	mg/m³	1998
Quecksilber (als metallischer Dampf)	0,35	0,035	µg/m³	1999
Tris(2-chlorethyl)phosphat (TCEP)	0,05	0,005[4)]	mg/m³	2002
Bicyclische Terpene	2	0,2	mg/m³	2003
Naphthalin	0,02	0,002	mg/m³	2013
Aromatenarme Kohlenwasserstoffgemische (C9-C14)	2	0,2	mg/m³	2005
TVOC	1 ... 3	0,2 ... 0,3	mg/m³	1999 (2008)
Formaldehyd (CH_2O)	–	0,1	mg/m³	2016

Substanz	RW II[1)]	RW I[2)]	Einheit	seit:
Kohlen-monoxid (CO)	60 (½ h); 15 (8 h)	6 (½ h); 1,5 (8 h)	mg/m^3	2015
Stickstoff-dioxid (NO_2)	0,35 (30 min); 0,06 (7 Tage)		mg/m^3	2015

1 Richtwert II (RW II) ist ein wirkungsbezogener Wert, der sich auf die gegenwärtigen toxikologischen und epidemiologischen Kenntnisse zur Wirkungsschwelle eines Stoffes unter Einführung von Unsicherheitsfaktoren stützt. Er stellt die Konzentration eines Stoffes dar, bei deren Erreichen beziehungsweise Überschreiten unverzüglich zu handeln ist. Diese höhere Konzentration kann, besonders für empfindliche Personen bei Daueraufenthalt in den Räumen, eine gesundheitliche Gefährdung sein. Je nach Wirkungsweise des Stoffes kann der Richtwert II als Kurzzeitwert oder Langzeitwert definiert sein.

2 Richtwert I (RW I) beschreibt die Konzentration eines Stoffes in der Innenraumluft, bei der bei einer Einzelstoffbetrachtung nach gegenwärtigem Erkenntnisstand auch dann keine gesundheitliche Beeinträchtigung zu erwarten ist, wenn ein Mensch diesem Stoff lebenslang ausgesetzt ist. Aus Gründen der Vorsorge sollte auch im Konzentrationsbereich zwischen Richtwert I und II gehandelt werden, sei es durch technische und bauliche Maßnahmen am Gebäude ... oder durch verändertes Nutzerverhalten. RW I kann als Zielwert bei der Sanierung dienen.

3 alle Klammerwerte entsprechen gemittelten Einwirkungszeiträumen, hier z. B. 24 Stunden [h]

4 Obwohl die Ergebnisse tierexperimenteller Studien auf ein krebserzeugendes Potenzial der Verbindung hinweisen und für krebserzeugende Stoffe das Basisschema zur Richtwertableitung keine Anwendung finden sollte, sieht die Kommission aufgrund des Fehlens eindeutiger Hinweise zur Genotoxizität und des Bedarfs an Orientierungshilfen die Ableitung von Richtwerten für TCEP als vertretbar an.

Zum Richtwert für **Formaldehyd** (CH_2O) ist anzufügen, dass *„die EU im Juni 2014 aufgrund neuer Erkenntnisse“* diesen Schadstoff *„als ‚kann Krebs erzeugen‘ (Kategorie 1 B gemäß CLP-Verordnung) eingestuft“* hat. Auf nationaler Ebene gilt diesbezüglich gemäß *„Ausschuss für Innenraumrichtwerte (AIR) ... seit 2016 ein Richtwert von 100 µg/m³. Das entspricht der Empfehlung der Weltgesundheitsorganisation (WHO).“* [UBA19]

Die Ad-hoc-Arbeitsgruppe Innenraumrichtwerte des Umweltbundesamtes und der Obersten Landesgesundheitsbehörden hat aus der Bewertung aktueller Interventionsstudien außerdem gesundheitlich-hygienisch begründete wohnungsrelevante **Leitwerte** mitgeteilt (Tabelle 1.4):

*„**Leitwerte** für die **Innenraumluft***

Unter einem Leitwert versteht die Ad-hoc-Arbeitsgruppe einen hygienisch begründeten Beurteilungswert eines Stoffes oder einer Stoffgruppe. Leitwerte werden festgelegt, wenn systematische praktische Erfahrungen vorliegen, dass mit steigender Konzentration die Wahrscheinlichkeit für Beschwerden oder nachteilige gesundheitliche Auswirkungen zunimmt, der Kenntnisstand aber nicht ausreicht, um toxikologisch begründete Richtwerte abzuleiten. Leitwerte wurden bisher festgelegt für Kohlendioxid, Kohlenmonoxid, für die Summe der flüchtigen ***organischen Verbindungen (TVOC) und für Feinstaub (Particulate Matter – PM 2,5).***

***Leitwerte** für **TVOC** in der Innenraumluft (2007)*

Da die Innenraumluft viele organische Verbindungen enthält und Richtwerte nur für relativ wenige Einzelverunreinigungen zur Verfügung stehen, hat die Ad-hoc-Arbeitsgruppe Innenraumrichtwerte der IRK/AOLG Maßstäbe zur Beurteilung von flüchtigen organischen Verbindungen in der Innenraumluftqualität mit Hilfe der TVOC-Werte erarbeitet. Zur Verdeutlichung der Unsicherheiten, die bei der Ableitung vorlagen, wurden nicht einzelne Zahlenwerte, sondern Konzentrationsbereiche angegeben. Für die Bewertung von TVOC-Werten wurden 5 Stufen definiert, und für die einzelnen Stufen wurden bestimmte Maßnahmen empfohlen." [UBA19]

- Für Kohlendioxid (CO_2) gelten danach Konzentrationen unter 1 000 ppm [PETT1858] in der Raumluft als unbedenklich, Konzentrationen zwischen 1 000 ppm und 2 000 ppm als auffällig und Konzentrationen über 2 000 ppm als inakzeptabel [UBA08-1].
- Der Leitwert für Feinstaub beträgt $\leq$ 25 µg $PM_{2,5}/m^3$ als *„24-Stunden-Mittelwert" für „reine Wohninnenräume in Abwesenheit innenraumspezifischer Staubquellen"* (PM: Particulate Matter) [UBA08-1].

Tabelle 1.4: Leitwerte für TVOC in der Innenraumluft (2007) [UBA19]

Stufe	Konzentrationsbereich TVOC in [mg TVOC/m³]	hygienische Bewertung
1	$\leq 0{,}3$	hygienisch unbedenklich
2	$> 0{,}3 \ldots < 1$	hygienisch noch unbedenklich, sofern keine Richtwertüberschreitungen für Einzelstoffe bzw. Stoffgruppen vorliegen
3	$> 1 \ldots 3$	hygienisch auffällig
4	$> 3 \ldots 10$	hygienisch bedenklich
5	> 10	hygienisch inakzeptabel

Bezüglich **Radon** und seinen Zerfallsprodukten ist Folgendes zu beachten:

Erhöhte Radonkonzentrationen in Wohnungen sind die zweitwichtigste Ursache für Lungenkrebs. Das Risiko, an Lungenkrebs zu erkranken, steigt um etwa 10 % pro 100 Bq/m³ Zunahme der Radonkonzentration. Die gesundheitliche Gefährdung wird dabei nicht vom Radongas selbst, sondern von seinen kurzlebigen an Staubpartikel angelagerten radioaktiven Zerfallsprodukten (Polonium, Wismut, Blei) verursacht. Bei deren Einatmen kann es zur Schädigung der Zellen kommen und eine Krebserkrankung begünstigt werden [UBA08-2].

Laut Richtlinie 2013/59/Euratom vom 5. Dezember 2013 ist für Innenräume ein Referenzwert der mittleren jährlichen Radon-Aktivitätskonzentration von maximal 300 Bq/m³ festgelegt worden. Zu dessen Einhaltung sind die Mitgliedsstaaten über die Umsetzung in nationales Recht bis spätestens 6. Februar 2018 angehalten worden.

In Deutschland wurde infolgedessen 2017 das *„Gesetz zum Schutz vor der schädlichen Wirkung ionisierender Strahlung“* [StrlSchG17] erlassen. Dort heißt es im Abschnitt 2, § 124 **Referenzwert, Verordnungsermächtigung**: *„Der Referenzwert für die über das Jahr gemittelte Radon-222-Aktivitätskonzentration in der Luft in Aufenthaltsräumen beträgt 300 Becquerel je Kubikmeter.“*
Dazu erschien im April 2020 der Normentwurf [E DIN/TS 18117-1], der die Grundlagen und Maßnahmen zum radongeschützten Bauen einschließlich zusätzlich erforderlicher lüftungstechnischer Maßnahmen beschreibt.

Nach wie vor gibt es in Deutschland aber keinen gesetzlich vorgeschriebenen **Grenzwert**. Die Strahlenschutz-Kommission (SSK) hatte mit Dokument vom 21./22.04.2005 diesbezüglich jedoch empfohlen, Radonkonzentrationen von über 100 Bq/m³ Luft im Jahresmittel in Gebäuden durch geeignete bauliche Maßnahmen zu vermeiden.

Über die Einhaltung von rein hygienischen **Leitwerten** hinaus hat die Lüftung aber auch die Aufgabe, den Raumluftgehalt an Keimen und Mikroorganismen (z. B. Milben) sowie allergenen Bestandteilen im Hausstaub (z. B. Pollen und Pilzsporen) zu mindern und Geruchsstoffe (vorzugsweise aus Küche und Bad/WC-Raum) schnellstmöglich abzuführen.

Um alle Anforderungen an unproblematische Schadstoff-Konzentrationen in Räumen mit möglichst geringem Energieeinsatz erfüllen zu können, müssen **Schadstoff-Emissionen** aus Bauwerk, Einrichtungs-Gegenständen, Raumtextilien, Tapeten und Wandfarben sowie Fußbodenbelägen schon im Vorfeld weitestgehend vermieden werden.

Welche **Schädigungen** können zu hohe bzw. zu lange andauernde Einwirkungen von Luftschadstoffen **beim Menschen** hervorrufen?

Diese Frage kann wegen der nicht ausreichenden Anzahl objektiv belegbarer Forschungsergebnisse noch immer nur eingeschränkt beantwortet werden. Während der gesunde, widerstandsfähige Mensch auf viele Luftbeimengungen u. U. gar nicht oder höchstens mit kurzzeitigen Irritationen reagiert, können dieselben bei *„unzureichender Regenerationsdauer… bei Allergikern, chronisch Kranken, Schwangeren und Kindern zu irreversiblen Schädigungen führen“* [Rat87]. Welche das sind, kann in der einschlägigen Literatur ebenso ausführlich nachgelesen werden wie Empfehlungen zur Vermeidung des Einbringens schädlicher Luftbeimengungen in die Wohnung ([Grün03, Rad98, Plu96, Schad96, Wohn95]).

Hinsichtlich Luftbeimengungen, die zu Krebserkrankungen führen können, wird in [LAI04] Folgendes ausgeführt: *„Krebserzeugende Umweltschadstoffe stellen innerhalb der Beurteilung gesundheitlicher Wirkungen eine Besonderheit dar. Sie unterliegen keiner Wirkschwelle, d. h. grundsätzlich kann eine Krebserkrankung durch nur ein Molekül des jeweiligen Stoffes hervorgerufen werden. Die Wahrscheinlichkeit, mit der eine Krebserkrankung ausgelöst wird, steigt mit der zugeführten Dosis eines kanzerogenen Stoffes und dessen krebserzeugender Potenz. Kanzerogene Effekte werden folglich in Dosis-Häufigkeitsbeziehungen beschrieben, die das Auftreten zusätzlicher Krebsfälle abbilden.“*

In NRW z. B. verteilen sich die anteiligen Risiken der wichtigsten kanzerogenen Luftschadstoffe immissionsseitig wie folgt [LAI04]: Rußpartikel (73,3 %), PAK(BaP) (10,8 %), Asbest (4,4 %) und Benzol (3,9 %). Als Orientierungs-/Zielwerte für kanzerogene Luftschadstoffe werden in der gleichen Ausarbeitung u. a. angegeben: Benzol 5 $\mu g/m^3$, Arsen 6 ng/m^3, Cadmium 5 ng/m^3, Nickel 20 ng/m^3 (Ableitung nicht auf der Basis der kanzerogenen Wirkung), PAK(BaP) 1 ng/m^3 und Asbest 220 Fasern/m^3.

Da es auch bei Realisierung aller relevanten Empfehlungen nicht möglich ist, Aufenthaltsräume völlig frei von Luftschadstoffen zu halten, spielt die Lüftung eine u. U. entscheidende Rolle bei der Verdünnung der im Innenraum vorzufindenden Schad- und Geruchsstoffe. Übereinstimmend wird in [Rat87, Witth93] festgestellt, dass eine **ausreichende Lüftung** nicht nur die *„Konzentrationserhöhung chemischer Luftbelastungen, sondern auch eine Anreicherung von Keimen und Viren, die die Wahrscheinlichkeit aerogener Infektionen erhöht“* [Witth93], vermindert.

Dafür muss auch gewährleistet sein, dass die lüftungsrelevanten Vorschriften der Neununddreißigsten Verordnung zur Durchführung des Bundes-Immissionsschutzgesetzes (39. BImSchG) (*Gesetz zum Schutz vor schädlichen*

Umwelteinwirkungen durch Luftverunreinigungen, Geräusche, Erschütterungen und ähnliche Vorgänge) [BImSchG10] eingehalten werden. Das BImSchG regelt die Immissionsgrenzwerte sowie Emissionshöchstmengen für bestimmte Luftschadstoffe. Immission steht dabei für die Einwirkung von Störfaktoren, z. B. durch Schadstoffe aus der Luft, auf den Menschen.

Anstelle einer **Zusammenfassung** wird dieser Abschnitt mit Auszügen aus einer Entschließung des Bundesrats für einen verbesserten Schutz vor Luftverunreinigungen in Innenräumen abgeschlossen, die, obwohl schon im Jahre 1992 verkündet, bis Redaktionsschluss kaum etwas von ihrer Aktualität eingebüßt hat:

„Bisher bekannt gewordene Untersuchungen belegen, daß in der Luft von Innenräumen gemessene Konzentrationen bestimmter Schadstoffe oft nicht nur beachtlich höher sind als in der Außenluft, sondern z. T. an die Werte der MAK und TRK heranreichen und diese überschreiten. ... Der überwiegende Teil der Beeinträchtigungen, über die Patienten (in Umweltmedizinischen Beratungsstellen) berichten, wird in einen Zusammenhang mit Verunreinigungen der Innenraumluft gebracht. Vor diesem Hintergrund erbringt der Abbau der mit der Innenraum-Luftbelastung verbundenen Gefahren nicht nur eine direkte Verbesserung der individuellen Lebenssituation, sondern stellt auch einen erheblichen Beitrag zum vorsorgenden Gesundheitsschutz dar.“ [Beschl92]

Wegen ihrer gesundheitlichen Bedeutung werden in dieser Entschließung vor allem folgende **Verunreinigungen** und **Quellen** hervorgehoben:

- *„Es ist davon auszugehen, dass passiv inhalierter Tabakrauch in seinem gesundheitlichen Risikopotential vermutlich alle anderen luftgetragenen Schadstoffe übertrifft.“* (siehe dazu auch Bild 1.1)
- *„Abschätzungen führen etwa 10 % der in der Bundesrepublik Deutschland jährlich zu verzeichnenden Lungenkrebs-Todesfälle auf das Einatmen von Radon sowie seinen Zerfallsprodukten zurück.*
- *Reinigungs- und Pflegemittel, Farben, Klebstoffe und andere Haushalts- und Hobbyprodukte können durch Abgabe von leichtflüchtigen organischen Verbindungen vor allem kurzfristig zu akut toxisch irritativen Gesundheitsstörungen führen.*
- *Baumaterialien, Möbel, Textilien und andere Raumausstattungs-Materialien sowie der Einsatz von Holzschutz- und Schädlingsbekämpfungsmitteln können zu einer lang anhaltenden Belastung der Innenraumluft beitragen.*
- *Der Betrieb offener Feuerstellen kann bei unzureichender Belüftung zu kritischen Konzentrationen von Reizgasen führen.“*

Eine herausragende Rolle hinsichtlich einer Gesundheitsgefährdung spielt nach wie vor das aktive Rauchen (Bild 1.1).

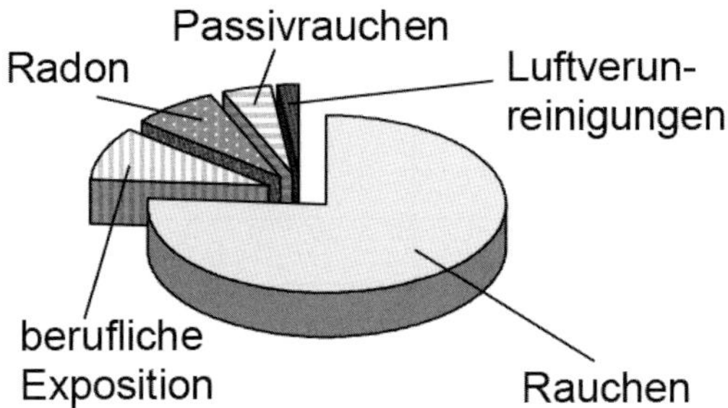

Bild 1.1: Anteil der Risikofaktoren des Bronchialkarzinoms

Neuere diesbezügliche Erkenntnisse besagen, dass etwa 90 % der Lungenkrebserkrankungen bei Männern und 66 % bei Frauen auf das aktive Rauchen zurückzuführen sind. Hinzu kommt, dass auch das Passivrauchen das Auftreten von Lungenkrebs fördert [UBA05].

In den weiteren Ausführungen von [Beschl92] wird auf die Ursachen für unzureichende Lüftung als zusätzliche Ursache für die Vergrößerung der vorgenannten Gefahren hingewiesen und die Forderung in [Rat87] nach Festlegung von Gütestandards für Stoffe und Stoffgruppen wie Aldehyde, allergene und pathogene Mikroorganismen, Biozide, Isocyanate, Kohlenmonoxid, polyzyklische aromatische Kohlenwasserstoffe, Lösemittel und Staubpartikel unterstützt.

Obwohl bis hierher schon sichtbar geworden ist, dass mit ausreichender Lüftung ein großer Teil hygienisch bedingter Probleme gelöst werden kann, muss jedoch an erster Stelle aller diesbezüglichen Maßnahmen nach wie vor die größtmögliche Vermeidung von Emissionen stehen. Andernfalls erkauft man sich saubere und gesunde Luft mit unverhältnismäßig hohem energetischen Mehraufwand und dadurch mit insgesamt nicht vertretbar höheren, ständig wiederkehrenden Betriebskosten.

Eine nicht zu unterschätzende Rolle spielen dabei auch Emissionen aus den Baustoffen der Gebäude (siehe dazu auch [E DIN/TS 18117-1]). Hinsichtlich dieser wird nach [DIN EN 15251] in schadstoffarme und sehr schadstoffarme Gebäude unterschieden. Tabelle 1.5 zeigt die jeweils zugehörigen Emissionsgrenzen. Sowohl der Baustoffeinordnung als auch den zugehörigen Emissionsgrenzen hat sich Deutschland in seinem Nationalen Anhang zur EN vom Mai 2012 jedoch begründet nicht angeschlossen.

Tabelle 1.5: Zulässige Schadstoffemissionen aus Baustoffen in mg/(m^2 · h); nach [DIN EN 15251]

Art der Emission	Einordnung des Baustoffs als	
	schadstoffarm	sehr schadstoffarm
gesamte flüchtige organische Verbindungen (TVOC)	< 0,2	< 0,1
Formaldehyd CH_2O	< 0,05	< 0,02
Ammoniak NH_3	< 0,03	< 0,01
krebserregende Verbindungen (IARC)	< 0,005	< 0,002

1.3 Raumluftfeuchte, Schimmelpilz und Auswirkungen

1.3.1 Vorbemerkung

In jeder Wohnung wird von den Nutzern Feuchtigkeit freigesetzt. Diese sogenannte Raumluftfeuchte muss bis auf gesundheitlich notwendige Werte aus der Wohnung entfernt werden. Geschieht das nicht in gewünschtem Maße, kann das vor allem in der kälteren Jahreszeit (in wohnähnlich genutzten Kellerräumen – siehe Unterabschnitt 9.5.2 – aber auch unter sommerlichen Bedingungen) zu Schädigungen am Bauwerk und zu gesundheitlichen Problemen infolge freigesetzter Pilzsporen beim Menschen führen. Der Abtransport der überschüssigen Feuchte kann nur mit Hilfe der Lüftung über das Transportmedium Außenluft erfolgen. Der Anteil der Feuchte, der über die häufig zitierten „atmenden" Wände von innen nach außen gelangen kann, ist im Verhältnis zur notwendigen Menge verschwindend gering. Er wird umso kleiner und geht u. U. gegen null, je besser unsere Wände von innen und außen luft- und wasserdicht ‚versiegelt' sind.

1.3.2 Feuchtequellen und -mengen

Feuchtequellen in der Wohnung sind die Koch-, Back-, Grill- und Bratvorgänge, alle Feuchtreinigungs- und Trocknungsprozesse, Wannen- und Duschbäder, freie Wasserflächen (z. B. unzureichend abgedeckte Aquarien) und Zimmerpflanzen sowie der Mensch selbst (siehe dazu auch Bild 2.5). In einem Drei-Personen-Haushalt verdunsten nach [Hartm99, Hartm01-1, DIN-FB

4108-8] im Durchschnitt täglich 5,6 l Wasser (ohne ...) bis 7,8 l Wasser (mit Wäschetrocknen in der Wohnung) (Tabelle 1.6 und Tabelle 1.7). Dabei spielt neben der Wasserabgabe durch Personen die Feuchtefreisetzung infolge des Wäschetrocknens, das vor allem in städtischen Mehrfamilienhaus-Wohnungen noch in den 1990er-Jahren von 70 % bis mehr als 80 % der Nutzer praktiziert wurde [Heinz94/95], die wesentliche Rolle.

Aus den Werten in Tabelle 1.6 resultieren nach [Hartm08] die in Tabelle 1.7 aufgelisteten durchschnittlichen täglichen Feuchtelasten für unterschiedlich große Haushalte.

Tabelle 1.6: Durchschnittliche Feuchtelasten in Haushalten; nach [HARTM08, HARTM99, DIN-FB 4108-8]

<table>
<tr><th rowspan="2">Raum</th><th rowspan="2">Quellen</th><th colspan="2">Feuchtelast</th></tr>
<tr><th>g/h</th><th>g/d</th></tr>
<tr><td rowspan="4">Küche</td><td>Kochen, Braten, Grillen und Backen</td><td>700 ... 1 000</td><td>–</td></tr>
<tr><td>Betrieb Geschirrspüler (Geschirr bei Entnahme abgekühlt)</td><td colspan="2">100 g/Spülgang</td></tr>
<tr><td>Geschirrspülen unter fließendem Wasser (50 °C)</td><td>300</td><td>–</td></tr>
<tr><td>Geschirrspülen im Becken (50 °C)</td><td>140</td><td>–</td></tr>
<tr><td rowspan="3">Bad-/ WC-Raum</td><td>Wannenbad</td><td>ca. 700</td><td>ca. 300 g/Bad[a)]</td></tr>
<tr><td>Duschbad</td><td>ca. 2 600</td><td>ca. 300 g/Dusche[b)]</td></tr>
<tr><td>Abtrocknen</td><td colspan="2">ca. 70 g/Vorgang</td></tr>
</table>

<table>
<tr><th rowspan="2">Raum</th><th rowspan="2" colspan="2">Quellen</th><th colspan="2">Feuchtelast</th></tr>
<tr><th>g/h</th><th>g/d</th></tr>
<tr><td rowspan="6">alle Räume</td><td colspan="2">Wäschetrocknen im Raum (5 kg geschleudert)</td><td colspan="2">2 500 g/Waschgang</td></tr>
<tr><td>Person</td><td>(ruhend bis leichte Aktivitäten)</td><td>50</td><td>1 200[c)]</td></tr>
<tr><td rowspan="3">Haustiere</td><td>Fische: Aquarium (90 % abgedeckt, 26 °C)</td><td>6 g/(h · m²)[d)]</td><td>150 g/(h · m²)[d)]</td></tr>
<tr><td>Hund (mittelgroß, 20 kg)</td><td>40</td><td>950[c)]</td></tr>
<tr><td>Katze</td><td>10</td><td>250[c)]</td></tr>
<tr><td colspan="2">repräsentativer Mittelwert aus 25 verschiedenen typischen Topfpflanzen</td><td>2</td><td>50</td></tr>
<tr><td colspan="5">a) Dauer 20 min einschließlich Abtrocknen
b) Dauer 5 min einschließlich Abtrocknen
c) Aufenthalt in der NE 24 h/d
d) bezogen auf die Grundfläche des Aquariums</td></tr>
</table>

Kommt für Kochen, Braten, Grillen und Backen Gas zum Einsatz, müssen die Angaben nach Tabelle 1.6 und Tabelle 1.7 noch um die Feuchtelast durch Gasverbrennung ergänzt werden. Abhängig von der Art des Gases beträgt diese nach [CEN/TR 14788] 130 g/h für Flüssiggas und 150 g/h für Erdgas je kW Eingangsleistung. Daraus resultiert für das Kochen mit Gas (3 kg/d) gegenüber dem Kochen mit Elektroenergie (2 kg/d) eine um 1 kg Feuchte höhere Last pro Tag.

Dabei wird bei der durchschnittlichen täglichen Feuchtelast der Wohnungen unterschieden in Haushalte mit geringer (z. B. Abwesenheit der Nutzer am Tage), mittlerer (z. B. Familie mit Kindern) und hoher (z. B. Familie mit kleinen Kindern und Wäschetrocknen in der Wohnung) Feuchtefreisetzung (Tabelle 1.8).

Tabelle 1.7: Durchschnittliche tägliche Feuchtelasten für unterschiedlich große Haushalte bzw. Nutzungseinheiten (NE) [HARTM08]

Haushaltsgröße	Anwesenheitsdauer	Anzahl				Feuchtelast	
		Wannenbäder	Duschbäder	Waschgänge (Wäschetrocknen)	Pflanzen	ohne ... Wäschetrocknen in der NE	mit ... Wäschetrocknen in der NE
Personen/NE	h/d	d^{-1}			Stück/NE	kg/d	
1	12	1	0	0,25	5	2,1	2,7
	24	1	0	0,25	10	3,1	3,8
2	2 · 17	1	1	0,5	10	3,9	5,2
3	3 · 17	2	1	0,75	15	5,6	7,5
4	4 · 17	2	2	1	15	6,7	9,2

Annahmen: In allen Haushalten wird täglich ein Kochgericht zubereitet, wird gespült und fallen sonstige Feuchtelasten an. In den 3- und 4-Personen-Haushalten wird darüber hinaus ein Geschirrspüler genutzt.

Tabelle 1.8: Durchschnittliche tägliche Feuchtelasten für unterschiedlich große Haushalte bzw. Nutzungseinheiten (NE); nach [CEN/TR 14788]

Haushaltsgröße	Feuchtelast		
	gering[a)]	mittel[b)]	hoch[c)]
Personen/NE	kg/d		
1	3,5	6	9
2	4	8	11
3	4	9	12
4	5	10	14
5	6	11	15
6	7	12	16

a) z. B. Abwesenheit der Nutzer am Tage

b) z. B. Familie mit Kindern

c) z. B. Familie mit kleinen Kindern und Wäschetrocknen in der NE

Aus den Werten in Tabelle 1.8, die teilweise erheblich höher als die national ermittelten Werte (Tabelle 1.6 und Tabelle 1.7) sind, geht nicht hervor, ob sie auf Gas- oder Elektroküchen-Basis ermittelt worden sind.

1.3.3 Ursachen und Wirkung des Schimmelpilz-Wachstums

Ein Teil des als Wasserdampf in der gesamten Wohnung **freigesetzten** (verdunsteten) **Wassers** kann mittels Lüftung direkt abgeführt werden. Der Rest wird vor einem späteren (indirekten) Abtransport in der Umfassungskonstruktion und in den Einrichtungsgegenständen gespeichert (Bild 2.5). Die direkte und indirekte Abführung kann aber nur dann in hinreichendem Maße gesichert werden, wenn entsprechend dem jeweiligen Feuchtigkeitsaufkommen genügend Außenluft zur Verfügung steht und diese außerdem ausreichend Feuchtigkeit aufnehmen kann. Letzteres wird umso besser erfüllt, je niedriger die Außenlufttemperatur ist. Das resultiert aus dem Absinken des Wasserdampfgehalts der Außenluft in Form der absoluten Luftfeuchtigkeit x_{Au} mit fallender Außenlufttemperatur θ_{Au} (Bild 1.2 und Bild 2.7).

Kann die im Raum freigesetzte Feuchtigkeit nicht in ausreichendem Maße von der zugeführten Außenluft aufgenommen und mit der Ab-/Fortluft abgeführt werden, steigt die Luftfeuchtigkeit auf Werte an, die vorzugsweise in der Heizperiode an kälteren Oberflächen zu **kritischen Oberflächenfeuchten** bis hin zur **Kondensation** führen können. Im Mollier-(h, x)-Diagramm kann dieser Vorgang auf der sogenannten Abkühlungsgeraden nachvollzogen werden (Bild 1.3 einschließlich unten angeführter Beispielbetrachtung).

Das Risiko für Schimmelpilz-Wachstum ist dabei nicht nur im Bereich tiefer Außenlufttemperaturen ($\theta_{Au} \leq -5$ °C), sondern wegen des erheblich höheren absoluten Feuchtegehalts der Außenluft und der daraus resultierenden geringeren Aufnahmefähigkeit für Wasserdampf auch im Bereich der Heizgrenztemperatur ($10 \leq \theta_{Au} \leq 15$) °C besonders hoch [Erh97].

Beispiel (nach Bild 1.3): In einem Wohnraum hat sich bei $\theta_i = 22$ °C eine akzeptable relative Luftfeuchte von $\varphi_i = 0{,}5$ (50 %) eingestellt. Das entspricht einer absoluten Raumluftfeuchte von xi = 8,33 g/kg. In der Nähe kalter innerer Oberflächen kühlt sich die Raumluft ab. Ist die Oberfläche kalt genug, wird bei 14,7 °C die Bedingung für den Beginn des Schimmelpilz-Wachstums hinsichtlich der relativen Luftfeuchte an der Oberfläche ($0{,}75 \leq \varphi_{O,i} \leq 0{,}8$) erreicht. Beim Abkühlen auf 11,2 °C würde die Luftfeuchte an den entsprechend kalten Oberflächen ($\theta_{O,i} \leq 11{,}2$ °C) zu kondensieren beginnen. Dieser Prozess kann durch Absenken der Raumlufttemperatur infolge Reduktion bzw. Unterbrechung der Heizwärmezufuhr insofern noch begünstigt werden, als dann bei gleich bleibender Außenlufttemperatur noch niedrigere innere Oberflächentemperaturen $\theta_{O,i}$ zu erwarten sind. Diese würden im betrachteten Beispiel unterhalb von 14,7 °C zu relativen Luftfeuchten von $\varphi_{O,i} > 0{,}775$ (siehe Randbedingungen) und damit zu noch besseren Wachstumsbedingungen für Schimmelpilze führen.

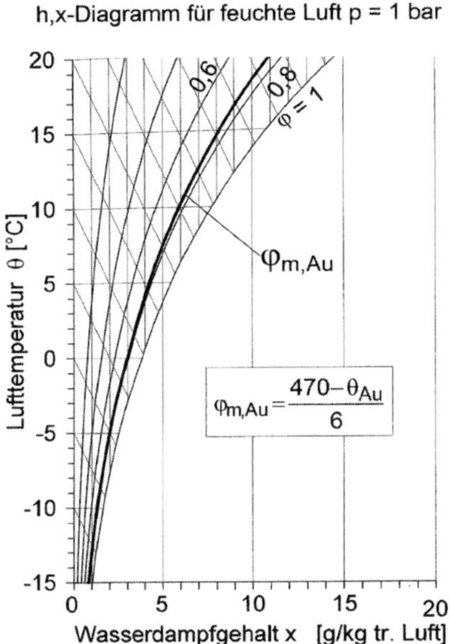

Bild 1.2: Mittlere relative Außenluftfeuchte $\varphi_{m,Au}$ nach [DIN 4710] [ERH86]; Darstellung im Mollier-(h, x)-Diagramm

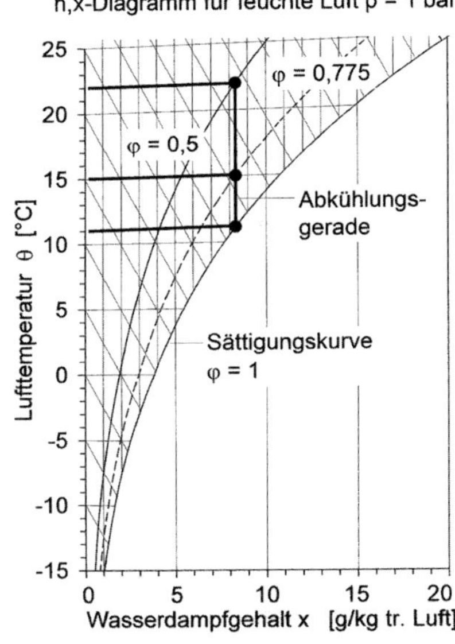

Bild 1.3: vertikale Abkühlungsgerade (Erläuterung siehe oben); Darstellung im Mollier-(h, x)-Diagramm

Die für das **Wachstum von Schimmelpilzen** optimalen **Randbedingungen** sind:

- Beschaffenheit der **Oberfläche/Nährboden:** alle (vor allem aber organische) Materialien mit guter Saug- und Speicherfähigkeit für Wasser, zusätzlich begünstigend ist das Vorhandensein von Staubablagerungen (siehe Bild 1.10);
- **Temperatur:** 0 °C bis 35 °C, artabhängig auch < 0 °C;
- **Feuchtigkeit:** feuchtes Milieu mit einer relativen Luftfeuchtigkeit an der Bauteiloberfläche ab ca. 75 % (0,75) aufwärts und einem
- **pH-Wert:** zwischen 4,5 und 6,5 (leicht sauer).

Wichtigster und in Wohnungen meist auch einziger wirksam beeinflussbarer Faktor ist die Raumluftfeuchte. Wie im vorangegangenen Beispiel (nach Bild 1.3) schon dargestellt, besteht akute Gefahr für das Auftreten von Schimmelpilz-Wachstum immer dann, wenn die relative Luftfeuchte an der (inneren) Bauteiloberfläche $\varphi_{O,i}$ an wenigstens fünf aufeinander folgenden Tagen täglich mindestens 12 Stunden den Wert von 0,8 (80 %) (entspricht $f_{Rsi,min} = 0,7$) überschreitet [DIN-FB 4108-8]. In [DIN EN ISO 13788] heißt es dazu: *„Um einen Schimmelbefall zu verhindern, sollten die monatlichen Mittelwerte der relativen Luftfeuchte an der Oberfläche eine kritische relative Feuchte* φ_{sicr} *wie 0,8 nicht überschreiten."*

Bei höherer relativer Feuchtigkeit $\varphi_{O,i}$ (bzw. φ_{sicr}) reduzieren sich die angegebenen Zeitspannen. Stehen Oberflächen mit biologisch gut verwertbaren Substraten (z. B. Tapeten, Gipskarton und Material für dauerelastische Fugen) zur Verfügung oder sind die Oberflächen stark verschmutzt, können Sporenauskeimung und Myzelwachstum einiger Pilzarten nach [Sedlb02] auch schon bei $\varphi_{O,i} < 0,8$ beginnen, wenn gleichzeitig ausreichend hohe Temperaturen ($\theta_{O,i} \geq 10$ °C) herrschen. Ab ca. 25 °C aufwärts können diese Prozesse unter Praxisbedingungen schon ab $\varphi_{O,i} \approx 0,75$ beginnen. Tauwasserbildung ist in keinem Falle erforderlich, fördert das Wachstum aber. Es ist deshalb besonders wichtig, die Raumluftfeuchte entsprechend niedrig zu halten. Da die Abkühlung der Raumluft an kälteren inneren Oberflächen von Außenbauteilen und wandnahen Einrichtungsgegenständen zu einer Vergrößerung der relativen Luftfeuchte im Bereich dieser führt, ist außerdem darauf zu achten, dass nicht nur die Außenbauteile (in Kellerräumen auch die erdberührten Bauteile) ausreichend gedämmt sind, sondern gefährdete Räume auch hinreichend gut geheizt werden.

Aus diesen Gründen sind planungsseitig folgende **bauliche** sowie **anlagentechnische Maßnahmen** mit dem Ziel, durch angemessene Temperaturen die relative Luftfeuchtigkeit an den inneren Oberflächen von Außenbauteilen und wandnahen Einrichtungsgegenständen niedrig halten zu können, erforderlich:

- (mindestens) ausreichende Wärmedämmung (gemäß EnEV/GEG) (siehe Bild 1.4) und
- zweckmäßiges Heizungs- und Regelungskonzept für alle, auch die weniger genutzten Räume.

Ergänzt werden müssen diese durch die Planung

- zweckdienlicher, von der Gebäudedichtheit abhängiger lüftungstechnischer Maßnahmen.

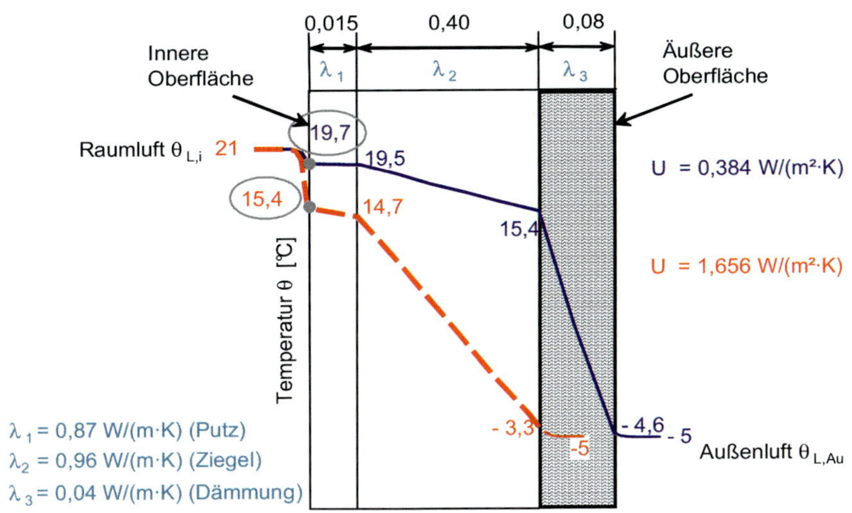

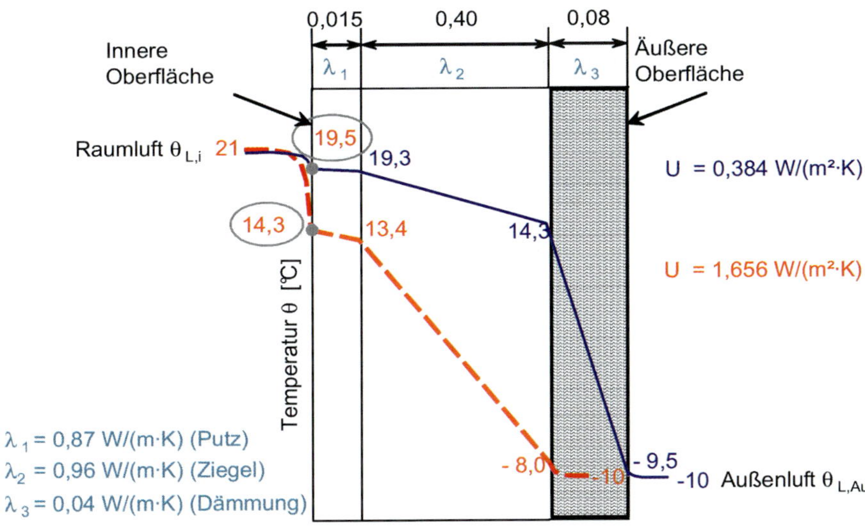

Bild 1.4: Innere Oberflächentemperaturen ($\theta_{O,i}$) von mehrschichtigen gedämmten Außenwänden bei Außenlufttemperaturen im Bereich von ($-5 \geq \theta_{L,Au} \geq -10$)°C in Abhängigkeit vom Wärmeschutz

Bezüglich ausreichender **Wärmedämmung** von Wänden und Decken gibt [DIN 4108-2] *„Mindestwerte für Wärmedurchlass-Widerstände von Bauteilen“* vor. Gleiches gilt für *„alle konstruktiven, form- und stoffbedingten* ***Wärmebrücken****“* nach [DIN 4108-2; Beiblatt 2]. *„Für alle davon abweichenden Konstruktionen muss“* für die *„ungünstigste Stelle“* der sogenannte Temperaturfaktor im Bereich von $f_{Rsi} \geq 0{,}70$ liegen. Nach [DIN EN ISO 10211] bzw. [DIN 4108-3] ist der Faktor fRsi nach Gleichung (1.1) zu bestimmen:

$$f_{Rsi}\{x,y,z\} = (\theta_{O,i}\{x,y,z\} - \theta_{Au}) / (\theta_i - \theta_{Au}) \qquad (1.1)$$

Dabei gelten die folgenden Randbedingungen:

- $\theta_i = 20\ °C$,
- $\varphi_i = 50\ \%$,
- $\varphi_{O,i} \leq 80\ \%$ (nach [DIN EN ISO 13788] bzw. [DIN 4108-3]),
- $\theta_{Au} = -5\ °C$,
- $R_{O,i} = 0{,}25\ m^2 \cdot K/W$ (beheizte Räume),
- $R_{O,i} = 0{,}17\ m^2 \cdot K/W$ (unbeheizte Räume) und
- $R_{O,Au} = 0{,}04\ m^2 \cdot K/W$.

Die prädestinierten Stellen für Schimmelpilz-Wachstum im Raum zeigt Bild 1.5.

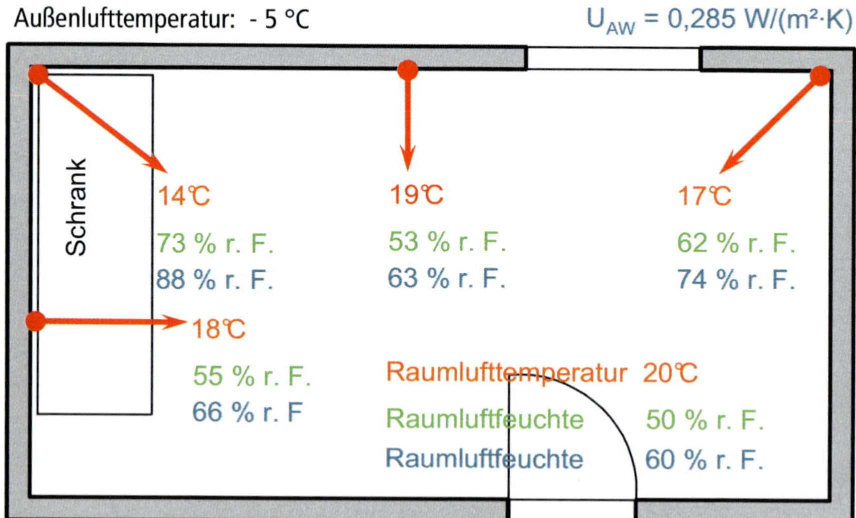

Bild 1.5: Schematische Darstellung von Temperatur und relativer Luftfeuchtigkeit an inneren Oberflächen von Außenbauteilen bei $\theta_{Au} = -5\ °C$ und gutem Wärmeschutz

Beispielfotos (Bild 1.6 bis Bild 1.10) illustrieren die „bevorzugten“ (kritischen) Stellen für Schimmelpilz-Wachstum im Bereich von Wärmebrücken, hinter Möbelstücken und auf Silikonfugen, aber auch auf einem Treppenhausfenster infolge dessen starker Verschmutzung.

Das im Bild 1.6 dargestellte Schimmelpilz-Wachstum wird durch die Verklebung der Decke mit wärmedämmenden Platten bis unmittelbar an die Außenwandkante durch die dadurch verursachte Oberflächentemperatur-Absenkung noch unterstützt.

Bild 1.6: Schimmelpilz am Fenstersturz unter „gedämmter“ Decke

Das im Bild 1.7 dargestellte Schimmelpilz-Wachstum wird durch das Zusammentreffen von Außen- und kühlerer Treppenhauswand begünstigt.

Das im Bild 1.8 dargestellte Schimmelpilz-Wachstum hinter einem vorher entfernten Wandschrank ist primär Folge einer ungenügend gedämmten Außenwand im Zusammenspiel mit erhöhter Feuchtefreisetzung durch Gasanwendung.

Bild 1.7: Schimmelpilz in Raumecke von Außen- und Treppenhauswand

Bild 1.8: Schimmelpilz hinter Wandschrank

Bild 1.9: Schimmelpilz auf Fliesenfugen

Das im Bild 1.9 dargestellte Schimmelpilz-Wachstum resultiert hier vermutlich aus der Einwirkung selten entfernter Feuchtigkeit sowie mangelnder Lüftung in der fensterlosen Badzelle nach Duschvorgängen.

Bild 1.10 zeigt, dass bei ausreichend vorhandener Feuchtigkeit nicht entfernter Schmutz allein als Nährboden ausreichen kann, Schimmelpilz-Wachstum herbeizuführen.

Bild 1.10: Schimmelpilz auf Treppenhausfenster

Ausreichendes **Heizen** ist, wie schon erwähnt, ein weiterer wesentlicher Faktor zur Vermeidung von Schimmelpilz-Wachstum. Dieses ist im Sinne einer Risiko-Minimierung gegeben, wenn in Abhängigkeit vom vorhandenen Wärmeschutz und der Lüftungsintensität an keiner Stelle im Raum der Temperaturunterschied zwischen Raumluft und Bauteiloberfläche über längere Zeiträume zur Überschreitung der kritischen Grenze der relativen Luftfeuchte an inneren Oberflächen von $\varphi_{O,i}$ = (75) 80 % führt. Diese Bedingung wird am sichersten bei Temperaturen im Behaglichkeitsbereich erfüllt. Kritische Zustände können sich vor allem einstellen, wenn in unbenutzten Räumen infolge lange andauernder Heizunterbrechung nicht nur die Raumlufttemperaturen absinken, sondern infolgedessen auch die raumseitigen Oberflächen auskühlen. Ein besonders hohes Risiko besteht sowohl in regelmäßig genutzten Schlafräumen als auch in selten genutzten anderen Räumen (z. B. Gästezimmern), in denen die Temperatur dauerhaft auf einem niedrigen Niveau gehalten wird.

Es ist deshalb sinnvoll, in allen Räumen mit dauerhaft gedrosselter Heizwärmezufuhr bzw. regelmäßig lange andauernd angekippten Fenstern das **durchschnittliche** tägliche **Temperaturniveau** nicht unter ca. 16 °C bei Gebäuden mit Wärmedämmung (mindestens nach [WSchV 95]) abfallen zu lassen und über ca. 18 °C bei allen anderen Gebäuden zu halten. Das gilt auch für die Zeiträume, in denen sich über Tage und Wochen niemand regelmäßig in der Wohnung aufhält (z. B. Urlaubszeit). Wenn die absolute Raumluftfeuchtigkeit ein bestimmtes hohes Ausgangsniveau besitzt, würde jede Temperaturabsenkung auch bei Nichtanwesenheit zur Vergrößerung der relativen Luftfeuchte und damit u. U. zur ausreichend langen Überschreitung der kritischen Luftfeuchte an kälteren Oberflächen führen. Das bedeutet, dass nach einer Drosselung der Heizwärmezufuhr bzw. einer Auskühlung des Raumes durch längere Lüftungsvorgänge ein Aufheizen bei geschlossenen Fenstern immer sinnvoll ist. Die sicherste Methode ist dabei die Planung und Realisierung entsprechender (möglichst nutzerunabhängig funktionierender) Heizungs-/Lüftungs-Regelungskonzepte.

Aber selbst unter der Voraussetzung eines zweckmäßig geplanten und sorgsam ausgeführten Wärmeschutzes sowie des Vorhandenseins einer gut regelbaren bzw. selbsttätig regelnden Heizungsmöglichkeit für jeden einzelnen Raum einer Nutzungseinheit wird sich mit zunehmender Gebäudedichtheit eine Risikominimierung nicht ohne zusätzliche lüftungstechnische Maßnahmen realisieren lassen. Auf die dafür notwendigen Lüftungskonzepte wird ab Abschnitt 3 ausführlicher eingegangen.

Da der Nutzer ebenfalls wesentlichen Anteil an der Einordnung seiner Wohnung in eine Risikoskala haben kann, soll vorab (mehr dazu siehe Abschnitt 6) auch das nicht planbare **Nutzerverhalten** hier noch kurz angesprochen werden:

Dessen ein mögliches Schimmelpilz-Wachstum (mit-)verursachende Einflussnahme umfasst wie häufig vermutet nicht nur die **Feuchtefreisetzung** und das Lüften über geöffnete Fenster, sondern auch die **Raumlufttemperatur**wahl (Heizung) sowie das unzweckmäßige **Aufstellen** bzw. **Anbringen von Einrichtungsgegenständen** an bzw. im Bereich von Außenwänden (siehe übernächster Absatz).

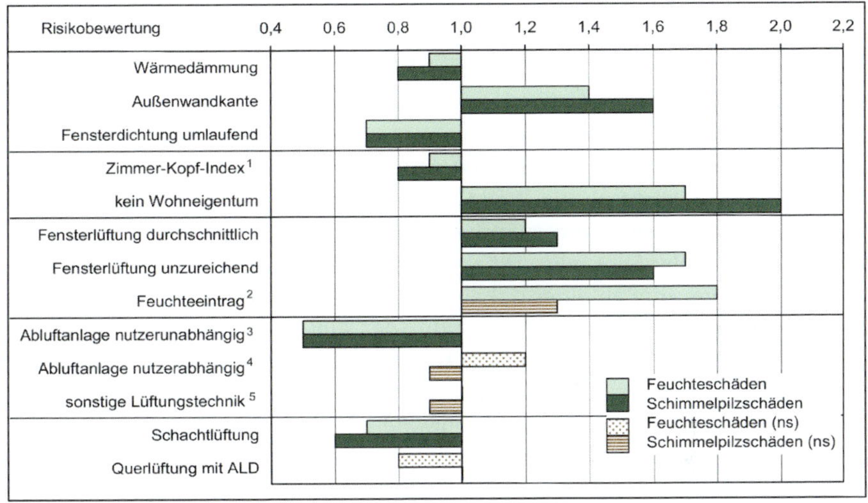

Legende

1 Anzahl Zimmer/Anzahl Nutzer

2 100 g Feuchtefreisetzung pro Tag und m2 Wohnfläche mehr

3 vom Nutzer nicht beeinflussbare dauerhafte Nennlüftung bzw. Reduzierte Lüftung

4 Laufzeit der Anlage wird maßgeblich vom Nutzer bestimmt, z. B. Schaltung über Lichtschalter

5 z. B. Zu-/Abluftanlage bzw. -geräte für die gesamte Wohnung bzw. einzelne Räume derselben

Bild 1.11: Signifikante (Irrtumswahrscheinlichkeit < 5 %) und nicht signifikante (ns) Risikofaktoren für Feuchte- und Schimmelpilzschäden in Wohnungen (multiples logistisches Modell, zusätzlich adjustiert auf Haustyp und Vorhandensein eines Haustiers); Referenzfall (Risiko = 1,0): Wohneigentum, gute Fensterlüftung ohne zusätzliche lüftungstechnische Maßnahmen

Auf die Fragen der Heizung wurde im vorangegangenen Absatz und auf die **Feuchtefreisetzung** im Unterabschnitt 1.3.2 eingegangen. Solange die freigesetzte Feuchte im Bereich der durchschnittlichen Werte liegt (siehe vorn), kann von normalem Nutzerverhalten ausgegangen werden. Liegt die Feuchtefreisetzung jedoch darüber, erhöht sich das Risiko für das Auftreten von Feuchteschäden entsprechend. Und zwar bei z. B. ca. 100 g/(d · m² Wohnfläche) höherer Feuchtefreisetzung um signifikant ca. 80 % und um (nicht signifikant) ca. 30 % für Schimmelpilz-Wachstum (Bild 1.11 [Brasche03, Hartm04, Heinz04]). Eine derartige Risikovergrößerung könnte z. B. durch freies Wäschetrocknen in der Wohnung ausgelöst werden. In [DIN 1946-6] wird bei der Festlegung des Luftvolumenstroms für die Betriebsstufe „Lüftung zum Feuchteschutz" (Abschnitt 2) davon ausgegangen, dass in der Wohnung keine Feuchte durch Trocknen von Wäsche freigesetzt wird.

Ein den meisten Nutzern nicht bekannter, das Schimmelpilz-Wachstum jedoch u. U. stark beeinflussender Faktor ist das Aufstellen von **Einrichtungsgegenständen** bzw. das Anbringen von Verkleidungen (Täfelungen) an Außenwänden. Werden diese zu dicht an die Wand gestellt bzw. an dieser angebracht, wird nicht nur die Luftbewegung zwischen Wand und (Einrichtungs-)Objekt stark behindert. Ein voller Schrank wirkt außerdem wie eine innere Wärmedämmung, so dass es hinter ihm zu einer riskanten Absenkung sowohl der Luft- als auch der raumseitigen Oberflächentemperatur der Außenwand kommt. Der Unterschied kann bei einem Wärmeschutz entsprechend $R = 0{,}55\ m^2 \cdot K/W$ und einer Außenlufttemperatur von $\theta_{Au} = -5\ °C$ bei einem Einbauschrank bis zu 9 K im Bereich der ungestörten Außenwand erreichen. Bei einem frei stehenden Schrank (mit ungehinderter Luftbewegung) sind es hingegen nur bis zu 5 K [Künzel09]. Auch bei gutem Wärmeschutz besteht die Gefahr einer kritischen Temperaturabsenkung mit der Folge zu hoher relativer Luftfeuchte sowohl an der Außenwand als auch an der Rückseite des Schrankes bzw. der Wandverkleidung (Bild 1.5). Um dieses Phänomen vermeiden zu können, sollte zwischen Außenwand und Einrichtungsgegenstand ein Abstand von mindestens 5 cm bis ca. **10 cm** (bei Einbauschränken) eingehalten werden [DIN-FB 4108-8].

Das Vorhandensein von Schimmelpilzen kann nicht nur Schäden an der Baukonstruktion, sondern auch **Schädigungen der Gesundheit** nach sich ziehen. Da bis Ende der 1990er-Jahre für Deutschland weder repräsentative Angaben zum Vorkommen von Feuchteschäden und deren Auswirkungen auf die Gesundheit noch zu anderen Einflussfaktoren, besonders auch zum Einfluss lüftungstechnischer Maßnahmen existierten, wurde im Zeitraum von November 2000 bis März 2001 im Auftrag des ZIV (Zentralinnungsverband) des deutschen Schornsteinfeger-Handwerks eine flächendeckende

Gemeinschafts-Untersuchung durch die Friedrich-Schiller-Universität Jena, die TU Dresden und das Institut für Erhaltung und Modernisierung von Bauwerken e. V. (IEMB) an der TU Berlin mit dem Ziel durchgeführt, statistisch gesicherte Angaben über die diesbezügliche Situation in deutschen Wohnungen zu erhalten [Brasche03, Hartm04, Heinz04]. Sie sollte außerdem die Ursachen und Entstehungsbedingungen dieser Schäden analysieren und damit Möglichkeiten der Prävention (Schadensvermeidung) erschließen. Nicht zuletzt wurde angestrebt, den in der internationalen Literatur (z. B. [Born01]) beschriebenen Zusammenhang zwischen Feuchteschäden und Asthma bzw. allergischen Erkrankungen in einem deutschen Querschnitt nachzuvollziehen.

Um einen bundesweit repräsentativen Querschnitt erzielen zu können, wurden aus einer Stichprobe von 8 000 Wohnungen letztendlich 5 530 Wohnungen in die Untersuchung einbezogen. Die Ergebnisse lassen sich bezogen auf die jeweils gesamte Wohnung wie folgt zusammenfassen:

In 1 213 (21,9 %) von **5 530 Wohnungen** wurden mindestens ein Schaden, insgesamt aber 1 829 sichtbare bzw. dem Wohnungsnutzer bekannte Schäden gefunden, davon 874 in Wohnräumen und 955 in Funktionsräumen. Tabelle 1.9 zeigt die Zuordnung der Schadensart zur Raumart bzw. -nutzung in absoluten und relativen Zahlen (1 829 WE = 100 %).

Tabelle 1.9: Zuordnung der Schadensart zur Raumart bzw. Raumnutzung bei durch Feuchteeinwirkung verursachten Schäden in Wohnungen

Raumart bzw. Raumnutzung		**Schadensbild**				**Summe**
		Feuchtefleck	**Stockfleck**	**Schimmelpilz**	**Sonstiges**	
Wohnräume: Wohn-/Schlaf-/Kinderzimmer/sonstige R.	Anzahl	357	187	315	15	874
	%	19,5	10,2	17,2	0,8	47,7
Funktionsräume: Küche/Sanitär-/sonstige Räume	Anzahl	272	222	436	25	955
	%	14,9	12,1	23,8	1,4	52,2
Summe	Anzahl	629	409	751	40	1 829
	%	34,4	22,3	41,0	2,2	99,9 (100)

Die Häufigkeits-Verteilung des **Schimmelpilz-Wachstums** nach Räumen zeigt Tabelle 1.10. Insgesamt liegen die Ablufträume mit ca. 58 % vor den Wohnräumen. Führt man die Betrachtung ohne die (leichter vermeidbaren) Schäden auf Sanitärobjekten (Silikonfugen) durch, liegen beide Raumgruppen mit 52 % bzw. 48 % Befall ziemlich gleichauf. Den häufigsten raumspezifischen Befall weisen mit 41,8 % Bäder auf. Das gilt mit 34,6 % auch dann noch, wenn die „Sanitärschäden" abgezogen wurden. An zweiter Stelle folgen die „reinen" Schlafzimmer mit 19,0 % bzw. 22,3 %. Zählt man die Kinderzimmer zu den Schlafzimmern hinzu, liegt der Befall insgesamt bei 27,9 % bzw. 32,0 %. Innerhalb der einzelnen Räume wurde der überwiegende Teil aller Schäden an Außenwänden bzw. Außenwänden in Kombination mit anderen Orten vorgefunden. Schimmelpilz- und Stockflecken befinden sich relativ häufig am Fensterrahmen oder in der Fensterlaibung. Bei den „Sanitärobjekt"-Schäden stellen Schimmelpilze den höchsten Anteil (Tabelle 1.11).

Tabelle 1.10: Häufigkeitsverteilung des sichtbaren Schimmelpilzbefalls der Wohnungen nach Raumart bzw. -nutzung; in %

Schimmelpilzbefall		gesamt		ohne Sanitärobjekte	
Gesamtanzahl der Wohnungen		513 (9,3 %)		428 (7,7 %)	
Wohnräume	Wohnzimmer	9,9	42,3	10,7	48,2
	Schlafzimmer	19,0		22,3	
	Kinderzimmer	8,9		9,7	
	sonstige	4,5		5,5	
Funktionsräume	Küche	11,9	57,7	13,3	51,8
	Bad/WC	41,8		34,6	
	WC	2,3		2,4	
	sonstige	1,7		1,5	

Tabelle 1.11: Zuordnung des Schadensbildes auf die Schadensorte im Raum (sichtbare Schäden)

Schadensort		Schadensbild				Summe
		Feuchtefleck	Stockfleck	Schimmelpilz	Sonstiges	
Außenwand	Anzahl	431	267	440	12	**1 150**
	%	*23,55*	*14,6*	*24,05*	*0,65*	***62,85***
Fenster	Anzahl	56	75	153	2	**286**
	%	*3,05*	*4,1*	*8,35*	*0,1*	***15,6***
Innenwand	Anzahl	84	29	24	4	**141**
	%	*4,6*	*1,6*	*1,3*	*0,2*	***7,7***
Sanitärobjekt	Anzahl	4	25	114	10	**153**
	%	*0,2*	*1,35*	*6,25*	*0,55*	***8,35***
anderer Ort	Anzahl	53	12	18	12	**95**
	%	*2,9*	*0,65*	*1,0*	*0,65*	***5,2***
Summe	Anzahl	**628**	**408**	**749**	**40**	**1 825** 1)
	%	***34,3***	***22,3***	***40,95***	***2,15***	***99,7*** 2)

1) vier Fälle ohne Angabe des Schadensortes

2) auf 1 829 Schäden bezogen, zusätzlich fehlen knapp 0,1 % rundungsbedingt

Zusammenfassend ließ sich feststellen, dass von insgesamt

- 1 213 (21,9 %) vorgefundenen von Schäden betroffenen Wohnungen – entspricht ca. 8,3 Mio. WE – (davon „Altbau“ vor 1997: 22,2 % und „Neubau“ ab 1997: 12,3 %)
- 787 (14,2 %) Wohnungen – ca. 5,45 Mio. WE – lüftungsrelevante Feuchteschäden aufwiesen.
- In 513 (9,3 %) Wohnungen – ca. 3,55 Mio. WE – handelte es sich dabei um sichtbares Schimmelpilz-Wachstum,
- in 320 (5,8 %) Wohnungen – ca. 2,2 Mio. WE – war das sichtbare Schimmelpilz-Wachstum lüftungsrelevant.

Zu beachten ist dabei, dass der Begriff **„lüftungsrelevanter Schaden"** auch für Schäden gilt, die nicht zwangsläufig mit unzureichender Lüftungstechnik der Wohnung bzw. unzureichendem Fensterlüften durch die Nutzer zu tun haben. Zu ihnen gehören auch nicht ausreichende Heizung sowie ungenügende Wärmedämmung mit den daraus resultierenden niedrigen Raumluft- und inneren Oberflächentemperaturen.

Das festgestellte Schimmelpilz-Wachstum bezieht sich zudem nur auf zum Zeitpunkt der Inspektion der Wohnungen unmittelbar sichtbare bzw. dem Nutzer bekannte Schäden. Was sich hinter Einrichtungsgegenständen, Verkleidungen (z. B. Täfelungen), Tapeten und unter Fußbodenbelägen verbarg und auch dem Nutzer nicht bekannt war, ist nicht erfasst worden und konnte demgemäß auch nicht in die Zahlenangaben einfließen. D. h., dass die Angaben Teilwerte darstellen. Die tatsächlichen Zahlen liegen um einen nicht bekannten Wert (Dunkelziffer) höher.

Nur ca. ein Drittel der gesamten Schäden ließ sich einer eindeutigen Ursache zuweisen. Dies war bei Feuchteflecken (334 von 629: 53,1 %) am ehesten und bei Schimmelpilzen (140 von 751: 18,6 %) am seltensten möglich. Tabelle 1.12 zeigt die quantitative Zuordnung der Schadensart zu den **Schadensursachen**.

Tabelle 1.12: Zuordnung der Schadensart zu sichtbaren Schadensursachen

Schadensursache		**Schadensbild**				**Summe**
		Feuchtefleck	**Stockfleck**	**Schimmelpilz**	**Sonstiges**	
Leitungswasser	Anzahl	84	27	43	8	**162**
	%	4,6	1,5	2,35	0,4	***8,85***
Regenwasser	Anzahl	137	46	24	6	**213**
	%	7,5	2,5	1,3	0,35	***11,65***
aufsteigende Feuchte	Anzahl	113	41	73	0	**227**
	%	6,2	2,2	4,0	0	***12,4***
ungeklärt	Anzahl	295	295	611	26	**1 227**
	%	16,15	16,15	33,4	1,4	***67,1***
Summe	Anzahl	**629**	**409**	**751**	**40**	**1 829**
	%	***34,4***	***22,35***	***41,05***	***2,2***	***100,0***

Zur Beantwortung der Frage, inwieweit die in den Wohnungen insgesamt vorgefundenen Feuchteschäden das Risiko für eine **asthmatische, allergische** oder **Erkältungskrankheit** erhöhen, fanden die von den Nutzern auf den Zeitraum der letzten 12 Monate bezogenen Angaben zu ärztlich diagnostiziertem(n) Asthma bzw. Allergien bzw. zur Anzahl der Erkältungskrankheiten Verwendung. Als zusätzliche potenzielle Einflussgrößen auf die Erkrankungen wurden die folgenden zur Verfügung stehenden Variablen ins Betrachtungsmodell mit einbezogen:

- Alter und Geschlecht als demografische Merkmale,
- Wohneigentum und Zimmer-Kopf-Index als sozioökonomische Merkmale,
- durchschnittliche tägliche Aufenthaltszeit in der Wohnung als Expositions-Charakteristikum,
- Lage des Gebäudes in eher ländlichem oder städtischem Gebiet, an verkehrsreichen Straßen bzw. in Industriegebieten (Außenluftverschmutzung) und
- das Halten von Haustieren als relevante Expositionsfaktoren sowie
- Belastung durch Tabakrauch in der Wohnung als bekannter Risikofaktor für Erkrankungen der Atemwege.

Obwohl die damit erfassten Angaben für eine optimale Risikoabschätzung nicht ausreichen, lassen sich auf der Basis des über 12 000 Personen umfassenden Probanden-Datensatzes die in Bild 1.12 dargestellten **gesundheitsrelevanten Aussagen** treffen.

Insgesamt ist auffällig, dass es keine Differenzen (außer geringfügiger Abweichung bei Schimmelpilzallergie) hinsichtlich des Risikopotenzials von Feuchte- und Schimmelpilzschäden gibt. Eine ärztlich diagnostizierte **Asthmaerkrankung** wurde für 3,3 % aller einbezogenen Personen berichtet. Das Vorhandensein von Schäden erhöht das Risiko, an Asthma zu erkranken, signifikant um 50 %.

Unter einer nach Aussage der Probanden ärztlich diagnostizierten **Allergie** litten 12,9 % aller einbezogenen Personen. Durch das Vorhandensein von Schäden (gesamt) erhöht sich das Allergierisiko generell um 30 %. Lüftungsrelevante Feuchteschäden erhöhen das Risiko um 20 %. Im Einzelnen nehmen Feuchteschäden (gesamt) signifikanten Einfluss auf durch Milben (50 %) und Schimmelpilze (60 %) ausgelöste Allergien, aber auch auf Pollenallergien (20 %). Milbenallergien werden in gleicher Weise auch durch Schimmelpilzschäden (50 %) und etwas weniger durch lüftungsrelevante Feuchteschäden (40 %) beeinflusst.

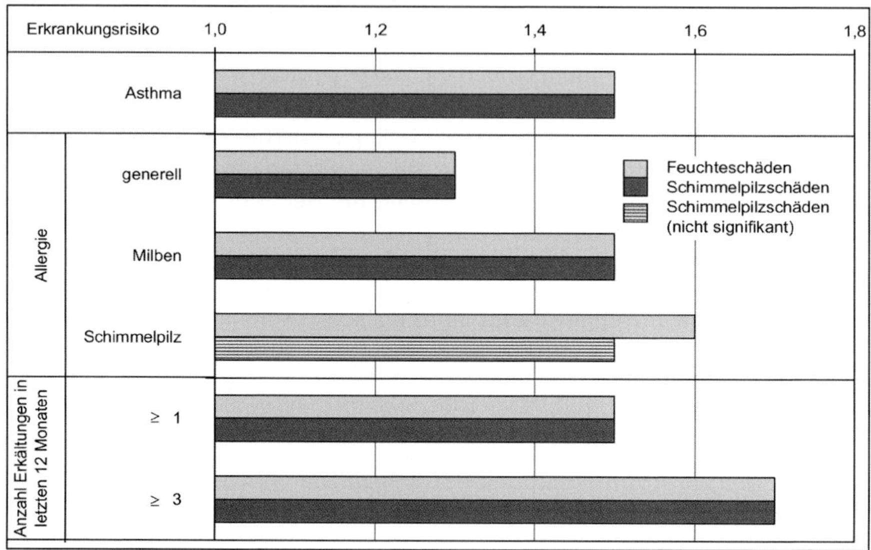

Bild 1.12: Erkrankungsrisiko in Wohnungen mit Feuchte- bzw. Schimmelpilzschäden im Vergleich zu schadensfreien Wohnungen; multiples logistisches Modell, adjustiert auf Geschlecht, Alter, Zimmer-Kopf-Index, Wohneigentum, durchschnittliche tägliche Aufenthaltszeit in der Wohnung, Lage des Gebäudes (Stadtzentrum, Stadtrand, Land), Außenluftverschmutzung, Haustier und Rauchen in der Wohnung

Die definierten Schadenskategorien erhöhen signifikant das Risiko für mindestens eine **Erkältungskrankheit** pro Jahr um 50 %. Interessant ist in diesem Zusammenhang, dass das Risiko auf 70 % (respektive 50 % bei lüftungsbedingten Feuchteschäden) steigt, wenn als Zielgröße drei und mehr Erkältungskrankheiten pro Jahr – also eine augenscheinliche **Infektanfälligkeit** – stehen. Diese wurden für 7,9 % der einbezogenen Personen berichtet. 56,7 % der Probanden waren von einer Erkältungskrankheit innerhalb der letzten 12 Monate betroffen.

In der vorliegenden Untersuchung wurden die von Außenstehenden vorgenommenen (relativ objektiven) Beobachtungen einer Exposition einer selbst berichteten Erkrankung gegenübergestellt. Auch wenn nach einem „ärztlich diagnostizierten" Befund gefragt wurde, musste man davon ausgehen, dass die Antwort nicht ganz unabhängig von der Kenntnis eines vorhandenen

Feuchteproblems ausfiel. Die Ausrichtung auf verschiedene andere potenzielle Einflussgrößen, insbesondere auch auf sozioökonomische, schwächte diesen Mangel möglicherweise ab. Auf jeden Fall war das vorliegende Ergebnis aber der signifikante Nachweis dafür, dass Bewohner von Wohnungen mit Feuchteschäden ein überwiegend signifikant höheres Risiko für Asthma und Allergien – aber auch für mehr Erkältungskrankheiten – haben als solche, die nicht in solcherart geschädigten Wohnungen leben. Dieser ermittelte Zusammenhang entsprach den Erwartungen und bestätigte die international dokumentierten Erfahrungen (siehe [Born01]).

In einer Folgestudie [Brasche06, Hartm06] wurde auf der Basis von Messungen, Befragungen und Begutachtung der **Lüftungseinfluss auf Feuchteschäden** tiefer gehend analysiert. Die dabei durchgeführten Untersuchungen konzentrierten sich in 144 untersuchten von 171 ausgewählten Wohnungen auf die Feststellung der allgemeinen Lüftungssituation sowie auf die Wahl des Lüftungskonzeptes einschließlich der jeweils getroffenen Instandhaltungs-Maßnahmen. Im Ergebnis beider Studien wurde festgestellt, dass eine **funktionierende Lüftung** mit **gut gewarteten Lüftungskomponenten** eine deutliche **Risiko-Minderung** zur Folge hatte.

Bereits die erste Befragung in 5 530 Wohnungen [Brasche03] hatte zu dem Ergebnis geführt, dass auch bei unterschiedlichen ventilatorgestützten Lüftungskonzepten erhebliche Differenzen bezüglich des Schadensrisikos bestehen. Dieser Zusammenhang konnte in der Nachfolge-Untersuchung bestätigt und hinsichtlich des unmittelbaren Zusammenhangs zwischen Lüftungskonzept und (gemessener) Luftfeuchte validiert werden. Das Risiko für das Auftreten eines Feuchteschadens vergrößerte sich durch **Defizite** bei **Konzeption** und **Betrieb** signifikant sowie bzgl. **Wartung** (Reinigung) tendenziell. Abluftanlagen mit vom Nutzer schaltbaren **Einzelventilatoren** und **Abluft-Herdhauben**, für die oft stark eingeschränkte Betriebszeiten typisch sind [Heinz06], hatten höhere relative und absolute Luftfeuchten zur Folge als „gute“ freie Lüftung oder zentral und damit nutzerunabhängig betriebene Abluftanlagen.

Es konnte darüber hinaus aber auch nachgewiesen werden, dass die **relative Luftfeuchte** ein geeigneter Messwert zur Beschreibung des Schadensrisikos ist. Sowohl bezüglich relativer Luftfeuchte im Raum als auch an den raumseitigen Außenwand-Oberflächen (als Rechenwert aus relativer Raumluftfeuchte und Temperatur der Oberflächen) ergaben sich signifikante Zusammenhänge mit dem Schadensrisiko. Die Abhängigkeit der Raumluftfeuchte von der Art der lüftungstechnischen Defizite galt in jedem Falle sogar unabhängig vom Lüftungsverhalten der Nutzer, das in „schlecht“ und „gut“ unterteilt worden war. Auch die Vermutung, dass freie Lüftung in Verbindung mit „schlechter“

Nutzerlüftung zu steigender Luftfeuchte führt und deshalb mit einem erhöhten Risiko für das Auftreten eines Feuchteschadens verbunden ist, konnte bestätigt werden.

Zusammenfassend ließen sich aus den Untersuchungsergebnissen der Folgestudie [Brasche06, Hartm06, Heinz14/15] die nachfolgenden Aussagen ableiten:

- In **feuchten Wohnungen** besteht im Vergleich zu trockenen ein signifikant höheres Risiko, dass die Bewohner Allergien, Asthma und Infektionen entwickeln.
- Eine ausschließlich vom **Nutzer abhängige Lüftung** (durch Öffnen von Fenstern) erhöht die Gefahr der ungenügenden Feuchteabfuhr und damit des Auftretens von Feuchteschäden.
- Durch **lüftungstechnische Maßnahmen** kann die Feuchtesituation in Wohnungen verbessert und das Risiko für das Auftreten von Feuchteschäden reduziert werden.
- **Defizite** in **Konzeption** und **Wartung** von Anlagentechnik führen zu einer unzureichenden Abfuhr der Feuchtelasten. Damit einher geht eine signifikante Erhöhung der relativen Feuchte über kühleren Bauteiloberflächen (überwiegend im Bereich von Außenwänden). Im Resultat steigt das Risiko für Feuchteschäden speziell für das Schimmelpilz-Wachstum an.
- **Defizite** im **Betrieb** von Anlagentechnik scheinen eher mit individuellen, auch nutzerbezogenen Faktoren verbunden zu sein. Hier sind signifikant erhöhte relative Feuchten eher die Folge zu niedriger Raumtemperaturen.

1.3.4 Maßnahmen zur Vermeidung und Beseitigung von Feuchteschäden

Feuchte- und Schimmelpilz-Schadensfälle infolge zu hoher (Raum-)Luftfeuchtigkeit werden, wie schon beschrieben, neben unzureichendem Abtransport von freigesetzter Feuchte durch die Lüftung vor allem durch **niedrige Raumtemperaturen** infolge ungenügender oder ganz fehlender Heizung bzw. durch zu geringe oder **mangelhafte Wärmedämmung** sowie durch baukonstruktiv bedingte **Wärmebrücken** verursacht bzw. begünstigt. Besonders gefährdet sind dabei alle Außenwandbereiche; Wände, die ans Erdreich grenzen; Innenwände zu unbeheizten Nebenräumen und die Zonen hinter Einrichtungsgegenständen und Wandverkleidungen im Bereich gefährdeter Wände, wenn in den Zwischenräumen keine ungehinderte **Luftzirkulation** stattfinden kann.

Die **Vermeidung von Feuchteschäden** muss deshalb immer zuerst auf die **Ursachenbeseitigung** abzielen. Im Einzelnen sind das die nachfolgend aufgeführten planbaren Maßnahmen:

- ausreichende und **fehlerfrei ausgeführte Wärmedämmung** nach den geltenden Vorschriften für den Neubau [E-GEG19] einschließlich [DIN 4108-2]),
- weitestgehender Vermeidung von baukonstruktiv bedingten **Wärmebrücken**,
- **Heizbarkeit** aller Räume von Wohnungen bzw. ähnlichen Nutzungseinheiten einschließlich zweckmäßiger Regelungskonzeption und
- Ausführung **lüftungstechnischer Maßnahmen** in Abhängigkeit von der vorhandenen bzw. zu erwartenden Luftdichtheit der Gebäudehülle (Abschnitt 3 und [DIN 1946-6]).

Weitere nicht planbare Maßnahmen betreffen das **Nutzerverhalten** hinsichtlich

- der **Feuchtefreisetzung** (siehe Tabelle 1.6 bis Tabelle 1.8),
- des ‚hinterlüftbaren' Aufstellens bzw. Anbringens von Einrichtungsgegenständen bzw. Wandverkleidungen an gefährdeten Flächen (Bild 1.5), nach [DIN-FB 4108-8] im Abstand von mindestens 5 cm,
- der Vermeidung des freien Wäschetrocknens zumindest im Wohnbereich,
- des Mitwirkens bei der Instandhaltung von ausgeführten lüftungstechnischen Maßnahmen (LtM),
- Unterlassung bewusster (Manipulationen) und unbewusster Veränderungen an LtM und
- notwendigen (zusätzlichen) Fensteröffnens in Abhängigkeit der jeweils getroffenen LtM.

Bei der Beseitigung von Feuchteschäden und Schimmelpilz-Wachstum gilt ebenfalls das Prinzip Beseitigung möglicher Ursachen vor Einsatz irgendwelcher Bekämpfungsmittel. Der Einsatz chemischer Mittel führt in keinem Falle zur Ursachenbeseitigung. Er ist auch nur dann sinnvoll, wenn gleichzeitig die Ursachen beseitigt worden sind und eindeutig abgeklärt werden konnte, ob nicht mit eventuellen die Gesundheit gefährdenden Nebenwirkungen zu rechnen ist. In [UBA02, UBA05] wird deshalb *„von der Verwendung fungizider Wirkstoffe im Innenraum abgeraten"*.

Auf die Aufzählung bzw. Erläuterung dessen, was im Einzelnen im Rahmen kurz- und langfristiger Maßnahmen notwendig wäre und auch in Frage käme, soll hier verzichtet werden. Die durchzuführenden Maßnahmen einschließlich der dabei zu beachtenden Sicherheitsvorkehrungen können in unterschiedlicher fachlicher Tiefe der einschlägigen Literatur entnommen werden, z. B. [UBA02, UBA05] und [BfS05, VZBV05].

1.4 Verbrennungsluft für Feuerstätten

Übliche Feuerstätten, einschließlich Kaminen, für flüssige, gasförmige oder feste Brennstoffe benötigen **Luftsauerstoff** zur vollständigen Verbrennung. Letzterer kann in ausreichender Menge mit der Verbrennungsluft von außen (Bild 1.13) oder direkt aus dem Aufstellungsraum zugeführt werden. Dazu bedarf es einer verbrennungslufttechnischen Verbindung mit benachbarten Räumen, die definierte Öffnungen ins Freie besitzen.

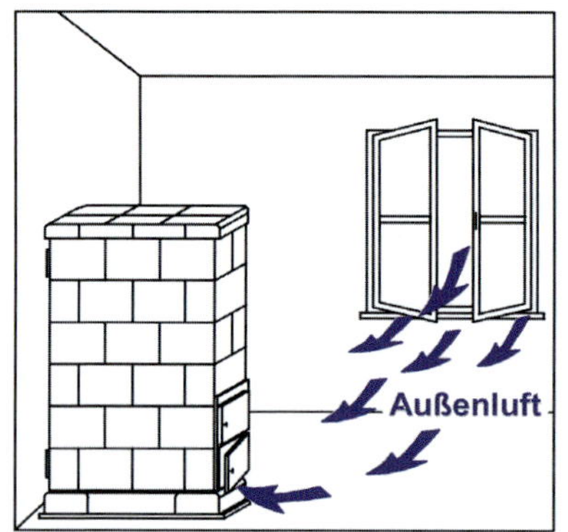

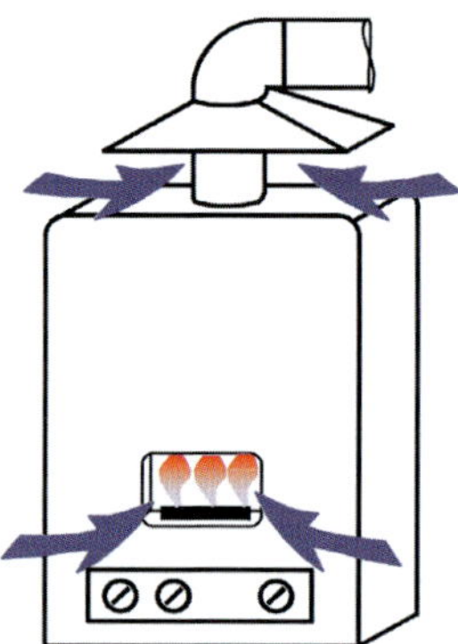

Bild 1.13: Beispiele für Verbrennungsluft-Zuführung von außen über ein geöffnetes Fenster (links) oder (un-)mittelbar aus Aufstellungs- und Nachbarraum

Die **Zuführung von Sauerstoff** in ausreichender Menge ist deshalb die dritte Anforderung an die Lüftung in all den Gebäuden, in denen Heizwärme oder Warmwasser in raumluftabhängigen Feuerstätten (Öfen, Kessel bzw. Wasser-Durchlauferhitzer) erzeugt wird. Gelangt der für den Transport des Sauerstoffs benötigte Luftvolumenstrom aus unterschiedlichen Gründen nicht in ausreichender Menge in den Aufstellungsraum der Feuerstätte, können durch unvollständige Verbrennung **Schadstoffe** in gesundheitsschädigender Menge entstehen. Vor allem **Kohlenmonoxid** (CO) und **Stickstoffoxide** (NOx) stellen dabei die Hauptrisikofaktoren für Gefährdungen des Menschen dar. Besonderes Augenmerk ist in diesem Zusammenhang auf offene Herde und Kamine zu richten [Witth93]. Bei Holzverbrennung erhöht sich die Konzentration an polyzyklischen aromatischen Kohlenwasserstoffen (**PAK**) nämlich besonders deutlich.

Nach [TRGI G 600/18] wird bei Gasgerätearten unterschieden in Gasgeräte der **Art A** (Gasgeräte ohne Abgasanlage) und **B** (Gasgeräte mit Abgasabführung (raumluftabhängig), siehe Bild 1.14). In beiden Fällen erfolgt die Entnahme der Verbrennungsluft dem Aufstellungsraum. Bei Art A wird das Abgas an die Raumluft abgegeben und im Rahmen des Luftwechsels ins Freie abgeführt. Raumluft wird dafür nicht dem Raum entzogen. Bei Art B ist eine Abgasanlage vorhanden oder vorgesehen, die dem Raum Luft entnimmt und diese nach dem Verbrennungsvorgang zusammen mit dem Abgas ins Freie fördert.

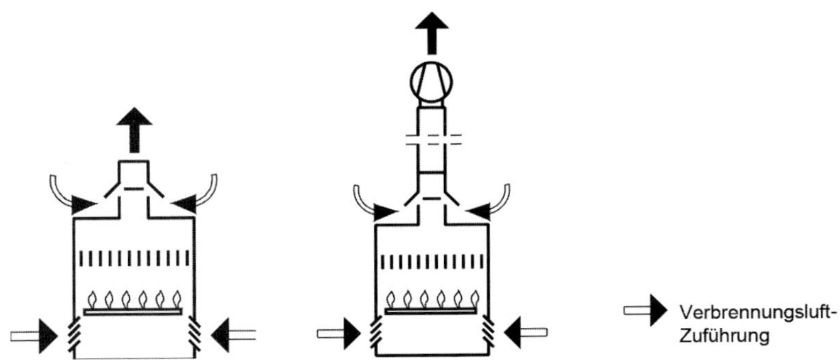

Bild 1.14: Beispiele für raumluftabhängige Gasgeräte Art B mit Strömungssicherung nach [TRGI G 600/18]: links ohne und rechts mit Abgasabführung mittels Abgas-Ventilator (Prinzipdarstellungen)

Die notwendige Verbrennungsluftversorgung/-nachströmung kann durch freie und/oder ventilatorgestützte Lüftung erfolgen, z. B. über

- Undichtheiten der äußeren Gebäudehülle, die wie in EnEV/GEG gefordert zunehmend geringer werden,
- Gebäudehüllen-Luftdurchlässe (GLD/ALD),
- Undichtheiten im Verbrennungsluftverbund,

bzw.

- Lüftungsanlagen bzw. Lüftungsgeräte.

Beim Betrieb von Gasgeräten der Art A (Gas-Haushaltskochgeräte, -Gas-Durchlaufwasserheizer und -Raumheizer) steigt ebenso wie beim Betreiben von einfachen Gasherden nachweislich die **Stickstoffdioxid**-Belastung (NO_2) der Raumluft in Wohnungen auch dann an, wenn keine offensichtlichen Verbrennungsprobleme auftreten [KAULB91]. Aus diesem Grunde ist die Aufstellung solcher Geräte nach [TRGI G600/18] *„nur zulässig, wenn die Abgase* *durch einen sicheren Luftwechsel im Aufstellraum ohne Gefährdung und unzumutbare Belästigungen ins Freie geführt werden".* Dafür *„genügt es, wenn sichergestellt ist, dass*

- *durch... Lüftungsanlagen während des Betriebs der Gasgeräte ein Luftvolumenstrom von mindestens 30 m3/kW Gesamtnennleistung aus dem Aufstellraum ins Freie abgeführt wird*

oder

- *besondere Sicherheitseinrichtungen verhindern, dass die CO-Konzentration in den Aufstellräumen Werte von 30 ppm überschreitet."* (s. Bild 1.15)

„Für Gas-Haushalts-Kochgeräte mit einer Nennleistung bis 11 kW" allein *„genügt es, wenn der Aufstellraum einen Rauminhalt von mehr als 15 m³ aufweist und mindestens eine Tür ins Freie oder ein Fenster hat, das geöffnet werden kann."*

Verbrennungsprobleme und in deren Gefolge erhöhte Schadstoff-Belastungen sind aber zu befürchten, wenn die raumluftabhängige Feuerstätte mit Abgasabführung während des Betriebs weniger Differenzdruck zur Nachströmung der Verbrennungsluft erzeugt, als zur Überwindung der Strömungswiderstände in der Gebäudehülle, den Innenwänden/-türen und der Feuerstätte selbst notwendig ist. Für die sichere Funktion der an Feuerstätten angeschlossenen Schornsteine (Abgasanlagen nach [TRGI G625/10]) wird ein notwendiger **Förderdruck** (Schornsteinzug) für das ungehinderte Nachströmen der Verbrennungsluft von 4 Pa zugrunde gelegt. Die **Luftdurchlässigkeit** der **Hüllkonstruktion** muss das Nachströmen der erforderlichen Verbrennungsluftmenge bei diesem Differenzdruck jederzeit in ausreichendem Maße gewährleisten. In Neu- und modernisierten Bestandsbauten sind fast immer unverschließbare Außenluftdurchlässe (Unterabschnitte 4.3.4 und 9.3.4) notwendig.

Geschieht das nicht in ausreichendem Maße, können die möglichen Auswirkungen zu dichter Räume auf die Kohlenmonoxid (CO)-Anreicherung am Beispiel für den Kaminofen in Bild 1.15 [Meyr87] abgeschätzt werden.

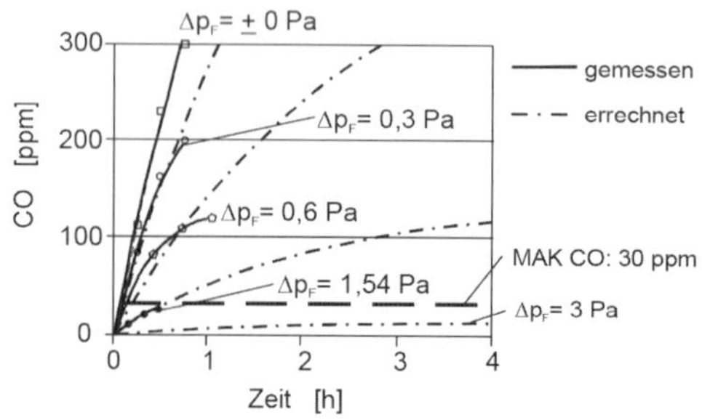

Bild 1.15: CO-Anreicherung im Raum als Funktion ungenügenden Förderdrucks Δp_F am Beispiel Kaminofen

Durch folgende Probleme bei der Auslegung bzw. dem Betreiben von raumluftabhängigen Feuerstätten können ebenfalls Schadstoffanreicherungen im Wohnbereich auftreten:

- Zugstörungen durch Windeinwirkung mit der Folge von Überdruck an der Schornsteinmündung bei zu geringer Dachüberhöhung desselben (siehe [MFeuV], § 9),
- Zugstörungen an mehrfach belegten Schornsteinen durch ‚Falschluft' infolge vorhandener Undichtheiten oder auch offen stehender Türen für die Brennstoffzufuhr nicht in Betrieb befindlicher Feuerstätten,
- falsch dimensionierte Kombinationen von Schachtlüftung mit Abgasabführung, vor allem in Verbindung mit Sammel-(oder Verbund-)schächten (Unterabschnitt 3.2.3) sowie
- unzulässig hoher Unterdruck im Aufstellraum der Feuerstätte(n) infolge des Betriebs von zentralen Abluftanlagen bzw. Einzelventilatoren, der die Zugwirkung vorhandener Schornsteine negativ beeinflussen kann.

Besonderheit bei der Verbrennungsluft-Versorgung von raumluftabhängigen Feuerstätten (z. B. gemäß Bild 1.14) ist die Pflicht, deren Sicherung nachweisen zu müssen. Nach [MFeuV], § 3, Absatz (2), gilt sie für eine *„Nennleistung von insgesamt nicht mehr als 50 kW als ‚ausreichend', wenn jeder Aufstellraum eine ins Freie führende Öffnung mit einem lichten Querschnitt von mindestens 150 cm² oder zwei Öffnungen von je 75 cm² oder Leitungen ins Freie mit strömungstechnisch äquivalenten Querschnitten hat."*

Nach § 3, Absatz (4), *„dürfen Verbrennungsluftöffnungen und -leitungen nicht verschlossen oder zugestellt werden, sofern nicht durch besondere Sicherheitseinrichtungen gewährleistet ist, dass die Feuerstätten nur bei geöffnetem Verschluss betrieben werden können. damit verbundene Probleme ausschließen. Der erforderliche Querschnitt darf durch den Verschluss oder durch Gitter nicht verengt werden."*

Nach § 1, Absatz (1), ist **Nennleistung** oder früher auch Gesamtnennwärmeleistung *„die auf dem Typenschild angegebene höchste Leistung der Feuerstätten, bei Blockheizkraftwerken die Gesamtleistung, ... bei Feuerstätten ohne Typenschild die aus dem Brennstoffdurchsatz mit einem Wirkungsgrad von 80 % ermittelte Leistung."*

Der Absatz (2) des § 3 gilt nicht für Gas-Haushaltskochgeräte, die Absätze (2) und (3) nicht für offene Kamine.

Die Bedingungen für eine Nennleistung der Feuerstätten von insgesamt mehr als 50 kW (für Wohnungen kaum relevant) werden nach § 3, Absatz (3) der [MFeuV] geregelt.

2 Außenluftbedarf

2.1 Vorbemerkung

Die Höhe des Außenluftbedarfs von Wohnungen resultiert aus den im Abschnitt 1 beschriebenen Anforderungen. Weil diese in Abhängigkeit von der Art der Last und deren zeitlicher Dauer variieren, müsste die mit Feuchtigkeit sowie anderen Beimengungen angereicherte (‚verbrauchte') Raumluft in unterschiedlichen Zeitabständen gegen unterschiedliche Mengen ‚frischer' Außenluft ausgetauscht oder gewechselt werden (Bedarfslüftung). Obwohl es heute technisch möglich ist, die Außenluft auf diese Weise bedarfsabhängig zuzuführen, erlauben die Regeln der Technik (z. B. [DIN 1946-6, DIN EN 15665**), DIN EN 15251 bzw. E DIN EN 16798-1, DIN EN 16798-7 und -17 sowie CEN/TR 14788**)]) immer auch noch die Realisierung von Durchschnittswerten. Mit diesen können in gut gedämmten und geheizten sowie normal eingerichteten und belasteten Wohnungen alle Anforderungen problemlos erfüllt werden. Bei der Festlegung der Werte spielt jedoch immer mehr der notwendige Heizwärmebedarf für die Lufterwärmung eine wichtige Rolle. Die durchschnittlich zu wählenden (und auch zu realisierenden) Luftmengen können zum Zwecke der Energieeinsparung jedoch nicht beliebig reduziert werden, wenn die Anforderungen an Bauten-/Feuchteschutz und Hygiene (während der Nutzungszeiten) hinreichend gut erfüllt werden sollen. Energieeinsparung als Folge einer Absenkung der durchschnittlichen Außenluftmengen ist deshalb in limitiertem Maße nur mit „Bedarfslüftung" möglich.

Ausgehend davon und von den allgemeinen Anforderungen an die Wohnungslüftung wird nachfolgend auf die Ermittlung der notwendigen Luftmengen und die daraus resultierenden Empfehlungen zu ihrer Festlegung näher eingegangen.

2.2 Raumluftqualität

Einer der ersten wissenschaftlich basierten Versuche, hygienisch begründete Außenluftraten festzulegen, geht auf [Pett1858] zurück, der schon zu Beginn der 2. Hälfte des 19. Jahrhunderts erkannt hatte, dass bei Einhaltung von

$$C_{CO_2,R} = 1\,000 \text{ ppm}$$

sich auch andere Immissionen im Raum in hygienisch akzeptablen Konzentrations-Bereichen bewegen. Mittels der allgemeinen Gleichung

**) siehe Unterabschnitt 2.5.2

(2.1) kann mit den nachfolgend aufgeführten Randbedingungen die theoretisch notwendige **Außenluftrate je Person** ermittelt werden:

$$q_{v,L,Au,P} = \frac{q_{v,CO_2,P}}{C_{CO_2,R} - C_{CO_2,Au}} \tag{2.1}$$

mit einem CO_2-Gehalt in der Außenluft (Annahme für Ballungsraum):
$C_{CO_2,Au} \approx 400\,\text{ppm}$.

Der CO_2-Gehalt in der Außenluft variiert. Nach [Plu96] lag die CO_2-Konzentration in den 1990er-Jahren bei ca. 350 ppm. Nach Auswertung von Messergebnissen des monatlichen CO_2-Gehalts der Außenluft bis August 2009 war 2010 mit einem mittleren globalen Wert von knapp 388 ppm zu rechnen [Tans09]. Die Steigerungsrate betrug dabei nach [Canad07] in den Jahren 2000 bis 2006 1,93 ppm/a und damit wesentlich mehr als noch in den 1980er- (1,58 ppm/a) und 1990er- (1,49 ppm/a) Jahren. Der CO_2-Gehalt in der Außenluft betrug 2017: 405 ppm. Für die nachfolgenden Berechnungen wurde er überschläglich mit $C_{CO_2,Au} \approx 400\,\text{ppm}$ angenommen. Im Jahr 2018 wuchsen die energiebedingten CO_2-Emissionen allerdings weiter – und zwar mit dem Rekordwert von 1,7 % [IEA18].

Hinsichtlich der CO_2-Emission durch den Menschen $q_{v,CO_2,P}$ gilt nach [DIN EN 15665]:

- $q_{v,CO_2,P} = 16\,l/(h \cdot P)$ am Tage („wach")
  (14,4 bzw. 21,6 $l/(h \cdot P)$ $\Rightarrow$ sitzend bzw. bei leichter Aktivität nach [BS 5925/91])
- $q_{v,CO_2,P} = 10\,l/(h \cdot P)$ nachts („schlafend")

Mit welchem CO_2-Verlauf in einem Raum in Abhängigkeit vom Emissionsgrad und vom zuzuführenden Außenluftvolumenstrom $q_{v,L,Au,P}$ zu rechnen ist, kann mit Gleichung (2.2) abgeschätzt werden:

$$C_{CO_2}(\tau) = C_{CO_2,Au} + \frac{q_{v,CO_2,P}}{q_{v,L,Au,P}}\left(1 - e^{-\frac{q_{v,L,Au,P}}{V_{R,P}}\tau}\right) \tag{2.2}$$

Wird der personenbezogene Außenluftvolumenstrom $q_{v,L,Au,P} = 0\,m^3/(h \cdot P)$ gesetzt, gilt Gleichung (2.3):

$$C_{CO_2}(\tau) = C_{CO_2,Au} + \frac{q_{v,CO_2,P}}{V_{R,P}}\tau \tag{2.3}$$

Bei der Beurteilung diesbezüglicher Berechnungen sind die jeweiligen Expositionszeiten (Aufenthaltsdauern) in unterschiedlich genutzten Räumen zu beachten.

Bild 2.1 zeigt beispielhaft für ein mit 2 Personen belegtes Muster-Wohnzimmer mit $V_R = (16 \cdot 2{,}5) = 40\ m^3$ Raumvolumen (entspricht $V_{R,P} = 20\ m^3/P$) bei einer durchschnittlichen Emission nach [DIN EN 15665] für unterschiedliche Außenluftraten $q_{v,L,Au,P}$ in $m^3/(h \cdot P)$ den ansteigenden Verlauf des CO_2-Gehalts ab Betreten des Raumes (Gleichungen (2.2) und (2.3)). Um die untere empfohlene Grenze von 1 000 ppm [PETT1858] mit Sicherheit nicht zu überschreiten, sind unabhängig von der Expositionszeit ca. $30\ m^3/(h \cdot P)$ oder mehr erforderlich.

Bei reduzierter CO_2-Abgabe von $= 10\ l/(h \cdot P)$ in einem Schlafzimmer (nach [DIN EN 15665]) würden dafür, ebenfalls unabhängig von der Expositionszeit, schon ca. $20\ m^3/(h \cdot P)$ genügen (Bild 2.2).

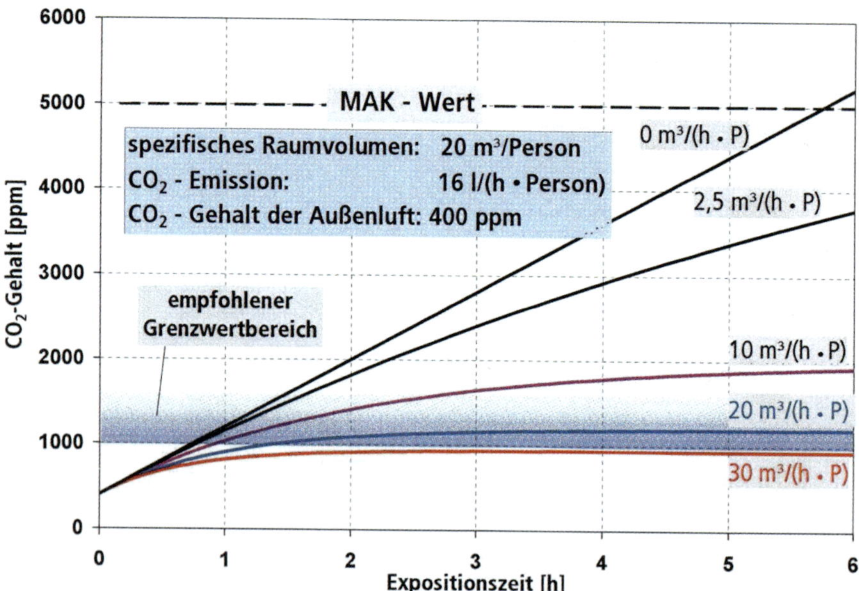

Bild 2.1: Zeitlicher Verlauf der Zunahme der CO_2-Konzentration in einem Muster-Wohnzimmer (Raumvolumen: $20\ m^3/P$, CO_2-Emission: $16\ l/(h \cdot P)$) in Abhängigkeit von der Außenluftrate, in $m^3/(h \cdot P)$

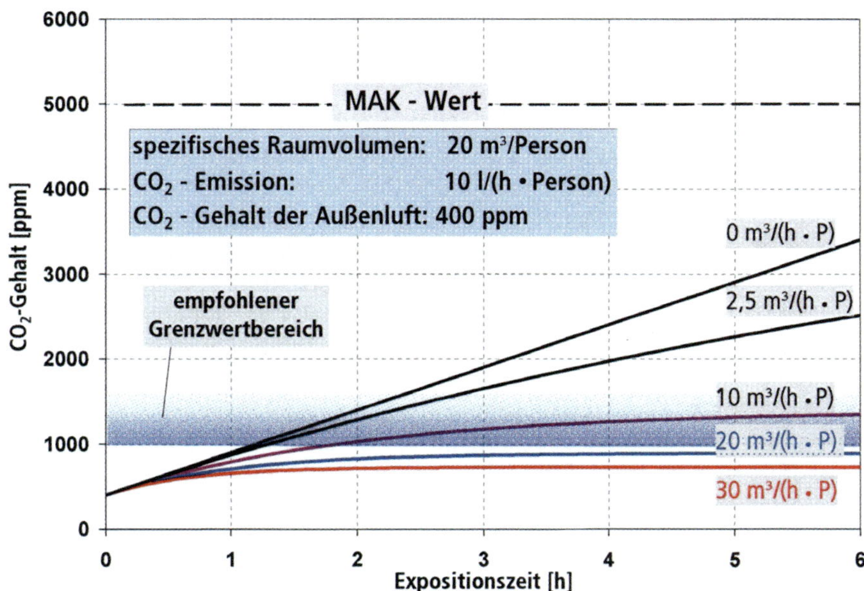

Bild 2.2: Zeitlicher Verlauf der Zunahme der CO_2-Konzentration in einem Muster-Schlafzimmer (Raumvolumen: 20 m^3/P, CO_2-Emission: 10 l/(h · P)) in Abhängigkeit von der Außenluftrate, in m^3/(h · P)

Die Kurven für die Außenluftrate von z. B. 2,5 m^3/(h · P) würden bei reiner Querlüftung (ohne zusätzliche lüftungstechnische Maßnahmen) und einem mittleren Differenzdruck von $\Delta p_{Wi} \approx 2$ Pa (entspricht windschwacher Lage nach [DIN 1946-6]) etwa der mittleren Luft-In- und -Exfiltration (Selbstlüftung) einer Etagenwohnung mit ca. 70 m^2 Fläche entsprechen, wenn sich in der Wohnung 3 Personen (in einem zur Verfügung stehenden Luftvolumen von jeweils 20 m^3/P) aufhalten würden und das Gebäude eine Luftdichtheit entsprechend $n_{50} \approx 1\ h^{-1}$ hätte (siehe dazu Unterabschnitte 4.2.3 und 5.3). Während am Tage schon vor Ablauf von ca. ¾ Stunden der untere Grenzwert (nach [Pett1858]) erreicht und nach ca. 1½ Stunden der obere Grenzwert überschritten würde, verschieben sich nachts die Expositionszeiten wegen der geringeren Emissionen auf ca. 1¼ und knapp 2¾ Stunden. Bei längeren Aufenthaltsdauern, von denen sowohl am Tage (mindestens 4 Stunden) als auch nachts (10 Stunden, jeweils nach [CEN/TR 14788]) auszugehen ist, würde demnach die natürliche Selbstlüftung der Wohnung durch Luft-In- und -Exfiltration in windschwachen Gegenden bei hoher Luftdichtheit der Gebäudehülle in keinem Falle ausreichen, die hygienischen Anforderungen von 3 Personen während längerer Expositionszeiten zu erfüllen.

Bei einem CO_2-Gehalt der Außenluft von mehr als 400 ppm verschieben sich die Kurvenscharen in Bild 2.1 und Bild 2.2 äquidistant nach oben. Das hat zur Folge, dass entsprechend mehr Außenluft für die Einhaltung eines vorgegebenen CO_2-Gehalts der Raumluft zugeführt werden muss.

Weil nicht nur die Menge der CO_2-Emission der Personen variiert, sondern auch der CO_2-Gehalt der Außenluft und mit weiteren raumseitigen Schadstoffbelastungen z. B. aus dem Bauwerk und aus Einrichtungsgegenständen zu rechnen ist, kann die notwendige Außenluftrate größer als in den betrachteten Beispielen sein. Unter Berücksichtigung der nach [DIN 1946-6] einschließlich [DIN EN 15251] zulässigen Zunahme des Gehalts der Raumluft gegenüber dem der Außenluft im Bereich von ca. 350 ppm (hohe Raumluftqualität) bis 1 200 ppm (niedrige Raumluftqualität), wird für die notwendige Außenluftrate je Person $q_{V,L,Au,P}$ zur Gewährleistung schadstoffarmer bis weitgehend schadstofffreier Raumluft überwiegend ein Bereich in den Kategorien II bis I nach [DIN 1946-6] und [DIN EN 15251] einschließlich [E DIN EN 16798-1] entsprechend $7 \leq q_{V,L,Au,P} \leq 10\ l/(s \cdot P)$ bzw. $25{,}2 \leq q_{V,L,Au,P} \leq 36\ m^3/(h \cdot P)$ angegeben. Dabei unterscheiden sich die Kategorien für Lüftungsraten in ‚schadstoffarmen Gebäuden' entsprechend Tabelle 2.1:

Tabelle 2.1: Kriterien für Lüftungsraten

Kategorie	Außenluft-volumenstrom je Person in l/(s · P) [DIN EN 15251]	Maß an Erwartungen [DIN EN 16798-1 – Entwurf]	erwarteter Prozentsatz Unzufriedener [DIN EN 15251]
I	10	hoch	15
II	7	normal	20

Im Unterschied zur empfohlenen Außenluftrate beträgt der unmittelbar benötigte Atemluftbedarf in Ruhestellung nur ca. (360 ... 480) l/(h · P) bzw. (0,36 ... 0,48) $m^3/(h \cdot P)$, was dem für den Stoffwechsel notwendigen Sauerstoffbedarf von 15 l/(h · P) entspricht [WITTH93]. Daraus wird ersichtlich, dass es bei der Lüftung vordergründig tatsächlich weniger um die (auch notwendige) Zuführung von Luftsauerstoff (‚Hier ist aber wieder eine sauerstoffarme Luft!'), als vielmehr um die Abführung bzw. Minderung von unerwünschten Luftbeimengungen geht.

Bei der Ermittlung der notwendigen Außenluftrate darf die sogenannte Lüftungseffektivität nicht außer Acht gelassen werden. Sie ist nach Gleichung (2.4) [CR 1752] und [DIN EN 13779] bzw. [DIN EN 16798-3] definiert als eine auf die Aufenthaltszone bezogene Lüftungswirksamkeit ε_{Az}:

$$\varepsilon_{Az} = \frac{C_{Ab} - C_{Au(Zu)}}{C_{R,Az} - C_{Au(Zu)}} \tag{2.4}$$

Die Atemluft im Raum wird umso sauberer sein, je größer die Lüftungseffektivität ε_{Az} ist. Bei idealer Durchmischung ist $\varepsilon_{Az} = 1$, bei wirkungsvoller Ablufterfassung an der(n) Quelle(n) der Luftverunreinigung(en) aber auch $\varepsilon_{Az} > 1$ (Konzentration der Luftbeimengungen in der Abluft ist größer als in der Aufenthaltszone). Für die überwiegend in der Wohnungslüftung gebräuchlichen Systeme (siehe Abschnitt 3) mit Mischlüftung liegt ε_{Az} im Bereich von $0{,}8 \le \varepsilon_{Az} \le 1$ (Konzentration in der Aufenthaltszone ist überwiegend größer als in der Abluft). Bei Luftheizung ist der Bereich nach [OLES03/04] mit $0{,}7 \le \varepsilon_{Az} \le 1$ etwas größer. Ursache ist die Abhängigkeit von ε_{Az} vom Lufttemperatur-Unterschied zwischen Außen- bzw. Zuluft und Raumluft.

Gleichung (2.5) beschreibt den Einfluss der Lüftungseffektivität auf die Höhe der auf Personen bezogenen Außenluftrate am Beispiel der CO_2-Emission:

$$q_{v,L,Au,P} = \frac{1}{\varepsilon_{Az}} \cdot \frac{q_{v,CO_2,P}}{C_{CO_2,R} - C_{CO_2,Au}} \tag{2.5}$$

mit $q_{v,CO_2,P}$ in $m^3\ CO_2/h$ und C_{CO_2} in $m^3\ CO_2/10^6\ m^3$ Luft.

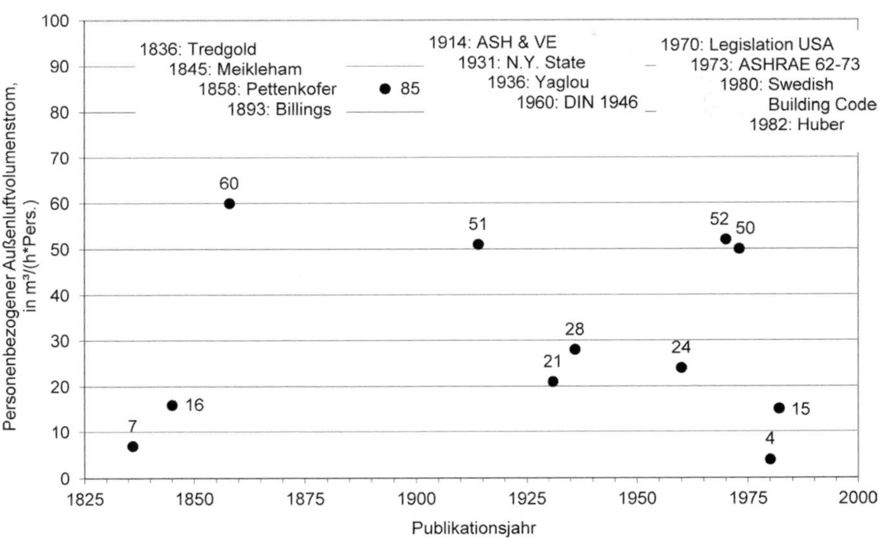

Bild 2.3: Historische Entwicklung der Anforderungen an den Mindestluftwechsel, bearbeitet nach [WITTH93]

Im Hinblick auf die Festlegung der erforderlichen Mindestlüftung lohnt sich auch ein Blick in die Vergangenheit, wie Bild 2.3 zeigt. Die Entwicklung wurde dabei interessanterweise nicht nur durch Wissenszuwachs, sondern oft auch durch politische bzw. marktwirtschaftliche Rahmenbedingungen bestimmt, wie beispielsweise die drastische Reduzierung der Anforderungen im Ergebnis der ersten Ölpreiskrise zeigt. Unabhängig davon zeugt der weite Bereich der Anforderungen zwischen (4 und 85) $m^3/(h \cdot P)$ von unterschiedlichsten Denkansätzen und einer offensichtlich weitgehenden Unsicherheit bezüglich der ‚richtigen' Mindestlüftung.

Durch das ‚Verpacken' der Atemluft in eine wesentlich größere Außenluftmenge werden eventuelle Gesundheitsgefährdungen minimiert. Ob die eingeatmete Luft vom Menschen aber auch als ‚sauber' und ‚frisch' empfunden wird, ist eine Frage, die im Zusammenhang mit der Lüftung von Büro- und Verwaltungsgebäuden seit Längerem intensiv untersucht wurde und wird [FANGER88-1, FITZNER96]. Ursache waren massive Beschwerden von Gebäudenutzern in der ganzen Welt über ‚schlechte, stickige' Luft in Räumen, die mit der herkömmlichen Messtechnik nicht nachgewiesen werden konnten, bekannt unter dem Begriff „Sick Building Syndrome".

Um die Ursache(n) finden zu können, ohne neue bessere Messgeräte zu entwickeln, wurde eine Methode zur quantitativen Bestimmung der „Empfundenen Luftqualität" entwickelt. Diese Methode bedient sich des menschlichen Geruchssinns als Gradmesser für ‚frische' oder ‚stickige' Luft. Da sich ein einzelner Mensch irren kann, ist eine bestimmte Mindestanzahl von geschulten Testpersonen erforderlich, um aus mehreren subjektiven Wahrnehmungen ein annähernd objektives Ergebnis ableiten zu können. Dieses wird mit den Maßeinheiten „olf" (Olfaction = Geruchsbildung) und „dezipol (dp)" (Pollutio = Verschmutzung) quantifiziert, die wie folgt definiert sind [FANGER88-2]:

1 Olf ist die Geruchsbelastung, die von einer standardisierten erwachsenen Person (1,8 m^2 Körperoberfläche, 5 Ganzkörperreinigungen pro Woche) bei Aktivitätsstufe I (entspricht ca. 120 W Gesamtwärmeabgabe bei sitzender Tätigkeit) ausgeht.

Dezipol beschreibt die empfundene Luftqualität. 1 Dezipol [dp] entspricht der Luftverunreinigung eines Raumes mit 1 olf, die entsteht, wenn diesem 10 l/s (36 m^3/h) reine Luft bei einer Lüftungseffektivität von $\varepsilon_{Az} = 1$ zugeführt werden (Gleichung (2.6))

$$dp = \frac{1 \text{olf}}{10 \text{ l/s}} \tag{2.6}$$

Tabelle 2.2 demonstriert den Vergleich der Einheiten der Geruchsbelastung der Raumluft mit den analogen Einheiten für Licht und Lärm [FANGER88-1].

Tabelle 2.2: Vergleich von Last/Leistung und Maßeinheiten für Immissionen

Immission	Licht	Lärm	Gerüche
Last/Leistung der Quelle	Lumen [lm]	Watt [W]	Olf [olf]
Maßeinheit für Wahrnehmung	Lux [lx]	Dezibel [dB(A)]	Dezipol [dp]

Aber nicht nur der Mensch selbst, sondern auch Baustoffe sowie Ausstattungs- und Einrichtungsmaterialien tragen zur Geruchsbelastung der Raumluft bei. Von geruchslosen Baustoffen wird nach [DIN EN 15251] dann gesprochen, wenn die diesbezügliche Unzufriedenheitsquote im Bereich von $< 15\,\%$ (bei „schadstoffarmen Gebäuden") bzw. $< 10\,\%$ (bei „sehr schadstoffarmen Gebäuden") liegt.

Bei den Ausstattungs- und Einrichtungsmaterialien belasten z. B. Teppiche aus Wolle und Linoleum-Fußbodenbeläge aus PVC die Raumluft mit 0,2 olf/m^2, Kunstfaserteppiche erreichen sogar 0,4 olf/m^2.

Obwohl Lüftungsanlagen bzw. -geräte vorhandene Geruchsbelastungen abbauen sollen, können solche auch in Räumen mit hinreichend ausgelegter ventilatorgestützter Lüftung zur Unzufriedenheit führen. Das liegt daran, dass auch Zuluftanlagen bzw. -geräte selbst Gerüche emittieren und verbreiten können. Dabei ist der Reinheitsgrad der zugehörigen Anlagen-/Geräte-Komponenten von ausschlaggebender Bedeutung.

Mit Gleichung (2.7) kann der für eine gewünschte Luftqualität erforderliche Außenluftvolumenstrom $q_{v,L,Au}$ berechnet werden:

$$q_{v,L,Au} = \frac{10}{\varepsilon_{Az}} \cdot \frac{G}{C_{R,m} - C_{Au}} \tag{2.7}$$

mit G in olf/m^2 und C in olf/(m^3/h).

In [FITZNER96] werden für CR,m drei Qualitätsstufen mit 2, 4 und 6 dpB vorgeschlagen. Sie wurden mit trainierten Personengruppen ermittelt. Die Werte entsprechen in etwa den in [PD CR 1752] empfohlenen Werten von $\leq$ (0,7 bzw. 1,0; 1,4 und 2,5) dp_A für untrainierte Gruppen mit (10 bzw. 15, 20 und 30) % Anteil unzufriedener Personen PD (ermittelt nach Gleichung (2.8)) bei Betreten des Raumes (Bild 2.4) [FITZNER04].

$$PD = \frac{395}{e^{-1,83 \cdot q_{v,L,Au}^{0,25}}} \quad (2.8)$$

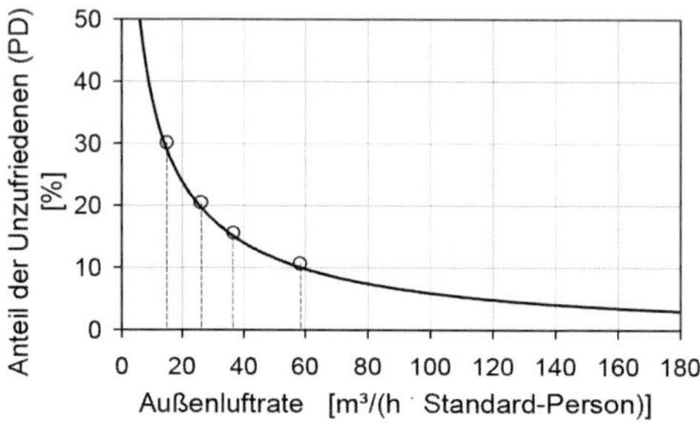

Bild 2.4: Einfluss der Außenluftrate auf den Anteil unzufriedener Nutzer (bei sauberer Außenluft und $\varepsilon_{Az} = 1$)

Wie groß die Außenluftrate sein müsste, wenn sie nach der empfundenen Luftqualität bestimmt würde, zeigt das nachfolgende Beispiel für den mit 2 Personen belegten Muster-Schlafraum mit 16 m² Fläche. Es wird angenommen, dass die beiden Personen infolge reduzierter Aktivitäten nur 80 W anstelle 120 W Wärme bei sitzender Tätigkeit abgeben und die Lüftungseffektivität im Raum $\varepsilon_{Az} = 1$ (ideale Vermischung der Außen- mit der Raumluft) entspricht. Unter Zugrundelegung der unten aufgeführten weiteren Randbedingungen wäre in Räumen mit geringer Verunreinigung gemäß Gleichung (2.7) eine Außenluftrate von 32,6 m³/(h · P) erforderlich, um eine empfundene Luftqualität von 4 dp einhalten zu können. Das entspräche zwar in etwa der aus dem CO_2-Maßstab ermittelten Rate von 30 m³/(h · P) für Wohnräume, würde aber um mehr als 50 % über dem für Schlafräume notwendigen Wert von ca. 20 m³/(h · P) auf CO_2-Basis liegen.

Randbedingungen:

Verunreinigungslast $G = G_P + G_{Geb}$ mit $G_p = 2\,\text{Pers} \cdot \frac{1\,\text{olf}}{16\,\text{m}^2} = 0{,}125$ olf/m² bzw. bei verminderter Aktivität entsprechend 80 W/120 W: $2/3 \cdot G_P = 0{,}083$ olf/m² und für Bauwerk und Einrichtungsobjekte nach [CR 1752] für „verunreinigungsarme Gebäude“ $G_{Geb} = 0{,}1$ olf/m².

Damit wird G = 0,125 (0,083) + 0,1 = 0,225 (0,183) olf/m².

Werden diese Werte in Gleichung (2.7) eingeführt und wird angenommen, dass für trainierte Gruppen $C_{R,m} = 4$ dp (für eine mittlere Luftqualität) und $C_{Au} = 1{,}5$ dp betragen, folgt für den notwendigen Außenluftvolumenstrom $q_{v,L,au}$ bei $\varepsilon_{Az} = 1$:

$$q_{v,L,Au} = \frac{10}{1(0,8)} \cdot \frac{0,225(0,183)}{4-1,5} \cdot \frac{3600}{1000} \cdot (\frac{16}{2})$$

$= 3,24\ m^3/(h \cdot m^2) = 51,8\ m^3/(h \cdot R) \approx 26\ m^3/(h \cdot P)$ für Wohnräume bzw.

$= 2,64\ m^3/(h \cdot m^2) = 42,2\ m^3/(h \cdot R) \approx 21\ m^3/(h \cdot P)$ für Schlafräume.

Reduziert sich die Lüftungseffektivität auf $\varepsilon_{Az} = 0,8$, erhöhen sich die Werte entsprechend (Tabelle 2.3).

In Abhängigkeit von der Temperaturdifferenz zwischen Zu- und Raumluft $\Delta\theta_{Zu}$ und der Art der Luftzuführung kann sich bei Mischlüftung mit horizontalem Zuluftstrahl und $\Delta\theta_{Zu} > 15\ (> 20)$ K die Lüftungseffektivität bis auf Werte im Bereich von $0,4 \le \varepsilon_{Az} \le 0,8$ reduzieren. Für Luftheizung hätte das eine noch höhere Außenluftrate im Bereich von ca. $(82 \ge q_{v,L,Au,P} \ge 41)\ m^3/(h \cdot P)$ zur Folge.

Tabelle 2.3: Notwendige Außenluftvolumenströme je Person $q_{v,L,Au,P}$ in $m^3/(h \cdot P)$ in Abhängigkeit von der Raumluftqualität bei $C_{Au} = 1,5$ dp und 20 m^3/P spezifischem Raumvolumen

Luftqualität			**hoch**		**mittel**		**niedrig**	
$C_{R,m}$ [dpB]			**2**		**4**		**6**	
Exposition			**Wohnen**	**Schlafen**	**Wohnen**	**Schlafen**	**Wohnen**	**Schlafen**
$q_{v,L,Au,P}$ $m^3/(h \cdot P)$	ε_{Az}	1	130	106	26	21	14	12
		0,8	162	132	32	26	18	15

Die Methode der Außenluft-Quantifizierung nach der „Empfundenen Luftqualität“ hat mit Ausnahme des CEN-Berichts [PD CR 1752] in der europäischen Normung bis Redaktionsschluss keinen konkreten Niederschlag gefunden. Es wäre aber sicher sinnvoll, wenn sie weiterhin Beachtung finden würde. Dafür sprechen nicht nur die Ergebnisse der Tabelle 2.3. Diese verdeutlichen zwar, dass für das Erzielen einer mittleren Raumluftqualität auf Geruchsbasis entsprechend 4 dpB ähnlich große wie die üblicherweise zur Anwendung kommenden auf CO_2-Basis ermittelten auf Personen bezogenen Außenluftvolumenströme notwendig wären. Das gilt aber nur unter der Annahme, dass es sich um „verunreinigungsarme Gebäude“ mit $G_{Geb} = 0,1$ dPB handelt und auch Einrichtungsgegenstände, Raumtextilien und ein/e evtl. vorhandene/s unsaubere/s Zuluftanlage/-gerät nicht zu höheren Gesamt-Verunreinigungslasten führen. Für diesen Fall könnte es überlegenswert sein, den für Wohnungen notwendigen Außenluftvolumenstrom größer zu wählen, als ihn die geltenden Regeln der Technik (z. B. nach [DIN 1946-6]) gegenwärtig empfehlen bzw. vorschreiben. Ein Auslöser für derartige Überlegungen könnte z. B. auch das jedem bekannte Phänomen der Wahrnehmung eines individuell unterschiedlich starken Geruchs beim Betreten betroffener Nutzungseinheiten/Wohnungen sein.

2.3 Raumluftfeuchte

Im Unterabschnitt 1.3.2 wurde dargestellt, welche Wasserdampfmengen in Wohnungen im Allgemeinen freigesetzt werden. Die Gleichungen (2.9) und (2.10) sowie Bild 2.5 veranschaulichen die entsprechende Feuchtebilanz:

$$q_{m,W,Au} + q_{m,W,Nu} \pm \Delta q_{m,W,Sp} (-q_{m,W,K}) = q_{m,W,Ab} \quad (2.9)$$

Weil Kondensation vermieden werden soll, ist der Anteil im Bild 2.5 nicht dargestellt. Der Speicheranteil $\Delta q_{m,W,Sp}$ besitzt, abhängig davon, ob jeweils mehr gespeichert (Absorption) oder mehr entspeichert (Desorption) wird, ein positives oder ein negatives Vorzeichen.

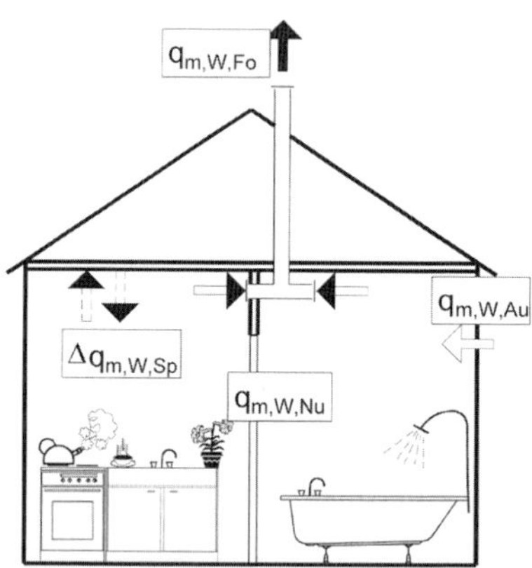

Bild 2.5: Feuchtebilanz einer Wohnung (ohne Kondensationsanteil)

Berücksichtigt man, dass Feuchtigkeit mit Hilfe von Luft transportiert wird (Gleichung (2.10))

$$q_{m,W} = \rho_L \cdot q_{v,L} \cdot x = \rho_L \cdot n \cdot V_R \cdot x \quad (2.10)$$

kann aus den Gleichungen (2.9) und (2.10) die Differenzial-Gleichung (2.11) abgeleitet werden:

$$q_{m,W,Nu} + [(\rho_L \cdot x)_{Au} - (\rho_L \cdot x)_{Ab}] \cdot q_{v,L} \pm q_{m,W,Sp} (-q_{m,W,K}) = \rho_L \cdot V_R \cdot \frac{dx}{d\tau} \quad (2.11)$$

Sie besagt, dass die Änderung der Feuchte der Raumluft je Zeiteinheit abhängig ist von der Feuchtefreisetzung durch die Nutzung, von den Speichervorgängen und von einer eventuellen Kondensation sowie von der Differenz des Feuchtegehalts von Ab-/Raumluft und Außen-/Zuluft.

Wird diese Gleichung unter Vernachlässigung von Speichervorgängen und Kondensation gelöst, erhält man die Gleichungen (2.12) und (2.13) [Riedel90]. Mit Hilfe dieser kann der Einfluss der reinen Lüftung auf die Änderung der absoluten Feuchte in Räumen mit Feuchtelast analog zum zeitlichen Verlauf der Zunahme der CO_2-Konzentration (Bild 2.1 und Bild 2.2) dargestellt werden (Bild 2.6):

$$x_i(\tau) = x_i(0) \cdot e^{-\frac{q_{V,L}}{V_R}\tau} + (x_{Au} + \frac{q_{m,W,Nu}}{\rho_L \cdot V_R})(1 - e^{-\frac{q_{V,L}}{V_R}\cdot\tau}) \qquad (2.12)$$

$$x_i(0) = x_{Au}(0) + \frac{q_{m,W}(0)}{\rho_L \cdot q_{v,L,Au}(0)} \qquad (2.13)$$

Am Beispiel von zwei konstanten bezüglich Schimmelpilz-Wachstum kritischen Außenluftzuständen

- $\theta_{Au} = 12$ °C, $\varphi_{m,Au} = 76$ %, $x_{Au} = 6{,}6$ g/kg und
- $\theta_{Au} = -5$ °C, $\varphi_{m,Au} = 79$ %, $x_{Au} = 2{,}1$ g/kg

sowie den drei Außenluftraten von (10, 20 und 30) $m^3/(h \cdot P)$ wird im Bild 2.6 die Zunahme der Raumluftfeuchte im Musterschlafraum nach Unterabschnitt 2.2 für die nachstehenden Randbedingungen demonstriert.

Randbedingungen:

- $q_{m,W}(0) = 30$ g/h = konst. (für Pflanzen und Desorption)
- $q_{m,W,Nu}(\tau) = q_{m,W}(0) + 2 \cdot 35$ g/(h · P) = konst. (bei 18 °C)
- $q_{v,L}(0) = q_{v,L}(\tau)$ = konst.

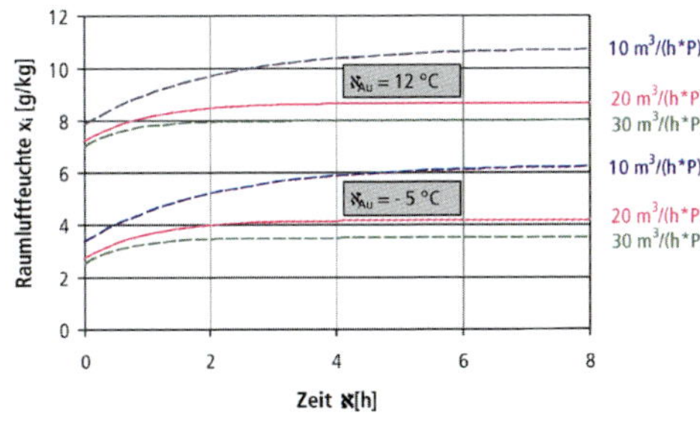

Bild 2.6: Zeitlicher Verlauf der Zunahme der Raumluftfeuchte im Musterschlafraum bei kritischen Außenluftzuständen und unterschiedlichen Außenluftraten je Person

Die Kurvenverläufe verdeutlichen den bekannten Sachverhalt, dass sich bei gleichbleibender Feuchtelast im Raum unter Vernachlässigung von erneuter Speicherung mit steigender Außenlufttemperatur ebenso wie mit abnehmendem Außenluftvolumenstrom der Feuchtegehalt der Raumluft erhöht. Dabei wird deutlich, dass bei Luftraten im Bereich von $q_{v,L,Au,P} \geq 20\ m^3/(h \cdot P)$ unter den vorgegebenen Randbedingungen schon nach ca. zwei bis drei Stunden Aufenthaltsdauer die Höchstwerte der absoluten Luftfeuchte erreicht werden. Ein weiterer Anstieg des Feuchtegehaltes der Raumluft ist danach nicht mehr zu verzeichnen. Können Luftraten nur im Bereich von $q_{v,L,Au,P} \leq 10\ m^3/(h \cdot P)$ realisiert werden, steigt die absolute Luftfeuchte auch nach drei Stunden noch weiter an, ehe sie den höchsten Wert nach ca. 8 Stunden erreicht hat. Inwieweit dadurch bezüglich Schimmelpilz-Wachstum kritische Zustände auftreten können, kann unter Annahme stationärer Verhältnisse ($dx_i/d\tau = 0$), gleichmäßiger Verteilung der Feuchte im Raum und Vernachlässigung von Desorptionsvorgängen während der Nutzungszeit über die Ermittlung des mindestens erforderlichen Außenluftvolumenstroms $q_{v,L,Au}$ in Abhängigkeit von der Feuchteemission $\Sigma q_{m,W}$ bei mittlerer Außenluftfeuchte $\varphi_{Au,m}$ mittels Gleichung (2.14) überschlägig ermittelt werden

$$q_{v,L,Au,P} = \frac{\Sigma q_{m,W}}{\rho_L \cdot (x_i - x_{Au,m}) \cdot z_P} \tag{2.14}$$

Im Einzelnen gilt:

Feuchteemission $\Sigma q_{m,W}$ für zwei ruhende Personen und drei Pflanzen bei 16 bis 18 °C (nach Hartmann in [KÜNZEL09]):

$\Sigma q_{m,W} = 2 \cdot 35\ g + 3 \cdot 2\ g = 76\ g$, absolute Raumluftfeuchte x_i:

$$x_i = \frac{622{,}2 \cdot \varphi_i / 100}{p / p_s - \varphi_{0,i,zul} / 100} \tag{2.15}$$

absolute mittlere Außenluftfeuchte $x_{Au,m}$:

$$x_{au,m} = \frac{622{,}2 \cdot \varphi_{Au,m} / 100}{p / p_s - \varphi_{Au,m} / 100} \tag{2.16}$$

angenommener Umgebungsdruck p:

$p = 101{,}325\ Pa$

und temperaturabhängiger Sättigungsdruck p_s:

$$p_s = e^{(7257 \cdot \theta_{0,i} - 29{,}37 \cdot \theta_{0,i}^2 + 0{,}098 \cdot \theta_{0,i}^3 - 0{,}0001901 \cdot \theta_{0,i}^4) \cdot 10^{-5}} \tag{2.17}$$

Der korrespondierende $f_{Rs,i}$-Wert nach [DIN 4108-2] bzw. [DIN EN ISO 13788] stellt dabei das entscheidende Kriterium für Schimmelpilzfreiheit dar. Diese ist in einem gut gedämmten Gebäude mit $U \leq 0{,}5\,W/(m^2 \cdot K)$ nach [KÜNZEL09] ab $f_{Rs,i} \geq 0{,}8$ gewährleistet. Daraus ermittelt sich nach Gleichung (1.1) die maximal zulässige innere Oberflächentemperatur θ_{si} im Bereich von Wärmebrücken:

$$\theta_{si} = f_{Rs,i} \cdot (\theta_i - \theta_{Au}) + \theta_{Au} \equiv \theta_{O,i} \tag{2.18}$$

Die Ergebnisse für den Musterschlafraum sind in Abhängigkeit von der Außenlufttemperatur θ_{Au} in Tabelle 2.4 ausgewiesen. Sie zeigen neben den mindestens notwendigen Außenluftvolumenströmen je Person ($m^3/(h \cdot P)$) bzw. je Schlafraum insgesamt ($m^3/(h \cdot SR)$, nach oben gerundet) auch die maximal zulässigen relativen Raumluftfeuchten $\varphi_{i,zul}$ für eine Belegung von $z_P = 2$ Personen bei für Schlafräume typischen Raumlufttemperaturen von θ_i = (16 bzw. 18) °C im zulässigen Feuchtebereich von $\varphi_{O,i,zul} \leq 0{,}8$ (80 %).

Wie nicht anders zu erwarten, verringert sich die zulässige relative Raumluftfeuchte $\varphi_{i,zul}$ mit abnehmender Außenlufttemperatur von ca. 76 % bei 12 °C Außen- (θ_{Au}) und 16 °C Raumlufttemperatur (θ_i) auf bis zu ca. 56 % bei θ_{Au} = – 10 °C und θ_i = 18 °C. Stellt sich im Schlafraum anstelle θ_i = 18 °C nur θ_i = 16 °C ein, darf $\varphi_{i,zul}$ um ca. 1 %- bis 2 %-Punkte höher sein. Nach [KÜNZEL09] liegt man hinsichtlich der Vermeidung von Schimmelpilz-Wachstum während der Heizperiode in gut gedämmten Gebäuden ($U \leq 0{,}5\,W/(m^2 \cdot K)$) immer dann auf der sicheren Seite, wenn die relative Raumluftfeuchte $\varphi_{i,zul}$ nicht größer als 50 % ist (s. a. Tabelle 2.4). Bei schlechterer Wärmedämmung ($U \geq 1{,}4\,W/(m^2 \cdot K)$) sollte dagegen $\varphi_{i,zul} < 40$ % sein.

Die Lüftung kann maßgeblich zur Einhaltung dieser Grenzen beitragen. Dabei ist aber zu beachten, dass die notwendigen Außenluftvolumenströme zur Vermeidung von Feuchtigkeitsproblemen sich sowohl in Abhängigkeit von der Außenlufttemperatur als auch der Raumlufttemperatur ändern. Das hängt damit zusammen, dass die Aufnahmefähigkeit von Luft für Feuchtigkeit mit steigender Temperatur größer wird. Bild 2.7 zeigt das anschaulich für –5 °C (absoluter Feuchtegehalt 2,1 g/kg) und 10 °C Außenlufttemperatur (5,9 g/kg). Der mit steigender Außenlufttemperatur zunehmende Feuchtegehalt der Außenluft hat zur Folge, dass von dieser immer weniger Feuchtigkeit im Raum aufgenommen werden kann. Soll z. B. die relative Feuchte im Raum nicht über 60 % ansteigen, kann 1 kg Außenluft mit –5 °C in Abhängigkeit von der Raumlufttemperatur (16 °C bis 24 °C) 4,7 bis 9,2 g Wasser pro kg Luft aufnehmen. Bei 10 °C sind es dagegen nur noch 0,9 bis 5,4 g Wasser pro kg Luft. Das bedeutet, dass mit zunehmender Außenlufttemperatur mehr Außenluft zugeführt werden müsste, um den gleichen Entfeuchtungseffekt erzielen zu können.

Tabelle 2.4: Zulässige relative Raumluftfeuchte $\varphi_{i,zul}$ und notwendiger Außenluftvolumenstrom $q_{v,L,Au}$ zur Vermeidung von Schimmelpilz-Wachstum im Musterschlafraum mit zwei Personen bei unterschiedlichen Außen- und Raumlufttemperaturen

θ_{Au}	**−10**		**−5**		**5**		**12**		°C
φ_{Au}	80		79		78		76		%
$x_{Au,m}$	1,4		2,1		4,2		6,6		g/kg
θ_i	16	18	16	18	16	18	16	18	°C
$\theta_{si} \equiv \theta_{O,i}$	12,8	14,5	11,8	13,4	14,6	16,4	15,5	17,3	
x_i	6,4	7,1	6,9	7,6	7,8	8,7	8,6	9,5	g/kg
$x_i - x_{Au,m}$	5,0	5,7	4,8	5,6	3,7	4,5	2,0	2,9	
$\varphi_{i,zul}$	**57**	**55,8**	**60,9**	**59,6**	**69,4**	**67,8**	**76,0**	**74,2**	%
$q_{v,L,Au,P}$	**6,2**	**5,5**	**6,5**	**5,6**	**8,5**	**6,9**	**15,9**	**10,8**	m³/(h · P)
$q_{v,L,Au,SR}$	**13**	**11**	**13**	**12**	**17**	**14**	**32**	**22**	m³/(h · SR)

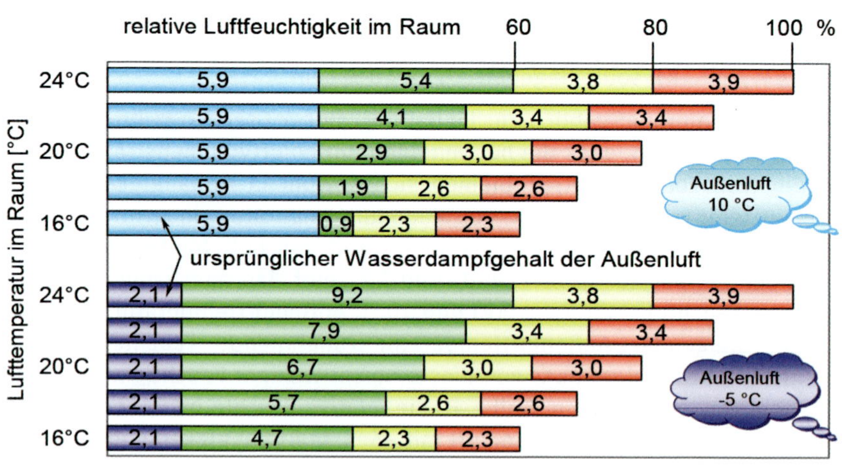

Bild 2.7: Aufnahmefähigkeit von Außenluft für Feuchtigkeit in Abhängigkeit von Außenluft- und Raumlufttemperatur

Die dargestellten Beispiele lassen daneben aber auch eindeutig erkennen, dass allein durch eine Erhöhung des Außenluftvolumenstroms, der aus energetischen Gründen jedoch Grenzen gesetzt werden muss, sowohl die Feuchte- als auch die Schimmelpilzproblematik nur schwer lösbar sind. Um kritische Zustände vermeiden zu können, sind neben der Realisierung eines unverzichtbaren (Mindest-)Luftwechsels also immer auch eine ausreichend gute Wärmedämmung und entsprechend hohe Raumlufttemperaturen notwendig.

Die in Tabelle 2.6 dargestellten Ergebnisse für die durch Feuchte bedingten (Mindest-) Außenluftvolumenströme $q_{v,L,Au,min}$ basieren ebenso wie weitere aus der Literatur [Erh86, Erh97] bekannten überwiegend auf der Annahme stationärer Verhältnisse. Ihnen liegen zudem zumeist noch folgende Vereinfachungen zugrunde:

- gleichmäßige Verteilung der Feuchte in der Raumluft,
- gleichmäßige Wasserdampf-Freisetzung über der Zeit (in g/h bzw. g/d) ohne Berücksichtigung des Abbaus von Spitzen durch direkte Feuchteabführung,
- Vernachlässigung von Feuchtespeicher- und -transportvorgängen und
- Mittelwertbildung für die Außenluftfeuchte.

In [Erh86, Erh97] wurde zudem von „Tauwasserfreiheit in einer gleichartigen, homogenen Ecke von Außenbauteilen“ bei Mindestwärmeschutz nach damals geltender [DIN 4108-2, (08.81)] mit $U = 1{,}39\,W/(m^2 \cdot K)$ ausgegangen. Weil das Schimmelpilz-Wachstum aber spätestens ab einer relativen Luftfeuchte an der Bauteiloberfläche von $\varphi_{O,i} = 0{,}8$ (siehe Unterabschnitt 1.3.3) beginnt, müssen die zur Vermeidung von Feuchteschäden erforderlichen (Mindest-)Außenluftvolumenströme nur für diesen und nicht für den Fall des Auftretens von Kondensation bei $\varphi_{O,i} = 1$ ermittelt werden.

Eine diesbezügliche Untersuchung [Hartm99] basiert aus diesen Gründen auf einer rechnergestützten dynamischen Simulationsrechnung mit instationärer Bilanzierung, bei der Speicher- und Transportvorgänge in der Hüllkonstruktion ebenso wie reale Feuchtelast-, Temperatur- und Luftvolumenstrom-Verläufe sowie das Zeitkriterium für den Beginn des Schimmelpilz-Wachstums (siehe Unterabschnitt 1.3.3) berücksichtigt werden konnten. In Tabelle 2.5 sind alle Berechnungsergebnisse für den Luftwechsel der Einzelräume und für die gesamte Wohnung unter Orientierung auf den jeweils kritischen Wert aus den rechnerisch behandelten typischen Monaten Oktober (Übergangs-Jahreszeit) und Januar/Februar (Winterzeit) sowie die wesentlichen Randbedingungen zusammengefasst worden.

Weitere Randbedingungen sind:

- Belegung je Wohnungseinheit mit 4 Personen,
- ständig geschlossene Fenster,
- vollständige gleichmäßige Feuchtefreisetzung im Raum ohne direkten Abbau von Lastspitzen,
- Speichervorgänge in allen, auch in den sonst üblicherweise gefliesten Feuchträumen, dafür aber nur in Wandkonstruktionen und
- konstanter Mindestluftwechsel so, dass der kritische Zustand ($\varphi_{O,i} \geq 0{,}8$) immer weniger als jeweils 12 Stunden an 5 aufeinanderfolgenden Tagen auftreten kann (Zeitkriterium für Schimmelpilz-Wachstum).

Bei der Festlegung des Mindestluftwechsels für die gesamte Wohnung wurde die typische Doppelnutzung der Außenluft berücksichtigt. Dass die in den Ablufträumen (Küche und Bad-/WC-Raum) ankommende Luft dabei schon teilbelastet ist, wurde durch eine Anhebung des Gesamt-Luftwechsels kompensiert. Zu beachten ist, dass der Mindestluftwechsel vorzugsweise unter Vernachlässigung des Wäschetrocknens in der Wohnung ermittelt wurde. Die Begründung, dass solches „*in der Regel durch einen entsprechenden Passus im Mietvertrag untersagt*“ sei, ist nur dann stichhaltig und realisierbar, wenn alternative Trocknungsmöglichkeiten genutzt werden können. Das trifft für Mehrfamilienhäuser in Ballungszentren jedoch in den seltensten Fällen zu. Die in [HEINZ94/95] ermittelten Umfrage-Ergebnisse (siehe Unterabschnitt 1.3.3) deuten zudem auf eine zumindest im Umfragezeitraum völlig andere Praxis hin.

Tabelle 2.5: (Mindest-)Luftwechsel [h^{-1}] zur Vermeidung von Schimmelpilz-Wachstum unter den angegebenen Randbedingungen; nach [HARTM99]

		Wohnung im MFH		**EFH**	
		Neubau	**nach Fensterwechsel**	**Neubau**	**nach Fensterwechsel**
Wärmedurchgangs-Koeffizient in W/(m²·K)	Außenwand	≤ 0,31	≤ 1,39	≤ 0,31	≤ 1,39
	Wärmebrücke	≤ 1,71	≤ 2,20	≤ 1,71	≤ 2,20
	Fenster	≤ 1,40			
Wohnfläche/Pers. in m²/P		≥ 17		≥ 30	
Raumtemperatur in °C	Wohnzimmer	≥ 20			
	Schlafzimmer	≥ 16 (< 12)[1]			
	Kinderzimmer	≥ 20 (nachts ≥ 16)			
	Küche	≥ 20			
	Bad-/WC-Raum	≥ 22			
Feuchtefreisetzung in g/h	Wohnzimmer	≤ 56,5 (≤ 160,6)[2]		≤ 76,5 (≤ 180,6)[2]	
	Schlafzimmer	≤ 47,5		≤ 57,5	
	Kinderzimmer	≤ 72,5		≤ 82,5	
	Küche	≤ 39,6		≤ 39,6	
	Bad-/WC-Raum	≤ 272,5 (≤ 6,54 kg/d)		≤ 312,5 (≤ 7,50 kg/d)	
Luftwechsel in h^{-1}	Wohnzimmer	0,15 (0,50)[2]	0,25 (0,80)[2]	0,15 (0,35)[2]	0,20 (0,70)[2]
	Schlafzimmer	0,30	0,60 (0,62)[1]	0,20	0,40(0,47)[1]
	Kinderzimmer	0,35	0,70	0,25	0,45
	Küche	0,25	0,40	0,20	0,35
	Bad-/WC-Raum	0,45 (0,90)[2]	0,60 (1,25)[2]	0,30 (0,70)[2]	0,45 (1,00)[2]
	Wohnung	**0,20 (0,30)[2]**	**0,40 (0,55)[2]**	**0,15 (0,20)[2]**	**0,30 (0,35)[2]**

1) unbeheiztes Schlafzimmer

2) mit Berücksichtigung von Wäschetrocknen

Tabelle 2.6: Raumbezogener (Mindest-)Außenluftvolumenstrom zur Vermeidung von Schimmelpilz-Wachstum an den raumseitigen Oberflächen von Außenbauteilen; nach [HARTM99]

Raum	Neubau	Gebäudebestand nach Fensterwechsel
Wohnzimmer	je 10 m^3/h	je 18 m^3/h
Schlafzimmer		
Kinderzimmer		
Küche	5 m^3/h	8 m^3/h
Bad-/WC-Raum	8 m^3/h	12 m^3/h

Aus den Luftwechselwerten in Tabelle 2.5 wurden die in Tabelle 2.6 aufgeführten Mindest-Außenluftvolumenströme abgeleitet. Sie gelten ohne Berücksichtigung des Wäschetrocknens und unabhängig von der Belegungsdichte.

Bei den nach [HARTM99] ermittelten Luftwechselzahlen bzw. Luftvolumenströmen handelt es sich um „konstante Mindest"-Werte, die die kritische Luftfeuchtigkeit von 80 % im Wärmebrückenbereich an weniger als 12 h/d an 5 aufeinanderfolgenden Tagen zulassen. Werden die in Tabelle 2.5 aufgelisteten Grenzwerte nicht eingehalten, muss der Luftwechsel erhöht werden. Das gilt auch für Wohnungen mit Gasnutzung für die Speisenzubereitung, was bei den Simulationsrechnungen nicht berücksichtigt worden ist.

Hinsichtlich der Einhaltung hygienisch und gesundheitlich bedingter Luftwechselzahlen merkten die Verfasser Folgendes an: *„Eine CO_2-bedingte Gesundheitsgefährdung besteht bei Einhaltung des schimmelpilzbedingten Mindestluftwechsels nicht. Entsprechend der Definition können jedoch hygienische Ansprüche zu höheren nutzungsabhängigen Luftwechselraten führen."*

2.4 Verbrennungsluft für Feuerstätten

Die für eine vollständige Verbrennung erforderliche Menge des Luftvolumenstroms ist abhängig von der Art der Feuerstätte und dem verwendeten Brennstoff. Bild 2.8 zeigt, dass z. B. bei 4 kW Wärmeleistung der Feuerstätten Kohleöfen ca. 2,1 $m^3/(h \cdot kW)$, Gasöfen ca. 1,6 $m^3/(h \cdot kW)$ und Kamine zwischen (1,2 und 3,2) $m^3/(h \cdot kW)$ (bei Holz- bzw. Kohleverbrennung) Verbrennungsluft benötigen. In [FERCH93] werden (2 bis 3) $kg/(h \cdot kW)$ angegeben. Das entspricht bei einer Raumlufttemperatur von 20 °C (Luftdichte $\rho_L \approx 1{,}2\ kg/m^3$) etwa (1,7 bis 2,5) $m^3/(h \cdot kW)$.

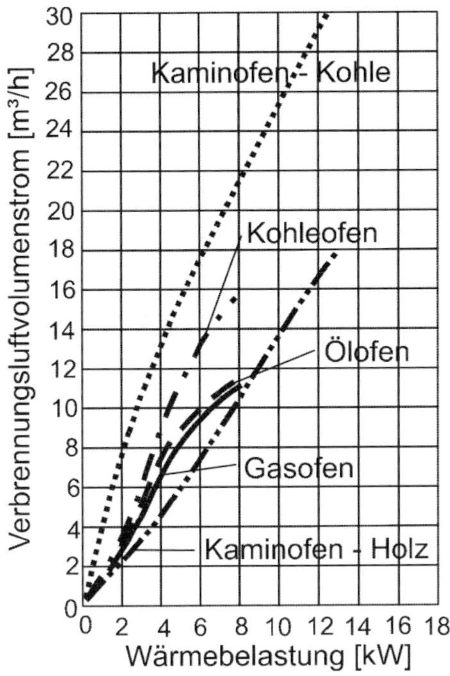

Bild 2.8: Verbrennungsluftbedarf unterschiedlicher Feuerstätten in Abhängigkeit von der Wärmebelastung

2.5 Technische Regelwerke und Rechtsvorschriften

2.5.1 Vorbemerkung

Im Jahr 1987 wurde die mehrjährige Untersuchung „Minimum Ventilation Rates“ (Mindestlüftungsraten bzw. Mindestluftwechsel) abgeschlossen [TREPTE86, HABER88]. Beteiligt waren Fachleute aus Dänemark, Deutschland, Finnland, Großbritannien, Italien, den Niederlanden, Norwegen, Schweden, der Schweiz; Kanada und den USA. Ziel der Arbeit war es, einen Überblick über den Wissensstand zu geben und gegebenenfalls Ergänzungen zu fundierteren Festlegungen der notwendigen Außenluftraten zu erarbeiten. Das Ergebnis ist in Tabelle 2.7 dargestellt.

Seither sind zur Problematik der Wohnungslüftung mehrere europäische Normen und nationale Anhänge zu diesen sowie auch nationale Normen fertig gestellt und in Kraft gesetzt worden. Deshalb und weil die in der 1. Auflage aufgelisteten internationalen Empfehlungen zum Mindest-Außenluftvolumenstrom bzw. -Außenluftwechsel überwiegend durch diese europäisch standardisierten

Festlegungen ersetzt worden sein dürften bzw. in nächster Zeit werden, wird auf eine neuerliche tabellarische Auflistung zugunsten der geltenden europäischen, US-amerikanischen und deutschen Norm-Empfehlungen verzichtet, auf die im Folgenden bzgl. der notwendigen Luftvolumenströme näher eingegangen wird.

Tabelle 2.7: Empfohlene Außenluftraten in $m^3/(h \cdot P)$ [TREPTE86]

Belastungs-faktor	Vermeidung von			Bemerkungen
	gesundheit-lichen Risiken	Belästigungen	bau-physikalischen Schäden	
Wohnungs-feuchte			20 ... 40	abh. von klimatischen Bedingungen
Körpergeruch		15 ... 30		
Tabakrauch	30 ... 60			bei statistischem Durchschnitt: 40 % Raucher mit 1,5 Zigaretten je Stunde
Kohlendioxid CO_2		15 ... 30 12 ... 15		0,1 Vol-% CO_2 0,15 Vol-% CO_2
Formaldehyd, organische Substanzen, Radon, Mikroorganismen, Partikel, Verbrennungsprodukte	keine Festlegung von Außenluftraten, besser ...			... Vermeidung oder Verminderung der Emissionen; Lüftung lediglich als zusätzliche Maßnahme

2.5.2 Europäische Regelwerke

Außenluftbedarf für Lüftungszwecke

Für die Festlegung des Außenluftbedarfs für die Lüftung von Wohnungen besaßen europäisch bei Redaktionsschluss folgende Normen Relevanz: [DIN EN 15251], (Anhang B2) (zukünftig ersetzt durch DIN EN 16798-1) und [DIN EN 15665, Anhang A], sowie eingeschränkt auch [CEN/TR 14788,

Anhang F]. Es ist beabsichtigt, [DIN EN 15665] und [CEN/TR 14788] zu einer europäischen Auslegungsnorm für die Wohnungslüftung zusammenzuführen.

Im DIN-Fachbericht [CEN/TR 14788] werden zwar keine Empfehlungen zu notwendigen Außenluftvolumenströmen gegeben, dafür aber Beispiele zu deren Berechnung demonstriert. Die Ergebnisse für einen mit zwei Personen belegten Schlafraum mit einer Raumlufttemperatur von $\theta_i = 16\ °C$ können in Abhängigkeit von der CO_2-Emission Tabelle 2.8 entnommen werden. Die aus den erforderlichen Luftvolumenströmen resultierende Raumluftfeuchte wurde ebenfalls berechnet. Die temperaturabhängig jeweils höchsten Werte stellen die Risikogrenze für Schimmelpilz-Wachstum dar. Bei ihrer Überschreitung müsste mit Schimmelpilz gerechnet werden. Der notwendige Außenluftvolumenstrom für die an anderer Stelle empfohlene Einhaltung von $C_{zul} \approx 1\,500$ ppm (hier $\geq 20{,}7\ m^3/(h \cdot SR)$) kann lediglich im Bereich der Heizgrenztemperatur ($\geq 10\ °C$) zu einem akuten Risiko führen (siehe auch Unterabschnitte 1.3.3 und 2.3). Ansonsten gilt der Grundsatz, dass der zur Einhaltung hygienischer Anforderungen notwendige Außenluftvolumenstrom immer größer ist als der zur Vermeidung von Feuchtigkeitsproblemen.

Die für die Ergebnisse nach [CEN/TR 14788] geltenden Randbedingungen sind:

- CO_2-Emission: $12\ l/(h \cdot P)$

  (Gleichgewichtszustand der CO_2-Konzentration wird nach 8 Stunden erreicht)
- Feuchteemission: $40\ g/(h \cdot P)$
- Schlafzimmer: 2 Personen, Fläche $9\ m^2$, $\theta_i = 16\ °C$

Das Kriterium für die Risikominimierung des Schimmelpilz-Wachstums beruht auf einem im Anhang C beschriebenen Berechnungsverfahren, das auch Speicherungsvorgänge berücksichtigt. Für die Ermittlung der kritischen Oberflächentemperatur $\theta_{si} \equiv \theta_{O,i}$ nach Gleichung (2.19) wird dabei von $f_{Rs,i} = 0{,}65$ ausgegangen:

$$\theta_{O,i} = 0{,}65\ (\theta_i - \theta_{Au}) + \theta_{Au} \qquad (2.19)$$

Tabelle 2.8: Außenluftvolumenströme für einen Schlafraum zur Einhaltung vorgegebener Grenzwerte für den CO_2-Gehalt und die daraus resultierende absolute (x_i) bzw. relative (θ_i) Luftfeuchte der Raumluft bei $\theta_i = 16$ °C ohne Schimmelpilz-Risiko; nach [CEN/TR 14788]

max. CO_2-Konzentration	1 000	1 500	2 000	2 500	3 500	1 000	1 500	2 000	2 500	1 000	ppm
Außenluftvolumenstrom	36,4	20,7	14,4	10,8	6,9	36,4	20,7	14,4	10,8	36,4	m^3/h
Außenlufttemperatur			–5					0		10	°C
absolute Feuchte	3,8	4,5	5,0	5,6	6,8	5,0	5,6	6,2	6,8	8,8	g/kg
relative Feuchte	34	40	45	50	60	44	50	55	60	78	%

Für die in Tabelle 2.8 bei $\theta_{Au} = 0$ °C und 10 °C gegenüber $\theta_{Au} = -5$ °C nicht aufgeführten Luftvolumenstromwerte besteht ein Schimmelpilz-Risiko.

Die nach [DIN EN 15251] empfohlenen „Auslegungslüftungsraten“ sollen gemäß Titel der Norm als *„Eingangsparameter für das Raumklima zur Auslegung und Bewertung der Energieeffizienz von Gebäuden“* dienen. Sie besitzen für die Auslegung von Lüftungssystemen dabei insofern Relevanz, als die als „Eingangsparameter“ für die Lüftung bezeichneten Werte (Tabelle 2.9) auf einen effizienten Energiebedarf unter Berücksichtigung eines lange andauernden für möglichst viele Nutzer akzeptablen Raumklimas abzielen.

Die in drei Kategorien unterteilten Angaben in Tabelle 2.9 basieren auf den notwendigen Anforderungen an die jeweils festzulegende Raumluftqualität bei einer Lüftungseffektivität von $\varepsilon_{Az} = 1$ (siehe Gleichung (2.4)). Die Abluft aus dem Wohnbereich darf als Zuluft für den Küche-/Sanitärbereich weitergenutzt werden. Das hat den energetischen Vorteil, dass ein zusätzliches Aufwärmen der für den Küche-/Sanitärbereich benötigten Außenluft auf Raumlufttemperatur entfällt. Als durchschnittliche Raumhöhe wird einheitlich $h_R = 2,5$ m angenommen.

Tabelle 2.9: Außenluftvolumenströme bzw. Außenluftwechsel für Wohnungen; nach [DIN EN 15251]

Kategorie	gesamte Nutzungseinheit		Wohnbereich		Küche-/Sanitärbereich		
	Außenluft-/ Zuluftrate	Luftwechsel	Außenluft-/Zuluftrate		Abluftrate		
					Küche	Küche	Küche
	$m^3/(h \cdot m^2)$	h^{-1}	$m^3/(h \cdot P)$	$m^3/(h \cdot m^2)$	$m^3/(h \cdot R)$		
Nutzer anwesend							
I	1,76	0,7	36	5,0	101	72	50
II	1,51	0,6	25	3,6	72	54	36
III	1,26	0,5	14	2,2	50	36	25
Nutzer nicht anwesend							
–	0,18 ... 0,36	0,07 ... 0,14	–	–	–	–	–

Im nationalen Anhang zur [DIN EN 15251] wird darauf verwiesen, dass in Deutschland alternativ zu den Festlegungen in Tabelle 2.9 Werte aus [DIN 1946-6] angewendet werden können.

Abgeschlossen ist zwischenzeitlich eine komplette Überarbeitung der [DIN EN 15251], die mit einer Umbenennung in [DIN EN 16798-1] einhergeht. Allerdings stand die Veröffentlichung der deutschen Fassung bei Redaktionsschluss noch aus, verfügbar ist bereits eine englische Version als [EN 16798-1]. Geplant ist, das nach [DIN EN 15251] bereits für Nichtwohngebäude angewendete Prinzip einer additiven Betrachtung von personen- und gebäudebezogenen Schadstofflasten nach Gleichung (2.20) ggf. auch für Wohngebäude anzuwenden:

$$q_{v,ges,R} = (n \cdot q_v)_P + A_R \cdot q_{v,Em} \tag{2.20}$$

Zu den in Tabelle 2.9 angegebenen personenbezogen erforderlichen Werten für den Luftvolumenstrom wären dann zusätzlich noch flächenbezogene Werte $q_{v,Em}$ wiederum in Abhängigkeit von der vereinbarten Gebäudekategorie zu beachten.

[DIN EN 15665] befasst sich mit der *„Bestimmung von Leistungskriterien, die für die Auslegungsgrade in Vorschriften bzw. Normen genutzt werden können"*. Dabei finden *„Aspekte der Hygiene und der Raumluftqualität"* sowie die Feuchteemission einschließlich der Speichervorgänge Berücksichtigung.

Der Bedarf an Außenluft (Tabelle 2.10) orientiert sich vordergründig an den Anforderungen für das Wohlbefinden von Personen. Es werden aber auch die für raumluftabhängige Feuerstätten notwendigen Verbrennungsluftvolumenströme in die Betrachtungen mit einbezogen.

Tabelle 2.10: Außen- und Abluftvolumenströme für Wohnungen und einzelne Räume; nach [DIN EN 15665]

Räume/ NE	Personen/ NE	Außen-/Zuluft-volumenstrom NE		Raum	Luftvolumenstrom/Raum			
					Abluftsystem			
		ohne	mit		Außenluft		Abluft	
		Wohnraum im Überströmbereich			normal	erhöht	normal	erhöht
Anzahl		$m^3/(h \cdot NE)$		–	$m^3/(h \cdot R)$			
1	1	36	–	Wohn- oder Schlaf-zimmer	30	45	–	–
2	1	60	40	Küche oder Bad	–	–	40	60
	2	70	60	WC	–	–	20	30
3	2	90	70		Zu-/Abluftsystem			
	3	100	90		Zuluft		Abluft	
4	3	120	100	Wohn-zimmer	30	45	–	–
	4	135	115	Schlaf-zimmer (1 P)	30	45	–	–
5	4	150	130	Schlaf-zimmer (2 P)	30 ... 40	45 ... 60	–	–
	5	170	140	Küche oder Bad	–	–	40	60
				WC	–	–	20	30

Bei Abwesenheit der Nutzer soll ein Mindestluftwechsel von $n \geq 0{,}2\ h^{-1}$ realisiert werden. Der *„erhöhte"* Luftvolumenstrom kann auch durch Fensteröffnen gewährleistet werden. Den Normalwerten liegt eine *„übliche"* Belegung bei 24-stündigem Lüftungsbetrieb zugrunde. Der maßgebende Gesamtluftvolumenstrom ist der größere Wert aus dem Außen-/Zuluftvolumenstrom je Nutzungseinheit (NE) und der Summe der Abluftvolumenströme für die einzelnen Räume nach Tabelle 2.10. Der ermittelte Wert muss auf die Zulufträume verteilt werden. Zu beachten ist, dass der Wohnungsgesamtwert des Abluftvolumenstroms infolge zusätzlicher Luft-In- und -Exfiltration um ca. 1/3 höher als die Summe der Außenluftvolumenströme ausfallen kann. Genaueres kann dabei aber immer erst nach Fertigstellung des Gebäudes auf der Basis einer Luftdichtheits-Messung angegeben werden.

Zum Vergleich sind in Tabelle 2.11 abschließend zusätzlich auch die im US-amerikanischen Standard [ASHRAE 62.1] geforderten minimalen, ununterbrochen (*„continued"*) zu realisierenden Luftraten für den Aufenthaltsbereich (*„breathing zone"*) aufgeführt. Bei Anwendung bzw. Interpretation der Werte sind die jeweiligen weiteren Hinweise (*„accompanying notes"*) im Standard zu beachten.

Tabelle 2.11: Luftraten nach [ASHRAE 62.1]

Raum	Außenluftrate				Abluftrate			
	l/(s · P)	m³/(h · P)	l/(s · m²)	m³/(h · m²)	l/(s · NE)	m³/(h · NE)	l/(s · m²)	m³/(h · m²)
NE	2,5	9	0,3	1,1	–	–	–	–
Küche	–	–	–	–	25/50	90/180	–	–
Koch-nische	–	–	–	–	–	–	1,5	5,4
WC	–	–	–	–	12,5/25	45/90	–	–

Verbrennungsluftbedarf

Nach [DIN EN 16798-7] ermittelt sich der Verbrennungsluftbedarf $q_{v,V}$ während des Betriebs einer Feuerstätte als zusätzlicher Luftvolumenstrom (über die Sicherstellung der Lüftungsfunktion hinaus) in Abhängigkeit von der Nennleistung P_{Nenn} nach Gleichung (2.21)

$$q_{v,V} = f_{V\text{-}Anl} \cdot P_{Nenn} \cdot f_{q,V} \text{ in [l/s]} \quad (2.21)$$

$f_{q,V}$ als Faktor für den zusätzlichen Verbrennungsluftbedarf siehe Tabelle 2.12.

Tabelle 2.12: Faktor für den zusätzlichen Verbrennungsluftbedarf $f_{q,V}$ nach [DIN EN 16798-7]

Brennstoff	Holz	Gas				Öl	Kohle
Feuerstätte	offen	geschlossen mit Abgas-Ventilator	offen mit Strömungssicherung	offen, Küchenherd	offen, Gas mit Holz-/Kohleeffekt	geschlossen	geschlossen
$f_{q,V}$	2,8	0,38	0,78	3,35	3,35	0,32	0,52

Für raumluftabhängige Feuerstätten einschließlich Gasgeräten der Art B nach [DIN EN 1749] und [TRGI G 600 (A)] ist der Anlagenfaktor $f_{V\text{-}Anl}$ gleich 1 und für Küchenherde und Gasgeräte der Art A gleich 0.

2.5.3 Nationale Normen

Außenluftbedarf für Lüftungszwecke

Für die Festlegung des Außenluftbedarfs zur Lüftung von Wohnungen galten in Deutschland bei Redaktionsschluss [DIN 1946-6] sowie [DIN 18017-3], die der „Bauaufsichtliche(n) Richtlinie über die Lüftung fensterloser Küchen, Bäder und Toilettenräume in Wohnungen" [BRLüft] unterlag. In [DIN 18017-3] wird lediglich die Lüftung von *„Bädern und Toiletten-Räumen ohne Fenster"* geregelt (siehe Unterabschnitt 9.3.2). *„Die Lüftung von fensterlosen Küchen ist"* dagegen *„nicht Gegenstand dieser Norm"*. Diese werden über die *„fensterlosen Bäder und Toilettenräume"* hinaus in der [BRLüft] behandelt. Die Festlegungen in [DIN 1946-6] umfassen übergreifend die Lüftung der gesamten

Nutzungseinheit und berücksichtigen damit konsequent die Realität, dass jede Nutzungseinheit/Wohnung eine lüftungstechnische Einheit darstellt, in der lüftungstechnische Maßnahmen für jeden einzelnen Raum immer im Zusammenhang mit der Lüftung der gesamten Wohnung zu betrachten sind.

Gegenüber früheren Ausgaben von [DIN 1946-6] gibt es bei der Festlegung der Außenluftvolumenströme folgende wesentliche Änderung:

Mit wachsender Größe der NE sind nicht immer auch mehr Personen mit Außenluft zu versorgen. Daher sind alle Beziehungen für den Luftvolumenstrom nach Gleichung (2.22) keine Geraden. Sie weisen mit zunehmender Größe der NE eine gewisse Abflachung auf (siehe Bild 2.9). Das hat den gewollten Effekt, dass die Vorgaben für den Luftwechsel n_{NE} nicht mehr konstanten Werten entsprechen, die mit wachsender Größe der NE proportional anwachsen, sondern beispielsweise für NE mit 210 m^2 bei Nennlüftung nur noch $n_{NE} = 0{,}31\ h^{-1}$ gegenüber $n_{NE} = 0{,}47\ h^{-1}$ bei 70 m^2 betragen.

Die Bestimmung der Außenluftvolumenströme $q_{v,ges}$ erfolgt auf Basis der Grundgleichung (2.22)

$$q_{v,ges} = q_{v,LtM} + q_{v,Inf,wirk} \{+ q_{v,Fe,wirk}\} \tag{2.22}$$

Der notwendige Außenluftvolumenstrom setzt sich danach zusammen aus dem Luftvolumenstrom aus lüftungstechnischen Maßnahmen (frei oder ventilatorgestützt) $q_{v,LtM}$, dem wirksamen Luftvolumenstrom durch Luft-In- und -Exfiltration $q_{v,Inf,wirk}$ und dem wirksamen Luftvolumenstrom durch teilweise zusätzlich noch notwendiges Fensteröffnen $q_{v,Fe,wirk}$. Über die Realisierung der geforderten Außenluftvolumenströme gibt Bild 2 in [DIN 1946-6] Auskunft.

Der durch das Öffnen von Fenstern („Fensterlüftung“) bewirkte Außenluftvolumenstrom $q_{v,Fe,wirk}$ ist quantitativ nicht hinreichend genau bestimmbar und deshalb auch nicht planbar (in der Gleichung (2.21) deshalb mit Inklammersetzung gekennzeichnet). Bei der Auslegung notwendiger Lüftungskomponenten wird er aus diesem Grund weder bei Systemen der freien noch der ventilatorgestützten Lüftung berücksichtigt. Als nutzerabhängige Unterstützung aller lüftungstechnischen Maßnahmen für die freie Lüftung sowie bei temporär überdurchschnittlich hohen Anforderungen in Nutzungseinheiten mit ventilatorgestützter Lüftung ist er aber auch in Zukunft erwünscht und zeitweise sogar unverzichtbar.

Der für den Betrieb von raumluftabhängigen Feuerstätten erforderliche Verbrennungsluftbedarf wird in [DIN 1946-6] nicht geregelt und ist deshalb in Gleichung (2.22) auch nicht berücksichtigt worden.

Die Festlegung des notwendigen Gesamt-Außenluftvolumenstroms (einschließlich der jeweiligen Luft-In- und -Exfiltrationswerte, siehe Unterabschnitt 5.3) einer Nutzungseinheit $q_{v,ges,NE}$ erfolgt grundsätzlich für Nennlüftung ($f_{LSt,NL} = 1$) in Abhängigkeit von der beheizten Wohnfläche A_{NE} in m^2 nach Gleichung (2.23):

$$q_{v,ges,NE,NL} = f_{LSt} \left(-0{,}002 \cdot A_{NE}^2 + 1{,}15 \cdot A_{NE} + 11\right) \qquad (2.23)$$

Unterhalb $A_{NE} = 20\,m^2$ bleibt der Gesamt-Außenluftvolumenstrom unabhängig von der Fläche konstant, oberhalb von $A_{NE} = 210\,m^2$ ist der Nennluftvolumenstrom je $10\,m^2$ zusätzliche Wohnfläche um $4\,m^3/h$ zu erhöhen.

Für die übrigen Lüftungs-Betriebsstufen (Faktor f_{LSt}) gilt:

- Lüftung zum Feuchteschutz:

  $f_{LSt,FL} = 0{,}2$ bzw. 0,3 (Wärmeschutz des Gebäudes hoch: mindestens nach [WSchV 95]),

  $f_{LSt,FL} = 0{,}2$ bei geringer Belegungsdichte entsprechend $\geq 40\,m^2/P$ und

  $f_{LSt,FL} = 0{,}3$ bzw. 0,4 (Wärmeschutz des Gebäudes gering), 0,4 bei hoher Belegungsdichte: z. B. in nicht modernisierten Bestandsgebäuden,
- Reduzierte Lüftung: $f_{LSt,RL} = 0{,}7$ und
- Intensivlüftung: $f_{LSt,IL} = 1{,}3$.

Zu beachten ist, dass für die endgültige Festlegung des Gesamt-Außenluftvolumenstroms immer der jeweils größere der nach [DIN 1946-6] aus dem notwendigen Luftvolumenstrom für die gesamte Nutzungseinheit (Wohnungen, Einfamilienhäuser o. Ä.) $q_{v,ges,NE}$ (Luftvolumenstrom abhängig von der Wohnungsfläche, siehe Bild 2.9) oder aus der Summe der Luftvolumenströme für die einzelnen Räume der Nutzungseinheit $\Sigma q_{v,ges,R}$ zu ermittelnden Werte maßgebend ist. Letztere können getrennt als Außenluft- bei freier und als Abluft-Volumenströme bei ventilatorgestützter Lüftung den Tabellen 11 und 16 in [DIN 1946-6] in Verbindung mit den in letzteren enthaltenen Bestimmungs-Gleichungen entnommen werden. Über die Aufteilung der Zuluft- Volumenströme auf die einzelnen Räume einer NE gilt für die ventilatorgestützte Lüftung Tabelle 14.

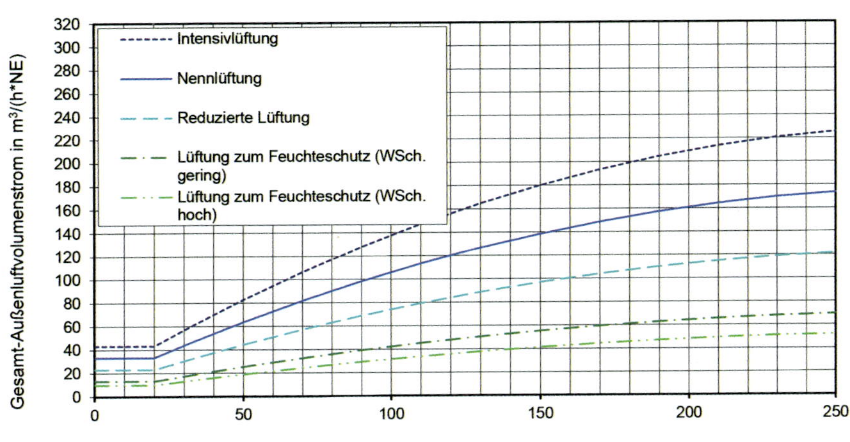

Bild 2.9: Mindestwerte der Gesamt-Außenluftvolumenströme in $m^3/(h \cdot NE)$ bei hoher Belegung der Nutzungseinheit NE für die einzelnen Lüftungs-(Betriebs-)stufen (LSt) in Abhängigkeit von der Fläche der NE; nach [DIN 1946-6]

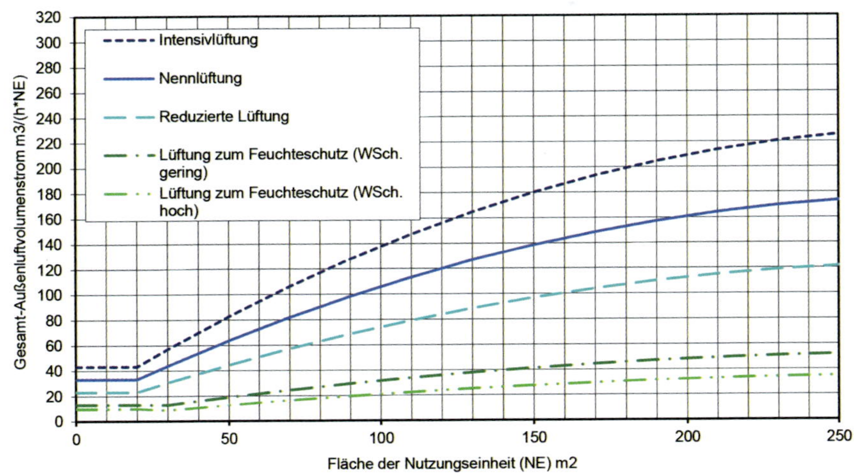

Bild 2.10: Mindestwerte der Gesamt-Außenluftvolumenströme in $m^3/(h \cdot NE)$ bei geringer Belegung der Nutzungseinheit NE für die einzelnen Lüftungs-(Betriebs-)stufen (LSt) in Abhängigkeit von der Fläche der NE; nach [DIN 1946-6]

Obwohl sowohl für die Auslegung von Lüftungs-Komponenten als auch für die Berechnung von Lüftungs-Heizlast und Heizwärmebedarf explizit von Luftströmen ausgegangen werden muss, ist europäisch und national nach wie vor die Angabe der Luftwechselwerte üblich und auch immer wieder gefragt. In einigen Normen werden ausschließlich Letztere angegeben (z. B. in [DIN EN ISO 13789]).

Welche Folgen die Festlegung des Außenluftvolumenstroms ausschließlich auf der Grundlage des Luftwechsels haben kann, zeigt ein Vergleich der deutschen Durchschnittswohnung mit einem Einfamilienhaus bei angenommener identischer Belegung mit jeweils 4 bzw. 2 Personen (Bild 2.11).

Bei unterschiedlich großen Volumina der betrachteten Wohnungseinheiten weichen beim gleichen Luftwechsel die Außenluftvolumenströme und -raten im dargestellten Beispiel stark voneinander ab. Während ein 0,5-facher Luftwechsel n_{NE} in einer 75 m^2-Wohnung mit durchschnittlicher Raumhöhe $h_{R,m} \approx 2{,}5$ m bei Belegung mit zwei bzw. vier Personen einer Luftrate von nur ca. (47 bzw. 23,5) $m^3/(h \cdot P)$ entspricht, wird im 200 m^2 großen EFH bei $n_{NE} = 0{,}5\ h^{-1}$ mit (125 bzw. 62,5) $m^3/(h \cdot P)$ beinahe das Dreifache davon erreicht.

Wird von einer Luftrate im Bereich von ca. $(30 \geq n_{NE} \geq 20)\ m^3/(h \cdot P)$ für die Auslegung lüftungstechnischer Maßnahmen (entsprechend dem CO_2-Maßstab nach Abschnitt 2.2, Bild 2.1 und Bild 2.2) ausgegangen, würde für den 4-Personen-Haushalt im EFH mit einer Fläche von $A_{NE} \geq 200\ m^2$ schon ein Luftwechsel im Bereich von $(0{,}24 \geq n_{NE} \geq 0{,}16)\ h^{-1}$ ausreichen, während in der Durchschnittswohnung mit $A_{NE} = 75\ m^2$ der Luftwechsel im Bereich von $(0{,}64 \geq n_{NE} \geq 0{,}43)\ h^{-1}$ liegen müsste. Unvertretbare Disproportionen treten auch beim Vergleich von Wohnungen im Altbaubestand mit denen im Neubau auf, wenn die „alten" Raumhöhen mit bis zu 3,6 m stark vom heutigen Normalmaß-Bereich $(2{,}4 \leq h_R \leq 2{,}6)$ m abweichen.

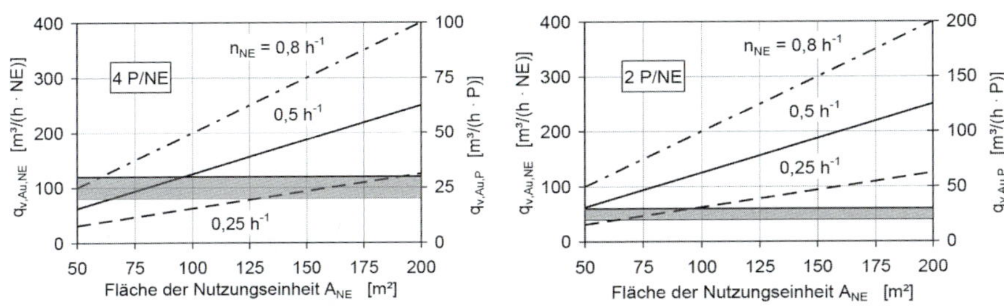

Bild 2.11: Zusammenhang zwischen Außenluft-Volumenstrom bzw. -Rate und Luftwechsel in Abhängigkeit von der Größe (beheizte Fläche A_{NE} nach [DIN 1946-6]) der Nutzungseinheit (NE) bei Belegung mit 4 (oben) und 2 (unten) Personen. Die grau gekennzeichneten Flächen charakterisieren die empfohlenen Bereiche für die auf Personen bezogene Luftrate in $m^3/(h \cdot P)$

Wird der Luftwechsel über der Größe der NE aufgezeichnet, ergeben sich für einen Drei-Personen-Haushalt die im Bild 2.12 dargestellten Verhältnisse. Während in der 75 m² großen NE ein Luftwechsel im Bereich von ca. $(0{,}3 < n_{NE} \leq 0{,}5)\ h^{-1}$ notwendig wäre, würden bei 125 m² ca. $(0{,}2 < n_{NE} \leq 0{,}3)\ h^{-1}$ ausreichen.

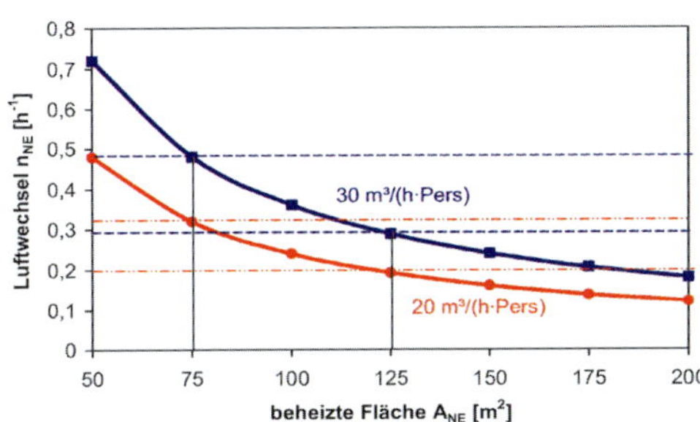

Bild 2.12: Luftwechsel im Drei-Personen-Haushalt in Abhängigkeit von der Wohnungsgröße (beheizte Fläche A_{NE}); nach [DIN 1946-6]

Mittels einer Neudefinition „hygienischer Luftwechsel" bei Fensteröffnung nach Gleichung (2.24)

$$n_{hyg} = n \cdot \varepsilon^a_{t,h} \tag{2.24}$$

wird in [SEIF03] darüber hinaus festgestellt, dass der „Luftaustausch-Wirkungsgrad $\varepsilon^a_{t,h}$" überwiegend kleiner ist als der als „globaler Luftwechsel" bezeichnete Luftwechsel n nach [DIN 1946-6]. Der hygienische Luftwechsel stellt dabei das Verhältnis des im Raum tatsächlich wirksam werdenden Teils des Außenluftvolumenstroms zum Raumvolumen dar.

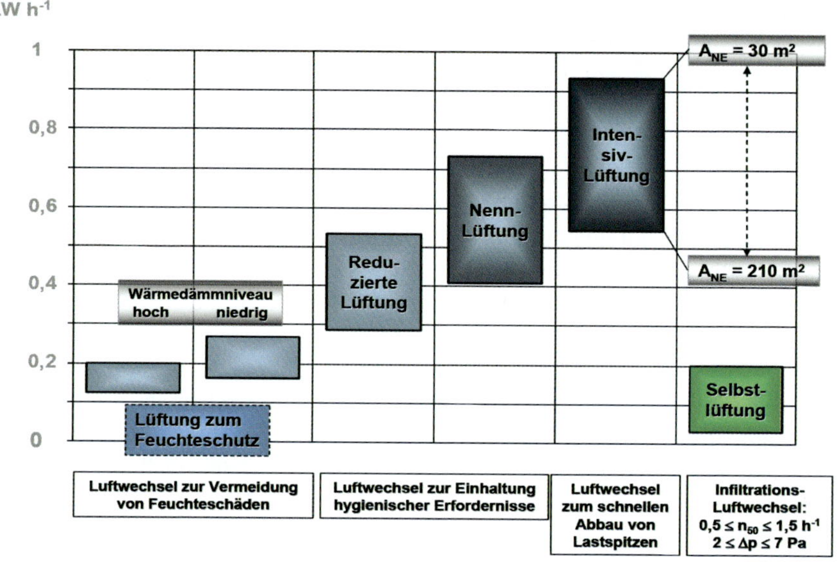

Bild 2.13: Bereiche des Gesamt-Außenluftwechsels (LW) der einzelnen Lüftungs-Betriebsstufen für $(20 \leq A_{NE} \leq 210)$ m² sowie im Heizperiodenmittel möglicher Infiltrations-Luftwechsel (Selbstlüftung) in den Bereichen von $(1{,}5 \leq n_{50} \leq 2)$ h^{-1} bei $(2 \leq \Delta p \leq 5)$ Pa; nach [DIN 1946-6]

In Tabelle 7 in [DIN 1946-6] werden deshalb ausschließlich Außenluftvolumenströme in Abhängigkeit von der „Fläche der Nutzungseinheit" und nicht Luftwechsel für die Anlagenauslegung vorgegeben. Zur Information und zu Vergleichszwecken gibt Bild 2.13 trotzdem einen Überblick über die jeweiligen Bereiche des zugehörigen Luftwechsels der einzelnen Lüftungs-Betriebsstufen für NE im Bereich von $(\leq 20 \leq A_{NE} \leq 210)$ m² bei einheitlicher mittlerer Raumhöhe von $h_{R,m} = 2{,}5$ m. Zum Vergleich ist auch der im (Heizperioden-)Mittel zu erwartende Bereich für den Infiltrations-Luftwechsel bei Gebäudedichtheiten entsprechend $(1{,}5 \leq n_{50} \leq 2)$ h^{-1} und natürlichen (Antriebs-)Differenzdrücken von $(2 \leq \Delta p \leq 5)$ Pa dargestellt. Die untere Bereichsgrenze gilt dabei für $\Delta p = 2$ Pa bei $n_{50} = 1{,}5$ h^{-1} und die obere für $\Delta p = 5$ Pa bei $n_{50} = 2$ h^{-1} [HEINZ09].

In Überarbeitung zur Aktualisierung auf den aktuellen Normenstand befindet sich momentan das Beiblatt 1 zur [DIN 1946-6], das zahlreiche Beispielrechnungen zur Erstellung von Lüftungskonzepten und zur Auslegung von Lüftungssystemen enthält. Die Thematik des Betriebes von Feuerstätten und Lüftungsanlagen (sowie ggf. auch Dunstabzugshauben im Abluftbetrieb) wird in den Beiblättern 3 und 4 behandelt (Stand 2017), die allerdings zeitnah auch aktualisiert werden sollen. Die Beiblätter 2 (Lüftungskonzept) und 5 (Kellerlüftung) sind zurückgezogen worden, da deren Inhalte direkt in [DIN 1946-6] integriert worden sind.

„Planmäßige Mindest-Abluftvolumenströme“ für die ventilatorgestützte Lüftung von „Bädern und Toilettenräumen ohne Außenfenster“ nach [DIN 18017-3] sind im Unterabschnitt 7.3.5 aufgelistet. Gemäß Anwendungsbereich dieser Norm dürfen aber auch *„Küchen oder Bäder mit Fenster, Kochnischen, Hausarbeits- oder Abstellräume ... über Anlagen nach dieser Norm entlüftet werden.“*

Verbrennungsluftbedarf

In den Technischen Regeln für Gas-Installationen (DVGW-TRGI), Arbeitsblatt [TRGI G 600 (A)], ist betreffs raumluftabhängiger Gasfeuerstätten Folgendes festgelegt:

Für Art A (Gasgeräte ohne Abgasanlage) ist, unabhängig ob mit oder ohne Ventilator, die ausreichende Verbrennungsluft-Versorgung sichergestellt, wenn folgende Anforderungen an den Aufstellraum erfüllt sind:

- Haushalts-Kochgeräte bis 11 kW Nennbelastung erfordern > 15 m³ Raumvolumen in Räumen mit mindestens einer(m) öffenbaren Tür bzw. Fenster zum Freien und
- bei Wasserdurchlauferhitzern oder Raumheizungsgeräten der Art A muss entweder eine Lüftungsanlage oder ein Lüftungsgerät mindestens 30 m³ Luft/(h · kW Gesamtnennleistung) aus dem Aufstellraum ins Freie fördern oder eine Sicherheitseinrichtung muss verhindern, dass die CO-Konzentration im Aufstellraum den Wert von 30 ppm überschreitet.

Für Art B (raumluftabhängige Gasgeräte mit oder ohne Strömungssicherung bzw. Abgasabführung bis 50 kW Nennleistung, siehe Bild 1.14) einschließlich gleichzeitig vorhandener Feuerstätten für flüssige und feste Brennstoffe liegt ausreichende Verbrennungsluftversorgung vor, *„wenn dem Aufstellraum bei einem Unterdruck gegenüber dem Freien von 4 Pa auf natürliche Weise oder durch technische Maßnahmen ein anrechenbarer Verbrennungsluftvolumenstrom von 1,6 m³/h je 1 kW Gesamtnennleistung der Gasgeräte Art B und der Feuerstätten für flüssige und feste Brennstoffe, soweit sie die Verbrennungsluft dem Aufstellraum entnehmen, zuströmt.“* (siehe dazu auch Unterabschnitt 1.4)

Abweichende und ergänzende Forderungen an die Verbrennungsluft-Versorgung siehe [TRGI G 600 (A)]. Zum Beispiel kann der Verbrennungsluftbedarf nach dieser Regel analog der bis Dezember 2019 gültig gewesenen DIN 1946-6 berechnet werden [TRGI Kommentar] Das ist aber nicht zu empfehlen, weil [DIN 1946-6] seit Dezember 2019 von abweichenden Berechnungsgrundlagen ausgeht.

3 Lüftungssysteme – Physikalische und systemtechnische Grundlagen

3.1 Allgemeines

Die Sicherstellung des Außenluftbedarfs gemäß Abschnitt 2 als Grundlage für die Realisierung der im Abschnitt 1 erläuterten allgemeinen Anforderungen an die Wohnungslüftung kann mit den bezüglich ihres Wirkprinzips unterschiedlichen Lüftungssystemen „freie“ und „ventilatorgestützte Lüftung“ realisiert werden. Beide unterscheiden sich im Wesentlichen durch die Nutzung von entweder natürlich auftretenden oder mechanisch erzeugten Antriebskräften sowie die zur Umsetzung der Antriebskräfte in die Förderung von Luftströmen genutzten Hilfsmittel.

Bild 3.1 zeigt eine Übersicht über die Lüftungsarten, die sich in der 2. Ebene an der jeweils dominierenden Antriebskraft orientiert. Bei freier Lüftung sind das durch Wind- und thermische Auftriebswirkung hervorgerufene Differenzdrücke und bei ventilatorgestützter Lüftung mechanisch erzeugte Druckverhältnisse. Eine weitere Unterteilung nimmt bei freier Lüftung auf die bau- und anlagentechnischen Möglichkeiten bzw. Gegebenheiten der Luftströmung im und am Gebäude sowie in der Nutzungseinheit Bezug (Bild 3.2).

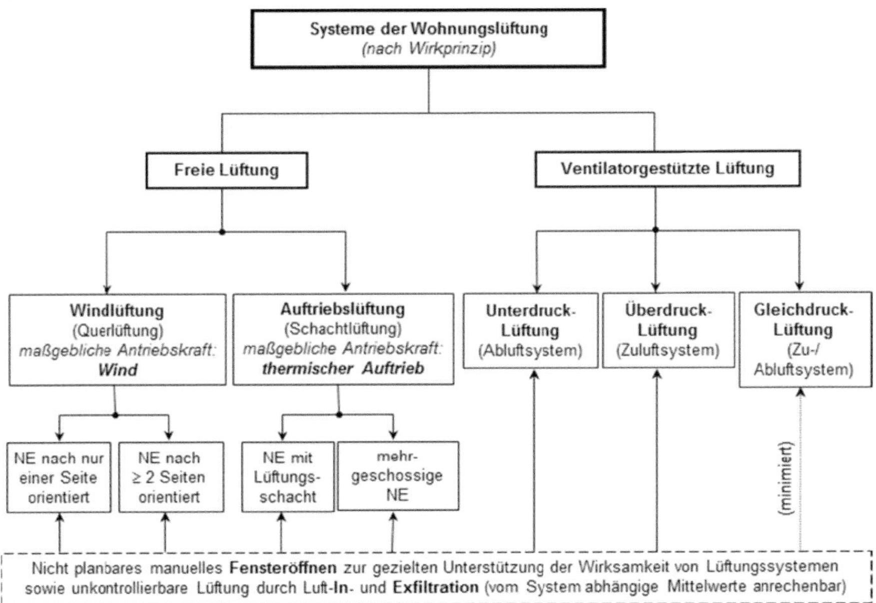

Bild 3.1: Übersicht über die Arten (Systeme) der Wohnungslüftung für Wohngebäude (nach physikalischem Wirkprinzip)

Das im unteren Bildteil (im gestrichelt dargestellten Rechteck) aufgeführte, in der Literatur nicht selten in die zweite Ebene (neben Quer- und Schachtlüftung) eingeordnete manuelle **Fensteröffnen** stellt als sogenannte **‚Fensterlüftung'** ebenso wie die Luft-In- und -Exfiltration (Selbstlüftung) über nicht vermeidbare Undichtheiten (als sogenannte **‚Fugenlüftung'**) kein eigenständiges Lüftungs-Wirkprinzip dar. Das zum Lüften geöffnete Fenster fungiert überwiegend nur als temporär erweitert wirksamer Gebäudehüllen-Luftdurchlass (GLD/ALD), der die momentane Wirksamkeit der Lüftungssysteme, vorrangig der freien Lüftung, verbessern helfen kann. Vorteil des geöffneten Fensters gegenüber dem einfachen GLD/ALD ist dabei seine Doppelfunktion als gleichzeitiger Gebäude- und Ab(luft)-/Fort(luft)-Luftdurchlass. Eine solche Funktionserweiterung kann mit einfachen GLD/ALD nur durch zwei übereinander angeordnete Luftdurchlässe bzw. durch einen Luftdurchlass mit hinreichend großer vertikaler Ausdehnung erzielt werden.

3.2 Freie Lüftung

3.2.1 Antriebskräfte

Die Antriebskräfte der freien Lüftung sind durch Wind und thermischen Auftrieb verursachte Differenzdrücke (Bild 3.2), die auf Temperatur-Unterschieden beruhen: beim Wind in der Atmosphäre und beim thermischen Auftrieb in der erdnahen Zone zwischen dem Freien und dem erwärmten Gebäudeinneren.

Als technische Hilfsmittel der freien Lüftung werden die zu planenden **Einrichtungen zur freien Lüftung** (im Bild 3.2 fett umrandet) genutzt. Dazu gehören regulierbare oder selbstregelnde Gebäudehüllen-Luftdurchlässe (GLD/ALD), Lüftungsschächte mit raumseitigen Ab(luft)-Luftdurchlässen (AbLD) oder mit an einen Lüftungsschacht angeschlossenen Abluft-Herdhauben ohne Ventilator (Bild 4.8) sowie **steuerbare Fenster** als eigenständige GLD/ALD. Die Wohnungseingangstür in Mehrfamilienhäusern ist aus hygienischen und brandschutztechnischen Gründen ebenso keine geplante Einrichtung zur freien Lüftung wie die aus Sicht des Bautenschutzes und der Energiebedarfs-Minimierung unerwünschten Undichtheiten der Gebäudehülle, einschließlich undichter Fenster- und Fenstertürfugen, selbst wenn sie einzeln oder insgesamt einen Beitrag zur Lüftung leisten.

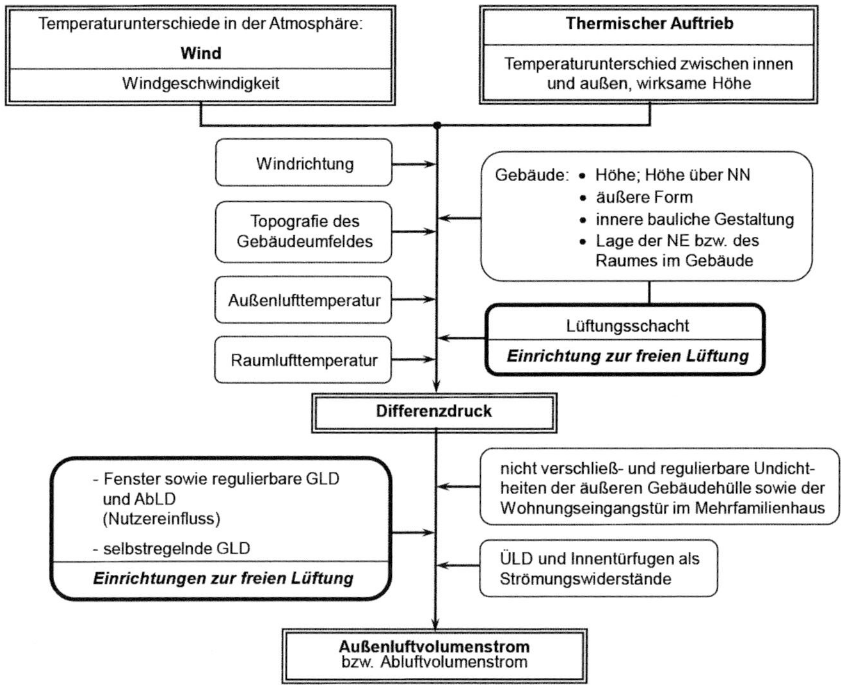

Bild 3.2: Schema des Wirkmechanismus der freien Lüftung

Das Schema in Bild 3.2 zeigt, dass die Wirksamkeit der freien Lüftung in Form der Realisierung eines bestimmten Außenluftvolumenstroms bzw. Außenluftwechsels nicht nur allein vom Wind und vom thermischen Auftrieb abhängt. Eine Vielzahl weiterer Faktoren behindern oder begünstigen die freie Lüftung. Zu den begünstigenden, weil er zum Aufbau der Antriebskraft Differenzdruck beitragen kann, gehört als Einrichtung zur freien Lüftung der im Gebäude befindliche **Lüftungsschacht.** Förderlich oder hinderlich können sich die Windrichtung (bzw. die Ausrichtung des Gebäudes), die Topografie des Gebäudeumfeldes als mögliche ‚Windbremse', die Außen- in Verbindung mit der Raumlufttemperatur sowie alle direkt mit der baulichen Gestaltung des Gebäudes zusammenhängenden Faktoren auf das Entstehen eines positiven (förderlichen) Differenzdruckes auswirken. Dessen Umsetzung in Luftvolumenstrom bzw. Luftwechsel ist wiederum abhängig von der Ausbildung der Gebäudehülle hinsichtlich der geplanten regulierbaren Öffnungen in ihr (GLD/ALD und nutzerunabhängig steuerbare Fenster) sowie der nicht geplanten und deshalb auch nicht regulierbaren Undichtheiten einschließlich aller Arten von Fugen. Nur die ausschließlich manuell zu betätigenden Fenster und individuell vom Nutzer einstellbare Gebäudehüllen- und Ab(luft)-Luftdurchlässe erlauben als weitere Einrichtungen zur freien Lüftung einen regulierenden Eingriff durch den Nutzer. Dieser ist aber nicht planbar und kann deshalb bei der Planung lüftungstechnischer Maßnahmen auch bei freier Lüftung keine Berücksichtigung finden. Selbstregelnde GLD/ALD dienen der nutzerunabhängigen Veränderung des Außenluftvolumenstroms und können in der Regel nicht verschlossen werden (siehe Unterabschnitte 4.2.6 und 9.3.4 bis 9.4.2).

3.2.2 Windlüftung (Querlüftung)

Nutzungseinheiten mit Orientierung nach nur einer Gebäudeseite

Sind Nutzungseinheiten (NE) nach nur einer Gebäudeseite (Himmelsrichtung) orientiert, wird auch von **„Einseitiger Lüftung“** gesprochen. In solche Nutzungseinheiten kann das Ein- und Ausströmen von Außen- und Abluft an nur einer Gebäudeseite erfolgen (NE vom Typ E, Bild 3.3 und 3.4).

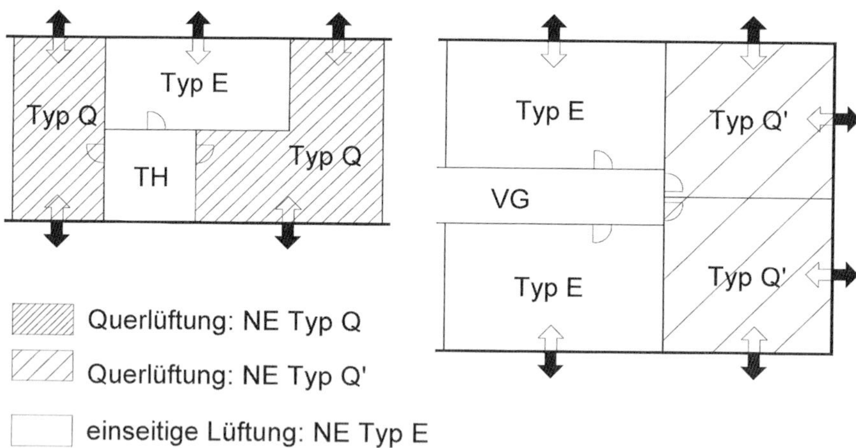

Bild 3.3: Beispiele für die Lüftung von nach nur einer Gebäudeseite (Wind-/Einseitige Lüftung (E)) und von nach mindestens zwei Gebäudeseiten (Wind-/Querlüftung (Q, Q')) orientierten NE in unterschiedlich im Gebäudegrundriss angeordneten NE infolge Windeinwirkung

Würde der Wind immer mit gleicher Geschwindigkeit (stationäre Verhältnisse) aus derselben Richtung frontal auf die betroffene Gebäudeseite einwirken, entstünde in der in dieser befindlichen einseitig orientierten NE zwischen innen und außen Druckgleichheit, und ein Luftwechsel wäre nicht möglich. In der Praxis wechseln Windgeschwindigkeit und Windrichtung jedoch relativ häufig. Dadurch entsteht eine instationäre pulsierende Strömung, die zu Druckunterschieden führen kann. Bei vorhandenem Temperaturunterschied entsteht zusätzlich auch noch ein thermischer Auftrieb im Bereich von GLD/ALD, wenn diese eine hinreichend große vertikale Ausdehnung aufweisen oder wenn es sich um zwei übereinander angeordnete GLD/ALD bzw. geöffnete Fenster handelt (Bild 3.10). Beides hat zur Folge, dass Außenluft (auch bei temporär leeseitiger Lage der NE) überhaupt in die Nutzungseinheit ein- und nach Lastaufnahme als Ab-/Fortluft auch wieder aus dieser ausströmen kann.

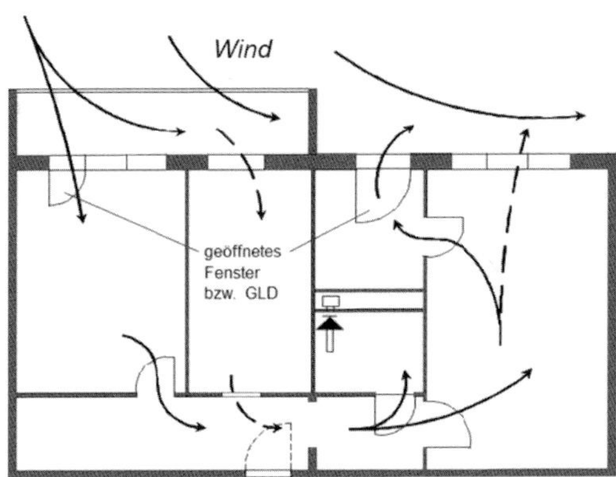

Bild 3.4: Luftströmung bei Lüftung von nach nur einer Gebäudeseite orientierten NE vom Typ E infolge Windeinwirkung (fensterloser Bad-/WC-Raum zusätzlich mit ventilatorgestützter Lüftung; z. B. nach [DIN 18017-3])

Während für den thermischen Auftrieb an vorhandenen geeigneten Öffnungen der wirksame Differenzdruck Δp_A und der durch ihn verursachte, in der Nutzungseinheit wirksam werdende Außenluftstrom q_{Au} für stationäre Verhältnisse rechnerisch relativ einfach beschrieben werden können (siehe Unterabschnitt 3.2.3), ist das für ‚pulsierenden' Wind auf triviale Weise nicht möglich. In [DIN 1055-4] wird zwar ein „Verfahren zur Ermittlung des Böen-Geschwindigkeitsdrucks" angegeben. Mit diesem sind aber keine einfachen Rückschlüsse auf wirksame Luftvolumenströme möglich. Dazu bedürfte es zusätzlicher Angaben zur Häufigkeit, Dauer und Intensität der regional zu erwartenden Windböen.

Auch für nach nur einer Gebäudeseite orientierte NE vom Typ E (Bild 3.4) kann der sich insgesamt einstellende Luftwechsel nur überschläglich mit empirisch gewonnenen Beziehungen beschrieben werden [BAUMG89, KNÖBEL84, BS 5925/91]. Er erreicht unter der Voraussetzung, dass lüftungstechnische Maßnahmen zur nutzerunabhängigen (Quer-)Lüftung getroffen wurden, auch nur dann hinreichend akzeptable Größenordnungen, wenn für ausreichend große unversperrte Öffnungen in Form von geplanten GLD/ALD gesorgt wird.

Nutzungseinheiten mit Orientierung nach mindestens zwei Gebäudeseiten

Bei **Querlüftung** werden Wohnungen, die einen Grundriss mit zwei gegenüberliegenden (Typ Q), mindestens aber mit über Eck angeordneten Gebäudeseiten mit Fenstern (Typ Q') besitzen (Bild 3.3), überwiegend infolge des Differenzdrucks zwischen der dem Wind jeweils zugewandten (Luv-)Seite (Überdruck) und der dem Wind jeweils abgewandten (Lee-)Seite (Unterdruck) (Bild 3.5 und Bild 3.6) von Außenluft um- und durchströmt. Obwohl stets instationär auftretend, wird der Wind-Differenzdruck Δp_{Wi} bei Querlüftung mit Hilfe zeitlicher und örtlicher Mittelung näherungsweise stationär beschrieben.

Mit der allgemeinen Gleichung (3.1) für den dynamischen Druck

$$p_{dyn} = \frac{\rho}{2} \cdot v^2 \tag{3.1}$$

kann die aus der Bernoulli'schen Energiegleichung durch in der Wohnungslüftung überwiegend zulässige Vernachlässigung des geodätischen Drucks abgeleitete vereinfachte Druckgleichung (3.2)

$$p_{st,1} + p_{dyn,1} = p_{st,2} + p_{dyn,2} = p_t = \text{konst.} \tag{3.2}$$

– Der Gesamtdruck p_t aus statischem Druck p_{st} und dynamischem Druck p_{dyn} ist bei reibungs- und einzelverlustfreier stationärer Strömung entlang eines Stromfadens bzw. einer Stromröhre konstant –

für Luft wie folgt geschrieben werden:

$$p_{st,1} + \frac{\rho_L}{2} \cdot v_1^{\,2} = p_{st,2} + \frac{\rho_L}{2} \cdot v_2^{\,2} = \text{konst.} \tag{3.2.1}$$

Unter der Annahme, dass im Staupunkt vor einem Gebäude bei der Windgeschwindigkeit $v_{Wi,1} \approx 0\,m/s$ die statische Druckerhöhung im Idealfall gleich dem dynamischen (Stau-)Druck $p_{dyn,1}$ ist, kann aus Gleichung (3.2.1) Gleichung (3.3) abgeleitet werden:

$$p_{st,1} - p_{st,2} = \frac{\rho_L}{2} v_{Wi}^{\ 2} \ (= p_{dyn,1}) \tag{3.3}$$

Der durch den Wind verursachte Differenzdruck Δp_{Wi}, der beim Umströmen eines Gebäudes (Bild 3.6) wirksam wird, kann mit Gleichung (3.4) beschrieben werden

$$\Delta p_{Wi} = (C_{p,Luv} - C_{p,Lee}) \cdot \frac{\rho_L}{2} \cdot v_{Wi,ist}^{\ 2} = \Delta C_p \cdot \frac{\rho_L}{2} \cdot v_{Wi,ist}^{\ 2} \tag{3.4}$$

Darin ist C_p der aerodynamische Druckbeiwert oder Druckkoeffizient. Er ist abhängig von der Form des Gebäudes sowie der Anströmrichtung des Windes und somit auch von der Topografie des Gebäudeumfeldes. Die komplizierte Bestimmung der luv- und leeseitigen aerodynamischen Druckbeiwerte ist nur empirisch möglich. In den Normen findet man meist nur Werte für vereinfachte Strömungsmodelle. Nach [DIN EN 15242] bzw. [DIN EN 16798-7] liegen sie luvseitig für Wände im Bereich von $0{,}05 \le C_{p,Luv} \le 0{,}8$ und leeseitig im Bereich von $-0{,}3 \ge C_{p,Lee} \ge -0{,}7$. Für Dächer gilt: $0{,}2 \ge C_{p,Lee} \ge -0{,}7$. Diese Werte umfassen Bereiche des Anströmwinkels von ca. ± 60 ° zur Gebäudeachse. Die Windrichtung bleibt dabei unberücksichtigt.

Größere Sammlungen von stärker differenzierten C_p-Werten sind zu finden in [Moor87, Baumg89].

Bezüglich Ermittlung der am Gebäude real auftretenden Windgeschwindigkeit v_{Wi},ist siehe Unterabschnitt 5.2.

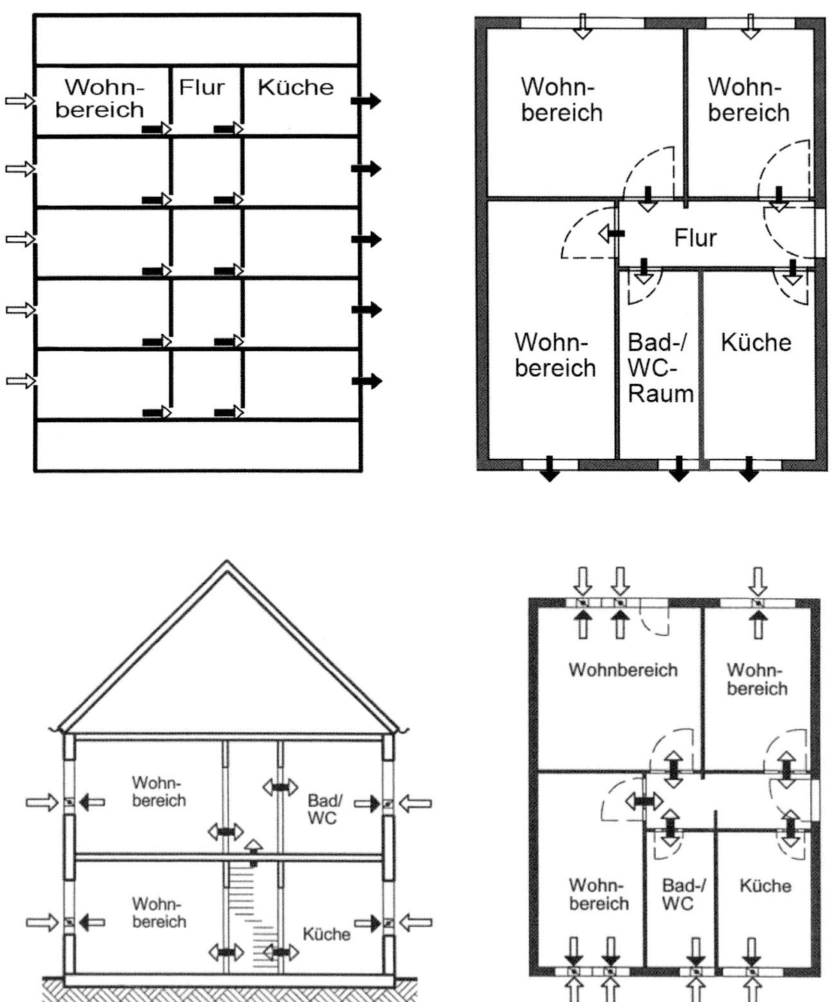

Bild 3.5: Windlüftung (Querlüftung) im MFH (oben) und Wind und thermische Auftriebslüftung im EFH als Reihenendhaus (unten) in nach zwei Gebäudeseiten orientierten Nutzungseinheiten; schematische Schnitt- und Grundriss-Darstellung für nur eine bzw. zwei Windrichtung(en)

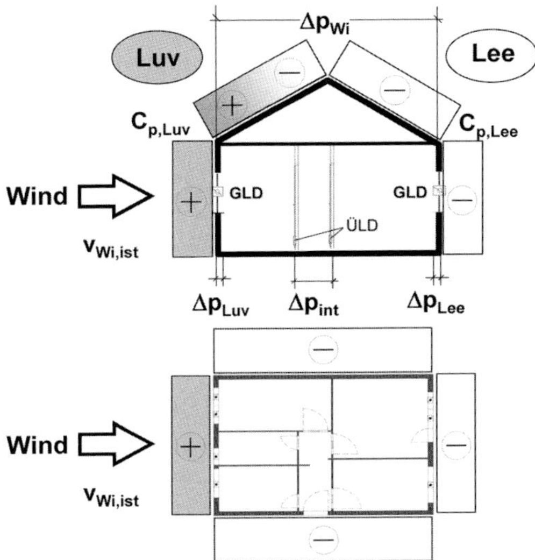

Bild 3.6: Druckverteilung an einem dem Wind ausgesetzten Gebäude; schematische Darstellung für eine Dachneigung im Bereich von ≥ 30°

3.2.3 Thermische Auftriebslüftung (Schachtlüftung)

Bei der **Schachtlüftung** wird vorzugsweise, aber nicht ausschließlich (auch in mehrgeschossigen NE ist thermischer Auftrieb zu verzeichnen), der über vertikale (Lüftungs-)Schächte (Bild 3.7) wirksame thermische Auftrieb als Antriebskraft der freien Lüftung genutzt.

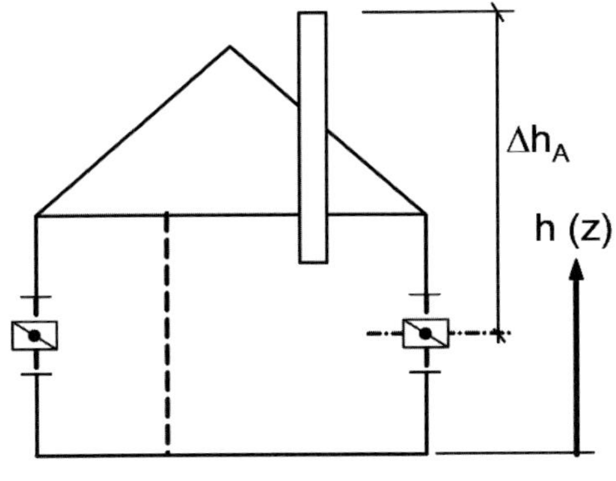

Bild 3.7: Gebäude mit Lüftungsschacht (wirksame Höhe Δh_A in den Gleichungen (3.8.1) und (3.8.2)) und GLD/ALD zur Realisierung der Luftströmung durch thermischen Auftrieb

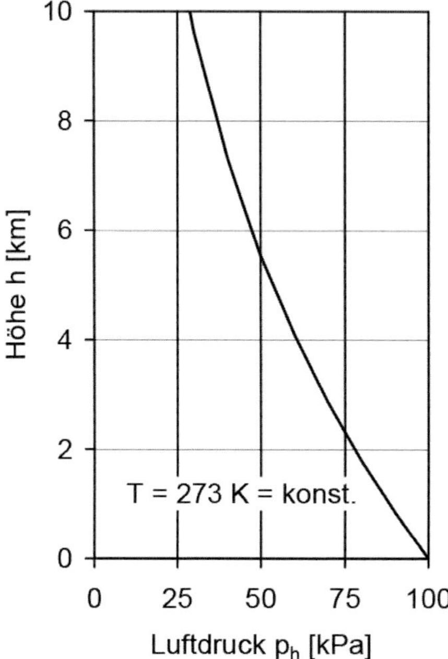

Bild 3.8: Abnahme des Luftdrucks in der Atmosphäre mit zunehmender Höhe nach der barometrischen Höhenformel (3.5)

Der zwischen dem angeschlossenen Raum und damit der gesamten zugehörigen NE und dem Freien entstehende (Auftriebs-)Differenzdruck Δp_A kann für gemittelte Verhältnisse rechnerisch wie folgt abgeleitet werden:

Der mit der Höhe exponentiell abnehmende Luftdruck p_h (Bild 3.8) wird für isotherme Verhältnisse mit der barometrischen Höhenformel (3.5) beschrieben

$$p_h = p_0 \cdot e^{-\frac{g \cdot h}{R \cdot T}} = p_0 \cdot e^{-g \cdot \frac{\rho}{p_0} \cdot h} \tag{3.5}$$

mit

$$R \cdot T = p / \rho \tag{3.6}$$

gemäß der Zustandsgleichung für ideale Gase.

Werden nur Höhen in der Größenordnung normaler Gebäude betrachtet, kann Gleichung (3.5) unter Annahme konstanter Luftdichte ρ_L durch eine Reihenentwicklung mit ausreichender Genauigkeit auf eine lineare Funktion vereinfacht werden:

$$p_h \approx p_0 \cdot (1 - \frac{g}{R \cdot T} \cdot h) = p_0 - g \cdot \rho \cdot h \quad (3.7)$$

Daraus folgt die Differenz Δp zwischen dem Druck p_h in der Höhe h und dem Bezugsdruck p_0 an der Geländeoberfläche

$$\Delta p = p_0 - p_h = \frac{g \cdot p}{R \cdot T} \cdot h = g \cdot \rho \cdot h \quad (3.8)$$

Der Druckverlauf ändert sich nach Gleichung (3.8) mit den Variablen Höhe der nutzbaren Luftsäule (h) und absolute Temperatur (T) bzw. Luftdichte (ρ_L). Für jede Lufttemperatur ergibt sich bei gegebenem Luftdruck p in Gebäudehöhe ein anderer Druckgradient. Unterscheidet sich die Lufttemperatur in einem Gebäude von der Außentemperatur, stellt sich demzufolge der Unterschied der Differenzdrücke zwischen außen Δp_{Au} und innen Δp_i ein, der gleich der Antriebskraft des thermischen Auftriebs Δp_A ist und mit Gleichung (3.8.1) für durchgehende Lüftungsschächte mit oben befindlichem Fortluftdurchlass beschrieben werden kann:

$$\Delta p_A = g \cdot \frac{p}{R} \cdot \left(\frac{1}{T_{Au}} - \frac{1}{T_i} \right) \cdot \Delta h_A = g \cdot (\rho_{L,Au} - \rho_{L,i}) \cdot \Delta h_A \quad (3.8.1)$$

Ist kein Lüftungsschacht vorhanden, und die Luftdurchlässigkeiten bzw. Luftundichtheiten in der Gebäudehülle sind gleichmäßig über die Höhe des Gebäudes verteilt oder befinden sich z. B. in einer mehrgeschossigen Nutzungseinheit nur unten und oben, halbiert sich der wirksame Differenzdruck durch den thermischen Auftrieb Δp_A und kann mit Gleichung (3.8.2) berechnet werden:

$$\Delta p_A = g \cdot \frac{p}{2 \cdot R} \cdot \left(\frac{1}{T_{Au}} - \frac{1}{T_i} \right) \cdot \Delta h_A = \frac{1}{2} \cdot g \cdot (\rho_{L,Au} - \rho_{L,i}) \cdot \Delta h_A \quad (3.8.2)$$

Thermischer Auftrieb entsteht, wenn zwischen den Luftsäulen außerhalb und innerhalb des Gebäudes ein Temperatur(ΔT)- bzw. Luftdichte($\Delta \rho_L$)-Unterschied besteht. Die Größe des thermischen Auftriebs hängt dabei auch von der wirksamen (Auftriebs-)Höhe Δh_A im Gebäude ab.

Am Beispiel eines 100 m hohen Gebäudes ist der innere und äußere Druckverlauf mit Gleichung (3.8) berechnet und im Bild 3.9 dargestellt worden. Für 1 bar = 100 kPa als Bezugsdruck zeigt das Bild 3.9 (links) den mit der Gebäudehöhe zunehmenden Differenzdruck zwischen innen und außen bei Druck ausgleichender Öffnung an der Gebäudeunterkante. Befindet sich nur oben eine Öffnung, kehren sich die Druckverhältnisse des linken Bildteils um. Meist wird sich ein Druckverlauf entsprechend dem rechten Bildteil einstellen, bei dem sich durch oben und unten befindliche bzw. gleichmäßig über die Auftriebshöhe verteilte Öffnungen im unteren Teil ein Unterdruck und im oberen Teil ein Überdruck aufbaut. Dazwischen befindet sich die sogenannte neutrale Zone (Höhe h_0), in der der innere gleich dem äußeren Druck ist. Unterhalb strömt in der Heizzeit Luft in das Gebäude ein und oberhalb davon wieder aus.

Die neutrale Zone kann sich in Abhängigkeit von den vorhandenen Öffnungsverhältnissen in vertikaler Richtung verschieben. Dabei wirken sich auch temporär geöffnete Fenster und Türen auf deren Lage aus.

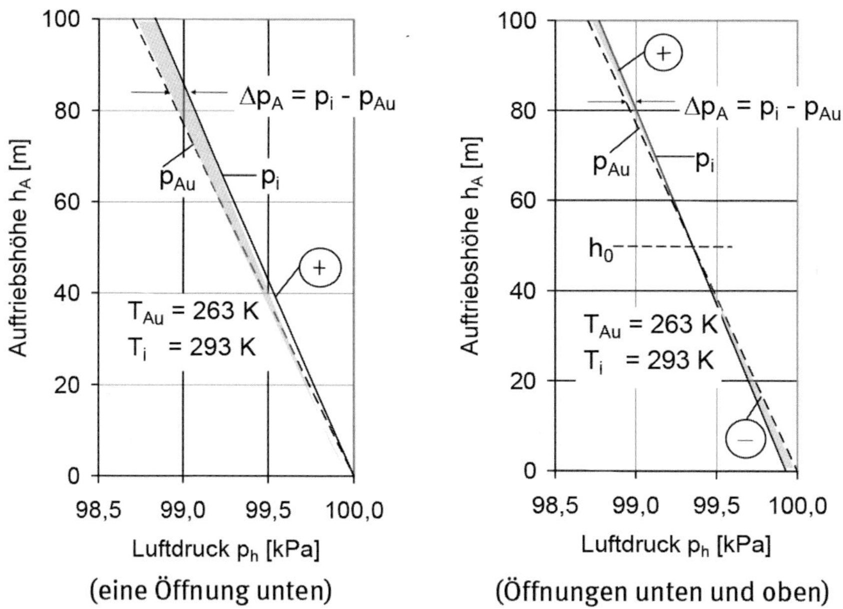

Bild 3.9: Differenzdruck-Bereiche infolge thermischen Auftriebs in Abhängigkeit vom Luftdruck, der (Auftriebs-)Höhe und der Lage von Öffnungen in der Gebäudehülle

Eine wirksame Luftströmung und damit auch ein hinreichend großer Luftwechsel kann im Gebäude respektive in der zu lüftenden Nutzungseinheit infolge thermischen Auftriebs nur dann zustande kommen, wenn im jeweils zu lüftenden Bereich hinreichend große Luftdurchlässe in ausreichend großem vertikalen Abstand voneinander vorhanden sind.

Auch bei der nutzerabhängigen Lüftung einzelner Räume über geöffnete Fenster sorgt bei vorhandenem Temperaturunterschied zwischen innen und außen die Auftriebswirkung für einen Luftaustausch (Luftwechsel). Das funktioniert am besten bei vollständiger Öffnung, weil dann die zur Verfügung stehende Fläche am größten ist. Bild 3.10 zeigt dies schematisch für den Zustand der Windstille.

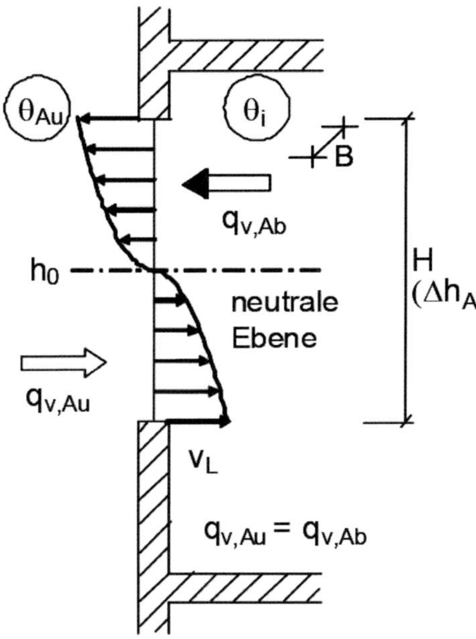

Bild 3.10: Luftströmung bei Lüftung von nach nur einer Gebäudeseite orientierten Nutzungseinheiten infolge ausschließlich thermischen Auftriebs (v_{Wi} = 0 m/s) an großen Öffnungen (siehe auch Gleichung (3.8.2))

Thermische Auftriebs- bzw. Schachtlüftung tritt in der Praxis fast immer in Verbindung mit Windlüftung auf (Bild 3.5), d. h. Wind- und Auftriebskräfte überlagern sich. Unabhängig davon, ob sie dabei addiert werden dürfen oder nach anderen mathematischen Regeln zu einem resultierenden Luftvolumenstrom führen (siehe Unterabschnitt 3.2.4), ist Auftriebslüftung bei gleichzeitig möglicher Windlüftung häufig wirkungsvoller als Windlüftung allein. Das gilt besonders für NE, die nach nur einer Gebäudeseite orientiert sind. Voraussetzung für das Erzielen akzeptabler Luftvolumenströme/Luftwechsel sind dabei immer ausreichend große Auftriebshöhen und Temperatur-Unterschiede bei gleichzeitig geringen Strömungswiderständen auf dem gesamten Strömungsweg. Dieser erstreckt sich von den Luftdurchlässen in der Gebäudehülle (GLD/ALD) über die Überström(luft)-Luftdurchlässe (ÜLD) in den Innentüren bzw. Innenwänden hinweg bis zum Abluftschacht mit den zugehörigen Ab(luft)- und Fort(luft)-Luftdurchlässen. Wichtig ist dabei, dass die Außenluft über die mittels geplanter GLD/ALD definiert luftdurchlässige Gebäudehülle, siehe Unterabschnitte 4.2.2, 9.3.4 und 9.4, möglichst ungehindert nachströmen kann.

Weil die Einhaltung empfohlener Luftvolumenströme oder Luftwechsel bei freier Lüftung wegen der ständig wechselnden äußeren Bedingungen mit einfachen Mitteln nicht messtechnisch überprüfbar ist, empfehlen die nationalen Normen für Lüftungsschächte lediglich die Einhaltung überwiegend empirisch ermittelter Abmessungen. Die GLD/ALD werden für mittlere Druckverhältnisse während der Heizperiode ausgelegt. Sind diese nicht bekannt, können sie nationalen Normen (z. B. [DIN 1946-6]) entnommen werden.

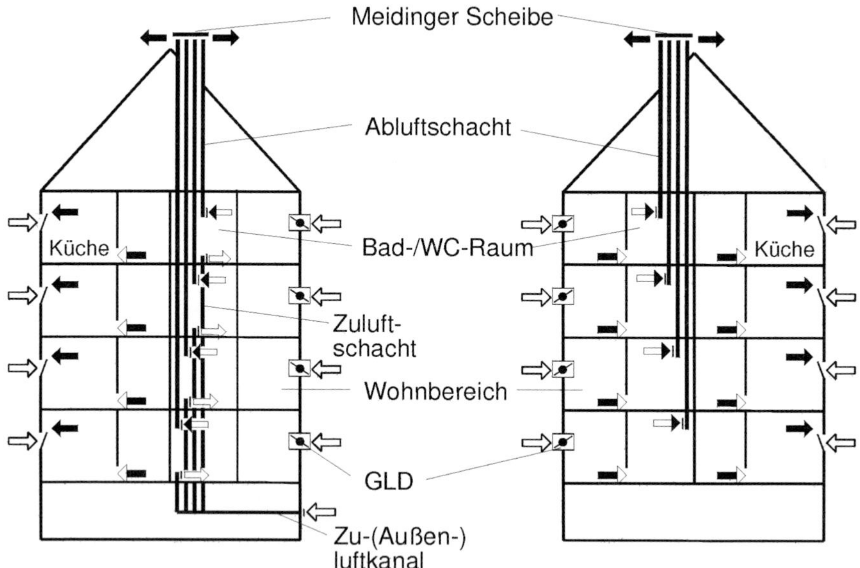

Bild 3.11: Freie Lüftung mit Zu-/Außenluft- und Abluft-Einzelschächten nach [DIN 18017-1] (links) und mit an die Bad-/WC-Räume angeschlossenen Abluft-Einzelschächten nach [DIN 1946-6] (rechts) sowie GLD/ALD zur Außenluft-Nachströmung in die Wohnbereiche in NE von MFH; Strangschemata

In Deutschland ist bzw. war die freie Lüftung von Nutzungseinheiten (NE) mittels Schachtlüftung mit Einzelschächten entweder nach [DIN 1946-6] oder nach [DIN 18017-1] (Bild 3.11) geregelt. Der Einbau von Sammel- oder Verbundschächten (Bild 3.12), die es in Deutschland im Gebäudebestand noch vielfach gibt, in neue oder zu modernisierende Gebäude ist nicht anzuraten. Die für solche Lösungen ehemals geltende DIN 18017-2 ist schon 1981 zurückgezogen worden. Grund waren die nicht beherrschbaren Luftströmungen in den nicht verschließbaren Schächten. Bei ungünstigen Druckverhältnissen im Gebäude kann es in diesen infolge Windeinflusses oder einer Temperaturumkehr (außen wärmer als innen) zu Rückströmungen kommen. Letztere haben zur Folge, dass über das Schachtsystem Luft von einer NE in die andere überströmt. Ebenfalls zurückgezogen wurde 2010 nach Erscheinen von [DIN 1946-6] die [DIN 18017-1]. Die Lösung nach Bild 3.11, links, besitzt damit nur noch für Arbeiten am Gebäudebestand Relevanz. Ob bei Modernisierungen der Bestandsschutz greift, muss im Einzelfall geprüft und entschieden werden.

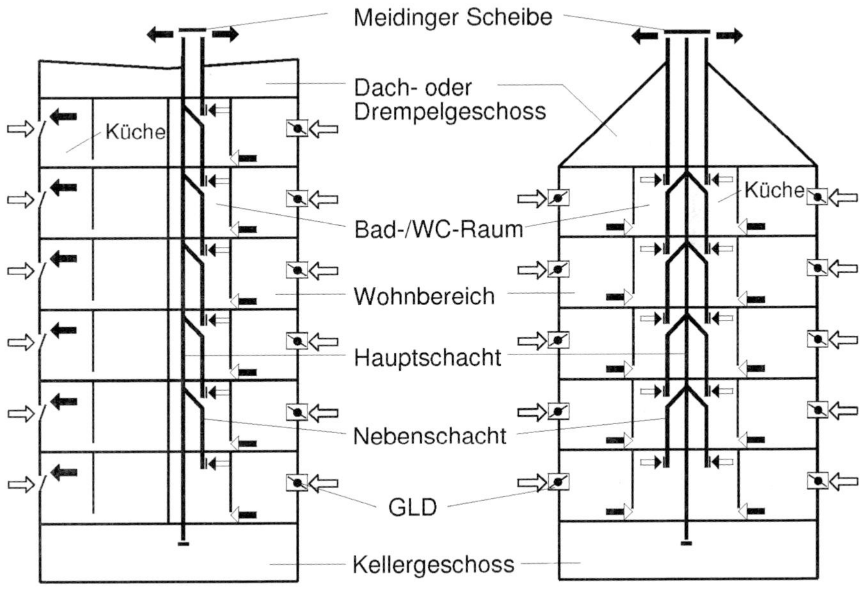

Bild 3.12: Freie Lüftung mit Sammelschächten in MFH des Gebäudebestands (links Einfach-, rechts Doppel-Sammelschacht) und GLD/ALD in NE von MFH; Strangschemata

Analog zur Darstellung der Schachtlüftung in NE von MFH (Bild 3.11 rechts) zeigt Bild 3.13 die Verhältnisse in mehrgeschossigen NE (EFH oder Maisonette-WE) bei Anschluss von Bad-/WC-Raum und Küche als Strangschema und im Grundriss. Letzterer gilt in dieser Form auch für entsprechende NE in MFH. In den Ablufträumen machen GLD/ALD nur dann Sinn, wenn das für die Außenluftbilanz unbedingt erforderlich ist.

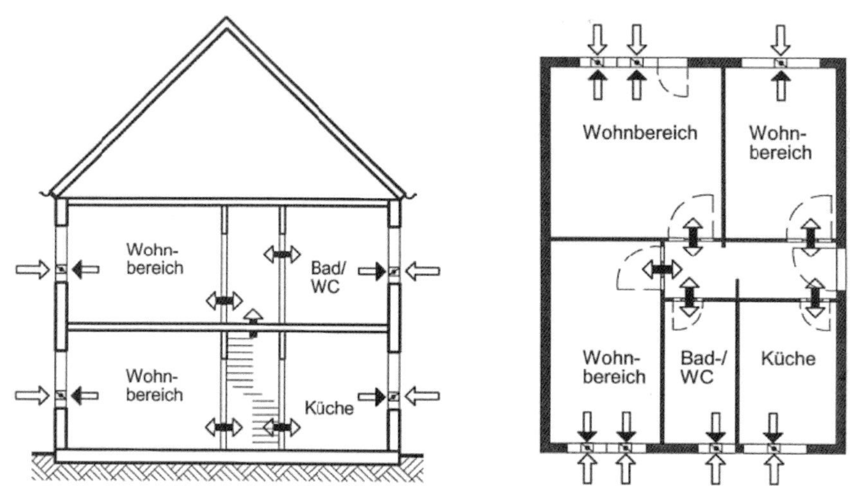

Bild 3.13: Schachtlüftung im mehrgeschossigen EFH bei Anschluss von Bad-/WC-Raum und Küche an einen Lüftungsschacht mit Außenluft-Nachströmung vorzugsweise in die Wohnbereiche; schematische Darstellung von Strangschema und Grundriss

3.2.4 Überlagerung von Wind- und Auftriebskräften

Die Größe des ins Gebäude gelangenden Luftvolumenstroms wird fast immer durch eine Überlagerung von Wind- und thermischen Auftriebskräften bestimmt. Sind die einzelnen Differenzdruckanteile bekannt, können sie nach Meinung verschiedener Autoren ([IEA89] und weitere in [Knöbel84]) gemäß Gleichung (3.9) addiert und nach Einführung des Ergebnisses in die allgemeine Gleichung (4.10) zur groben Abschätzung des Gesamtluftvolumenstroms verwendet werden

$$\Delta p_{ges} = \Delta p_{Wi} + \Delta p_A \qquad (3.9)$$

Von anderer Seite wurde abweichend davon jedoch die Auffassung vertreten, dass der Gesamtluftvolumenstrom aus den Einzelanteilen des Luftvolumenstroms für ausschließliche Windeinwirkung (Temperaturgleichheit innen und außen) gemäß Gleichung (3.10) sowie für rein thermischen Auftriebseinfluss (Windstille) gemäß Gleichung (3.11) auf der Basis von Gleichung (3.12) ermittelt werden müsste [IEA89]:

$$q_{v,Wi} = k_1 \cdot \left(\Delta C_p \cdot \frac{\rho}{2} \right)^n \cdot v_{Wi}^{2n} \tag{3.10}$$

$$q_{v,A} = k_1 \cdot (g \cdot \{\rho_{Au} - \rho_i\} \cdot \Delta h)^n \tag{3.11}$$

$$\Sigma q_{v,fr} = (q_{v,Wi}^2 + q_{v,A}^2)^{0,5} \tag{3.12}$$

Quantitativ nicht verallgemeinerbare Ergebnisse von Messungen in einem (Muster-)Versuchsraum mit Undichtheiten [Knöbel84], die sich in etwa mit theoretischen Untersuchungen in [Warren76] decken, zeigt Bild 3.14. Bei kleineren Windgeschwindigkeiten, im Beispiel lag die Grenze bei ca. (2 ... 3) m/s, war der Luftdurchsatz bei vorhandener Schachtlüftung unabhängig vom Wind nur von der Temperaturdifferenz $\theta_i - \theta_{Au} = \Delta\theta$ und bei höheren Windgeschwindigkeiten unabhängig von der Temperaturdifferenz $\Delta\theta$ fast ausschließlich vom Windeinfluss abhängig.

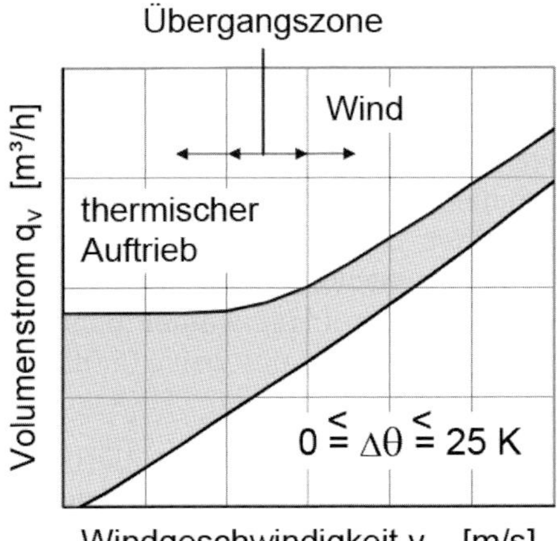

Bild 3.14: Überlagerung von thermischem Auftriebs- und Windeinfluss als Antriebsursache für den ins Gebäude gelangenden Außenluftvolumenstrom bei thermischer Auftriebslüftung/Schachtlüftung; vereinfachte schematisierte Darstellung nach [Knöbel84]

Für die Auslegung der freien Lüftung liefern die in [DIN EN 16798-7] beschriebenen Verfahren 1 oder 2 Ergebnisse für den Gesamt-Luftvolumenstrom in Abhängigkeit aller relevanten Einflussfaktoren unter Beachtung der Anforderungen nach [DIN EN 12831].

Der wirksame Außenluftvolumenstrom durch Infiltration wird in [DIN 1946-6] daraus folgend nach Gleichung (3.13) berechnet:

$$q_{v,Inf,wirk} = e_z \cdot V_{NE} \cdot n_{50} \qquad (3.13)$$

Für den Volumenstrom-Koeffizienten e_z gilt dabei Gleichung (3.14):

$$e_z = 0{,}04\ (f_{Wi}{}^2 + f_A{}^2)^{0{,}5} \qquad (3.14)$$

Die Korrekturfaktoren f für Wind- und thermische Auftriebseinflüsse können ebenfalls nach [DIN 1946-6] bestimmt (für ventilatorgestützte Lüftung nach Norm-Tabelle 9) oder für freie Lüftung nach Norm-Gleichung 14 berechnet werden.

Weitere umfangreichere Ausführungen zur Luft-In- und Exfiltration in Form der ‚Selbstlüftung' bzw. zum gesamten Luftvolumenstrom durch unvermeidliche Undichtheiten in der Gebäudehülle siehe Unterabschnitt 4.2.3.

3.2.5 Fazit Lüftungssystem(e) freie Lüftung

Sowohl Quer- als auch Schachtlüftung sind wegen der nicht planbaren ursprünglichen Einflussfaktoren Wind und Außentemperatur hinsichtlich ihrer Lüftungswirksamkeit jahreszeit- und witterungsabhängig mehr oder minder starken Schwankungen unterworfen. Diese können auch mit lüftungstechnischen Einrichtungen nur dahingehend beeinflusst werden, dass zwar Spitzen abgebaut, Senken aber nicht kompensiert werden können. Unter den immer häufiger auch im Winter auftretenden Bedingungen der Übergangs-Jahreszeiten sind bei gleichzeitig relativ hoher absoluter Außenluftfeuchte die Antriebskräfte am geringsten. Aus Feuchteschutzgründen würden dann aber die größten Luftmengen benötigt – eine Diskrepanz, die das Risiko für das Auftreten von Feuchteschäden signifikant vergrößert.

Die im Mittel zuverlässiger als Querlüftung funktionierende Schachtlüftung ist in Nutzungseinheiten von Mehrfamilien-/Etagenhäusern (MFH) zusätzlich mit dem Nachteil behaftet, dass ihre Wirksamkeit von der Lage der Geschosse im Gebäude abhängt. Während in den oberen Geschossen wegen Verringerung der Auftriebshöhe Δh_A die Wirkung zunehmend abnimmt, vergrößert sie sich entsprechend in den unteren Geschossen. Das kann unten zu einem ebenso unerwünschten Außenluftüberschuss wie oben zum Außenluftmangel führen.

Die Folge ist, dass eine nutzerunabhängige Lüftung auch bei sorgfältigster Planung und Ausführung nur zeitlich gemittelt die Anforderungen erfüllen kann. Freie Lüftung macht deshalb immer auch eine aktive, intelligente Mitwirkung des Nutzers notwendig.

Letztere kann zwar durch die Planung einer definierten Luftdurchlässigkeit der Gebäudehülle in Form des Einsatzes von Gebäudehüllen-Luftdurchlässen (GLD/ALD) auf ein Minimum reduziert werden. Diese Planung muss mit größter Sorgfalt durchgeführt werden (siehe Unterabschnitt 9.3.4). Geschieht das nicht, kann es infolge der lokal konzentrierten Zuführung unvorgewärmter Außenluft zu unangenehmen Zuglufterscheinungen kommen, die wiederum kontraproduktive Reaktionen der Nutzer zur Folge haben können.

Freie Lüftung bietet darüber hinaus keinerlei Möglichkeit, die Wärme der Abluft zu nutzen (siehe dazu auch Unterabschnitt 4.3.5). Sie dürfte auch deshalb mehr und mehr zu einer (Übergangs-)Kompromisslösung werden, die in einem absehbaren Zeitraum durch nutzerunabhängig arbeitende Systeme der ventilatorgestützten Lüftung zu ersetzen sein wird.

3.3 Ventilatorgestützte Lüftung

3.3.1 Antriebskräfte

Bei der ventilatorgestützten Lüftung wird der als Antriebskraft wirkende Differenzdruck Δp_V von Ventilatoren erzeugt. Thermischer Auftrieb und Wind wirken zusätzlich unterstützend oder als Störgrößen.

Die technischen Hilfsmittel der ventilatorgestützten Lüftung sind Lüftungsanlagen bzw. Lüftungsgeräte mit den wesentlichsten Bauelementen Ventilator(en), Luftleitungen (auch als Lüftungsschächte) mit oder ohne Wärmedämmung, Luftdurchlässe, Luftklappen, Luftfilter, Schalldämpfer sowie Steuerungs- und Regelungselemente. Für Zu-/Abluftanlagen werden zusätzlich Luft-Luft-Wärmeübertrager zur Außenlufterwärmung und für Abluftanlagen vermehrt Luft-Wasser-Wärmeübertrager zur gleichzeitigen Rückgewinnung von Wärme aus der Abluft (siehe Unterabschnitt 4.3.5) benötigt. Für beide Systemlösungen werden zum gleichen Zwecke in zunehmendem Maße auch Luft-/Luft- bzw. Luft-/Wasser-Wärmepumpen eingesetzt.

3.3.2 Unterdrucklüftung (Abluftsysteme)

Die Unterdrucklüftung wird mit Abluftsystemen realisiert, zu denen Abluftanlagen und Abluftgeräte gehören. Sie erzeugen mittels Ventilator(en) einen Unterdruck im jeweiligen Abluftraum und somit auch in der gesamten NE, der ähnlich wie bei der Schachtlüftung Voraussetzung für das Nachströmen von Außenluft über geplante Gebäudehüllen-Luftdurchlässe (GLD/ALD) sowie unvermeidliche Rest-Undichtheiten (nicht dargestellt) in der Gebäudehülle ist (Bild 3.15).

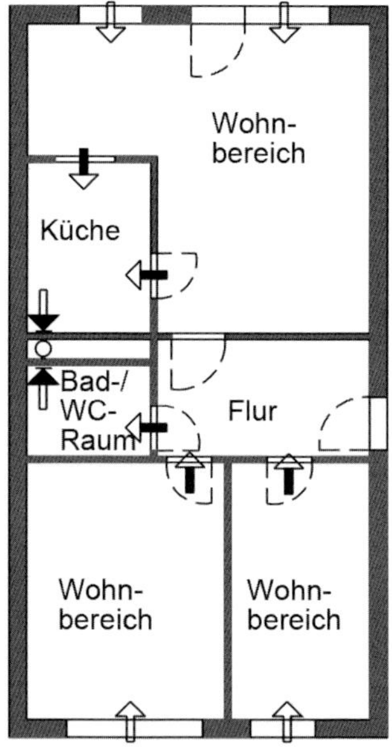

Bild 3.15: Luftströmung in der Wohnung bei Abluftsystemen für NE mit fensterloser Küche und Bad-/WC-Raum und geplanter Außenluft-Nachströmung über GLD/ALD im Wohnbereich; schematische Grundriss-Darstellung

Weil dieser Unterdruck während der Betriebszeit des(der) Ventilators(en) im Gegensatz zur Schachtlüftung immer in der notwendigen Höhe zur Verfügung gestellt werden kann, wird die Außenluftversorgung wesentlich weniger von witterungsbedingten Schwankungen beeinträchtigt als bei freier Lüftung.

Abluftanlagen (AbAnl) werden in Einzel- und Zentral-Ventilator-Anlagen (EVA und ZVA) unterteilt. ZVA besitzen einen meist über Dach bzw. dem obersten Geschoss angeordneten Ventilator, der über eine gemeinsame Abluftleitung

(Hauptleitung) und spezielle Ab(luft)-Luftdurchlässe aus den angeschlossenen Ablufträumen der Wohnung (in der Regel Küche, Bad-/WC- und Toiletten-Raum) (Ab-)Luft absaugt. Bild 3.16 und Bild 3.17 zeigen Aufbau und Funktionsweise von Abluftanlagen am Beispiel von mehrgeschossigen Wohngebäuden. Die Anlagen für Einfamilienhäuser sind analog aufgebaut (Beispiele für bildliche Darstellungen siehe [DIN 1946-6], Beiblatt 1 (bei Redaktionsschluss noch in Vorbereitung).

Bei EVA ist jeder zu lüftende Raum mit einem am Ab(luft)-Luftdurchlass angeordneten Ventilator ausgerüstet, der die Abluft über Einzel- oder Hauptleitungen ins Freie fördert (Bild 3.17). ZVA arbeiten mit Unterdruck, EVA mit Überdruck im Abluftleitungssystem.

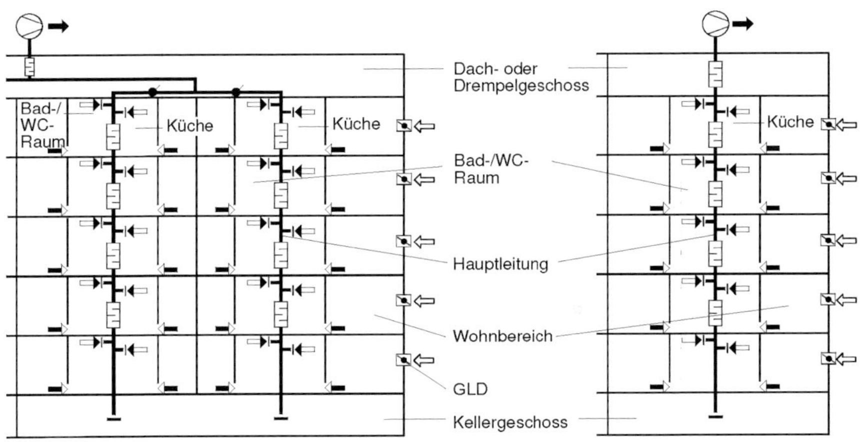

Bild 3.16: Aufbau und Funktion von Abluftanlagen in mehrgeschossigen Wohngebäuden Zentralventilator-Abluftanlage (ZVA) als Mehr- und Einzelstranganlage

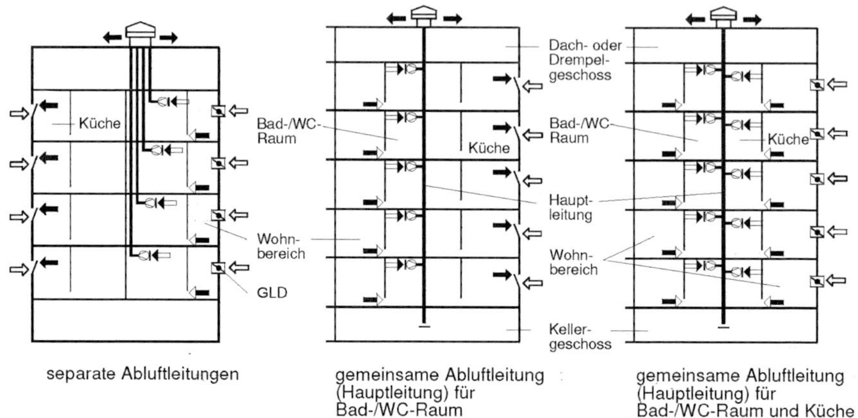

Bild 3.17: Aufbau und Funktion von Abluftanlagen in mehrgeschossigen Wohngebäuden Einzelventilator-Abluftanlage (EVA) mit eigenen und gemeinsamen Abluftleitungen

Bei beiden sollte der Abluftvolumenstrom entsprechend den Vorgaben für einen lastabhängigen Lüftungsbetrieb (Betriebsstufen abhängig z. B. nach [DIN 1946-6]) einstellbar bzw. bedarfsabhängig (z. B. in Abhängigkeit von Raumluftfeuchtigkeit, CO_2- oder Mischgas-Gehalt der Raumluft sowie der Außenlufttemperatur) regelbar sein (siehe Unterabschnitt 9.5).

ZVA können im Gegensatz zur Schachtlüftung wegen der eindeutigen Druckverhältnisse auch mit Sammel-Schächten betrieben werden (Bild 3.18). Das kann bei entsprechender Auslegung schall- und brandschutztechnische Vorteile haben (siehe Unterabschnitte 8.2 und 8.3).

Weil bei Betrieb des (der) Ventilators(en) ständig der höchstzulässige Differenzdruck Δp_V zur Verfügung steht, kann die freie Fläche von Gebäudehüllen-Luftdurchlässen (GLD/ALD) kleiner als bei freier Lüftung bemessen werden (siehe Unterabschnitt 9.3.4).

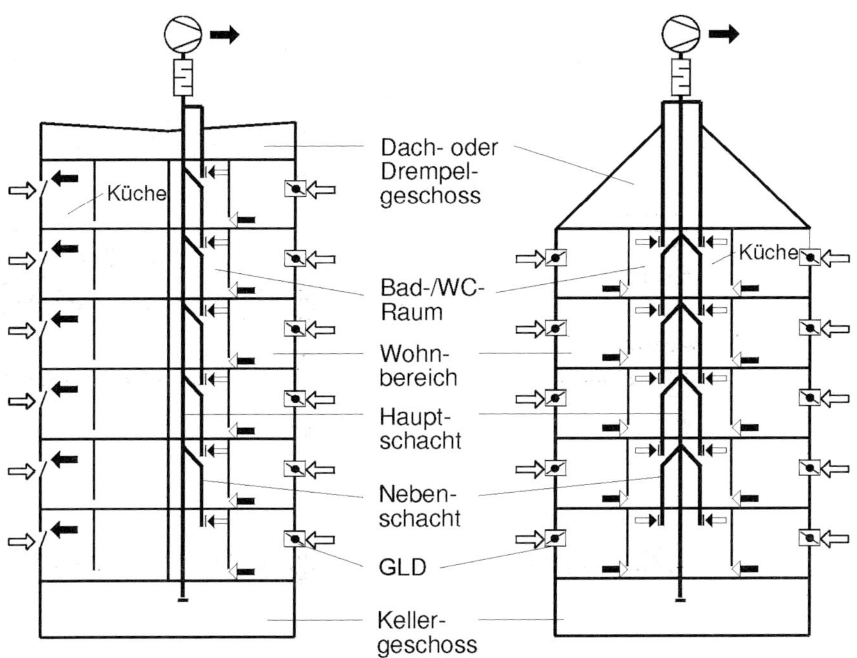

Bild 3.18: Zentralventilator-Abluftanlage (ZVA) mit Einfach- (links) und Doppelsammelschacht (rechts)

Die Planung von Abluftsystemen muss für einen Unterdruck in der NE erfolgen, der nicht größer als 8 Pa [DIN 1946-6] sein darf, um Strömungsgeräusche, Zugluft im Bereich größerer Undichtheiten und u. U. zu große auf Fenster und Türen wirkende Kräfte zu vermeiden. Bei Vorhandensein von raumluftabhängigen Feuerstätten gilt der vorn genannte maximal zulässige Wert von 4 Pa (Unterabschnitte 1.4 und 2.4).

3.3.3 Hybridlüftung

Eine Sonderform der Unterdrucklüftung stellt die kombinierte oder Hybrid-Lüftung dar. Nach [DIN EN 12792] ist sie eine *„Lüftung, bei der freie Lüftung mindestens während eines bestimmten Zeitabschnittes durch ventilatorgestützte Lüftung unterstützt oder ersetzt wird"*. *„Sie basiert"* nach [DIN 1946-6] *„auf einer ZVA, bei der der Ventilator automatisch außer Betrieb gesetzt wird bzw. mit geringerer Drehzahl weiterbetrieben werden kann, wenn der thermische Auftrieb über die Hauptleitung bzw. den Lüftungsschacht ausreichend für* *die Sicherstellung der Luftvolumenströme für die reduzierte Lüftung ist. Die Schaltung des Ventilators ist so zu steuern, dass ein vorgegebener mindestens erforderlicher Unterdruck im Lüftungsschacht sichergestellt wird.“* Der Ventilator kann dabei direkt in der Sammelleitung oder in einer Bypassleitung angeordnet sein.

Ein vom Bundesministerium für Wirtschaft und Arbeit (BMWA) sowie der International Energy Agency (IEA) im Annex 35 gefördertes Forschungsvorhaben gibt auf der Basis von komplexen thermischen und Strömungssimulationen, denen messtechnische Untersuchungen gegenübergestellt worden sind, Hinweise für die Planung, die Regelstrategien sowie die Berechnungsmethoden von hybriden Lüftungssystemen [IEA05].

Bild 3.19 zeigt das Prinzipschaltbild eines vom Autor in den 1980er-Jahren vorgeschlagenen „Dach-Abluftgerätes für die Sanierung von Schachtlüftungen“ zu einer „Schachtlüftung mit Ventilatorunterstützung“ zur Verbesserung der Wirkungsweise der in den östlichen Bundesländern zahlreich vorhandenen Schachtlüftungen von 5- und 6-geschossigen Wohngebäuden in industrieller Bauweise („Plattenbauten“) [Heinz95-3].

Bis zu einer frei wählbaren Grenztemperatur, die nach [Witten93] bei ca. 8 °C liegen könnte, reichen die Antriebskräfte der freien Schachtlüftung für eine den Anforderungen annähernd gerecht werdende Lüftung in mehrgeschossigen Wohngebäuden aus. Steigt die Außentemperatur über diesen Wert an, verringert sich die Wirkung der freien Lüftung merklich, und es wird über eine automatische temperaturgesteuerte Schaltung der ursprüngliche Schacht nahe der Mündung mittels einer Klappe verschlossen und der Ventilator eingeschaltet. Letzterer fördert über ein parallel liegendes Anschluss-Kanalstück den geplanten Abluftvolumenstrom aus dem an die Wohnungen angeschlossenen Abluftschacht als Fortluft ins Freie.

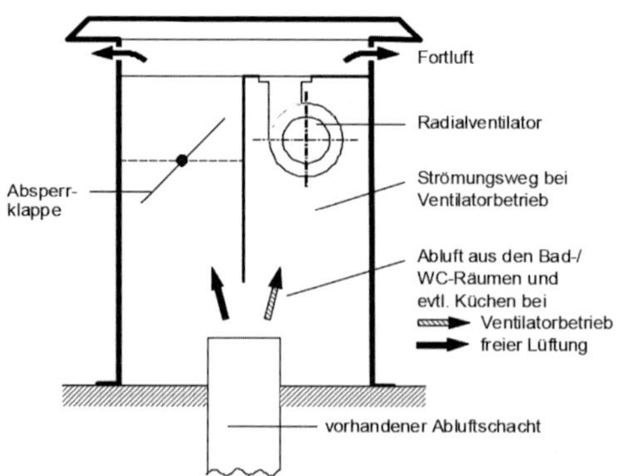

Bild 3.19: Dachabluftgerät für die Modernisierung von Schachtlüftungen mit Einzel- oder Sammelschächten; schematische Darstellung

Die im Bild 3.19 dargestellte Anlagenvariante wurde als Übergangslösung für alle mehrgeschossigen Gebäude mit Schachtlüftung empfohlen, die aus Kosten- oder anderen Gründen nicht sofort oder in naher Zukunft mit ausschließlich ventilatorgestützter Lüftung ausgerüstet werden konnten. Durch Beibehaltung des gereinigten und in Stand gesetzten (abgedichteten) Lüftungsschachtes, Installation des Dachabluftgerätes auf die Schachtmündung entsprechend Bild 3.19, Ersatz der vorhandenen Lüftungsgitter in den angeschlossenen Ablufträumen durch verstellbare Ab(luft)-Luftdurchlässe und Ergänzung um entsprechende Brandschutzelemente ließ sich eine Kombination von freier und ventilatorgestützter Lüftung erzielen, die besser als eine reine Schachtlüftung, aber noch nicht so gut wie eine Abluftanlage funktionierte [Witten93]. Vorteilhaft waren der geringe bau- und anlagentechnische Aufwand, der niedrige Elektroenergieverbrauch und der Umstand, dass die Ventilatorengeräusche nicht ständig auftraten.

3.3.4 Überdrucklüftung (Zuluftsysteme)

Die Überdrucklüftung wird mit Zuluftsystemen realisiert, zu denen vorzugsweise einzelne Zuluftgeräte, aber auch ZVA als zentrale Zuluftanlagen gehören. Zuluftsysteme erzeugen mittels Ventilator(en) einen Überdruck im gesamten System (Zulufträume und damit u. U. auch die gesamte Nutzungseinheit sowie angeschlossene Luftleitungen bzw. Lüftungsschächte). Für das ungehinderte Abströmen der Ab-/Fortluft sind neben den unvermeidlichen Rest-Undichtheiten in der Gebäudehülle geplante Luftdurchlässe notwendig. Wird die Luft von Zuluftgeräten über einen gemeinsamen Lüftungsschacht entsorgt oder fördert eine zentrale Anlage Luft gleichzeitig in mehrere NE, sind außerdem in den Luftleitungen bzw. -schächten Luftklappen notwendig, die einen Luftübertritt von einer NE in andere verhindern. Das gilt auch für Zeiten außerhalb des regulären Lüftungsbetriebs.

Weil der Überdruck während der Betriebszeit des(der) Ventilators(en) immer in der notwendigen Höhe zur Verfügung gestellt werden kann, wird auch bei Überdrucklüftung die Außenluftversorgung wesentlich weniger von witterungsbedingten Schwankungen beeinträchtigt als bei freier Lüftung. Überdrucklüftung hat bei der gezielten Lüftung einzelner (Zuluft-)Räume Vorteile gegenüber der Unterdrucklüftung, weil die Außen-/Zuluftzuführung weniger von Rest-Undichtheiten in der Gebäudehülle und damit der tatsächlich realisierten Lüftungsautorität von GLD/ALD abhängig ist (siehe Unterabschnitt 5.3). Trotzdem wird die Überdrucklüftung in Deutschland relativ selten angewandt. Meist dient sie lediglich der Sicherstellung einer definierten Außenluftzuführung in einzelnen Problemräumen (Bild 3.20). Grund dafür ist, dass infolge des während des Lüftungsbetriebs ständig herrschenden Überdrucks das Eindringen feuchter Raumluft über Undichtheiten in die äußere Umhüllungskonstruktion begünstigt wird. Dadurch vergrößert sich das Risiko der Abluftabkühlung auf kritische Werte. In der Folge kann es zu einer Erhöhung der relativen Oberflächenfeuchte in der Umhüllungskonstruktion bis hin zur Kondensation mit den bekannten Folgen (siehe Unterabschnitt 1.3) kommen.

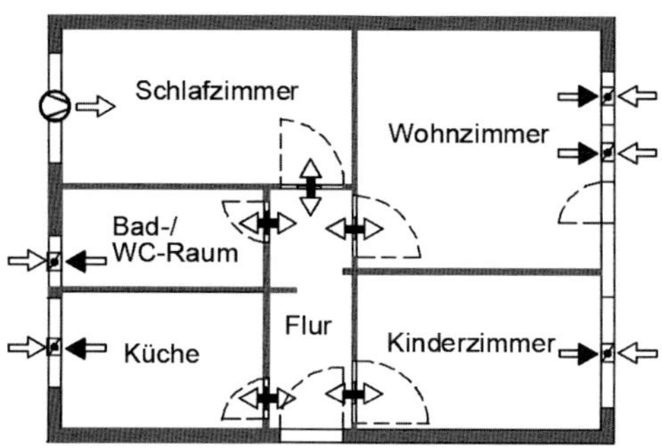

Bild 3.20: Lüftung eines Schlafzimmers mit einem Zuluftgerät und GLD/ALD in der gesamten NE sowohl für die Ab-/Fortluftabführung als auch für die freie (Quer-)Lüftung aller anderen Räume

Im Ergebnis einer ersten diesbezüglichen Untersuchung auf Basis einer Simulationsrechnung [HAUSER05] werden Undichtheiten in Form einfacher Spalte ohne Umlenkungen in der Umhüllungskonstruktion zwar als unkritisch bewertet. Bei Spalten mit Umlenkungen im Außenbereich könnten jedoch mögliche Probleme nicht ausgeschlossen werden: *„Eine Feuchtezunahme auf Werte über 80 % relative Feuchte kann im Wesentlichen bei Spalten mit einer Umlenkung im Außenbereich festgestellt werden.“* Es wird empfohlen, *„weitere messtechnische Untersuchungen bzw. eine Weiterentwicklung des verwendeten Berechnungsansatzes“* durchzuführen. *„Gegenstand weiterer Forschungsaktivitäten sollten“* auch *„nicht kapillaraktive und diffusionsoffene äußere Bekleidungen von Schichtaufbauten sein“*, weil bei diesen *„ein hohes Schadenspotenzial vermutet werden kann“*, das *„mit dem zur Verfügung stehenden* (Berechnungs-*)Modell nicht bewertet werden konnte“*.

Um das beim aktuellen Wissensstand diesbezüglich nicht völlig auszuschließende Risiko klein zu halten, ist es bei Anwendung der Überdrucklüftung im Wohnungsbau sinnvoll, stets für hinreichend große, während des Lüftungsbetriebs unverschlossene Abströmmöglichkeiten (GLD/ALD bzw. Abluftschächte) zu sorgen. Diese sind nach [DIN 1946-6] so auszulegen, dass in den Räumen der Nutzungseinheit an keiner Stelle und zu keiner Zeit ein größerer Überdruck als 4 Pa erreicht wird.

3.3.5 Gleichdrucklüftung (Zu-/Abluftsysteme)

Die Gleichdrucklüftung wird mit **Zu-/Abluftsystemen** realisiert. Diese werden als „dezentrale“ wohnungsweise Zentral-Ventilatoranlagen (ZVA) (Bild 3.21) und auch als ZVA für mehrere Nutzungseinheiten in Mehrfamilienhäusern (Bild 3.22) ausgeführt. Angestrebt wird bei Auslegung und Betrieb die Gleichheit von Zu- und Abluftstrom. Da das nicht immer exakt zu realisieren ist, wird auch ein geringer Unterdruck zugelassen. Dafür wird in den Ablufträumen etwas mehr Luft abgesaugt, als der Wohnung an Zuluft zugeführt wird. In der Regel sollten das nicht mehr als ca. 10 % sein. Die Mengendifferenz strömt als unbehandelte Außenluft über (Rest-)Undichtheiten in der Hüllkonstruktion nach. Von einem solchen Betrieb mit dem entstehenden geringfügigen Unterdruck verspricht man sich, dass möglichst wenig belastete Luft aus Küche und Bad-/WC-Raum in den Wohnbereich überströmt. Wie bei Abluftanlagen darf der Unterdruck 8 Pa bzw. 4 Pa nicht überschreiten. Das Ungleichgewicht der Volumenströme wirkt sich bei Anlagen bzw. Geräten mit Wärmerückgewinnung (siehe Unterabschnitt 7.2) geringfügig nachteilig auf den Energiebedarf aus.

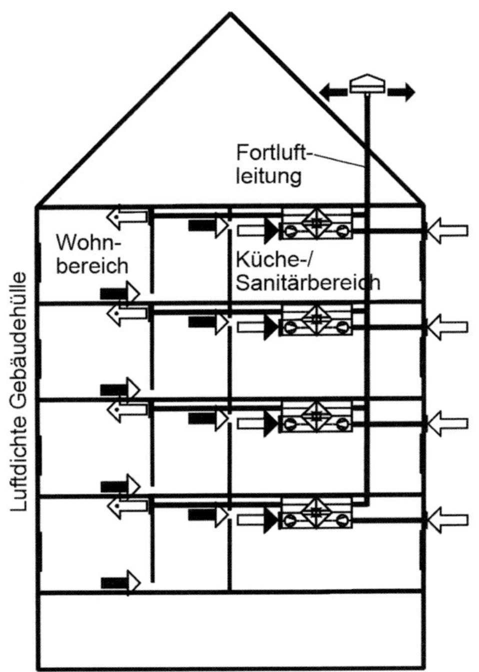

Bild 3.21: „Dezentrale“ (wohnungsweise) ZVA als Zu-/Abluftanlagen mit Wärmerückgewinnung und zentraler Fortluftabführung über Dach im MFH

In Bild 3.21 und Bild 3.22 sind Aufbau und Wirkungsweise von Zu-/Abluftanlagen am Beispiel von mehrgeschossigen Wohngebäuden dargestellt.

Ähnlich wie „dezentrale“ (wohnungsweise) ZVA gemäß Bild 3.21 funktionieren auch dezentrale Lösungen für Nutzungseinheiten in Einfamilienhäusern (EFH) nach Bild 3.23 (links). Für das EFH entspricht die „dezentrale“ Lösung einer zentralen Anlage mit Lüftungsgerät. Rein dezentrale Lösungen stellen dagegen Lüftungsgeräte für einzelne Räume in NE dar (Bild 3.23 rechts). Weitere bildliche Darstellungen für EFH finden sich auch in [DIN 1946-6] und [DIN 4719] sowie in einschlägigen Anbieter-Unterlagen.

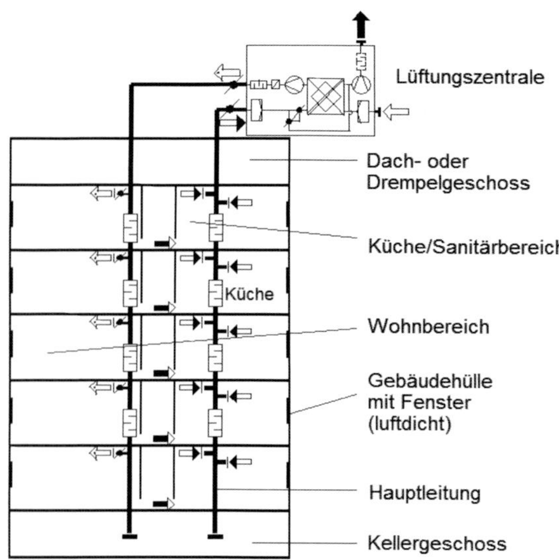

Bild 3.22: ZVA als Zu-/Abluftanlage mit Wärmerückgewinnung im MFH; Strangschema

Zu-/Abluftanlagen bzw. -geräte werden im Wohnungsbau so gut wie gar nicht mehr ohne Wärmerückgewinnung (WRG) ausgeführt. Um den energetischen Effekt der WRG nicht zu schmälern, ist es sinnvoll, derartige Anlagen bzw. Geräte nur in möglichst luftdichten Gebäuden zu installieren. Andernfalls wird über mehr oder minder intensive Luft-In- und -Exfiltrationsvorgänge der NE zusätzlich Außenluft zugeführt, die hinsichtlich ihrer Erwärmung nicht von der Wärmerückgewinnung partizipiert.

Ebenfalls aus Gründen der Energieeffizienz kann es bei Zu-/Abluftanlagen bzw. -geräten von Vorteil sein, die behandelte (gefilterte und erwärmte) Außenluft mehrfach zu nutzen. Das heißt, dass sie wie bei Schachtlüftung und Abluftanlagen dem weniger belasteten Wohnbereich (Wohn-, Schlaf- und

Kinderzimmer) zugeführt und von dort über Innentürfugen und geplante Überström(luft)-Luftdurchlässe (siehe Unterabschnitt 9.3.4) in den Küche-/Sanitär-Bereich gelangt, von wo sie abgesaugt wird.

Wenn die Zuluft dem letztgenannten Raumbereich direkt dezentral oder zentral über den Wohnungsflur zugeführt würde, müsste der Wohnbereich zusätzlich frei gelüftet werden. In diesem Falle würde ein entsprechender Mehrbedarf an Heizungswärme anfallen.

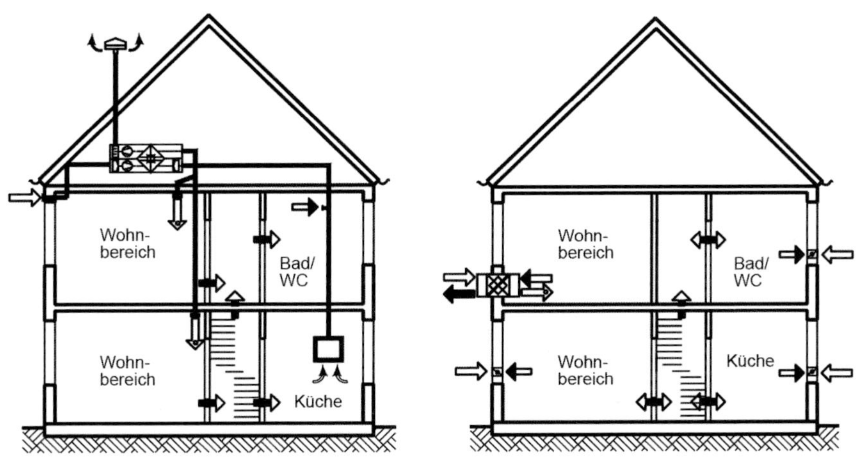

Bild 3.23: Einzelgeräte für die zentrale Lüftung einer gesamten Nutzungseinheit (links) und für die dezentrale Lüftung eines einzelnen Raumes in einer Nutzungseinheit (rechts)

Es ist zweckmäßig, die Luftvolumenströme bei Gleichdrucklüftung wie auch bei Unterdrucklüftung entsprechend den Vorgaben nach [DIN 1946-6] für einen lastabhängigen Lüftungsbetrieb abhängig von den Betriebsstufen einstellbar bzw. bedarfsabhängig (sensorgesteuert) regelbar zu gestalten (siehe Unterabschnitt 9.5).

Gleichdrucklüftung als Luftheizung

Eine Sonderform der Gleichdrucklüftung stellt die **Luftheizung** dar. Bei dieser übernimmt die Zuluft neben der Lüftungs- zusätzlich auch die gesamte Heizungsfunktion. Das geschieht durch Erwärmung der Außenluft auf eine Zulufttemperatur, die in Verbindung mit der Menge des Zuluftmassestroms zur Deckung der jeweiligen Transmissions-Wärmeverluste notwendig ist.

Für eine gleichmäßige vertikale Temperaturverteilung im Raum (in Form eines geringen vertikalen Temperaturgradienten) müssen bei Luftheizung Ort und Richtung der Zuluftzuführung sowie die Zuluftparameter Lufttemperatur und Luftgeschwindigkeit besonders sorgsam aufeinander abgestimmt werden. Um energetisch ungünstig große Luftvolumenströme bzw. für die Gewährleistung der Behaglichkeit unvorteilhaft hohe Zulufttemperaturen am besten vermeiden zu können, ist es deshalb sinnvoll, Luftheizungsanlagen nur in Gebäuden mit entsprechend hohem Wärmedämm-Niveau zu installieren.

Optimale Bedingungen lassen sich erzielen, wenn die Zuluft im Bereich der Außenwand unterhalb von Fenstern mit relativ niedriger Geschwindigkeit von unten nach oben zugeführt wird und die Zulufttemperatur im Bereich $\theta_{Zu} \leq 35$ °C liegt (Bild 3.24). In diesem Falle kann sich die abfallende Kaltluft vor Eintritt in den Aufenthaltsbereich mit der aufsteigenden Warmluft mischen. Weil die Realisierung in Mehrfamilienhäusern aus Platzgründen meist auf Schwierigkeiten stößt, sind auch Lösungen möglich, bei denen die Luft unterhalb der Decke in Richtung Außenwand mit einer Geschwindigkeit zugeführt wird, die am Ende der Luftstrahl-Lauflänge im Mittel nicht größer als 0,3 m/s sein darf [Heinz86, Heinz89]. Gute Lösungen sind mit Induktions-Zu(luft)-Luftdurchlässen möglich, die nicht nur zur Verringerung der Zulufttemperatur beitragen, sondern auch höhere Zuluftimpulse und damit eine bessere Raumdurchspülung ermöglichen (Bild 3.24).

Dabei ist es zweckmäßig, den Zu(luft)-Luftdurchlass so anzuordnen, dass sich der Luftstrahl an die Decke anlegt (Koanda-Effekt) und einen raumfüllenden Wirbel bildet.

Auch bei Luftheizungsanlagen sollte die Möglichkeit bestehen, die zu lüftenden bzw. zu heizenden Räume unterschiedlich temperieren zu können. Das gilt besonders für Schlafräume, in denen der Nutzer nachts überwiegend eine vom Rest der NE abweichende geringere Lufttemperatur bevorzugt [Künzel79]. Erhält der Nutzer keine Möglichkeit, eine entsprechende anlagenabhängige Einstellung vorzunehmen, besteht die Gefahr der nächtlichen Dauerlüftung über angekippte Fenster mit möglichen negativen Folgen bzgl. energetischer und bauphysikalischer Risiken.

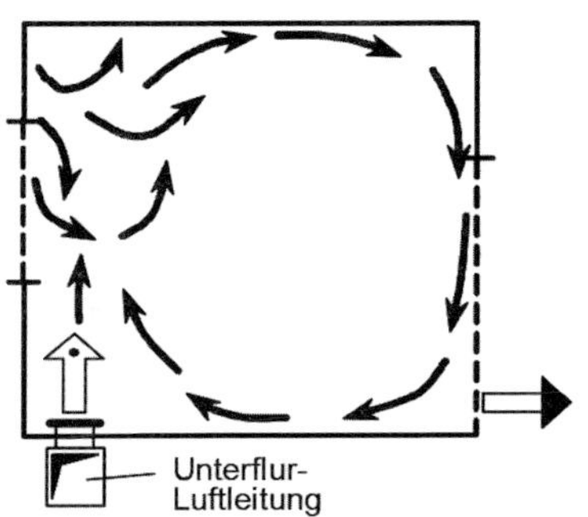

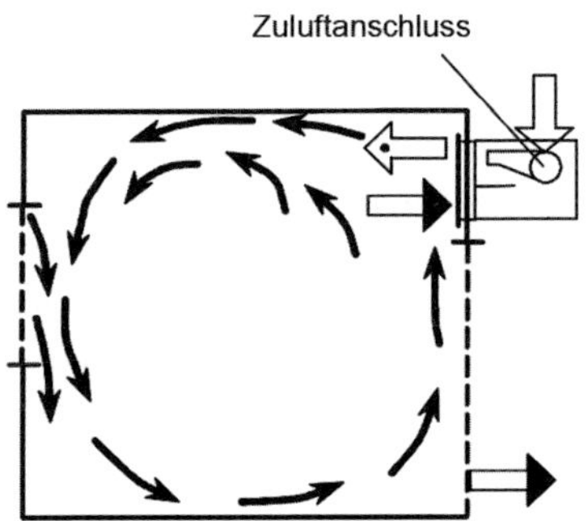

Bild 3.24: Alternative Anordnung von Zu(luft)-Luftdurchlässen bei Luftheizung: Fußboden (links) Innenwand (rechts)

Für runde Strahlen zeigen Gleichung (3.15) und Bild 3.25 das bei gegebener Lauflänge (L_R) einzuhaltende Kriterium für die Anordnung des Zuluftdurchlasses hinsichtlich des Deckenabstands Δh_{De}.

$$\Delta h_{DE} \leq 0{,}05 \cdot L_R \tag{3.15}$$

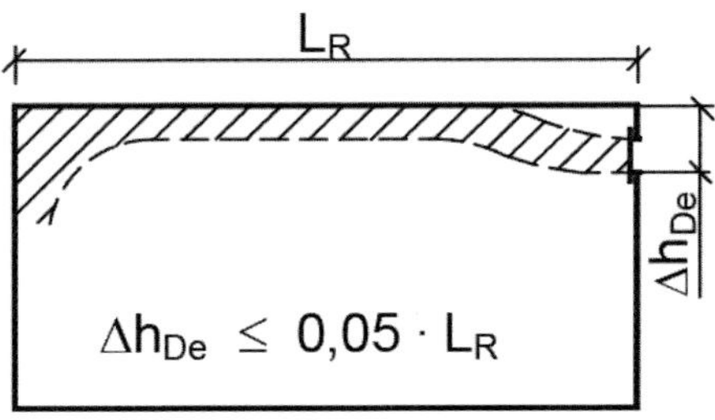

Bild 3.25: Bedingung für das Anlegen eines (quasi-)isothermen Zuluftstrahls an die Decke (Koanda-Effekt)

3.3.6 Fazit Lüftungssystem(e) ventilatorgestützte Lüftung

Im Gegensatz zu den Systemen der freien Lüftung kann mit allen Systemen der ventilatorgestützten Lüftung ein stabiler, vom Nutzer und von Witterungseinflüssen weitestgehend unabhängiger, zusätzlich auch an den tatsächlichen individuell unterschiedlichen Bedarf angepasster Lüftungsbetrieb während der gesamten Heiz- und kritischen Übergangszeit sichergestellt werden. Das minimiert das Risiko für das Auftreten von Schädigungen von Mensch bzw. Gebäude durch zu hohe Luftfeuchte bzw. Luftschadstoffe. Durch die Behandlungsmöglichkeit (Filtern bzw. Erwärmen) der zugeführten Außenluft ist außerdem die Realisierung einer besseren Raumluftqualität bei Verminderung des Zugluftrisikos möglich. Infolge der praktikablen Einbindung unterschiedlicher regenerativer Verfahren zur Luftvorwärmung (Erdreich-Luft-Wärmeübertrager, Sonnenkollektoren) und Nutzung der Abluftwärme (Wärmerückgewinnung mittels Wärmeübertrager bzw. Wärmepumpe) verbessert sich mit zunehmender Vervollkommnung und Qualität der Systemtechnik das Energieeinspar-Potenzial.

3.4 Kombinierte Lüftungssysteme

In der mit Dezember 2019 aktualisiert herausgegebenen [DIN 1946-6] wird auch auf Mischformen von verschiedenen Lüftungssystemen in derselben Nutzungseinheit (NE) eingegangen. Das können Systeme der freien und der ventilatorgestützten Lüftung, aber auch zwei Systeme der ventilatorgestützten Lüftung sein. Bei diesen kombinierten Systemen handelt es sich nicht um ein weiteres Wirkprinzip, vielmehr will man der diesbezüglichen Praxis der Ausrüstung von vielen NE gerecht werden und Unzulänglichkeiten bei der Auslegung der unterschiedlichen lüftungstechnischen Maßnahmen vorbeugen.

Im Einzelnen heißt es: *„Die Lüftung der Nutzungseinheit ist… für jeden einzelnen Raum… sicherzustellen und aufeinander abzustimmen.“* Dabei ergeben sich die Anforderungen an die Menge der zuzuführenden Außenluftvolumenströme aus der Wahl des jeweils gewählten Lüftungssystems gemäß den Ausführungen in den Unterabschnitten 3.2 und 3.3.

Beispiele für die Ausführung werden im Abschnitt 9 aufgezeigt.

4 Lüftungssysteme – Auslegung

4.1 Vorbemerkung

Nach Behandlung der physikalischen und systemtechnischen Grundlagen der Lüftungssysteme im Abschnitt 3 werden in diesem Abschnitt, unterteilt in freie und ventilatorgestützte Lüftung, grundlegende Auslegungsfragen der Systeme und ihrer Komponenten behandelt. Norm-Empfehlungen und weiterführende Hinweise ergänzen die Ausführungen.

4.2 Freie Lüftung

4.2.1 Vorbemerkung

Die Berechnung der Antriebs-Differenzdrücke bei Wind- und thermischer Auftriebslüftung wurde im Abschnitt 3 behandelt. Nachfolgend soll nunmehr darauf eingegangen werden, wie die daraus resultierenden Luftvolumenströme, die als Außenluft in ein Gebäude ein- und als Fortluft auch wieder ausströmen, bestimmt oder wie bei Vorgabe der Luftvolumenströme die notwendigen Lüftungskomponenten ausgelegt werden. Dabei stehen der betreffende Raum bzw. die Raumgruppen einer Nutzungseinheit (NE) mit weiteren Räumen oder Raumgruppen derselben NE im Luftverbund. Eine Berechnung ist dadurch nur mit dynamischen Simulationsmodellen auf der Basis umfänglicher EDV-Programme möglich. Diese müssen das Durchströmen aller Räume einer NE bzw. auch eines ganzen Gebäudes zu einem beliebigen Zeitpunkt unter Zugrundelegung unterschiedlicher innerer und äußerer Randbedingungen (Bild 3.2) berücksichtigen.

Die Erläuterung der zugehörigen Rechenmodelle würde über den Rahmen dieses Buches hinausgehen. Deshalb können hier nur die Grundlagen für einfache stationäre und manuelle Rechenverfahren zur Abschätzung von Größenordnungen des mit freier Lüftung möglichen Luftvolumenstroms/Luftwechsels einzelner Nutzungseinheiten/Räume behandelt werden.

4.2.2 Luftvolumenstrom durch geplante Öffnungen in der Gebäudehülle

Geplante **Öffnungen in der Gebäudehülle** sind offene Fenster oder Türen und Gebäudehüllen-Luftdurchlässe (GLD/ALD) mit jeweils unterschiedlich großem Öffnungsgrad.

Die Berechnung des durch sie strömenden Luftvolumens kann aus der nach der Strömungsgeschwindigkeit v umgestellten Gleichung (3.3) mit der Vereinfachung $\Delta p_{st} = p_{st,1} - p_{st,2}$ gemäß Gleichung (4.1)

$$v = \left(\frac{2 \cdot \Delta p_{st}}{\rho} \right)^{0,5} \qquad (4.1)$$

abgeleitet werden.

Mit der zunächst erhaltenen Gleichung (4.1) kann die durch einen Differenzdruck verursachte Strömungsgeschwindigkeit v in einem freien Öffnungsquerschnitt beschrieben werden. Berücksichtigt man die beim Durchströmen von Öffnungen vorrangig auftretenden Einzel-Widerstände infolge von Umlenkungen sowie des Ein- und Ausströmens durch Einführung einer Durchflusszahl α, die alle konstanten Widerstandsbeiwerte ζ_{ges} in Öffnungen und größeren Spalten mit turbulenter Strömung erfasst, erhält man die bekannte Gleichung (4.2) für die tatsächliche Geschwindigkeit v von strömender Luft in freien Öffnungsquerschnitten infolge eines Differenzdrucks

$$v = \alpha \cdot \left(\frac{2 \cdot \Delta p_{st}}{\rho} \right)^{0,5} \qquad (4.2)$$

Die Durchfluss- oder auch Kontraktionszahl α berechnet sich nach Gleichung (4.3), in der ζ_{ges} der Widerstandsbeiwert ist. Sie wird gewöhnlich aus Messungen ermittelt und liegt als Durchflusszahl für scharfe bis gebrochene Kanten im Bereich von 0,51 bis 0,83 sowie als Kontraktionszahl für Rohreinläufe bei der gleichen Kantencharakteristik im Bereich von 0,85 bis 0,95 [HdbKt08]. Der jeweils exakte Wert wird vom Hersteller angegeben oder muss von diesem erfragt werden.

$$\alpha = \left(\frac{1}{1 + \zeta_{ges}} \right)^{0,5} \qquad (4.3)$$

Mit Gleichung (4.2) sowie der Kontinuitätsgleichung zur Erhaltung der Masse – bei stationärer Strömung sind die sich durch unterschiedliche Querschnittsflächen einer Stromröhre bewegenden Fluide konstant

$$q_m = \rho_1 \cdot A_1 \cdot v_1 = \rho_2 \cdot A_2 \cdot v_2 = \text{konst.} \qquad (4.4)$$

kann der infolge eines Differenzdrucks Δp durch eine Öffnung mit der freien Fläche A strömende Massestrom q_m beschrieben werden. Man erhält die bekannte allgemeine Ausflussformel (4.5)

$$q_m = \alpha \cdot \rho \cdot A \cdot \left(\frac{2 \cdot \Delta p}{\rho} \right)^{0,5} \qquad (4.5)$$

Soll ein Luftvolumenstrom durch zwei in einem Raum oder in einer Wohnung strömungsmäßig hintereinander liegende Öffnungen mit den freien Flächen A_1 und A_2 (Bild 4.1) berechnet werden, entsteht unter Annahme eines Gesamt-Differenzdrucks von $\Delta p_{ges} = \Delta p = \Delta p_1 + \Delta p_2$ und gleicher Dichte der Luft ρ_L bei 1 und 2 aus Gleichung (4.5) mit $q_{v,1} = q_{v,2} = q_v$ Gleichung (4.6)

$$q_v = \left[(\alpha \cdot A)_1^{-2} + (\alpha \cdot A)_2^{-2} \right]^{-0,5} \cdot \left(\frac{2 \cdot \Delta p}{\rho_L} \right)^{0,5} \tag{4.6}$$

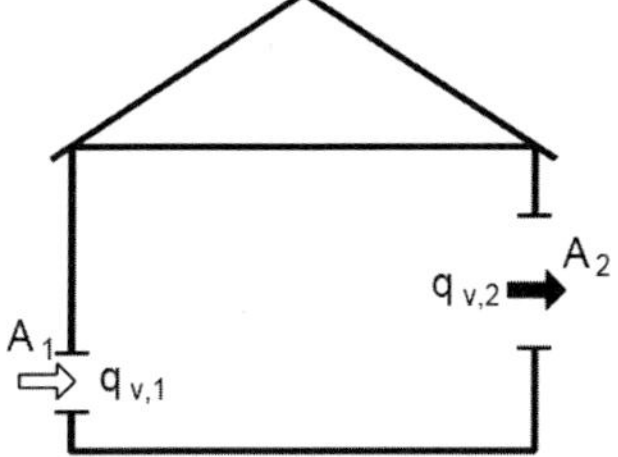

Bild 4.1: Luftvolumenstrom q_v durch zwei hintereinander liegende Öffnungen (GLD/ALD)

Berücksichtigt man bei der Windanströmung quer gelüfteter Räume bzw. Nutzungseinheiten nicht nur gemittelte (stationäre), sondern real existierende pulsierende (instationäre) Druckverhältnisse, erhält man nach [KNÖBEL84] aus den Gleichungen (4.4) und (4.6) Gleichung (4.7) für den Volumenstrom q_v durch zwei Öffnungen mit einer fiktiven Winddruck-Koeffizienten-Differenz ΔC_p^*

$$q_v = \left[(\alpha \cdot A)_1^{-2} + (\alpha \cdot A)_2^{-2} \right]^{-0,5} (\Delta C_p^{\,*})^{0,5} \cdot v_{ist} \tag{4.7}$$

Bei dieser Betrachtungsweise ist der Volumenstrom weder von der Luftdichte (und damit der Temperatur) noch vom Luftdruck abhängig.

Hinweis: Die Gleichungen (4.6) und (4.7) führen zu keinen plausiblen Ergebnissen, wenn nur auf einer Gebäudeseite Öffnungen vorhanden sind („einseitige Lüftung"). Für diese Fälle gilt die Ausgangsgleichung (4.5).

4.2.3 Luftvolumenstrom durch Undichtheiten in der (äußeren) Gebäudehülle

Vorbemerkung

Sind alle der Lüftung dienenden geplanten Öffnungen in der Gebäudehülle geschlossen, findet über Undichtheiten trotzdem ein meist nur geringer Luftaustausch zwischen innen und außen durch Luft-In- und -Exfiltration von

Außen- und Fortluft in Form einer Selbstlüftung statt. Ursache sind ausschließlich die natürlichen Antriebskräfte Wind und/oder thermischer Auftrieb (siehe dazu auch Tabelle 0.2). Im Unterschied zur Durchströmung von geplanten größeren Öffnungen mit turbulenter Strömungscharakteristik bildet sich beim Durchtritt von Luft durch Undichtheiten in Form von engen Fugen sowie Spalten und Rissen eine näherungsweise laminare Strömung aus.

Luftvolumenstrom durch Fugen

Der reine Fugenluftvolumenstrom über Funktionsfugen $q_{v,Fu}$ kann dabei mit der bekannten Gleichung (4.8) mit dem Fugendurchlass-Koeffizienten a_{Fu} und der Fugenlänge l_{Fu} berechnet werden

$$q_{v,Fu} = (a \cdot l)_{Fu} \cdot \Delta p^{n} \tag{4.8}$$

Für Bauteilfugen mit Umlenkungen wird diese nach [Esdorn78] erweitert zu Gleichung (4.9) mit dem Umlenkungsfaktor c_U und der Anzahl der Umlenkungen z_U beim Durchströmen ebener Spalte mit Spalthöhen von $h_S \geq 1$ mm. Der Umlenkungsfaktor c_U wird empirisch aus Messergebnissen ermittelt.

$$q_{v,Fu} = (a \cdot l)_{Fu} \cdot (1 - z_U \cdot c_U) \cdot \Delta p^{n} \tag{4.9}$$

Die Größe des Exponenten n gibt Auskunft über die geometrische Ausbildung der Fugen und das daraus resultierende Strömungsprofil. Ist der Strömungsweg sehr schmal und lang (verbunden mit hoher Dichtheit der Fuge) geht n gegen 1, und es überwiegt laminare Strömung. Bei großer Fugenbreite und kürzerem Strömungsweg (geringe Dichtheit) geht n wie für gewöhnliche Öffnungen bei überwiegend turbulenter Strömung gegen 0,5.

In [DIN EN ISO 9972] ist zur Vereinfachung für überschlägliche Berechnungen ein Mittel- bzw. Standardwert von $n_{Fe} = 2/3 \approx 0{,}65$ festgelegt worden. Damit wird Gleichung (4.8) zu (4.8.1).

$$q_{v,Fu} = (a \cdot l)_{Fu} \cdot \Delta p^{2/3} \tag{4.8.1}$$

Mit zunehmender Dichtheit der Funktionsfugen, ein Gütemerkmal moderner Fenster, kann sich der Exponent n auf Werte von 0,9 und mehr erhöhen [Esdorn78], siehe dazu auch Unterabschnitt 10.4.2.

Luftvolumenstrom durch die Summe aller Luftdurchlässigkeiten

In der Realität sind neben geplanten Luftdurchlässen und den unvermeidlichen Fugen immer auch noch weitere (Rest-)Undichtheiten in der Gebäudehülle vorhanden. Die Basis-Gleichung (4.10) beschreibt den durch Luftdurchlässe und Undichtheiten insgesamt strömenden „Misch“-Luftvolumenstrom $q_{v,Mi}$ mit

$$q_{v,Mi} = k_1 \cdot \Delta p_{ges}^{\,n} \tag{4.10}$$

Der Leckage- bzw. Luftdurchlässigkeits-Koeffizient k_1 in $m^3/(h \cdot Pa^n)$ entspricht dem Luftvolumenstrom bei einem Differenzdruck von 1 Pa. Der Exponent n bewegt sich entsprechend geometrischer Ausbildung der Summe der Luftdurchlässigkeiten ebenfalls zwischen den o. a. Grenzwerten von $0{,}5 \leq n \leq 1$. k_1 und n müssen messtechnisch ermittelt werden (siehe Unterabschnitte 5.3.2 und 10.4). Der Differenzdruck Δp_{ges} resultiert aus den natürlichen Antriebskräften Wind und thermischer Auftrieb und kann allgemein nach Unterabschnitt 3.2.4 berechnet werden.

Standardisierte Berechnung der Luft-In- und -Exfiltration

In den europäischen und nationalen Normen existieren unterschiedliche Berechnungsverfahren zur Ermittlung von In- und Exfiltrations-Luftvolumenströmen. Wegbereiter war das nachfolgend beschriebene Verfahren nach der zurückgezogenen [DIN EN 832], das in [DIN V 4108-6] übernommen und seit Dezember 2019 ähnlich auch national in [DIN 1946-6] genormt worden ist.

Nach [DIN V 4108-6] berechnet sich der *„bei undichter Gebäudehülle durch Wind und Auftrieb hervorgerufene zusätzliche Luftvolumenstrom“* $q_{v,Inf}$ nach der allgemein für alle Lüftungssysteme geltenden Gleichung (4.11)

$$q_{v,Inf} = \frac{e_{Wi} \cdot V_{NE} \cdot n_{50}}{1 + \frac{f_{Wi}}{e_{Wi}} \cdot \left(\frac{q_{v,zu} - q_{v,ab}}{V_{NE} \cdot n_{50}} \right)^2} \tag{4.11}$$

Die Faktoren e_{Wi} und f_{Wi} berücksichtigen Abschirmung und Lage des Gebäudes bzw. der Nutzungseinheit (NE) hinsichtlich Windeinwirkung und sind in Tabelle 4.1 aufgelistet.

Tabelle 4.1: Abschirmungs- bzw. Lage-Koeffizienten für die Berechnung von Luft-In- und -Exfiltration entsprechend Gleichung (4.11) nach [DIN V 4108-6]

Lage des Gebäudes/der Nutzungseinheit		**Koeffizient**	**Anzahl der dem Wind ausgesetzten Fassaden**	
			>1	**1**
frei	Gebäude im offenen Land, hohe Gebäude in der Stadt	e_{Wi}	0,10	0,03
halbfrei	Gebäude auf dem Land, umgeben von Bäumen oder weiteren Gebäuden		0,07	0,02
geschützt	Gebäude mittlerer Höhe in der City oder im Wald		0,04	0,01
–	–	f_{Wi}	15	20

Betrachtet man die Luft-In- und Exfiltration für Gebäude oder Nutzungseinheiten mit freier Lüftung, können der Zuluftvolumenstrom $q_{v,Zu}$ ebenso wie der Abluftvolumenstrom $q_{v,Ab}$ null gesetzt werden. Die Gleichung (4.11) vereinfacht sich dadurch zu Gleichung (4.11.1)

$$q_{v,Inf,fr} = e_{Wi} \cdot V_{NE} \cdot n_{50} \qquad (4.11.1)$$

Die aus numerischen Simulationen empirisch abgeleitete Gleichung (4.11) berücksichtigt von den natürlichen Antriebskräften nur den Windeinfluss. Welche Windintensität den Berechnungen dabei zugrunde liegt, ist jedoch unbekannt. Über die Berücksichtigung des thermischen Auftriebs ist ebenfalls nichts bekannt. Das kann zumindest bei freier Lüftung, hierbei vor allem bei Schachtlüftung und bei Querlüftung von bestimmten mehrgeschossigen NE, aber auch bei ventilatorgestützter Lüftung mit zentralen Anlagen in höheren Gebäuden zu Fehleinschätzungen führen. Das Verfahren lässt auch keine Unterscheidung in unterschiedliche Windgebiete zu, wie sie nicht nur in Deutschland zu verzeichnen sind (siehe Unterabschnitt 5.2). Offen bleibt auch, welcher Anteil vom In- und Exfiltrations-Luftvolumenstrom bei ventilatorgestützter Lüftung z. B. den geplanten Abluftvolumenstrom ergänzt (siehe Gleichung (2.22)) und damit den Exfiltrations- gegenüber dem Infiltrations-Luftvolumenstrom verringert.

Für die Planung lüftungstechnischer Maßnahmen nach [DIN 1946-6] wurde deshalb auf der Basis von Gleichung (4.11) ein differenzierteres Verfahren abgeleitet. Nach diesem wird der für die Auslegung wirksam werdende gesamte Außenluftvolumenstrom $q_{v,ges,wirk}$ über Undichtheiten der Gebäudehülle einschließlich der reinen Luft-In- und -Exfiltration $q_{v,Inf,wirk}$ nach Gleichung (4.12) berechnet

$$q_{v,ges,wirk} = e_z \cdot V_{NE} \cdot n_{50} \qquad (4.12)$$

Darin sind V_{NE} das Luftvolumen der Nutzungseinheit (NE) in m^3 und e_z der sogenannte Volumenstromkoeffizient. Für NE mit **freier Lüftung** bestimmt Letzterer sich nach Gleichung (4.13). Diese berücksichtigt dabei sowohl Wind- als auch thermische Auftriebs-Einflüsse auf die Infiltration frei gelüfteter NE:

$$e_{z,fr} = 0{,}04\ (f_{Wi}^2 + f_A^2)^{0{,}5} \qquad (4.13)$$

Für **ventilatorgestützte Lüftung** kann $e_{z,vg}$ nach Tabelle 9 in [DIN 1946-6] bestimmt werden.

Der Summand f_{Wi} in der Gleichung (4.13) wird nach Gleichung (4.14) bestimmt

$$f_{Wi} = f_{Ort} \cdot f_{Lage} \cdot f_{Höhe} \cdot f_{Fassade} \qquad (4.14)$$

Dabei berücksichtigen die Faktoren in der aufgeführten Reihenfolge den Gebäudestandort hinsichtlich der zu erwartenden Windgeschwindigkeiten, die Lage des Gebäudes bezüglich möglicher Abschirmung der Windeinwirkung, die Höhenlage der NE im Gebäude und ihre dem Wind unmittelbar ausgesetzte Fassadenanzahl. Alle Faktoren können [DIN 1946-6] entnommen werden. Dort finden sich auch die Werte für den Summanden f_A in Gleichung (4.13) in Abhängigkeit von den möglichen thermischen Auftriebseinflüssen.

Die Luftdichtheit bei einem (Mess-)Differenzdruck von 50 Pa (n_{50}-Wert in h^{-1}) ergibt sich bekanntlich aus den Luftvolumenstrom-Messwerten (überwiegend als Mittelwert aus Unter- und Überdruck) der Luftdichtheits-Messung. Dabei strömt Außenluft über alle Undichtheiten der messrelevanten Hüllflächen in die Wohnung ein (Unterdruck-Messung) bzw. Fortluft aus dieser aus (Überdruck-Messung). In eingeschossigen frei gelüfteten NE findet bei Windeinwirkung tatsächlich jedoch (in mehrgeschossigen NE überwiegend) eine Querströmung statt, bei der Außenluft bei geschlossenen Fenstern nur über einen Teil der Außenflächen in die Wohnung einströmt und über den Rest derselben wieder ausströmt (Querlüftung) (siehe Bild 3.5). Das gilt auch für Wohnungen mit im Gleichdruck betriebenen Zu-/Abluftanlagen. Der unbewertete n_{50}-Wert solcher Wohnungen beschreibt deshalb einen anderen Lüftungszustand, als er sich in Wirklichkeit unter realen Druckbedingungen einstellt. Der Mittelwert aus Unter- und Überdruckmessung soll deshalb den daraus folgenden Messfehler in etwa ausgleichen. Anders ist es in Wohnungen mit Abluftanlagen bzw. Schachtlüftung, in denen überwiegend Unterdruck vorherrscht. In diesen entspricht der gemessene n_{50}-Wert für Unterdruck zumindest qualitativ eher dem einer NE im täglichen Betrieb.

In [DIN EN ISO 13789] wird ein gegenüber dem nach [DIN 1946-6] geltenden vereinfachtes Verfahren für die Ermittlung des *„üblichen"* Luftwechsels in *„nicht konditionierten Räumen"*, beschrieben. Danach kann der infolge natürlicher Antriebskräfte verursachte wirksame Luftwechsel $n_{Inf,wirk}$ abhängig von fünf bzw. vier unterschiedlichen „Typen" der Luftdichtheit einer Tabelle entnommen werden. Er liegt für übliche Gebäude mit Türen und Fenstern im Bereich von $(0{,}5 \leq n_{Inf,wirk} \leq 10)\ h^{-1}$.

Ist der n_{50}-Wert bekannt, kann dieser Luftwechsel nach den Gleichungen (4.15) oder (4.16) überschläglich bewertet werden:

$$n_{Inf,wirk} = n_{50}/20 \tag{4.15}$$

$$n_{Inf,wirk} = A_{Leck}/(10 \cdot V_{NE}) \tag{4.16}$$

mit der äquivalenten Leckagefläche der Nutzungseinheit A_{Leck} in cm^2.

Zu beachten ist in allen Fällen, dass nach [DIN 1946-6] ab Dezember 2019 die Luft- In- und Exfiltration (‚Selbstlüftung') nur noch bei der Auslegung von Gebäudehüllen-Luftdurchlässen (GLD/ALD) zu berücksichtigt ist.

4.2.4 Undichtheit der inneren Hüllkonstruktion

Nicht nur die äußere Gebäudehülle, sondern auch die innere Hüllkonstruktion weist Undichtheiten auf. Während diese innerhalb von Nutzungseinheiten (NE) (EFH und Etagenwohnungen) z. B. als Luftspalte unter oder um Innentüren überwiegend notwendig sind, begünstigen sie im Mehrfamilienhaus zwischen einzelnen NE und zwischen NE und Treppenhaus unerwünschte Luftströmungen. Vor allem über **Installationsdurchführungen** sowie Bauteil- und Materialanschluss-Fugen im Bereich von Decken und Trennwänden zwischen den NE kann es zum Luftübertritt bzw. zum Luftkurzschluss kommen. Die Folgen sind Geruchs- und Schallübertragungen und u. U. zusätzlicher Lüftungswärmebedarf. Letzterer entsteht, wenn die Abluft nicht mehr oder nur noch teilweise über den Wohnbereich von außen nachgesaugt wird und das notgedrungen zum vermehrten Fensteröffnen durch den Nutzer und damit zu einem höheren als dem notwendigen Luftwechsel führt [Zeller97]. Reagiert der Nutzer nicht in dieser Weise, wird der Wohnung anstelle ‚trockener' Außenluft schon mit Feuchtigkeit angereicherte Luft aus anderen Wohnungen oder dem Treppenhaus zugeführt. Das kann zusätzlich eine Reduktion der bei reiner Außenluftnutzung möglichen Feuchteabfuhr zur Folge haben.

Werden Luftdichtheits-Untersuchungen durchgeführt, sollte in NE von Mehrfamilienhäusern deshalb nicht nur die äußere, sondern immer auch die innere Undichtheit ermittelt und bewertet werden. Die gute Funktion von freier Lüftung und Abluftanlagen hängt in wesentlichem Maße auch davon ab, ob die geplanten bzw. die messtechnisch ermittelten zugeführten Luftvolumenströme tatsächlich Außenluft oder ein Gemisch aus Außen- und fremder Raumluft sind.

Wie wichtig nicht nur Untersuchungen, sondern auch diesbezügliche Bestrebungen zur Verbesserung der Bauqualität sind, zeigen z. B. die Messergebnisse für industriell errichtete Gebäude (‚Plattenbauten') von [Reich98] (Bild 4.2). Im Mittel erhielten die untersuchten Wohnungen nach der Sanierung mit 39 % fünf Prozentpunkte weniger Außenluft als vorher (44 %). Der Anteil, der über die Installationsschächte angesaugten Luft blieb mit 38 bzw. 39 % annähernd konstant.

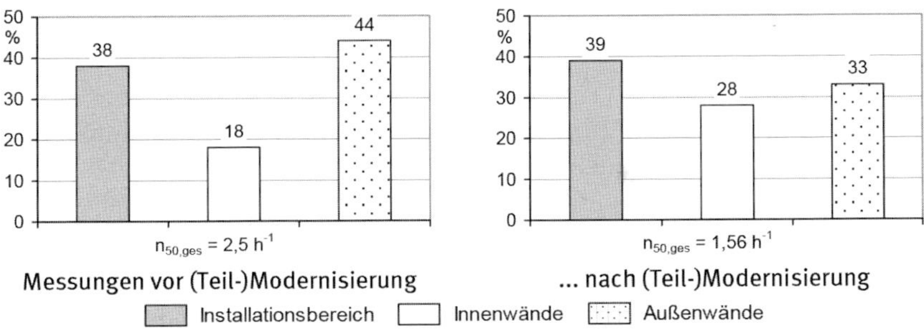

Bild 4.2: Messtechnisch ermittelte mittlere Luftanteile über Außen- und Innenwände sowie Installationsbereiche in industriell errichteten Mehrfamilienhäusern vor und nach (Teil-)Modernisierung (Fensterwechsel)

Der Anteil, der insgesamt auf *„Innenwände"* entfiel, deckte sich mit dem an anderer Stelle gewonnenen Untersuchungsergebnis für einen massiv errichteten Wohnblock mit 10 Appartements [Shaw].

Innerhalb einer Wohnung bzw. eines Einfamilienhauses (beide verkörpern jeweils eine lüftungstechnische Einheit) sind Luftdurchlässe als Voraussetzung für die Realisierung der gewünschten **Durchströmung** von der **Zuluft-** zur **Abluftseite** und damit auch für die Funktion der Lüftung unerlässlich. Die bei Schacht- und Unterdrucklüftung (Abluftsystem) vorzugsweise in den Wohnbereich einströmende Außenluft bzw. die bei Über- und Gleichdrucklüftung dem Wohnbereich über Lüftungsanlagen bzw. -geräte zugeführte Zuluft muss in den Ablufträumen (vorzugsweise Küche und Bad-/WC-Räume) wieder abgeführt werden. Das ist nur möglich, wenn sie ungehindert – bei freier Lüftung zusätzlich mit möglichst geringem Druckverlust – in Letztere überströmen kann. Dafür dienen z. B. Luftspalte unter Innentüren (sogenannte Türunterschnitte). Weil deren freie Fläche aber häufig nicht ausreicht bzw. von den Nutzern bewusst oder unbewusst versperrt wird, ist es sinnvoll, sogenannte Überström(luft)-Luftdurchlässe (ÜLD) vorzusehen (siehe Unterabschnitt 4.2.6).

4.2.5 Auslegung von Lüftungsschächten

Empfehlungen in nationalen Normen

Antriebskraft der **Schachtlüftung** ist der durch **thermischen Auftrieb** hervorgerufene Differenzdruck Δp_A. Dieser ist bei gleich bleibender Auftriebshöhe Δh_A in erster Linie von der ständig wechselnden Außentemperatur T_{Au} abhängig (Gleichungen (3.8.1) und (3.8.2)). Weil eine exakte Auslegung des Lüftungsschachtes somit nicht möglich ist, wird nach [DIN 1946-6] empfohlen, einen gleich bleibenden runden oder rechteckigen Schacht-Querschnitt von mindestens 140 cm^2 zu verwenden.

Um unnötige Druckverluste zu vermeiden, ist der Lüftungsschacht senkrecht zu führen. Nur in Ausnahmefällen darf er einmalig im Winkel von $\geq 60°$ zur Horizontalen geführt werden. Bei rechteckigen Querschnitten mit den Seitenlängen a und b muss $b \leq 1{,}5\,a$ sein (siehe Unterabschnitt 4.3.3).

Der Anordnung und notwendigen Überhöhung der Fortluftmündung von Lüftungsschächten über Dach muss wegen der möglichen Gefahr von durch Windkräften verursachtem Überdruck an der Mündung besondere Aufmerksamkeit gewidmet werden. Diesbezügliche Empfehlungen können [DIN 1946-6] entnommen werden. Nach dieser Norm sind Lüftungsschächte außerdem mindestens mit den Luftvolumenströmen für die Lüftungs-Betriebsstufe „Reduzierte Lüftung“ auszulegen. Die frühere Empfehlung, der Auslegung die Betriebsstufe „Nennlüftung“ zugrunde zu legen, wurde ab Dezember 2019 durch den Nutzereingriff *„zusätzliches Fensteröffnen“* zur Sicherstellung der Nennlüftung ersetzt.

Weiterführende Hinweise

Wird eine an klimatische Lage und mögliche Lüftungsschachthöhe exakter angepasste Auslegung des Lüftungsschachtes gewünscht bzw. gefordert, muss diese analog der Auslegung von Luftleitungen für die ventilatorgestützte Lüftung (siehe Unterabschnitt 4.3.3) auf der Grundlage von Gleichung (4.21) erfolgen. Die Antriebskraft ist dabei der durch den thermischen Auftrieb verursachte Differenzdruck Δp_A nach Gleichung (3.8.1), der für die Berechnung des erforderlichen Schachtquerschnitts dem Differenzdruck Δp_t nach Gleichung (4.21) gleichgesetzt werden muss (Gleichungen (4.17) und (4.18.1))

$$\Delta p_A = g \cdot \frac{p}{R} \cdot \left(\frac{1}{T_{Au}} - \frac{1}{T_i} \right) \cdot \Delta h_A = g \cdot (\rho_{L,Au} - \rho_{L,i}) \cdot \Delta h_A = \Delta p_t \tag{4.17}$$

$$(\lambda \cdot \frac{\Delta h_A}{d_{LSch,h}} \cdot + \sum \zeta) \cdot \frac{\rho_{L,i}}{2} \cdot v_{LSch}^{\ 2} = g \cdot (\rho_{L,Au} - \rho_{L,i}) \cdot \Delta h_A \tag{4.18.1}$$

Bei bekannter Auftriebshöhe Δh_A und vorzugebenden gemittelten Luftdichten $\rho_{L,i}$ und $\rho_{L,Au}$ können mit Gleichung (4.18.2) entweder der Durchmesser d_{LSch} bei kreisrunden Schachtquerschnitten bzw. aus dem hydraulischen Durchmesser $d_{LSch,h}$ die Rechteckseiten a und b ermittelt werden (siehe Gleichungen (4.22) bzw. (4.23))

$$d_{LSch,h} = \lambda \cdot \left(2 \cdot \frac{g \cdot (\rho_{L,Au} - \rho_{L,i})}{\rho_{L,i} \cdot v_{LSch}^{\ 2}} - \frac{\Sigma \zeta}{\Delta h_A} \right)^{-1} \tag{4.18.2}$$

Die Luftgeschwindigkeit im Schacht v_{LSch} ergibt sich aus (Gleichung (4.19))

$$v_{LSch} = 4 \cdot \frac{q_{v,SchL}}{\pi \cdot d_{LSch,h}^{\ 2}} \tag{4.19}$$

mit dem jeweils gewünschten bzw. geforderten Luftvolumenstrom $q_{v,SchL}$ bezogen auf den zu ermittelnden hydraulischen Lüftungsschacht-Durchmesser $d_{LSch,h}$. Da Letzterer aber noch nicht bekannt ist, muss in Gleichung (4.18.2) zuerst eine geschätzte Luftgeschwindigkeit v_{LSch} eingesetzt und diese dann mit dem daraus erhaltenen Wert für $d_{LSch,h}$ nach Gleichung (4.19) so oft verglichen werden, bis eine hinreichend genaue Übereinstimmung zwischen jeweiligem Schätzwert und Ergebnis zu verzeichnen ist (Iterationsrechnung).

4.2.6 Auslegung von Luftdurchlässen

Empfehlungen in nationalen Normen

Bei Querlüftung kommen **Gebäudehüllen-** (**GLD**/**ALD**) und **Überström**(luft)**-Luftdurchlässe** (**ÜLD**) zur Anwendung. Bei Schachtlüftung sind zusätzlich **Ab**(luft)**-Luftdurchlässe** (**AbLD**) (auch als Abluftgitter bekannt) notwendig.

Die **GLD/ALD** dienen bei entsprechenden Druckverhältnissen sowohl der Außenluftzuführung als auch der Ab- bzw. Fortluftabführung und können sich direkt in der Außenwand bzw. im Fensterbereich befinden (siehe auch Unterabschnitt 4.3.4). Dabei darf nach [DIN 1946-6] in keinem Falle das nach [DIN 4109] geforderte Schalldämmmaß R'_w (siehe Unterabschnitt 8.2) unterschritten werden. Das gilt besonders für stark lärmexponierte Standorte in der Nähe von Autobahnen, Bundes- und Ausfallstraßen in Städten sowie Flughäfen.

Nach [DIN 1946-6] sind GLD/ALD bei Querlüftung mindestens mit den Luftvolumenströmen für die Lüftungs-Betriebsstufe „Lüftung zum Feuchteschutz" auszulegen. U. U. kann der Auslegung aber auch die Betriebsstufe „Reduzierte Lüftung" zugrunde gelegt werden. Letztere gilt als Mindestanforderung auch für die Schachtlüftung. Für den Auslegungsdifferenzdruck Δp_{GLD} können dabei die Werte nach Tabelle 4.2 gewählt werden.

Tabelle 4.2: Auslegungs-Differenzdruck Δp_{GLD} für GLD/ALD bei freier Lüftung nach [DIN 1946-6]

Lüftungssystem	Windgebiet[1]	Auslegungs-Differenzdruck Δp_{GLD}[4] in Pa
Querlüftung	schwach[2]	2
	stark[3]	4
Schachtlüftung	schwach[2]	3
	stark[3]	5

1) statistisches Jahresmittel der lokalen Windgeschwindigkeit; nach [DIN 1946-6]

2) statistisches Jahresmittel der ungestörten Windgeschwindigkeit $\leq$ 3,3 m/s

3) statistisches Jahresmittel der ungestörten Windgeschwindigkeit > 3,3 m/s

4) Mittelwerte für den schimmelpilzkritischen Zeitraum (Berücksichtigung durch Faktor 1,08, bezogen auf das statistische Jahresmittel der Windgeschwindigkeit sowie ohne Berücksichtigung nicht quantifizierbarer Spitzen) für max. 4-geschossige Gebäude mit moderater Abschirmung in normaler Lage mit mindestens zwei dem Wind ausgesetzten Fassaden der Nutzungseinheiten

Außerdem dürfen nur *„manuell einstellbare und verschließbare oder* unverschließbare, dafür aber *über eine geeignete Führungsgröße selbsttätig regelnde ALD* (GLD)" eingesetzt werden. Geeignete Führungsgrößen können der Differenzdruck zwischen innen und außen oder die relative Raumluft-feuchte sein. Zur nutzerunabhängigen Sicherstellung der Lüftung ist es zweckmäßig, selbsttätig regelnde den manuell einstellbaren und verschließbaren GLD/ALD vorzuziehen. Im geschlossenen Zustand darf die Luftdurchlässigkeit verschließbarer GLD/ALD im Differenzdruckbereich von $\leq$ 10 Pa nicht mehr als 5 m^3/h betragen.

Überström(luft)**-Luftdurchlässe (ÜLD)** dienen der Weiterleitung der Luft von der Außen- zur Ab-/Fortluftseite der Wohnung bei geschlossenen Innentüren. Sie sind wegen der häufig geringen Antriebskräfte der freien Lüftung unverzichtbar für deren gesicherte Funktion und können sich sowohl direkt in den Innentüren als auch im Bereich dieser in den Trennwänden befinden (siehe auch Unterabschnitte 9.3.4 und Bild 4.3). Sie sind nach [DIN 1946-6] so anzuordnen, dass der Raum zwar gut durchlüftet wird, Zugluftbelästigungen in ihm aber weitestmöglich vermieden werden. In nachgeschalteten Badezimmern sollten sie deshalb vorzugsweise im oberen Raumbereich angeordnet werden. Bestehen -Anforderungen an die Schalldämmung, dürfen diese durch die ÜLD nicht unterschritten werden.

Bezüglich Anordnung und Ausführung von ÜLD zeigt Bild 4.3 praxisübliche Beispiele. Soll lediglich der Türunterschnitt genutzt werden, besteht das Risiko, dass durch spätere Nutzereingriffe (z. B. in Form von Schwellen-Einbau oder Verlegen hochfloriger Teppiche) die geplante freie Fläche nachträglich verkleinert wird. Außerdem lassen sich eventuell geforderte schalldämmende Maßnahmen damit nicht realisieren.

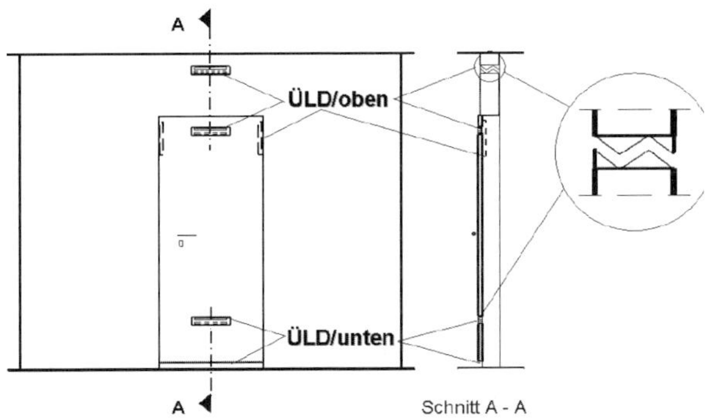

Bild 4.3: Beispiele für Anordnung und Ausführung von Überström(luft)-Luftdurchlässen (ÜLD) im Bereich von Türen bzw. Trennwänden

Nach [DIN 1946-6] sind ÜLD *„nach dem Auslegungs-Luftvolumenstrom der gewählten Lüftungsstufe“* ohne Berücksichtigung von In- und Exfiltration auszulegen. Die freie Mindestfläche $A_{ÜLD}$ kann der DIN-Tabelle 14 entnommen oder mit Gleichung (4.20)

$$A_{ÜLD} \geq 3{,}1 \cdot \frac{q_{v,ÜLD}}{\Delta p_{ÜLD}^{\;0,5}} - k_{Dicht} \qquad (4.20)$$

berechnet werden.

Für den Korrekturwert für die Tür(un)dichtheit k_{Dicht} kann bei Türen ohne seitlich und oben befindliche Dichtungen 25 cm² angesetzt werden. Sind solche Dichtungen vorhanden, ist $k_{Dicht} = 0$. Es ist sinnvoll, den Auslegungsdifferenzdruck $\Delta p_{ÜLD}$ bei mittleren Antriebs-Differenzdrücken im Bereich von ≤ 0,5 Pa zu wählen.

Müssen in der Wohnung bzw. im EFH raumluftabhängige Feuerstätten mit Verbrennungsluft versorgt werden, sind hinsichtlich der Luftnachströmung besondere Bedingungen zu erfüllen [M-FeuV], zu denen u. a. der Verbrennungsluft-Verbund zwischen dem Aufstellraum der Feuerstätte und den Räumen mit Verbindung zum Freien gehört (siehe dazu auch Unterabschnitt 1.4). Für Gasgeräte gelten diesbezüglich die Vorschriften nach [TRGI G600/18].

Die bei Schachtlüftung vorhandenen **Ab**(luft)**-Luftdurchlässe** sorgen in Verbindung mit dem zugehörigen Lüftungsschacht überwiegend für einen Unterdruck in den Ablufträumen. Sie müssen nach [DIN 1946-6] nahe der Zimmerdecke angeordnet sein und einen freien Querschnitt von ≥ 150 cm² besitzen, der als unverschließbares Gitter mit geringem Strömungswiderstand auszuführen ist. Bei feuchtegeführten AbLD muss dies ab ≥ 70 % relativer Raumluftfeuchte sichergestellt werden.

Weiterführende Hinweise

Bei **Querlüftung** müssen bei Notwendigkeit des Einsatzes von GLD/ALD (abhängig von der Luftdichtheit des Gebäudes) alle Räume einer NE mit diesen ausgerüstet werden. Bei **Schachtlüftung** ist es zweckmäßig, GLD/ALD nur in Zulufträumen einzusetzen. Durch das direkte Nachströmen von Außenluft wird damit nicht nur deren Versorgung mit Außenluft gesichert, sondern überwiegend auch eine energetisch günstige Luftströmung von den Zu- zu den Ablufträumen erzielt. Ablufträume sind nur dann zusätzlich mit GLD/ALD auszurüsten, wenn das zur Erfüllung der Luftvolumenstrombilanz der gesamten NE unumgänglich ist (siehe auch Unterabschnitt 9.3).

Ähnlich wie bei der ventilatorgestützten Lüftung kann durch die zusätzliche Installation von Abluft-Herdhauben die Erfassung von Küchenherd-Emissionen verbessert werden (siehe dazu „Weiterführende Hinweise" im Unterabschnitt 4.3.4).

4.3 Ventilatorgestützte Lüftung

4.3.1 Vorbemerkung

Während sich bei der freien Lüftung in Abhängigkeit von den Witterungsbedingungen und den vorwiegend auf empirischer Grundlage auszulegenden Einrichtungen zur freien Lüftung ständig wechselnd große Luftströme bzw. Luftwechsel einstellen, werden bei der ventilatorgestützten Lüftung die Lüftungsanlage bzw. das Lüftungsgerät unter Berücksichtigung des Gebäudeeinflusses so ausgelegt, dass die auf der Grundlage der Anforderungen festgelegten Luftvolumenströme in weitgehend konstanter Größe gefördert werden können. Die Auslegung der Lüftungsanlagen bzw. -geräte beinhaltet dabei die Auswahl des/der Ventilators/en in Übereinstimmung mit den strömungstechnischen Eigenschaften des kompletten Luftleitungsnetzes (LLN) einschließlich aller zugehörigen Bauelemente. Bild 4.4 zeigt die Verläufe für die Gesamt-(Total-)Druckerhöhung Δp_t eines Radialventilators (Ventilator-Kennlinie) und den Druckverlust einer Luftleitung bzw. eines LLN (Anlagen-Kennlinie) im Differenzdruck-Luftvolumenstrom-Diagramm (siehe auch Bild 4.6).

Die Auslegung einfacher Abluftanlagen mit lotrechten Hauptleitungen kann nach Normvorgaben erfolgen. Vom vorgegebenen Schema abweichende Abluftanlagen und alle Zuluftanlagen müssen auf Basis der bekannten Berechnungsmethoden (z. B. nach [DIN 18017-3]) dimensioniert werden, auf deren Grundlagen im Weiteren näher eingegangen wird.

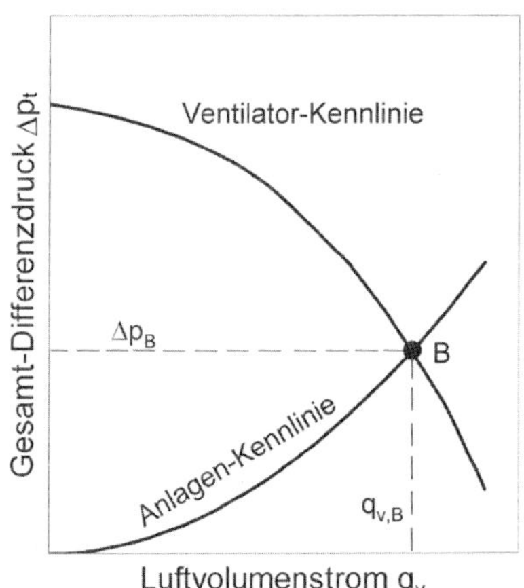

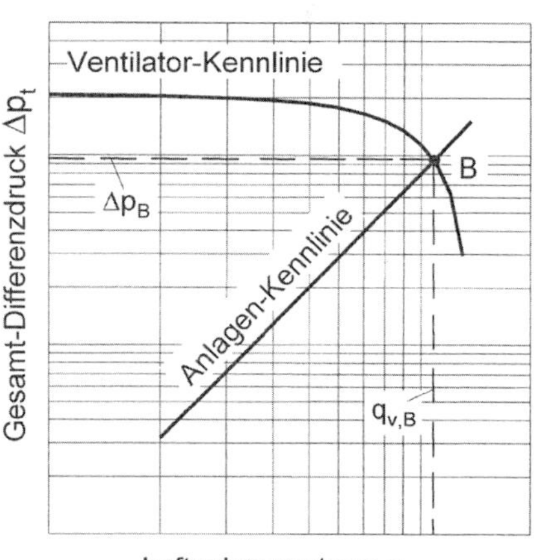

Bild 4.4: Ventilator- und Anlagen-Kennlinien im sogenannten Leistungsschaubild oder Differenzdruck-Luftvolumenstrom-(Kennlinien-)Diagramm (B: Betriebspunkt)

4.3.2 Stabilität des Lüftungsbetriebes (Volumenstromkonstanz)

Empfehlungen in nationalen Normen

Die von Ventilatoren geförderten Luftvolumenströme können zeitweilig von den geplanten abweichen, wenn durch Wind bzw. thermischen Auftrieb (Letzterer vor allem in mehrgeschossigen Gebäuden bzw. NE) sogenannte Stördrücke $\Delta p_{stör}$ hervorgerufen werden, die die Druckverhältnisse im gesamten Luftleitungssystem einschließlich der angeschlossenen NE verändern können. Nach [DIN 18017-3] dürfen sich die Luftvolumenströme $q_{v,fa}$ bei einem angenommenen Stördifferenzdruck von ± 40 Pa zwischen dem Abluftraum und der Umgebung der Fortluftmündung bei lotrechtem Austritt des Fortluftvolumenstroms um nicht mehr als $\Delta q_{v,stör} \leq \pm 10\,\%$ ändern. Die Überprüfung des Kriteriums kann anhand der zeichnerischen Darstellung von Ventilator- und Anlagen-Kennlinie erfolgen (Bild 4.5).

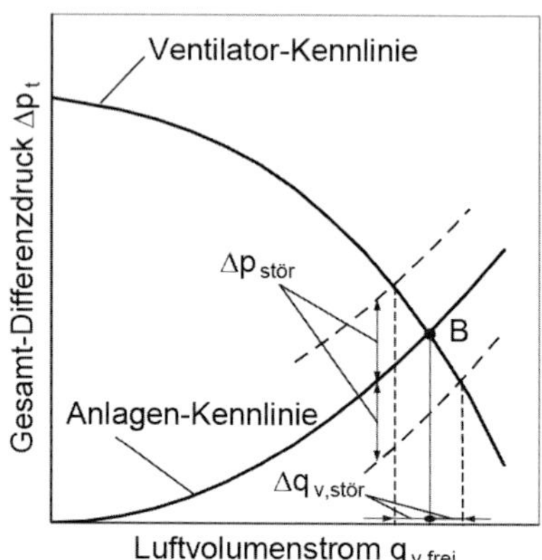

Bild 4.5: Luftvolumenstromabweichung $\Delta q_{v,stör}$ infolge von Stördrücken bei EVA mit eigenen Abluftleitungen sowie ZVA mit gemeinsam veränderlichen Luftvolumenströmen

Weiterführende Hinweise

Die von Witterungseinflüssen abhängigen Druckänderungen im Luftleitungssystem von Lüftungsanlagen in mehrgeschossigen Gebäuden bzw. NE können durch Öffnen von Fenstern und Türen oder durch Nutzer-Manipulationen an Luftdurchlässen von (vorzugsweise) ungeregelten Anlagen noch vergrößert werden. Um die Auswirkungen in Form von Luftvolumenstrom-Änderungen auf andere an die gleiche Anlage angeschlossene NE zu minimieren, sollten die Strömungswiderstände in den Anschlussleitungen/Luftdurchlässen möglichst groß und in den Hauptleitungen möglichst klein gewählt werden [Rydberg60]. In [Richter83] wird ergänzend dazu u. a. Folgendes empfohlen:

- Unterteilung von Anlagen in hohen Gebäuden in vertikale Abschnitte, die nach [Hering82] maximal 8 Geschosse ver- bzw. entsorgen sollten (bei größerer Anzahl besteht die Gefahr unzulässig hoher Strömungsgeräusche durch mit zunehmender Geschossanzahl notwendig werdende höhere Druckverluste an den Einregulierungs-Einrichtungen im Bereich der Zu(luft)- und Ab(luft)-Luftdurchlässe);

- selbstschließende Hauseingangstüren einschließlich Gestaltung des Hauseingangs als Luftschleuse

und

- möglichst dicht schließende Wohnungseingangstüren.

Eine weitere Stabilitäts-Verbesserung kann durch den Einsatz von druckabhängig geregelten GLD/ALD erzielt werden, deren Durchfluss-Charakteristik bewirkt, dass trotz witterungsbedingter Stördrücke der Außenluftvolumenstrom annähernd konstant bleibt (siehe auch Unterabschnitte 4.2.2 und 9.3.4).

4.3.3 Auslegung von Luftleitungen (LL)/Luftleitungsnetzen (LLN)

Empfehlungen in europäischen und nationalen Normen

Nach [DIN 1946-6] gilt allgemein, dass zur Vermeidung unnötigen Energiebedarfs zur Förderung von Luftvolumenströmen alle Luftleitungen ausreichend groß ausgelegt werden sollten. Das heißt, dass die zu wählende Luftgeschwindigkeit in den Leitungen möglichst gering sein muss. Auslegungsgrundlage ist dabei der Luftvolumenstrom für die Nennlüftung nach [DIN 1946-6]. Eine Ausnahme bilden Sammelleitungen, denen der Luftvolumenstrom für die Intensivlüftung zugrunde zu legen ist. Für Lüftungsanlagen bzw. -geräte, die eine „H"-Kennzeichnung (für erhöhte Raumluftqualität) erhalten sollen, dürfen die Luftgeschwindigkeiten in allen Sammelleitungen nicht größer als $v_{LL} \leq 5$ m/s und in allen sonstigen Leitungen nicht größer als $v_{LL} \leq 3$ m/s sein.

Zur Vermeidung von Luft- und damit auch weiteren Energieverlusten gelten darüber hinaus für Luftleitungen Dichtheitsanforderungen entsprechend Dichtheitsklasse B nach [DIN EN 12237] (siehe Bild 10.7). *„Für Einzelventilator- und differenzdruckabhängig geregelte Zentralventilator-Lüftungsanlagen in Mehrfamilienhäusern ist mindestens die Dichtheitsklasse C erforderlich"*.

Abluftleitungen für „Bäder und Toilettenräume ohne Außenfenster" nach [DIN 18017-3] können nach dem in dieser Norm aufgezeigten vereinfachten Verfahren ausgelegt werden.

Weiterführende Hinweise

Druckverluste in Lüftungsanlagen

Für alle von [DIN 18017-3] abweichenden Luftleitungen bzw. LLN muss eine Druckverlustberechnung auf Basis der bekannten Gleichung (4.21)

$$\Delta p_t = \lambda \cdot \frac{l}{d} \cdot \frac{\rho}{2} \cdot v_{LL}{}^2 + \sum \zeta \cdot \frac{\rho}{2} \cdot v^2 = (R \cdot l + Z) \qquad (4.21)$$

durchgeführt werden.

In Gleichung (4.21) berücksichtigt der erste Term die Rohrreibungsverluste R und der zweite die Verluste durch die Summe der Einzelwiderstände Z. Die Rohrreibungsverluste werden durch die Wandrauigkeit der Rohre oder Kanäle bestimmt, die Einzelwiderstände durch die Widerstandsbeiwerte ζ von Luftdurchlässen, Umlenkungen, Abzweigen oder Vereinigungen, Querschnitts-Veränderungen und Geräten oder Apparaten. Die Widerstandsbeiwerte werden überwiegend durch Messungen ermittelt. Quantitative Angaben dazu (auch zur Rohrreibungszahl λ) sind u. a. in [RSSch13/14, HdbKt08/10] und [REINM96] enthalten.

Weil die Rohrreibung üblicherweise auf kreisförmige Querschnitte bezogen ist, müssen von der Kreisform abweichende (rechteckige und quadratische) Querschnitte (Kanäle) mit den Seitenlängen a und b sowie dem Umfang U auf den sogenannten hydraulischen Durchmesser d_h umgerechnet werden (Gleichung (4.22))

$$d_h = \frac{4 \cdot A}{U} = \frac{2 \cdot a \cdot b}{a + b} \quad \text{bzw.} \quad d_h = a \qquad (4.22)$$

der für die in der Lüftungstechnik vorherrschende turbulente Strömung hinreichend genaue Ergebnisse für die Rohrreibung liefert.

Wenn Berechnungen von Luftleitungen bzw. LLN auf vorgegebenen Luftvolumenströmen basieren, hat ein (ausschließlich) rechteckiger Kanal praktisch auch den gleichen Druckverlust wie ein kreisförmiges Rohr, wenn mit dem „gleichwertigen“ Durchmesser de nach Gleichung (4.23) gerechnet wird (nach [HdbKt08])

$$d_e = 1{,}265 \cdot \left(\frac{a^3 \cdot b^3}{a + b} \right)^{0{,}2} \qquad (4.23)$$

Wird eine Seitenlänge (a) vorgegeben, lässt sich mit Gleichung (4.23) aber auch die zweite (b) iterativ berechnen bzw. aus entsprechenden Diagrammen ablesen, z. B. in [HdbKt10].

Zur Minimierung des Energiebedarfs und der Schallemission ist es zweckmäßig, die Luftgeschwindigkeiten v_{LL} möglichst niedrig zu wählen. In den Hauptleitungen ist ein Bereich von $v_{LL} \leq 3$ m/s anzustreben. In den Anschlussleitungen ist nur dann eine höhere Luftgeschwindigkeit sinnvoll, wenn das für die Stabilität des Lüftungsbetriebes erforderlich ist (siehe auch Abschnitt 4.3.2). Mehr als 5 m/s sind möglichst zu vermeiden. Aber auch das Seitenverhältnis rechteckiger Kanäle hat Einfluss auf den Energiebedarf. Ein Kanal mit dem Verhältnis von a : b = 1 : 2 verursacht bei gleichem Luftvolumenstrom und gleicher Luftgeschwindigkeit einen um 28 % höheren Druckverlust als ein rundes Rohr. Der Einsatz von Rohren und quadratischen Kanälen ist aus diesem Grunde sinnvoller als der von Flachkanälen. Zusätzlich lässt sich dadurch auch noch Material einsparen: im vorgenannten Beispiel nahezu 17 % [REINM96].

Ein einfach überschaubares Beispiel für den Druckverlauf in einer saug- und druckseitigen Luftleitung ist im Bild 4.6 dargestellt.

Anmerkung: Die Druckänderungen im Bild 4.6 sind vereinfacht dargestellt worden. In Wirklichkeit verlaufen sie nicht sprungartig, sondern erstrecken sich jeweils über bestimmte Lauflängen.

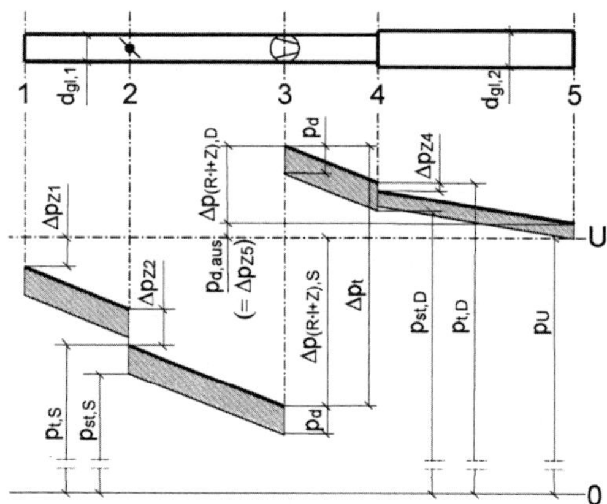

Bild 4.6: Druckverlauf in einer saug- (S) und druckseitigen (D) Luftleitung mit Druckaufbau (Drucksprung) durch Ventilator an der Schnittstelle 3

Auf der Saugseite (Druckniveau unter dem Umgebungsdruck p_U) ist zum Einströmen der Luft in die Luftleitung im Querschnitt 1 zur Überwindung des Einzelwiderstandes Z1 mit einem Widerstandsbeiwert $\zeta_1 > 0$ ein Absinken des Gesamtdrucks um $\Delta p_{Z1,S} = p_{t1,S} - p_U$ notwendig. Der zur Aufrechterhaltung der Strömung erforderliche dynamische Druck p_d ist nach Gleichung (4.24)

$$p_t = p_{st} + p_d \tag{4.24}$$

gleich der Differenz $p_t - p_{st}$. Er berechnet sich nach Gleichung (3.1) mit der Geschwindigkeit v_1 im Querschnitt 1. Von 1 nach 2 und von 2 nach 3 muss zur Überwindung der in der gesamten Leitung konstant bleibenden Reibungsverluste R statischer Druck aufgebracht werden. Weil sich der dynamische Druck infolge des gleichbleibenden Querschnitts nicht ändert, verringern sich hier statischer und Gesamtdruck gleichermaßen linear. Im Querschnitt 2 ist für die Überwindung des durch die Regelklappe verursachten Einzelwiderstandes Z2 mit einem Widerstandsbeiwert $\zeta_2 > 0$ ein weiteres Absinken des Gesamtdrucks um Δp_{Z2} erforderlich. An der Schnittstelle 3 wird die wirksam werdende Ventilatorleistung in eine Druckerhöhung vom Unter- zum Überdruck gegenüber dem Umgebungsdruckniveau umgesetzt. Wegen des gleich gebliebenen Leitungsquerschnitts verändert sich der dynamische Druck nicht. Entsprechend der Rohrreibung bauen sich anschließend bis zur Schnittstelle 4 Gesamt- und statischer Druck gleichmäßig ab. Am Einzelwiderstand Z4 ändern sich jedoch beide infolge der Querschnitts-Erweiterung mit einem Widerstandsbeiwert $\zeta_4 > 0$. Während der Gesamtdruck um Δp_{Z4} abfällt, erhöht sich gleichzeitig der statische Druck. Das zeigt, dass Druckverlust zwar immer mit einer Absenkung des Gesamtdrucks, nicht aber des statischen Drucks einhergehen muss. Die Senkung der Strömungsgeschwindigkeit führt gleichzeitig zu einer Verringerung des dynamischen Drucks. Am Ausströmquerschnitt 5 sorgt der von Schnittstelle 4 nach 5 wieder gleich gebliebene dynamische Druck $p_{d,aus}$ zum Ausströmen der Luft. Der statische Druck ist dabei gleich dem Umgebungsdruck p_U.

Die vom Ventilator aufzubauende Gesamt-(Total-)Druckerhöhung Δp_t (auch Förderdruck genannt) entspricht dem Differenzdruck Δp_t nach Bild 4.6 an der Schnittstelle 3 (siehe auch Bild 4.4 und Bild 4.5). Sie kann mit den Gleichungen (4.25) einschließlich (4.26) oder (4.27) beschrieben werden:

$$\Delta p_t = (p_{t,D} - p_U) + (p_U - p_{t,S}) = p_{t,D} - p_{t,S} \tag{4.25}$$

mit

$$p_{t,D} = p_{st,D} + p_D \tag{4.26}$$

wird

$$\Delta p_t = p_{st,D} + p_D - p_{t,S} \text{ bzw. } \Delta p_t = \Delta p_{(R\cdot l+Z),D} + \Delta p_{(R\cdot l+Z),S} + p_{d,aus} \tag{4.27}$$

Gleichung (4.24) zeigt, dass die Druckerhöhung des Ventilators gleich der Summe aus den saug- und druckseitigen Druckverlusten von Rohrreibung und Einzelwiderständen zuzüglich des Ausströmverlustes $p_{d,aus}$ ist. Letzterer entspricht dem dynamischen Druck am Ausströmquerschnitt. Er wird in Gleichung (4.21) durch einen Einzelwiderstand Z mit dem Widerstandsbeiwert $\zeta = 1$ berücksichtigt – gemäß Definitions-Gleichung (4.28) für ζ

$$\zeta = \frac{Z}{\frac{\rho}{2} \cdot v_{LL}^{2}} = \frac{\Delta p_{Z}}{p_{d}} \tag{4.28}$$

Bei verzweigten LLN wird die Druckverlustberechnung immer für den (längsten) Strang/Abzweig mit dem größten zu erwartenden Druckverlust durchgeführt. Stränge/Abzweige mit geringeren Verlusten werden entweder durch geeignete Wahl der Rohr- oder Kanalquerschnitte bei der Planung oder bei kleineren Druckunterschieden mit Hilfe von ohnehin notwendigen Drosseleinrichtungen im Rahmen der Einregulierung angeglichen. Beispiele für die Druckverlustberechnung finden sich u. a. in [Ihle97, Reinm96] und [RSSch13/14].

4.3.4 Auslegung von Luftdurchlässen

Vorbemerkung

Luftdurchlässe sind Bestandteile von Lüftungsanlagen bzw. -geräten. Sie befinden sich üblicherweise am Eintritt der Außenluft in die Zuluftanlage bzw. in das Zuluftgerät (Außen(luft)-Luftdurchlass), am Eintritt der behandelten Außenluft in den Raum (Zu(luft)-Luftdurchlass), am Austritt aus dem Raum in die Abluftanlage bzw. das Abluftgerät (Ab(luft)-Luftdurchlass) und am Austritt aus der Anlage bzw. aus dem Gerät ins Freie (Fort(luft)-Luftdurchlass). Bei Unterdrucklüftung (Abluftanlagen bzw. -geräte) bzw. Überdrucklüftung (Zuluftanlagen bzw. -geräte) können sich zusätzlich Luftdurchlässe für die Außenluft-Nachströmung bzw. Abluft-/Fortluftabführung in der Gebäudehülle (Außenwand und/oder gesamter Fenster- und Außentürbereich) befinden. Diese Gebäudehüllen-Luftdurchlässe (GLD/ALD) werden (bzw. wurden z. B. bis April 2009 in [DIN 1946-6]) auch bei freier Lüftung (siehe Unterabschnitt 4.2.6) als Außenwand-Luftdurchlässe (ALD) bezeichnet. Um die Außen(luft)- von den „Außenwand"-Luftdurchlässen unterscheiden zu können, wird in diesem Buch für Letztere der Begriff Gebäudehüllen-Luftdurchlässe (GLD bzw. GLD/ALD) verwendet (siehe dazu auch die Anmerkung zum Begriff Nr. 34**) am Ende von Tabelle 0.2).

Wie bei der freien sind auch bei der ventilatorgestützten Lüftung zusätzlich Überström(luft)-Luftdurchlässe (ÜLD) für die ungehinderte Luftzirkulation bei geschlossenen Innentüren in der NE erforderlich. Über die Hinweise im Unterabschnitt 4.2.6 hinaus gelten die nachfolgend aufgeführten Empfehlungen.

Empfehlungen in nationalen und internationalen Normen

Anzahl und Größe der je Raum zu installierenden GLD/ALD ergeben sich nach [DIN 1946-6] aus der Bilanz des notwendigen Außenluftvolumenstroms gemäß den Leistungsdaten der vom Hersteller des GLD/ALD bereitzustellenden Differenzdruck-Luftvolumenstrom-Kennlinie abzüglich des wirksamen Infiltrations-Luftvolumenstroms (siehe Unterabschnitt 9.3.4). Der Auslegung ist der Luftvolumenstrom für die Lüftungs-Betriebsstufe „Nennlüftung“ bei geschlossenen Fenstern zugrunde zu legen. U. U. kann der Auslegung aber auch die Betriebsstufe „Intensivlüftung“ zugrunde gelegt werden. Der vom Lüftungssystem und dem Vorhandensein von raumluftabhängigen Feuerstätten abhängige Auslegungs-Differenzdruck kann windunabhängig Tabelle 4.3 entnommen werden.

Tabelle 4.3: Auslegungs-Differenzdruck Δp_{GLD} für GLD/ALD bei ventilatorgestützter Lüftung; nach [DIN 1946-6]

Lüftungssystem	Vorhandensein von raumluftabhängigen Feuerstätten	Auslegungs-Differenzdruck Δp_{GLD} in Pa
Unterdruck-/ Abluft-System[1]	nein	8[2]
	ja	4[3]
Überdruck-/ Zuluft-System	möglich	4

1) auch in Verbindung mit „Entlüftung“ nach [DIN 18017-3]

2) maximal zulässiger Unterdruck in allen NE

3) maximal zulässiger Unterdruck in NE mit raumluftabhängigen Feuerstätten

ÜLD sind nach [DIN 1946-6] mit dem Luftvolumenstrom $q_{v,ÜLD}$ für die Lüftungs-Betriebsstufe „Nennlüftung“ auszulegen. Die freie Mindestfläche $A_{ÜLD}$ kann ebenfalls mit Gleichung (4.20) berechnet werden. Wegen der höheren zur Verfügung stehenden Differenzdrücke kann aber für $\Delta p_{ÜLD} \leq 1{,}5$ Pa angenommen werden.

In [DIN EN 15665] ist als Differenzdruckbereich für die Auslegung von ÜLD $\Delta p_{ÜLD} \leq 1$ Pa angegeben.

Bei ventilatorgestützter Lüftung sollte wegen der intensiveren Beaufschlagung der abluftseitigen Räume mit überströmender Luft und des damit verbundenen Risikos für Zugluftbildung noch mehr Sorgfalt als bei freier Lüftung auf Zugluftfreiheit verwandt werden.

Ab(luft)- und Fort(luft)-Luftdurchlässe (**AbLD** und **FoLD**) sind nach [DIN 1946-6] ebenfalls mit dem Luftvolumenstrom $q_{v,ABLD}$ für die Lüftungs-Betriebsstufe „Nennlüftung“ bei geschlossenen Fenstern auszulegen. Zu(luft)-Luftdurchlässe (**ZuLD**) sollen daneben auch für die Lüftungs-Betriebsstufe „Reduzierte Lüftung“ ausgelegt werden können. In jedem Falle ist dabei zu berücksichtigen, dass wenn durch Luft-In- und -Exfiltration ein zusätzlicher Luftvolumenstrom wirksam wird, dieser zu einer entsprechenden Verkleinerung der Luftdurchlässe führen kann.

Nach [DIN EN 15665] gelten für die Auslegung bei Unterdrucklüftung (Abluftsysteme) von der Geschossanzahl des Gebäudes abhängige Werte für den Druckverlust von GLD/ALD ($\Delta p_{GLD/ALD}$):

- ein Geschoss: $(4 \leq \Delta p_{GLD/ALD} \leq 5)$ Pa sowie
- zwei Geschosse: $\Delta p_{GLD/ALD} = 6$ Pa (unten) und $\Delta p_{GLD/ALD} = 3$ Pa (oben).

Weiterführende Hinweise

Bei der Auslegung von **Außen**(luft)- und **Fort**(luft)-**Luftdurchlässen** ist für Komfortanlagen aus schalltechnischen, aber auch aus energetischen Gründen (geringere Druckverluste) die Wahl möglichst niedriger **Luftgeschwindigkeiten** zu empfehlen. Richtwerte sind (2 bis 3) m/s und für **Ab**(luft)-**Luftdurchlässe** (1,5 bis 2,0) m/s [RSSch13/14]. Außen(luft)- und Fort(luft)-Luftdurchlässe müssen außerdem so angeordnet werden, dass das erneute Ansaugen von Fortluft vermieden wird. Das gelingt am besten, wenn der Fort(luft)-Luftdurchlass merklich höher (über Dach) als der AuLD und in bestimmtem horizontalen Abstand zu diesem (Details siehe [CEN/TR 16798-4] bzw. [DIN EN 13799]) angeordnet ist (Bild 4.7).

Um möglichst saubere Luft ansaugen zu können, ist es außerdem zweckmäßig, den AuLD mindestens 3 m über Verkehrsflächen in Zonen geringerer Luftbelastung anzuordnen (Bild 4.7).

Werden Anlage bzw. Gerät überwiegend zu Lüftungszwecken in der Heizperiode konzipiert, sind für den AuLD unverschattete Süd- bis Westflächen zu bevorzugen. Um in den Sommermonaten einen Kühleffekt erzielen zu können, ist es besser, die Außenluft auf der Nord- bis Ostseite anzusaugen. Optimal sind Alternativ-Lösungen mit von der Außentemperatur abhängiger Umschaltmöglichkeit (Bild 4.7).

Ab(luft)-Luftdurchlässe (AbLD) werden überwiegend mit unveränderlichen oder mit wenigstens zweistufig einstellbaren freien Querschnitten ausgeführt. Die Einstellung, angepasst z. B. an Nenn- und Intensivlüftungsbetrieb, kann mittels Licht- oder separatem Schalter oder über eine manuell verstellbare Klappe erfolgen. Es ist günstig, die AbLD aus schallschutztechnischen Gründen nicht nur insgesamt strömungsgünstig zu gestalten, sondern bei geplanter Drosselfunktion besser freie Querschnitte mit vielen kleinen Öffnungen anstelle einer einzelnen jeweils entsprechend großen Öffnung zu realisieren.

Eine Sonderform der AbLD stellen Abluft-Herdhauben (ohne eigenen Ventilator) zur effektiveren Erfassung von Herd- und Kochgut-Emissionen dar (Bild 4.8). Nach [EISOLD75] kann auf diese Weise bei zweckmäßiger konstruktiver Gestaltung und Anordnung die thermische bzw. hygrische Wirksamkeit von ca. 20 % bis 30 % beim einfachen Abluftdurchlass auf bis zu 52 % bzw. 55 % erhöht werden, wenn der Abluftvolumenstrom z. B. 125 m^3/h beträgt.

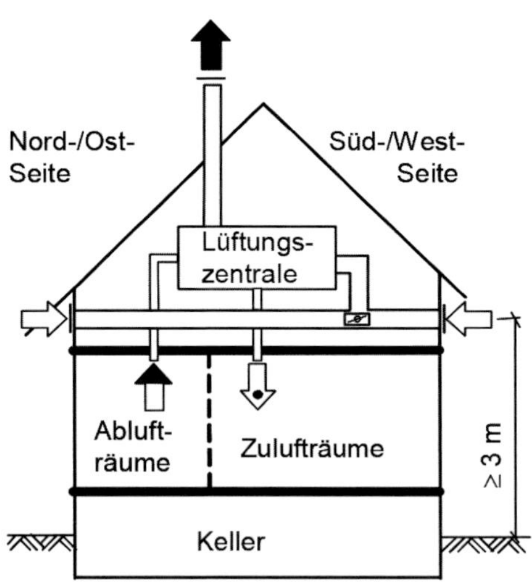

Bild 4.7: Fortluftabführung über Dach sowie alternative Außenluftansaugung; schematische Darstellung

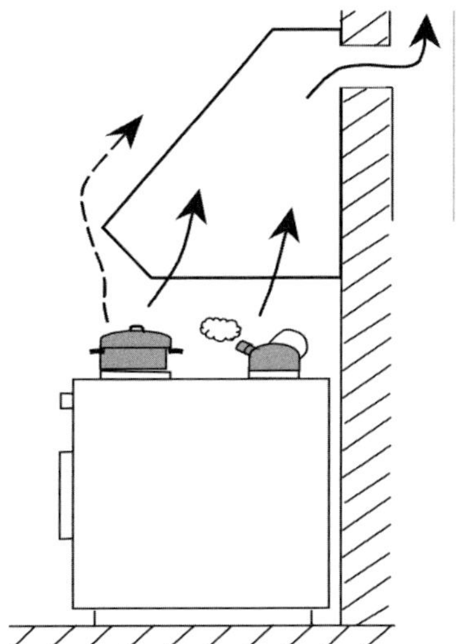

Bild 4.8: An eine Abluftanlage angeschlossene (Küchen-)Abluft-Herdhaube

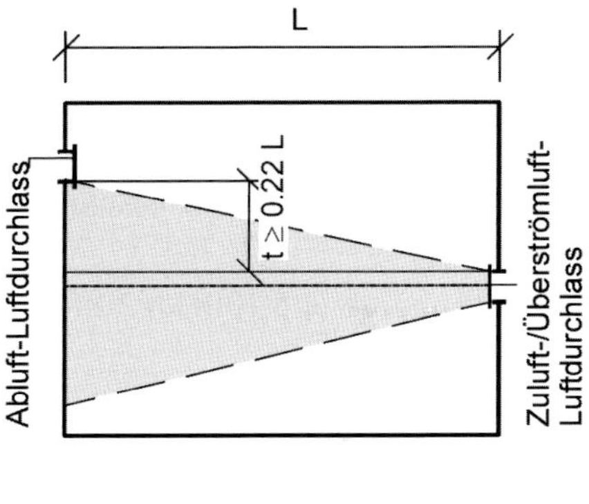

Bild 4.9: Vermeidung von Kurzschluss-strömung zwischen Zu(luft)-/(Über-ström(luft)- und Ab(luft)-Luftdurchlass

Ort und konstruktive Gestaltung der Zu(luft)-Luftdurchlässe und damit der Zuluftverteilung bestimmen in Verbindung mit den Zuluftparametern Temperaturdifferenz und Luftgeschwindigkeit wesentlich das Raumströmungsbild im (versperrungsfreien) Raum. Voraussetzung für das Erzielen einer guten Lüftungseffektivität ohne Zugluftprobleme ist die sorgfältige Auslegung und Anordnung der Zu(luft)-Luftdurchlässe im Raum (siehe [HdbKt10] sowie die Hinweise auf Überström(luft)-Luftdurchlässe im Unterabschnitt 4.2.6).

Befinden sich Ab(luft)- und Zu(luft)-Luftdurchlässe in einem kleineren Raum gegenüberliegend in etwa gleicher Höhe, müssen sie so angeordnet werden, dass eine Kurzschluss-Strömung vom Zu(luft)- zum Ab(luft)-Luftdurchlass vermieden wird (Kriterium für den Abstand t siehe Bild 4.9.

Die strömungstechnische und akustische Prüfung von Ab(luft)- und Zu(luft)-Luftdurchlässen kann nach [DIN EN 13141-2] erfolgen. Gebäudehüllen- und Überström(luft)-Luftdurchlässe, deren Auslegung nach [DIN 1946-6] genormt ist und die nach [DIN EN 13141-1] geprüft werden können, sind eher dem Gebäude als der Anlage zuzuordnen und werden deshalb u. a. im Unterabschnitt 9.3.4 näher behandelt.

4.3.5 Effekte und Auslegung der Wärmerückgewinnung

Allgemeines

Wärmerückgewinnung (WRG) bezeichnet in der Raumlufttechnik vorzugsweise die Wiedernutzung von thermischer Energie der abgeführten Raumluft für die Erwärmung der zugeführten Außenluft. Voraussetzung für diesbezügliche Anwendungsformen der Luft-/Luft-WRG (siehe Bild 4.10) ist das gemeinsame Vorhandensein von Zu- und Abluftanlagen in einem Gebäude oder in einer Nutzungseinheit.

Nach [VDI 2071] und [DIN EN 308] werden diesbezüglich folgende Verfahren unterschieden:

- rekuperative Systeme (Platten- und Kanal-Wärmeübertrager),
- regenerative Systeme (Kreislauf-Verbund-{KVS-}Systeme und Wärmerohre),
- Regeneratoren mit drehendem und nicht drehendem Wärmeträger und
- Wärmepumpen als Umkehrung des Kältemaschinenprozesses.

Hinsichtlich ihrer Anwendung im Wohnungsbau wird nach DIBt unterteilt in

- zentrale Geräte ohne Wärmepumpe,
- zentrale Geräte mit Wärmepumpe und
- dezentrale Geräte mit und ohne Wärmepumpe [TZWL19].

Welche Bereiche des Temperatur-Änderungsgrades η_θ (bzw. einer undifferenzierten **„Rückwärmzahl** η_θ*" nach [VDI 2071]) mit den gebräuchlichsten Verfahren der Luft-/Luft-Wärmerückgewinnung im Wohnungsbau erzielbar sind, ist im Tabelle 4.4 dargestellt.

Neben der Übertragung der Wärme unmittelbar über ein rekuperatives oder regeneratives System mittels Luft-/Luft-Wärmeübertragung kann die Übertragung auch mittelbar über ein **Kreislauf-Verbund-System** (Bild 4.10) oder mittels Wärmepumpe erfolgen.

Tabelle 4.4: Gebräuchlichste Verfahren der Luft-/Luft-Wärmerückgewinnung einschließlich realisierbarer Bereiche des Temperatur-Änderungsgrades η_θ (η_θ*: undifferenzierte „Rückwärmzahl" nach [VDI 2071])

WRG-Verfahren	Schemadarstellung	Temperatur-Änderungsgrad η_θ
Rekuperatives System: Platten- oder Kanal-Wärmeübertrager		
Kreuzstrom bzw. Kreuz-/Gegen-strom	AuL 1, AbL, FoL, AuL 2	(0,4 ... 0,8)* 0,7 ... 0,8
Gegenstrom	AuL 1, AbL, FoL, AuL 2	≤ 0,9* 0,85 ... 0,95
Regeneratives System: Kreislauf-Verbund-System	AuL 2, AbL, AuL 1, FoL	(0,3 ... 0,8)*
Wärmepumpe	AuL 2, AbL, AuL 1, FoL	≥ 1*

Die **Wärmepumpe** (WP) stellt eine Sonderform der Wärmerückgewinnungstechnik dar. WP sind Maschinen, die mit Hilfe von mechanischer Arbeit Wärme aus einer Umgebung mit niedrigerer Temperatur auf ein System mit höherer Temperatur (hier z. B. ein Luftstrom) als nutzbare Wärme (Nutzwärme) befördern (‚pumpen'). In die Nutzenergie fließt dabei auch die Antriebsenergie des diesbezüglichen Prozesses mit ein, der der Umkehrung eines Wärme-Kraft-Prozesses (z. B. Kühlschrank) entspricht. Zur Anwendung kommen sowohl elektrisch betriebene Kompressions- als auch Absorptions-Wärmepumpen auf Gas- oder Ölbasis. Unter die Rubrik „Wärmerückgewinnung (WRG) im Wohnungsbau" fallen sie aber nur, wenn sie ihre Energie jeweils aus der Abluft einer Lüftungsanlage bzw. eines Lüftungsgerätes beziehen.

Mit Wärmepumpen kann dabei wahlweise bei Zu-/Abluftanlagen bzw. -geräten die Temperatur der nach der WRG schon erwärmten Außenluft weiter erhöht oder bei Nutzung in reinen Abluftanlagen Trink- oder Heizungswasser erwärmt werden.

Ein Beispiel für die mittelbare Luft-/Wasser-WRG mit Hilfe eines Übertragungsmediums (behandeltes Wasser oder Kältemittel) und Wärmepumpe zeigt Bild 4.10.

Für die Beurteilung der Wirtschaftlichkeit des WP-Prozesses wird das Verhältnis von Nutzwärme Q_{Nu} zu aufgewandter Arbeit P_{Aufw} gebildet, das man nach Gleichung (4.29) mit ε_{WP} (oder COP: Coeffizient Of Performance) als Leistungszahl bezeichnet

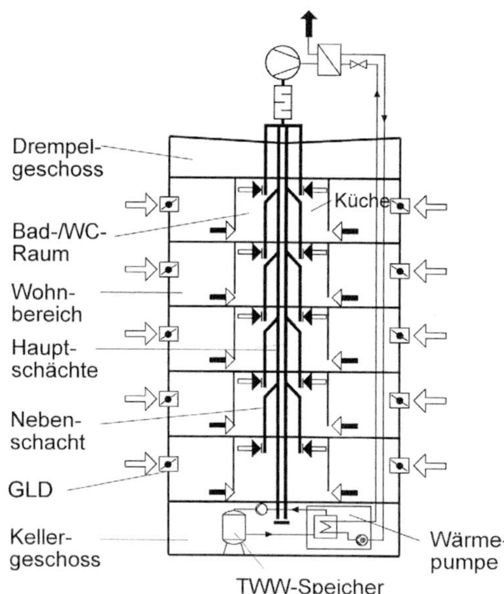

Bild 4.10: Mittelbare Luft-/Wasser-WRG mit Wärmepumpe zur Erwärmung des Trinkwassers aus der Abluft einer Zentralventilator-Abluftanlage

$$\varepsilon_{WP} = Q_{Nu}/P_{Aufw} \qquad (4.29)$$

Das theoretisch mögliche Optimum entspricht der Abbildung des idealen Carnot-Prozesses mit $\varepsilon_{WP,C}$ nach Gleichung (4.30)

$$\varepsilon_{WP,C} = T_{Vf}/(T_{Vf} - T_{Vd}) \qquad (4.30)$$

Darin sind T_{Vf} die Kondensations-(Verflüssigungs-) und T_{Vd} die Verdampfungstemperatur, die wegen nicht vermeidbarer Verluste bei der Wärmeübertragung, aber nicht mit den jeweiligen Medientemperaturen identisch sind (Details siehe [RSSch13/14]).

Die in der Praxis zu erreichende effektive Leistungszahl $\varepsilon_{WP,eff}$ verringert sich durch Prozessverluste entsprechend einem Gesamtwirkungsgrad des gesamten Geräts $\eta_{WP,ges}$ nach Gleichung (4.31)

$$\varepsilon_{WP,eff} = \eta_{WP,ges} \cdot T_{Vf} / (T_{Vf} - T_{Vd}) \tag{4.31}$$

Bei den meist kleineren Leistungen (< 50 kW) im Wohnungsbau liegt der Gesamtwirkungsgrad im Bereich von $\eta_{WP,ges} < 0{,}4$ [Jüttem99].

Nach [DIN 4719] wird die Leistungszahl für Luft-/Luft-Wärmepumpen nach Gleichung (4.32) und Luft-/Wasser-Wärmepumpen nach Gleichung (4.33) definiert:

$$\varepsilon_{WP,L/L} = (H_{Zu} - H_{Au}) / P_{el,Vd} \tag{4.32}$$

$$\varepsilon_{WP,L/W} = [q_{m,W} \cdot c_{p,W} \cdot (\theta_{VL} - (\theta_{RL})] / P_{el,Vd} \tag{4.33}$$

Da die Abluft in Wohnungen aus den Küchen und Bad-/WC-Räumen entnommen wird, darf sie im Rahmen des WRG-Prozesses bei Zu-/Abluftanlagen bzw. -geräten möglichst nicht in die Zuluft gelangen. Es muss deshalb beim Einbau von Platten- oder Kanal-Wärmeübertragern darauf geachtet werden, dass der durch die Zu- und Abluftventilatoren verursachte statische Druck auf der Außen-/Zuluftseite überwiegend höher ist als auf der Abluft-/Fortluftseite. Welche Schaltungsvarianten dies gewährleisten, ist einschließlich weiterer Vor- und Nachteile, die sich hinsichtlich Strömungsrichtung zwischen Umgebung und Gerät, Schalldämmeffekt des Wärmeübertragers und Motorwärme-Nutzung ergeben, im Tabelle 4.5 zusammengefasst.

Wann in WRG-Geräten auf der Außen-/Zuluftseite Überdruck gegenüber der Ab-/Fortluftseite vorherrschen sollte bzw. muss, ist vor allem von der jeweiligen Qualität der Abluft abhängig. Wenn in Räumen Verunreinigungen ähnlich denen in Wohnungen (einschließlich Rauchen) auftreten, ist auf der Zuluftseite der Wärmerückgewinnungseinheit immer Überdruck erforderlich.

Die innere Dichtheit von Wärmerückgewinnungs-Geräten und ihrer Gehäuse (äußere Dichtheit) ist im Einzelnen nach [DIN 4719] geregelt. Durch äußere Undichtheit kann entweder Umgebungsluft ins Gerät oder Luft aus dem Gerät in die Umgebung gelangen (Tabelle 4.5). [DIN 4719] bezieht sich u. a. auch auf die Prüfnormen [DIN EN 13141-7] und [DIN EN 13141-8]. Die Prüfbedingungen nach diesen Normen lassen bei $\Delta p = 100$ Pa Prüf-Differenzdruck für die innere Undichtheit zwischen 2 % und ≤ 10 % Leckluftvolumenstrom bezogen auf den jeweiligen größten angegebenen Luftvolumenstrom zu. Für die äußere Dichtheit beträgt der Prüf-Differenzdruck $\Delta p = 250$ Pa bei gleichen Toleranzbereichen.

Tabelle 4.5: Vor- und Nachteile der Schaltungsvarianten von Ventilatoren in Lüftungsgeräten mit Platten- oder Kanal-Wärmeübertragern

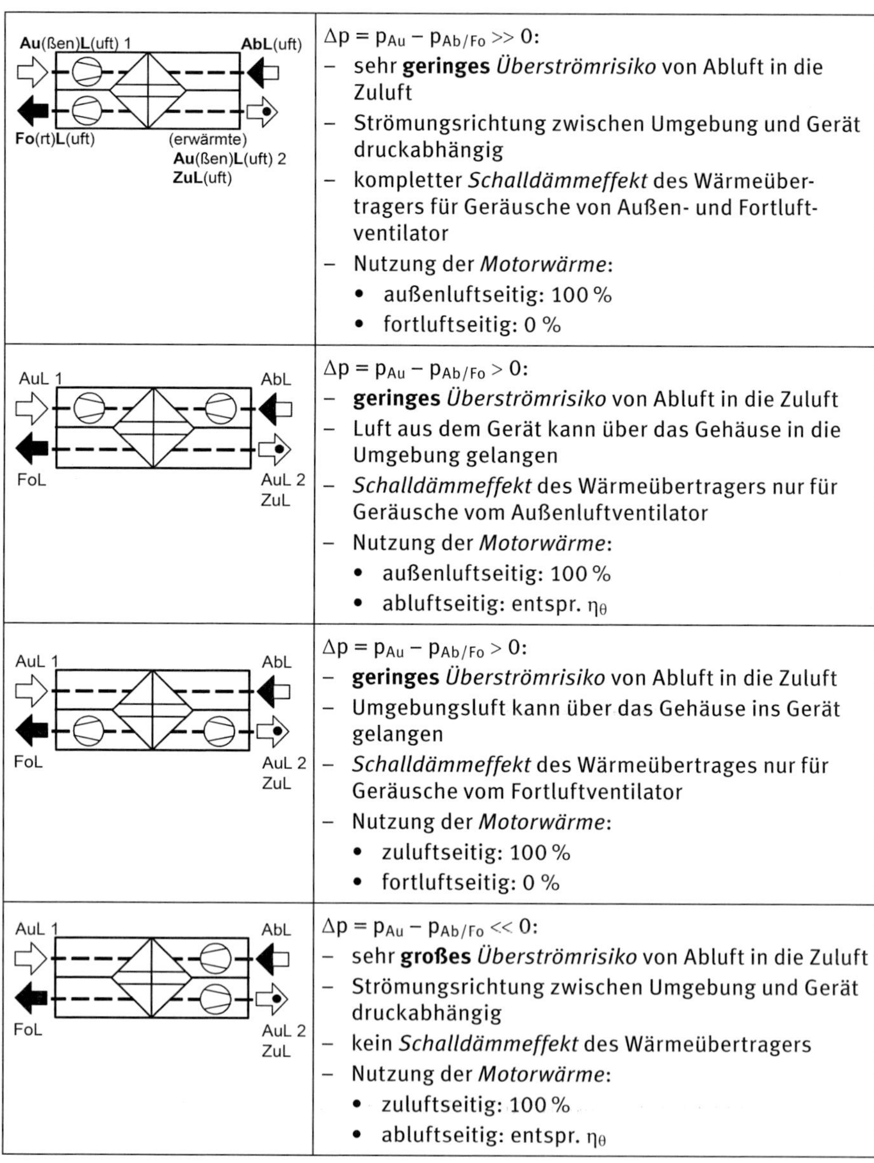

Schaltung	Vor- und Nachteile
Au(ßen)**L**(uft) 1, **AbL**(uft), **Fo**(rt)**L**(uft), (erwärmte) **Au**(ßen)**L**(uft) 2 **ZuL**(uft)	$\Delta p = p_{Au} - p_{Ab/Fo} >> 0$: – sehr **geringes** *Überströmrisiko* von Abluft in die Zuluft – Strömungsrichtung zwischen Umgebung und Gerät druckabhängig – kompletter *Schalldämmeffekt* des Wärmeübertragers für Geräusche von Außen- und Fortluftventilator – Nutzung der *Motorwärme*: • außenluftseitig: 100 % • fortluftseitig: 0 %
AuL 1, AbL, FoL, AuL 2 ZuL	$\Delta p = p_{Au} - p_{Ab/Fo} > 0$: – **geringes** *Überströmrisiko* von Abluft in die Zuluft – Luft aus dem Gerät kann über das Gehäuse in die Umgebung gelangen – *Schalldämmeffekt* des Wärmeübertragers nur für Geräusche vom Außenluftventilator – Nutzung der *Motorwärme*: • außenluftseitig: 100 % • abluftseitig: entspr. η_θ
AuL 1, AbL, FoL, AuL 2 ZuL	$\Delta p = p_{Au} - p_{Ab/Fo} > 0$: – **geringes** *Überströmrisiko* von Abluft in die Zuluft – Umgebungsluft kann über das Gehäuse ins Gerät gelangen – *Schalldämmeffekt* des Wärmeübertrages nur für Geräusche vom Fortluftventilator – Nutzung der *Motorwärme*: • zuluftseitig: 100 % • fortluftseitig: 0 %
AuL 1, AbL, FoL, AuL 2 ZuL	$\Delta p = p_{Au} - p_{Ab/Fo} << 0$: – sehr **großes** *Überströmrisiko* von Abluft in die Zuluft – Strömungsrichtung zwischen Umgebung und Gerät druckabhängig – kein *Schalldämmeffekt* des Wärmeübertragers – Nutzung der *Motorwärme*: • zuluftseitig: 100 % • abluftseitig: entspr. η_θ

Röhren-Wärmeübertrager, die zu den rekuperativen Systemen gehören, werden im Wohnungsbau wegen ihrer geringeren „Rückwärmzahl“ ($0{,}3 \leq \eta_\theta^* \leq 0{,}5$) kaum oder gar nicht eingesetzt. Letzteres trifft auch auf Regeneratoren zu, die zwar relativ viel Wärme übertragen, aber hinsichtlich der Übertragung von Gerüchen und Schadstoffen Nachteile gegenüber rekuperativen WRG-Verfahren haben [VDI 2071].

Von den im Wohnungsbau gebräuchlichen Verfahren der Wärmerückgewinnung (Tabelle 4.4) arbeiten nur die Rekuperatoren ohne direkten Hilfsenergieeinsatz. Kreislauf-Verbund-Systeme benötigen für den Antrieb der Wasserpumpe und Wärmepumpen für den Antrieb des Kältemittelverdichters Elektroenergie. Alle eingesetzten Verfahren verursachen darüber hinaus jedoch zusätzliche Druckverluste im Bereich von 100 bis 400 Pa [VDI 2071], die einen indirekten Mehrbedarf an Elektroenergie für den Antrieb der Ventilatoren zur Folge haben (siehe Unterabschnitt 7.3).

Um bei Zu-/Abluftanlagen bzw. -geräten eine **effektive Nutzung** der Luft-/Luft-Wärmerückgewinnung gewährleisten zu können, ist es sinnvoll, wenn nicht nur bei der Auslegung, sondern auch im ständigen Betrieb der Abluft- immer gleich dem Zuluftstrom ist. Bei unvermeidbaren Abweichungen ist Unterdruck dem Überdruck in der NE vorzuziehen (siehe auch Abschnitt 3.3.5). Wie schon erwähnt, ist es aus energetischen Gründen sinnvoll, wenn der Abluft- den Zuluftstrom dabei um nicht mehr als 10 % überschreitet.

Obwohl unter mitteleuropäischen Bedingungen im Wohnungsbau Taupunktunterschreitungen eher selten auftreten, kann vor allem in der kälteren Jahreszeit ($\theta_{Au} < 0$ °C) der Wärmeübertrager auf der Fortluftseite teilweise oder bei längerer Dauer auch vollständig einfrieren. Für diese Fälle bieten die Hersteller von Wärmerückgewinnungs-Geräten unterschiedliche Verfahren der **Eisfreihaltung** bzw. Frostschutztechniken an [JÜTTEM99] und [MARQU88].

Ab welcher Außenlufttemperatur (Einschalttemperatur) die Eisfreihaltung in Betrieb genommen werden muss, hängt sowohl vom Feuchtegehalt der Abluft als auch von Bauart und Wärmerückgewinnungsgrad des zum Einsatz gelangenden Wärmerückgewinnungs-Gerätes ab. Ihre Ermittlung erfolgte Anfang der 2000er-Jahre nach [PrfLG02] für den vorgegebenen Abluftzustand $\theta_{Ab} = 21$ °C und $\varphi_{Ab} = 36$ %. Im Bereich von ($-3 \geq \theta_{Au} \geq -12$) °C soll dafür die Außenlufttemperatur in Schritten von $\Delta\theta_{Au} = 1$ K pro ≥ 5 Minuten abgesenkt werden. Aktuelle Frostschutzstrategien sind in [TZWL19] aufgeführt.

Sogenannte **Erdreich-Luft-Wärmeübertrager** finden bei der WRG zunehmend Anwendung, um in Zuluftanlagen die Temperatur der angesaugten Außenluft ohne Fremdenergie zu erhöhen und gleichzeitig auch die Frostsicherung des Wärmeübertragers zu gewährleisten. Das bei dieser Art der

Außenlufterwärmung anfallende Kondensat muss schadlos abgeführt werden können. Nach [DIN 1946-6] sind dafür glattwandige, luft- und wasserdichte Rohre mit einem Mindestgefälle in Strömungsrichtung von $\geq 1\,\%$ zu verwenden. Die Luftgeschwindigkeit in den Rohren sollte 3 m/s nicht überschreiten.

Beispiele für unterschiedlichste **Schaltungsvarianten** von Lüftungsgeräten mit allen gebräuchlichen Arten der Wärmerückgewinnung einschließlich Einbindung in die unterschiedlichen Lüftungssysteme finden sich umfassend in [TZWL19] und darüber hinaus z. B. auch in [DIN 4719] sowie [DIN V 18599-6], jeweils Anhang A.

Definitionen des Wärmerückgewinnungsgrades

Der Grad der Wärmerückgewinnung (η_{WRG}) wird nach [DIN EN 308] durch den vordergründig auf die Außenluftseite bezogenen Temperatur-Änderungsgrad $\eta_{\theta,Au}$ (nach [DIN EN 13141-7] „Temperaturverhältnis“ und nach [VDI 2071] auch „Rückwärmzahl“ genannt) definiert (Gleichung (4.34))

$$\eta_{q,Au} = \frac{q_{m,Au} \cdot (\theta_{Au,2} - \theta_{Au,1})}{q_{m,Ab} \cdot (\theta_{Ab} - \theta_{Au,1})} \qquad (4.34)$$

Die Höhe des Grades der Wärmeübertragung hängt vom Rückgewinnungsverfahren und den konstruktiven Parametern des jeweiligen Wärmerückgewinnungs-Gerätes ab. Für Gleichdrucklüftung (Zu-/Abluftsystem) kann näherungsweise $q_{m,Au}$ (= $q_{m,Zu}$) = $q_{m,Ab}$ gesetzt werden. Der außenluftseitige Temperatur-Änderungsgrad $\eta_{\theta,Au}$ berechnet sich dann nach der bekannten Gleichung (4.34.1)

$$\eta_{\theta,Au} = \frac{\theta_{Au,2} - \theta_{Au,1}}{\theta_{Ab} - \theta_{Au,1}} \qquad (4.34.1)$$

Nach [DIN EN 308] wurde deshalb der außen-/zuluftseitige Temperatur-Änderungsgrad $\eta_{\theta,Au}$ ausgewählt, weil *„Temperatur und Feuchtegehalt der Zuluft die Hauptkriterium für die Bemessung von* (Wärme-) *Rückgewinnungsanlagen sind“*. Für den Temperatur-Änderungsgrad der Abluft-/Fortluftseite gilt bei Gleichdrucklüftung analog die Gleichung (4.34.2)

$$\eta_{\theta,Ab/Fo} = \frac{\theta_{Ab} - \theta_{Fo}}{\theta_{Ab} - \theta_{Au,1}} \qquad (4.34.2)$$

Richtwert-Bereiche für $\eta_{\theta,Au}$ können Tabelle 4.4 entnommen werden. Wird vom Abluftventilator eine größere Luftmenge als vom Zuluftventilator gefördert ($q_{m,Zu} < q_{m,Ab}$), vergrößert sich zwar der Rückgewinnungsgrad. Das hat aber nicht unbedingt einen höheren Einspareffekt zur Folge, weil zum Ausgleich der Luftmengenbilanz der NE ein Außenluftanteil von $\Delta q_{m,Au} = q_{m,Ab} - q_{m,Zu}$ ohne den Effekt der Wärmerückgewinnung über vorhandene Undichtheiten in die Wohnung/NE nachströmen muss. Daraus resultierende und weitere energetische Konsequenzen siehe [Reinm96, Jüttem99] und Abschnitt 7.

Werden zwei Wärmerückgewinnungs-Geräte in Reihe geschaltet, würde sich rein theoretisch ein resultierender Wärmerückgewinnungsgrad $\eta_{WRG,ges}$ nach [Reinm94] entsprechend Gleichung (4.35) ergeben.

$$\eta_{WRG,ges} = \frac{2 \cdot \eta_{WRG} - (1 + q_{m,Au}/q_{m,Ab}) \cdot \eta_{WRG}^{2}}{1 - (q_{m,Au}/q_{m,Ab} \cdot \eta_{WRG}^{2})} \tag{4.35}$$

Nicht außer Acht gelassen werden darf, dass bei allen diesbezüglichen energetischen Betrachtungen immer auch zu berücksichtigen ist, dass die mit einer Reihenschaltung gewonnene Vergrößerung des Wärmerückgewinnungsgrades mit einem größeren Elektroenergiebedarf infolge zusätzlichen Druckverlustes ‚erkauft' werden muss. Es ist deshalb zweckmäßig, vor der Entscheidung zum Einsatz die gegensätzlichen energetischen Effekte gegeneinander abzuwägen.

Bei Darstellung der thermodynamischen Vorgänge der **Wärmerückgewinnung im Mollier-(h, x)-Diagramm** ist zu erkennen, dass man zwischen „trockenen" und „feuchten" Prozessen unterscheiden muss. Im Bild 4.11 handelt es sich dabei um die ausschließlich trockene Übertragung von fühlbarer (sensibler) Wärme. Findet im Wärmeübertrager jedoch eine Kondensation von Luftfeuchte infolge Taupunktunterschreitung in der Abluft an den von der Außenluft abgekühlten Flächen statt, wird zusätzlich latente Wärme übertragen. Im Bild 4.12 ist diese als partielle Unterschreitung, bei der nur an einem Teil der gesamten Übertragungsfläche Feuchtigkeit ausfällt, qualitativ dargestellt.

Die Darstellung der Wärmerückgewinnung im Mollier-(h, x)-Diagramm macht außerdem deutlich, dass man den Wärmerückgewinnungsgrad auch als Enthalpie-Änderungsgrad η_h definieren kann. Bei $q_{m,Zu} = q_{m,Ab}$ erhält man damit Gleichung (4.36)

$$\eta_{h,Au} = \frac{h_{Au,2} - h_{Au,1}}{h_{Ab} - h_{Au,1}} = \frac{\Delta h_{WRG,Au}}{\Delta h_{Pot}} \tag{4.36}$$

und analog dazu Gleichung (4.37)

$$\eta_{h,Ab} = \frac{h_{Ab} - h_{Fo}}{h_{Ab} - h_{Au,1}} = \frac{\Delta h_{WR,Ab}}{\Delta h_{Pot}} \tag{4.37}$$

Neben dem international eingeführten und europäisch gebräuchlichen Temperatur-Änderungsgrad nach [DIN EN 308] bzw. dem Enthalpie-Änderungsgrad zur Berücksichtigung von Kondensationseinflüssen wurde für energetische Betrachtungen auf Basis der Wärmeschutz-Verordnung 1995 [WSchV95] mit dem Wärmebereitstellungsgrad national (zuletzt nach [DIN 4719]) ein weiterer Wärmerückgewinnungs-Maßstab entsprechend den Gleichungen (4.38) und (4.39) definiert.

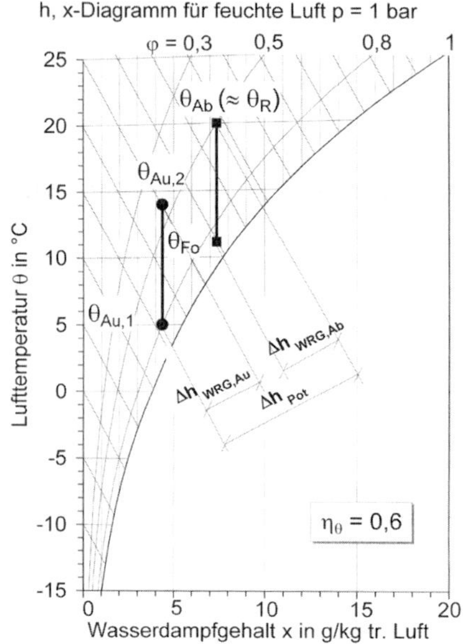

Bild 4.11: Darstellung der Übertragung von sensibler Wärme im Mollier-(h, x)-Diagramm

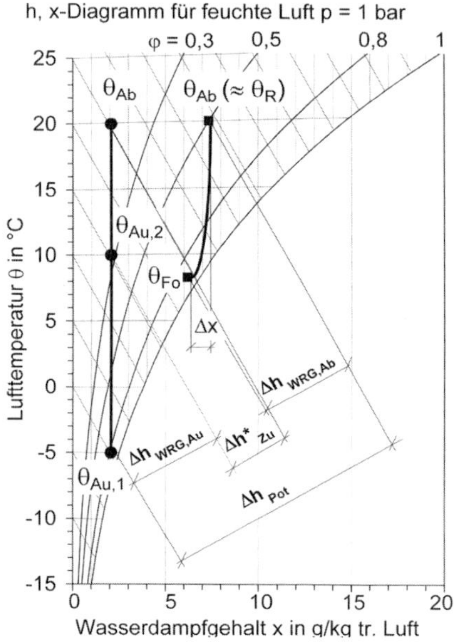

Bild 4.12: Darstellung der Übertragung von sensibler und latenter (infolge Kondensation im WRG-Gerät) Wärme im Mollier-(h, x)-Diagramm

In Gleichung (4.39) entspricht $Q_{Zu,ges}$ der dem Lüftungsgerät insgesamt zugeführten Wärmemenge. Bei h^*_{Zu} handelt es sich um die Enthalpie eines Luftzustandes bei Abluft-(≈ Raumluft-)Temperatur und absoluter Feuchte der Außenluft x_{Au} (Bild 4.13). Der Wärmebereitstellungsgrad ist damit Ausdruck des Verhältnisses der im Wärmerückgewinnungs-Gerät technisch realisierbaren Temperaturerhöhung der Außenluft zur maximal möglichen. Er berücksichtigt anders als der Temperatur- bzw. Enthalpie-Übertragungsgrad nicht nur die rein sensible und latente Wärmerückgewinnung im Wärmeübertrager, sondern zusätzlich auch die mögliche Nutzung von Antriebswärme der Ventilatorentechnik sowie Wärmeverluste infolge Frostschutztechniken bzw. Enteisungsverfahren.

$$\eta_{\theta'WBG} = \frac{\theta_{Zu} - \theta_{Au,1}}{\theta_{Ab} - \theta_{Au,1}} \tag{4.38}$$

$$\eta_{h'WBG} = \frac{Q_{Zu,ges}}{\Delta h^*_{Zu}} = \frac{Q_{Zu,ges}}{h^*_{Zu} - h_{Au,1}} = \frac{h_{Zu} - h_{Au,1}}{h^*_{Zu} - h_{Au,1}} \tag{4.39}$$

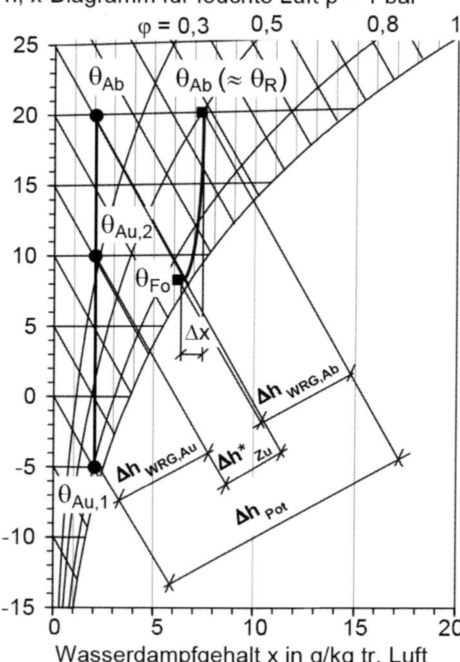

Bild 4.13: Darstellung der Übertragung von sensibler und latenter Wärme im Mollier-(h, x)-Diagramm zur Ermittlung des Wärmebereitstellungsgrades $\eta_{h'WBG}$

Geltendes nationales Verfahren für die **Prüfung von Lüftungsgeräten** auf Basis des Wärme-Bereitstellungsgrades ist die vom DIBt Berlin erarbeitete und für verbindlich erklärte „Vereinbarung des Sachverständigen-Ausschusses A ‚Lüftungstechnik' zur Prüfung von Lüftungsgeräten als Grundlage für die Erteilung allgemeiner bauaufsichtlicher Zulassungen" [PrfLG02].

Da sich aber auch die Einflüsse von Gehäuse-Undichtheiten und Wärmetransmissions-Vorgängen zwischen dem Lüftungsgerät und seiner Umgebung auf die Größe des Wärmebereitstellungsgrades auswirken, sind in [DIN V 18599-6] zusätzlich zur Berücksichtigung des Entfrostungsbetriebs entsprechende Korrekturfaktoren für die Berücksichtigung von Wärmeverlusten bzw.

Einflüssen durch Undichtheiten des Lüftungsgerätes aufgeführt und quantifiziert worden. Sie kommen aber nur dann zur Anwendung, wenn die jeweiligen Einflussfaktoren bei erfolgter Prüfung der Geräte nicht berücksichtigt bzw. die dafür vorgeschriebenen Einbaubedingungen nicht eingehalten worden sind.

Wenn die Bestimmung des Wärmebereitstellungsgrades ohne die Berücksichtigung der Effekte Enteisungsbetrieb, Wärmeverluste des Gehäuses und Volumenstrombalance erfolgte, so ist der nach [PrfLG02] ermittelte Wert nach [DIN V 4701-10] entsprechend Gleichung (4.40) zu korrigieren

$$\eta'_{WBG} = 0{,}91 \cdot \eta'_{WBG,unkorrigiert} \tag{4.40}$$

Weiterführende Hinweise

Abweichend von [PrfLG02] wird von [Paul10] vorgeschlagen, den ab-/fortluftseitigen Wärmebereitstellungsgrad $\eta_{WBG,Ab} = \eta_{eff}$ nach Gleichung (4.41) als Vergleichsmaßstab zu verwenden;

$$\eta_{eff} = \frac{\theta_{Ab} - \theta_{Fo} + \frac{P_{el}}{q_m \cdot c_p}}{\theta_{Ab} - \theta_{Au,1}} \tag{4.41}$$

mit Pel als *„Motorabwärme"* der beiden Antriebe (siehe auch die Zertifizierung von Wärmerückgewinnungsgeräten für den Passivhaus-Einsatz gemäß Vorgaben des Passivhaus-Instituts – www.passiv.de).

Der ab-/fortluftseitige Wärmebereitstellungsgrad $\eta_{WBG,Ab}$ sei wegen der nicht gänzlich zu vermeidenden Wärmeübertragung zwischen Aufstellraum und Gehäuse des Lüftungsgerätes immer geringer als der außen-/zuluftseitige $\eta_{WBG,Au}$ und damit der eigentliche *„effektive Wärmebereitstellungsgrad η_{eff}"*, der den *„thermodynamisch exakten Wert zur Beurteilung der Wärmerückgewinnung"* darstelle. In Abhängigkeit von der Qualität der Wärmedämmung des Gehäuses könne der Unterschied im Mittel des durchgesetzten Luftvolumenstroms zwischen

- $\Delta\eta_{WBG} = (\eta_{Au} - \eta_{Ab}\,(\eta_{eff}))_{WBG} \approx 92 - 72 = 20\,\%$ bei „moderaten Geräten" und
- $\Delta\eta_{WBG} = (\eta_{Au} - \eta_{Ab}\,(\eta_{eff}))_{WBG} \approx 92 - 87{,}3 = 4{,}7\,\%$ bei „sehr guten Geräten"

liegen.

Nach einer vom Passivhaus-Institut vorgelegten Fachinformation [PHI-2007/1] *„gibt der Wärmebereitstellungsgrad des Wärmeübertragers η_{WBG} Auskunft über die Güte der Wärmerückgewinnung. Er sagt aus, wie viel Prozent der Wärme aus der Luft zurückgewonnen wird"*, wobei er *„auch die Abwärme des Ventilators enthält und Wärmeverluste des Gerätes und induzierte Infiltrationsluftströme* *berücksichtigt. Nach dem derzeitigen (Stand 2007) Prüfreglement für die Gerätezulassung"* fielen die diesbezüglichen Prüfergebnisse „unrealistisch hoch aus". Sie müssten deshalb für Passivhaus-Anforderungen um 12 Prozent punkte reduziert werden. Lägen keine Messwerte nach dem beschriebenen Passivhaus-Verfahren bzw. keine entsprechenden Zertifikate vor, könne daraus resultierend für einen Gegenstrom-Wärmeübertrager nur $\eta_{WBG} = 0,75$ und für einen Kreuzstrom- Wärmeübertrager „kein höherer Wert als" $\eta_{WBG} = 0,5$ angesetzt werden.

Schlussfolgerung zur Beurteilung des wirksamen Nutzens der Wärmerückgewinnung:

Bezüglich einer einheitlichen Definition des tatsächlich wirksam werdenden Wärmerückgewinns, resultierend aus Wärmerückgewinnungsgrad als Temperatur-/Enthalpie-Änderungsgrad, Temperaturverhältnis oder Wärmebereitstellungsgrad, besteht sowohl national als auch europäisch noch Klärungs- und Vereinheitlichungs-Bedarf.

Das gilt auch für die damit verbundenen Prüfverfahren.

Die Wärmerückgewinnung reduziert aber nicht nur den jährlichen Heizwärmebedarf für die Lufterwärmung sowie den Heizungs-Anschlusswert. Einen positiven Effekt stellt darüber hinaus auch die überwiegend ohne zusätzliche Fremdenergie erfolgende Temperaturerhöhung der den Wohnungen zuzuführenden Außenluft bzw. Zuluft dar (Bild 4.14). Dadurch kann das Risiko für Zugluftbildung infolge direkter Außenluftzuführung in einen Raum entscheidend verringert werden.

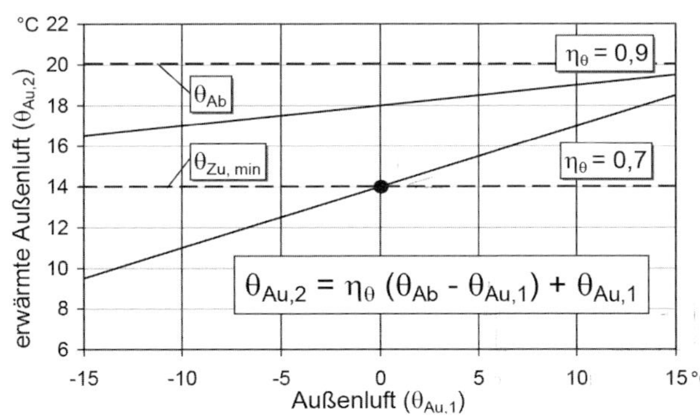

Bild 4.14: Erwärmung der Außenluft durch Wärmerückgewinnung mit $0,7 \leq \eta_\theta \leq 0,9$

Die im Bild 4.14 dargestellten Temperaturverläufe der Außenluft nach der Wärmerückgewinnung zeigen, dass bei Temperatur-Änderungsgraden von

$\eta_{\theta,Au} \geq 0{,}7$ und einer mittleren Ablufttemperatur von $\theta_{AB/Fo} \approx 20$ °C bis zu einer Außenluft-Eintrittstemperatur im Bereich von $\theta_{Au,1} \geq 0$ °C Außenluft-Austrittstemperaturen im Bereich von $\theta_{Au,2} \geq 14$ °C und damit technisch beherrschbare Temperaturdifferenzen zwischen zugeführter (erwärmter) Außenluft und Raumluft von $\Delta\theta_{Zu} \leq (6 \dots 8)$ K erreicht werden (siehe auch Unterabschnitt 3.3.5). Der Einsatz der Wärmerückgewinnung ermöglicht damit bei entsprechenden Geräten während des größten Teils der Heizperiode einen Verzicht auf die Nachwärmung der zuzuführenden Außenluft. Werden Gegenstrom-Wärmeübertrager mit technisch realisierbaren Temperatur-Änderungsgraden von $\eta_{\theta,Au} \approx 0{,}9$ [Ungem97] (Bild 4.14 und Bild 4.15) eingesetzt, kann die Nachwärmung völlig entfallen.

Bild 4.15 zeigt anschaulich, ob und wenn ja, in welcher Größenordnung Nachwärmung in Abhängigkeit vom Gütegrad der Wärmerückgewinnung notwendig ist.

Soll die Luft nach erfolgter Wärmerückgewinnung weiter erwärmt werden (z. B. bei Luftheizung), kann das entweder mit einem Nachwärmer oder energieeffizienter mit einer Luft-/Luft-Wärmepumpe geschehen (siehe Bild 4.16).

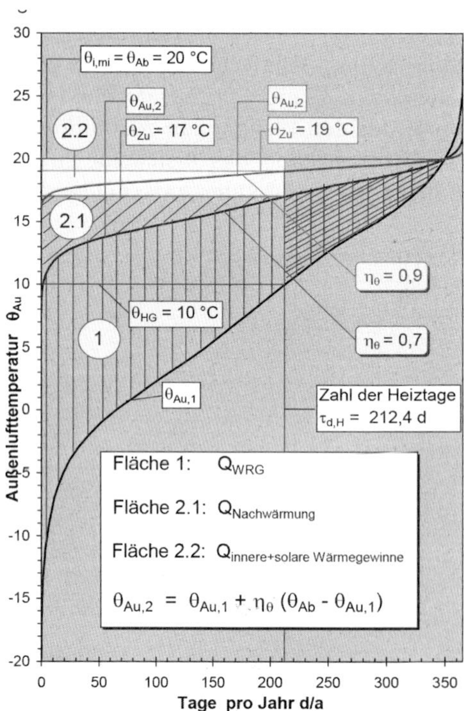

Bild 4.15: Verlauf der Jahresdauerkurven der Außenlufttemperatur ohne ($\theta_{Au,1}$) und mit ($\theta_{Au,2}$) Wärmerückgewinnung bei $\eta_\theta = 0{,}7$ und $\eta_\theta = 0{,}9$ für $\theta_{i,mi} = \theta_{Ab} = 20$ °C am Beispiel für Potsdam (siehe auch [Heinz96])

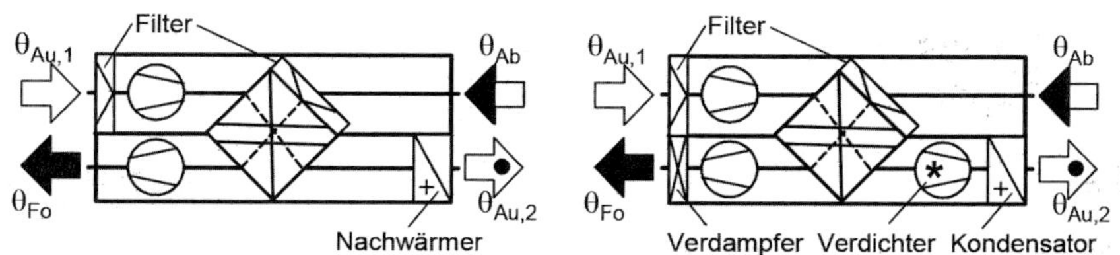

Bild 4.16: Lufterwärmung in Lüftungsgeräten mit Wärmerückgewinnung über Kreuzstrom-Wärmeübertrager und Nachwärmer (links) bzw. Wärmepumpe (rechts)

Die mit Wärmepumpen zu erzielende Temperaturerhöhung ermöglicht bei qualitativ hochwertiger Wärmerückgewinnung während des größten Zeitraums der Heizperiode die Kompensation der Transmissions-Wärmeverluste einer Nutzungseinheit. Eine Zusatzheizung wird dann nur noch für die Zeiträume mit sehr geringen Außentemperaturen notwendig, meist erst im Außentemperaturbereich von $\theta_{Au} < -5$ °C. In Potsdam z. B. umfasst dieser Bereich im statistischen Mittel insgesamt ca. 490 h/a bzw. nur ca. 290 h/a für die Nennheiz-Zeitspanne von (5 ... 22) Uhr.

Bei den Frostschutztechniken bzw. Enteisungsverfahren wird in solche ohne und mit zusätzlichem (Elektro-)Energiebedarf unterschieden. Kein zusätzlicher Energiebedarf ist notwendig, wenn es möglich ist, nur den Außenluftvolumenstrom zeitweilig zu reduzieren oder kurzzeitig ganz zu unterbrechen. Wird der Heizwärmebedarf einer Wohnung/NE jedoch teilweise oder vollständig (Luftheizung) mit der zugeführten Außenluft gedeckt oder sind raumluftabhängige Feuerstätten vorhanden, ist diese Verfahrensweise u. U. ungeeignet oder sogar unzulässig. Für diese Fälle müssen entweder Erdreich-Luft-Wärmeübertrager oder Vorwärmer (vorzugsweise elektrisch betrieben) eingesetzt werden. Die Nachteile des erhöhten Stromverbrauchs werden dabei teilweise durch die Gewährleistung gleichbleibend hoher Wärmerückgewinnung infolge kontinuierlicher Zuluftstrom-Förderung und damit verbundener Erwärmung des Außenluftvolumenstroms infolge WRG wieder ausgeglichen.

Wird als Zusatzheizung Direktheizung mit Elektroenergie geplant, ist das derzeit aus ökologischen und ökonomischen Gründen aber nur in Niedrigstenergie- oder Passivhäusern sinnvoll [RSSch19/20].

5 Einfluss von Gebäudeumfeld und Gebäudeeigenschaften

5.1 Vorbemerkung

Bild 3.2 zeigt, welche geplanten und zufälligen Faktoren Einfluss auf die freie Lüftung eines Gebäudes nehmen. Aber auch in Gebäuden mit ventilatorgestützter Lüftung kann eine zusätzliche freie Lüftung niemals völlig unterbunden werden. Insofern ist es für die Wahl des Lüftungssystems und die Planung von Einrichtungen zur freien Lüftung oder Lüftungsanlagen bzw. -geräten wichtig, stets auch die relevanten Einflüsse von Umfeld sowie Lage und Eigenschaften des Gebäudes auf die natürlichen Antriebskräfte der Lüftung zu analysieren und ggf. entsprechend zu berücksichtigen.

5.2 Gebäudeumfeld und Gebäudelage

Der bei der Umströmung eines zu planenden oder schon bestehenden Gebäudes wirkende **Wind-Differenzdruck** Δp_{Wi} wird nach Gleichung (3.4) (Unterabschnitt 3.2.2) mit der Windgeschwindigkeit $v_{Wi,ist}$ berechnet. Diese in unmittelbarer Nähe des Gebäudes auftretende Geschwindigkeit stimmt selten mit der von der nächstgelegenen meteorologischen Station in 10 m Höhe im offenen (ungestörten) Gelände gemessenen Windgeschwindigkeit $v_{Wi,Met}$ überein. Die Abweichungen resultieren aus den Einflüssen, die neben der Gebäudegeometrie und -höhe sowie der Höhenlage des Gebäudes vor allem die Topografie des Gebäude-Umfeldes, auch als Oberflächen-Rauigkeit des Geländes oder Geländebeschaffenheit bezeichnet, einschließlich vorhandener Abschirmungen in unmittelbarer Gebäudenähe, ausüben.

Mittlere Windgeschwindigkeiten in größeren Höhen $v_{Wi,Met,h}$ können im Bereich von $(10 \leq h_{ist} \leq 200)$ m Höhe mit Gleichung (5.1)

$$v_{Wi,Met,h} = \left(\frac{h_{ist}}{10}\right)^{a} \cdot v_{Wi,Met} \qquad (5.1)$$

abgeschätzt werden [HdbKt08].

Für a gilt dabei:

- 0,16: offenes Gelände mit niedrigen Hindernissen, wie z. B. Gras- und Ackerland mit nur wenigen Bäumen sowie Wasserflächen;
- 0,28: Gelände mit gleichförmig gestreuten Hindernissen von 10 bis 15 m Höhe, z. B. Wohnsiedlungen mit Bäumen, Büschen und Hecken sowie Wälder;
- 0,40: Gelände mit großen, ungleichmäßig verteilten Hindernissen und Stadtzentren.

Zur Veranschaulichung des physikalischen Sachverhalts erfolgen die anschließenden Ausführungen weiterhin auf Basis von [DIN EN 15242], obwohl diese von [DIN EN 16798-7] abgelöst worden ist.

Nach [DIN EN 15242] erfolgt die Umrechnung von $v_{Wi,Met}$ auf die am betrachteten Gebäude zu erwartende Windgeschwindigkeit $v_{Wi,ist}$ gemäß Gleichung (5.2)

$$\frac{v_{Wi,1}}{v_{Wi,2}} = \frac{\ln(h_2/z_0)}{\ln(h_1/z_0)} \tag{5.2}$$

Daraus folgen für $v_{Wi,ist} \equiv v_{Wi,Met}$ bei einer Gebäudehöhe von 80 m in Abhängigkeit von der Oberflächen-Rauigkeit z_{ist} die in Tabelle 5.1 aufgeführten Korrekturfaktoren für $v_{Wi,ist}/v_{Wi,Met}$.

Tabelle 5.1: Faktor $v_{Wi,ist}/v_{Wi,Met}$ für die Umrechnung der Windgeschwindigkeit in 10 m Höhe an Gebäuden in Abhängigkeit von der Geländebeschaffenheit nach [DIN EN 15242]

Geländebeschaffenheit	z_0	$v_{Wi,ist}/v_{Wi,Met}$
offen	0,03	1
normal (ländlich)	0,25	0,9
geschützt (Stadt)	0,5	0,8*)
*) Werte sind bei großer Rauigkeit unsicher		

Für die von [DIN EN 15242] abweichende Berechnung der ‚Referenzgeschwindigkeit' $v_{Wi,ist}$ am zu betrachtenden Standort nach [DIN EN 16798-7] wird auf [ISO 15927-1] Bezug genommen.

In [DIN EN 15242] werden Gebäude zusätzlich in die drei Höhenbereiche

- unterer Teil: $\leq$ 15 m,
- mittlerer Teil: (15 ... 50) m und
- oberer Teil: $>$ 50 m (grundsätzlich ohne Abschirmung)

unterteilt. In Verbindung mit den in Tabelle 5.2 definierten Abschirmungsklassen können daraus die aerodynamische Druckbeiwerte bzw. Druckkoeffizienten C_p nach Gleichung (3.4) zur Ermittlung des zu erwartenden Differenzdrucks durch Windeinwirkung Δp_{Wi} bestimmt werden.

Bei der Beurteilung des Windeinflusses auf die Lüftung ist anzumerken, dass die von meteorologischen Diensten angegebenen Werte immer nur zeitlich gemittelte Werte darstellen. Die sogenannte Böigkeit des Windes, die in kurz zeitigen Windspitzen mit häufigen Änderungen der Windrichtung zum Ausdruck kommt, kann deshalb keine oder nur eingeschränkte Berücksichtigung bei der Auslegung lüftungstechnischer Maßnahmen finden.

Tabelle 5.2: Abschirmungsklassen in Abhängigkeit vom Verhältnis von Abstand LAbst zum zu betrachtenden Objekt und Höhe H_{Absch} des abschirmenden Objekts nach [DIN EN 15242]

Abschirmungsklasse	L_{Abst}/H_{Absch}
offen	> 4
normal	1,5 ... 4
abgeschirmt	$< 1,5$

Bzgl. **Heizungsrelevanz** der **Windwirkung** ist Folgendes zu beachten:

Höchstwerte der Windgeschwindigkeit treten allgemein mittags auf, Tiefstwerte sind abends und nachts zu erwarten [HdbKt08]. Auf monatliche Mittelwerte bezogen, muss in den Monaten Dezember bis Februar in den meisten Regionen Deutschlands, ausgenommen Orte mit mittleren jährlichen Windgeschwindigkeiten im Bereich von < 2 m/s, mit ca. 6 % bis 19 % (im Mittel ca. 12 %) höheren Werten der Windgeschwindigkeit als in den restlichen Monaten der ‚normalen' Heizperiode (Oktober bis Mai) gerechnet werden (Auswertung für den Zeitraum von 1971 bis 1990 nach [DIN 4710]). Dieser Sachverhalt steht zumindest bzgl. der Monats-Mittelwerte im Widerspruch zu der landläufigen (Lehr-)Meinung, dass tiefe Außentemperaturen nicht oder nur selten mit hohen Windgeschwindigkeiten einhergehen. Wenn diese Tendenz in größerer geografischer Breite auch für die Tagesmittelwerte nachweisbar wäre, müsste die derzeitig gängige Meinung überdacht und u. U. auch korrigiert werden.

Für durchzuführende Auslegungs-Aufgaben ist die Verwendung vieljähriger Monats- und Jahresmittelwerte der nächstgelegenen meteorologischen Station zweckmäßig (z. B. gemäß Bild 5.1). Im Bild 5.1 entspricht jedes Quadrat einer Zeitdauer von 24 Stunden.

Ist keine Station in der näheren Umgebung, kann nach „meteorologischer Beratung" mit regionalen Mittelwerten aus den **Testreferenzjahre**n (TRY) [Jahn86, TRY91] gearbeitet werden [DIN 4710], die für 15 Regionen in Deutschland den charakteristischen jährlichen Witterungsablauf (repräsentativ für den Zeitraum 1988 bis 2007) für ein Jahr auf Stundenbasis abbilden. *„Die Datensätze liefern die klimatologischen Randbedingungen zur Simulation des*

Betriebs von heiz- und raumlufttechnischen Anlagen und des thermischen Verhaltens von Gebäuden.“ Lüftungstechnisch relevante Parameter sind dabei Außenlufttemperatur und relative Außenluftfeuchte in 2 m sowie Windrichtung und Windgeschwindigkeit in 10 m Höhe über Grund.

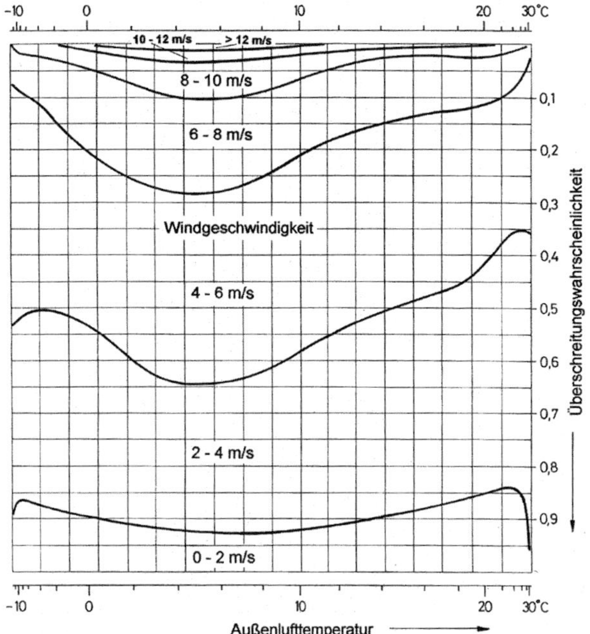

Bild 5.1: Häufigkeit der Windgeschwindigkeit pro Jahr in Abhängigkeit von der Außenlufttemperatur (abgeleitet aus den stündlichen Werten für Potsdam von 1951 bis 1975)

Laut Deutschem Wetterdienst (DWD) reichen die mittleren jährlichen Windgeschwindigkeiten in einem statistischen Windfeldmodell Deutschlands für den Bezugszeitraum von 1981 bis 1990 von 1,9 m/s (süddeutscher Raum) bis 6,2 m/s (Küstenbereiche von Nord- und Ostsee).

5.3 Gebäudeeigenschaften

5.3.1 Vorbemerkung

Die **Gebäudehöhe** einschließlich der **Höhenlage** des Gebäudes bzw. der Nutzungseinheiten im Gebäude wirken sich direkt, die Himmelsrichtungs-Orientierung (über die wechselnden Windrichtungen) sowie die äußere Form (über den Winddruck-Koeffizienten ΔC_p in Gleichung (3.4)) indirekt auf die am Gebäude wirksam werdende Windgeschwindigkeit $v_{Wi,ist}$ und damit auf den sich einstellenden Wind-Differenzdruck Δp_{Wi} nach Gleichung (3.4) aus.

Wiederum die Gebäudehöhe und zusätzlich die Lufttemperatur im Gebäude sind neben der inneren baulichen Gestaltung (z. B. Schacht- oder Geschoss-Typ), einschließlich der Lüftungsschächte, die ausschlaggebenden Faktoren für den durch thermischen Auftrieb entstehenden Differenzdruck Δp_A (Gleichungen (3.8)).

Welcher Anteil des sich aufbauenden Differenzdrucks für das Entstehen einer Luftströmung und damit eines Luftwechsels wirksam wird, kann neben der geplanten Luftdurchlässigkeit auch wesentlich von der Undichtheit der Gebäudehülle und damit von deren Ausführungsqualität abhängen.

Im Folgenden soll deshalb (ergänzend zum Abschnitt 4) weitergehend auf Fragen und Probleme der Undichtheit bzw. Luftdurchlässigkeit der Gebäudehülle auch wesentlich von der Undichtheit der Gebäudehülleim Zusammenhang mit der Sicherung einer ausreichenden Lüftung eingegangen werden.

5.3.2 (Luft-)Dichtheit bzw. Undichtheit der (äußeren) Gebäudehülle

Allgemeines

Wurde noch bis zum Ende der 1980er-Jahre nicht selten von der Annahme ausgegangen, dass die Außenluft-Zuführung bei Gebäuden über die Funktionsfugen und mit kleinerem Anteil eventuell noch über die Einbaufugen der Fenster einschließlich Fenstertüren und Außentüren erfolgt, ist mittlerweile hinlänglich bekannt, dass abhängig vom Gebäudetyp, dem verwendeten Baumaterial, der konstruktiven Gestaltung des Gebäudes und der Qualität der Bauausführung noch weitere **Undichtheiten** in nicht zu unterschätzendem Maße die Luft-In- und -Exfiltration begünstigen können. Als erstes Land hat Schweden deshalb schon 1975 eine Kenngröße für die Beschreibung der Luft-(Un-)dichtheit der gesamten Gebäudehülle definiert und gleichzeitig einen **Grenzwert** von $n_{50} \leq 4{,}5\ h^{-1}$ als nachweisbaren Luftwechsel über die Gebäudehülle beim Mess-Differenzdruck von 50 Pa festgelegt [Zeller95]. Später folgten weitere Länder in Nordamerika und Europa nach.

Auslöser der Sensibilisierung für die Luft-(Un-)dichtheit der Gebäude waren in Deutschland die auf der Basis des Gesetzes zur Einsparung von Energie in Gebäuden (Energieeinsparungsgesetz) von 1976 erlassenen Verordnungen über einen energiesparenden Wärmeschutz bei Gebäuden (Wärmeschutzverordnungen, WSchV) von 1977, 1982 und 1994. Diese beinhalteten mit der vordergründigen Zielsetzung der Reduktion des Heizwärmebedarfs neben anderem auch neue Anforderungen sowohl an die Luftdichtheit der *„Wärme übertragenden Umfassungsfläche"* als auch an die zulässige Luft-(Un-)dichtheit vorhandener (Fenster- und Außentür-)Fugen.

In Tabelle 17 „Kenngrößen und -werte europäischer Länder einschließlich Deutschland für Luftdichtheit von Gebäuden als Luftwechsel n_{50} je Stunde bzw. als flächenbezogene Luftrate $q_{v,50}$, jeweils beim Differenzdruck $\Delta p = 50$ Pa“ der 1. Auflage dieses Buches wurde gezeigt, dass die um das Jahr 2000 in Europa gültigen Luftdichtheits-(Richt-/Grenz-)Werte aber weder eine einheitliche Kenngröße, noch einheitliche Grenzwerte bei gleicher Kenngröße repräsentierten. Zwei Länder hatten zu den oberen auch noch untere Grenzwerte für freie Lüftung und Abluftanlagen festgelegt.

Gleichzeitig begann sich in Deutschland auch aus lüftungstechnischer Sicht mehr und mehr die Auffassung durchzusetzen, dass Gebäudehüllen so dicht wie (technisch) machbar sein müssen, wenn Systeme der sogenannten ‚kontrollierten‘ Lüftung hinreichend gut funktionieren sollen. Die Gründe für eine möglichst hohe **Luftdichtheit** der Gebäude resultieren darüber hinaus auch noch aus den nachfolgend aufgeführten **Anforderungen** an

- **Energieeffizienz**:

  Minimierung des Heizwärmebedarfs für die Außenlufterwärmung durch Verringerung der unkontrollierten, natürlich bedingten Luft-In- und -Exfiltration,

- **Bautenschutz**:

  Verminderung der Gefahr von Raumluftfeuchte-Kondensation in der Baukonstruktion, besonders bei Gebäuden/NE mit Überdrucklüftung,

- **Behaglichkeit**:

  weitgehende Vermeidung von Zugluftproblemen im raumseitigen Bereich von Undichtheiten,

- **Hygiene**:

  Unterbindung der (internen) Übertragung von Geruchs- und Schadstoffen bei NE in Etagenhäusern/MFH,

- **Schallschutz**:

  Dämpfung der Übertragung von Luftschall

einschließlich der eingangs schon aufgeführten

- **Funktionalität lüftungstechnischer Maßnahmen**:

  Kontrollierte Anpassung der Außen-/Zuluftmenge an den raumweisen Bedarf durch Beschränkung der witterungsbedingten Störeinflüsse auf den Lüftungsbetrieb.

Es ist folgerichtig, dass sich mit zunehmender **Luftdichtheit der Gebäudehülle** die **‚Selbstlüftung'** infolge natürlich bedingter Luft-In- und -Exfiltration über Undichtheiten in der Gebäudehülle vor allem bei freier Lüftung reduziert. Dieses im Zusammenhang mit der Realisierung der Luftdichtheit einhergehende Problem ist in Deutschland in der Breite erst relativ spät erkannt und beachtet worden. Z. B. hieß es in [DIN 18017-3] noch bis 2009: *„Diese Norm setzt voraus, dass die Zuluft* (hier Außenluft) *ohne besondere Zulufteinrichtungen durch die Undichtheiten in den Außenbauteilen nachströmen kann. Deswegen darf der planmäßige Abluftvolumenstrom ohne besondere Zulufteinrichtung* (hier GLD/ALD) *keinem größeren Luftwechsel als einem 0,8fachen, bezogen auf die gesamte Wohnung entsprechen."* Das bedeutete, dass man bis zu Außenluftvolumenströmen, die einem (Außen-)Luftwechsel von $\leq 0{,}8\ h^{-1}$ je Nutzungseinheit (NE) entsprachen, davon ausgehen durfte, dass keine GLD/ALD für das Nachströmen der Außenluft geplant werden müssen. Heute weiß man, dass die Luft-In- und -Exfiltration über Undichtheiten selbst bei einem relativ hohen Differenzdruck am Gebäude von $\Delta p \approx 5$ Pa bei einem Luftwechsel von $n_{50} = 2{,}0\ h^{-1}$ höchstens einem real zu erwartenden Luftwechsel von ca. $0{,}16\ h^{-1}$ je NE im Heizperiodenmittel entsprechen kann (siehe Obergrenze für Selbstlüftung im Bild 2.4).

Kenngrößen zur Beschreibung der Luftdichtheit der Gebäudehülle

National und international unterschiedliche Begriffsbestimmungen machen deutlich, dass es die alle Auswirkungen der Luft-(Un-)dichtheit gleich gut charakterisierende einheitliche Kenngröße (noch?) nicht gibt. Sie dürfte auch schwer zu finden sein. Man bedenke nur, dass selbst bei im Mittel guter Dichtheit partiell vorhandene größere Undichtheiten bauphysikalische und thermohygienische Probleme verursachen können. Im Folgenden werden deshalb die in Europa und Deutschland gebräuchlichen Kenngrößen vordergründig unter dem Aspekt betrachtet, ob sie geeignet sind, die hier interessierenden lüftungstechnischen mit den eng korrelierenden energetischen Aspekten ausreichend gut zu beschreiben. Ausführlichere Ausführungen zur Bewertung der Qualität der Baukonstruktion/Bauausführung siehe [Hauser95].

Am bekanntesten und in Deutschland ebenso wie in Europa bisher auch überwiegend gebräuchlich ist die n_{50}-Kenngröße nach Gleichung (5.3)

$$n_{50} = \frac{q_{v,50}}{V_{RE,ne}} \tag{5.3}$$

Sie entspricht dem stündlichen Luftwechsel, der sich einstellt, wenn in einer bestimmten Raumeinheit (z. B. Gebäude oder mit Einschränkungen auch

Nutzungseinheit (NE)) mit dem Nettovolumen $V_{RE,ne}$ infolge eines anliegenden (Mess-)Differenzdrucks von $\Delta p = 50\,Pa$ ein Luftvolumenstrom $q_{v,50}$ durch (ungeplante) Undichtheiten (unter bestimmten Umständen auch geplante Luftdurchlässe, Unterabschnitte 4.2.6 und 9.3.4) in diese bei Unterdruck ein- bzw. bei Überdruck ausströmt.

Der n_{50}-Wert basiert dabei auf der Annahme, dass während der Messung Außenluft über die äußere Gebäudehülle in die NE einströmt (Unterdruck-Messung) bzw. Fortluft über dieselbe aus der NE abströmt (Überdruck-Messung). In eingeschossigen (und abgeschwächt auch in mehrgeschossigen) NE findet bei realen Verhältnissen unter Windeinwirkung bei geschlossenen Fenstern jedoch ausschließlich (bei Mehrgeschossigkeit der NE überwiegend) eine Querströmung statt, bei der Außenluft nur über einen Teil der äußeren Gebäudehülle (im Mittel ca. 50 %) in die Wohnung einströmt (Unterdruck) und über den Rest wieder ausströmt (Überdruck), was auch zu dem Begriff ‚Querlüftung' geführt hat. Gleiches gilt in Form der Luft-In- und -Exfiltration auch für NE mit Zu-/Abluftanlagen im Gleichdruckbetrieb. Der n_{50}-Wert dieser NE dürfte deshalb streng genommen nicht mit dem von NE mit Abluftanlagen bzw. Schachtlüftung, in denen auch im Nutzungszustand überwiegend Unterdruck und damit „Messverhältnisse" vorherrschen, verglichen werden. Der durch die fehlende Differenzierung des zulässigen n_{50}-Wertes hinsichtlich Durchströmung der *„Wärme übertragenden Umfassungsfläche"* unter realen Verhältnissen auftretende (Vergleichs-) Fehler fällt umso mehr ins Gewicht, je größer der n_{50}-Wert ist.

Vergleichende Bewertungen könnten mit n_{50} darüber hinaus auch dann nur fehlerarm vorgenommen werden, wenn die A/V-Verhältnisse (gemäß [WSchV 95]) der untersuchten Raumeinheiten annähernd gleich groß wären. So dürfte z. B. ein Raum einer NE nicht mit der gesamten NE verglichen werden, wenn diese auch fensterlose Räume besitzt, was häufig der Fall ist. Gleiches gilt für den Vergleich von Etagen-Wohnungen in kompakten mit solchen in stark gegliederten Gebäuden sowie für deren Vergleich mit NE in Einfamilienhäusern (EFH). Das liegt daran, dass Raumeinheiten mit kleinen A/V-Verhältnissen (z. B. Etagen-Wohnungen in Mehrfamilienhäusern) bei gleicher absoluter Luftdichtheit, ausgedrückt durch den gemessenen Luftvolumenstrom $q_{v,50}$ beim Differenzdruck von 50 Pa, besser (d. h. mit einem kleineren n_{50}-Wert) bewertet werden als solche mit großen A/V-Verhältnissen (z. B. EFH). Leider findet dies aber seit Jahren in den Regelwerken keine Berücksichtigung mehr.

Die Ermittlung des für die Bildung der Kenngröße n_{50} erforderlichen Nettovolumens einer Raumeinheit $V_{RE,ne}$ kann sehr zeitaufwendig sein. Sie stellt zudem eine relativ große Fehlerquelle dar. Und das nicht nur, weil unterschiedliche Berechnungs-Vorschriften auch unterschiedliche Interpretationsmöglichkeiten erlauben, sondern komplizierte Gebäudegeometrien (z. B. in Form von verwinkelten Dachböden und Gauben) zusätzlich auch noch zu Berechnungsfehlern führen können. Ergebnisabweichungen von bis zu 10 % [Reich98], in Einzelfällen auch darüber [Rolfs10], sind deshalb nicht auszuschließen. Auch in zeichnerischen Unterlagen ausgewiesene Werte halten bisweilen einer Überprüfung nicht stand. Dazu trägt auch bei, dass im Laufe des Planungsprozesses Änderungen vorgenommen werden, ohne das ehemals ausgewiesene Nettovolumen neu zu ermitteln.

Eine ursprünglich aus Schweden stammende Kenngröße wurde mit [DIN 4108-7] ab 2001 auch in Deutschland eingeführt. Sie ist eine auf die **Gebäude-Hüllfläche** A_H bezogene **Luftrate $q_{50,H}$** gemäß Gleichung (5.4)

$$q_{50,H} = \frac{q_{v,50}}{A_H} \equiv VFB_{50} \equiv q_{50} \tag{5.4}$$

die in der Literatur auch mit VFB_{50} oder nur mit q_{50} bezeichnet wird. Sie gilt nach [DIN 4108-7] für Gebäude bzw. Gebäudeteile mit $V_{RE,ne} > 1\,500$ m³. Bezüglich vergleichender Bewertungen gilt für $q_{v,50,H} \equiv q_{50}$ prinzipiell das Gleiche wie für n_{50}. Die Hüllfläche ist als Bezugsfläche in Deutschland zudem weniger gebräuchlich, wird deshalb im Rahmen des Planungsprozesses auch nicht ‚automatisch' ausgewiesen und muss dadurch ebenfalls aufwendig mit demselben Fehlerrisiko wie für n_{50} ermittelt werden.

Weil sich die beiden vorgenannten Kenngrößen für direkte Vergleiche zwischen unterschiedlichen Raumeinheiten nur dann uneingeschränkt eignen, wenn diese ein gleiches oder annähernd gleich großes A/V-Verhältnis besitzen, wurde in [Hauser95] eine neue Kenngröße NBV_{50} bzw. w_{50}, im Weiteren mit Luftrate $q_{50,G}$ bezeichnet, vorgeschlagen. Sie ist gemäß Gleichung (5.5)

$$q_{50,G} = \frac{q_{v,50}}{A_{RE,ne}} \equiv NBV_{50} \equiv w_{50} \tag{5.5}$$

ebenfalls eine flächenbezogene Luftrate, im Unterschied zu $q_{50,H} \equiv q_{50}$ aber mit Bezug auf die Nettogrundfläche $A_{RE,ne}$ als Summe aus Nutz-, Verkehrs- und Funktionsflächen, abzüglich aller unbeheizten Dach- und Kellerräume, Wintergärten u. Ä. Von Vorteil ist die von der Gebäudegeometrie unabhängige Bewertungsmöglichkeit, die kompakte Gebäudeformen (kleine A/V-Verhältnisse) mit konstanter Undichtheit pro Flächeneinheit positiv bewertet. Der aus energetischen Betrachtungen bekannte Bezug auf die Nettogrundfläche war in DIN 4108-7:2001 aufgenommen, ist in [DIN 4108-7] von 2011 aber nicht weiter verfolgt worden.

Beispielhafte Werte für die vorgenannten Kenngrößen waren für den (Mess-) Differenzdruck $\Delta p = 50$ Pa in [DIN EN 15242] aufgelistet (siehe Tabelle 5.3). Dabei fanden die Abhängigkeiten der n_{50}-Werte von den zugehörigen A/V-(= $A_H/V_{RE,ne}$)-Verhältnissen und zusätzlich auch noch diejenigen der $q_{v,50,G}$(≡ $NBV_{50} \equiv w_{50}$)-Werte von den $A_H/A_{RE,ne}$-Verhältnissen (Hüllfläche zu Netto-Grundfläche) Berücksichtigung.

Tabelle 5.3: Beispielhafte Werte für Kenngrößen beim (Mess-)Differenzdruck von $\Delta p = 50$ Pa und Exponent n = 2/3 nach [DIN EN 15242]

Raumeinheit	**Einfamilienhaus**			**Mehrfamilienhaus**			**Begriffe**
Undichtheit ...	**gering**	**mittel**	**hoch**	**gering**	**mittel**	**hoch**	
$A_H/V_{RE,ne}$	0,75			0,4			m^2/m^3
n_{50}	1,9	3,8	7,5	1,0	2,0	4,0	h^{-1}
$q_{50,H} \equiv VFB_{50} \equiv q_{50}$	2,5	5	10	2,5	5	10	$m^3/(h \cdot m^2)$
A_H/A_G	1,8			1,1			m^2/m^2
$q_{50,G} \equiv NBV_{50} \equiv w_{50}$	4,5	9	18	2,8	5,5	11,0	$m^3/(h \cdot m^2)$
	3,4	6,8	13,5	1,1	2,2	4,4	

Fazit:

Die dargestellten Kenngrößen eignen sich unter Beachtung der o. a. Einschränkungen unterschiedlich gut für energetische sowie bautenschutztechnische Qualitätsvergleiche der Gebäudehülle. Sie lassen aber keinen direkten Vergleich mit den für die Einhaltung unbedenklicher Luftfeuchte- bzw. Luftqualitäts-Werte empfohlenen Luftvolumenströmen oder Luftraten zu. Der Grund dafür ist, dass aus Gründen der Vergleichbarkeit auf den in der Realität nur selten auftretenden (Mess-)Differenzdruckwert von $\Delta p = 50$ Pa und nicht auf die für die Auslegung relevanten Werte (siehe Tabelle 4.2 und Tabelle 4.3) bezogen wird. Der n_{50}-Wert eignet sich andererseits aber für Schlussfolgerungen auf den Luftwechsel bei in der Realität auftretenden Differenzdrücken. Ein entsprechendes Verfahren wird in [DIN 1946-6] mit der vom Lüftungssystem abhängigen Berechnung der Luft-In- und -Exfiltration aufgezeigt (siehe Unterabschnitte 4.2.3 und 10.4.2).

Nach [DIN EN 15665] verteilt sich die Luftundichtheit in Form der n_{50}-Kenngröße am Beispiel eines Einfamilienhauses prozentual über die gesamte Gebäudeoberfläche wie in Tabelle 5.4 dargestellt.

Tabelle 5.4: Prozentuale Verteilung der Luftundichtheit über die Gebäudeoberfläche in Abhängigkeit von der Luftdichtheit auf Basis der n_{50}-Kenngröße; nach [DIN EN 15665]

prozentualer Anteil der Gebäudeoberfläche	n_{50}-Wert-Bereiche in h^{-1}			
	< 1	$1 \leq n_{50} \leq 3$	$3 < n_{50} \leq 6$	> 6
Fußboden und angrenzende Gebäude(teile)	20	25	30	35
Dach	30	35	40	45
Fassaden	50	40	30	20

Nationale Grenzwerte der Luftdichtheit

Zur Begrenzung unnötiger Lüftungswärmeverluste waren bzw. sind nach allen bisherigen Energie-Einspar-Verordnungen (EnEV) *„zu errichtende Gebäude so auszuführen, dass die wärmeübertragende Umfassungsfläche einschließlich der Fugen dauerhaft luftundurchlässig entsprechend den anerkannten Regeln der Technik abgedichtet ist“*. Das galt bzw. gilt zwar vornehmlich für Neubauten. Zunehmend waren bzw. sind aber im Rahmen einer energieeffizienten Gebäude-Modernisierung indirekt auch Bestandsbauten betroffen.

In Tabelle 5.5 sind die Grenzwerte als n_{50}-Werte nach [EnEV14] sowie ein Vergleich der Fugendurchlass-Koeffizienten von Fenstern und Fenstertüren nach [WSchV95] und EnEV 2009 aufgeführt.

Nach [DIN 4108-7] sind abhängig vom Lüftungssystem differenziertere und überwiegend auch strengere n_{50}-Werte für den Fall definiert worden, dass *„Messungen der Luftdichtheit von Gebäuden oder Gebäudeteilen durchgeführt werden“* (siehe Tabelle 5.6). Diese als Höchstwerte bezeichneten n_{50}-Werte sollten nicht überschritten werden.

Tabelle 5.5: Luftdichtheit der Gebäudehülle als n_{50}- und $q_{V,50,H} \equiv q_{50}$-Grenzwerte nach EnEV/GEG sowie Vergleich der Grenzwerte für den Fugendurchlass-Koeffizienten a_F von Fenstern und Fenstertüren zwischen WSchV und EnEV bzw. [GEG]

n_{50}-Grenzwerte; nach [WSchV95] und [EnEV14] in h^{-1}			
Gebäude mit ...	n_{50}		
... freier Lüftung	$\leq 3{,}0$		
... ventilatorgestützter Lüftung	$\leq 1{,}5$		
Fugendurchlass-Koeffizient a_F nach [WSchV95] und EnEV 2009			
	[WSchV 95]	EnEV 2009	
	$m^3/(h \cdot m \cdot (10\ Pa)^{n)}$		$m^3/(h \cdot m \cdot (100\ Pa)^{n)}$
... bis zu 2 Vollgeschossen (EFH)	$\leq 2{,}0$ (BG: A)	$\leq 1{,}455$	$\leq 6{,}75$ (Klasse 2)
... mit mehr als 2 Vollgeschossen (MFH)	$\leq 1{,}0$ (BG: B, C)	$\leq 0{,}485$	$\leq 2{,}25$ (Klasse 3)
BG: Einteilung in Beanspruchungsgruppen (A, B und C) nach [DIN 18055;1981-10] Klassen: Klasseneinteilung nach [DIN EN 12207] Achtung: ab [EnEV14] erübrigte sich die Vorgabe von Werten für den Fugendurchlass-Koeffizienten, weil neue Fenster ausnahmslos den o. a. Anforderungen genügen (müssen).			

Tabelle 5.6: Luftdichtheit der Gebäudehülle als n_{50}- und ($q_{V,50,H} \equiv q_{50}$)-Höchstwerte; nach [DIN 4108-7]

Lüftungssystem		**GLD/ALD**		**Höchstwert [DIN 4108-7]**	
				$n_{50,max}$	**$q_{50,H} \equiv q_{50}$**
				[h^{-1}]	**[$m^3/(h \cdot m^2)$]**
freie Lüftung	Querlüftung	keine		$\leq 3{,}0$	$\leq 3{,}0$
		nicht verschließbar		$\leq 3{,}0$	
		ohne	selbsttätige(r) Regelung	$\leq 3{,}0$	
		mit		$\leq 1{,}5$	
	Schachtlüftung	alle		$\leq 1{,}5$	
ventilatorgestützte Lüftung	Abluft	alle		$\leq 1{,}0$	
	Zu-/Abluft	–		$\leq 1{,}0$	
Anmerkung: Werte für Zuluftsysteme sind (noch) nicht festgelegt worden.					

Europäische Grenzwerte der Luftdichtheit

Zur Begrenzung der Luft-In- und -Exfiltration wird nach [CEN/TR 14788] als mögliche Zielsetzung angegeben, bei ventilatorgestützter Lüftung den Außenluftvolumenstrom durch Infiltration $q_{v,Inf}$ auf weniger als 25 % des Anlagenluftvolumenstroms $q_{v,vg}$ abzusenken ($q_{v,Inf} < 0{,}25 \cdot q_{v,vg}$). Das würde einem Infiltrationsanteil von 20 % am Gesamt-Außenluftvolumenstrom $q_{v,ges}$ entsprechen. Die dafür notwendige Luftdichtheit des Gebäudes ist in Tabelle 5.7 für eine angenommene 3-stufige Gebäudeabschirmung als zulässiger n_{50}-Wert dargestellt.

Tabelle 5.7: Zulässige Luftdichtheit der Gebäudehülle als n_{50}-Werte der Gebäudehülle für $q_{v,Inf} < 0{,}25 \cdot q_{v,vg}$ ($q_{v,Inf} < 0{,}20 \cdot q_{v,ges}$) nach [CEN/TR 14788]

Lüftungs-system	Zielsetzung für WRG	$n_{50,zul}$ [h^{-1}] bei Abschirmung ...		
		stark	mäßig	keine
Abluft- oder Zuluftanlage	–	2,4	1,6	1,1
Zu-/Abluft-anlage	ohne	1,5	0,9	0,75
	65 %	0,55	0,35	0,25

Es nutzt wenig, wenn bei der Planung lüftungstechnischer Maßnahmen einschließlich Festlegung der Außen- bzw. Zuluftmengen nur die Nutzungseinheit (NE) insgesamt betrachtet wird. Sowohl bei freier als auch bei ventilatorgestützter Lüftung kommt es immer darauf an, auch jeden einzelnen Aufenthaltsraum mit Außen- bzw. Zuluft in ausreichender Menge zu versorgen. Bei allen Systemen mit Zuluftfunktion ist das weitestgehend gewährleistet. Bei freier und Unterdruck-Lüftung (Abluftsysteme) sind dafür zusätzlich zur Undichtheit der Gebäudehülle mit Ausnahme sehr großer bzw. gering belegter Nutzungseinheiten (NE) immer auch definiert große Luftdurchlässe in der Gebäudehülle (GLD/ALD) notwendig. Diese versorgen alle betroffenen Räume einer NE aber nur dann zuverlässig mit der jeweils zu planenden Menge an Außenluft, wenn die Undichtheiten möglichst klein sind, oder anders ausgedrückt, wenn die Lüftungsautorität der GLD/ALD gegenüber den ungeplanten Undichtheiten hinreichend groß ist (siehe z. B. Tabelle 5.7 nach [CEN/TR 14788], Bild 5.2 und Bild 5.3 sowie Unterabschnitt 9.3.4). Um das gewährleisten zu können, muss der In- und Exfiltrations-Luftwechsel für die gesamte NE möglichst klein sein.

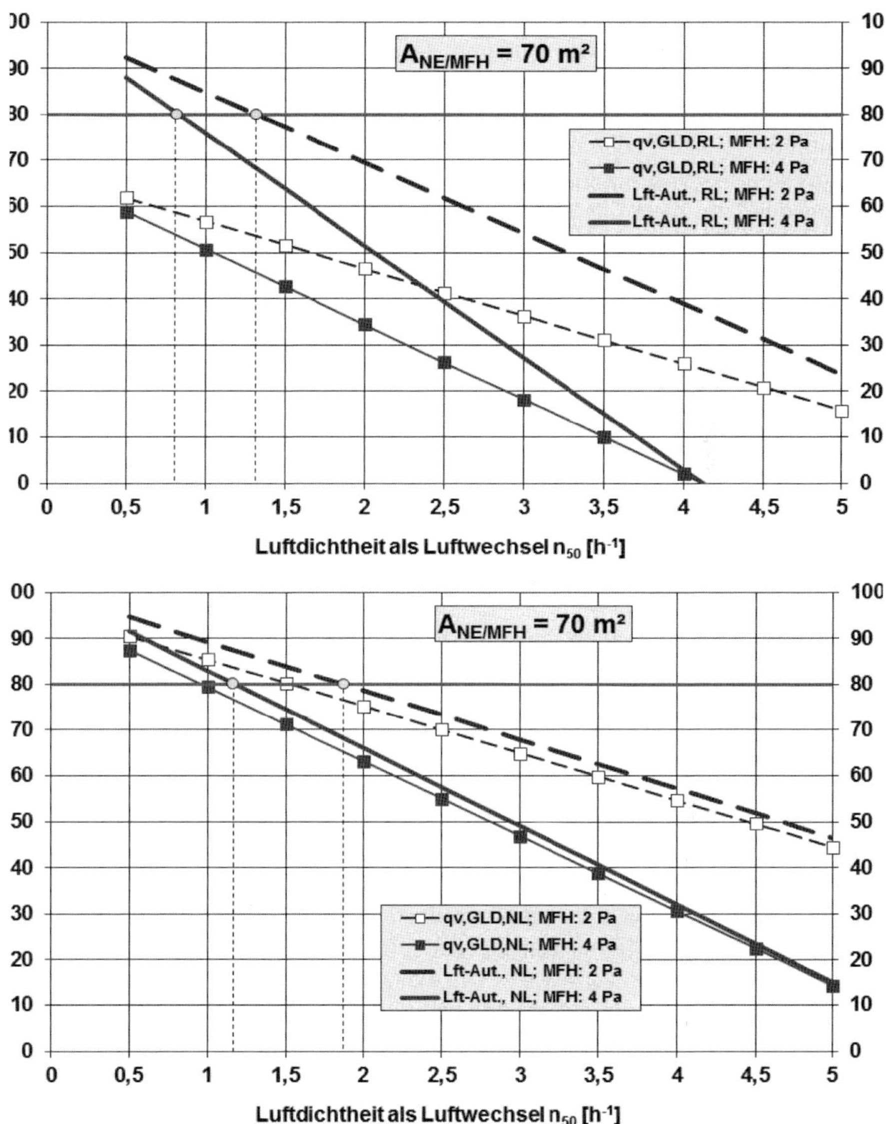

Bild 5.2: Auslegungs-Luftvolumenstrom für GLD/ALD und Lüftungsautorität von GLD/ALD nach [DIN 1946-6] bei Querlüftung in durchschnittlich großen NE von MFH bei Auslegung der GLD/ALD für Reduzierte Lüftung (oberes Bild) und Nennlüftung (unteres Bild) als Funktion der Luftdichtheit des Gebäudes in Form des n_{50}-Wertes in h^{-1}

Die beiden Diagramme im Bild 5.2 zeigen für NE mit freier (Quer-)Lüftung in Mehrfamilienhäusern (MFH), wie groß der n_{50}-Wert in Abhängigkeit von der anzustrebenden Lüftungsautorität notwendiger Gebäudehüllen-Luftdurchlässe (GLD/ALD) höchstens sein darf. In den Darstellungen wurden für die Lüftungsautorität beispielhaft 80 % gewählt. Die Berechnungen erfolgten auf der Grundlage der in [DIN 1946-6] beschriebenen relevanten Auslegungs-Empfehlungen. Es wird deutlich, dass die Grenzwerte umso kleiner werden, je höher der zur Verfügung stehende (Antriebs-)Differenzdruck ist und je geringer der ebenfalls dargestellte (Auslegungs-) Luftvolumenstrom für die GLD $q_{v,GLD}$ gewählt wird. Nach [DIN 1946-6] sollten GLD/ALD mindestens für „Reduzierte Lüftung“, besser aber für „Nennlüftung“ ausgelegt werden. Auch bei (freier) Querlüftung in NE von MFH müssen die n_{50}-Werte in jedem der betrachteten Falle unter ca. 2,4 h^{-1} liegen, wenn eine Lüftungsautorität der GLD/ALD von ca. 80 % oder größer erzielt werden soll. Ein ähnliches Ergebnis für die Grenzwerte von n_{50} erhält man für NE in MFH mit größeren Flächen.

Für NE in Einfamilienhäusern (EFH) mit z. B. $A_{NE/EFH} = 200\ m^2$ verschieben sich die jeweils zulässigen n_{50}-Werte insgesamt nach noch höherer Dichtheit, wie Bild 5.3 zeigt. Sie müssen in jedem der betrachteten Falle unter ca. 1,1 h^{-1} liegen, wenn die Lüftungsautorität der GLD/ALD ca. 80 % oder mehr betragen soll. Diese Tendenz gilt auch für kleinere NE in EFH mit z. B. $A_{NE/EFH} \approx 100\ m^2$.

Anmerkungen zu den nationalen (Grenz-)Werten

Sowohl Tabelle 5.7 als auch die o. a. beispielhaften Diagramme zeigen, dass aus physikalisch-technischen Gründen eine möglichst hohe Luftdichtheit von beheizten (Wohn-)Gebäuden eine der Grundvoraussetzungen für eine optimale und energieeffiziente Lüftungsfunktion ist. Dass dieses Prinzip aber nicht nur für ventilatorgestützte Lüftungssysteme, sondern auch für die Systeme der freien Lüftung gilt, bedarf augenscheinlich noch weiterer Überzeugungsarbeit. Wie anders wäre es sonst zu erklären, dass nach [EnEV 2014] und somit auch nach [GEG] für Gebäude mit freier Lüftung immer noch ein relativ hoher Luftwechsel-Grenzwert von $n_{50} = 3{,}0\ h^{-1}$ zugelassen ist? Einzige Berechtigung hätte dieser Wert für Gebäude mit großen, ständig offenen, d. h. nicht verschließbaren bzw. selbsttätig regelnden GLD/ALD (z. B. für die Verbrennungsluft-Versorgung), die dann auch während der Dichtheitsprüfung nicht abgedichtet werden dürften (siehe dazu auch Unterabschnitte 9.3.4 und 10.4.2). Andererseits sind n_{50}-Werte im Bereich von bis zu $n_{50} \leq 3{,}0\ h^{-1}$ weder aus energetischer noch aus lüftungstechnischer Sicht erstrebenswert. Bei konsequenter Anwendung von [DIN 1946-6] könnte seit 2009 (Inkrafttreten der vorletzten Fassung von [DIN 1946-6]: *„Es dürfen nur manuell einstellbare und verschließbare oder über eine geeignete Führungsgröße selbsttätig regelnde ALD* (GLD) *verwendet* *werden.*“), spätestens aber seit 2010 theoretisch davon ausgegangen werden, dass vorgenannte GLD/ALD für Lüftungszwecke nicht mehr eingesetzt werden. Damit würde sich auch der Wert von n_{50} = 3,0 h^{-1} erübrigen.

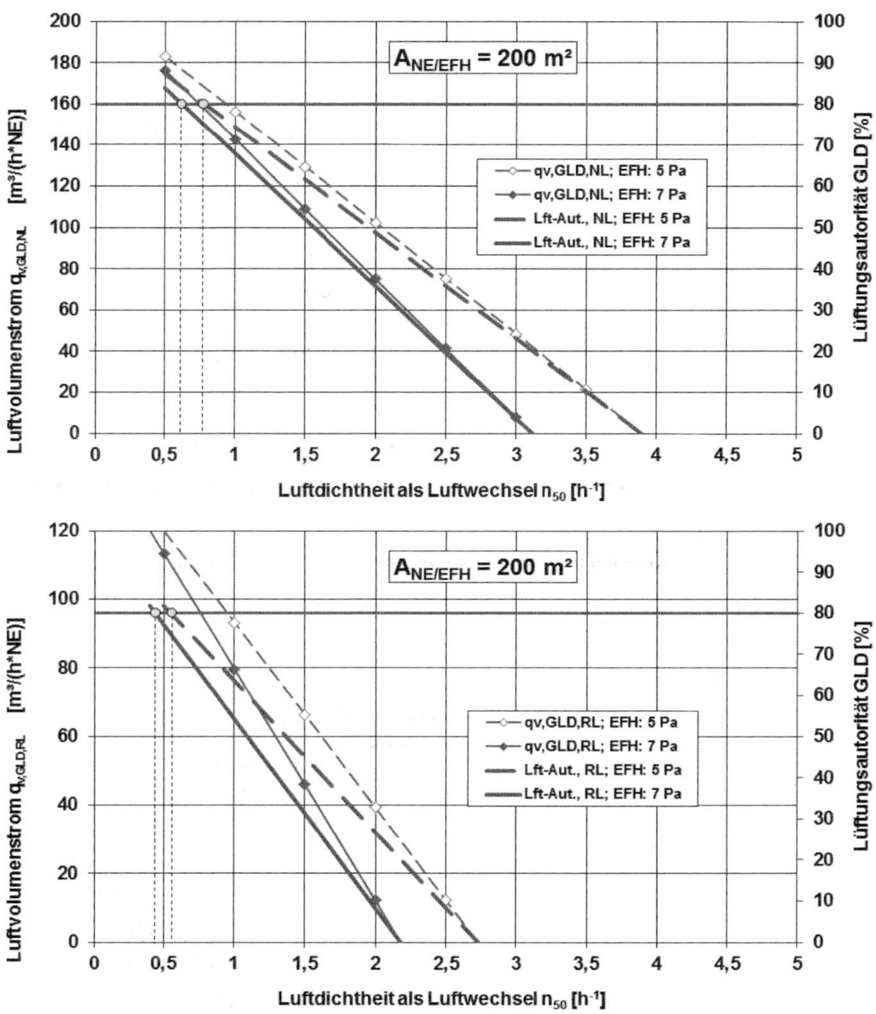

Bild 5.3: Auslegungs-Luftvolumenstrom für GLD/ALD und Lüftungsautorität von GLD/ALD nach [DIN 1946-6] bei Querlüftung in großen NE von EFH bei Auslegung der GLD/ALD für Reduzierte Lüftung (oberes Bild) und Nennlüftung (unteres Bild) als Funktion der Luftdichtheit des Gebäudes in Form des n_{50}-Wertes in h^{-1}

Letzterer ist aber auch noch aus weiteren Gründen korrekturbedürftig:

Sowohl bei der Errichtung als auch bei der Modernisierung/Sanierung von Gebäuden spielt bei den Arbeiten zur Sicherstellung der Luftdichtheit das Lüftungssystem in der Baupraxis kaum eine Rolle. Häufig dürfte vor bzw. teilweise sogar noch während der Bauphase auch gar nicht endgültig entschieden worden bzw. bekannt sein, ob das in Arbeit befindliche jeweilige Gebäude frei gelüftet werden wird oder mit ventilatorgestützter Lüftung ausgerüstet werden soll. Im Ergebnis weisen auch Gebäude mit freier Lüftung – neben den unvermeidlich immer noch zu verzeichnenden hohen Undichtheiten – heute immer häufiger die gleiche (relativ hohe) Luftdichtheit auf, wie sie nach [GEG] für Gebäude mit ventilatorgestützter Lüftung gefordert wird. Das liegt auch daran, dass der zuständige Handwerksbetrieb kaum unterschiedlich dicht, respektive „definiert“ undicht (d. h. mit der Zielsetzung $n_{50} = 3{,}0\ h^{-1}$) bauen kann und wird, wenn er erst einmal von der Notwendigkeit der Herstellung dichter Gebäudehüllen überzeugt ist.

Die Forderung nach $n_{50} \leq 3{,}0\ h^{-1}$ würde für freie Lüftung deshalb nur dann einen (scheinbaren) Sinn ergeben, wenn gleichzeitig auch die Mindest-Luftdurchlässigkeit entsprechend z. B. $(2{,}5 \leq n_{50} \leq 3{,}0)\ h^{-1}$ festgelegt werden würde. Die Festlegung $n_{50} \leq 3{,}0\ h^{-1}$ allein lässt auch den (praktisch schon vorzufindenden) Wertebereich von $(0{,}5 \leq n_{50} \leq 1)\ h^{-1}$ zu. Weil der Planer damit nicht rechnen dürfte, sondern der Lüftungsplanung eher den (möglicherweise) zu erwartenden Wert $n_{50} = 3{,}0\ h^{-1}$ zugrunde legen müsste, kann am Ende nicht einmal die nach [DIN 1946-6] geforderte nutzerunabhängige Minimallüftung (Betriebsstufe „Lüftung zum Feuchteschutz“) gewährleistet werden. Das könnte nicht passieren, wenn von vornherein der obere zulässige Wert niedriger angesetzt werden würde und damit die Planung der GLD/ALD für den niedrigeren Wert durchgeführt werden müsste.

Unabhängig davon ließe die Luftdichtheits-Anforderung nach [GEG] (*„Wärme übertragende Umfassungsfläche einschließlich der Fugen dauerhaft luftundurchlässig abgedichtet“*) bei wörtlicher Auslegung des GEG-Textes und damit sorgfältig(st)er Ausführung des Baukörpers einschließlich seiner Luftdichtheitsebene auch keinerlei Spielräume für eine ‚geplante‘ Undichtheit zu.

In der Praxis wurden deshalb in der überwiegenden Zahl der Fälle schon im Zeitraum von 1998 bis 2004 auch Werte im Bereich von $n_{50} \leq 2{,}0\ h^{-1}$ erreicht [Trauer15] – und zwar unabhängig vom geplanten bzw. ausgeführten Lüftungssystem. Zu beachten ist hierbei auch, dass bisher in der EnEV/[GEG] noch keine allgemeingültige Definition der beiden unterschiedlichen Lüftungssystem-Zuordnungen zu den Grenzwerten der Luftdichtheitsmessung nach EnEV/[GEG] existiert (siehe dazu auch Tabelle 10.3). So könnte es z. B. passieren, dass eine

Nutzungseinheit mit Abluftanlage, die nach [DIN 18017-3] lediglich den oder die fensterlosen Raum/Räume der NE entsorgt, unter der EnEV-/GEG-Rubrik *„mit raumlufttechnischen Anlagen"* als System mit ventilatorgestützter Lüftung eingeordnet und bewertet wird, obwohl der weitaus größere Teil der jeweiligen NE nur frei gelüftet wird.

6 Einfluss und Mitwirkung des Nutzers

6.1 Allgemeines

Im Winterhalbjahr 2000/01 besaßen erst wenig mehr als 21 % aller deutschen Haushalte Lüftungsanlagen bzw. wenigstens die Lüftung unterstützende Geräte (Tabelle 6.2). Dabei wurde die Außenluftzuführung in Einfamilienhäuser (8,7 %) in geringerem Umfange als in Wohnungen von Mehrfamilienhäusern (12,4 %) durch Ventilatoren gesichert bzw. unterstützt. In insgesamt angenähert 38 Mio. Haushalten hing die Außenluftversorgung ausschließlich vom Auftreten von Wind und thermischem Auftrieb im Zusammenwirken mit der Undichtheit bzw. Luftdurchlässigkeit der Gebäudehülle und vom Nutzerverhalten ab (Tabelle 6.1) [Heinz04].

Tabelle 6.1: Anteile der Wohnungen in Ein- und Zwei- (EFH) sowie in Mehrfamilienhäusern (MFH) mit freier Lüftung (Stand 2001), in %

<table>
<tr><th rowspan="4">prozentualer Anteil von Wohnungen in ...</th><th colspan="7">freie Lüftung</th></tr>
<tr><th colspan="5">mit lüftungstechnischen Maßnahmen</th><th rowspan="3">ohne lüftungstechnische Maßnahmen</th><th rowspan="3">Summe</th></tr>
<tr><th colspan="3">Schachtlüftung</th><th>Querlüftung</th><th rowspan="2">Summe</th></tr>
<tr><th>ohne GLD/ALD</th><th>mit GLD/ALD</th><th>Summe</th><th>mit GLD/ALD</th></tr>
<tr><td>... EFH</td><td>2,6</td><td>0,2</td><td>2,8</td><td>1,1</td><td>3,9</td><td>33,5</td><td>37,4</td></tr>
<tr><td>... MFH</td><td>6,2</td><td>0,5</td><td>6,7</td><td>1,4</td><td>8,1</td><td>33,4</td><td>41,5</td></tr>
<tr><td>... allen Gebäuden</td><td>8,8</td><td>0,7</td><td>9,5</td><td>2,5</td><td>12,0</td><td>66,9</td><td>78,9</td></tr>
</table>

Wie viel sich an den Werten der in Tabelle 6.1 und Tabelle 6.2 aufgeführten Anteile exakt geändert hat, war bis Redaktionsschluss nicht bekannt. In zunehmend mehr Wohnungen hat sich aber die Luftdichtheit der Gebäudehülle wesentlich verbessert, weil nicht nur beim Neubau, sondern auch im Rahmen von Instandsetzungs- und Modernisierungs-Maßnahmen beim Fensterwechsel zumindest die Luftdichtheit der Fensterfugen deutlich verbessert worden ist (siehe auch Unterabschnitt 5.3.2). Dadurch gelangte wesentlich weniger Außenluft über die natürliche Selbstlüftung in die betroffenen Wohnungen. Das Öffnen der Fenster und eventuell vorhandener verschließbarer Gebäudehüllen-Luftdurchlässe (GLD/ALD) durch den Nutzer erlangte infolgedessen vor allem bei freier Lüftung entscheidende Bedeutung für die Lüftung und für die Vermeidung von Defiziten, die zu den im Abschnitt 1 beschriebenen bauphysikalischen und hygienischen Problemen mit den (z. B. in Bild 1.11 und Bild 1.12) dargestellten Risiken führen können.

Tabelle 6.2: Anteile der Wohnungen in Ein- und Zwei- (EFH) sowie in Mehrfamilienhäusern (MFH) mit ventilatorgestützter Lüftung (Stand 2001), in %

<table>
<tr><th rowspan="3">prozentualer Anteil von Wohnungen in ...</th><th colspan="7">ventilatorgestützte Lüftung</th></tr>
<tr><th colspan="2">Abluftanlage</th><th colspan="3">Zu-/Abluft-Anlage/-Gerät mit und ohne WRG</th><th rowspan="2">nicht zuordenbar</th><th rowspan="2">Summe</th></tr>
<tr><th>zentral</th><th>Einzelventilatoren</th><th>zentral/ Gerät je NE</th><th>je Raum*)</th><th>nicht zuordenbar</th></tr>
<tr><td>... EFH</td><td>0,1</td><td>5,6</td><td>0,5</td><td>0,8</td><td>1,3</td><td>0,4</td><td>8,7</td></tr>
<tr><td>... MFH</td><td>2,2</td><td>5,4</td><td>1,0</td><td>0,3</td><td>2,6</td><td>0,9</td><td>12,4</td></tr>
<tr><td>... allen Gebäuden</td><td>2,3</td><td>11,0</td><td>1,5</td><td>1,1</td><td>3,9</td><td>1,3</td><td>21,1</td></tr>
<tr><td colspan="8">*) darin 0,1 % (6 Stück) Zuluftgeräte (ohne WRG)</td></tr>
</table>

6.2 Freie Lüftung

Schon in den 1980er-Jahren wurde in ‚luftdichten Wohnungen' bzw. Nutzungseinheiten (NE) nach [Geig87] nur noch ein 0,1- bis 0,3-facher Luftwechsel pro Stunde erreicht. Nach extrapolierten Messergebnissen (mit einheitlicher Annahme eines wirksamen Differenzdrucks von $\Delta p_{ges} \approx 4$ Pa) von [Reich98] lag die ‚Selbstlüftung' in NE von MFH mit neuen Fenstern bei reiner Querlüftung in der Größenordnung von nur 0,04 h^{-1} und bei Schachtlüftung bei 0,08 h^{-1}. Mit (vorsichtshalber) ausgiebiger, um nicht zu sagen verschwenderischer Lüftung ließen sich die damit verbundenen Risiken auf ein vertretbares Minimum reduzieren. Eine übergroße Lüftungsintensität müsste aber andererseits auch mit einem unnötig hohen Heizwärmeverbrauch (im wahrsten Wortsinne) erkauft werden. Weil das weder im Sinne der [GEG] noch der vermutlich überwiegenden Mehrzahl der Nutzer sein dürfte, sind deren womöglich vorhandenem Lüftungsbestreben auch von energetischer bzw. finanzieller Seite Grenzen gesetzt.

Trotzdem werden die Nutzer nach Modernisierungsmaßnahmen zum Ausgleich des Selbstlüftungsdefizits immer wieder zur sogenannten „Stoßlüftung" aufgefordert. Diese sollte aus kurzzeitigen Fensteröffnungs-Intervallen bestehen, die mehrmals täglich über Fensterflügel in geöffneter (Dreh-)Stellung durchzuführen sind. Welche Lüftungsintensität in Form einer in einen einseitig orientierten Raum einströmenden Außenluftmenge dabei in Abhängigkeit von Windgeschwindigkeit, Außen- und Raumlufttemperatur erzielt werden kann, zeigt Bild 6.1 (Säule rechts außen) ([Meyr87], berechnet nach [Knöbel84]).

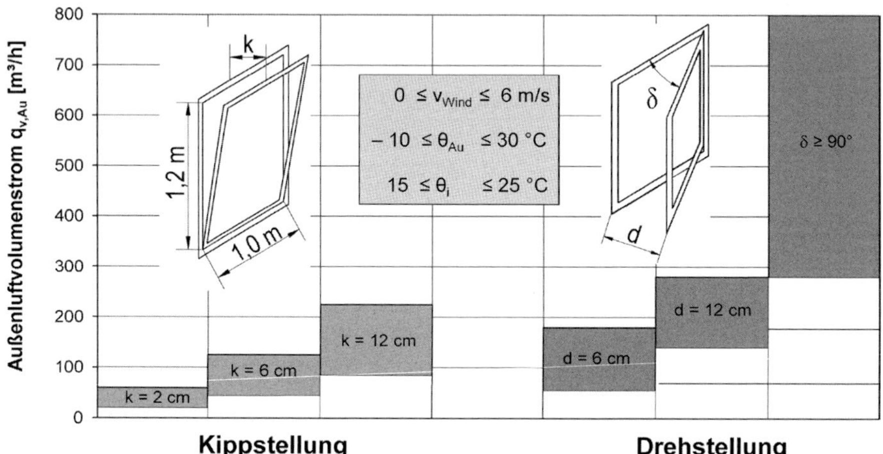

Bild 6.1: Bereiche des Außenluftvolumenstroms durch Fenster in Kipp- und Drehstellung für einen einseitig im Gebäude angeordneten Raum mit $V_R = 28\ m^3$ in Abhängigkeit von Windgeschwindigkeit sowie Außen- und Raumlufttemperatur

Weitere auf Simulationsbasis ermittelte ausführliche Quantifizierungen des Außenluftwechsels bzw. der zugehörigen Außenluftvolumenströme durch Fensteröffnung sind in Abhängigkeit von Kurz- und Langzeit-Lüftungsvorgängen für Fenster mit unterschiedlichen Kipp- und Drehstellungen in [Seif03] dargestellt.

Im Bild 6.2 ist für eine bestimmte Lüftungskonstellation in schematischer Darstellung der Verlauf der Schadstoff- bzw. CO_2-Konzentration bei Stoßlüftung dargestellt. Vereinfachend wurde angenommen, dass sich dabei die äußeren Einflussfaktoren auf die Lüftungsintensität nicht verändern. Durch wiederholte Stoßlüftungsvorgänge wird die vorher kontinuierlich angestiegene Schadstoff-Konzentration zwar innerhalb kurzer Zeit merklich verringert, steigt danach aber in gleicher Weise wieder an. Der empfohlene Grenzwert wird dabei regelmäßig für unterschiedlich lange Zeiträume überschritten. Je länger diese werden, desto höher wird die Schadstoff-Konzentration ansteigen. Daraus folgt,

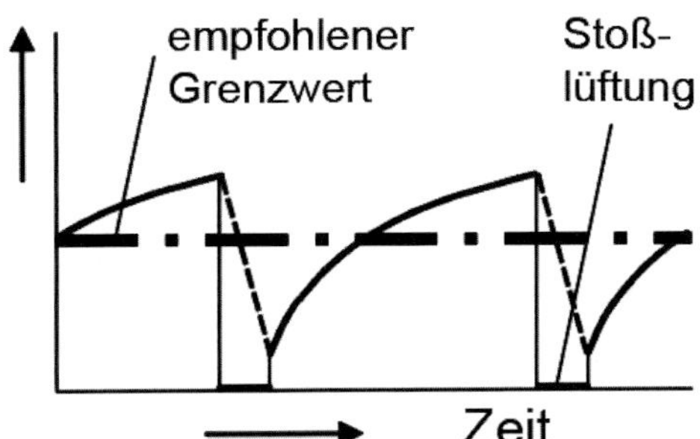

Bild 6.2: Qualitative Darstellung des zeitlichen Verlaufs der Raumluftqualität bei Stoßlüftung eines Raumes am Beispiel von CO_2- bzw. Schadstoff-Konzentration

dass kürzere, dafür aber häufigere Lüftungsvorgänge zu niedrigeren Spitzenwerten führen würden als selteneres, längeres Lüften über geöffnete Fenster. Da sich die Nutzer von Schlafräumen kaum für häufige nächtliche Lüftungsaktivitäten entscheiden dürften, sind bei freier Lüftung ohne zusätzliche lüftungstechnische Maßnahmen zumindest in dieser Raumkategorie (zu der auch Kinderzimmer zählen) hygienische Probleme kaum zu vermeiden. Unbefriedigend bleiben in jedem Falle die unvermeidlichen zyklischen Überschreitungen des empfohlenen Grenzwertes. Diese können bei in Schlafräumen üblicherweise länger andauernden Nichtlüftungs-Perioden wegen ihrer hohen Endwertbereiche negative Auswirkungen auf hygienische Belange haben.

Eine mögliche Alternative wäre Dauerlüftung über angekippte Fenster. In Befragungen bekannten sich in den 1990er-Jahren durchschnittlich mehr als 45 % der Nutzer zu dieser Verhaltensweise [HEINZ94/95]. Aus Bild 6.3 können die daraus resultierenden Effekte in Abhängigkeit der Außenlufttemperatur abgelesen bzw. abgeleitet (Gleichung (6.1)) werden. Dort wo sie praktiziert werden kann bzw. trotz ungünstiger Begleitumstände trotzdem durchgeführt wird (in Schlafräumen mit lärmexponierter Lage dürfte das sehr fraglich sein), handelt sich der Nutzer zumindest bei tieferen Außentemperaturen energetische Nachteile ein. Bei unzweckmäßiger Durchführung (zu lange Ausdehnung der Dauer-/Kipplüftung bei gleichzeitig unterlassener oder unzureichender Wiederaufheizung nach Schließen der Fenster) kann diese Lüftungsform außerdem lokale bauphysikalische Probleme verursachen.

$$q_{v,Au,Fek} = 350 \cdot \alpha \cdot k \cdot \sqrt{(\theta_i - \theta_{Au})} \qquad (6.1)$$

(gilt nur für die angegebenen Fensterabmessungen bei $\alpha \approx 0{,}85$)

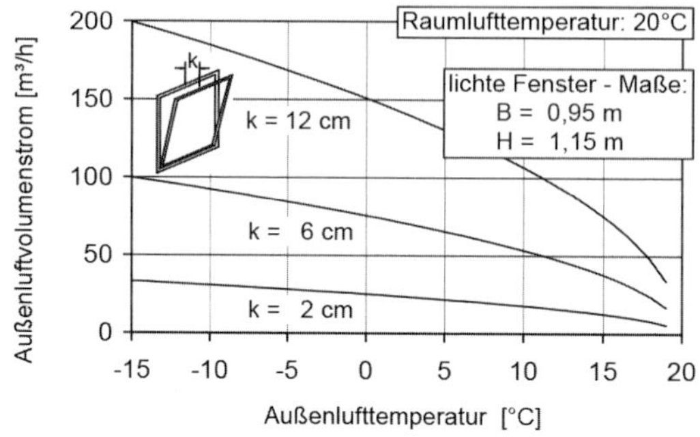

Bild 6.3: Infolge Temperaturunterschieds zwischen innen und außen in einen Raum durch Fenster in Kippstellung einströmender Außenluftvolumenstrom

Die Werte für Fenster in Kippstellung gelten tendenziell auch für Fenster mit Spaltlüftungsfunktion. Die messtechnische Untersuchung von zwei derartigen baugleichen Holzfenstern führte zu dem Ergebnis, dass in Abhängigkeit von der Öffnungsdauer auch dabei fast immer entweder zu viel oder zu wenig gelüftet wird [Heinz95-1]. Dazu trägt u. U. auch bei, dass der mittlere Luftdurchsatz für baugleiche Fenster nicht immer gleich sein muss. Bei den beiden untersuchten Fenstern mit gleicher Fugenlänge von ca. 4,5 m lag er in Spaltlüftungs-Stellung bei einem Differenzdruck von $\Delta p = 4$ Pa bei ca. 34 m^3/h und ca. 48 m^3/h und bei $\Delta p = 8$ Pa bei ca. 50 m^3/h und ca. 69 m^3/h. Trotz Minimierung der Spaltöffnungsbreite k hatte sich außerdem die Schalldämmfunktion der untersuchten Fenster von im Mittel 32,5 dB(A) im geschlossenen Zustand auf 17,5 dB(A) in Spaltlüftungs-Stellung vermindert.

In der Realität sind in Abhängigkeit von wechselnder Windrichtung und Windstärke, veränderlicher Temperaturdifferenz zwischen dem zu lüftendem Raum und außen sowie vielen weiteren Einflussfaktoren (siehe Bild 3.2) unterschiedlich lange tägliche Lüftungszeiträume erforderlich, um im Mittel den jeweils gleichen Lüftungseffekt erzielen zu können. Tendenziell wurde in Abhängigkeit von der Fensterstellung in den 1980er-Jahren von folgender Streubreite des Luftwechsels durch geöffnete Fenster n_{Fe} während der Heizperiode ausgegangen [Geig87]:

- Fenster gekippt (ohne Rollläden):
  - ohne Querlüftung: $0{,}3\ h^{-1} \leq n_{Fe} \leq 1{,}5\ h^{-1}$
  - mit Querlüftung: $0{,}8\ h^{-1} \leq n_{Fe} \leq 2{,}5\ h^{-1}$
- Fenster in Drehstellung geöffnet:
  - zu 50 % (ohne Durchzug): $2\ h^{-1} \leq n_{Fe} \leq 4\ h^{-1}$
  - zu 100 % (ohne Durchzug): $9\ h^{-1} \leq n_{Fe} \leq 15\ h^{-1}$
  - zu 100 % (mit Durchzug): $n_{Fe} > 20\ h^{-1}$

Die große Spannweite der aufgeführten Wertebereiche zeigt eindrucksvoll, welche Möglichkeiten der Nutzer demnach hat, die Lüftung quantitativ zu beeinflussen. Sie lässt aber auch erahnen, wie schwer es für ihn ist, die Lüftung so zu dosieren, dass einerseits ständig ausreichend Außenluft (‚Frischluft') in die Wohnung gelangt und andererseits zu reichliches Lüften mit der Konsequenz des überhöhten Heizwärmebedarfs vermieden wird.

Dass in der Praxis auch schon in den 1980er-Jahren nicht allen Nutzern das ‚goldene Mittel' gelang, zeigt der weite Bereich von $(0{,}15 \leq n_{NE,ist} \leq 3)\ h^{-1}$, in dem sich nach [Meyr87] der festgestellte Luftwechsel durch Nutzerlüftung von NE zu NE bewegte. Daraus lässt sich ableiten, dass das Spektrum der Lüftungsgewohnheiten vom ‚Sparen' über ‚normal' bis zum ‚Verschwenden' reichte. Neuere, statistisch abgesicherte systematische Untersuchungen zum Fensteröffnungs-Verhalten der Nutzer mit daraus resultierenden Luftwechselwerten sind nicht bekannt. Es besteht aber auch kein begründeter Anlass zu der Annahme, dass sich die Bandbreite des durch Nutzergewohnheiten verursachten Luftwechsels wesentlich geändert hat.

Mittlere Werte wurden 12 Jahre später in [Erh98] angegeben: Aus mehr als 80 langjährig messtechnisch betreuten Wohngebäuden mit mehr als 1 000 NE wurde abgeleitet, dass der durch Fensterlüftung in der Heizperiode verursachte Luftwechsel im Bereich von $(0{,}2 \leq n_{real} \leq 0{,}4)\ h^{-1}$ lag.

Dem Nutzer selbst ist es kaum möglich, richtig einzuschätzen, wie oft und wie lange er tatsächlich lüftet bzw. gelüftet hat. Die Vergleiche in Bild 6.4 demonstrieren, wie weit erfragte Angaben von den tatsächlich registrierten Werten entfernt sein können. Noch schwieriger als die zeitliche Registrierung des Lüftungsverhaltens ist für den Nutzer jedoch, dieses richtig zu ‚bemessen'. Abgesehen davon, dass es wegen der unzähligen Einflussfaktoren so gut wie unmöglich ist, dem Nutzer diesbezüglich objektspezifisch belastbare Vorgaben machen zu können, liegt das u. a. an seiner überwiegend fehlenden Kenntnis der Wirkmechanismen der Lüftung. Letzteres trifft in besonderem Maße für die freie Lüftung zu.

Die Vielfalt der das Lüftungsverhalten von Wohnungsnutzern beeinflussenden unterschiedlichen Einflussfaktoren zeigt Tabelle 6.3.

Einfluss auf das **Lüftungsverhalten** haben mutmaßlich auch **Versicherungsfragen.** Bei einer nach Fensterwechsel (alte relativ undichte gegen neue luftdichtere Fenster mit sogenannter Spaltlüftungsfunktion) im Dezember 1994 durchgeführten Mieterbefragung (Beteiligung: 49 von 60 Mietern) in einem frei gelüfteten 6-geschossigen Wohnblock zur Frage des Diebstahls- bzw. Einbruchsschutzes ist erwartungsgemäß eine deutliche Abhängigkeit von der Geschosslage der Wohnungen sichtbar geworden (Bild 6.5) [Heinz95-1].

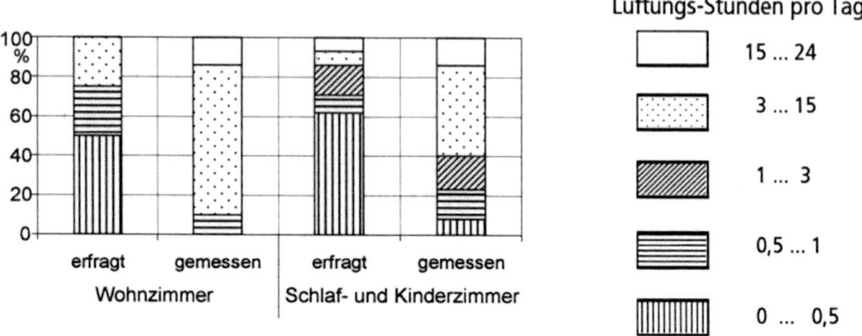

Bild 6.4: Vergleich von Nutzerangaben zur Lüftungsdauer mit parallel durchgeführten Zeitmessungen

Tabelle 6.3: Einflüsse auf das Lüftungsverhalten von Wohnungsnutzern; nach [DIN-FB 4108-8]

Klima/Witterung	Lebensgewohnheiten	örtliche Gegebenheiten
Außentemperatur	An- bzw. Abwesenheit	Windexposition des Gebäudes/der NE
Windrichtung	Haushaltsaktivitäten (Koch- und Backprozesse)	Immissions-Intensität (Lärm, Staub, Gerüche, Allergene)
Windgeschwindigkeit	Geruchsemissionen (Möbel, Raumtextilien, Rauchen)	Raumfunktion (Küche, Bad/WC, Wohn-/Hobby-Bereich)
Sonnenschein	„Frischluft"-Bedarf Fensteröffnungen (Art, Dauer, Anzahl pro Tag)	Heizungssystem (Heizkörper, Fußboden-, Luftheizung, Kamin)
Bewölkung	Einstellung zum Energiesparen (Raumtemperatur, Bekleidung)	Lüftungssystem (frei oder ventilatorgestützt)
Niederschlag	Feuchtefreisetzung (Kochen, Duschen/Baden, Wäsche trocknen, Pflanzen, Aquarien)	Überström-Möglichkeiten in der NE
	Fensterbank-Nutzung	Fensterart und Öffnungsmöglichkeiten
	Mietvertragsrecht	Höhenlage der Fenster im Gebäude (Bild 6.5)
		Qualität der Bauausführung (Wärmedämmung, Luftdichtheit)

Dabei ist zu beachten, dass ein Fenster in Spaltlüftungsstellung von außen kaum oder gar nicht als geöffnetes Fenster zu erkennen ist. Es ist infolgedessen zu vermuten, dass sich in den unteren Etagen bei ausschließlich möglicher Kipp- und Drehstellung der Fenster noch mehr Nutzer überlegen, ob sie die Fenster öffnen werden oder nicht.

Zu den in der Praxis tatsächlich üblichen täglichen **Fensteröffnungszeiten** existieren einige Untersuchungen kleineren Umfangs. In [Erh98] wurden z. B. im Rahmen von Messungen in 70 Häusern, 31 davon mit freier und 39 mit ventilatorgestützter Lüftung, die mittleren täglichen Fensteröffnungszeiten in einer Heizperiode (von Anfang September bis Ende Mai) messtechnisch erfasst.

In den frei gelüfteten Häusern lagen sie im Bereich von 0:20 h/d und 3:55 h/d, in den Häusern mit Lüftungsanlagen zum Vergleich unerwartet hoch zwischen 0:24 h/d und 4:36 h/d. Der Mittelwert über alle 70 Häuser betrug 1:58 h/d. In die Ergebnisse ist dabei ein Teil der heizfreien Übergangszeit mit eingeflossen (überwiegende Teile von Mai und September). In [Reiss01] ist das Fensterlüftungsverhalten in 67 NE von MFH und EFH (freistehend, RH und DHH), davon 28 NE mit ventilatorgestützter Lüftung (sowohl Abluft- als auch Zu-/Abluftanlagen mit WRG), stundenweise (ohne Unterscheidung in Stoß- oder Kipplüftung) messtechnisch erfasst worden. Die mittlere Fensteröffnungsdauer lag in den NE mit freier Lüftung im Bereich von ($0{,}07 \geq t_{Fe} \geq 0{,}62$) h/h. Bei einer Aufteilung in „Weniglüfter“ (WL), „Durchschnittslüfter“ (DL) und „Viellüfter“ (VL) ergab sich folgendes Spektrum: WL: 0,11 h/h, DL: 0,21 h/h und VL: 0,38 h/h. In den NE mit ventilatorgestützter Lüftung lagen alle Lüftungsdauern im Mittel überwiegend um 0,1 h/h niedriger. Interessant ist auch, dass mit zunehmender Wohnfläche/Person die Lüftungsdauer abnahm: bei freier Lüftung entsprechend 0,27 h/h bei 17,5 m^2/P über 0,25 h/h bei 27,3 m^2/P bis auf 0,19 h/h bei 71,2 m^2/P; bei ventilatorgestützter Lüftung: 0,16 h/h bei 24,5 m^2/P über 0,15 h/h bei 44,6 m^2/P bis auf 0,10 h/h bei 74,6 m^2/P. Dieses intuitive Nutzerverhalten, dass in größeren NE geringere Luftwechsel als in kleineren notwendig sind, fand auch bei der Ermittlung des notwendigen Außenluftvolumenstroms nach [DIN 1946-6] insofern Berücksichtigung, als die zu planenden Werte für den Außenluftvolumenstrom je m^2 beheizter Fläche mit zunehmender Fläche geringer werden.

Die umfangreichsten, bisher unveröffentlichten Ergebnisse zu täglichen Lüftungsvorgängen sind in Tabelle 6.4 dargestellt. Sie stammen aus der Untersuchung zur Feuchte- und Schimmelpilz-Problematik [Brasche03, Heinz04] in deutschen Wohnungen (siehe Unterabschnitt 1.3) und wurden unabhängig vom jeweils vorhandenen Lüftungssystem aus persönlichen Befragungen ermittelt. Erfasst worden sind 31 834 Räume. In 947 (2,95 %) sei nie gelüftet worden, in

2 045 (6,4 %) selten, in 11 268 nur mit Kipplüftung (35,4 %), in 11 515 nur über voll geöffnete Fenster (Stoßlüftung) (36,15 %) und in 5 279 (16,6 %) mit Stoß- und Kipplüftung. Für 780 (2,5 %) Räume wurden keine Angaben gemacht. Die häufigste Anzahl von Stoßlüftungen wurden für das Badezimmer mit 2,42 pro Tag und die wenigsten für alle Räume mit Schlaffunktion (ca. 1,6) angegeben. Über angekippte Fenster ist am längsten in WC-Räumen (9,3 h/d) sowie in reinen Schlafräumen und Badezimmern (jeweils ca. 7,5 h/d) und am kürzesten in reinen Wohnräumen (2,55 h/d) gelüftet worden.

Weitere Ergebnisse für frei (und auch ventilatorgestützt) gelüftete Gebäude können auf der Basis von Messungen mit Fensterkontakten zusammengefasst [Hartm01-2] entnommen werden.

Möglichkeiten der Mitwirkung des Nutzers durch das Öffnen von Fenstern (‚Fensterlüftung')

Der Nutzer kann trotz aller Probleme, das **Fensteröffnen** richtig zu ‚dosieren', auch nach [DIN 1946-6] nicht völlig von diesem entbunden werden. Bei freier Lüftung gilt das nicht nur für Nutzungseinheiten (NE) in unveränderten Bestandsgebäuden, sondern auch für NE in solchen mit ausgeführten lüftungstechnischen Maßnahmen (LtM) sowie in Neubauten. Abhängig vom Leistungsvermögen der LtM variiert lediglich der Umfang der Mithilfe. Hinsichtlich des ‚Angewöhnens' des dafür notwendigen neuen Lüftungsverhaltens wirkt sich neben der vorn schon erwähnten fehlenden Fachkenntnis auch die Tatsache erschwerend aus, dass die sensorischen Fähigkeiten des Menschen bei der Wahrnehmung von Lüftungsdefiziten eher kümmerlich ausgebildet sind. Die meisten Luftschadstoffe können ebenso wie zu hohe Luftfeuchtigkeit bei normalen Raumlufttemperaturen überwiegend nicht wahrgenommen werden.

Selbst aus ungenügender Lüftung resultierende Symptome wie Müdigkeit (Ursache u. a. zu hohe CO_2-Konzentration), Kopfschmerz, Bindehautreizungen (ausgelöst z. B. durch Formaldehyd) und allergische Reaktionen werden in de seltensten Fällen den tatsächlichen Ursachen zugeordnet. Das gilt auch für ernsthaftere gesundheitliche Schädigungen infolge permanenter Einwirkung unterschiedlicher Luftschadstoffe im Raum.

Ein leider auch nur eingeschränkt tauglicher Sensor für ‚verbrauchte', ‚schlechte' oder gar gesundheitsschädigende Raumluft ist der menschliche **Geruchssinn.** Er versagt nicht nur, wenn die Schadstoffe geruchlos sind, sondern auch, wenn sich die Luftqualität über längere Zeiträume allmählich verschlechtert, was nicht selten der Fall ist. Aus letztgenanntem Grund wird im Rahmen der im Unterabschnitt 2.2 erläuterten olfaktometrischen Untersuchungen das Qualitätsurteil über den Luftzustand auch stets nur für die kurze Zeitspanne des Eintretens in den zu untersuchenden Raum abgegeben.

Nach einer Zeitdauer von nur wenigen Minuten versagt unsere Geruchswahrnehmung und selbst ausgewählte Prüfpersonen wären nicht mehr in der Lage, die vorhandene Geruchsbelastung hinreichend genau zu beurteilen.

Tabelle 6.4: Allgemeine und raumbezogene Lüftungsgewohnheiten in Deutschland; aus [Brasche03, Heinz04]

Raumart	Stoßlüftungsvorgänge pro Tag*)		Kipplüftungsdauer**)	
	Anzahl Räume	Mittelwert	Anzahl Räume	Mittelwert
	–	d^{-1}	–	h/d
alle Räume	16 794	1,85	16 547	4,62
alle Wohn- und Schlafräume	10 852	1,73	8 774	4,89
alle Funktionsräume	5 942	2,05	7 773	4,32
Wohnraum	4 421	1,93	2 472	2,55
Schlafraum	3 357	1,62	3 582	7,49
Wohn-/Schlafraum	2 026	1,57	1 825	3,54
Kinderzimmer	992	1,60	845	3,62
sonstiger Wohnraum	2 731	2,04	3 458	3,11
Küche	2 634	1,99	3 149	4,38
Badezimmer	497	2,42	1 000	7,45
WC	80	1,92	166	9,30
sonstiger Funktionsraum	56	1,85	50	4,01

*) Ergebnisse gelten in Bezug auf alle ausschließlich oder zusätzlich mit Stoßlüftung gelüfteten Räume

**) Ergebnisse gelten in Bezug auf alle ausschließlich oder zusätzlich mit Kipplüftung gelüfteten Räume

Frage an Mieter:
Spielt bei Ihrer Entscheidung zur Öffnung des Lüftungsspaltes der **Diebstahls-** bzw. **Einbruchschutz** eine Rolle?

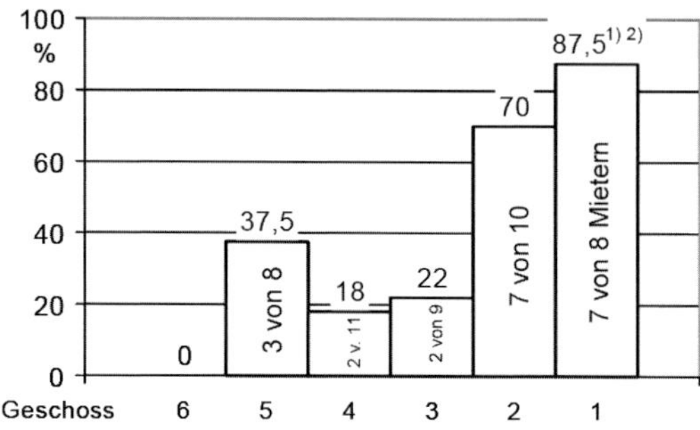

Legende

1 Der fehlende von den 8 im 1. Geschoss befragten Mietern benutzt die Spaltlüftung gar nicht.

2 Von den 7 Mietern, die mit „ja" antworteten, nutzten drei bei stundenweiser und zwei auch bei ganztägiger Abwesenheit die Spaltlüftungsfunktion aber trotzdem.

Bild 6.5: Einfluss von Diebstahls- bzw. Einbruchsschutz auf die Fensterlüftung in NE von mehrgeschossigen Wohngebäuden bei möglicher Nutzung von „Spaltlüftungs"-Fenstern: geschossabhängige Darstellung des Mieteranteils, für den der vorbeugende Schutz eine Rolle spielte

Im Unterschied zu Änderungen der Schadstoff- und damit der Geruchsbelastung im Raum verursachen Änderungen der Außenlufttemperatur beinahe gesetzmäßig ablaufende **Lüftungsaktivitäten** des Nutzers: Je kälter es draußen ist bzw. wird, umso weniger oft und lange öffnet er die Fenster und umgekehrt (Bild 6.6), [Haber88] und [Reiss01]. Die Ursachen für dieses Verhalten dürften in der gesteigerten Zugluftwahrnehmung und der schnelleren Auskühlung des Raums bei der Zuführung von Außenluft mit tieferen Temperaturen zu suchen sein.

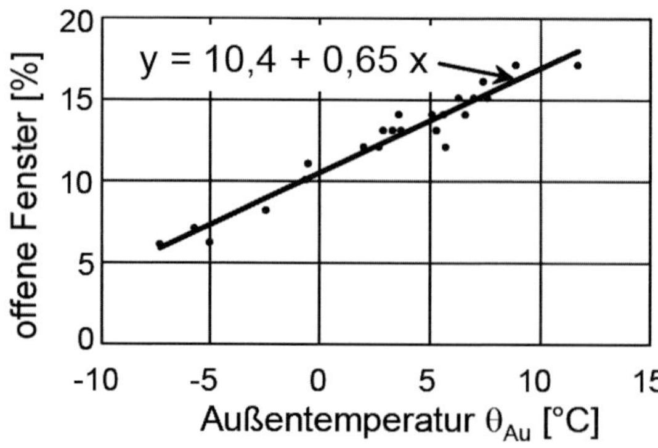

Bild 6.6: Individuelles Öffnen der Fenster durch die Nutzer in Abhängigkeit von der Außentemperatur

Wie ebenfalls schon erwähnt wurde, können auch zu hohe (relative) Luftfeuchten, z. B. während der schimmelpilzkritischen Übergangsjahreszeit, vom Menschen nicht als Warnsignal wahrgenommen werden. Aus diesem Grunde wird seit einigen Jahren die Anwendung von Hygrometern propagiert, die es gestatten, die Raumluftfeuchte zu messen und direkt abzulesen, um daraus Rückschlüsse auf den Zeitpunkt und die Zeitdauer der Notwendigkeit des Fensteröffnens durch den Nutzer ableiten zu können. Leider lässt sich auch mit diesem Hilfsmittel nur eine annähernd an den tatsächlichen Bedarf angepasste Lüftung realisieren. Und das liegt nicht nur daran, dass die Lüftungsaktivitäten weiterhin von den real vorhandenen Möglichkeiten und der subjektiv bedingten Bereitschaft des Nutzers abhängig bleiben. Einschränkungen hinsichtlich einer nutzerabhängigen bedarfsgerechten Lüftung resultieren auch aus den nachfolgend aufgeführten objektiv bedingten Schwachpunkten dieser Verfahrensweise:

- Mit einem **Hygrometer** wird die relative Feuchte der Raumluft gemessen. Das Feuchtekriterium für Schimmelpilz-Wachstum basiert jedoch nicht auf diesem Messwert, sondern auf der (nicht direkt messbaren) relativen Feuchte an exponierten (Wand-)Oberflächen (*relative Oberflächenfeuchte*). Diese muss aus den Messwerten der relativen Raumluftfeuchte nahe der und der Temperatur an der ausgewählten Oberfläche rechnerisch ermittelt werden (siehe auch Unterabschnitte 1.3.3 und 2.3).
- Aus der Abhängigkeit der *relativen Oberflächenfeuchte* von der Oberflächentemperatur $\theta_{O,i}$ (Bild 1.4) und damit auch von der Außenlufttemperatur $\theta_{L,Au}$ einschließlich der vorhandenen Wärmedämmung resultieren unterschiedliche dem Nutzer vorzugebende (Hygrometer-)**Grenzwerte**. Für die sogenannte ungestörte Wand zeigt Bild 6.7 die Bandbreite der Messwerte, ab deren Erreichen gelüftet werden müsste, wenn Schimmelpilz-Wachstum vermieden werden soll. Bei gleichbleibender Raumlufttemperatur $\theta_{L,i}$ müssten danach ab 71 % bei guter ($\Delta\theta = \theta_{L,i} - \theta_{L,Au} = 2$ K) oder ab 51 % bei weniger guter ($\Delta\theta = \theta_{L,i} - \theta_{L,Au} = 7$ K) Wärmedämmung die Fenster zwecks Absenkung der Luftfeuchte geöffnet werden. In [Künzel09] ist die Raumluftfeuchte (ab der ein Risiko für Schimmelpilz-Wachstum besteht) für den kritischeren Bereich von konstruktiv (geometrisch) bedingten Wärmebrücken in Abhängigkeit von Außen- und Raumlufttemperatur und vom Wärmdämmgrad (gut: $U = 0{,}5\ W/(m^2{\cdot}K)$ bzw. schlecht: $U = 1{,}4\ W/(m^2{\cdot}K)$) dargestellt. Danach müsste der Nutzer zum Schutz von Raumecken und -kanten vor Schimmelpilz-Wachstum bei einer Raumlufttemperatur von z. B. $\theta_{L,i} = 20$ °C und einer Außenlufttemperatur von $\theta_{L,Au} = -5$ °C im schlecht gedämmten Gebäude schon ab einem (Hygrometer-)Messwert von ca. 43 %, im gut gedämmten Gebäude dagegen erst ab ca. 58 % zu lüften beginnen.

Bekanntlich ist das Kriterium für das Auftreten von Schimmelpilz-Wachstum auch an die **Zeitdauer** des Erreichens bzw. Überschreitens des Feuchtigkeits-Grenzwertes geknüpft. Das bedeutet, dass es notwendig wäre, dass der Nutzer zusätzlich die tägliche Zeitdauer der Grenzwert-Überschreitungen registriert. Der Lüftungsvorgang bräuchte streng genommen erst dann zu beginnen, wenn der für den jeweiligen Raum ermittelte kritische Grenzwert für die *relative Oberflächenfeuchte* an mindestens 5 aufeinanderfolgenden Tagen für mehr als 12 Stunden täglich mindestens erreicht worden ist. Welche Zeitdauer er von da an mit welcher Intensität anhalten müsste, ist dabei ebenso schwierig festzulegen wie der exakte, weitgehend risikofreie Beginn.

- Eine nicht zu unterschätzende Beeinträchtigung der korrekten Bestimmung des Lüftungszeitraumes (vom Beginn bis zum Abschluss) stellt zusätzlich die **Ungenauigkeit** der **Hygrometer** dar, auf die bei massenhafter Anwendung aus Kostengründen überwiegend zurückgegriffen wird bzw. werden muss. Im dargestellten Beispiel (Bild 6.8) macht nach ca. 6 Stunden Expositionszeit zweier unterschiedlicher Geräte der Unterschied zwischen den erreichten Messwerten (69 % und 42 %) 27 %-Punkte(!) relative Luftfeuchtigkeit aus. Um die daraus resultierenden u. U. exorbitanten Messfehler vermeiden zu können, müssten die einzusetzenden Geräte justierbar sein und auch in regelmäßigen Abständen kalibriert werden. Das bedeutete aber höheren Wartungs- und Kostenaufwand, der zumindest im Mietwohnungsbau den Einsatz entscheidend ungünstig erschweren dürfte.
- Mit einem weiteren Messfehler muss gerechnet werden, wenn das Messgerät respektive ein externer Fühler desselben nicht an einer der potenziell kritischen Stellen für das Auftreten von Feuchtigkeit bzw. Schimmelpilz (z. B. Wärmebrücken) platziert wird oder werden kann.

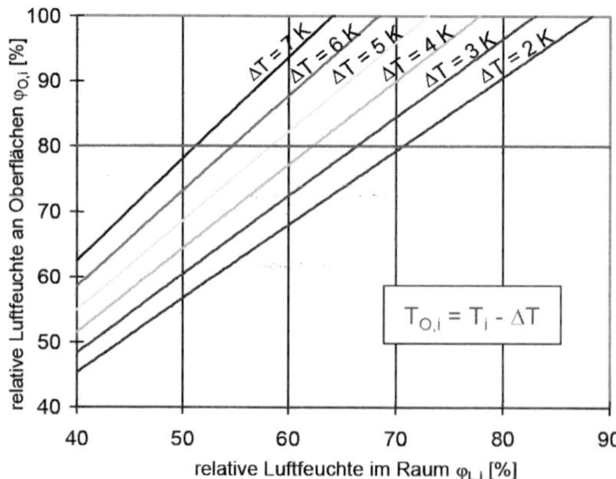

Bild 6.7: Zusammenhang zwischen der relativen Luftfeuchte auf der raumseitigen Oberfläche der ungestörten Wand ($\varphi_{O,i}$) und der Raumluft in Wandnähe ($\varphi_{L,i}$) in Abhängigkeit von der Temperaturdifferenz zwischen Raumluft und Oberfläche $\Delta T = T_i - T_{O,i}$

Bild 6.8: Vergleich der Messwerte je eines analog und eines digital anzeigenden Hygrometers bei ca. 15 °C Raumtemperatur

Schlussfolgernd ist festzustellen, dass der Nutzer zwar ohne Messgeräteunterstützung objektiv nicht oder nur stark eingeschränkt in der Lage ist, mittels ‚dosierten' Öffnens von Fenstern eine Wohnung lastabhängig so zu lüften, dass alle hygienischen und bautenschutztechnischen Anforderungen bei minimiertem Heizwärmebedarf erfüllt werden können. Andererseits muss aber auch festgestellt werden, dass mit nicht justierter und wenn notwendig auch kalibrierter Messtechnik dem Nutzer der festgelegte Lüftungszeitpunkt häufig nur sehr ungenau angezeigt wird. Hinsichtlich dessen Festlegung bestehen jedoch auch bei korrekter Messung der relativen Raumluftfeuchtigkeit weiterhin die oben aufgeführten Probleme. Ob das Verfahren damit praxistauglich ist, könnten nur belastbare Untersuchungen zeigen, die bisher jedoch (noch) nicht in der notwendigen Breite vorliegen.

Messtechnische Ermittlung des richtigen Lüftungszeitpunktes

Eine akzeptable Alternative für die Anzeige der relativen Raumluftfeuchte ist die direkte Messung der *relativen Oberflächenfeuchte* in gefährdeten Bereichen. Dazu bedarf es eines Messgerätes, das nicht nur die relative Raumluftfeuchte, sondern darüber hinaus auch die Oberflächentemperatur im am meisten gefährdeten Wandbereich erfassen und daraus die maßgebliche Oberflächenfeuchte ermitteln kann. Ergänzt um eine damit in Verbindung stehende Zeitdauererfassung würde es letztlich physikalisch korrekte Signale für das Einleiten von entsprechenden Lüftungsaktivitäten aussenden können.

Nutzereinfluss auf die Luftzirkulation in NE

Ein wesentliches Merkmal für das Funktionieren der freien Lüftung stellt die ungehinderte Durchströmung der Nutzungseinheit auch bei **geschlossenen Innentüren** dar. Sind keine gesonderten Überström(luft)-Luftdurchlässe (ÜLD) vorgesehen, wirken sich geschlossene Innentüren mit niedrigem Fugendurchlass-Koeffizienten ($a_{IT} < 4\ m^3/(h \cdot m \cdot Pa^n)$) negativ auf die Lüftung von Wohnungen aus (siehe Unterabschnitt 9.3.4). In [Reich96] konnte allein nach Öffnen der Innentüren ein Anstieg des Außenluftvolumenstroms um 75 % bei freier gegenüber 20 % bei ventilatorgestützter Lüftung rechnerisch nachgewiesen werden. Da in den meisten Wohnungen die Luft nur über Türblattverkürzungen nachströmt, kann der Nutzer schon durch unbeabsichtigtes Verschließen der vorhandenen Luftspalte mit Teppichbelägen die Lüftungswirkung in der Wohnung wesentlich vermindern. Im Falle relativ dichter Türen zu den Ablufträumen (vor allem Küche und Bad-/WC-Raum) kann es bei Schachtlüftung ebenso wie bei zentralen Abluftanlagen außerdem zu einer unerwünschten Kurzschlussströmung kommen. In Mehrfamilienhäusern strömt dabei Luft nicht über den Wohnbereich, sondern vorrangig über innere Undichtheiten in Küche und Bad-/WC-Raum (z. B. im Bereich von Installationsschächten) aus anderen Nutzungseinheiten nach. Diese Luft trägt nicht zur Lüftung der Wohn- und Schlafräume bei. Außerdem kann sie zusätzliche Luftfeuchte sowie Geruchs- und Schadstoffe in die zu lüftende NE transportieren. Aus diesem Grunde muss der Nutzer vor allen Maßnahmen zur nachträglichen Abdichtung von absichtlich vorhandenen Türunterschnitten gewarnt werden. Diese werden vielfältig als „Türdichtschienen“ oder „Zugluftstopp“ von den unterschiedlichsten Vertreibern angeboten. Suggerierte Vorteile hinsichtlich vermeintlicher Heizkosteneinsparungen sowie Zugluft- und Ungeziefervermeidung kehren sich durch Unterbindung der Lüftungsfunktion in kaum erstrebenswerte Nachteile um. Fehlen Überströmmöglichkeiten völlig, kann der Nutzer dies nur durch Offenhalten seiner Innentüren ausgleichen. Eine spaltweise Öffnung wäre dafür meist schon ausreichend.

Lüftungsproblem des Nutzers in angenähert luftdichten NE

Das Dilemma, in dem sich der Nutzer befindet, wenn die Verantwortung für eine optimale Lüftung der Wohnung ihm allein übertragen wird, soll noch einmal am Beispiel der nächtlichen Lüftung des Schlafzimmers anschaulich zusammengefasst werden. In den Diagrammen Bild 2.1 und Bild 2.2 sind Beispiele für den zeitlichen Verlauf (Anstieg) des CO_2-Gehalts und im Bild 2.6 für den der Raumluftfeuchte gezeigt. Um bei angenähert dichter Gebäudehülle beides im zulässigen Rahmen halten zu können, müsste der Nutzer in bestimmten Zeitabständen für unterschiedlich lange Zeiträume das Fenster öffnen. Damit könnte bei sachgemäßer (lastabhängiger) Durchführung der empfohlene Grenzwert im Mittel eingehalten werden. Dabei ist aber zu beachten, dass das Fenster überwiegend erst geöffnet wird, wenn die Luft aus der Sicht des Nutzers ‚verbraucht' ist. Somit werden während größerer Zeiträume die Schadstoffwerte über dem Grenzwert liegen (Bild 6.2). Da die Stoßlüftung aber z. B. in Schlaf- und Kinderzimmern nachts nicht praxisrelevant ist, sind diese davon besonders betroffen. Der Nutzer muss sich hierbei entweder für ein geschlossenes Fenster oder für nächtliche Dauerlüftung mittels eines angekippten Fensters entscheiden. Im ersten Falle muss er eine stete Verschlechterung der Raumluftqualität in Kauf nehmen und im zweiten Falle die gute Raumluftqualität mit überhöhtem Heizwärmebedarf und einer u. U. bauphysikalisch bedenklichen partiellen Auskühlung der Raumumschließungsflächen erkaufen.

Nutzerproblematik der freien Lüftung bei dauerhaft luftundurchlässiger „Wärme übertragender Umfassungsfläche" nach EnEV/GEG

Jeder einzelne Raum einer Nutzungseinheit (NE) muss täglich in Abhängigkeit unzähliger äußerer und innerer Einflussfaktoren individuell so gelüftet werden, dass nicht nur die umfassenden Anforderungen an die Lüftung erfüllt werden, sondern darüber hinaus auch möglichst wenig Heizwärme verbraucht wird.

Wenn der Nutzer diese Aufgabe mit Fensteröffnungen, vorzugsweise in Form von Stoßlüftung, lösen soll, ist er damit im Allgemeinen überfordert. Einerseits ist es so gut wie unmöglich, ein zu seiner NE einschließlich ihrer Lage im und der Exposition des gesamten Gebäude(s) und dessen bauphysikalischen und lüftungstechnischen Eigenschaften und zu seinem eigenen Verhalten (Feuchtefreisetzung, Heizung) passendes, belastbares Lüftungskonzept zu ermitteln. Andererseits dürfte er oftmals auch gar nicht in der Lage sein, entsprechend den praktischen Gegebenheiten zu agieren (Nichtanwesenheit, Nutzung von Fensterbänken, Anbringung von Gardinen etc.). Er lüftet deshalb entweder zu viel und verbraucht mehr Heizwärme als unbedingt notwendig wäre oder zu wenig und handelt sich damit u. U. bauphysikalische bzw. hygienische Probleme ein [Heinz13].

Besonders schwierig gestaltet sich die Lüftung des nächtlichen Schlaf-/ Kinderzimmers:

- Manuelle Kurzzeit-(Stoß-)lüftungs-Vorgänge sind nicht zumutbar und
- Dauerlüftung mit Kippstellung des Fensters verursacht nicht nur hohen Energiebedarf, sondern kann auch zur partiellen Auskühlung der Raumumschließungsflächen führen. An lärmexponierten Standorten sowie in den untersten Geschossen scheidet Dauer-Fensterlüftung (auch aus versicherungsrechtlichen Gründen) weitgehend aus.

6.3 Ventilatorgestützte Lüftung

Während in relativ luftdichten Gebäuden bei freier Lüftung ohne zweckentsprechende Mitwirkung des Nutzers Lüftungsdefizite auftreten können, ist bei ventilatorgestützter Lüftung in Verbindung mit unangepasstem Fensterlüften eher mit zu stark ausgeprägter Lüftung zu rechnen. Infolge traditioneller Gewohnheiten sowie subjektiv geprägter Vorstellungen von ‚Frischluft' öffnet(e) der Nutzer im Allgemeinen auch bei vorhandener Lüftungsanlage seine Fenster angenähert wie bei freier Lüftung [Hartm98, Erh98, Richter97, Reiss95, Erh94 und Haber88]. Wirtschaftliche Erwägungen spielten dabei eine eher untergeordnete Rolle. Selbst eine sozial bedingte Abhängigkeit konnte bis Ende der 1990er-Jahre in durchgeführten Untersuchungen nicht nachgewiesen werden [Erh97]. Offensichtlich fehlte zusätzlich zu der in breiten Bevölkerungsschichten vorherrschenden Unkenntnis der lüftungstechnischen Zusammenhänge bei den geltenden Energiepreisen auch der finanzielle Anreiz zum Sparen. Das könnte sich mittlerweile wegen der aktuellen Klimasituation in Teilen, vermutlich aber noch immer nicht in großer Breite geändert haben.

Im Ergebnis des traditionellen Lüftungsverhaltens wurde in Wohnungen/Gebäuden mit Systemen der ventilatorgestützten Lüftung häufig ein Luftwechsel festgestellt, der sich aus der Summe des für die ventilatorgestützte Lüftung anforderungsgerecht (z. B. nach [DIN 1946-6]) ausgelegten Luftvolumenstroms und eines auf das Nutzerverhalten zurückzuführenden größeren, überwiegend nicht notwendigen Anteils aus freier Lüftung zusammensetzt. Dieser Anteil an vom Nutzer verursachter freier Lüftung infolge des Öffnens von Fenstern (n_{FE}) könnte nach [Haber88] bei ‚starker' Lüftung bis zum 0,8-fachen stündlichen Luftwechsel (LW) reichen:

- Lüftung gering: $(0 \leq n_{Fe} \leq 0{,}1)\ h^{-1}$,
- Lüftung mittel: $(0{,}1 \leq n_{Fe} \leq 0{,}5)\ h^{-1}$ und
- Lüftung stark: $(0{,}5 \leq n_{Fe} \leq 0{,}8)\ h^{-1}$.

In [Heinz94/95] gaben durchschnittlich mehr als 52 % der Befragten an, im Schlafzimmer das Fenster trotz vorhandener zentraler Abluftanlagen mit gewährleisteter ständiger Grund-/Nennlüftung täglich länger zu öffnen. In den 1990er-Jahren in 80 Objekten mit mehr als 1 000 NE messtechnisch gewonnene Ergebnisse weisen unabhängig vom Lüftungssystem eine mittlere Fensteröffnungsdauer von ca. zwei Stunden pro Tag mit einem mittleren Luftwechsel im Bereich von ($0,2 \leq n_{Fe,mi} \leq 0,4$) h^{-1} über die Heizperiode aus [Erh98].

Wie im Unterabschnitt 6.2 schon erwähnt, wurden im Rahmen von praxisrelevanten Messungen in 70 Häusern, davon 39 mit ventilatorgestützter und 31 mit freier Lüftung, die mittleren täglichen Fensteröffnungszeiten in einer Heizperiode (von Anfang September bis Ende Mai) messtechnisch erfasst. In den Häusern mit Lüftungsanlagen lagen sie im Bereich von 0:24 h/d und 4:36 h/d und damit im Vergleich zu frei gelüfteten Häusern (0:20 h/d und 3:55 h/d) unerwartet hoch [Erh98]. Auch wenn in die Ergebnisse ein Teil der heizfreien Übergangszeit mit eingeflossen ist (überwiegende Teile von Mai und September), erstaunen die hohen Werte für Häuser mit Lüftungstechnik doch. Unterstellt man, dass die Lüftungstechnik hinreichend gut funktioniert hat, deuten die ermittelten Werte darauf hin, dass die betroffenen Nutzer entweder noch keine völlige Klarheit über die lüftungstechnischen Vorteile der ventilatorgestützten Lüftung gegenüber der freien Lüftung gewonnen hatten oder ihre vertrauten Lüftungsgewohnheiten einfach nicht abstellen wollten oder konnten. Eine Ausnahme stellt in diesem Rahmen bisher die Untersuchung von [Reiss01] dar. Wie bereits ausgeführt, lüfteten dabei 28 Nutzer von Wohnungen mit ventilatorgestützter Lüftung im Mittel ca. 0,1 h/h weniger mit dem geöffneten Fenster als 39 mit freier Lüftung.

Weitere Untersuchungsergebnisse wurden in [Hausl03] veröffentlicht. Dabei sind 28 baugleiche Reihenmittelhäuser in Niedrigenergie-Bauweise zwei Jahre messtechnisch begleitet worden. 13 Objekte waren mit Zu-/Abluftanlagen und 11 mit Luftheizung und jeweils WRG sowie zwei mit Ablufttechnik (ein Objekt davon mit WRG) ausgerüstet. Zwei Objekte wurden lediglich über Undichtheiten und Fensteröffnen frei gelüftet. Die (zusätzliche) Lüftung über Fenster erfolgte überwiegend durch Ankippen derselben. Für die ermittelten Fensterlüftungsdauern ergab sich keinerlei Zuordnung zu den unterschiedlichen Lüftungssystemen. Das zusätzliche Fensteröffnen in den Objekten mit ventilatorgestützter Lüftung resultierte aus dem Bedürfnis der Nutzer nach *„raum- und zeitweise individueller Frischluftmenge“*. In den Schlafzimmern war der Wunsch nach kühlerer Lufttemperatur dafür ausschlaggebend. Es wurde diesbezüglich festgestellt, dass *„die zentrale Anlagentechnik dem zeitlich und örtlich unterschiedlichen Bedarf an Luftmengen und Lufttemperaturen nicht genügte“*, woraus sich die *„Forderung nach bedarfsgerechten technischen*

Lösungen ableitete". Auf die Frage nach der Bereitschaft, auf das Fensteröffnen zu verzichten, antworteten von 22 befragten Haushalten aus den vorgenannten Gründen 10 mit nein, 6 mit vielleicht und nur 5 mit ja.

Zusätzliche Ergebnisse bezüglich ventilatorgestützter (und auch freier) Lüftung sind auf der Basis von Messungen mit Fensterkontakten in [Hartm01-2] zusammengefasst worden.

Tabelle 6.5: Verhältnis des Gesamt- zum Lüftungsanlagen-Luftvolumenstrom in einem Reihen-Mittelhaus (RMH) infolge des Nutzereinflusses; nach [Hartm98]

Nutzereinfluss durch Fensteröffnen	Gebäude-Dichtheit	Abluftanlage		Zu-/Abluftanlage	
		Gebäudelage			
	n_{50} [h^{-1}]	frei	städtisch	frei	städtisch
ohne	1	1,03	1,01	1,16	1,11
	3	1,27	1,14	1,47	1,32
normal	1	1,49	1,45	1,82	1,75
	3	1,79	1,64	2,13	1,96

Am deutlichsten wirkt sich das zusätzliche Fensteröffnen bei Systemen mit Zu-/Abluftanlage bei ausgeglichenem Druck in der Wohnung aus. Reine Abluftsysteme reagieren darauf mit einer wesentlich geringeren Zunahme des Gesamt-Luftwechsels [Hartm98]. Tabelle 6.5 zeigt beispielhaft das auf der Grundlage einer Gebäudesimulation ermittelte Verhältnis von Gesamt- zu Anlagen-Luftvolumenstrom in Abhängigkeit vom Nutzerverhalten unter zusätzlicher Berücksichtigung von Dichtheit und Lage des betrachteten Gebäudes.

Unter den Bedingungen einer ventilatorgestützten Raumlüftung ist es sinnvoll, wenn sich die Einflussnahme des Nutzers auf die Lüftungsintensität vorrangig auf die Bedienung vorhandener Lüftungskomponenten reduzieren lässt. Die meisten Anlagen bzw. Geräte ermöglichen ihm, während oder nach erhöhtem Lastaufkommen (z. B. beim Kochen, Braten und Backen sowie beim Waschen, Baden, Duschen und Wäschetrocknen) in der Küche und im Bad-/WC-Raum auf eine jeweils höhere Lüftungs-Betriebsstufe umzuschalten und damit den Luftwechsel bedarfsgerecht zu erhöhen. Umgekehrt sollte es dem Nutzer aber auch ermöglicht werden, bei längerer Abwesenheit Anlagen oder Geräte mit reduzierter Lüftung bzw. Lüftung zum Feuchteschutz nach [DIN 1946-6] zu betreiben.

Lässt die installierte Anlagen- bzw. Gerätetechnik eine totale **Abschaltung** zu, muss der Nutzer mit den gleichen Unsicherheitsgraden wie bei der freien Lüftung eigenverantwortlich nicht nur über die Notwendigkeit, sondern auch über

Zeitpunkt und Zeitdauer der Lüftung entscheiden. Da die Gebäudehülle u. U. wesentlich dichter ist als die von Gebäuden mit frei gelüfteten Nutzungseinheiten (z. B. entsprechend den zulässigen Grenzwerten nach EnEV/GEG), birgt das ein zusätzliches Risiko für das Auftreten von Schäden. Nach [Meyr87] werden z. B. ausschaltbare Einzelventilatoren (EV), vermutlich auch wegen der überwiegenden Schaltbarkeit mittelbar über einen Lichtschalter, durchschnittlich (0,1 bis 0,6) h/d in der Küche und (1 bis 5) h/d im Bad-/WC-Raum betrieben. Befragungen in [Heinz94/95] ergaben Ähnliches: Die tägliche Einschalthäufigkeit von EV lag durchschnittlich bei 1,2- bis 2,6-mal, wobei für Bad-/WC-Räume höhere (2,3 bis 2,6) und für Küchen niedrigere Werte (1,2 bis 1,4) festgestellt worden waren. An Wochenendtagen erhöhte sich die Häufigkeit auf 1,8 bis 3,0 pro Tag; davon 2,7 bis 3,0 für Bad-/WC-Räume und 1,8 bis 2,3 für Küchen. Die jeweilige Betriebsdauer beschränkte sich auf Zeiträume unter einer Stunde. Lediglich (4 bis 11) % der Mieter in den relevanten Objekten gaben an, die Geräte manchmal etwas länger als eine Stunde einzuschalten. Nur wenige betrieben die Ventilatoren über mehrere Stunden am Tag oder sogar ganztägig. Bis auf geringfügige Abweichungen entsprachen die erfragten Betriebsweisen auch denjenigen für Intensivlüftung bei durchgehend mit Grundlüftung betriebenen Abluftanlagen in einem weiteren untersuchten Objekt. Auf mögliche Gründe für die geringe Inanspruchnahme wird weiter unten eingegangen.

[DIN 1946-6] empfiehlt für den Fall der Abschaltbarkeit der Lüftungsanlagen oder -geräte *„dauernden, regelmäßigen Intervallbetrieb“*. Dabei *„dürfen sie bei einer täglichen Laufzeit von mindestens 12 Stunden nicht länger als jeweils eine Stunde ausgeschaltet sein“*.

Eine Mitwirkung des Nutzers ist darüber hinaus auch bei der **Instandhaltung** von Lüftungs-Komponenten und ihrer Reinigung nicht nur erwünscht, sondern teilweise sogar unverzichtbar (Abschnitt 11). Allein durch ungereinigte Abluftfilter (Beispiele für Druckverlust-Unterschiede zwischen sauberen und verschmutzten **Luftfilter**-Einsätzen zeigt Bild 7.4) kann der Luftvolumenstrom im extremen Fall bis auf null reduziert werden. Befragungen [Heinz94/95] führten zu dem Ergebnis, dass die Luftfilter-Einsätze lediglich ca. alle 5 Monate gewechselt werden. Durchschnittlich 36 % der in zwei Objekten an einem Standort Befragten möchten oder können den Filterwechsel nicht selbst durchführen. 16,5 % waren sich nicht schlüssig. Nur ca. 47,5 % würden die Filter am liebsten selbst wechseln. In mehr als der Hälfte der nicht von einem Service-Dienst entsprechend versorgten Wohnungen wären unter diesen Voraussetzungen Probleme vorprogrammiert. Eine ‚Mieter-Lösung Abluftfilterung‘ in Form einer losen Filtermatte anstelle des vorgesehenen Abluft-Durchlasses (Tellerventil) ohne Luftfilter in einer Wohnung eines MFH mit ZVA zeigt Bild 6.9.

Bild 6.9: ‚Mieter-Lösung' für Abluftfilterung im ‚korrigierten' Ab(luft)-Luftdurchlass unter einer Abluft-Herdhaube: Der ursprünglich vorhandene einstellbare AbLD ohne Filtermöglichkeit ist gegen eine Schaumstoffmatte (siehe Pfeil) ausgetauscht worden.

Mangelhafte Planung, schlechte Qualität der Ausführung und vernachlässigte Instandhaltung von Anlagen/Geräten können zu **Mängeln** führen, die Missempfindungen bei den Nutzern hervorrufen. Typisch für Lüftungsanlagen oder -geräte sind in diesem Zusammenhang Maschinen- und Strömungsgeräusche sowie Zuglufterscheinungen infolge örtlich zu hoher Zuluftgeschwindigkeiten, meist in Verbindung mit niedrigen Zulufttemperaturen. Beide Mängel sind häufig Auslöser für ein nicht erwünschtes ‚Mitwirken' der Nutzer, das vom Zukleben oder Verstopfen von Luftdurchlässen (Bild 6.10) bis hin zum zeitweiligen oder auch völligen Außerbetriebsetzen von Geräten oder Anlagen führen kann.

Vor allem Geräuschbelästigung und vermeintlich zu hoher Elektroenergieverbrauch führten z. B. nach Ausrüstung eines Mietshauses mit Einzelventilatoren in Küche und Bad-/WC-Raum mit nicht ausschaltbarer Grund- und vom Nutzer bestimmter Intensiv-Lüftung in 14 von 30 Wohnungen nach kurzer Zeit zur (Aus-)Schaltbarkeit auch der Grundlüftung (entsprach der derzeitigen LSt Nennlüftung) [Heinz95-2].

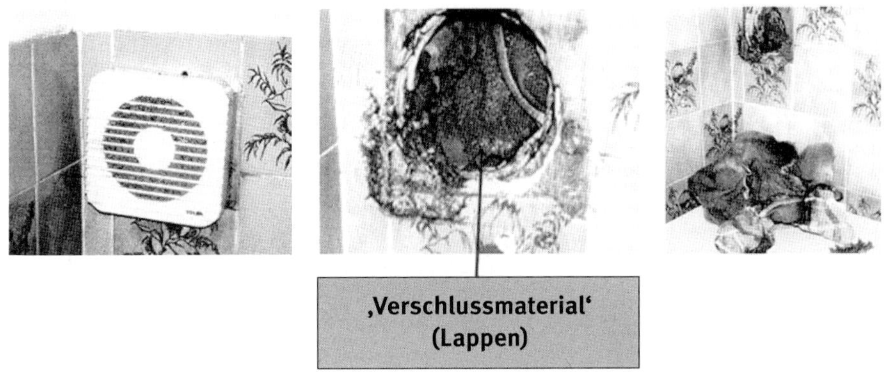

Bild 6.10: Mieter-Selbsthilfe bei der Beseitigung vermeintlicher oder objektiv vorhandener Probleme mit der Lüftungsanlage: vom Nutzer festgestelltes Zugluftproblem sollte durch Zustopfen der Abluftleitung hinter dem Luftfiltergehäuse gelöst werden

Der Eindruck eines zu hohen **Elektroenergieverbrauchs** wird beim Nutzer noch verstärkt, wenn die Lüftung nur in Verbindung mit der Raumbeleuchtung betrieben werden kann. Das führt häufig dazu, dass in den betroffenen Räumen das Licht und damit die Lüftung seltener eingeschaltet werden und das nächtliche Wäschetrocknen im Badezimmer oder in der Küche (in Berlin gaben ca. 4/5 der Befragten an, während der Heizzeit die Wäsche in der Wohnung zu trocknen [Heinz94/95]) nicht bei Intensivlüftung stattfindet, sondern bei der Lüftungs-Betriebsstufe, die sich bei ausgeschalteter Raumbeleuchtung einstellt. Wenn das dann einer ‚Null-Lüftungsstufe' entspricht, dürften Probleme in vielen Fällen nicht ausbleiben.

Umgekehrt kann (auch vermeintlich) unzureichende Lüftung aber ebenso auch zur unsachgemäßen **Nachrüstung** von Lüftungsgeräten durch den Nutzer führen. Bild 6.11 zeigt z. B. eine von einem Mieter an eine bestehende zentrale Abluftanlage zusätzlich angeschlossene Abluft-Herdhaube mit Ventilatorbetrieb. In Abhängigkeit von den Druckverhältnissen in der Hauptleitung kann das bis zur Umkehrung der Luftströmung an einzelnen Abluftdurchlässen und damit zum Übertritt von Abluft in fremde Wohnungen führen. Werden solche Eigen-‚Lösungen' in Verbindung mit (freier) Schachtlüftung mit Sammelschächten praktiziert, verstärkt sich dieser Effekt noch.

Bild 6.11: An zentrale Abluftanlage angeschlossene Abluft-Herdhaube mit Ventilator (Negativ-Beispiel)

6.4 Zusammenfassung/Schlussfolgerungen

Abschließend kann bzw. muss festgestellt werden, dass das Verhalten des Nutzers von großem Einfluss auf die Wohnungslüftung sowohl in positiver als auch in negativer Hinsicht sein kann. Infolge der Vielfalt der möglichen Einflussfaktoren (siehe Tabelle 6.3) ist er in Verbindung mit seiner ungenügend ausgebildeten Sensorik sowie überwiegend noch vorherrschender mangelnder Sachkenntnis nur mit starken Einschränkungen in der Lage, sein Lüftungsverhalten optimal zu gestalten. Daraus resultiert relativ unabhängig vom Lüftungssystem eine unbefriedigende Bandbreite des Luftwechsels, die bei freier Lüftung von wenig mehr als null bis zu 3 h^{-1}, bezogen auf die gesamte NE, reichen kann. Auch bei der Instandhaltung/Reinigung von Lüftungsanlagen bzw. -geräten kann die Mitwirkung des Nutzers derzeitig noch nicht befriedigen (Abschnitt 10). Um in Zukunft in dieser Hinsicht und vor allem bezüglich einer bedarfsgerechteren Lüftung bei zunehmend luftdichter ausgeführten äußeren und in MFH häufig unverändert undichten inneren Hüllflächen bessere Resultate erzielen zu können, sind unter Voraussetzung der Notwendigkeit der Installation von Anlagen- bzw. Gerätetechnik die nachfolgenden, vorrangig auf das Nutzerverhalten bezogenen Maßnahmen, erforderlich:

Nutzerbezogen notwendige Maßnahmen

- Umfangreiche Information, die in der Schule beginnt und als fakultative ‚Weiterbildung' ab Bezug einer Wohnung fortgesetzt wird (Erfolg versprechende Ideen aus der Richtung von Bildungs-Institutionen sind diesbezüglich nach wie vor gefragt);
- Realisierung des seit Dezember 2019 nach [DIN 1946-6] wiederum festgeschriebenen nutzerunabhängigen Mindest-Lüftungsbetriebs der Wohnung sowohl im Neubau als auch bei Gebäude-Modernisierungen;
- Entwicklung neuer bzw. Weiterentwicklung vorhandener Lösungen seitens der Anbieter von Wohnungs-lüftungstechnik, wobei vor allem auf
  - bedarfsgerechte nutzerunabhängige Außenluftzuführung,
  - Geräuscharmut,
  - Zugluftfreiheit,
  - minimalen Elektroenergiebedarf für Antrieb und Regelung von Anlagen/Geräten sowie auf
  - einfache Wartung und Bedienung

  besonderer Wert gelegt werden muss;
- verbindliche Einführung einer (Muster-)Gebrauchsanweisung für Wohnungen (z. B. als Bestandteil des Miet- bzw. Kaufvertrags), in der Hinweise zur Notwendigkeit, Wirkungsweise und Instandhaltung aller technischen Anlagen und Geräte, die zur Heizung, Lüftung und Warmwasserversorgung einer Wohnung erforderlich sind, gegeben werden sowie
- die Schäden verhütende Anordnung von Einrichtungsgegenständen und Wandverkleidungen in leicht verständlicher Form beschrieben und im Falle eines Miet- oder Pachtverhältnisses die diesbezüglichen Mitwirkungspflichten des Nutzers verbindlich festgelegt werden und
- fachgerechter Service für die über den Rahmen der Nutzermitwirkung hinausgehenden Instandhaltungsleistungen, der mit der ständigen Information/Schulung der Nutzer gekoppelt wird. Voraussetzung dafür ist häufig immer noch auch die Vermittlung eines ausreichenden Fachwissens an das Instandhaltungs-Personal.

7 Energiebedarf

7.1 Vorbemerkung

Da ausgenommen in Gebieten mit hoher Luftverschmutzung kein Mangel an (‚frischer') Außenluft herrscht, steht ihrer bedarfsgerechten Bereitstellung zu Lüftungszwecken normalerweise nichts im Wege. In mitteleuropäischen Breiten muss die Luft vor der Nutzung im Gebäude aber an mindestens 8 Monaten des Jahres erwärmt werden. Weil dafür Energie benötigt wird, deren Verbrauch Kosten und seit mehreren Jahren in wachsendem Maße auch Probleme hinsichtlich der Erderwärmung verursacht, wird einerseits versucht, nicht nur die natürliche Luft-In- und -Exfiltration, sondern auch die Luftzuführung mittels Maschinenkraft auf Werte zu reduzieren, die oftmals unter den notwendigen Mindestwerten liegen. Das kann zur Unterversorgung mit Außenluft vor allem in kleineren bis mittleren Nutzungseinheiten (NE) in Mehrfamilienhäusern (MFH) führen und damit zu all den Problemen, die aus einer unzureichenden Wirksamkeit der Lüftung resultieren. Andererseits haben undicht ausgeführte Gebäudehüllen vor allem in größeren NE, z. B. im Einfamilienhausbau, nicht selten überhöhte Luft-In- und -Exfiltration und damit in Verbindung mit der Nutzermitwirkung unnötigen Luftüberschuss und damit Energieverschwendung zur Folge. In diesem Abschnitt soll deshalb auf Möglichkeiten aufmerksam gemacht werden, die ohne gravierende Unter- oder Überschreitung der Versorgung mit der notwendigen Außenluft Grundlage für die Minimierung des Lüftungs-Energiebedarfs sein könnten. Dafür ist es zunächst erforderlich, dessen Anteile an **Heizwärme** für die Erwärmung der Außenluft und an **Elektroenergie** für die Luftförderung einschließlich der zugehörigen Regelungsabläufe getrennt näher zu betrachten.

7.2 Heizwärmebedarf

7.2.1 Allgemeines

Die Grenze für die Erwärmung der Außenluft resultiert aus einer als behaglich empfundenen Raumtemperatur θ_i. Heizwärmebedarf fällt während der Heizperiode aber nicht ab Unterschreitung dieser Temperatur θ_i, sondern üblicherweise erst ab der Heizgrenztemperatur θ_{Hg} an. Diese liegt im Bereich von ca. (10 ... 15) °C. Die für die Erwärmung der Außenluft von θ_{Hg} auf $\theta_i \approx 20$ °C erforderliche Restwärme stammt aus inneren und solaren Wärmegewinnen. Durch Verbesserung des Wärmedämmstandards und bessere Nutzung der Wärmegewinne kann die Heizgrenztemperatur bei neuen oder wärmetechnisch modernisierten Gebäuden im unteren Bereich gehalten werden [DIN V 4108-6].

Aus θ_{Hg} bestimmt sich gemäß Bild 7.2 die Dauer der Heizperiode bzw. die Anzahl der Heiztage oder -stunden [DIN 4710].

Von der Heizgrenztemperatur θ_{Hg} hängt aber nicht nur die Höhe des Lüftungs-, sondern gleichermaßen auch die des Transmissions-Wärmebedarfs ab. Beide zusammen ergeben den für die Heizwärmebereitstellung maßgebenden Gesamt-Wärmebedarf. Ihre Relation in Abhängigkeit von der Güte der Wärmedämmung und dem A/V-Verhältnis zeigt Bild 7.1 am Beispiel der Heizlast Φ [LILL95]. Bei einem relativ guten Wärmedämm-Niveau entsprechend einem mittleren Wärmedurchgangszahl-Bereich von $U_{mi} \leq 0{,}3\ W/(m^2 \cdot K)$ und einem Gesamt-Außenluftwechsel von im Mittel $n_{Au,ges} \approx 0{,}8\ h^{-1}$ liegt im A/V-Bereich von $(0{,}8 \geq A/V \geq 0{,}2)\ m^2/m^3$ für Nutzungseinheiten (NE) im EFH bis zu NE im Mehrfamilienhaus (MFH) der Anteil der Lüftungsheizlast an der Gesamtheizlast im Bereich von ca. $0{,}5 \leq \Phi_L/(\Phi_L + \Phi_T) \leq 0{,}8$. Und selbst bei kleinerem Luftwechsel ist der Lüftungsanteil immer noch so groß, dass weitere Bemühungen zu dessen Reduktion energetisch sinnvoll sind.

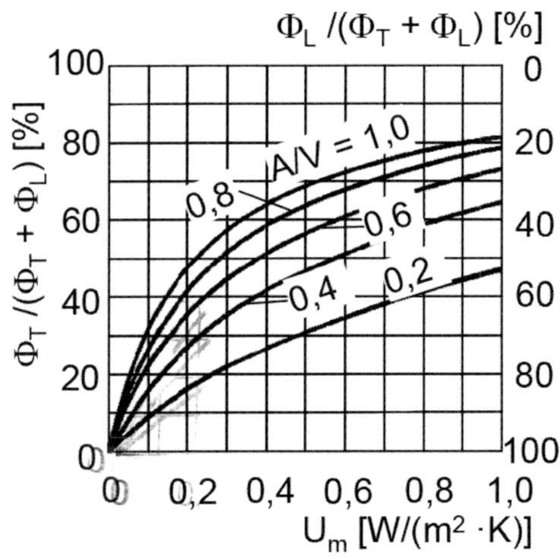

Bild 7.1: Anteile von Transmissions- und Lüftungs-Heizlast an der Gesamtheizlast bei einem Gesamt-Außenluftwechsel von $n_{Au,ges} \approx 0{,}8\ h^{-1}$

Anhand des geltenden Berechnungs-Algorithmus (Gleichungen (7.1) bis (7.3)) können die vorhandenen Einsparpotenziale analysiert und abgeschätzt werden:

$$Q_{H,L} = q_{v,Au} \cdot (\rho \cdot c_p)_i \cdot (\theta_i - \theta_{Au})_{mi} \cdot z_d = q_{v,Au} \cdot (\rho \cdot c_p)_i \cdot Gt \qquad (7.1)$$

mit $(\rho \cdot c_p)_i \approx 0{,}33\ Wh/(m^3 \cdot K)$ bzw. $\approx 1{,}19\ kJ/(kg \cdot K)$.

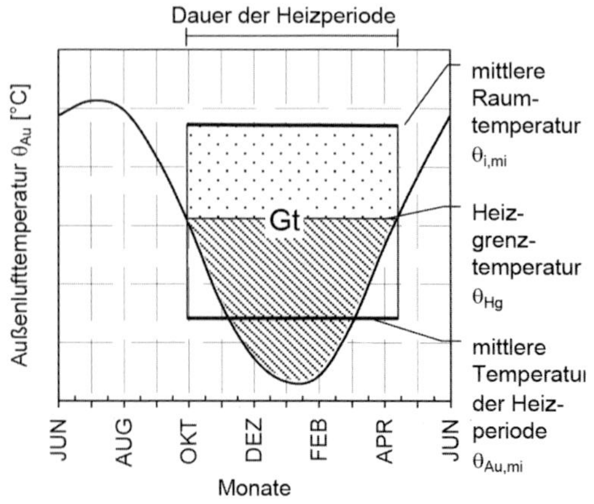

Bild 7.2: Außenlufttemperaturverlauf über das Kalenderjahr mit Gradtagszahl Gt gemäß Gleichung (7.2) (beispielhafte qualitative Darstellung)

Nach Gleichung (7.1) und Bild 7.2 ist die Größe des Lüftungs-Heizwärmebedarfs $Q_{H,L}$ proportional dem Außenluftvolumenstrom $q_{v,Au}$, der Differenz zwischen den Temperatur-Mittelwerten der Raum- bzw. Abluft $\theta_{i,mi}$ und der Außenluft $\theta_{Au,mi}$ sowie der Anzahl der Heiztage z_d bzw. dem Außenluftvolumenstrom $q_{v,Au}$ und der (Heiz-)Gradtagszahl Gt mit

$$Gt = (\theta_i - \theta_{Au})_{mi} \cdot z_d \qquad (7.2)$$

Für energetische Berechnungen muss der Außenluftvolumenstrom bei Gebäuden mit freier Lüftung in Form des Luftvolumenstroms durch lüftungstechnische Maßnahmen (LtM) zuzüglich Luft-In- und -Exfiltration ($q_{v,Inf}$) und Fensteröffnung ($q_{v,Fe}$) überwiegend empirisch ermittelt werden. Bei ventilatorgestützter Lüftung wird der energierelevante Außenluftvolumenstrom entweder über den Anlagen- (n_{Anl}) und zusätzlichen freien (n_{fr}) Luftwechsel oder direkt mit den entsprechenden Luftvolumenströmen mit Hilfe der Gleichungen (7.3) und (7.4)

$$q_{v,Au} = V_{ne} \cdot [n_{Anl} \cdot (1 - \eta_{WRG}) + n_{fr}] \qquad (7.3.1)$$

$$q_{v,Au} = q_{v,Anl} \cdot (1 - \eta_{WRG}) + q_{v,fr} \qquad (7.3.2)$$

mit

$$n_{fr} = n_{LtM} + n_{Inf} + n_{Fe} \qquad (7.4.1)$$

$$q_{v,fr} = q_{v,LtM} + q_{v,Inf} + q_{v,Fe} \qquad (7.4.2)$$

berechnet. Auch hierbei muss der freie Anteil des Luftwechsels bzw. der Außenluftvolumenströme $q_{v,Au}$ empirisch ermittelt werden. Entsprechende quantitative Angaben bzw. Hinweise zur überschläglichen Ermittlung können z. B. [DIN EN ISO 13790], [DIN EN 15251], [DIN EN 16798-7], [DIN EN 12831] einschließlich Beiblatt 1, [DIN V 18599-6], [DIN 4701-10] und [DIN V 4108-6] entnommen werden.

Das gelüftete Netto-Raumvolumen V_{ne} entspricht in Wohnungen dem Produkt aus Netto-Grundfläche $A_{G,ne}$ und lichter Raumhöhe h_R. Der freie Luftwechsel nfr resultiert bei freier Lüftung aus dem Luftwechsel durch lüftungstechnische Maßnahmen (LtM), wie z. B. Lüftungsschacht und/oder GLD/ALD zuzüglich dem durch Luft-In- und -Exfiltrations- sowie Fensteröffnungs-Vorgängen. Bei ventilatorgestützter Lüftung mit realisierter Wärmerückgewinnung reduziert sich bei energetischen Betrachtungen der Anlagenanteil n_{Anl} des Luftwechsels entsprechend dem Wärmerückgewinnungsgrad η_{WRG} gemäß Gleichungen (7.3).

Beeinflussbare Faktoren in den Gleichungen (7.1) und (7.2) sind die Raum- (θ_i) bzw. die Ablufttemperatur (θ_{Ab}), die Außen-Luftvolumenströme und bei Einsatz von Wärmerückgewinnung der Temperaturänderungsgrad η_θ bzw. Wärmebereitstellungsgrad η_{WBG} des Wärmerückgewinnungs-Gerätes. Die erzielbaren energetischen Effekte der Wärmerückgewinnung demonstrieren die vom Temperaturänderungsgrad abhängigen Jahresdauerkurven der Außenlufttemperatur vor ($\theta_{Au,1}$) und nach ($\theta_{Au,2}$) der WRG im Bild 4.15.

Während Raum- bzw. Ablufttemperatur und Intensität der freien Lüftung überwiegend vom Nutzerverhalten abhängig sind, kann bei ventilatorgestützter Lüftung auf die planmäßige Funktion der Lüftung nutzer<u>un</u>abhängig Einfluss genommen werden. Das funktioniert umso besser, je sorgfältiger und nachhaltiger die Abdichtung der Gebäudehülle erfolgt.

7.2.2 Raumluft-/Ablufttemperatur

Empfohlene operative Raumtemperaturwerte nach [DIN EN 15251] für die Auslegung der Anlagentechnik in Wohngebäuden sind in Tabelle 7.1 aufgeführt. Die operative Temperatur ist dabei nach [DIN EN ISO 7730] definiert. Basis der Werte ist ein Bekleidungsniveau von ca. 1 clo als typischer Wärmedämmwert der Bekleidung.

In [DIN EN 15251] wird im Bereich der Tageshöchst-Außenlufttemperatur von $\theta_{Au} \leq 15$ °C (als Stundenmittelwert) für 1 clo eine Spanne der operativen Raumtemperatur in der Aufenthaltszone von $\theta_i = 21$ °C (bei 70 % relativer Raumluftfeuchte) bis $\theta_i = 22$ °C (bei 30 % relativer Feuchte) angegeben.

Tabelle 7.1: Empfohlene operative Raumtemperaturen θ_i für die Auslegung der Anlagentechnik in Wohngebäuden beim Bekleidungs-Widerstand von 1 clo [DIN EN 15251]

Raumart	**Wohnräume**	**andere Räume**
Aufenthaltsart	sitzend	stehend, gehend
Wärmeabgabe	1,2 met	1,6 met
Kategorie	θ_i [°C]	
I	21,0	18,0
II	20,0	16,0
III	18,0	14,0
1 met = 58 W/(m² Körperoberfläche) Gesamtwärmeabgabe		

Nach [ERH98] beträgt der Mittelwert der real auftretenden mittleren monatlichen Raumlufttemperaturen in deutschen Haushalten in der (Haupt-) Heizperiode ca. 20 °C mit einer Bandbreite von 5 K. Dabei liegt in EFH das Temperaturniveau mit $\theta_i \approx 19$ °C ca. 2 K unter dem von Wohnungen in MFH mit ca. $\theta_i \approx 21$ °C.

Messungen der Wohnungstemperatur in 80 modernisierten MFH-Wohnungen [FÜRST99] hatten zu folgenden Ergebnissen geführt:

Tagesmittelwert aller Wohnungen $\theta_i \approx 20$ °C; davon in

- 10 WE < 19 °C (12,5 %),
- 50 WE zwischen 19 °C und 21 °C (62,5 %) und
- 20 WE > 21 °C (25 %).

Unter der Annahme der Repräsentativität der Ergebnisse (zumindest nach [ERH98]) könnten in Wohnungen von Mehrfamilienhäusern Einsparreserven, die auch den Transmissions-Wärmebedarf betreffen würden, über eine Reduktion der mittleren Raumluft-/Ablufttemperaturen erschlossen werden. Ohne größere nutzerseitige Abstriche an den gewohnten Temperaturverhältnissen wäre das darüber hinaus z. B. mit intelligent geregelten Heizungssystemen möglich, die die vom Nutzer gewünschten Raumlufttemperaturen überwiegend nur während seiner Anwesenheit in den jeweiligen Aufenthaltsräumen realisieren. Hilfreich könnten u. U. auch Fensterkontakte sein, die unmittelbar mit Öffnen der Fenster bzw. auch erst nach Überschreiten einer bestimmten Fensteröffnungsdauer die Heizwärmezufuhr absperren oder zumindest spürbar drosseln.

7.2.3 Außenluftvolumenstrom

Luft-In- und -Exfiltration

Während relativ undichte Gebäudehüllen einen hohen zusätzlichen freien Luftwechsel begünstigen, sorgen sehr dichte Gebäude für minimale Luft-In- und -Exfiltration und entsprechend niedrigere Energiebedarfswerte. Das bedeutet: Je kleiner der n_{50}-Wert des Gebäudes ist, desto geringer ist der Luft-In- und -Exfiltrations-Anteil und damit zuvorderst der zusätzliche Heizwärmebedarf. Relationen für Gebäude mit Lüftungsanlagen bzw. -geräten und geschlossenen Fenstern können Tabelle 6.5 (Zeilen „ohne Nutzereinfluss durch Fensteröffnen") entnommen werden.

Die bei freier Lüftung und auch bei Ab- bzw. Zuluftanlagen notwendige Luftdurchlässigkeit muss über bedarfsgerecht in der Wohnung verteilte Gebäudehüllen-Luftdurchlässe (GLD/ALD) gesichert werden (siehe Unterabschnitte 4.2.2 und 9.3.4). Diese können bei ventilatorgestützten Unter- und Überdruck-Systemen im geöffneten Zustand zu einer Vergrößerung des In- und Exfiltrations-Luftwechsels beitragen, wenn die natürlichen Antriebskräfte und damit die Differenzdrücke größer als die von der Anlagen- bzw. Gerätetechnik realisierten sind. Aus diesem Grunde ist es sinnvoll, regel- bzw. verschließbare GLD/ALD ungeregelten bzw. unverschließbaren immer vorzuziehen.

Betrieb von Lüftungsanlagen bzw. Lüftungsgeräten

Die Installation von Lüftungsanlagen bzw. -geräten bietet die Möglichkeit, nur so viel Außenluft in eine Nutzungseinheit hinein bzw. Abluft aus dieser heraus zu fördern, wie tatsächlich benötigt wird. Nach [DIN 1946-6] liegt der notwendige Luftwechsel n_{NE} in Abhängigkeit von der Größe der beheizten Fläche A_{NE} der NE $(20 \leq A_{NE} \leq 210)$ m^2 im Bereich von $(0,7 \geq n_{NE} \geq 0,31)$ h^{-1}, wenn die lichte Raumhöhe HR ≈ 2,5 m beträgt.

Um Energie einsparen zu können, ist es günstig, die Außenluftvolumenströme nicht nur lastabhängig auf der Basis von Luftraten festzulegen, sondern Lüftungsanlagen bzw. -geräte auch abhängig vom tatsächlichen temporär veränderlichen Bedarf zu betreiben. Das gilt vor allem für Anlagen und Geräte ohne Wärmerückgewinnung (Unterdruck- oder Überdruck-Systeme) (siehe Unterabschnitt 9.5).

Da die Möglichkeit zur Reduktion der Außenluftvolumenströme von bautenschutztechnischen bzw. hygienischen Anforderungen bestimmt wird und deshalb endlich ist, müssen sich weitere Einsparbestrebungen auf die **Wärmerückgewinnung** (WRG) konzentrieren. Mit ihr kann der Rechenwert des Außenluftvolumenstroms bzw. Anlagen-Luftwechsels bei Zu-/Abluftanlagen bzw. -geräten über den in Gleichung (7.3) enthaltenen Temperatur-Änderungsgrad η_θ verringert werden. Und das umso mehr, je besser die letztendlich realisierbare Wärmerückgewinnung ist. Mit bestimmten Wärmeübertragern sind seit Längerem Temperatur-Änderungsgrade im Bereich von $0{,}8 \leq \eta_\theta \leq 0{,}9$ erreichbar ([VDI 2071] und [Paul10]). Das diesbezügliche energetische Einsparpotenzial sollte durch den Einsatz entsprechender Gerätetechnik voll genutzt werden. Um es aber auch in messbare Einsparung umsetzen zu können, muss bei Konzeption und Ausführung entsprechender Lüftungsanlagen bzw. -geräte auch auf die Vermeidung von Wärmeverlusten der Abluft- und Zuluftleitungen geachtet werden (siehe dazu auch [Fürst99]). Die Leitungen sind aus diesem Grunde möglichst kurz zu halten und luftdicht auszuführen sowie bei Notwendigkeit mit ausreichender Wärmedämmung nach [DIN 1946-6] zu umgeben.

Zu-/Abluftanlagen mit Wärmerückgewinnung sollten darüber hinaus so ausgelegt und möglichst auch betrieben werden, dass Zu(luft)- und Ab(luft)-Luftvolumenstrom immer annähernd gleich groß sind (Gleichdruck- oder ausgeglichene Lüftung). Weil das nur schwer exakt einzuhalten ist, darf nach [DIN 1946-6] bei gleicher Luftdichte der Ab(luft)-Luftvolumenstrom um bis zu 10 % größer sein als der Zu(luft)-Luftvolumenstrom. Dieser 10%ige Abluftüberschuss fällt aber energetisch geringer ins Gewicht als zu vermuten ist. Nach [Hartm98] liegt der Mehrbedarf bezogen auf den gewählten Basis-Anlagenluftwechsel von $n_{Anl} = 0{,}5\ h^{-1}$ bei einem Wärmerückgewinnungsgrad von $\eta_{WRG} = 0{,}65$ in der Größenordnung von einem Prozent, obwohl für ein Zehntel des über Undichtheiten ins Gebäude gelangenden Außen(luft)-Luftvolumenstroms die Wärmerückgewinnung nicht wirksam wird.

Nutzerverhalten

Im Abschnitt 6 ist ausführlich auf das Nutzerverhalten und hierbei speziell auch auf den durch das Fensteröffnen zusätzlich verursachten Luftwechsel bei Lüftungsanlagen bzw. -geräten eingegangen worden. Da dieser nach [Erh98] im Heizperiodenmittel durchschnittlich ca. (0,3 ... 0,4) h^{-1} erreichen kann und damit den nach [DIN 1946-6] zu realisierenden Gesamtwert durch lüftungstechnische Maßnahmen (einschließlich Luft-In- und -Exfiltration) wesentlich vergrößern würde, stellt er das größte vorhandene Einsparpotenzial hinsichtlich Reduktion des Außenluftwechsels dar. Erschlossen werden kann dieses Potenzial nur über eine breite Änderung des Nutzerverhaltens. Ob dabei zukünftige Energiepreis-Erhöhungen die notwendige Aufgeschlossenheit gegenüber diesbezüglichen Argumenten zur Heizwärmeeinsparung bewirken können, ist nicht sicher. Unabhängig davon sollten deshalb die Aussagen des Unterabschnitts 6.4 hinsichtlich Aufklärung und Schulung der Nutzer auch angesichts des Klimawandels weiterhin größere Priorität besitzen.

Es ist in diesem Zusammenhang vorstellbar, dass der Bauherr, der sich mit der Errichtung eines Energiespar- oder Niedrig-/respektive Nullenergiehauses zu nicht unbeträchtlichen Mehrkosten entschlossen hat, nicht nur ein Interesse an deren Amortisation hat. Er dürfte deshalb auch bereit sein, sein bisheriges Verhalten bzgl. Fensteröffnens zu Lüftungszwecken nachhaltig zu ändern. Voraussetzung ist jedoch, dass ihm die Sinnfälligkeit dessen in ausreichendem Maße verständlich gemacht wird. Dass bei einer veränderten Einstellung zur Energiespar-Problematik diesbezügliche positive Effekte möglich sind, zeigen all jene Fälle, in denen weit unter dem Durchschnitt liegende Fensteröffnungszeiten und Raumlufttemperaturen registriert worden sind [Erh98, Fürst99].

7.2.4 Berechnung des Heizwärmebedarfs

Eine überschlägigee Berechnung des Lüftungs-Heizwärmebedarfs kann auf der Basis der Gleichungen (7.1) bis (7.4) mit ingenieurmäßigen Methoden oder nach [DIN EN ISO 13790] und den nationalen Untersetzungen in [DIN 1946-6], [DIN V 18599-2], [DIN 18017-3], [DIN V 18599-6], [DIN V 4701-10] und [DIN V 4108-6] durchgeführt werden. Die für das jeweilige geografische Gebiet geltenden Gradtagszahlen können [DIN V 4108-6] oder [VDI 2071] entnommen werden.

Für die Ermittlung des zu erwärmenden Außenluftvolumenstroms $q_{v,Au}$ eignet sich am besten [DIN 1946-6] in Verbindung mit [DIN 18017-3]. Da in diesen Normen der Lüftungsanteil durch das eingeschränkt zusätzlich notwendige Fensteröffnen vor allem bei der freien Lüftung (siehe [DIN 1946-6], Bild 2) noch nicht enthalten ist, müsste er abgeschätzt werden. Weil die Annahmen wegen der Nutzerabhängigkeit stark schwanken können, sind auch die systemabhängigen Ergebnisse entsprechenden Schwankungen unterworfen. Energetische Vergleiche des notwendigen Bedarfs unterschiedlicher Systemlösungen einschließlich des sich letztendlich einstellenden Verbrauchs wären nur mit den jeweils gleichen fensteröffnungsbedingten Anteilen durchführbar. Das würde aber insofern zu unzutreffenden Ergebnissen führen, weil – auch abhängig von der Wahl des Lüftungssystems – die Nutzer unterschiedlich intensiv über die Fenster lüften. Berechnungsbeispiele für den Vergleich des von den Lüftungssystemen abhängigen Heizwärme- und Gesamtenergie-Bedarfs bzw. -Verbrauchs von Wohnungen lassen sehr große Deutungsspielräume offen, sodass auf sie hier verzichtet werden soll.

7.3 Elektroenergiebedarf

7.3.1 Allgemeines

Elektroenergie wird beim Einsatz aller Arten von Lüftungsanlagen bzw. -geräten für den Antrieb der Ventilatoren sowie für Steuerungs- und Regelungsvorgänge benötigt. Ihr Anteil ist wesentlich geringer als der zur Lufterwärmung notwendige. Zu beachten ist jedoch, dass der Aufwand zur Bereitstellung des nicht erneuerbaren Anteils an Elektroenergie annähernd das Zweifache dessen beträgt, was für die direkte Nutzung fossiler Brennstoffe benötigt wird (Primärenergie-Faktoren siehe [DIN V 4701-10]).

Der Elektroenergiebedarf für den Antrieb der Ventilatoren $E_{el,Anl}$ wird aus dem gemittelten Leistungsbedarf der Anlage $P_{E,Anl,mi}$ während der Laufzeit t_V der (des) Ventilator(s)en nach Gleichung (7.5) berechnet

$$E_{el,Anl} = P_{E,Anl,mi} \cdot t_V \tag{7.5}$$

$P_{E,Anl,mi}$ kann aus den über die Laufzeit gemittelten Luftvolumenströmen $q_{v,mi}$, den zugehörigen Druckverlusten $\Delta p_{t,mi}$ und den mittleren Gesamtwirkungsgraden $\eta_{ges,mi}$ gemäß Gleichung (7.6) ermittelt werden

$$P_{E,Anl,mi} = \left(\frac{q_v \cdot \Delta p_t}{\eta_{ges}} \right)_{Zu,mi} + \left(\frac{q_v \cdot \Delta p_t}{\eta_{ges}} \right)_{Ab,mi} \tag{7.6}$$

Der Gesamtwirkungsgrad η_{ges} resultiert aus den die Einzelverlust-Ursachen vereinfachend kennzeichnenden Teilwirkungsgraden gemäß Gleichung (7.7)

$$\eta_{ges} = \eta_{Lr} \cdot \eta_{Geh} \cdot \eta_{M} \cdot \eta_{Antr} \cdot \eta_{LLN} \tag{7.7}$$

Die mit den Indizes Lr (Laufrad) und Geh (Gehäuse) bezeichneten Teilwirkungsgrade beschreiben die unmittelbar mit der Konstruktion des Ventilators zusammenhängenden Verluste. Mit M (Motor) und Antr (Antrieb) werden die internen Antriebsverluste gekennzeichnet. LLN (Anschluss des Ventilators an das Luftleitungsnetz) bezieht sich auf die mittelbaren Verluste, die infolge Druckverluste verursachender saug- bzw. druckseitiger Anschlusslösungen zu Abweichungen von der Normkennlinie führen.

Die energetische Effizienz von Lüftungsanlagen bzw. -geräten wird häufig mit dem auf den durchgesetzten Luftvolumenstrom q_v bezogenen spezifischen Leistungsbedarf $P_{E,Anl}$ als sogenannte spezifische Ventilatorleistung SFP (Specific Fan Power) in $W/(m^3/h)$ bzw. $W/(l/s)$, Gleichung (7.8), miteinander verglichen

$$SFP = \frac{P_{E,Anl}}{q_v} = \frac{\Delta p_t}{\eta_{ges}} \qquad (7.8)$$

mit $q_v = q_{v,Ab}$ bzw. $q_{v,Zu}$ (es gilt der jeweils größere der beiden Werte).

Nach [DIN 1946-6] wird die für eine Bewertung der Elektroenergie-Effizienz eingeführte spezifische Ventilatorleistung SFP (dort auch mit P_{SPI} bezeichnet) als P_{SFP} mittels Gleichung (7.9) ermittelt:

$$P_{SFP} = 2 \cdot \frac{P_{V,Zu} + P_{V,Ab}}{q_{v,Zu} + q_{v,Ab}} = \frac{\Delta p_{t,Zu}}{\eta_{ges,Zu}} + \frac{\Delta p_{t,Ab}}{\eta_{ges,Ab}} \qquad (7.9)$$

Werden die spezifischen Leistungswerte SFP bzw. P_{SFP} vorgegeben, kann der zu erwartende Elektroenergiebedarf $E_{el,V}$ des (der) Ventilators(en) mit Gleichung (7.10) berechnet werden

$$E_{el,V} = SFP \cdot q_v \cdot t_V \qquad (7.10)$$

Die spezifische Leistungsaufnahme eines Ventilators P_{SFP} ist nicht konstant. Sie fällt gemäß Gleichung (7.8) mit zunehmendem Luftvolumenstrom q_V bzw. abnehmendem Differenzdruck Δp_t ab. Ihr Minimum wird deshalb nicht beim maximalen Wirkungsgrad erzielt. Bild 7.3 zeigt das am Beispiel der auf dem Prüfstand ermittelten Kennlinienfelder je eines Einzelventilators für eine Küche und eines zentralen Abluftventilators für eine Anlage mit 8 angeschlossenen Küchen und Bad-/WC-Räumen [KRÜGER96]. Anzustreben sind deshalb nicht die um jeden Preis geringsten spezifischen Leistungswerte, sondern kleine Leistungswerte bei möglichst hohem Gesamt-Wirkungsgrad. Das erreicht man bei vorgegebenen Luftvolumenströmen gemäß den Gleichungen (7.6) bzw. (7.8) durch Ventilatoren mit möglichst hohem Wirkungsgrad und Luftleitungsnetzen mit geringen Druckverlusten. Dadurch reduziert sich auch die Schallemission auf die der jeweiligen Drehzahl entsprechenden Minimalwerte.

Auf das Ausmaß des Elektroenergiebedarfs haben darüber hinaus aber auch die Art der Anlagenregelung sowie die jährliche Betriebszeit der Ventilatoren t_V Einfluss.

Resultierende Beispiel- und Grenzwerte aus Feld- [WERNER95] und Labormessungen zeigt Tabelle 7.2 [KRÜGER96].

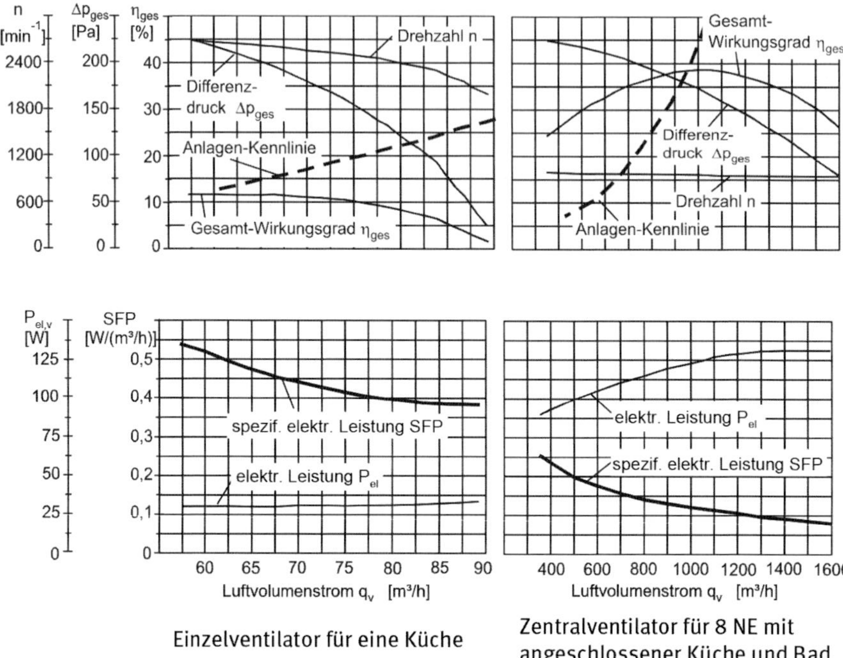

Bild 7.3: Kennlinienfelder eines Einzelventilators und eines zentralen Abluftventilators mit den Verläufen für die absolute und für die spezifische elektrische Leistung sowie für Drehzahl und Gesamt-Wirkungsgrad

Tabelle 7.2: Spezifische (auf den Luftvolumenstrom bezogene) elektrische Leistungswerte von Ventilatoren für Lüftungsanlagen bzw. -geräte SFP im Wohnungsbau, in W/(m^3/h)

Lüftungssystem		Messwerte [Werner95]	Grenzwert [Krüger96]	Zielwert [Krüger96]
Abluft	Zentralventilatoren	0,15 ... 0,33	0,25	0,13
	Einzelventilatoren	0,36 ... 0,70		
Zu-/Abluft		–	0,50	0,25

7.3.2 Druckverlust

Der Gesamtdruckverlust Δp_t wird allgemein nach Gleichung (4.24) berechnet (siehe Unterabschnitt 4.3.3). Um ihn minimieren zu können, müssen die Luftgeschwindigkeit in den Luftleitungen, die Rohrreibungsverluste und Leitungslängen sowie die Einzelwiderstände der Umlenkungen, Abzweige oder Vereinigungen, Querschnittsveränderungen, Luftdurchlässe mit Luftfilter und Geräte oder Apparate, ausgedrückt durch deren Widerstandsbeiwerte ζ, möglichst klein sein.

Bei Vorgabe von Zielwerten für die spezifische elektrische Leistung PSFP kann mit Hilfe der umgeformten Gleichungen (7.6) und (7.8) auch die zulässige Höhe des Druckverlustes für gegebene Luftvolumenströme und einen (realisierbaren) Gesamtwirkungsgrad des einzusetzenden Ventilators berechnet werden. Bei der Auslegung von ventilatorgestützten Lüftungssystemen ist dabei jedoch zu berücksichtigen, dass für Differenzdruck geregelte ZVA (z. B. mit veränderlichen Luftvolumenströmen für jede NE) ein höheres Grunddruckniveau erforderlich ist als bei einer einfachen Luftvolumenstrom-Regelung auf Basis von nur zwei voreingestellten Ventilator-Drehzahlen (entsprechend gemeinsam veränderlichen Luftvolumenströmen für alle angeschlossenen NE) [KRÜGER96].

Infolge Verschmutzung der Anlagen kann sich während ihres Betriebs der Druckverlust deutlich vergrößern. In Abluftanlagen bzw. -geräten sollte deshalb die Luft am Abluftdurchlass bzw. vor dem Einströmen in den Einzelventilator gefiltert werden. In Zuluftanlagen muss das in unmittelbarer Nähe des Außen(luft)- Luftdurchlasses geschehen. In beiden Fällen dient die Filterung dem Zurückhalten von staub- und fetthaltigen Bestandteilen in der Raumluft. Diese Bestandteile würden sich ohne Filter in Luftleitungen sowie in den mit diesen verbundenen Bauelementen festsetzen (siehe z. B. Bild 11.1). Die Folge wären Erhöhung des Druckverlustes der Anlage und infolgedessen Mehrverbrauch von Elektroenergie sowie u. U. Funktionsbeeinträchtigungen.

Mit dem gleichen Effekt ist zu rechnen, wenn Filter unzureichend gereinigt werden. Im Bild 7.4 sind die Messergebnisse des Druckverlustes von verschmutzten Luftfiltern gemäß einem sechsmonatigen praktischen Einsatz im Vergleich zu einem sauberen Filter dargestellt. Infolge dieser Filterverschmutzung sanken bei parallel durchgeführten messtechnischen Untersuchungen an ZVA mit vom Differenzdruck abhängiger Drehzahlregelung unter Laborbedingungen die Luftvolumenströme für Nennlüftung um ca. 7 % und für Intensivlüftung um ca. 15 %. Die spezifische Leistungsaufnahme P_{SFP} erhöhte sich gleichzeitig entsprechend um ca. 6 % bzw. 14 % [KRÜGER96].

Ablagerungen infolge fehlender oder schlecht gewarteter Luftfilter erfolgen erfahrungsgemäß zuerst im Bereich von Strömungswiderständen, wie z. B. Wärmeübertragern, Klappen, Umlenkungen und Abzweigen. Sind davon die Laufradschaufeln von Ventilatoren betroffen, führt das zur Vergrößerung des Druckverlustes einer Lüftungsanlage. Nach [Werner95] kann das eine bis zu ca. 20 %ige Reduktion des Fördervolumens bei gleichbleibender Leistungsaufnahme zur Folge haben. Soll der geforderte Luftvolumenstrom trotzdem erreicht werden, ist das (bei vorhandener Leistungsreserve des Ventilators) nur mit erhöhtem Energieaufwand möglich.

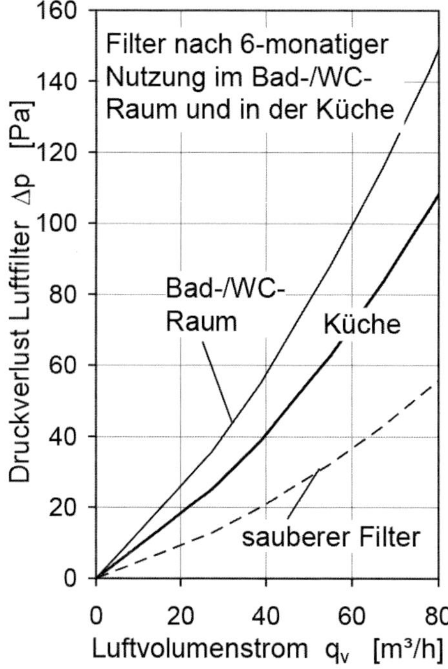

Bild 7.4: Druckverlust von Luftfiltern in Küche und Bad-/WC-Raum nach 6 Monaten Standzeit im Vergleich zu Luftfiltern im Auslieferungszustand

7.3.3 Gesamtwirkungsgrad

Mit EC-Motoren (elektronisch kommutierte, permanenterregte kollektorlose ‚Gleichstrom'-Motoren) lassen sich in Abhängigkeit von der Leistung Gesamtwirkungsgrade von 80 (bis nahezu 90) % erzielen (Bild 7.5). Weil sie auch im unteren Leistungsbereich kaum unter 65 % abfallen und darüber hinaus eine relativ geräuscharme Antriebslösung darstellen, werden sie bei der Wohnungslüftung überwiegend eingesetzt. Welche Wirkung damit zu erzielen ist, zeigt das Beispiel eines Lüftungsgerätes für Zu-/Abluftanlagen mit Wärmerückgewinnung, das sowohl mit Einphasen-Wechselstrom-(AC-) als auch mit Gleichstrom-(EC-)Motor ausgerüstet und geprüft worden ist [Ungem97]. Im Bild 7.6 ist das Ergebnis mit der Aussage dargestellt, dass sich der Wirkungsgrad trotz zusätzlicher Gleichrichter-Verlustleistung für den gesamten relevanten Drehzahlbereich annähernd verdoppeln lässt.

Um den jeweils bestmöglichen Wirkungsgrad auch nutzen zu können, muss die Anlagen-Kennlinie (Bild 4.4) so verlaufen, dass sich der Betriebspunkt (B) für die Hauptbetriebsart im oder möglichst nahe dem im Bild 7.5 und im Bild 7.6 dargestellten Maximum bzw. Maximalbereich befindet. Bei Lüftungsanlagen bzw. -geräten mit Nenn- und Intensivlüftung gilt das vorrangig für den überwiegenden Nennlüftungsbetrieb.

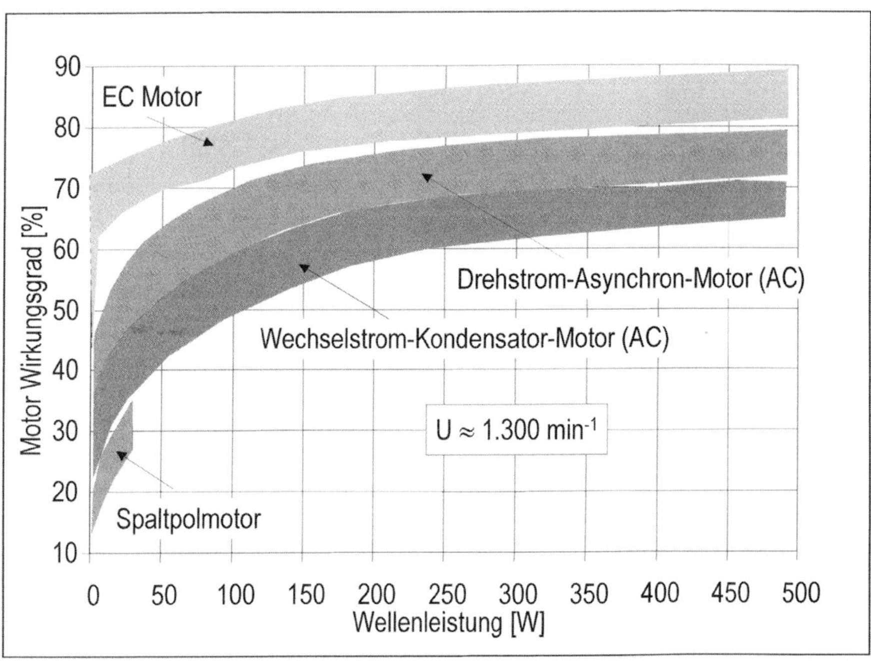

Bild 7.5: Wirkungsgrad unterschiedlicher Motorenarten bei 1 300 U/min in Abhängigkeit von der Wellenleistung

Herkömmliche große Ventilatoren besitzen Gesamtwirkungsgrade im Bereich von $(60 \leq \eta_{ges} \leq 80)$ %. Bei zentraler Wohnungslüftung (ZVA) wurden in der

Vergangenheit höchstens 50 %, mit den kleineren Einzelventilatoren in EVA ca. 12 % erreicht (Bild 7.6). Die Messwerte für die in [KRÜGER96] untersuchten Ventilatoren betrugen (15 ... 35) % bzw. (2 ... 10) %.

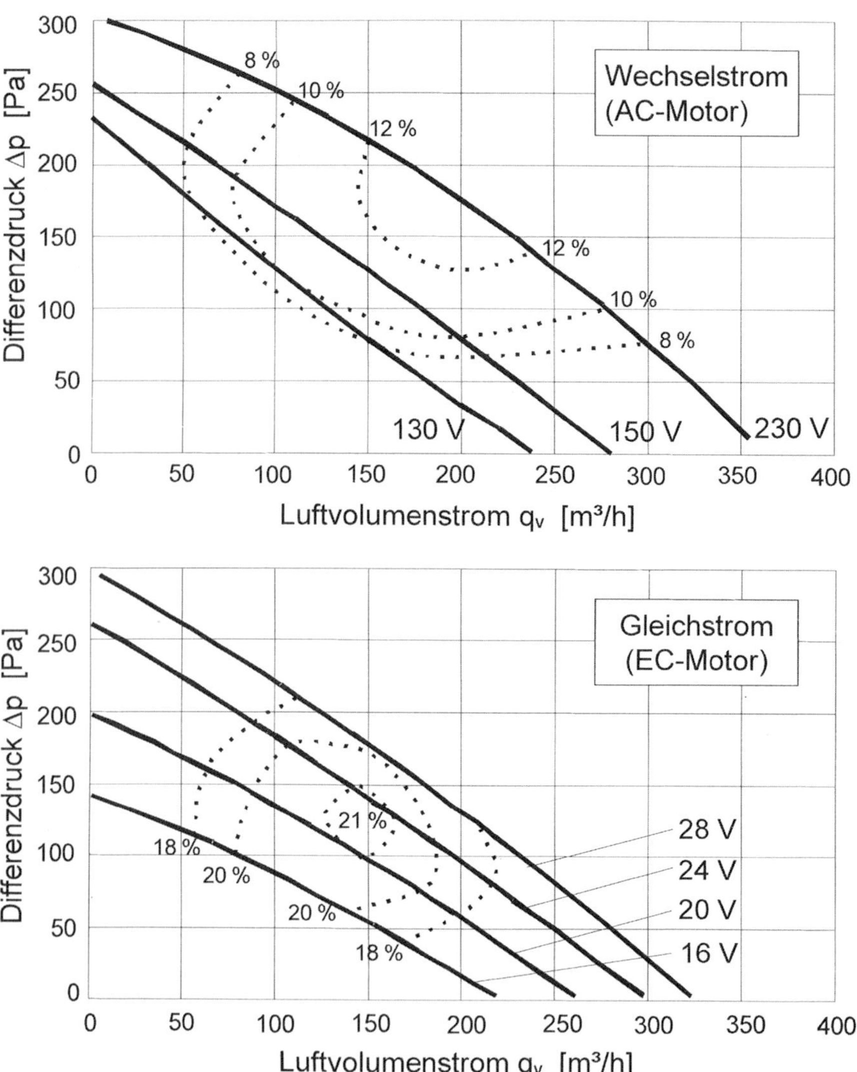

Bild 7.6: Luftvolumenstrom-Differenzdruck-Kennlinien eines Zu-/Abluftgerätes mit gleichen Wirkungsgrad-Bereichen bei Antrieb mit AC- und EC-Motoren

7.3.4 Anlagenregelung

Der für die Anlagenregelung (siehe auch Unterabschnitt 9.6) notwendige Energiebedarf dürfte in den meisten Fällen marginal gegenüber demjenigen für die Antriebe sein. Trotzdem darf er nicht vernachlässigt werden. Bei unzweckmäßiger Wahl der Regelungs- bzw. Steuerungs-Komponenten kann er in kleinen Anlagen auch stärker ins Gewicht fallen. So wurden z. B. unter labormäßigen Messbedingungen in über den Differenzdruck geregelten ZVA für die (thermo-)elektrisch aktivierte Umschaltung und Fixierung der Drosselklappen in Abluftdurchlässen auf Intensivlüftung Leistungsaufnahmen je nach Erzeugnis zwischen ca. (2,5 und 16) W je aktiviertem Luftdurchlass registriert [Krüger96], einschließlich weiterführender Messungen. Die Leistungsaufnahme kann damit im ungünstigsten Falle bei gleichzeitiger Schaltung aller angeschlossenen Wohnungen auf die Intensivlüftungsstufe (Gleichzeitigkeitsfaktor 1) die Größenordnung des Leistungsbedarfs für die gesamte Luftförderung bei Intensivlüftung erreichen.

Es ist deshalb zweckmäßig, bei der Planung in jedem Falle auch auf den Leistungsbedarf für Regelungs- bzw. Stellvorgänge zu achten. Am günstigsten sind Lüftungsanlagen bzw. -geräte mit elektrischer Umstellung und stromloser Verriegelung der Luftklappen oder noch besser mit ausschließlich stromloser (mechanischer) Umstellung und Verriegelung.

7.3.5 Betriebsregime

Bezüglich der Betriebsweise von Lüftungsanlagen bzw. -geräten (siehe auch Unterabschnitt 9.5) existieren in den deutschen Normen und Richtlinien noch immer unterschiedliche Angaben. Lüftungsanlagen bzw. -geräte müssen nach [DIN 1946-6] während der Heizzeit so betrieben werden, dass mindestens die Lüftungs-(Betriebs-)stufe (LSt) „'Lüftung zum Feuchteschutz' *ständig sichergestellt ist*“. Sie sind demgemäß *„dauernd oder im fortdauernden Intervallbetrieb zu betreiben“*.

Bei Anwesenheit der Nutzer sind Lüftungsanlagen bzw. -geräte mit der LSt „Nennlüftung“ zu betreiben, die bei einer relativen Raumluftfeuchte von weniger als 30 % vorübergehend auch auf die LSt „Reduzierte Lüftung“ vermindert werden kann. Das Gleiche gilt für eine mehrtägige Abwesenheit der Nutzer. Die manuell einzuschaltende LSt „Intensivlüftung“ sollte sich nach *„einer bestimmten Zeitdauer, z. B. nach einer Stunde, automatisch in ‚Nennlüftung' zurückschalten“*.

Bei Anwendung von [DIN 18017-3] sind nach Norm-Tabelle 2 und -Anhang C (informativ) die folgenden vier unterschiedliche Betriebsarten für den Mindest-Außenluftvolumenstrom q_v möglich:

a) **„Zeitabhängig (mit Dauerbetrieb;** (100/50) % – 12 h/d):

Der Abluftvolumenstrom darf in Zeiten geringen Luftbedarfs, jedoch nicht mehr als 12 Stunden je Tag, um die Hälfte reduziert werden;

b) ***bedarfsabhängig (mit Dauerbetrieb):***

Der Abluftvolumenstrom muss mit einem geeigneten Raumluftsensor nach Bedarf gesteuert werden und dauernde Abluftvolumenströme zwischen den Abluftvolumenströmen bei Nutzung und mindestens 15 m³/h (Toilettenräume mindestens 7,5 m³/h) fördern;

c) ***präsenzgeführt (mit Nachlauf):***

Der Abluftvolumenstrom muss während der Nutzung abgeführt werden und darf in Zeiten geringeren Luftbedarfs auf 0 m³/h (Schaltstufe: Ventilator aus) reduziert werden. Voraussetzungen dafür sind:

- *normale Nutzung des Bades bzw. Toilettenraumes, z. B. ohne zusätzliche Wäschetrocknung (geringer Feuchteanfall) und*
- *Gebäude mit einem Wärmeschutzstandard mindestens nach den Anforderungen der Wärmeschutzverordnung 1995 und*
- *Abführung von mindestens 15 m³ (bei q_V = 60 m³/h) bzw. von 7,5 m³ (bei q_V = 30 m³/h) Luft aus dem zu lüftenden Raum nach jedem Ausschalten des Ventilators;*

d) ***präsenzgeführt (mit Dauerbetrieb):***

Der Abluftvolumenstrom muss während der Nutzung abgeführt werden und darf in Zeiten geringeren Luftbedarfs reduziert werden:

- *dauernd auf 15 m³/h (Bäder) bzw. 7,5 m³/h (Toilettenräume) oder*
- *im regelmäßigen Intervallbetrieb als Mittelwert über 24 h ohne Berücksichtigung einer Nutzung auf 15 m³/h (Bäder) bzw. 7,5 m³/h (Toilettenräume). Bei Intervallbetrieb darf das Lüftungssystem nicht länger als jeweils eine Stunde ausgeschaltet sein.“*

Bezüglich der Betriebsweise von Lüftungsanlagen bzw. -geräten wird in vier unterschiedliche Fälle unterschieden. Bei dreien davon ist ein dauernder bzw. intervallmäßiger Betrieb vorgesehen, der weitestgehend für eine nutzerunabhängige Lüftung auf unterschiedlichem Luftvolumenstrom-Niveau sorgt. Lediglich beim „Betriebsfall c.“ ist unter einschränkenden Bedingungen davon abweichend eine nutzerabhängige Betriebsdauer mit begrenztem Nachlauf von (15 bzw. 7,5) m^3 nach jedem Ausschalten des Abluftventilators zulässig. Dieser Betriebsfall mag aus Nutzersicht zwar auf den ersten Blick energiesparend sein, kann aber durch vermehrt notwendiges Fensteröffnen im Rest der NE auch energieintensiver sein. Nicht außer Acht gelassen werden darf bei der Abschaltbarkeit der Abluftventilatoren durch den Nutzer das bei sparsamer Inbetriebnahme höhere Risiko für das Auftreten von Feuchteschäden infolge zu geringer Außenluftnachströmung.

Bei Zu-/Abluftanlagen könnte die Zuluftanlage in der heizfreien Zeit abgeschaltet werden, wenn die Außenluft über geplante und ausgeführte Gebäudehüllen-Luftdurchlässe (GLD/ALD) in ausreichendem Maße (beim zulässigen Unterdruck im Bereich von $\Delta p_U \leq 8$ Pa) nachströmen kann. Ist das nicht gewährleistet, müssen die Ventilatoren gleichzeitig betrieben werden.

Eine optimale Betriebsweise bieten alle Systeme der bedarfsgeführten Lüftung (Bedarfslüftung). Bei dieser können durch die nutzerunabhängige Anpassung des Außenluftvolumenstroms an den temporär unterschiedlich großen Bedarf alle Anforderungen an die Wohnungslüftung bei minimalem Energieeinsatz erfüllt werden.

Die nachfolgende Übersicht „Energieeffizienz-Maßnahmen" gibt einen Überblick über die Möglichkeiten, durch Verringerung der Druckverluste in Lüftungsanlagen bzw. -geräten Elektroenergie im täglichen Betrieb zu sparen.

Tabelle 7.3: Energieeffizienz-Maßnahmen

geringe Druckverluste durch	**Einsparung von Elektroenergie** durch
– geringe Luftgeschwindigkeiten	– geringe Druckverluste
– kurze Leitungslängen	– hohen Gesamtwirkungsgrad
– geringe Reibungsverluste	– zweckmäßige bedarfsarme Regelung
– wenige Einzelwiderstände	– günstige Betriebsweise
– saubere Anlagen/Geräte	– u. U. eingeschränkten Sommerbetrieb

7.3.6 Berechnung des Elektroenergiebedarfs

Der zu erwartende Elektroenergiebedarf kann wie folgt ermittelt werden:

Auf der Basis der berechneten absoluten Aufnahmeleistungen $P_{el,Anl,mi}$ Gleichung (7.6) gemäß $E_{el,Anl}$ Gleichung (7.5) oder über Grenz- bzw. Zielwerte für die spezifischen Leistungen P_{SFP} gemäß Gleichung (7.9). In Fortführung des im Abschnitt 7.2 gewählten Beispiels werden folgende Annahmen getroffen (P_{SFP}-Werte nach [DIN V 4701-10]):

Abluftanlage als ZVA

- spezifische Leistung P_{SFP} für Ventilatorantriebe einschließlich Regelung: 0,25 W/(m³/h)
- Laufzeit t_{AbA}: 8 765 h/a

Zu-/Abluftanlage

- spezifische Leistung P_{SFP} für Ventilatorantriebe einschließlich Regelung: 0,38 W/(m³/h)

  (während Außerbetriebnahme des Zuluftventilators: 0,25 W/(m³/h))
- Laufzeit Abluftventilator $t_{V,Ab}$: 8 765 h/a
- Laufzeit Zuluftventilator $t_{V,Zu}$: 5 837 h/a

  (= 8 765 h – (4 mon/a · 30,5 d/mon · 24 h/d))

Daraus ergeben sich die folgenden auf die Nutzungsfläche bezogenen spezifischen Bedarfswerte:

- Abluftanlage: $P_{el,AbA}$ = 2,72 kWh/(m² · a)

und

- Zu-/Abluftanlage: $P_{el,Zu/AbA}$ = 3,66 kWh/(m² · a).

Für die ventilatorgestützte Lüftung einer mit $A_{NE,ne}$ = 75 m² mittelgroßen Wohnung werden nach [DIN V 4701-10] bei energiebewusster Bemessung von Lüftungsanlagen bzw. -geräten nicht mehr als ca. $P_{el,ABA}$ = 204 kWh/(NE_{mi} · a) Elektroenergie bei reinem Abluft- bzw. ca. $P_{el,Zu/ABA}$ = 275 kWh/(NE_{mi} · a) bei Zu-/Abluftbetrieb benötigt.

7.4 Gesamtenergiebedarf

Für die Bereitstellung von verwertbarer Endenergie in Form von elektrischem Strom, Heizöl, Erdgas oder erwärmtem Wasser (Fernwärme) am Eingang des Gebäudes muss die in den unberührten Energiereservoirs der Erde lagernde Primärenergie diversen Umwandlungs- und Transportprozessen unterworfen werden. Für diese wird aber auch (Verlust-)Energie in unterschiedlicher Höhe benötigt. Nach [DIN V 18599-1] gelten ab 2018 die Primärenergiefaktoren nach Tabelle 7.4 für die Endenergie-Bereitstellung.

Tabelle 7.4: Ausgewählte, auf Endenergie (Heizwert H_i) bezogene Primärenergie-Faktoren f_p; nach [DIN V 18599-1]

<table>
<tr><th colspan="3" rowspan="2">Energieträger</th><th colspan="2">Primärenergiefaktor f_p</th></tr>
<tr><th>insgesamt</th><th>nicht erneuerbarer Anteil</th></tr>
<tr><td colspan="2" rowspan="3">Brennstoff</td><td>Heizöl EL</td><td>1,1</td><td>1,1</td></tr>
<tr><td>Erdgas H</td><td>1,1</td><td>1,1</td></tr>
<tr><td>Holz</td><td>1,2</td><td>0,2</td></tr>
<tr><td rowspan="4">Nah-/Fernwärme aus ...</td><td rowspan="2">KWK (typisch)</td><td>fossil</td><td>0,7</td><td>0,7</td></tr>
<tr><td>erneuerbar</td><td>0,7</td><td>0</td></tr>
<tr><td rowspan="2">Heizwerk</td><td>fossil</td><td>1,3</td><td>1,3</td></tr>
<tr><td colspan="3">„allgemeiner Fall“, z. B. Anschluss an ein vorhandenes Netz: individuelle Berechnung nach [DIN V 18599-1], Abschnitt A.4</td></tr>
<tr><td colspan="2">Strom</td><td>Mix</td><td>2,8</td><td>1,8</td></tr>
<tr><td colspan="2">Umwelt-Energie und Abwärme aus Prozessen</td><td>Solar; Erdwärme; Umgebung; Geothermie sowie Strom aus PV und Windkraft</td><td>1,0</td><td>0</td></tr>
</table>

Wegen des für elektrischen Strom stark von den restlichen Energieträgern abweichenden energetischen Aufwands wäre es nicht korrekt, die auf der Basis unterschiedlicher Endenergieträger ermittelten Bedarfswerte unbewertet zu addieren oder direkt miteinander zu vergleichen. Abschließende energetische Bewertungen müssen deshalb seit Längerem stets auf Primärenergie bezogen sein. Im betrachteten Beispiel soll die Heizwärme mit Erdgas bzw. Heizöl ($f_p = 1{,}1$) erzeugt werden. Damit ergeben sich unter Berücksichtigung des zusätzlichen Strombedarfs ($f_p = 1{,}8$) für ventilatorgestützte Lüftungssysteme höhere Werte für den Gesamt-Primärenergiebedarf als für die freie Lüftung.

Dies führt aber nicht dazu, dass die freie Lüftung (z. B. als Querlüftung mit GLD/ALD, ausgelegt für die LSt ‚Reduzierte Lüftung' bei zusätzlicher mittlerer Lüftung über geöffnete Fenster entsprechend einem mittleren Luftwechsel von $n_{Fe,mi} = 0{,}4\ h^{-1}$ nach [Hartm98]) dadurch energetisch zu favorisieren wäre.

In abgeschwächter Form gilt analog dem Heizwärmebedarf:

Würde sich der Gesamtenergie-Bedarf (nicht -Verbrauch) nur auf den hygienisch notwendigen Anlagen- einschließlich In- und Exfiltrations-Luftwechsel in nach EnEV/GEG luftdichten Gebäuden reduzieren lassen, wären Zu-/Abluftanlagen mit Wärmerückgewinnung ebenso wie bedarfsgeführte Abluftanlagen in jedem Falle gesamtenergetisch vorteilhafter.

Ausschlaggebend für die letztlich zu registrierenden Verbrauchswerte bleibt auch bei der gesamtheitlichen energetischen Betrachtung das **Nutzerverhalten**. Von diesem hängt es nicht unwesentlich ab, ob und wenn ja wie viel Energie gegenüber der freien Lüftung gespart werden kann oder aber u. U. bei mittlerem bis starkem Lüften mittels geöffneter Fenster auch mehr verbraucht wird. Bei der Bewertung des jeweiligen Luftwechsels kann überwiegend davon ausgegangen werden, dass die Nutzer bei freier Lüftung eher in die Kategorie ‚mittlere bis starke' und bei ventilatorgestützter Lüftung mit zunehmender Systemqualität eher in ‚mittlere bis geringe' Intensität des Lüftens über geöffnete Fenster eingeordnet werden dürften. Das resultiert schon allein aus der Notwendigkeit, dass bei freier Lüftung vorsichtshalber etwas mehr gelüftet werden muss bzw. müsste als unbedingt erforderlich, wenn das Risiko für das Auftreten von Feuchte bzw. hygienisch bedingten Schäden möglichst klein gehalten werden soll (siehe auch Unterabschnitt 6.2).

Tabelle 7.5: Primärenergie-Einsparpotenzial unterschiedlicher Lüftungssysteme gegenüber freier Lüftung in einem MFH mit $A_N = 1\,340\ m^2$ und mit Außenluft-Wasser-Wärmepumpe für Heizung und Trinkwassererwärmung; Basis: [DIN V 18599-1] und [DIN V 4701-10] mit Anforderungsniveau [GEG]

Lüftungssystem		**Antriebsart der Ventilatoren**	**Primärenergie-Einsparpotenzial [%] gegenüber freier Lüftung**	
			mit	**ohne**
			Dichtheitsnachweis	
Freie Lüftung ohne LtM[1)]			8	
Abluftanlage (ohne WRG)	$n_{Anl} = 0{,}4\ h^{-1}$	AC	–3	5
	$n_{Anl} = 0{,}35\ h^{-1}$	DC	4	12
Zu-/Abluft-anlage (mit WRG)	$\eta_{WRG} = 0{,}6$	AC	10	17
	$\eta_{WRG} = 0{,}8$	DC	17	24

1) unter Berücksichtigung der Lüftung über geöffnete Fenster

Ein Beispiel für die Relationen des primärenergetisch bewerteten Energieeinspar-Potenzials zwischen unterschiedlichen Lüftungssystemen ist am Beispiel von Nutzungseinheiten in einem MFH mit einer gesamten Nutzungsfläche von 1 340 m^2 in Tabelle 7.5 dargestellt.

Fasst man die Ausführungen zur Wirksamkeit und zur energetischen Effizienz von Wohnungslüftungs-Systemen noch einmal zusammen, ergeben sich die nachfolgenden Schlussfolgerungen:

Schlussfolgerungen zur Effizienz von ventilatorgestützten Lüftungssystemen

- Nur mit ventilatorgestützter Lüftung kann der für die Sicherung unbedenklicher Raumluftzustände und des Bautenschutzes notwendige Mindestluftwechsel unabhängig von witterungsabhängigen Einflussfaktoren und von Energieeinspar-Bestrebungen bzw. -Notwendigkeiten der Nutzer ständig in allen Räumen von NE/Wohnungen gesichert werden.
- Die Systeme der ventilatorgestützten Lüftung besitzen trotz des zusätzlich notwendigen Elektroenergiebedarfs das größere energetische Einsparpotenzial.
- Um dieses Potenzial nutzbar machen zu können, ist eine möglichst luftdichte Bauausführung sowie
- ein angepasstes Nutzerverhalten bezüglich des zusätzlichen Fensteröffnens notwendig.
- Bezogen auf den Gesamtenergiebedarf schneiden Zu-/Abluftanlagen mit hocheffizienter Wärmerückgewinnung ($\eta_{WRG}' \geq 0{,}85$) dann am besten ab, wenn die Dichtheit der Gebäudehülle im Bereich von $n_{50} < 1\ h^{-1}$ liegt und die Nutzer die Fenster kurzzeitig nur im objektiv notwendigen Bedarfsfalle öffnen.

7.5 Berechnung des Jahres-Primärenergiebedarfs nach Gebäudeenergiegesetz [GEG]

Bezüglich des lüftungsseitigen Höchstwertes des Jahres-Primärenergiebedarfs ist nach [GEG] Folgendes festgelegt worden:

Zu errichtenden Wohngebäuden ist nach Anlage 1 als Referenzausführung eine *„zentrale Abluftanlage, nicht bedarfsgeführt mit geregeltem DC-Ventilator“* zugrunde zu legen.

Dabei ist „*im Rahmen der Berechnung ... die Anrechnung der Wärmerückgewinnung oder einer regelungstechnisch verminderten Luftwechselrate nur zulässig, wenn*

1) die Dichtheit des Gebäudes ... nachgewiesen wird,

2) die Lüftungsanlage mit Einrichtungen ausgestattet ist, die eine Beeinflussung der Luftvolumenströme jeder Nutzeinheit durch den Nutzer erlauben und

3) sichergestellt ist, dass die aus der Abluft gewonnene Wärme vorrangig vor der vom Heizsystem bereitgestellten Wärme genutzt wird.

„Die bei der Anrechnung der Wärmerückgewinnung anzusetzenden Kennwerte der Lüftungsanlagen sind nach den anerkannten Regeln der Technik zu bestimmen oder den allgemeinen bauaufsichtlichen Zulassungen der verwendeten Produkte zu entnehmen.“

Weitere Festlegungen, z. B. hinsichtlich des Anlagenluftwechsels, werden direkt im [GEG] nicht getroffen. § 13 des [GEG] enthält nur die generelle Anforderung, dass Gebäude so zu errichten sind „*dass die wärmeübertragende Umfassungsflächen einschließlich der Fugen dauerhaft luftundurchlässig nach den Regeln der Technik abgedichtet ist.*“ Weiter heißt es in § 13, dass davon „*öffentlich-rechtliche Vorschriften über den zum Zweck der Gesundheit und Beheizung erforderlichen Mindestluftwechsel ... unberührt*“ bleiben.

Das [GEG] lässt die Berechnung des Primärenergiebedarfs für Wohngebäude nach 2 Rechenverfahren zu (§ 20).

1) Ermittlung nach [DIN V 18599:2018-09]

2) Ermittlung nach [DIN V 4108-6:2003-06] und [DIN V 4701-10:2003-08] für ungekühlte Wohngebäude und nur bis zum 31. 12. 2023

Diese beiden alternativ anzuwendenden Berechnungsregeln enthalten zur Lüftung unterschiedliche Festlegungen:

– **DIN V 18599**

  [DIN V 18599-10] legt in Tabelle 4 (*Richtwerte der Nutzungsrandbedingungen für die Berechnung des Energiebedarfs von Wohngebäuden*) allgemein für den ‚nutzungsbedingten Mindestaußenluftwechsel,

  - *bedarfsgeführt’ einen Wert von* $n_{nutz} = 0{,}45\ h^{-1}$ *und*
  - *nicht bedarfsgeführt von* $n_{nutz} = 0{,}50\ h^{-1}$ *fest.*

  Der bedarfsgeführte Wert darf ‚*nur in Verbindung mit einer ventilatorgestützten Zu- und Abluftanlage oder Abluftanlage mit geeigneter nutzerunabhängiger Führungsgröße wie z. B. Feuchte oder* CO_2, *jedoch ohne Betriebsunterbrechung*’ angesetzt werden.

Abweichend davon wird in der Referenzausstattung des Wohngebäudes nach [GEG], Anlage 1 für die Berechnung nach [DIN V 18599] ein nutzungsbedingter Mindestluftwechsel von $n_{nutz} = 0{,}55\ h^{-1}$ festgelegt.

- **DIN V 4108-6** in Verbindung mit **DIN V 4701-10**

  [DIN V 4108-6] legt in Tabelle D.3 Zeile 8.2 für *Abluftanlagen* (ohne Wärmerückgewinnung) eine (Infiltrations-)*Luftwechselrate* von $n_x = 0{,}15\ h^{-1}$ und für **Zu- und Abluftanlagen von 0,2 h^{-1}** fest. Der mittlere Anlagenluftwechsel nAnl wird in Übereinstimmung mit [DIN V 4701-10] mit einem Standardwert von $n_{Anl} = 0{,}4\ h^{-1}$ angegeben. Dieser Ansatz gilt in Verbindung mit einer erfolgreichen Dichtheitsprüfung des Gebäudes. [DIN V 4701-10] lässt in Abschnitt 5.2.4 eine Verringerung dieses Standardwertes bis auf minimal 0,35 h^{-1} nur dann zu, *‚wenn die Regelung des Luftvolumenstroms anhand mindestens einer geeigneten, unabhängig vom Benutzer wirkenden Führungsgröße (z. B. CO_2) erfolgt und anhand der Regeln der Technik nachgewiesen werden kann, dass sich bei dem verringerten Luftwechsel unbedenkliche hygienische und bauphysikalische Luftverhältnisse einstellen'.*

In der *Referenzausstattung des Wohngebäudes* nach [GEG], Anlage 1 wird für die Berechnung nach [DIN V 4701-10] ein *Anlagenluftwechsel von* $n_A = 0{,}40\ h^{-1}$ festgelegt.

Aus der Referenzausstattung nach [GEG] mit einer nicht bedarfsgeführten Abluftanlage ergibt sich gegenüber freier Lüftung praktisch eine primärenergetische Gleichwertigkeit. Unabhängig davon ist die Abluftanlage aber zur Vermeidung von Feuchteschäden und Schimmelpilzbildung als bauphysikalisch sinnvoll und damit empfehlenswert zu betrachten. Beim ausgeführten Gebäude steht einem Ansatz geringerer Anlagenluftwechsel nichts entgegen, soweit die im technischen Regelwerk genannten Voraussetzungen vorliegen und die jeweils angegebenen Mindestwerte nicht unterschritten werden.

Ausblick

Die Fassung 2010 der „Richtlinie über die Gesamtenergieeffizienz von Gebäuden“ [EPBD2010] verpflichtet alle Mitgliedsstaaten, ab 2021 nur noch Niedrigst-Energiegebäude zu errichten. Mit dem Gebäudeenergiegesetz von 2020 erfolgt in Deutschland die Umsetzung der [EPBD 2010] in nationales Recht.

Für die Wohnungslüftung bedeutet das, dass in nach [GEG] neu errichteten Wohngebäuden und erst recht bei bspw. im Rahmen von Förderprogrammen noch höheren energetischen Zielen kaum noch auf lüftungstechnische Maßnahmen verzichtet werden kann, um die angestrebte Energieeffizienz unter

Erfüllung der Anforderungen an den Bautenschutz und die Raumlufthygiene zu erreichen. In vielen Fällen dürften die angestrebten Ziele im hochdichten Gebäude nur noch mit Systemen der ventilatorgestützten Lüftung erreicht werden. Es ist nicht ausgeschlossen, dass ihr Einsatz (zumindest) für Neubauten zukünftig vorgeschrieben wird. Unter der Annahme, dass die Luftdichtheit neuer und modernisierter Gebäude gesamtheitlich im Bereich eines Luftwechsels beim (Mess-)Differenzdruck von $\Delta p = 50$ Pa im Bereich von $n_{50} < 1\ h^{-1}$ liegen wird, besitzen neben bedarfsgeführten Lüftungsanlagen bzw. -geräten Zu-/Abluftanlagen bzw. -geräte mit hocheffizienter Wärmerückgewinnung inklusive des möglichen Einsatzes von Abluft-Wärmepumpen und/oder solarer bzw. erdreichintegrierter Luftvorwärmung in Verbindung mit einem immer energiebewussteren oder auch nur sparsameren Nutzer zunehmend größere Einsatzchancen.

7.6 Labeling/Ökodesign

Wohnungslüftungsgeräte dürfen in der Europäischen Union ab 2016 nur unter Einhaltung der Ecodesign-Anforderungen vertrieben werden. Wohnungslüftungsgeräte, die nach der Ecodesign-Verordnung unter die Labelpflicht fallen, sind:

- Lüftungsgeräte > 30 W elektrische Leistungsaufnahme je Luftstrom
- Lüftungsgeräte bis 250 m³/h (im Bereich von 250 m³/h bis 1000 m³/h kann der Hersteller die Lüftungsgeräte wahlweise für den Wohn- oder den Nichtwohnbereich deklarieren).

Die Effizienz von Wohnungslüftungsgeräten wird durch einen integralen Ansatz der Primärenergieeinsparung durch ventilatorgestützte Wohnungslüftung unter Berücksichtigung von

- eingesparter Wärmeenergie (z. B. durch Wärmerückgewinnung oder Bedarfsführung),
- Strombedarf der Ventilatoren und
- Energiebedarf Frostschutz

bewertet.

Die Effizienz von Wohnungslüftungsgeräten wird durch den spezifischen Energiebedarf der Lüftung je m^2 beheizter Grundfläche einer Wohnung oder eines Gebäudes (SEC für specific energy consumption in $kWh/(m^2 \cdot a)$) angegeben. Bild 7.7 zeigt das Ökodesign-Label, mit dem die Lüftungsgeräte ab dem 01.01.2016 ausgestattet sein müssen. Das Label enthält folgende Informationen:

- Name des Lieferanten oder der Marke,
- Modelkennung des Lieferanten,
- Energieeffizienz für durchschnittliches Klima,
- Schallleistungspegel in dB,
- maximaler Luftvolumenstrom in m^3/h (ein Pfeil für unidirektionale Anlagen, zwei Pfeile für bidirektionale Anlagen).

Die Einteilung in die einzelnen Effizienzklassen zeigt Tabelle 7.6. Seit dem 1. 1. 2018 dürfen nur noch Geräte mit SEC < –20 (Klasse D oder besser) in der Europäischen Union in Verkehr gebracht werden. Außerdem gelten folgende Anforderungen an Wohnungslüftungsgeräte:

- Einzelraumgeräte (ohne Luftleitung) oder Geräte mit nur einseitigem Kanalanschluss (nur Zuluft oder nur Abluft) mit A-bewertetem Schallleistungspegel von maximal 40 dB
- Mehrstufige (aus und mindestens drei Drehzahlen) oder drehzahlgeregelte Ventilatoren (außer Anlagen, die auch der Entrauchung dienen)
- Zu-/Abluftanlagen (bidirektionale Anlagen) mit Bypass für die Wärmerückgewinnung
- Filter mit optischer Filterwechselanzeige.

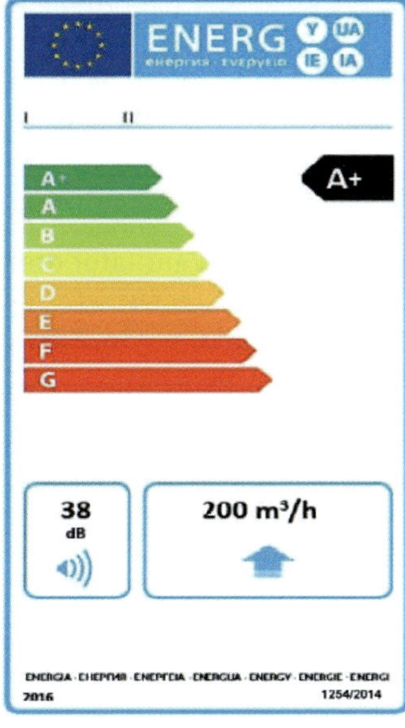

Bild 7.7: Ökodesign-Label für Wohnungslüftungsgeräte

Tabelle 7.6: SEC-Klassifizierung von Wohnungslüftungsgeräten ab dem 01.01.2016 (Angaben in kWh/($m^2 \cdot a$) für mittleres Klima)

SEC-Klasse	SEC
A+ (am effizientesten)	$SEC < -42$
A	$-42 \leq SEC < -34$
B	$-34 \leq SEC < -26$
C	$-26 \leq SEC < -23$
D	$-23 \leq SEC < -20$

Tabelle 7.7 zeigt beispielhaft für ausgewählte heute marktübliche Gerätekonstellationen, welche SEC-Klassen typischerweise erreicht werden können.

Tabelle 7.7: Beispiele für SEC-Klassifizierung von Wohnungslüftungsgeräten mit marktüblichen Parametern (Angaben für mittleres Klima)

Parameter	Zentrale bedarfsgeführte Abluftanlage	Zentrale Zu-/ Abluftanlage mit Wärmerückgewinnung
Spezifische Ventilatorleistung	SPI = 0,0001 kW/(m^3/h) (DC)	SFI = 0,0003 kW/(m^3/h) (DC)
Wärmerückgewinnung	$\eta_t = 0\ \%$	$\eta_t = 80\ \%$
Regelung	bedarfsgeführt (raumweise)	bedarfsgeführt (zentral)
	Ventilator drehzahlgeregelt	Ventilator dreistufig
Spezifischer Energieverbrauch	SEC = −27,0 kWh/($m^2 \cdot a$)	SEC = −36,2 kWh/($m^2 \cdot a$)
SEC-Klassifizierung	B	A

8 Schutztechnische Anforderungen

8.1 Vorbemerkung

In diesem Abschnitt soll auf Fragen des Schall- und Brandschutzes eingegangen werden. Dabei können zu beiden Fachgebieten nur die wesentlichsten Fragen und Probleme angeschnitten werden. Für weiterführende, ausführlichere Darstellungen bzw. Erläuterungen muss auf die entsprechende Fachliteratur sowie die Technischen Regelwerke verwiesen werden.

8.2 Schallschutz

8.2.1 Allgemeine Grundlagen

Schallschutz ist vor allem beim Einsatz von Systemen der ventilatorgestützten Lüftung von Bedeutung. Schall als Einzelton (in Form einer Sinusschwingung) bzw. Geräusch beim gleichzeitigen Auftreten mehrerer beliebiger Töne entsteht unmittelbar beim Betrieb von Lüftungs-Anlagen bzw. -Geräten und Kompressoren sowie mittelbar durch die von Ventilatoren (einschließlich ihrer Antriebsmotoren) in Bewegung gesetzte Luft im Luftleitungsnetz (LLN) bzw. Lüftungsschacht (LSch) sowie im gelüfteten Raum. Er breitet sich als Körperschall über alle Gebäude- und Anlagen- bzw. Geräteteile sowie als Luftschall über das LLN bzw. den LSch bis in den Aufenthaltsraum aus. Dort wird er von den Ohren des Menschen als Druckschwingung der Luft im Hörfrequenzbereich zwischen 16 Hz und 16 kHz wahrgenommen. Das Weber-Fechner'sche Gesetz („Reaktion des Ohrs auf konstante relative Schalldruckänderungen“) und die unterschiedliche Größenordnung der Schalldrücke von $p_0 = 2 \cdot 10^{-5}$ Pa (Hörschwelle) bis oberhalb $2 \cdot 10$ Pa (Schmerzgrenze) sind die Grundlage für das gewählte logarithmische Maß des Schall-**Druckpegels** L in Dezibel (dB) nach Gleichung (8.1):

$$L = 20 \cdot (\lg \frac{p}{p_0}) \tag{8.1}$$

Der vom menschlichen Ohr wahrgenommene Schalldruckpegel ist das Resultat der von einer oder von mehreren Schallquellen abgestrahlten (emittierten) Schallleistung abzüglich diverser (Druck-)Verluste infolge des Luftwiderstands zwischen Quelle und Empfänger sowie des Absorptionsvermögens der umgebenden Flächen. Der nicht direkt messbare Schall-**Leistungspegel** L_W in dB nach Gleichung (8.2)

$$L_W = 10 \cdot (\lg \frac{P}{P_0}) \tag{8.2}$$

kann nach Gleichung (8.3)

$$L_W = L + 10 \cdot (\lg \frac{S}{S_0}) \qquad (8.3)$$

aus dem gemessenen Schalldruckpegel L berechnet werden. P ist die vorhandene Schallleistung. P_0 ist die Schallleistung an der Hörschwelle (p_0). Sie berechnet sich mit $S_0 = 1\ m^2$ und $p_0 = 2 \cdot 10^{-5}$ Pa zu 10^{-12} W. Die (Prüf-)Fläche S umhüllt die Schallquelle senkrecht zur Ausbreitungsrichtung der Schallwellen. Ihre Größe ist von der Lage der Schallquelle im Raum abhängig. Im räumlich nicht eingeschränkten Schallfeld ist S identisch mit der die punktförmige Schallquelle umgebenden Kugeloberfläche $A_{Ku} = 4 \cdot \pi \cdot r^2$. In diesem Falle verringert sich der Schalldruckpegel bei jeder Verdoppelung des Abstands um 6 dB, sofern keine Reflexionen auftreten. Wenn S nicht kleiner als S_0 (= 1 m^2) ist, wie z. B. bei Luftdurchlässen, ist der Schallleistungs- immer größer als der Schalldruckpegel.

Der Schalldruck-Bandpegel wird gewöhnlich als **Oktavpegel** in (8) festgelegten Bandmittenfrequenzen gemessen, deren Frequenzabstand sich von unten nach oben jeweils verdoppelt. Damit ist es möglich, den unterschiedlich großen Störungsgrad tiefer (niedrige Frequenzen) und hoher (hohe Frequenzen) Tonlagen zu erfassen und zur Geräuschbekämpfung genauer zu analysieren (Frequenz- oder Oktavbandanalyse), siehe Beispiel im Bild 8.1.

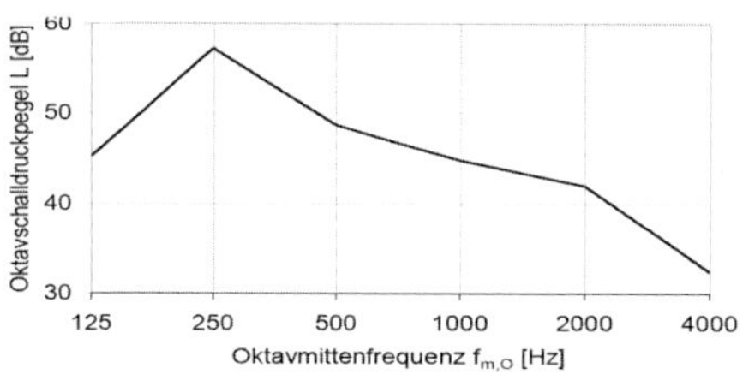

$f_{m,O}$ [Hz]	125	250	500	1 000	2 000	4 000
L [dB]	45,6	57,2	48,7	44,8	42,0	32,4

Bild 8.1: Oktavband-Analyse am Beispiel des Schalldruckpegels L einer Antriebsmaschine mit einem Gesamt-Schalldruckpegel (A-bewerteter Schalldruckpegel bzw. A-Schallpegel) von $L_A = 52{,}1$ dB(A)

Um die wahrgenommene Geräuschintensität bzw. Lautstärke mit einem Zahlenwert beurteilen zu können, kann aus den 8 Oktavpegeln unter Berücksichtigung der vom Frequenzband abhängig unterschiedlichen Wahrnehmungsfähigkeit des menschlichen Ohrs ein bewerteter Summenpegel gebildet werden. Dieser Wert ist Grundlage für alle Pegel- bzw. Pegeldifferenz-Vergleiche in Normen und Richtlinien. International hat sich für die Summenbildung die sogenannte A-Bewertung durchgesetzt. Messgeräte werden mit A-Filtern ausgestattet, die in der Lage sind, den A-bewerteten Oktavpegel L_A direkt in dB(A) anzuzeigen.

Ergänzend dazu sind bei der Beurteilung von Geräuschen durch den Betrieb von lüftungstechnischen Anlagen bzw. Geräten ein zeitabhängiger AF-Schalldruckpegel $L_{AF}(t)$ sowie der maximale Schalldruckpegel $L_{AFmax,nT}$ (bezogen auf die Nachhallzeit von T_0 = 0,5 s) von Bedeutung. Der maximale Schalldruckpegel $L_{AFmax,nT}$ ist die kennzeichnende Größe für die Einwirkung von anlagentechnisch verursachten Störgeräuschen auf zu schützende Aufenthaltsräume.

Weitere Erläuterungen zu den physikalischen Grundlagen des Schalls in Verbindung mit dem Betrieb von Lüftungsanlagen bzw. -geräten sowie Hinweise zu akustischen und strömungstechnischen Berechnungen können u. a. in [HdbKt10] und [RSSch19/20] nachgelesen werden. [DIN 4109-1], [DIN EN 12354-5] sowie [VDI 2081 Blatt 1] und [VDI 4100] enthalten darüber hinaus Anforderungen und Hinweise zur schallschutztechnischen Planung und Beurteilung.

8.2.2 Schallquellen

Geräusche werden in Lüftungsanlagen bzw. -geräten für den Wohnungsbau von den Ventilatoren und deren Antrieben und zunehmend von den Kompressoren der Wärmepumpen zur Wärmerückgewinnung verursacht. Eindeutiger Wert zu ihrer Quantifizierung ist der Schallleistungspegel L_W. Er steigt beim Betrieb von allen Ventilatoren im optimalen Betriebspunkt beim ungestörten Zu- und Abströmen am Saug- oder Druckstutzen angenähert linear mit der Zunahme des Luftvolumenstroms q_v und quadratisch mit der Gesamtdruckerhöhung Δp_t nach Gleichung (8.4) an:

$$L_{W,V} = L_{W,s} + 10 \cdot \lg q_v + 20 \cdot \lg \Delta p_t \tag{8.4}$$

Der spezifische Schallleistungspegel $L_{W,s}$ wird für unterschiedliche Arten und Größen von Ventilatoren messtechnisch ermittelt. Sind keine exakten Messergebnisse bekannt, kann er nach [RSSch13/14] in Gleichung (8.4) bei q_v in m^3/h mit $L_{W,s} = (1 \pm 4)$ dB angenommen werden.

$L_{W,V}$ wird umso größer, je weiter der Betriebspunkt B vom Punkt des höchsten Wirkungsgrades des Ventilators entfernt liegt und je ungünstiger die strömungstechnischen Bedingungen beim Zu- und Abströmen am Ventilator sind.

Wird die Ventilatordrehzahl verändert (z. B. bei stufenlos regel- oder mehrstufig umschaltbaren Ventilatoren), verändert sich der Schallleistungspegel mit der 5. Potenz gemäß Gleichung (8.5)

$$L_{W,2} = L_{W,1} + (50 \cdot \lg \left(\frac{n_2}{n_1}\right)) \text{ dB} \tag{8.5}$$

Beispielsweise bringt die Verdoppelung der Drehzahl von n_1 auf $n_2 = 2 \cdot n_1$ demnach eine Zunahme gegenüber $L_{W,1}$ um 15 dB.

Mit den Gleichungen (8.4) und (8.5) können Abschätzungen über den zu erwartenden Schallleistungspegel vorgenommen werden. Besser ist es aber, dafür die Herstellerangaben zu verwenden. Die Gleichungen wurden vor allem deshalb aufgenommen, weil sie demonstrieren, welche Faktoren mit welchem Anteil zur Erhöhung der Schallemission führen können. Mit ihrer Hilfe ist zu erkennen, dass hohe **Drehzahlen** möglichst ebenso vermieden werden sollten wie große **Druckverluste**.

Das gilt auch deshalb, weil alle Maßnahmen zur Verringerung der Schallemissionen zusätzlich zu einer Reduktion des Energiebedarfs führen. Ein Grund mehr, Anlagen stets so zu planen, dass die Ventilatoren während des größten Teiles ihrer Betriebszeit im optimalen Bereich arbeiten (Unterabschnitte 4.3.1 und 7.3).

Neben der direkten Abstrahlung der Schallleistung von Ventilatoren verursachen diese indirekt ein weiteres Geräusch durch die Luftströmung in den Bauteilen des Luftleitungsnetzes (LLN) bzw. Lüftungsschachtes. Das sogenannte Strömungsrauschen kann für Luftleitungen (LL) gemäß Gleichung (8.6) und für Luftdurchlässe (LD) gemäß Gleichung (8.7) abgeschätzt werden, wenn keine Herstellerangaben vorliegen:

$$L_{W,LL} = 50 \cdot \lg v + 10 \cdot (\lg A_{LL}) + 7 \tag{8.6}$$

$$L_{W,LD} = 30 \cdot \lg \Delta p + 10 \cdot (\lg A_{LD}) + 10 \tag{8.7}$$

Die Gleichungen (8.6) und (8.7) zeigen, dass in Luftleitungen die **Luftgeschwindigkeit** v und bei Luftdurchlässen der **Druckverlust** Δp und damit indirekt ebenfalls die Luftgeschwindigkeit für hohe Schall-Emissionswerte verantwortlich sind. Während im Wohnungsbau die Schallabstrahlung der Luftleitungen keine Probleme bereitet, wenn die Luftgeschwindigkeit nicht höher als 3 (5) m/s (siehe [DIN 1946-6]) gewählt wird, ist das bei Luftdurchlässen wesentlich problematischer. Vor allem in Zu(luft)-Luftdurchlässen müssen unter bestimmten Bedingungen höhere Luftgeschwindigkeiten zur Realisierung einer vorzugebenden Raumluftströmung eingehalten werden. Aber auch in Ab(luft)-Luftdurchlässen können durch Drosselung zur Regelung des Luftvolumenstroms oder aus allgemeinen Stabilitätsgründen mitunter Druckverluste auftreten, die zu unerwünscht hohen Strömungsgeräuschen führen.

8.2.3 Schalldämmung/Schalldämpfung

Die von Lüftungsanlagen bzw. -geräten emittierten Schallpegel können im Aufenthaltsbereich des Menschen zu unerwünschten Belästigungen führen. Werden bei zu hoher Schallemission keine geeigneten Gegenmaßnahmen getroffen, provoziert das u. U. unsachgemäße Eingriffe des Wohnungsnutzers in die installierte Technik. Diese können im ungünstigen Falle bis zur teilweisen oder sogar kompletten Außerbetriebsetzung der Lüftungsfunktion der Technik führen. Um dem vorzubeugen, ist es unerlässlich, schon bei der Planung von Systemen der ventilatorgestützten Lüftung auf der Basis der technischen Realisierbarkeit Schutzmaßnahmen vorzusehen, die die **Nutzerakzeptanz** gewährleisten. Dazu gehört nicht nur der Schutz vor Geräuschen aus benachbarten Nutzungseinheiten, sondern nach [DIN 4109] auch derjenige, der von *„raumlufttechnischen Anlagen im eigenen Wohnbereich erzeugt wird“*.

Für Geräusche von *„fest installierten Schallquellen, die nicht vom Bewohner selbst betätigt bzw. in Betrieb* gesetzt werden“, werden „beim bestimmungsgemäßen Betrieb“ für den eigenen schutzbedürftigen Wohnbereich nach [DIN 4109-1] maximale Norm-Schalldruckpegel von $L_{AF,max,n} \leq 30$ dB(A) für Wohn- und Schlafräume (schließt Wohnküchen mit ein) und $L_{AF,max,n} \leq 33$ dB(A) für Küchen empfohlen. Dabei dürfen die Grenzwerte für *„Dauergeräusche ohne auffällige Einzeltöne“ sowie „einzelne, kurzzeitige Geräuschspitzen beim Ein- und Ausschalten der Anlagen“* um 5 dB(A) höher liegen. Nach [DIN 4109-5] gilt zusätzlich für Wohn- und Schlafräume nachts bei „reduziertem“ Lüftungsbetrieb (*„für Schlafzimmer beispielsweise bei 15 m³/h/Person“*) die verschärfte Anforderung von $L_{AF,max,n} \leq 27$ dB(A).

Nach [VDI 4100] wird unter dem Abschnitt 6 *„Verbesserter Schallschutz innerhalb von Wohnungen“* bzgl. der einzuhaltenden Grenzwerte $L_{AFmax,n}$ in dB(A) neben den Schallschutzstufen SSt I bis **SSt III für Geräusche aus benachbarten NE** auch noch in die **Schallschutzstufen SSt EB I** und **SST EB II** unterschieden. Bei diesen geht es speziell um höheren Schallschutz im eigenen Bereich (EB). Als *„Empfohlene Schallschutzwerte für höheren Schallschutz innerhalb von Wohnungen und Einfamilienhäusern“* gelten dabei für SSt EB I: 35 dB(A) und für SSt EB II: 30 dB(A). Hinweis: *„Dies gilt nicht für Geräusche von im eigenen Bereich fest installierten technischen Schallquellen (Heizungs-, Lüftungs- und Klimaanlagen), die – im üblichen Betrieb – vom Bewohner beeinflusst, das* *heißt selbst betätigt bzw. in Betrieb gesetzt werden.*" Schutzbedürftig sind nach [VDI 4100] alle Räume (einschließlich Bädern) mit mindestens 8 m^2 Grundfläche.

Zusätzlich hat der Fachausschuss Bau- und Raumakustik der Deutschen Gesellschaft für Akustik (DEGA) die **DEGA-Empfehlung 103** „Schallschutz im Wohnungsbau – Schallschutzausweis" vorgelegt. Darin wird in 7 Schallschutzklassen (entsprechend 7 Qualitätsstufen) für die Bewertung von Wohnräumen oder Gebäuden mit Wohnräumen als Ergänzung zum Nachweis der Schallschutzanforderungen nach [DIN 4109] unterschieden [DEGA103]. Diese gelten für alle „Wohneinheiten" als übergreifendem Begriff für Wohnungen in MFH sowie für Einfamilienhäuser (EFH) als freistehende, Doppel- oder Reihenhäuser. Einen Überblick über die empfohlenen Anforderungen an Geräusche aus haustechnischen Anlagen, zu denen auch Lüftungsanlagen bzw. -geräte im eigenen Bereich gehören, gibt Tabelle 8.1.

Tabelle 8.1: Anforderungen an Geräusche aus haustechnischen Anlagen, nach [DEGA103]

Schallschutzklasse	**F**	**E**	**D**	**C**	**B**	**A**	**A***
Geräusche aus haustechnischen Anlagen [dB(A)]	> 35	≤ 35	≤ 30	≤ 27	≤ 24	≤ 20	
	sehr deutlich hörbar	deutlich hörbar	hörbar	noch hörbar	nicht hörbar		

Nach [DEGA103] gilt: *„Die Klassen F und E dienen z. B. der Einstufung von unsanierten Altbauten. An Gebäude der Klasse F sind keine Anforderungen gestellt; hier werden alle Gebäude eingruppiert, für die keine Daten vorliegen oder die die Kennwerte der Klasse E nicht erreichen. Die Klasse D entspricht bei … den Geräuschen aus … haustechnischen Anlagen im Wesentlichen den bauaufsichtlich eingeführten Anforderungen der DIN 4109-1 für Geschosshäuser. Die obere Qualitätsklasse A* dient zur Kennzeichnung eines besonderen Komfortschallschutzes."*

Ergänzend werden Bezug nehmend auf das DEGA-Memorandum [DEGA BR 0104] vom Februar 2015 für den Schallschutz im eigenen Wohnbereich folgende Klassen definiert, für die für Geräusche von Heizungs- und Lüftungsanlagen die eingefügten **Empfehlungen** für $L_{AF,max,n}$ gelten:

*„**EW1**: Schallschutz im eigenen Wohnbereich, bei welchem Vertraulichkeit nicht erwartet werden kann (≤ **30 dB(A)**).*

***EW2**: Schallschutz im eigenen Wohnbereich, bei welchem ein Mindestmaß an Vertraulichkeit gewährleistet werden kann und erhebliche Störungen vermieden werden (≤ **25 dB(A)**).*

***EW3**: Schallschutz im eigenen Wohnbereich, bei welchem Vertraulichkeit gewährleistet werden kann und Störungen vermieden werden (< **25 dB(A)**)“.*

Um Nutzerakzeptanz für lüftungstechnische Maßnahmen mit hinreichender Sicherheit erlangen und damit auch einem abwertenden Image der Wohnungslüftung vorbeugen zu können, dürfte es empfehlenswert sein, hinsichtlich der Geräuschwahrnehmung von Lüftungs- und ihrer Zubehörtechnik die Einhaltung der nachfolgend aufgeführten **Schalldruckpegel-Bereiche** anzustreben:

1) Grenzwert-Bereiche des Schalldruckpegels bei Dauergeräuschen ohne auffällige Einzeltöne infolge Lüftung von Nutzungseinheiten in MFH und in EFH im Nennbetrieb:
   - in Schlafräumen: ≤ 30 (besser ≤ 25) dB(A) ständig,
   - in allen ‚anderen schutzbedürftigen Räumen‘: ≤ 35 (besser ≤ 30) dB(A) von ca. 6 bis 20 Uhr und ≤ 30 (besser ≤ 25) dB(A) von ca. 20 bis 6 Uhr,
   - in Bad-/WC- und Hausarbeits-Räumen: < 40 dB(A) ständig.
2) Als ‚andere schutzbedürftige Räume' werden neben Wohn- und Kinderzimmern auch alle dem zeitweiligen Aufenthalt der Nutzer dienenden Räume, wie Wohn-Küchen, Hobbyräume und Gästezimmer (ohne Beschränkung der Grundfläche) verstanden.
3) Die anzustrebenden Grenzwert-Bereiche dürfen dabei nicht nur den Schutz gegen Geräusche aus Anlagen bzw. Geräten außerhalb der Wohnung betreffen, sondern auch denjenigen für solche, die sich fest installiert im eigenen Wohn- und Arbeitsbereich befinden und im Dauer- bzw. Quasi-Dauerbetrieb (mittels Intervallschaltung) nutzerunabhängig nach [DIN 1946-6] mit der Lüftungs-(Betriebs-)stufe Nennlüftung betrieben werden.

Beim Nachweis der Einhaltung von Grenzwerten ist darauf zu achten, dass es sich um **Schalldruckpegel L** und nicht um Schallleistungspegel L_W handelt. Wenn vom Hersteller L_W angegeben ist, kann L über die Gleichungen (8.8.1) und (8.8.2)

$$L = L_W + 10 \cdot \lg\left(\frac{Q \cdot S_0}{4 \cdot \pi \cdot r^2} + \frac{4 \cdot S_0}{A}\right) \text{dB} \tag{8.8.1}$$

und das Raumdämpfungsmaß bzw. die Schallpegelminderung des Raumes ΔL über Gleichung (8.9)

$$\Delta L = L_W - L = -10 \cdot \lg\left(\frac{Q \cdot S_0}{4 \cdot \pi \cdot r^2} + \frac{4 \cdot S_0}{A}\right) dB \tag{8.9}$$

abgeschätzt werden [HdbKt10].

Der **Richtungsfaktor Q** berücksichtigt dabei die Abweichung von der kugelförmigen Ausbreitung der Schallwellen und liegt in Wohnungen in den meisten Fällen im Bereich von $4 \leq Q \leq 8$. Die Bezugshüllfläche S_0 hat den Wert $S_0 = 1\ m^2$. Der Abstand des nächstgelegenen Aufenthaltsortes von der raumseitigen Schallquelle r wird in m angegeben. L bildet den Soll- oder Messwert des Schalldruckpegels am Aufenthaltsort und L_W den Schallleistungspegel der raumseitigen Schallquelle (z. B. Luftdurchlass).

Die **äquivalente Absorptionsfläche A** in m^2 als Maß für die schalldämpfende Wirkung eines Raumes kann nach Gleichung (8.10) ermittelt werden, mit dem Raumvolumen V in m^3 und der **Nachhallzeit T** in s als Zeitdauer der Reduktion des Schalldruckpegels um 60 dB ab dem Zeitpunkt des Beendens einer Schallemission. In eingerichteten Wohn- und Arbeitsräumen beträgt die Nachhallzeit $T \approx 0{,}5$ s (Bezugswert).

$$A = 0{,}163 \cdot \frac{V}{T} \tag{8.10}$$

Wird die äquivalente Absorptionsfläche A nach Gleichung (8.10) in Gleichung (8.8.1) eingeführt, vereinfacht sich Letztere zu Gleichung (8.8.2)

$$L = L_W + 14 dB - 10 \cdot \lg\left(\frac{V}{T}\right) dB \tag{8.8.2}$$

Von Geräteherstellern werden nicht nur Schallleistungs-, sondern häufig auch Schalldruckpegel angegeben. Diese sind gewöhnlich auf $A_0 = 10\ m^2$ bezogen. Wenn die äquivalente Bezugs-Schallabsorptionsfläche A_0 kleiner als angegeben ist, z. B. $\leq 4\ m^2$ in kleinen ‚schallharten' Bad-/WC-Räumen, liegen die realen Schalldruckpegel entsprechend höher [Heinz95-2].

Neben den von Lüftungsanlagen bzw. -geräten verursachten Geräuschen dringen auch **Außengeräusche** in die Wohnung ein. Um deren Störwirkung auf ein zulässiges Minimum zu begrenzen, müssen die Hüllkonstruktionen einschließlich der Fenster eine Mindest-Schalldämmung gewährleisten. Diese kann durch den Einbau von Lüftungseinrichtungen in Form von Gebäudehüllen-Luftdurchlässen (GLD/ALD) nach Unterabschnitt 9.3.4 vermindert werden. Dafür müssen

GLD/ALD so konzipiert und ausgeführt werden, dass neben der Sicherung der Lüftungsfunktion auch die vorgegebenen Schalldämm-Maße eingehalten werden.

Aber auch über Lüftungsschächte sowie Außenluft- oder Fortluftleitungen können Außengeräusche in die angeschlossenen Wohnungen eindringen. Wenn das Schalldämm-Maß der zugehörigen Gebäudehülle > 20 dB(A) ist, müssen entsprechende Schutzmaßnahmen im Bereich der betroffenen Luftwege getroffen werden (siehe dazu auch [CEN/TR 14788]).

Um die Luftschallübertragung im Gebäude bewerten zu können, wurden die Schalldämm-Maße R zur Kennzeichnung der Luftschalldämmung von Bauteilen in Prüfständen sowie das Bau-Schalldämm-Maß R' zur Kennzeichnung der Luftschallübertragung von Bauteilen im eingebauten Zustand nach [DIN 4109] definiert. Sie ermitteln sich nach Gleichung (8.11)

$$R \text{ bzw. } R' = D + 10 \cdot \lg\left(\frac{S}{A}\right) \tag{8.11}$$

mit der Schallpegeldifferenz D nach Gleichung (8.12)

$$D = L_1 - L_2 \tag{8.12}$$

S ist die gemeinsame Trennfläche (Prüffläche) des Bauteils und A die äquivalente Schallabsorptionsfläche im Empfangsraum, jeweils in m^2. L_1 ist der mittlere Schalldruckpegel im Senderaum und L_2 derjenige im Empfangsraum, jeweils in dB.

Um richtigerweise den auf das Gebäude und nicht mehr auf das Trennbauteil bezogenen Schallschutz zu betrachten, wird nach [DIN 4109-1] eine nachhallbezogene Größe, die Standard-Schallpegel-Differenz D_{nT} verwendet (siehe Gleichung (8.13)).

Mit R_w bzw. R'_w wird das **„bewertete Schalldämmmaß“** nach [DIN 4109-1] als eine mit Hilfe einer Bezugskurve ermittelte Einzahlangabe zur Kennzeichnung der Luftschalldämmung von Bauteilen definiert. Es basiert auf den Ergebnissen von Messungen in Terzbändern und den daraus bestimmten Schalldämm-Maßen.

Für die praktische Handhabung existiert für das Bauteil Fenster eine Einteilung in **Schallschutzklassen** gemäß Tabelle 8.2 nach [VDI 2719].

Tabelle 8.2: Schallschutzklassen von Fenstern in dB; nach [VDI 2719]

Schallschutz-Klasse	Bewertetes Schalldämm-Maß R'_w des im Gebäude eingebauten Fensters	Erforderliches bewertetes Schalldämm-Maß R_w des im Prüfstand eingebauten Fensters
1	25 ... 29	≥ 27
2	30 ... 34	≥ 32
3	35 ... 39	≥ 37
4	40 ... 44	≥ 42
5	45 ... 49	≥ 47
6	≥ 50	≥ 52

Sind in Mehrfamilienhäusern (einschließlich Reihen- oder Doppelhäusern) mit Schacht- oder mit ventilatorgestützter Lüftung mehrere Wohnungen bzw. Nutzungseinheiten (NE) über Lüftungsschächte oder Luftleitungen luftseitig miteinander verbunden, wird die Luftschalldämmung der die einzelnen separaten NE trennenden Bauteile infolge der sogenannten ‚Nebenwegsübertragung' reduziert. Die Schallübertragung erfolgt dabei sowohl über das Kanal- bzw. Leitungsmaterial (Körperschall) als auch über den offenen Luftweg (Luftschall). Die Luftschallübertragung (hierbei auch als ‚Telefonieschall' bezeichnet) zwischen Aufenthalts- bzw. Bad-/WC-Räumen darf in den verbundenen NE/Wohnungen die nach [DIN 4109-1] vorgegebenen Werte nicht unterschreiten (Tabelle 8.3).

Tabelle 8.3: Anforderungen an das bewertete Bau-Schalldämm-Maß R'_w zwischen Nutzungseinheiten; nach [DIN 4109-5]

Nutzungseinheiten (NE) in	[DIN 4109-5]
	R'_w (für Decken zwischen NE)
... MFH (Wohnungs-Trenndecken)	≥ 57
... EFH; RH und DHH (mit ≥ 2 Geschossen)	–

Nach [VDI 4100] werden bzgl. des Luftschallschutzes Empfehlungen in Form der bewerteten Standard-Schallpegeldifferenz $D_{nT,w}$ gegeben (siehe Tabelle 8.4), wobei in die Schallschutzstufen SSt I bis SSt III untergliedert wird.

Tabelle 8.4: Empfohlene Schallpegeldifferenzen $D_{nT,w}$; nach [VDI 4100]

Nutzungseinheiten (NE) in	**Schallschutzstufe**		
	I	**II**	**III**
... MFH (einschließlich EFH mit 2 NE)	≥ 56	≥ 59	≥ 64
... RH und DHH	≥ 65	≥ 69	≥ 73

Dabei wird als $D_{nT,w}$ die mit Hilfe einer Bezugskurve ermittelte Einzahlangabe in dB zur Kennzeichnung des Luftschallschutzes zwischen Räumen in Gebäuden bezeichnet. Sie wird nach [DIN EN ISO 140-4] bestimmt und nach [DIN EN ISO 717-1] bewertet. Die zugrunde liegende Standard-Schallpegeldifferenz DnT wird nach Gleichung (8.13) ermittelt

$$D_{nT} = D + 10 \cdot \lg\left(\frac{T}{T_0}\right) \qquad (8.13)$$

mit T als Nachhallzeit im Empfangsraum in s und T_0 als Bezugs-Nachhallzeit mit dem Wert $T_0 = 0{,}5$ s für übliche Wohn- und Arbeitsräume.

Die Prüfung der auch in kleinen Räumen ermittelbaren **Schachtpegeldifferenz D_K** nach Gleichung (8.14)

$$D_K = L_{K,1} - L_{K,2} \qquad (8.14)$$

erfolgt nach [DIN 52210-6]. Sie wird durch die unmittelbare Luftschallübertragung über einen Lüftungsschacht bzw. eine Luftleitung allein gekennzeichnet. Die Schalldämmung ist ausreichend, wenn die bewertete Schachtpegeldifferenz $D_{K,w,R}$ der Ungleichung (8.15)

$$D_{K,w,R} \geq \text{erf. } R'_w - 10 \lg\left(\frac{S}{S_K}\right) + 20 \qquad (8.15)$$

genügt. Die Fläche S bezeichnet dabei die trennende Bauteil-(Decken-)fläche und S_K die lichte Querschnittsfläche der Anschlussöffnung (ohne Berücksichtigung evtl. vorhandener Lüftungsgitter oder Drosselvorrichtungen). Ist die Anschlussöffnung weniger als 0,5 m von einer Raumkante entfernt, ist eine um 6 dB größere Schachtpegeldifferenz erf. $D_{K,w,R}$ notwendig.

Um die Luftströmung von den Zuluft- zu den Ablufträumen innerhalb von Nutzungseinheiten auch bei geschlossenen Innentüren gewährleisten zu können, sind in den meisten Fällen Überström(luft)-Luftdurchlässe (ÜLD) erforderlich. Deren freie Querschnittsfläche nach [DIN 1946-6] kann u. U. den Schalldämmwert der Türen reduzieren. Soll bzw. muss das vermieden werden, müssen entweder schallgedämmte ÜLD oder entsprechende mit Überströmfunktion versehene, dadurch jedoch teurere Türen zum Einsatz kommen.

Allgemein gilt, dass die Luftschallübertragung abnimmt mit der

1) Länge und
2) Verringerung des freien Querschnitts des Übertragungsweges,
3) Vergrößerung des Verhältnisses von Umfang zur Fläche des Luftwegs (flache Querschnitte günstiger als quadratische) sowie
4) Vergrößerung der Schallabsorption des Materials des Übertragungsweges.

Da auch Undichtheiten zur Schallübertragung beitragen, begünstigt auch eine hohe Luftdichtheit (entsprechend $n_{50} < 1\ h^{-1}$) der Hüllkonstruktion eines Gebäudes bzw. einer Nutzungseinheit die Erfüllung schallschutztechnischer Anforderungen an die interne und externe Schalldämmung.

Ist die berechnete oder gemessene Schalldämmung infolge des Vorhandenseins von Luftleitungen nicht ausreichend, müssen in Letzteren (‚Telefonie'-) **Schalldämpfer** installiert werden. Wegen der Gewährleistung der Reinigungsmöglichkeit sollten das ausschließlich durchgängige, u. U. biegsame Rohrschalldämpfer (auch mit rechteckigem Querschnitt) als besondere Form von Absorptions-Schalldämpfern sein, die vorzugsweise in die Hauptleitung integriert werden. Bei nur einem Anschluss je Wohnung können sie sich aber auch in der Nebenleitung befinden. Sammelschächte erfordern wegen des langen (Luft-)Schallweges sowie der vorhandenen Abzweigungen und Umlenkungen meist keinerlei zusätzliche Schalldämm-Maßnahmen.

Bei der Aufstellung von Ventilatoren ist darauf zu achten, dass eine Schallübertragung sowohl auf das Gebäude als auch auf das LLN bzw. den Lüftungsschacht vermieden wird. Die Minderung der **Körperschallübertragung** geschieht vorzugsweise durch dauerelastische, mittelbare Befestigungen über Mineralfaserplatten oder Gummi- bzw. Federisolatoren sowie über flexible Anbindungen an den jeweiligen Luftweg. Auch entsprechende drahtgebundene Abhängungen sind bekannt.

Außerhalb (z. B. auf dem Dach) des Gebäudes befindliche Ventilatoren von Lüftungsanlagen bzw. -geräten oder Gebäude- bzw. Fort(luft)-Luftdurchlässe müssen darüber hinaus so konzipiert sein, dass sie keine störenden **Geräusche in der Umgebung** verursachen. Das war z. B. nach [VDI 2058] dann der Fall, wenn in Gebieten mit *„vorwiegender“* Wohnbebauung die Geräuschbelästigung

16 Stunden am Tage nicht mehr als 55 dB(A) betrug sowie 8 Stunden nachts 40 dB(A) nicht überschreitet. In Gebieten, in denen sich *„ausschließlich"* Wohnungen befinden, lagen die zulässigen Werte bei nur 50 bzw. 35 dB(A). Nach der aktuellen Sechsten Allgemeinen Verwaltungsvorschrift zum Bundes-Immissionsschutzgesetz (Technische Anleitung zum Schutz gegen Lärm – TA Lärm) vom 26. August 1998 (GMBl Nr. 26/1998 S. 503) *„betragen die Immissionsrichtwerte für den Beurteilungspegel für Immissionsorte außerhalb von Gebäuden in allgemeinen Wohngebieten und Kleinsiedlungsgebieten tags 55 dB(A) und nachts 40 dB(A)"*.

Zu weiteren Fragen der Planung und messtechnischen Kontrolle von Geräuschemissionen und -immissionen im Freien siehe auch [VDI 2719], zu weiteren Maßnahmen zur Einhaltung empfohlener Schalldruckpegel z. B. auch [RSSch13/14] und [Ihle97].

8.3 Brandschutz

8.3.1 Vorbemerkung

Während der Schallschutz in Aufenthaltsräumen eine wichtige Voraussetzung für den Komfort und die Akzeptanz lüftungstechnischer Maßnahmen durch den Nutzer ist und damit indirekt Einfluss auf die Funktion von Lüftungsanlagen bzw. -geräten und lüftungstechnischen Einrichtungen nimmt, dient der Brandschutz der Vorbeugung und Abwehr von Gefahren, die bei einem Brandereignis für Menschen, Tiere und Bauwerke samt deren technischer Ausrüstungen und Ausstattungen vorherrschen.

Das Fachgebiet des Brandschutzes stellt die Gesamtheit aller vorbeugenden und abwehrenden Maßnahmen dar, die Entstehung eines Brandes, und bei einem Brand die Ausbreitung von Feuer und Rauch zu verhindern und die Rettung von Menschen und Tieren sowie wirksame Löscharbeiten zu ermöglichen, vgl. § 14 Musterbauordnung [MBO].

Der vorbeugende Brandschutz umfasst dabei alle baulichen, anlagentechnischen und organisatorischen Maßnahmen. Für den Brandschutz von Lüftungsanlagen stehen dabei insbesondere die baulichen und anlagentechnischen Maßnahmen im Vordergrund, um die Ausbreitung und Übertragung eines entstandenen Feuers und des dabei freiwerdenden Rauches in andere Nutzungsbereiche oder Rettungswege, z. B. in notwendige Flure und Treppenräume von Gebäuden zu verhindern.

Der wichtigste Grundsatz des Brandschutzes ist das Abschottungsprinzip. Durch die Anordnung von abschottenden und raumabschließenden Bauteilen wie Brandwände, Trennwände, Wände notwendiger Flure, Wände notwendiger Treppenräume und Decken mit einer bestimmten Feuerwiderstandsfähigkeit, wird bei einem Brand für eine bestimmte Zeitdauer die Brandausbreitung verhindert. Um die Ausbreitung des giftigen Brandrauches zu verhindern, werden zugleich technische Maßnahmen zur Rauchableitung bzw. zum Rauchabzug für bestimmte Bereiche und zur Rauchfreihaltung der Rettungswege in einem Gebäude getroffen.

8.3.2 Bauordnungsrechtliche Regelungen zum Brandschutz

Die Bauordnungen der Bundesländer sind als Gesetze im jeweiligen Landesbaurecht der Länder verankert und sie sind damit für alle Beteiligten, die sich mit der Planung, der Errichtung, dem Betrieb, der Nutzung und Instandhaltung von Gebäuden befassen (z. B. für Bauherrn, Eigentümer, Vermieter, Nutzer, Planer, Baufirmen, Behörden, Instandhaltungsfirmen) gesetzlich bindend.

Ein wesentlicher Bestandteil der Bauordnungen und der mitgeltenden Verordnungen, Richtlinien und Verwaltungsvorschriften sind die Vorschriften zum Brandschutz. Dabei ist der Brandschutz die zweite der sieben Grundanforderungen aus dem europäischen Bauproduktenrecht, die über die Regelungen für die Verwendung von Bauprodukten in Bauwerken in das nationale Bauordnungsrecht einfließt.

Die jeweiligen Landesbauordnungen und die weiteren Vorschriften zum Brandschutz beruhen auf einer gemeinsamen Musterbauordnung [MBO]. Die Musterbauordnung gilt dabei nur als Empfehlung der Fachkommission Bauaufsicht der Bauministerkonferenz [ARGEBAU] für die Bundesländer. Da das Bauordnungsrecht unter der Hoheit der einzelnen Bundesländer steht, gibt es zwischen den Bundesländern teilweise unterschiedliche bauordnungsrechtliche Regelungen aber auch unterschiedliche zeitliche Anpassungen der jeweiligen Landesbauordnung eines Bundeslandes an eine neue Musterbauordnung.

Im Weiteren wird nur auf die [MBO] in der Fassung November 2002, zuletzt geändert vom 13. 05. 2016, den jeweiligen Musterverordnungen, den Musterrichtlinien und den Technischen Baubestimmungen mit Stand Mai 2020 der [ARGEBAU] Bezug genommen. Landesspezifisch abweichende Regelungen für die einzelnen Bundesländer werden hier nicht betrachtet.

Nach § 14 [MBO] zum Brandschutz, *„sind bauliche Anlagen so anzuordnen, zu errichten, zu ändern und instand zu halten, dass der Entstehung eines Brandes und der Ausbreitung von Feuer und Rauch (Brandausbreitung) vorgebeugt wird und bei einem Brand die Rettung von Menschen und Tieren sowie wirksame Löscharbeiten möglich sind.“*

Unter diese Generalbestimmung fallen bspw. spezielle Regelungen für Trennwände als raumabschließende Bauteile zwischen Nutzungseinheiten z. B. zwischen Wohnungen sowie zwischen Nutzungseinheiten und anders genutzten Räumen z. B. zwischen Wohnungen und Arztpraxen oder gewerblichen Büros nach § 29 Abs. 5 [MBO], mit Öffnungen in Trennwänden (mit dem Begriff Öffnungen sind hier Aussparungen für Türen gemeint), „*die*

- *in Trennwänden nur zulässig sind, wenn sie auf die für die Nutzung erforderliche Zahl und Größe beschränkt sind;*
- *feuerhemmende, dicht- und selbstschließende Abschlüsse (Türen)*

haben müssen.“

Weitere Regelungen gibt es für Öffnungen in Brandwänden nach § 30 Abs. 8 [MBO], die in inneren Brandwänden feuerbeständige, dicht- und selbstschließende Abschlüsse (Türen) haben müssen, sowie für notwendige Treppenräume nach § 35 Abs. 6 [MBO], mit

Öffnungen in notwendigen Treppenräumen, „*die*

- *zu Kellergeschossen, zu nicht ausgebauten Dachräumen, Werkstätten, Läden, Lager- und ähnlichen Räumen sowie zu sonstigen Räumen und Nutzungseinheiten mit einer Fläche von mehr als 200 m², ausgenommen Wohnungen, mindestens feuerhemmende, rauchdichte und selbstschließende Abschlüsse (Türen),*
- *zu notwendigen Fluren rauchdichte und selbstschließende Abschlüsse (Türen),*
- *zu sonstigen Räumen und Nutzungseinheiten mindestens dicht- und selbstschließende Abschlüsse*“ (z. B. Türen zu Nutzungseinheiten mit weniger als 200 m² eine dreiseitig umlaufende Dichtung)

haben müssen.

Weitere spezielle Regelungen zum Brandschutz sind für notwendige Flure (ab Gebäudeklasse 3) nach § 36 [MBO], aufgestellt. Diese sind durch nichtabschließbare, rauchdichte und selbstschließende Abschlüsse in Rauchabschnitte zu unterteilen. Außerdem müssen Türen (z. B. Wohnungseingangstüren) in Wänden von notwendigen Fluren dicht schließen.

Diese Bestimmungen für Trennwände von Nutzungseinheiten, innere Brandwände, Wände notwendiger Treppenräume und Wände notwendiger Flure verdeutlicht, dass ein planmäßiger Luftaustausch über Fugen der Abschlüsse (Türen) mit den anliegenden Wohnungen, z. B. für eine ventilatorgestützte

Luftnachströmung, nicht nur aus hygienischen Gründen, sondern vielmehr auch aus den bauordnungsrechtlichen Vorschriften des Brandschutzes auszuschließen ist.

Mit dem § 40 [MBO] sind auch spezielle Brandschutzregelungen für Installationsschächte und Installationskanäle getroffen worden, in denen neben anderen Installationen der Technischen Gebäudeausrüstung auch Lüftungsleitungen geführt werden können. Danach dürfen Installationsschächte und -kanäle durch raumabschließende Bauteile mit vorgeschriebener Feuerwiderstandsfähigkeit nur hindurchgeführt werden, wenn eine Brandausbreitung ausreichend lange nicht zu befürchten ist oder Vorkehrungen hiergegen getroffen worden sind.

Für Lüftungsanlagen sind die nachfolgend aufgeführten Vorschriften zum Brandschutz im § 41 [MBO] geregelt. Dabei wird nicht unterschieden, ob es sich um Anlagen der Wohnungslüftung oder um andere Lüftungsanlagen handelt.

1) *„Lüftungsanlagen müssen betriebssicher und brandsicher sein; sie dürfen den ordnungsgemäßen Betrieb von Feuerungsanlagen nicht beeinträchtigen.*

2) *[1]Lüftungsleitungen sowie deren Bekleidungen und Dämmstoffe müssen aus nichtbrennbaren Baustoffen bestehen; brennbare Baustoffe sind zulässig, wenn ein Beitrag der Lüftungsleitung zur Brandentstehung und Brandweiterleitung nicht zu befürchten ist. [2]Lüftungsleitungen dürfen raumabschließende Bauteile, für die eine Feuerwiderstandsfähigkeit vorgeschrieben ist, nur überbrücken, wenn eine Brandausbreitung ausreichend lang nicht zu befürchten ist, oder wenn Vorkehrungen hiergegen getroffen sind.*

3) *Lüftungsanlagen sind so herzustellen, dass sie Gerüche und Staub nicht in andere Räume übertragen.*

4) *[1]Lüftungsanlagen dürfen nicht in Abgasanlagen eingeführt werden; die gemeinsame Nutzung von Lüftungsleitungen zur Lüftung und zur Ableitung der Abgase von Feuerstätten ist zulässig, wenn keine Bedenken wegen der Betriebssicherheit und des Brandschutzes bestehen. [2]Die Abluft ist ins Freie zu führen. [3]Nicht zur Lüftungsanlage gehörende Einrichtungen sind in Lüftungsleitungen unzulässig.*

Die Absätze (2) und (3) gelten nicht

5) *für Gebäude der Gebäudeklassen 1 und 2,*

6) *innerhalb von Wohnungen,*

7) *innerhalb derselben Nutzungseinheit mit nicht mehr als 400 m² in nicht mehr als zwei Geschossen."*

Die Brandschutzvorschriften nach § 41 Abs. 2 [MBO] und insbesondere die Verpflichtung Vorkehrungen zur Abschottung von Lüftungsleitungen in raumabschließenden Bauteilen z. B. mit Brandschutzklappen vorzusehen, gelten demnach für alle Lüftungsanlagen in Gebäuden ab der Gebäudeklasse 3. Unter die Gebäudeklasse 3 fallen sonstige Gebäude mit einer Höhe von bis zu 7 m und mit mehr als zwei Nutzungseinheiten unbegrenzter Fläche, vgl. § 2 [MBO].

Gebäude der Gebäudeklasse 4 sind solche mit einer Höhe bis zu 13 m und Nutzungseinheiten mit jeweils nicht mehr als 400 m² Grundfläche.

Für Lüftungsanlagen in Gebäuden der Gebäudeklasse 1 („*freistehende Gebäude*, z. B. Einfamilienhäuser und Doppelhäuser, *mit einer Höhe bis zu 7 m und nicht mehr als zwei Nutzungseinheiten von insgesamt nicht mehr als 400 m²*“ Grundfläche) und in Gebäuden der Gebäudeklasse 2 („*Gebäude mit einer Höhe bis zu 7 m und nicht mehr als zwei Nutzungseinheiten von insgesamt nicht mehr als 400 m²*“ Grundfläche) sind keine spezifischen brandschutztechnischen Maßnahmen notwendig.

Wegen der großen Gefahr der Brandausbreitung über die Lüftungskanäle müssen entsprechend § 41, Absatz 2, Satz 1 [MBO] in Gebäuden ab Gebäudeklasse 3 „*Lüftungsleitungen sowie deren Bekleidungen und Dämmstoffe aus nichtbrennbaren Baustoffen bestehen*“. Brennbare Baustoffe für Lüftungsleitungen dürfen nur verwendet werden, wenn durch sie ein Beitrag zur Brandentstehung und Brandweiterleitung nicht zu befürchten ist. Detailregelungen sind in der Muster-Lüftungsanlagen-Richtlinie [MLüAR] beschrieben.

So können beispielsweise brennbare Schutzfolien oder Beschichtungen bis 0,5 mm Dicke an Lüftungsleitungen aus Stahlblech gemäß der [MLüAR] toleriert werden. Eine Lüftungsleitung aus Stahlblech mit einer brennbaren Dämmschicht von bspw. 20 mm ist aber als brennbare Lüftungsleitung zu betrachten. In dieser Situation gelten in Lüftungszentralen nach Abschnitt 6.4.4 der [MLüAR] besondere Anforderungen. In den Wänden und Decken der Lüftungszentrale sind dann Brandschutzklappen mit Rauchauslöseeinrichtungen vorzusehen.

Die Gefahr der Brandweiterleitung besteht bei brennbaren Lüftungsleitungen oder brennbaren Dämmstoffen grundsätzlich, so dass für deren Verwendung besondere und zumeist kostspielige Brandschutzmaßnahmen vorzusehen sind, z. B. spezielle Brandschutzbekleidungen, Brandschutzklappen für Kunststoffkanäle usw.

Zum Abschottungsprinzip des Brandschutzes für Lüftungsanlagen ist in § 41, Abs. 2, Satz 2 [MBO] geregelt, dass „*Lüftungsleitungen raumabschließende Bauteile, für die eine Feuerwiderstandsfähigkeit vorgeschrieben ist, nur überbrücken dürfen, wenn eine Brandausbreitung ausreichend lang nicht zu befürchten ist, oder wenn Vorkehrungen hiergegen getroffen sind*“.

Der für die verschiedenen Bauteile festgelegte Feuerwiderstand ergibt sich direkt aus der [MBO] und aus dem Brandschutznachweis bzw. aus dem Brandschutzkonzept für das konkrete Objekt. Die allgemeinen Anforderungen hinsichtlich der Feuerwiderstandsfähigkeit von Bauteilen sind in § 26 Abs. 2 [MBO] geregelt. Für die Feuerwiderstandsfähigkeit sind folgende bauordnungsrechtlichen Begriffe festgelegt:

- feuerhemmend (= 30 Minuten),
- hochfeuerhemmend (= 60 Minuten),
- feuerbeständig (= 90 Minuten).

Die Angabe in Klammern steht für die entsprechende Zeitdauer des Feuerwiderstands, die sich in den Feuerwiderstandsklassen der Bauteile wiederfindet.

Die Feuerwiderstandsfähigkeit bezieht sich bei tragenden und aussteifenden Bauteilen auf deren Standsicherheit im Brandfall, bei raumabschließenden Bauteilen auf deren Widerstand gegen die Brandausbreitung.

Die zum Abschottungsprinzip für Lüftungsleitungen nach § 41, Abs. 2, Satz 2 [MBO] verbundenen Forderungen gelten als erfüllt, wenn die in Tabelle 8.5 angegebene Feuerwiderstandsfähigkeit der raumabschließenden Bauteile nach [MBO] durch entsprechende brandschutztechnische Maßnahmen eingehalten sind. Wie und in welcher Art diese Maßnahmen umgesetzt sein können, wird in der [MLüAR] anhand von schematischen Darstellungen detailliert beschrieben, siehe auch Beispiellösungen nach Bild 8.2.

Die [MLüAR] steht dabei im Rang einer bauordnungsrechtlichen Richtlinie, die gemäß § 85a [MBO] über die Muster-Verwaltungsvorschrift Technische Baubestimmungen [MVV TB] in den Bundesländern verankert ist oder als Einzelvorschrift in den bauordnungsrechtlichen Landesvorschriften festgelegt ist und damit für alle Beteiligten, die sich mit der Planung, Errichtung, dem Betrieb und der Instandhaltung von Lüftungsanlagen befassen, verbindlich ist.

Die [MVV TB] hat entsprechend den Regelungen zu den technischen Baubestimmungen in § 85a der aktuellen [MBO] vom 13.05.2016 die alten Bauregelisten (BRL) und die Liste der technischen Baubestimmungen (LTB) nach der alten Musterbauordnung 2012 vom 21.09.2012 abgelöst.

Die [MVV TB] enthält die konkretisierten technischen Baubestimmungen nach § 85a [MBO], die zur Erfüllung der allgemeinen Anforderungen nach § 3 [MBO] und insbesondere zur Erfüllung der Grundanforderungen an Bauwerke, gemäß Anhang I der Verordnung (EU) Nr. 305/2011 *„EU-Bauproduktenverordnung"* (BauPVO), für die Planung, Bemessung und Ausführung baulicher Anlagen und ihrer Teile allgemein verbindlich und zu beachten sind.

Die Konkretisierungen der Technischen Baubestimmungen in der [MVV TB] erfolgen durch Bezugnahmen auf technische Regeln und deren Fundstellen oder auf andere Weise, insbesondere in Bezug auf:

1) bestimmte bauliche Anlagen oder ihre Teile,
2) die Planung, Bemessung und Ausführung baulicher Anlagen und ihrer Teile,
3) die Leistung von Bauprodukten in bestimmten baulichen Anlagen oder ihren Teilen, bei Einbau eines Bauprodukts, den Merkmalen von Bauprodukten für die Verwendung, den Verfahren für die Feststellung der Leistung eines Bauproduktes, zulässige oder unzulässige besondere Verwendungszwecke, die Festlegung von Klassen und Stufen in Bezug auf bestimmte Verwendungszwecke,
4) die Bauarten und die Bauprodukte, die nur eines allgemeinen bauaufsichtlichen Prüfzeugnisses nach § 16a Abs. 3 oder nach § 19 Abs. 1 [MBO] bedürfen,
5) Voraussetzungen zur Abgabe der Übereinstimmungserklärung für ein Bauprodukt nach § 22 [MBO],
6) die Art, den Inhalt und die Form der technischen Dokumentation.

Da die [MLüAR] als Technische Regel unter A 2.2.1.11 in der [MVVTB] als Technische Baubestimmung benannt ist, würde eine konkrete Missachtung der Regelungen der [MLüAR] üblicherweise einen Verstoß gegen die öffentlich-rechtlichen Bauvorschriften darstellen und damit gleichermaßen auch den Begriff des Baufehlers mit allen strafrechtlichen und zivilrechtlichen Haftungskonsequenzen erfüllen.

In den weiteren Ausführungen zum Brandschutz von Lüftungsanlagen unter Bezugnahme auf die [MLüAR], wird hier die zuletzt geänderte Ausgabe vom 11.12.2015, zugrunde gelegt. In dieser Fassung sind die Regelungen und Klarstellungen des Deutschen Instituts für Bautechnik (DIBt) aus dem Jahre 2012 zum Brandschutz für Lüftungsanlagen von Wohnungen berücksichtigt. Der jeweils aktuelle Stand der [MLüAR] kann auf der Homepage des Informationssystems der Bauministerkonferenz (IS-ARGEBAU) abgerufen werden.

Bei der Durchführung von Lüftungsleitungen durch feuerwiderstandsfähige raumabschließende Bauteile wie z. B. Trennwände, Wände notwendiger Flure und Decken sind die brandschutztechnischen Anforderungen hinsichtlich der Feuerwiderstandsdauer der durchdrungenen Bauteile gemäß § 41 Abs. 2 [MBO] zu beachten.

Tabelle 8.5: Feuerwiderstandsklassen von Bauteilen nach [DIN EN 13501-2] und ihre Zuordnung zu den bauordnungsrechtlichen Anforderungen nach [MBO]

Bauteile Gebäudeklasse, Merkmale	Notwendiger Feuerwiderstand der Bauteile nach MBO					
	Trennwände (§ 29)	**Tragende Wände/ T.W. im KG (§ 27)**	**Wände notwendiger Flure (§ 36)**	**Wände notwendiger Treppenräume (§ 35)**	**Brandwände (§ 30)**	**Decken/ Kellerdecken (§ 31)**
GK 1: freist., H ≤ 7 m, 2 NE ≤ 400 m²	– [1]	–/REI 30	–	–	REI 60	–/REI 30
GK 2: H ≤ 7 m, 2 NE ≤ 400 m²	– [1]	REI 30	–	–	REI 60	REI 30/ REI 30
GK 3: H ≤ 7 m, > 2 NE > 400 m²	EI 30/ REI 30	REI 30/ REI 90	EI 30/ REI 30	REI 30 M	REI 60	REI 30/ REI 90
GK 4: H ≤ 13 m, NE ≤ 400 m²	EI 60/ REI 60	REI 60/ REI 90	EI 30/ REI 30	REI 60 M	REI 60-M	REI 60/ REI 90
GK 5: Sonstige Gebäude	EI 90/ REI 90	REI 90	EI 30/ REI 30	REI 90 M	REI 90-M	REI 90/ REI 90
Sonderbauten (nach Art der Nutzung)	EI 90/ REI 90 2	REI 90 [2]	EI 30/ REI 30 [2]	REI 90 M [2]	REI 90-M [2]	REI 90/ REI 90 [2]

1) in Wohngebäuden keine Anforderungen, Trennwände in Nichtwohngebäuden EI 30/REI 30

2) in Sonderbauten ggf. abweichende Anforderungen, siehe Sonderbauvorschriften

Feuerwiderstandsklassen von Bauteilen und bauordnungsrechtliche Benennung

EI 30/REI 30 = feuerhemmend

EI 60/REI 60 = hochfeuerhemmend

EI 90/REI 90 = feuerbeständig

REI 120 = Feuerwiderstandsfähigkeit 120 Minuten nach DIN 4102

Die bauliche Ausdehnung eines Gebäudes bestimmt die Gebäudeklasse. Die Definitionen der Sonderbauten ist von der Art des Gebäudes (Ausdehnung und Höhe) und von seiner Nutzung abhängig, siehe § 2 MBO.

Die bauordnungsrechtlichen Anforderungen, die hinsichtlich der Feuerwiderstandsdauer an Bauteile gemäß [MBO] gestellt sind und die zugehörige Klassifizierung nach [DIN EN 135012] sind in Tabelle 8.5 dargestellt. Bei der Durchführung von Lüftungsleitungen durch diese Bauteile sind entsprechende Abschottungen durch Brandschutzklappen oder durch feuerwiderstandsfähige

Lüftungsleitungen vorzusehen. Entsprechend § 41 Abs. 5 [MBO] sind Lüftungsleitungen in Wohngebäuden der Gebäudeklasse 1 und 2 davon ausgenommen. Innerhalb von Wohnungen und innerhalb derselben Nutzungseinheit bis zu einer Größe von max. 400 m² in nicht mehr als zwei Geschossen sind gleichfalls keine Abschottungen durch Brandschutzklappen oder durch feuerwiderstandsfähige Lüftungsleitungen erforderlich.

In Tabelle 8.6 sind die Feuerwiderstandsklassen der in der Praxis üblichen lüftungsrelevanten Sonderbauteile, insbesondere von Lüftungsleitungen, von Brandschutzklappen und von Installationsschächten aufgelistet.

Bei der Planung und Ausführung der lüftungstechnischen Installationen müssen die Feuerwiderstandsklassen und Klassifizierungen der zu verwendenden Sonderbauteile der jeweiligen bauordnungsrechtlichen Anforderung an die Feuerwiderstandsfähigkeit entsprechen. Die Klassifizierungen der Sonderbauteile für die Lüftung werden auf der Grundlage von Prüfnormen in Brandversuchen ermittelt.

Tabelle 8.6: Feuerwiderstandsklassen und Klassifizierung von Sonderbauteilen nach [DIN EN 13501-2], [DIN EN 13501-3], [DIN EN 15650], [DIN 4102-6] und [DIN 18017-3] und ihre Zuordnung zu den bauaufsichtlichen Anforderungen

Bau-/ Anlagenteil	**Bauordnungsrechtliche Anforderung, erforderliche Feuerwiderstandsfähigkeit und Klassifizierung entsprechend einer Feuerwiderstandsdauer in Minuten**			
	Feuer-hemmend	**Hochfeuer-hemmend**	**Feuer-beständig**	**120 Minuten ***
Lüftungsleitungen	L 30 bzw. EI 30 (v_e h_o i↔o) S	L 60 bzw. EI 60 (v_e h_o i↔o) S	L 90 bzw. EI 90 (v_e h_o i↔o) S	–
Brandschutzklappen (Standard) nach DIN EN 15650	EI 30 (v_e h_o i↔o) S	EI 60 (v_e h_o i↔o) S	EI 90 (v_e h_o i↔o) S	–
Brandschutzklappen für die Verwendung in fetthaltiger gewerblicher Küchenabluft	K 30	K 60	K 90	–
Brandschutzteller-ventile die nicht in den Anwendungsbereich von DIN EN 15650 fallen	K 30	K 60	K 90	–

Bau-/ Anlagenteil	Bauordnungsrechtliche Anforderung, erforderliche Feuerwiderstandsfähigkeit und Klassifizierung entsprechend einer Feuerwiderstandsdauer in Minuten			
	Feuer-hemmend	**Hochfeuer-hemmend**	**Feuer-beständig**	**120 Minuten ***
Brandschutzklappen für den Einbau in feuerwiderstands-fähige Unterdecken	K 30 U	K 60 U	K 90 U	–
Absperrvorrichtungen für Entlüftungsanlagen nach DIN 18017-3 (Bäder und Toiletten) **	K 30-18017	K 60-18017	K 90-18017	–
Überströmklappe, fw.-fähiger Abschluss besonderer Bauart und Anwendung	EI 30 (v_e h_o i↔o) S	EI 60 (v_e h_o i↔o) S	EI 90 (v_e h_o i↔o) S	–
Installationsschächte und -kanäle	I 30 EI 30 (v_e h_o i↔o)	I 60 EI 60 (v_e h_o i↔o)	I 90 EI 90 (v_e h_o i↔o)	I 120 EI 120 (v_e h_o i↔o)

* Die Feuerwiderstandsklasse 120 Minuten gilt für Hochhäuser ab 60 m Höhe für tragende und aussteifende Bauteile

** Sonderfall für Absperrvorrichtungen in Entlüftungsanlagen nach DIN 18017-3

Es dürfen nur solche Bauprodukte als Brandschutzklappen, feuerwiderstandsfähige Absperrvorrichtungen und feuerwiderstandsfähige Lüftungsleitungen verwendet werden, für die ein gültiger Verwendbarkeits- oder Anwendbarkeitsnachweis vorliegt.

Als Verwendbarkeitsnachweise für europäische Bauprodukte gelten die Leistungserklärungen gemäß der europäischen [BauPVO] auf Grundlage harmonisierter europäischer Normen (hEN) oder auf Grundlage Europäisch Technischer Bewertungen (European Technical Assessment) (ETA) nach § 16c [MBO]. Als Verwendbarkeitsnachweise für deutsche Bauprodukte gelten die allgemeinen bauaufsichtlichen Zulassungen (abZ) nach § 18 [MBO], die allgemeinen bauaufsichtlichen Prüfzeugnisse (abP) nach § 19 [MBO] oder der Nachweis der Verwendbarkeit im Einzelfall (Zustimmung im Einzelfall) (ZiE) durch die oberste Bauaufsichtsbehörde des jeweiligen Bundeslandes nach § 20 [MBO].

Als Anwendbarkeitsnachweise für deutsche Bauarten gelten nach § 16a [MBO]; die allgemeinen Bauartgenehmigungen (aBG), die allgemeinen bauaufsichtlichen Prüfzeugnisse (abP) und die vorhabenbezogene Bauartgenehmigung (vBG).

8.3.3 Brandschutzmaßnahmen für die ventilatorgestützte Lüftung

Die Verlegung von Lüftungsleitungen durch raumabschließende Bauteile, für die eine Feuerwiderstandsfähigkeit vorgeschrieben ist, ist nur zulässig, wenn eine Brandausbreitung ausreichend lang nicht zu befürchten ist, oder wenn Vorkehrungen hiergegen getroffen sind. Als Vorkehrung gegen die Brandausbreitung über Lüftungsanlagen werden Brandschutzklappen und feuerwiderstandsfähige Absperrvorrichtungen als Bauprodukte verwendet bzw. eingebaut oder feuerwiderstandsfähige Lüftungsleitungen als Bauart angewendet bzw. konstruiert.

Die Feuerwiderstandsfähigkeit der Brandschutzklappen muss der vorgeschriebenen Feuerwiderstandsfähigkeit der Bauteile entsprechen, die von den Lüftungsleitungen durchdrungen werden, in

- feuerhemmenden Bauteilen Brandschutzklappen der europäischen Klassifizierung EI 30 (v_e h_o i↔o) S bzw. der nationalen Klassifizierung K 30,
- hochfeuerhemmenden Bauteilen Brandschutzklappen der europäischen Klassifizierung EI 60 (v_e h_o i↔o) S bzw. der nationalen Klassifizierung K 60 und
- feuerbeständigen Bauteilen Brandschutzklappen der europäischen Klassifizierung EI 90 (v_e h_o i↔o) S bzw. der nationalen Klassifizierung K 90 oder

die Feuerwiderstandsfähigkeit der Lüftungsleitungen entspricht bei erforderlicher Ausführung in feuerwiderstandsfähiger Bauart der höchsten vorgeschriebenen Feuerwiderstandsfähigkeit der von ihnen durchdrungenen raumabschließenden Bauteile.

Die technische Umsetzung der lüftungstechnischen Brandschutzmaßnahmen mit entsprechenden Bauteilen mit Feuerwiderstandsklassen kann z. B. entsprechend den Beispielen gemäß Bild 8.2 realisiert werden:

1) **Beispiel (1) Installationsschacht:** Lüftungsleitungen aus nicht brennbaren bzw. schwer entflammbaren Baustoffen in feuerwiderstandsfähigen Installationsschächten mit Brandschutzklappen bzw. feuerwiderstandsfähigen Absperrvorrichtungen, die in die Wandungen der Installationsschächte einzubauen sind. Die Installationsschächte sind einschließlich der Abschlüsse ihrer Revisionsöffnungen in der geforderten Feuerwiderstandsdauer herzustellen.
2) **Beispiel (2) Lüftungsschacht:** Lüftungsleitungen aus nicht brennbaren bzw. schwer entflammbaren Baustoffen, die selbst die geforderte Feuerwiderstandsklasse der durchdrungenen Bauteile erfüllen. Der brandschutztechnische Abschluss in der jeweiligen Nutzungseinheit wird mit in den feuerwiderstandsfähigen Lüftungsleitungen eingebauten Brandschutzklappen

bzw. feuerwiderstandsfähigen Absperrvorrichtungen z. B. an den Luftdurchlässen (Einzellüfter mit Brandschutzgehäuse oder Brandschutzventile) realisiert.

3) **Beispiel (3) Lüftungsleitung mit Deckenschottung:** Lüftungsleitungen aus nicht brennbaren bzw. schwer entflammbaren Baustoffen mit Brandschutzklappen bzw. feuerwiderstandsfähigen Absperrvorrichtungen in den zu schützenden Decken- oder Wand-Durchführungen.

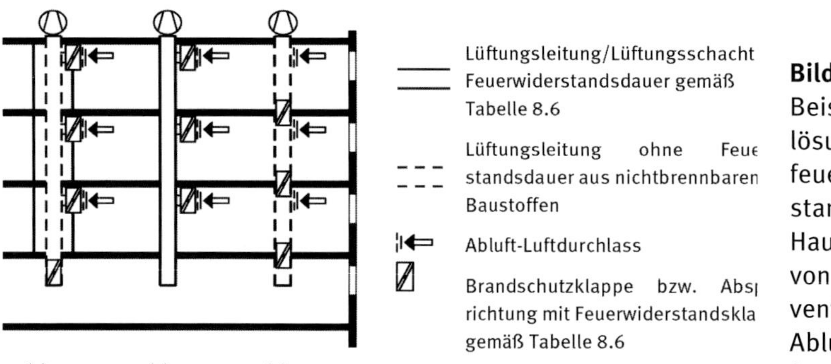

Bild 8.2: Beispiellösungen für feuerwiderstandsfähige Hauptleitungen von Zentralventilator-Abluftanlagen (ZVA)

Bezüglich des Einbaus der Brandschutzklappen bzw. der Absperrvorrichtungen in den Schachtwänden (Beispiel 1), in den Lüftungsleitungen (Beispiel 2) und direkt in den Bauteilen wie Decken und Wände (Beispiel 3) sind die Einbauvorschriften aus den Verwendbarkeitsnachweisen bzw. aus den Montageanleitungen unbedingt und genauestens zu beachten.

Bei der Planung des Einbaus von Brandschutzklappen bzw. von Absperrvorrichtungen nach Beispiel (1) in den Schachtwänden von Installationsschächten, sind insbesondere auch die in den Schächten vorgesehenen fremden Installationen (z. B. Sanitär, Heizung) zu berücksichtigen. Bestimmte Kombinationen von Installationen oder Fabrikaten können ausgeschlossen sein. Näheres ergibt sich aus den jeweiligen Verwendbarkeitsnachweisen der einzelnen Abschottungen.

Für die Abschottung von Lüftungsleitungen in feuerwiderstandsfähigen Bauteilen (Decken, Wände) können Standard Brandschutzklappen als europäische Bauprodukte nach [DIN EN 15650] verwendet werden, siehe Tabelle 8.6. Brandschutzklappen nach dieser harmonisierten europäischen Produktnorm (hEN) verfügen über eine CE-Kennzeichnung nach der europäischen [BauPVO].

Die Zulässigkeit für die jeweilige Verwendung ergibt sich je nach Brandschutzklappentyp anhand der in der Leistungserklärung *„Declaration of Performance“* (DoP) angegebenen Leistungsklasse und den wesentlichen Merkmalen, die in der Bundesrepublik Deutschland den bundeslandspezifischen Anforderungen der bauordnungsrechtlichen Vorschriften entsprechen müssen, z. B. Brandschutzklappen mit der europäischen Klassifizierung EI 90 (v_e h_o i↔o) S für Abschottungen von Lüftungsleitungen in feuerbeständig herzustellenden Bauteilen. Die bundeslandspezifischen Vorschriften sind in der gültigen Verwaltungsvorschrift Technische Baubestimmungen des jeweiligen Bundeslandes bekannt gemacht.

Einen guten Überblick über die zulässigen Brandschutzklappen und Absperrvorrichtungen für Lüftungsanlagen ist im Anhang 14 der Muster-Verwaltungsvorschrift Technische Baubestimmungen [MVV TB] Ausgabe 2019/1, die auf der Homepage des Informationssystems der Bauministerkonferenz (IS-ARGEBAU) und beim Deutschen Institut für Bautechnik (DIBt) abrufbar ist, ersichtlich. Rechtsverbindlich ist jedoch nur die im jeweiligen Bundesland bekannt gemachte Fassung dieser Verwaltungsvorschrift.

Darüber hinaus sind für die vorgenannten ‚europäischen‘ Brandschutzklappen die dazugehörige Montage- und Betriebsanleitungen der Hersteller besonders wichtig und für die Art des Einbaus für den Verwender (der Montagebetrieb) absolut verbindlich. Abweichungen von den vorgeschriebenen Montage- und Betriebsbedingungen stellen einen Verstoß gegen die bauordnungsrechtlichen Vorschriften und gegen das rechtmäßige Verwenden dar. Solche Abweichungen führen zum Verlust der CE-Konformität und stellen den Hersteller von jeglicher Haftung für sein Bauprodukt frei. Die dem Einbau zu Grunde liegenden Montage- und Betriebsanleitungen müssen zusammen mit den Leistungserklärungen für die Brandschutzklappen der Installationsfirma, dem Bauleiter und dem Bauherrn sowie dem späteren Betreiber vorliegen. In jedem Fall sollten die Montage- und Betriebsanleitungen mit Datumsvermerk des Einbaus und die zugehörigen Leistungserklärungen in die jeweilige Bauakte Eingang finden.

Die Verwendung von nicht-europäischen Brandschutzklappen und feuerwiderstandsfähigen Absperrvorrichtungen mit den Feuerwiderstandsklassen K 30, K 60, K 90 oder K 30 U, K 60 U, K 90 U ist nur im Gültigkeitsbereich einer allgemeinen bauaufsichtlichen Zulassung (abZ) möglich. Die Bestimmungen für den Einbau und die Verwendung ergeben sich direkt aus der jeweiligen allgemeinen bauaufsichtlichen Zulassung, die am Tag des Einbaus gültig sein muss. Die Montage- und Betriebsanleitung des Herstellers gilt zusätzlich. Im Gegensatz zu den europäischen Brandschutzklappen mit einer CE-Kennzeichnung könnte der Hersteller einer Brandschutzklappe mit abZ geringfügige

Einbauabweichungen vom abZ oder von der Montage- und Betriebsanleitung ggf. als nichtwesentliche Abweichungen bestätigen.

Die Verwendung von feuerwiderstandsfähigen Absperrvorrichtungen mit den Feuerwiderstandsklassen K30-18017, K60-18017, K90-18017 mit einer allgemeinen bauaufsichtlichen Zulassung für die Verwendung in Lüftungsleitungen von Einzelentlüftungsanlagen oder Zentralentlüftungsanlagen nach [DIN 18017-3] sind entsprechend der jeweiligen allgemeinen bauaufsichtlichen Zulassung und im Einklang mit den Bestimmungen nach Abschnitt 7.2 der [MLüAR] zu planen. Die Bestimmungen für den Einbau und den Betrieb ergeben sich aus der allgemeinen bauaufsichtlichen Zulassung.

Im Zweifelsfall sollte über die Zulässigkeit der Verwendung von Brandschutzklappen und feuerwiderstandsfähigen Absperrvorrichtungen in einem konkreten Objekt bereits im Planungsprozess eine Abstimmung mit dem Brandschutzfachplaner (Brandschutzkonzeptersteller) und dem Prüfsachverständigen für technische Anlagen oder ggf. mit dem Prüfingenieur für Brandschutz oder der zuständigen Bauaufsichtsbehörde erfolgen.

Auf einige nach [MLüAR] zu treffende technische Maßnahmen gegen die Übertragung von Feuer und Rauch in andere Geschosse, Brandabschnitte, Nutzungseinheiten, notwendige Treppenräume, Räume zwischen den notwendigen Treppenräumen und den Ausgängen ins Freie oder notwendige Flure soll hier wegen ihrer Bedeutung ausdrücklich hingewiesen werden:

- **Mündungen** (Außen(luft)- und Fort(luft)-Luftdurchlässe)

  Mündungen von Lüftungsleitungen, aus denen Brandgase ins Freie gelangen können, müssen so angeordnet oder ausgebildet sein, dass durch sie Feuer oder Rauch nicht in andere Geschosse, Brandabschnitte, Nutzungseinheiten, notwendige Treppenräume, Räumen zwischen den notwendigen Treppenräumen und den Ausgängen ins Freie oder notwendige Flure übertragen werden können.

  Daher sind die Mündungen von Lüftungsleitungen mit Brandschutzklappen zu sichern oder es sind bestimmte Abstände einzuhalten, siehe Bild 8.3.

  Wenn die Mündungen nicht mit Brandschutzklappen gesichert sind müssen nach Abschnitt 5.1.2 der [MLüAR] *„Mündungen von Fenstern, anderen Außenwandöffnungen und von Außenwänden mit brennbaren Baustoffen und entsprechenden Verkleidungen mindestens 2,5 m entfernt sein; dies gilt nicht für die Holzlattung hinterlüfteter Fassaden. Ein Abstand zu Fenstern und anderen ähnlichen Öffnungen in Wänden ist nicht erforderlich, wenn diese Öffnungen gegenüber der Mündung durch 1,5 m auskragende, feuerwiderstandsfähige (entsprechend den Decken) und öffnungslose Bauteile aus nichtbrennbaren Baustoffen geschützt sind.*

Die Mündungen von Lüftungsleitungen über Dach müssen Bauteile aus brennbaren Baustoffen mindestens 1 m überragen oder von diesen – waagerecht gemessen –1,5 m entfernt sein. Diese Abstände sind nicht erforderlich, wenn diese Baustoffe von den Außenflächen der Lüftungsleitungen bis zu einem Abstand von mindestens 1,5 m gegen Brandgefahr geschützt sind (z. B. durch eine mindestens 5 cm dicke Bekiesung oder durch mindestens 3 cm dicke, fugendicht verlegte Betonplatten)".

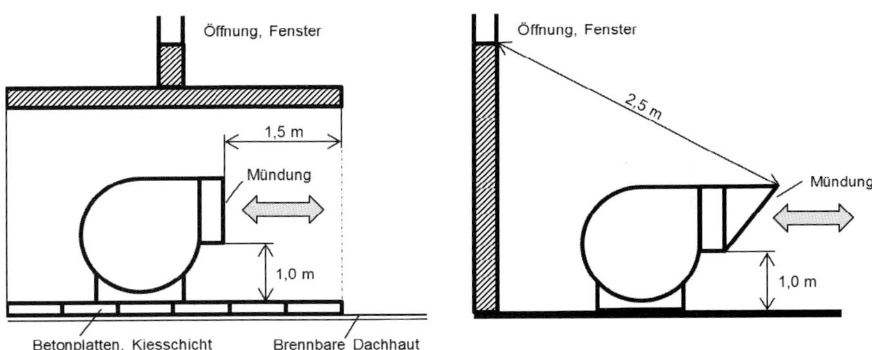

Bild 8.3: Erforderliche Mündungsabstände von Außen(luft)- und Fort(luft)-Luftdurchlässen zu Gebäudeöffnungen nach Abschnitt 5.1.2 [M-LüAR]

- **Außen(luft)-Luftdurchlässe von Zuluftanlagen**

  Für Zuluftanlagen bzw. Zuluftgeräte, bei denen das Ansaugen von Rauch aufgrund der Lage des Außen(luft)-Luftdurchlasses nicht ausgeschlossen werden kann, sind nach Abschnitt 5.1.3 der [MLüAR] Schutzmaßnahmen gegen die Übertragung von Brandrauch mit der Außenluft in das Gebäude erforderlich:

  „Die Übertragung von Rauch über die Außenluft ist durch Brandschutzklappen mit Rauchauslöseeinrichtungen oder durch Rauchschutzklappen zu verhindern," die bei der Detektion von Brandrauch, z. B. mit einem Kanalrauchmelder, nicht nur die Zuluftleitungen vor den Luftdurchlässen verschließen, sondern auch den Zuluftventilator automatisch abschalten.

  Dies betrifft z. B. alle Außen(luft)-Luftdurchlässe (Mündungen), die auf dem Dach oder in den Außenwänden angeordnet sind.

- **Verwenden von Umluft**

  Bei Lüftungsanlagen, die mit einem Umluftanteil betrieben werden können (im Wohnungsbau ist diese Betriebsweise eher ungebräuchlich), muss nach Abschnitt 5.1.4 der [MLüAR] die Zuluft gegen Eintritt von Rauch aus der Abluft durch Brandschutzklappen mit Rauchauslöseeinrichtungen oder durch Rauchschutzklappen geschützt sein.

- **Begrenzung der Ausdehnung von Lüftungsleitungen im Brandfall**

  Bei zweiseitig fester Einspannung von Lüftungsleitungen z. B. zwischen zwei feuerwiderstandsfähigen Wänden, besteht die Gefahr, dass bei der Ausdehnung der Lüftungsleitungen infolge Erwärmung bei Brandeinwirkung die Bauteile und die Einspannstellen der Lüftungsleitungen (z. B. Wanddurchführungen) erheblich beschädigt werden. Bei der Installation von längssteifen Lüftungsleitungen ist daher nach Abschnitt 5.2.1.1 der [MLüAR] darauf zu achten, dass diese *„so zu führen oder herzustellen sind, dass sie infolge ihrer Erwärmung durch Brandeinwirkung keine erheblichen Kräfte auf tragende oder notwendig feuerwiderstandsfähige Wände und Stützen ausüben können. Dies ist erfüllt, wenn ausreichende Dehnungsmöglichkeiten, bei Lüftungsleitungen aus Stahl ca. 10 mm pro lfd. Meter Leitungslänge, vorhanden sind"* oder die Leitungen so ausgeführt werden, dass sie keine erhebliche Längssteifigkeit besitzen.

  Dehnungsmöglichkeiten können durch Weichstoff-Kompensatoren (Segeltuchstutzen), durch flexible Luftleitungsbauteile (Flexrohre), durch Spiralfalzrohre mit Steckstutzen, in denen eine entsprechende Längenausdehnung möglich ist oder durch Winkel und Verziehungen in der Leitungsführung geschaffen werden.

- **Durchführungen von Lüftungsleitungen durch Bauteile**

  Nach Abschnitt 5.2.1.2 der [MLüAR] muss bei der Durchführung von feuerwiderstandsfähigen Lüftungsleitungen durch raumabschließende Bauteile (Wände, Decken), die Feuerwiderstandsfähigkeit der Leitungen auch in den feuerwiderstandsfähigen raumabschließenden Bauteilen gegeben sein. Eine Unterbrechung der feuerwiderstandsfähigen Lüftungsleitung im Durchbruch ist nicht zulässig.

  „Soweit Lüftungsleitungen ohne Brandschutzklappen durch raumabschließende Bauteile, für die eine Feuerwiderstandsfähigkeit vorgeschrieben ist, hindurchgeführt werden dürfen," z. B. feuerwiderstandsfähige Lüftungsleitungen, *„sind die verbleibenden Öffnungsquerschnitte mit geeigneten nichtbrennbaren mineralischen Baustoffen dicht und in der Dicke dieser Bauteile zu verschließen. Ohne weiteren Nachweis gelten Stopfungen aus Mineralfasern mit einem Schmelzpunkt ≥ 1 000 °C bis zu einer Spaltbreite des verbleibenden Öffnungsquerschnittes von höchstens 50 mm als geeignet. Durch weitere Installationen darf die Stopfung nicht gemindert werden."*

– **Lüftungsleitungen in Dachräumen**

Werden Lüftungsleitungen durch Dachräume geführt, müssen nach Abschnitt 5.2.5 der [MLüAR] *„bei der Durchdringung einer Decke, die feuerwiderstandsfähig sein muss, zwischen oberstem Geschoss und Dachraum“*

- Brandschutzklappen bzw. feuerwiderstandsfähige Absperrvorrichtungen eingesetzt werden, siehe Bild 8.4,
- die Teile der Lüftungsanlage im Dachraum mit einer feuerwiderstandsfähigen Umkleidung (bei Leitungen, die ins Freie führen, bis über die Dachhaut) versehen werden, siehe Bild 8.5 oder
- die Lüftungsleitungen selbst feuerwiderstandsfähig ausgebildet sein.

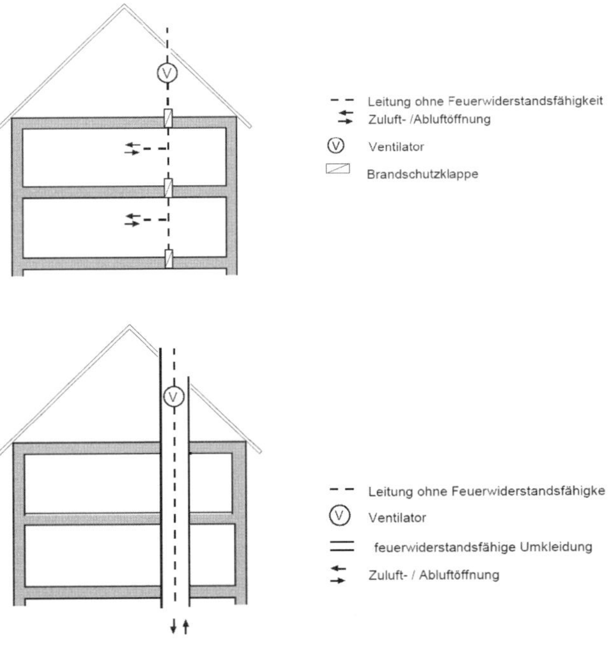

Bild 8.4: Schottlösung mit Brandschutzklappen und nicht feuerwiderstandsfähigen Lüftungsleitungen, Führung in den Dachraum nach [M-LüAR]

Bild 8.5: Schottlösung mit Brandschutzklappen und nicht feuerwiderstandsfähigen Lüftungsleitungen, Führung in den Dachraum nach [M-LüAR]

– **Wärmerückgewinnung**

Nach Abschnitt 6.3 der [MLüAR] ist *„bei Wärmerückgewinnungsanlagen die Brandübertragung zwischen Abluft und Zuluft durch installationstechnische Maßnahmen (z. B. getrennter Wärmeaustausch über Wärmeträger bei Zu- und Abluftleitungen, Schutz der Zuluftleitung durch Brandschutzklappen mit Rauchauslöseeinrichtungen oder durch Rauchschutzklappen) oder andere geeignete Vorkehrungen auszuschließen.“*

Lüftungsanlagen, die für die Entlüftung innenliegender Bäder und Toilettenräume nach [DIN 18017-3] konzipiert sind und feuerwiderstandsfähige Absperrvorrichtungen der Klassifizierung K...-18107 haben, dürfen gemäß der Information des DIBt vom 19.01.2012 keine Wärmerückgewinnung haben.

8.3.4 Zu-/Abluftanlagen von Wohnungen

Für Zu-/Abluftanlagen von Wohnungen sowie für abgeschlossene Nutzungseinheiten mit max. 200 m² Grundfläche sind in Abschnitt 7.1 der [MLüAR] besondere Bestimmungen für den Brandschutz festgelegt.

Anlass für die Aufnahme dieser besonderen Regelungen in der [MLüAR] war, dass für Anlagen der Wohnungslüftung in der Praxis oftmals feuerwiderstandsfähige Absperrvorrichtungen mit der Klassifizierung K...-18017, die nur für Entlüftungsanlagen innenliegender Bäder und Toilettenräume nach [DIN 180173] zugelassen sind, nicht zulassungskonform und im Widerspruch zu den bauordnungsrechtlichen Vorschriften verwendet wurden.

Hierzu hat das DIBt mit einem Informationsschreiben am 19.01.2012 die Fachkreise informiert und die Bedingungen für den Einsatz von Absperrvorrichtungen mit der Feuerwiderstandsklasse K...-18017 in Anlagen der Wohnungslüftung klargestellt.

Absperrvorrichtungen gegen Feuer und Rauch in Lüftungsleitungen nach [DIN 180173] sind für die Entlüftung innenliegender Bäder und Toilettenräume mit einer eigenen Feuerwiderstandsklasse K...-18017 konzipiert. Mit der Annahme einer geringen Brandlast in diesen sanitären Räumen wurden auch die brandschutztechnischen Anforderungen an diese Absperrvorrichtungen reduziert. Die gegenüber den normalen Brandschutzklappen (früher gebräuchliche Absperrvorrichtungen gegen Feuer und Rauch in Lüftungsleitungen mit K30/60/90 Klassifizierung bzw. heutige Brandschutzklappen mit CE-Kennzeichnung und europäischer Klassifizierung EI 30/60/90 (v_e h_o i↔o) S) verminderten brandschutztechnischen Anforderungen, wurden durch mehrere notwendige anlagentechnische Rahmenbedingungen, wie z. B. Begrenzung der Querschnitte der Absperrvorrichtungen und vertikal zu führende Hauptleitungen mit freier Abströmung vertikal über Dach usw. kompensiert. Die Einhaltung dieser Rahmenbedingungen zur Erfüllung der brandschutztechnischen und bauordnungsrechtlichen Anforderungen ist zwingend erforderlich.

Das DIBt hat die zugrunde gelegten Rahmenbedingungen zur Verwendung der Absperrvorrichtungen mit der Feuerwiderstandsklasse K...-18017 in Anlagen für die Entlüftung innenliegender Bäder und Toilettenräume zur Einhaltung der bauaufsichtlichen Anforderungen wie folgt konkretisiert:

- die Ventilatoren für Zentralentlüftungsanlagen müssen im Dachbereich eines Gebäudes oberhalb der obersten Luftanschlussleitung angeordnet werden. Dieses gilt für Lüftungsleitungen, die für die Zuluft verwendet werden, gleichermaßen,
- die einzelnen Hauptleitungen müssen grundsätzlich vertikal durch die Geschosse mit freier Abströmung vertikal über Dach geführt werden,
- Absperrvorrichtungen mit der Feuerwiderstandsklasse K...-18017 dürfen in Entlüftungsleitungen von Bädern, Toilettenräumen und, falls zutreffend, von Wohnungsküchen verwendet werden,
- Absperrvorrichtungen mit der Feuerwiderstandsklasse K...-18017 dürfen nur in Lüftungsanlagen ohne Wärmerückgewinnungsanlagen betrieben werden,
- Absperrvorrichtungen mit der Feuerwiderstandsklasse K...-18017 dürfen auch in Entlüftungsleitungen von Bädern oder Toilettenräumen verwendet werden, die nicht als Wohngebäude (z. B. Hotels) genutzt werden,
- die Zuluft darf ventilatorgestützt ausschließlich zentral vom Dach her direkt zu den zu entlüftenden Bädern, Toiletten, und falls zutreffend, zu den Wohnungsküchen geführt werden.

Mit der Klarstellung der DIBt ist die Diskussion über einen möglichen Einsatz von Absperrvorrichtungen mit der Feuerwiderstandsklasse K...-18017 für Anlagen der Wohnungslüftung quasi beendet, da diese Absperrvorrichtungen nicht in Lüftungsleitungen für Wohnräume eingebaut werden dürfen und Zu- und Abluftanlagen für die Wohnungslüftung in der Regel mit einer Wärmerückgewinnung ausgerüstet sind.

In Abschnitt 7.1 der [MLüAR] wird gleichfalls darauf hingewiesen, dass Absperrvorrichtungen mit allgemeiner bauaufsichtlicher Zulassung für die Verwendung in Abluftleitungen von Anlagen nach [DIN 180173] für die Entlüftung innenliegender Bäder und Toilettenräume mit der Feuerwiderstandsklasse K...-18017 in Wohnungen sowie in Nutzungseinheiten mit nicht mehr als 200 m² Fläche nicht zulässig sind.

Besondere Regelungen für Anlagen zur Lüftung von Wohnungen

Die brandschutztechnischen Anforderungen für die Lüftung von Wohnungen und kleinen Nutzungseinheiten bis 200 m² sind in Abschnitt 7.1 der [MLüAR] geregelt, siehe Bild 8.6.

In Lüftungsanlagen für Wohnungen sowie für Nutzungseinheiten z. B. Büros, Arztpraxen mit nicht mehr als 200 m² Fläche sind anstelle von Brandschutzklappen besondere Absperrvorrichtungen für Wohnungen mit der europäischen

Klassifizierung EI 30/60/90 (v_e h_o i↔o) je nach bauordnungsrechtlicher Anforderung zulässig, wenn die nachfolgenden Bedingungen erfüllt sind:

- die luftführende Hauptleitung muss in einem Schacht geführt werden,
- der Querschnitt der luftführenden Hauptleitung darf maximal 2 000 cm^2 betragen,
- die luftführende Hauptleitung ist so im Gebäude anzuordnen, dass eine vollständige Inspektion und Reinigung erfolgen kann.

Hinsichtlich der Anordnung der Absperrvorrichtungen für Wohnungen ist die Möglichkeit der vollständigen Inspektion und Reinigung der Hauptleitung gegeben, wenn

- die luftführende Hauptleitung in einem Schacht geführt wird und die Absperrvorrichtungen in den jeweiligen Anschlussleitungen installiert sind oder
- die geöffneten Absperrvorrichtungen den luftführenden Querschnitt der Hauptleitung nicht verringern.

Die Absperrvorrichtungen für Wohnungen müssen mindestens die europäische Klassifizierung EI 30/60/90 (v_e h_o i↔o) nach [DIN EN 135013] entsprechend der bauordnungsrechtlichen Anforderungen aufweisen. Im Vergleich zu den Brandschutzklappen mit der europäischen Klassifizierung EI 30/60/90 (v_e h_o i↔o) S, fehlt den nach [MLüAR] zulässigen Absperrvorrichtungen für Wohnungen, das Merkmal der geprüften Rauchleckage, das durch den Buchstaben „S“ gekennzeichnet wird und ausdrückt, dass bei den auf „S“ geprüften Brandschutzklappen die maximal zulässige Leckage von 200 $m^3/(m^2 \cdot h)$ nicht überschritten wird.

Für die Wohnungslüftung müssen zusätzlich zu den Absperrvorrichtungen für Wohnungen nach [MLüAR] Sperren zur Verhinderung der Übertragung von Rauch (Rauchsperren) eingebaut werden, die verhindern, dass Rauch aus einer Nutzungseinheit in andere Nutzungseinheiten übertragen wird, siehe Bild 8.6.

Die Rauchsperren für Wohnungslüftung nach Abschnitt 7.1 der [MLüAR] sind keine „Kaltrauchsperren“, wie sie von Lüftungsindustrie derzeit angeboten werden, siehe Bild 8.7 Die derzeit auf dem Markt erhältlichen „Kaltrauchsperren“ sind Zubehör von Lüftungsleitungen, die in Teil D, unter D 2.2.2.3 der [MVV TB] (früher in Liste C der Bauregellisten) aufgeführt sind und an die keine weitergehenden Brandschutzanforderungen gestellt werden.

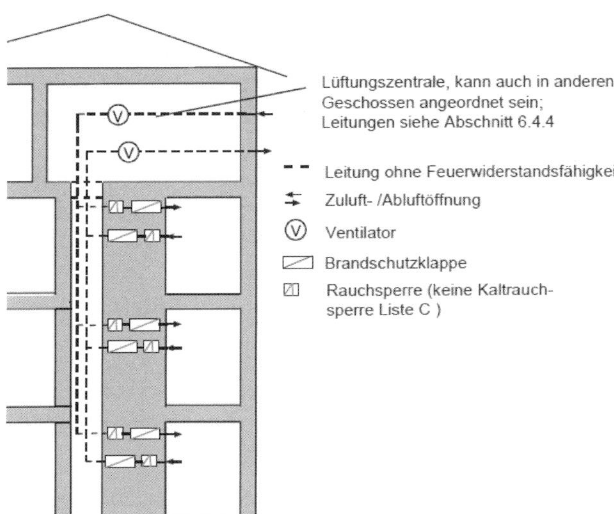

Bild 8.6: Lüftungsanlagen zur Be- und Entlüftung von Wohnungen bzw. abgeschlossener Nutzungseinheiten bis maximal 200 m² nach [M-LüAR]

Bild 8.7: Kaltrauchsperre für Lüftungsleitungen z. B. für den Einsatz in Entlüftungsanlagen für innenliegender Bäder und Toilettenräume nach [DIN 18017 3]

Da derzeit von der Lüftungsindustrie keine Rauchsperren entsprechend Abschnitt 7.1 der [MLüAR] zur Verfügung gestellt werden, ist auch die Einsatzmöglichkeit der besonderen Absperrvorrichtungen für Wohnungen mit der europäischen Klassifizierung EI 30/60/90 (v_e h_o i↔o) hinfällig und stellt nur eine theoretische Möglichkeit dar, den Brandschutz so zu erfüllen, wie es in der [MLüAR] beschrieben ist.

Die einzige Möglichkeit, den Brandschutz für Anlagen der Wohnungslüftung entsprechend der bauordnungsrechtlichen Vorschriften zu erfüllen, ist derzeit nur durch den Einsatz von Brandschutzklappen mit CE-Kennzeichnung und der europäischen Klassifizierung EI 30/60/90 (v_e h_o i↔o) S nach [DIN EN 15650] gegeben. Jedenfalls sind Absperrvorrichtungen mit der Feuerwiderstandsklasse K30/60/9018017 mit abZ für die Verwendung in Anlagen nach [DIN 180173] für die Entlüftung innenliegender Bäder und Toilettenräume für Anlagen der Wohnungslüftung nicht zulässig.

8.3.5 Lüftungsanlagen für die Lüftung von Bädern und Toilettenräumen

Die brandschutztechnischen Anforderungen an ventilatorgestützte Lüftungsanlagen für die Lüftung von Bädern und Toilettenräumen, sogenannte Bad-/WC-Lüftungsanlagen, sind in Abschnitt 7.2 der [MLüAR] geregelt.

Bad-/WC-Lüftungsanlagen dürfen auch wie Lüftungsanlagen zur Lüftung von Wohnungen nach Abschnitt 7.1 der [M-LüAR] ausgeführt werden.

Für Bad-/WC-Lüftungsanlagen können Absperrvorrichtungen für Entlüftungsanlagen nach [DIN 18017-3] mit den Feuerwiderstandsklassen K30-18017, K60-18017, K90-18017 entsprechend der bauordnungsrechtlichen Anforderungen verwendet werden. Diese Absperrvorrichtungen dürfen nach Maßgabe der bauordnungsrechtlichen Verwendbarkeitsnachweise, hierfür wäre eine allgemeine bauaufsichtliche Zulassung (aBZ) oder eine Zustimmung im Einzelfall (ZiE) erforderlich, auch zur Lüftung innen liegender Wohnungsküchen und Kochnischen verwendet werden.

Die Absperrvorrichtungen für Entlüftungsanlagen nach [DIN 18017-3] dürfen auch in Zuluftleitungen verwendet werden, wenn diese Leitungen nur der unmittelbaren Belüftung der entlüfteten Bäder und Toilettenräume dienen. Die Absperrvorrichtungen müssen hierfür geeignet sein.

Eine Verwendung von Absperrvorrichtungen der Klassifizierung K ...-18017 für Entlüftungsanlagen nach [DIN 18017-3] über die Anwendungsgrenzen der Zulassung hinaus, z. B. für die Lüftung von:

- Wohn- und Schlafräumen, Aufenthaltsräumen und Hotelzimmern,
- Büro-, Arbeits- und Umkleideräumen,
- Werkstätten, Technik- und Elektroräumen,
- Abstell-, Lagerräumen und Fluren,
- Verkaufs-, Versammlungs- und Gasträumen,
- Untersuchungs- und Behandlungsräumen sowie
- Garagen

ist nicht zulässig (Aufzählung ist nicht abschließend). Hierfür sind Brandschutzklappen mit CE-Kennzeichnung nach [DIN EN 15650] und der Klassifizierung EI 30/60/90 (v_e h_o i↔o) S vorzusehen.

Bad-/WC-Lüftungsanlagen nach [DIN 180173] dürfen nicht mit anderen Lüftungsanlagen kombiniert werden. Die besonderen Bestimmungen für Überströmung, Laborabluft und Abluftleitungen gewerblicher Küchen sind zu beachten.

Für die Konzeption des Brandschutzes der Abluftleitungen von Bad-/WC-Lüftungsanlagen mit Absperrvorrichtungen nach [DIN 18017-3] sind grundsätzlich zwei Varianten für den Einbau der Absperrvorrichtungen nach der [MLüAR] zu unterscheiden:

1) Die Schottlösung, bei der die Absperrvorrichtung in die Lüftungsleitung jeweils in der Ebene der Geschoßdecke in die Hauptleitung eingebaut wird, siehe Bild 8.7.

2) Die Schachtlösung, bei der die Absperrvorrichtung im jeweiligen Geschoss in die Schachtwand in den Abzweig der Anschlussleitung eingebaut wird, siehe Bild 8.9, Bild 8.10 und Bild 8.11.

Beide Varianten haben Vor- und Nachteile.

Bei der Schottlösung und Einbau in die Hauptleitung ist kein zusätzlicher Platzbedarf für die Absperrvorrichtungen in der Schachtwand bzw. in der Anschlussleitung zu berücksichtigen. Die Absperrvorrichtungen sind bei der Schottlösung in den meisten Fällen jedoch nicht mehr zugänglich. Hierfür kommen nur wartungsarme Absperrvorrichtungen in Frage. Diese Variante ist die derzeit in der Praxis des Wohnungsbaus gebräuchlichste Lösung.

Bei der Schachtlösung ist der Platzbedarf für den Einbau der Absperrvorrichtungen in die Schachtwand bzw. in die Anschlussleitung zu berücksichtigen. Vorteil dieser Lösung ist, dass die Absperrvorrichtungen für die Instandhaltung (Inspektion, Reinigung, Wartung) gut zugänglich sind.

Bedingungen für den Einbau der Absperrvorrichtungen

Die Anforderungen des Brandschutzes werden erfüllt, wenn bei der Verwendung von Absperrvorrichtungen mit den Feuerwiderstandsklassen K30-18017, K60-18017, K90-18017 mit einer allgemeinen bauaufsichtlichen Zulassung (abZ) für die Verwendung in Abluftleitungen von Entlüftungsanlagen von Bädern und Toilettenräumen nach [DIN 18017-3] die folgenden Bestimmungen nach Abschnitt 7.2 der [MLüAR] eingehalten werden:

– Die Absperrvorrichtungen sind zur Verhinderung einer Brandübertragung innerhalb von Geschossen nicht zulässig (z. B. bei der Überbrückung von

Trennwänden und Wänden notwendiger Flure sowie Wänden notwendiger Treppenräume).

- Der Querschnitt der Absperrvorrichtungen (Anschlussquerschnitt) darf maximal 350 cm^2 betragen. Dies entspricht einem Innendurchmesser von maximal ca. 21 cm.

Für die zugehörigen Lüftungsleitungen müssen die nachfolgenden Bedingungen nach der [MLüAR] erfüllt sein, siehe Bild 8.8, Bild 8.9, Bild 8.10 und Bild 8.11:

1) *„Vertikale feuerwiderstandsfähige Lüftungsleitungen (Hauptleitungen) müssen aus nichtbrennbaren Baustoffen bestehen und eine Feuerwiderstandsklasse haben, die der Feuerwiderstandsfähigkeit der durchdrungenen Decken entspricht (L 30/60/90 oder F 30/60/90 oder europäisch hierzu gleichwertige Klassifizierungen).*

2) *Schächte für Lüftungsleitungen müssen aus nichtbrennbaren Baustoffen bestehen und eine Feuerwiderstandsklasse haben, die der Feuerwiderstandsfähigkeit der durchdrungenen Decken entspricht (L 30/60/90 oder F 30/60/90 oder europäisch hierzu gleichwertige Klassifizierungen).*

3) *Hauptleitungen im Innern von feuerwiderstandsfähigen Schächten sowie gegebenenfalls außerhalb der Schächte liegende Anschlussleitungen zwischen Absperrvorrichtung und luftführender Hauptleitung müssen aus Stahlblech bestehen. Die Anschlussleitungen zwischen Schachtwandung und außerhalb des Schachtes angeordneten Absperrvorrichtungen dürfen jeweils nicht länger als 6 m sein; die Anschlussleitungen dürfen keine Bauteile mit geforderter Feuerwiderstandsfähigkeit überbrücken. Anschlussleitungen innerhalb von Schächten müssen aus nichtbrennbaren Baustoffen bestehen.“*

Luftführende Hauptleitungen von Bad-/WC-Lüftungsanlagen dürfen einen maximalen Querschnitt von 1 000 cm^2 nicht überschreiten. Dies entspricht einem Innendurchmesser von maximal ca. 35 cm. Luftführende Hauptleitungen dürfen

1) *„als feuerwiderstandsfähige Lüftungsleitungen oder als feuerwiderstandsfähiger Schacht ausgebildet werden; innerhalb dieser luftführenden Hauptleitung dürfen keine Installationen verlegt sein und die Absperrvorrichtungen müssen im Wesentlichen aus nichtbrennbaren Baustoffen bestehen“, siehe Bild 8.9,*

2) *„in einem feuerwiderstandsfähigen Schacht bis 1000 cm^2 Querschnitt verlegt werden; die Absperrvorrichtung muss im Wesentlichen aus nichtbrennbaren Baustoffen bestehen; weitere Installationen im Schacht sind unzulässig,“ siehe Bild 8.10; oder*

3) *„in einem feuerwiderstandsfähigen Schacht größer 1000 cm² Querschnitt verlegt werden, wenn der Restquerschnitt zwischen Schacht und luftführender Hauptleitung mit einem mindestens 100 mm dicken Mörtelverguss in der Ebene der jeweiligen Geschossdecke vollständig verschlossen ist; weitere Installationen sind nur aus nichtbrennbaren Baustoffen für nichtbrennbare Medien zulässig,“ siehe Bild 8.11; „die Notwendigkeit brandschutztechnischer Maßnahmen für diese weiteren Installationen bleibt unberührt.“*

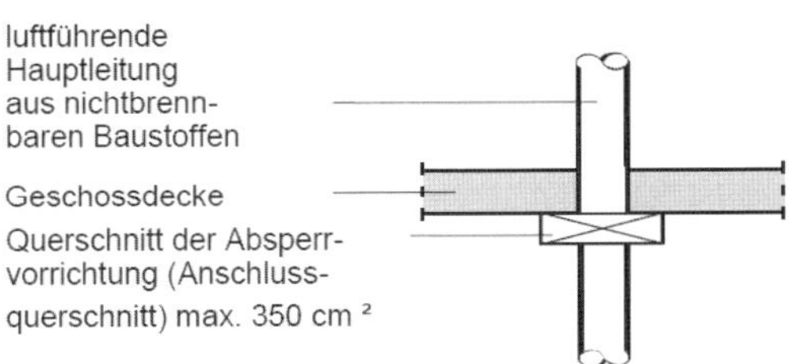

Bild 8.8: Beispiel für eine Schottlösung für Bad-/WC-Lüftungsanlagen nach [DIN 18017-3], maximaler Anschlussquerschnitt der Absperrvorrichtungen 350 cm² nach [M-LüAR]

Schottlösung gemäß Bild 8.8 und Bedingungen für den Einbau der Absperrvorrichtungen in die Geschossdecke

Schacht:	– nicht erforderlich
Hauptleitung:	– Stahlblech oder nichtbrennbare Baustoffe – Querschnitt max. 350 cm² (Einbau der Absperrvorrichtung in die Hauptleitung) – Verguss der Hauptleitung mit der Absperrvorrichtung in der Decke mit Mörtel oder Beton mindestens 100 mm dick
Absperrvorrichtung:	– mit allgemeiner bauaufsichtlichen Zulassung (abZ) – im Wesentlichen aus nichtbrennbaren Baustoffen – Querschnitt maximal 350 cm² – Einbau direkt unter die Decke, in die Decke oder direkt auf die Decke je nach Einbauvorschrift bzw. allgemeiner bauaufsichtlichen Zulassung (abZ)
Anschlussleitung:	– beliebig
Weitere Installationen:	– Mindestabstände der Installationen untereinander nach [MLAR] beachten

Für den Einbau der Absperrvorrichtungen, die entsprechend Bild 8.8 in der Ebene der Geschoßdecke in den Deckenverschluss einzubauen sind, gibt es verschiedene Möglichkeiten der zulässigen Anordnung. Diese können entsprechend der Einbauvorschrift direkt unter der Decke, in die Decke oder auch auf der Decke aufliegend in die Hauptleitung eingebaut werden. Die je nach Fabrikat unterschiedlichen und zulässigen Einbauvarianten ergeben sich aus der entsprechenden (abZ).

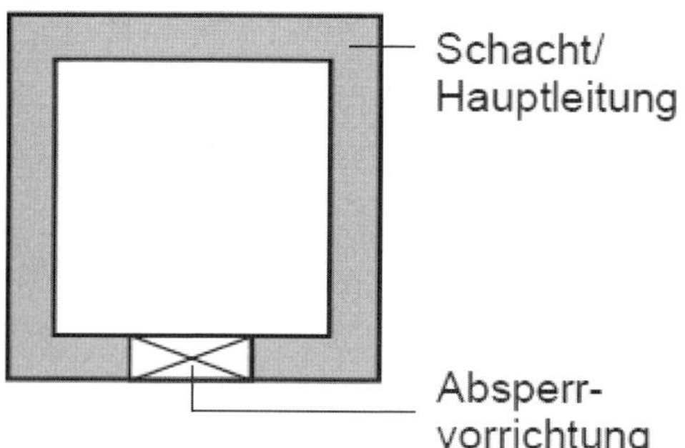

Bild 8.9: Schachtlösung 1 für Bad-/WC-Lüftungsanlagen nach [DIN 18017-3] und Bild 6.3.1 der [M-LüAR]

Schachtlösung 1 und Bedingungen für den Einbau der Absperrvorrichtungen in die Schachtwand gemäß Bild 8.9 und nach [MLüAR]

Schacht:	– F30/F60/F90 oder L30/L60/L90 – Querschnitt maximal 1 000 cm²
Hauptleitung:	– Schacht = Hauptleitung
Absperrvorrichtung:	– mit allgemeiner bauaufsichtlichen Zulassung (abZ) – im Wesentlichen aus nichtbrennbaren Baustoffen – Querschnitt maximal 350 cm²
Anschlussleitung:	–
Weitere Installationen:	– nicht zulässig

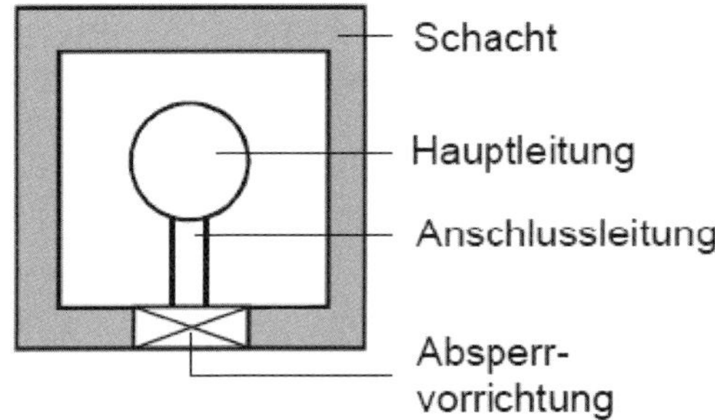

Bild 8.10: Schachtlösung 2 für Bad-/WC-Lüftungsanlagen nach [DIN 18017-3] und Bild 6.3.2 in [M-LüAR]

Schachtlösung 2 und Bedingungen für den Einbau der Absperrvorrichtungen in die Schachtwand gemäß Bild 8.10 und nach [MLüAR]

Schacht:	– F30/F60/F90 oder L30/L60/L90 – Querschnitt maximal 1 000 cm²
Hauptleitung:	– Querschnitt unter Beachtung des maximal zulässigen Schachtquerschnitts – Stahlblech
Absperrvorrichtung:	– mit allgemeiner bauaufsichtlichen Zulassung (abZ) – im Wesentlichen aus nichtbrennbaren Baustoffen – Querschnitt maximal 350 cm²
Anschlussleitung:	– aus nichtbrennbaren Baustoffen
Weitere Installationen:	– nicht zulässig

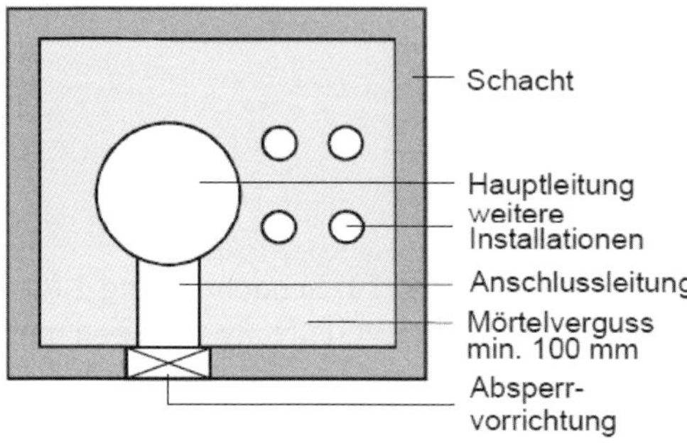

Bild 8.11: Schachtlösung 3 für Bad-/WC-Lüftungsanlagen nach [DIN 18017-3] und Bild 6.3.3 in [M-LüAR]

Schachtlösung 3 und Bedingungen für den Einbau der Absperrvorrichtungen in die Schachtwand gemäß Bild 8.11 und nach [MLüAR]

Schacht:	– F30/F60/F90 oder L30/L60/L90 – Querschnitt beliebig, auch > 1 000 cm² möglich – Verguss des freien Schachtquerschnittes mit Mörtel oder Beton mindestens 100 mm dick
Hauptleitung:	– Querschnitt maximal 1 000 cm² – Stahlblech
Absperrvorrichtung:	– mit allgemeiner bauaufsichtlichen Zulassung (abZ) – brennbare Baustoffe auch für wesentliche Teile der Absperrvorrichtung zulässig (z. B. Einzelabluftventilatoren mit Brandschutzgehäuse) – Querschnitt maximal 350 cm²
Anschlussleitung:	– aus nichtbrennbaren Baustoffen
Weitere Installationen:	– nur aus nichtbrennbaren Baustoffen – nur für nichtbrennbare Medien – Mindestabstände der Installationen untereinander nach [MLAR] beachten

8.3.6 Lüftungsanlagen für Wohnungsküchen und Kochnischen

Wohnungsküchen und Kochnischen dürfen über Lüftungsanlagen für Wohnungen nach Abschnitt 7.1 der [MLüAR], oder über Entlüftungsanlagen für Bäder und Toilettenräume nach [DIN 18017-3] gemäß Abschnitt 7.2 der [MLüAR] entlüftet werden.

Anschluss von Abluft-Herdhauben an Lüftungsanlagen

Man unterscheidet

- Abluft-Herdhauben bzw. Dunstabzugshauben mit eigenem Abluftventilator (Abluft-Wrasenabzüge). Dunstabzugshauben mit eigenem Abluftventilator werden an eine eigene Abluftleitung angeschlossen. Diese werden in Abschnitt 7.3 der [MLüAR] nur als „Dunstabzugshauben" bezeichnet.
- Dunstabzugshauben ohne eigenen Ventilator nach [DIN EN 131413], dienen nur der Vergrößerung des Erfassungsgrades des vorhandenen Ab(luft)-Luftdurchlasses zum Sammeln verunreinigter Luft über einer Kocheinrichtung. Sie können an die Abluftleitungen von Bad-/WC-Lüftungsanlagen nach [DIN 18017-3] oder an die Abluftleitungen von Anlagen zur Wohnungslüftung angeschlossen werden.
- Umluft-Dunstabzugshauben (Umluft-Wrasenabzüge) mit eigenem Ventilator dienen der Abscheidung von Wasserdampf und Gerüchen und tragen nicht zur Lüftung bei. Die angesaugte und gereinigte Luft wird als Sekundärluft wieder der Küche zugeführt.

Dunstabzugshauben mit eigenem Abluftventilator (Abluft-Herdhauben) dürfen untereinander und mit anderen Lüftungsleitungen nicht verbunden sein. Die Abluftleitungen müssen nach Abschnitt 8 der [MLüAR] aus nichtbrennbaren Baustoffen bestehen. Sie müssen ab dem Austritt aus der Küche mindestens die Feuerwiderstandsklasse L 90 oder eine europäisch hierzu gleichwertige Klassifizierung aufweisen, sofern die Ausbreitung von Feuer und Rauch nicht auf andere Weise, z. B. durch geeignete Brandschutzklappen bzw. Absperrvorrichtungen mit bauaufsichtlichem Verwendbarkeitsnachweis für diesen Zweck, verhindert wird.

Nach Abschnitt 7.3 der [MLüAR] ist es auch zulässig, dass Abluftleitungen von Dunstabzugshauben mit eigenem Abluftventilator (Abluft-Herdhauben) von Wohnungsküchen, sofern diese Abluftleitungen aus Stahlblech bestehen, gemeinsam in einem feuerwiderstandsfähigen Schacht verlegt sein dürfen. Diese Schächte dürfen keine anderen Leitungen enthalten.

Dunstabzugshauben ohne integrierten Ventilator, die an die Abluftleitungen von Lüftungsanlagen angeschlossen werden dürfen, fallen nicht unter den

Begriff der „Dunstabzugshauben" wie ihn die [MLüAR] verwendet und damit Dunstabzugshauben mit eigenem Ventilator (Abluft-Herdhauben) meint. Dunstabzugshauben ohne integrierten Ventilator dürfen nach den Prinzipien gemäß Abschnitt 7.1 der [MLüAR] an Abluftleitungen von Anlagen zur Wohnungslüftung angeschlossen werden. Weiterhin dürfen sie gemäß Abschnitt 7.2 in [MLüAR] an Abluftleitungen von Bad-/WC-Lüftungsanlagen nach [DIN 180173] Bild 8.2 mit einer Anschlussleitung und einer Absperrvorrichtung der Feuerwiderstandsklasse K ...-18017 an das Abluftsystem angeschlossen werden oder müssen eine eigene Absperrvorrichtung besitzen. Hierbei sind die besonderen Bestimmungen für Lüftungsanlagen für Bäder und Toilettenräume nach [DIN 180173] und [MLüAR] zu beachten.

Eine Kombination des Anschlusses von Dunstabzugshauben ohne integrierten Ventilator an Anlagen zur Wohnungslüftung mit Absperrvorrichtungen der Feuerwiderstandsklasse K ...-18017 ist nicht zulässig.

8.3.7 Betrieb und Instandhaltung von Brandschutzeinrichtungen

Die Bedingungen für den Betrieb von Brandschutzeinrichtungen wie Brandschutzklappen und Absperrvorrichtungen ergeben sich aus den jeweiligen Betriebsanleitungen und den Verwendbarkeitsnachweisen z. B. den allgemeinen bauaufsichtlichen Zulassungen (abZ).

Der Betriebsanleitungen und die Verwendbarkeitsnachweise von Brandschutzklappen und Absperrvorrichtungen umfassen auch Auflagen für die Instandhaltung.

Werden Brandschutzklappen bzw. Absperrvorrichtungen in eine Hauptleitung eingebaut, ist darauf zu achten, dass sie keine Querschnittsverengung verursachen. Ist das aufgrund der Bauart nicht gewährleistet, erhöhen sich in Abhängigkeit von der Verringerung des freien Querschnitts und der dadurch unter Umständen verursachten Ansammlung von Verunreinigungen nicht nur der Druckverlust in der Luftleitung und damit der Elektroenergiebedarf für den Antrieb des Ventilators, sondern auch der Geräuschpegel durch die Luftströmung und zusätzlich auch der Inspektions- und Reinigungsaufwand.

Die Verschmutzung kann sogar dazu führen, dass die Brandschutzklappen bzw. Absperrvorrichtungen im Brandfall nicht oder nur verzögert auslösen oder der Schließvorgang behindert wird.

Es ist darauf zu achten, dass in unmittelbarer Nähe von Brandschutzklappen bzw. Absperrvorrichtungen ausreichend große Revisionsöffnungen für die Inspektion, Prüfung, Reinigung, Wartung und Instandsetzung in den Lüftungsleitungen vorgesehen werden. Die [MLüAR] fordert daher, dass eine ausreichende Anzahl von Reinigungsöffnungen, jeweils mindestens in der Größe des Querschnitts der Lüftungsleitungen, vorgesehen werden. Bei Lüftungsleitungen mit Querschnitten von mehr als 3 600 cm^2 genügt ein lichter Querschnitt der Reinigungsöffnungen von max. 3 600 cm^2.

Einige Hersteller rüsten ihre Brandschutzklappen bzw. Absperrvorrichtungen ohne Revisionsöffnungen und nur noch mit sehr kleinen Inspektionsöffnungen aus, die den Einsatz von speziellen Endoskopen erfordern. Reinigungs- und Wartungsarbeiten im Innern sind hierüber nicht möglich. Spezielle Bauarten von Brandschutzklappen oder Absperrvorrichtungen benötigen Schiebemuffen oder spezielle Formstücke für die Inspektion, Reinigung, Prüfung, Wartung und Instandsetzung.

Beim Einbau von Brandschutzklappen bzw. Absperrvorrichtungen in Schächten, Deckenhohlräumen und Hohlraumfußböden sind ausreichend große Revisionsöffnungen in unmittelbarer Nähe der Brandschutzklappen bzw. Absperrvorrichtungen in den Bauteilen und ggf. begehbare Podeste in Schächten vorzusehen.

Brandschutzklappen und Absperrvorrichtungen müssen entsprechend § 14 der [MBO] und nach den Bestimmungen der allgemeinen bauaufsichtlichen Zulassungen (abZ) sowie der Montage- und Betriebsanleitungen regelmäßig nach den Regeln und Maßnahmen der Instandhaltung überprüft werden.

Folgende Arbeitsbereiche der Instandhaltung sind zu berücksichtigen:

- Inspektion; Feststellen des Ist-Zustands; Inspizieren, Prüfen, Messen, Diagnostizieren
- Wartung; Erhalten des Soll-Zustands; Reinigen, Schmieren, Nachstellen
- Instandsetzung; Wiederherstellen des Soll-Zustands; Instandsetzen, Austauschen, Ausbessern
- Verbesserung; Verbessern des Soll- und Ist-Zustands; Verbessern, Austauschen

Eine Überprüfung der Brandschutzklappen und Absperrvorrichtungen muss mindestens im halbjährlichen Abstand erfolgen. Ergeben zwei im Abstand von 6 Monaten aufeinanderfolgende Prüfungen keine Funktionsmängel, so brauchen die Brandschutzklappen und Absperrvorrichtungen im Weiteren nur in einem jährlichen Abstand überprüft werden. Auf die Pflicht zur Instandhaltung muss der Betreiber der Anlagen vom Anlagenbauer ausdrücklich hingewiesen werden.

Zusätzlich zu den Maßnahmen der Instandhaltung sind Lüftungsanlagen und die zugehörigen Brandschutzeinrichtungen wie z. B. Rauchauslöseeinrichtungen und Brandschutzklappen regelmäßig und entsprechend der jeweiligen Prüfverordnungen der Bundesländer durch Prüfsachverständige für technische Anlagen überprüfen zu lassen. Die Pflicht zur Überprüfung beginnt mit der sogenannten Erstprüfung, die nach der Errichtung der Lüftungsanlagen bzw. vor Aufnahme der ersten Nutzung durchzuführen ist bzw. nach jeder Änderung der Anlagen oder des Gebäudes. Im Weiteren sind wiederkehrende Prüfungen im Turnus von üblicherweise 36 Monaten durchführen zu lassen. Die Erstprüfung und die Prüfungen nach Änderung hat der Bauherr zu veranlassen bzw. zu beauftragen, die wiederkehrenden Prüfungen der Betreiber des Gebäudes.

Die Industrie bietet neben Brandschutzklappen für Standardanwendungen, gewerbliche Küchenabluft und zur Überströmung viele Sonderformen von Absperrvorrichtungen der Feuerwiderstandsklassen K...-18017, wie z. B. Brandschutzventile (BSV), Brandschutz-Einschub-Klappen (BEK) und das bis Anfang der 2010er-Jahre umstrittene sogenannte Deckenschott insbesondere für den Anwendungsfall der Schottlösung nach Bild 8.7 an. Die Deckenschotts erfreuen sich gerade im Wohnungsbau großer Beliebtheit, da sie laut der Werbeaussagen einiger Hersteller „wartungsfrei" sind und die Betreiber fälschlicherweise annehmen, dass beim Einsatz dieser Deckenschotts keine Betriebskosten für die Wartung anfallen.

Nach VDMA und der AIG-Instandhaltungs-Information Nr. 8 vom Oktober 2010 ist auch für Brandschutzklappen oder Absperrvorrichtungen ohne Wartungsauflagen mindestens eine halbjährliche/jährliche Inspektion, eine Funktionsprüfung und ggf. ein funktionserhaltendes Reinigen je nach Verschmutzungsgrad erforderlich. Für die Deckenschotts, die im Gegensatz zu den Brandschutzklappen keine mechanisch bewegten Teile haben, entfällt zumindest die Funktionsprüfung. Die Pflicht zur Inspektion und Reinigung besteht weiterhin. Für motorisch angetriebene Brandschutzklappen ist eine halbjährliche Funktionsprüfung von der Zentrale aus durchzuführen und zu protokollieren.

Bild 8.12: Verschmutztes Brandschutzventil für die Abluft in einem Toilettenraum. Schmelzlot und Auslösemechanik sind mit einer festanbackenden dicken Staubkruste überzogen.

Lüftungsanlagen im Wohnungsbau sind besonders anfällig für Verschmutzungen, da einerseits kleinere Lüftungsleitungsquerschnitte als bei Lüftungsanlagen in Nichtwohngebäuden vorherrschen und andererseits die Staub- und Feuchtigkeitsbelastung, insbesondere in den Abluftleitungen sehr hoch ist. Hier kommt es zu einer ungünstigen Kombination des Hausstaubs mit Haarspray in den Bädern, siehe Bild 8.12, oder fetthaltigen Wrasen in den Wohnungsküchen, siehe Bild 8.13. Daher ist besonders auf eine strömungsgünstige Kanalführung und gut zugängliche und ausreichende Reinigungsmöglichkeiten zu achten.

Bild 8.13: Verschmutzte Brandschutz-Einschub-Klappe K90-18017 für die Abluft einer Wohnungsküche. Schmelzlot und Auslösemechanik sind mit einer festanbackenden dicken Schmutzkruste überzogen.

Die Reinigungsintervalle sind in Abhängigkeit von der Verschmutzung zu wählen. Das erforderliche Reinigungsintervall kann je nach Anlagenart und Betriebsweise sehr verschieden sein. Der Reinigungsbedarf ist im Rahmen der Inspektionen zu ermitteln. Hierfür ist der Betreiber verantwortlich.

8.3.8 Brandschutz von Anlagen im Gebäudebestand

Vor Inkrafttreten der Lüftungsanlagen-Richtlinie waren für Zentralventilator-Anlagen in Verbindung mit Sammelschächten nach der historischen [DIN 18017-3] vom August 1970 keine Absperrvorrichtungen für den Brandschutz erforderlich, siehe Bild 8.14. Der Brandschutz wurde durch konstruktiv und bauliche Maßnahmen zur Verhinderung des Zurückschlagens eines Feuers über ein System von Hauptschächten und Nebenschächten gewährleistet.

Diesen Zustand findet man heute nur noch im Gebäudebestand bei sogenannten nicht modernisierten Altanlagen vor.

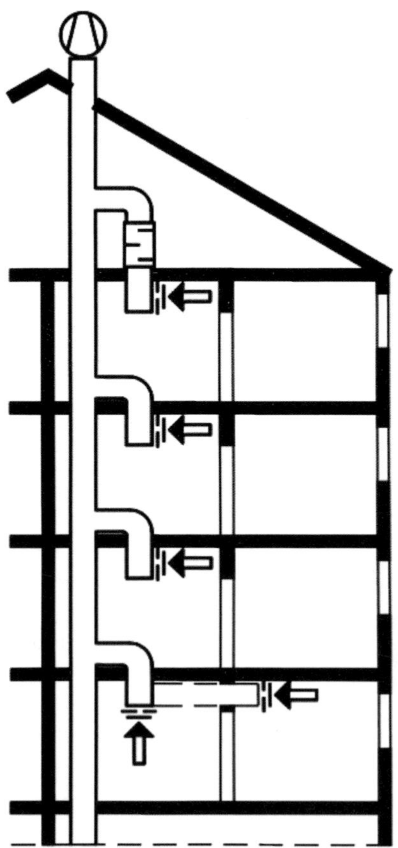

Bild 8.14: Brandschutz bei Zentralventilator-Anlagen in Verbindung mit Sammelschächten.

Die Schachtwandungen mussten dabei Feuerwiderstandsdauern entsprechend der bauordnungsrechtlichen Anforderung der Geschossdecken besitzen oder die Lüftungsleitungen in feuerwiderstandsfähigen Schächten verlegt sein. Die Länge der Nebenschächte lNS musste mindestens 2,2 m und der lichte Querschnitt des Hauptschachtes AHS mindestens das 1,5-Fache des größten Nebenschacht-Querschnitts ANS betragen. Außerdem musste der freie Durchgangsquerschnitt des Ventilators AV mindestens dem 0,5-Fachen des Haupt- und dem Einfachen des Nebenschachtquerschnitts entsprechen. Ein weiterer Vorteil dieser Lösung war die in keinem Falle erforderliche Notwendigkeit einer Telefonie-Schalldämpfung.

In der [MLüAR] finden diese Bestimmungen zu Sammelschächten mit Hauptschacht und Nebenschacht keine Erwähnung mehr, so dass neu zu errichtende Schachtanlagen so zu behandeln sind wie Hauptleitungen. Dass bei den noch bestehenden

Lösungen von einem ausreichenden Schutz gegen die Übertragung von Feuer und Rauch ausgegangen werden kann, ist fraglich. Bei fehlerfrei errichteten, rechtmäßig und unverändert bestehenden und ordnungsgemäß instand gehaltenen Altanlagen besteht jedoch Bestandsschutz, solange keine Veränderung an diesen und den tangierenden Bedingungen, wie z. B. dem Einbau dichter Fenster vorgenommen wird und es kein behördliches Anpassungsverlangen gibt.

Der Zustand dieser Altanlagen lässt sich durch eine Inspektion z. B. mittels Kamerabefahrung feststellen. Hierbei zeigen sich häufig Risse und Undichtigkeiten im Schachtsystem, die den Brandschutz beeinträchtigen. In solchen Fällen ist eine Sanierung erforderlich. Dabei können die Schächte gesäubert, von innen beschichtet und abgedichtet werden. Die Wohnungsanschlüsse erhalten Brandschutzklappen bzw. Absperrvorrichtungen, die den Brandschutz entsprechend der aktuellen Vorschriften sicherstellen.

8.3.9 Rauchausbreitung über Lüftungsleitungen

Während einer Übertragung von Feuer über die Lüftungsinstallationen im Wohnungsbau bei Einhaltung der bestehenden Bestimmungen mit Brandschutzklappen und Absperrvorrichtungen weitestgehend vorgebeugt wird, scheint bezüglich der Verhinderung einer Rauchausbreitung ein gewisses Restrisiko zu bestehen. Brandschutzklappen und Absperrvorrichtungen ohne motorischen Antrieb schließen bei einer Solltemperatur von 72 °C. Bei verschmutzten Absperrvorrichtungen kann diese Temperatur aber auch wesentlich höhere Werte erreichen. Das bedeutet, dass sich Rauch solange in Abhängigkeit von den Druckverhältnissen in zu schützende Bereiche ausbreiten kann, bis an der Absperrvorrichtung die notwendige Auslösetemperatur des Schmelzlotes erreicht ist. Das ist insofern kritisch, als dass der bei Bränden entstehende giftige Brandrauch statistisch häufiger zu Todesfällen führt als hohe Temperaturen infolge des Brandes selbst.

Zum Schutz vor Rauchübertragung im Brandfall, können in Lüftungsanlagen für Bäder und Toilettenräume nach [DIN 18017-3] zusätzlich zur Absperrvorrichtung sogenannte Kaltrauchsperren in die Anschlussleitung eingebaut werden, siehe Bild 8.7. Diese Kaltrauchsperren, die wie eine Rückschlagklappe funktionieren, sind vor allen Dingen in Mehrfamilienwohnhäusern mit zentralen Abluftanlagen für Bad-/WC-Räume sinnvoll, wenn z. B. als Absperrvorrichtungen Brandschutzventile in die Anschlussleitung oder in die Schachtwand eingebaut sind. Über die offenen Ventile kann sich Rauch auch in andere Wohnungen und Nutzungseinheiten ausbreiten.

Um eine Rauchausbreitung sicher zu verhindern, können auch motorisch angetriebene Brandschutzklappen verwendet werden. Eine entsprechende Steuerung überwacht mit Rauchmeldern die Zuluft und die Abluft und unterbricht bei Rauchdetektion die Energiezufuhr der Brandschutzklappen, die mit der im Federrücklaufmotor gespeicherten mechanischen Energie die Brandschutzklappen automatisch schließen. Dieses Prinzip wird vor allem in Nichtwohngebäuden angewendet. Ein Einsatz von motorisch angetriebenen Brandschutzklappen ist in Wohngebäuden jedoch noch äußerst selten.

8.3.10 Lüftung über Rauchabzugsanlagen

Flucht- und Rettungswege (notwendige Flure und Treppenräume) müssen grundsätzlich rauchfrei gehalten werden. Dennoch kommt es bei Brandereignissen im Wohnungsbau häufig vor, dass Brandrauch in die Fluchtwege eindringt. Von da kann der Rauch über Anlagen zur Rauchableitung oder Rauchabzugsanlagen abgeleitet werden. Für den Rauchabzug bedient man sich beim natürlichen Rauchabzug des thermischen Auftriebs mit Natürlichen Rauchabzugsanlagen (NRA) oder mit Öffnungen zur Rauchableitung und beim maschinellen Rauchabzug, der ventilatorgestützten Absaugung mit Maschinellen Rauchabzugsanlagen (MRA). Letztere gelangen im Wohnungsbau jedoch sehr selten zum Einsatz.

Treppenräume

Im Wohnungsbau kommen überwiegend nur einzelne Öffnungen zur Rauchableitung, z. B. in Treppenräumen nach § 35 der [MBO] zur Anwendung.

Die Öffnungen zur Rauchableitung gehören zwar zur Gruppe der Rauch- und Wärmeabzugsanlagen (RWA), stellen dabei aber keinen quantifizierbaren und qualifizierten Rauch- oder Wärmeabzug dar. Es besteht bei der Rauchableitung sogar je nach Windeinfluss und Wetterlage die Gefahr, dass der Brandrauch in den zu entrauchenden Raum zurückgedrängt oder in andere Bereiche einströmt. Auch wenn Öffnungen zur Rauchableitung mit Rauchmeldern frühzeitig automatisch geöffnet werden können, werden sie erst mit Hilfsmitteln der Feuerwehr, wie z. B. dem Einsatz mobiler Brandlüfter voll wirksam. Nach den bauordnungsrechtlichen Regelungen wird es dabei hingenommen, dass der 1. Rettungsweg verrauchen darf, wenn für die Personenrettung ein 2. Rettungsweg z. B. über anleiterbare Fenster, die mit Hilfsmitteln der Feuerwehr erreichbar sind, vorhanden ist.

In diesem Zusammenhang besitzen undichte Wohnungseingangstüren in Mehrfamilienhäusern des Gebäudebestands ein besonderes Gefährdungspotenzial. Die Musterbauordnung fordert deshalb mindestens dicht- und selbstschließende Türen (Abschlüsse).

Öffnungen zur Rauchableitung und Natürliche Rauchabzugsanlagen werden häufig auch zur Unterstützung der natürlichen Lüftung von Treppenräumen, Atrien oder Fluren verwendet. Die Lüftungsfunktion ist jedoch nicht quantifizierbar und stark von Windeinfluss und Wetterlage abhängig.

Für notwendige Treppenräume ist nach § 35 [MBO] gefordert, dass sie belüftet und zur Unterstützung wirksamer Löscharbeiten entraucht werden können müssen. Dazu müssen sie in jedem oberirdischen Geschoss unmittelbar ins Freie führende öffenbare Fenster, mit einem freien Querschnitt von mindestens 0,50 m^2 haben.

Für notwendige Treppenräume in Gebäuden mit einer Höhe von mehr als 13 m (Gebäudeklasse 5) ist an der obersten Stelle eine Öffnung zur Rauchableitung mit einem freien Querschnitt von mindestens 1 m^2 erforderlich. Diese Öffnung muss vom Erdgeschoss sowie vom obersten Treppenabsatz aus geöffnet werden können. Hierüber kann auch die Lüftung des Treppenraums erfolgen.

Für innenliegende Sicherheitstreppenräume (ohne Fenster), sind in Gebäuden der Gebäudeklassen 5 mit einer Höhe von mehr als 22 m zur Rauchfreihaltung des Sicherheitstreppenraums Druckbelüftungsanlagen gemäß der Muster-Hochhaus-Richtlinie [MHHR] erforderlich. Über diese Anlagen erfolgt aber keine planmäßige Lüftung der Treppenräume.

Notwendige Flure

Notwendige Flure bedürfen nach [MBO] keiner Rauchableitung. Die Rauchableitung erfolgt mittelbar über die notwendigen Treppenräume mit Hilfsmitteln der Feuerwehr.

Aufzugsschächte

Aufzugs- bzw. Fahrschächte müssen nach § 39, Abs. 3 [MBO] zu lüften sein und eine Öffnung zur Rauchableitung mit einem freien Querschnitt von mindestens 2,5 % der Fahrschachtgrundfläche, mindestens aber eine freie Öffnungsfläche von 0,1 m^2 haben. Die Öffnung zur Rauchableitung darf einen Abschluss haben, der im Brandfall selbsttätig öffnet und von mindestens einer geeigneten Stelle aus bedient werden kann. Die Anordnung der Rauchableitungsöffnung ist nicht festgelegt. Sie muss lediglich so gewählt werden, dass die Lüftung und der Rauchaustritt nicht ungünstig durch Windeinfluss beeinträchtigt werden. Eine Beeinflussung durch Windeinfluss ist bei der Anordnung von Öffnungen in Außenwänden immer zu erwarten. Daher sollten die Öffnungen vertikal im Dach des Fahrschachts angeordnet werden.

Anlagen für die Rauchableitung von Fahrschächten von Aufzügen werden als Aufzugsschacht-Entrauchung bezeichnet. Es ist zu beachten, dass mit diesen Anlagen nicht nur die Bedingungen der Musterbauordnung [MBO] erfüllt werden müssen, sondern auch die technischen Bestimmungen der europäischen Aufzugsrichtlinie und die technischen Regeln für Aufzüge der Normenreihe DIN EN 81. Die Industrie bietet entsprechende Systeme z. B. mit allgemeiner bauaufsichtlichen Zulassung (abZ) für die Rauchableitung an, über die auch die Lüftung der Fahrschächte mit einer entsprechenden Steuerung erfolgen kann.

Die vorgenannten Regelungen und Bestimmungen können sich in Abhängigkeit vom jeweiligen Bundesland im Detail mehr oder minder stark unterscheiden. Hochhäuser und Sonderbauten nehmen dabei eine Sonderstellung ein. Die geltenden Bestimmungen können hier nicht im Einzelnen aufgeführt werden. Es wird deshalb auf die jeweiligen Landesbauordnungen und die bauordnungsrechtlichen Bestimmungen verwiesen. Vor der Festlegung von Maßnahmen, ist deshalb immer eine verbindliche Absprache mit dem Brandschutzkonzeptersteller, dem Prüfingenieur für Brandschutz, der zuständigen Bauaufsicht und der zuständigen Brandschutzdienststelle (Feuerwehr) notwendig.

8.4 Schutz bei Betrieb von Feuerstätten

Nach der **Musterbauordnung** [MBO], **§ 41** (1) gilt grundsätzlich, dass *„Lüftungsanlagen betriebssicher und brandsicher sein müssen“* und *„den ordnungsgemäßen Betrieb von Feuerungsanlagen (bzw. Feuerstätten) nicht beeinträchtigen dürfen“*. Prinzipdarstellungen von raumluftabhängigen Gas-Feuerstätten mit Strömungssicherung bei freier und ventilatorgestützter Abführung des Abgas-Luft-Gemisches siehe Bild 1.15.

Nach der **Muster-Feuerungsverordnung** [M-FeuV], ***§ 3 „Verbrennungsluftversorgung von Feuerstätten“***, Absatz (1), *„ist für raumluftabhängige Feuerstätten eine ausreichende Verbrennungsluftversorgung aus dem Freien erforderlich.“*

In Absatz (2) wird festgelegt, dass die *„Verbrennungsluftversorgung für raumluftabhängige Feuerstätten mit nicht mehr als 50 kW ausreicht, wenn jeder Aufstellungsraum eine ins Freie führende Öffnung mit einem lichten Querschnitt von mindestens 150 cm² oder zwei Öffnungen von je 75 cm² oder Leitungen ins Freie mit strömungstechnisch äquivalenten Querschnitten hat.“*

Die Bedingungen für eine Gesamtnennleistung der Feuerstätten von mehr als 50 kW (für Wohnungen überwiegend nicht relevant) werden im Absatz (3) erläutert.

„Verbrennungsluftöffnungen und -leitungen“ dürfen nach Absatz (4) „nicht verschlossen oder zugestellt werden, sofern nicht durch besondere Sicherheitseinrichtungen gewährleistet ist, dass die Feuerstätten nur bei geöffnetem Verschluss betrieben werden können. Der erforderliche Querschnitt darf durch den Verschluss oder durch Gitter nicht verengt werden.“

„Abweichend“ davon *„kann für raumluftabhängige Feuerstätten eine ausreichende Verbrennungsluftversorgung auf andere Weise nachgewiesen werden; das ist der Fall, wenn ein Volumenstrom von 1,6 m³/h pro kW verfügbar ist.“* (Absatz (5))

Folgende Ausschlüsse sind in Absatz (6) aufgeführt: *„Die Absätze (2) und (3) gelten nicht für Gas-Haushalts-Kochgeräte“* und *„für offene Kamine.“*

Für die **„Aufstellung von Feuerstätten, Gasleitungsanlagen“** nach **§ 4** gelten darüber hinaus die nachfolgend aufgelisteten lüftungsrelevanten Festlegungen:

Absatz (2): *„Die Betriebssicherheit von raumluftabhängigen Feuerstätten darf durch den Betrieb von Raumluft ansaugenden Anlagen, wie Lüftungs- oder Warmluftheizungsanlagen, Dunstabzugshauben“* (Abluft-Herdhauben) *„oder Abluft-Wäschetrocknern nicht beeinträchtigt werden“.*

Dafür ist es erforderlich, dass

- *„ein gleichzeitiger Betrieb der Feuerstätten und der Luft absaugenden Anlagen durch Sicherheitseinrichtungen verhindert wird,*
- *die Abgasabführung durch besondere Sicherheitseinrichtungen überwacht wird,*
- *die Abgase der Feuerstätten über die Luft absaugenden Anlagen abgeführt werden oder*
- *anlagentechnisch sichergestellt ist, dass während des Betriebes der Feuerstätten kein gefährlicher Unterdruck entstehen kann.“*

Absatz (4): *„Feuerstätten für gasförmige Brennstoffe mit Strömungssicherung dürfen unbeschadet von § 3 in Räumen aufgestellt werden*

- *mit einem Rauminhalt von mindestens 1 m³/kW Nennleistung dieser Feuerstätten, soweit sie gleichzeitig betrieben werden können,*
- *in denen durch unten und oben angeordnete Öffnungen mit einem Mindestquerschnitt von jeweils 75 cm² ins Freie eine Durchlüftung sichergestellt ist*

oder

- *in denen durch andere Maßnahmenwie beispielsweise unten und oben in derselben Wand angeordnete Öffnungen mit einem Mindestquerschnitt von jeweils 150 cm² zu unmittelbaren Nachbarräumen ein zusammenhängender Rauminhalt der Größe nach Punkt 1 eingehalten wird."*

Für **„Heizräume"** nach § 6 sind darüber hinaus folgende Festlegungen zu beachten:

Absatz (4): *„Heizräume müssen zur Raumlüftung jeweils eine obere und eine untere Öffnung ins Freie mit einem Querschnitt von mindestens 150 cm² oder Leitungen ins Freie mit strömungstechnisch äquivalenten Querschnitten haben. § 3 Absatz (4) gilt sinngemäß. Der Querschnitt einer Öffnung oder Leitung darf auf die Verbrennungsluftversorgung nach § 3 Absatz (3) angerechnet werden."*

Absatz (5): *„Lüftungsleitungen für Heizräume müssen eine Feuerwiderstandsdauer von mindestens 90 Minuten haben, soweit sie durch andere Räume führen, ausgenommen angrenzende, zum Betrieb der Feuerstätten gehörende Räume, die die Anforderungen nach Absatz (3), Satz und 2 erfüllen. Die Lüftungsanlagen dürfen mit anderen Lüftungsanlagen nicht verbunden sein und nicht der Lüftung anderer Räume dienen."*

Absatz (6): *„Lüftungsleitungen, die der Lüftung anderer Räume dienen, müssen, soweit sie durch Heizräume führen, eine Feuerwiderstandsdauer von mindestens 90 Minuten haben und ohne Öffnungen sein."*

Weitere ergänzende Hinweise und Beispiele können den Beilblättern 3 und 4 von [DIN 1946-6] entnommen werden. Dabei ist aber zu berücksichtigen, dass bei Redaktionsschluss ein Abgleich mit der aktuellen Normausgabe noch nicht erfolgt ist.

9 Planung, Ausführung, Betrieb, Regelung

9.1 Vorbemerkung

Bei aufmerksamer Inaugenscheinnahme von neu errichteten oder modernisierten Wohngebäuden entsteht auch 20 Jahre nach Erscheinen der 1. Auflage dieses Buches unter dem Titel „Kontrollierte Wohnungslüftung" und der dritten Aktualisierung der Erstausgabe von [DIN 1946-6] vom September 1994 der Eindruck, dass die Lüftungstechnik im Wohnungsbau noch immer nicht komplett bei Bauherren und Planern angekommen ist. In vielen Neubauten, aber auch bei Gebäude-Modernisierungen, werden notwendige lüftungstechnische Maßnahmen im wahrsten Wortsinne weitgehend ausgespart. Vielen Planern erschien es auch nach Erscheinen der grundlegend überarbeiteten [DIN 1946-6] im Jahre 2009 ausreichend zu sein, dass das Gebäude und damit auch die Wohnung(en) Fenster haben und dass selbige für Lüftungszwecke bei Bedarf ja geöffnet werden könnten. Das ist sicher richtig und für viele bestehende, noch nicht energetisch modernisierte Gebäude auch heute noch zutreffend. Inzwischen werden auf dem Bausektor aus verschiedenen Gründen aber nicht nur die undichten Fenster, die im älteren Wohngebäudebestand Lüftungsaufgaben ‚gratis' mit übernommen haben bzw. immer noch übernehmen, sondern in zunehmendem Maße auch die gesamte Baukonstruktion entsprechend [GEG] wesentlich dichter ausgeführt als es bis zu ersten diesbezüglichen Regelungen in der Wärmeschutz- und Energieeinspar-Verordnung üblich war. Infolgedessen hätte über die Raumlüftung eigentlich schon seit Inkrafttreten der ersten Wärmeschutz-Verordnung [WSchV] breiter und gründlicher nachgedacht werden müssen (siehe dazu auch [HEINZ13]). Während dieser Prozess beim Fachmann überwiegend schon weit fortgeschritten ist, scheint bei vielen Architekten und den meisten Bauherren – Ausnahmen bestätigen auch hier die Regel – die Problematik nur in kleinen Schritten erkannt und die daraus folgende Notwendigkeit zur Planung und Ausführung entsprechender fachgerechter Lösungen nur sehr zögerlich anerkannt zu werden. Hinzu kommt, dass es das ausführende Gewerk Lüftungstechnik für Wohnbauten vielerorts nicht bzw. in nicht ausreichendem(r) Maße bzw. fachlicher Tiefe gibt. Die aus dem globalen und damit auch nationalen Energiesparzwang resultierende verbesserte Dichtheit der Gebäudehülle führte deshalb zu einem immer komplexer werdenden Planungs- und Ausführungsprozess von lüftungstechnischen Maßnahmen. Werden aber Planung und Ausführung einschließlich Inbetriebnahme, Übergabe und Instandhaltung von mehr oder minder fachfremden Firmen (mit) übernommen, hat das insgesamt zur Folge, dass ausgeführte Systemlösungen zur Wohnungslüftung hinsichtlich Zweckmäßigkeit und Energieeffizienz häufig noch einiges zu wünschen übrig lassen.

Im Folgenden soll versucht werden, mit Hinweisen und Empfehlungen die Qualität auf dem Sektor Wohnungslüftung weiter verbessern zu helfen. Dabei sollen aber nicht Details zur Auswahl von Ventilatoren und der zur Auslegung von Luftleitungsnetzen, die man in Normen und Hersteller-Unterlagen sowie in der Literatur, z. B. [VDI 2087, RSSch13/14, HdbKt08 und HdbKt10, Trog09, Ihle97 und Reinm96] schon in ausreichendem Maße findet, im Vordergrund stehen. Schwerpunkte sind vielmehr Hilfestellungen bei der Wahl der Systemlösung und bei der Vermeidung häufig anzutreffender Planungs- und Ausführungsfehler. Energetische Gesichtspunkte, die im Abschnitt 7 schon ausführlich behandelt worden sind, werden am Rande nochmals gestreift.

Zuerst wird auf rechtsverbindliche Regeln und im Weiteren auf aktuelle Normen und Richtlinien sowie nebenher auch auf Unvollkommenheiten und eventuell noch bestehende Widersprüche im gültigen Regelwerk hingewiesen.

9.2 Regelwerk

9.2.1 Rechtsverbindliche Regelungen

Beim Regelwerk wird unterschieden in die **„(Allgemein) Anerkannten Regeln der Technik (aaRdT)“** und in die **„Technischen Baubestimmungen“**.

Bzgl. der „AaRdT“ konnte 2020 in Wikipedia.org für Deutschland nachgelesen werden: *„Die (allgemein) anerkannten Regeln der Technik sind Technikklauseln für den Entwurf und die Ausführung von baulichen Anlagen oder technischen Objekten. Sie müssen nicht kodifiziert sein, sind es aber in der Regel …*

*Eine **Technikklausel** ist ein Verweis in Gesetzen, Vorschriften oder Verträgen, die einen Stand an Erkenntnissen von Wissenschaft und Technik widerspiegeln. Sie definieren sich unter anderem durch technische Normen und wissenschaftliche Veröffentlichungen.*

Es gibt im deutschen Sprachraum drei hauptsächliche Stufen:

- *Die* Anerkannten Regeln der Technik *sind die Regeln, die sich praktisch bewährt haben.*
- *Der* Stand der Technik *beschreibt technische Möglichkeiten zu einem bestimmten Zeitpunkt.*
- *Der* Stand von Wissenschaft und Technik *ist die dritte und höchste Stufe der Leistungsskala; damit werden technische Spitzenleistungen umschrieben, die wissenschaftlich gesichert sind.“*

Es ist davon auszugehen, dass die anerkannten Regeln der Technik einem nach neuestem Erkenntnisstand vorgebildeten Techniker bekannt sind und dass sie sich aufgrund fortdauernder praktischer Erfahrung bewährt haben.

Die anerkannten Regeln der Technik sind vom Stand der Technik (europäisch auch: "best available techniques") und dem Stand von Wissenschaft und Technik zu unterscheiden. Diese Begriffe beinhalten jeweils die neuesten verfügbaren Methoden, welche sich aber bislang weder durchgesetzt noch bewährt haben."

„*Zwischen den* allgemein anerkannten Regeln der Technik, *dem* Stand der Technik *und dem* Stand von Wissenschaft und Technik *besteht nach der Kalkar-Entscheidung des Bundesverfassungsgerichts ein Drei-Stufen-Verhältnis.*

- *Auf der untersten Stufe sind die anerkannten Regeln der Technik anzusiedeln, die allgemeinen anerkannt sein müssen und wegen dieses breiten fachlichen Konsens' erst relativ spät Neuerungen und technische Fortschritte aufgreifen.*
- *Dynamischer ist der Stand der Technik auf der zweiten Stufe, der auf eine solche Anerkennung verzichtet und deshalb technischen Neuerungen schneller zur Durchsetzung verhilft.*
- *Der Stand von Wissenschaft und Technik hingegen umfasst die neuesten technischen und wissenschaftlichen Erkenntnisse und wird nicht durch das gegenwärtig Realisierte und Machbare begrenzt. Er ist deshalb der höchste Standard, aber auch am schwierigsten zu ermitteln, da im Einzelfall der technische und wissenschaftliche Erkenntnisstand unter Entscheidung von Streitfragen präzisiert werden muss. Er dient zugleich dem bestmöglichen Grundrechtsschutz, ...*

Diese Dreiteilung der Technikstandards ist mittlerweile in der Rechtswissenschaft anerkannt. Eine Zwei-Stufentheorie, die zwischen den anerkannten Regeln der Technik und dem Stand der Technik nicht unterscheidet oder gar eine Einheitstheorie, die überhaupt keinen inhaltlichen Unterschied machen will, haben sich nicht durchgesetzt."

„Insbesondere für schriftlich niedergelegte technische Regelwerke besteht eine (durch Zeitablauf widerlegliche) Vermutung der allgemeinen Anerkennung und praktischen Bewährung. Dazu zählen in Deutschland insbesondere Normen des Deutschen Instituts für Normung e. V., ETB (einheitliche technische Baubestimmungen des Instituts für Bautechnik), VDI-Richtlinien, VDE-Vorschriften, DVGW-Richtlinien sowie Herstellervorschriften und -richtlinien.

Die allgemein anerkannten Regeln der Technik sind jedoch nicht identisch mit den DIN. Nach einer Entscheidung des Bundesgerichtshofs sind DIN-Normen private technische Regelungen mit Empfehlungscharakter und können deshalb die allgemein anerkannten Regeln der Technik nicht verbindlich bestimmen. Sie können diese zwar wiedergeben, aber auch dahinter zurückbleiben."

Nach [DIN EN 45020] werden die „anerkannten Regeln der Technik“ wie folgt definiert:

„1.5 ... technische Festlegung, die von einer Mehrheit repräsentativer Fachleute als Wiedergabe des Standes der Technik angesehen wird.

Anmerkung: Ein normatives Dokument zu einem technischen Gegenstand wird zum Zeitpunkt seiner Annahme als der Ausdruck einer anerkannten Regel der Technik anzusehen sein, wenn es in Zusammenarbeit der betroffenen Interessen durch Umfrage- und Konsensverfahren erzielt wurde.“

„3.2.1 Für die Öffentlichkeit zugängliche Normen

Anmerkung: Dank ihres Status als Normen, ihrer öffentlichen Zugänglichkeit und ihrer Änderung oder Überarbeitung, soweit dies nötig ist, um mit dem Stand der Technik Schritt zu halten, besteht die Vermutung, dass internationale, regionale, nationale oder Provinznormen ... anerkannte Regeln der Technik sind.“

An anderer Stelle [Bahke07] heißt es dazu:

*„Bereits im Jahre 1910 hat das Reichsgericht den unbestimmten Rechtsbegriff der allgemein anerkannten Regeln der Technik dahingehend definiert, dass es sich hierbei um Technische Regeln handelt, die in Theorie und Praxis allgemein als richtig anerkannt sind und deswegen auch allgemein angewendet werden. Diese Definition ist auch heute noch gültig. Neben dem Begriff ‚**allgemein anerkannte Regeln der Technik**‘ sind noch zwei ähnliche unbestimmte Rechtsbegriffe gebräuchlich, nämlich der ‚Stand der Technik‘ und der ‚Stand von Wissenschaft und Technik‘.*

Der Gemeinschaftsausschuss der Technik gibt dafür die folgenden Begriffsbestimmungen:

***Stand der Technik** ist der zu einem bestimmten Zeitpunkt erreichte Stand technischer Einrichtungen, Erzeugnisse, Methoden und Verfahren, die sich nach Meinung der Mehrheit der Fachleute in der Praxis bewährt haben oder deren Eignung für die Praxis von der Mehrheit der Fachleute als nachgewiesen angesehen wird.*

*Eine **anerkannte Regel der Technik** ist eine Technische Regel, die von der Mehrheit der Fachleute als eine zutreffende Beschreibung des Standes der Technik zum Zeitpunkt ihrer Veröffentlichung angesehen wird.“*

Beachtenswert ist aber auch folgender Beitrag aus juristischer Sicht, der die zusätzliche Erfordernis eines „ausreichend langen Bewährungs-Zeitraums“ mit ins Spiel bringt (s. auch [Heinz14/15]):

„(Allgemein) anerkannte Regeln der Technik sind Regeln, die sowohl die Voraussetzungen für ‚Stand der Wissenschaft und Technik' als auch ‚Stand der Technik' erfüllen und sich zudem über einen ausreichend langen Zeitraum bewährt haben. Dabei ist zu beachten, dass als die wichtigste Eigenschaft der anerkannten Regeln der Technik ihre lange Bewährung gilt, wobei es keinen festgelegten Zeitraum gibt, der für die Erfüllung dieser Langzeitbewährung notwendig ist" (http://www.juraforum.de/lexikon/regeln-der-technik – September 2014).

Für **Richtlinien**, die z. B. von Ingenieur-Verbänden oder auch gemäß Art. 100 a **EG-Vertrag** als sogenannte **Harmonisierungs-Richtlinien** erarbeitet und erlassen werden, gilt Folgendes:

Die **Harmonisierungs-Richtlinien** können ebenso wie die **Regeln der Technik** durch Einführungserlass der obersten Bauaufsichtsbehörde zur **„Technischen Baubestimmung"** erhoben [MBO] bzw. in nationales Recht umgesetzt werden, wodurch sie Rechtsverbindlichkeit erlangen [Cyris96]. Basis des sogenannten Bauaufsichtsrechts sind die Bauordnungen der Bundesländer. Diese wiederum werden auf der Grundlage der bzgl. anlagentechnischer Fragen 2016 zuletzt geänderten **Musterbauordnung** [MBO] von den Ländern in unveränderter oder modifizierter Form als Rechtsvorschrift erlassen.

Die lüftungsrelevanten Festlegungen enthalten in § 37 „Notwendige Treppenräume, Ausgänge", § 40 „Leitungsanlagen, Installationsschächte und -kanäle", und § 41 „Lüftungsanlagen", betreffen vor allem brandschutztechnische Belange von Lüftungsanlagen, Luftleitungsnetzen und Installationsbereichen. Nach § 41 müssen Lüftungsanlagen außerdem *„betriebssicher sein"* und sind *„so herzustellen, dass sie Gerüche und Staub nicht in andere Räume übertragen"*. Nach § 42 „Feuerungsanlagen ..." müssen auch *„Feuerstätten und Abgasanlagen (Feuerungsanlagen) betriebs- und brandsicher sein"* und nach § 48 „Wohnungen" *„sind fensterlose Küchen oder Kochnischen zulässig, wenn eine wirksame Lüftung gewährleistet ist"*.

In § 17 bis § 24 sind darüber hinaus Festlegungen für die Verwendung von Bauprodukten enthalten. Zu diesen gehören auch Anlagen, Geräte und Komponenten für die Lüftung. Zuständige Dienststelle für die Bekanntmachung von technischen Regeln, die als „Technische Baubestimmungen" gelten, für die Erteilung von **„allgemeinen bauaufsichtlichen Zulassungen"** für nicht geregelte Bauprodukte (siehe z. B. in [Oster97]) sowie für alle damit in Verbindung stehenden Vorgänge und Regelungen ist das **Deutsche Institut für Bautechnik (DIBt)** in Berlin. Dieses handelt im Einvernehmen mit der Obersten Bauaufsichtsbehörde.

Weitere für die Wohnungslüftung wichtige technische Regeln sind in der „Bauaufsichtlichen Richtlinie über die Lüftung fensterloser Küchen, Bäder und Toilettenräume in Wohnungen“ [BRLüft] und in der „Muster-Lüftungsanlagen-Richtlinie“ [M-LüAR] sowie in der Muster-Feuerungsverordnung [MFeuV] enthalten. Sie alle liegen ebenso wie die Bauordnung als Muster vor und werden erst nach entsprechender Einführung durch die Bundesländer rechtsverbindlich.

Die Technischen Regeln für Gasinstallation [TRGI] im DVGW-Regelwerk Gasinstallation fungieren hierbei als fachliche Untersetzung von Bauordnung einschließlich Feuerungsverordnung. Die „Technischen Regeln für Gefahrstoffe [TRGS]“ geben darüber hinaus Auskunft über Grenzwerte von Gefahrstoffen einschließlich Staub im Aufenthaltsbereich von Menschen.

9.2.2 Normen und Richtlinien

Die weiteren die Planung der Wohnungslüftung unmittelbar bzw. mittelbar betreffenden (anerkannten) Regeln der Technik sind mit dem bei Redaktionsschluss aktuellen Ausgabedatum im Abschnitt „Technische Regelwerke und Rechtsvorschriften“ aufgelistet. Das betrifft auch in Arbeit befindliche sowie einige zurückgezogene DIN- und DIN EN-Normen und nationale Richtlinien.

9.3 Planung

9.3.1 Vorbemerkung

Die nachfolgenden Ausführungen enthalten neben den „Regel der Technik“-Verweisen auch Empfehlungen zu deren fachgerechter Umsetzung sowie Antworten auf damit verbundene häufiger auftretende Fragen und Probleme.

9.3.2 Wahl des Lüftungssystems

Bis 2009 gab es für den Planer keine konkrete regelbasierte Veranlassung, neu zu bauende oder zu modernisierende Wohnungen dahin gehend zu prüfen, ob auch lüftungstechnische Maßnahmen (LtM) zu treffen sind. Erst seit Veröffentlichung der erstmals 2009 vollständig neu bearbeiteten [DIN 1946-6] existiert eine entsprechende Empfehlung. In Bild 9.1 und Bild 9.2 wird dargestellt, welche Auswirkungen die veränderte (verbesserte) Luftdichtheit der Gebäude auf die ‚Selbstlüftung‘ von Wohnungen in windschwacher und windstarker Lage hat. In beiden Bildern wird in Abhängigkeit von der Wohnungsgröße grafisch dargestellt, ob lüftungstechnische Maßnahmen (LtM) nach [DIN 1946-6] geplant werden müssen, oder ob die Infiltration über die vorhandene Undichtheit der Gebäudehülle allein schon ausreichend ist.

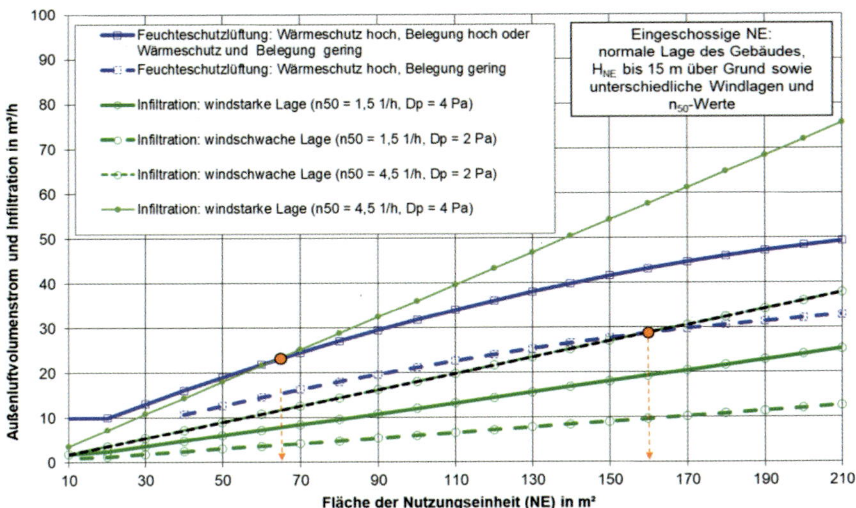

Bild 9.1: Außenluftvolumenstrom durch Luft-In und -Exfiltration und Sollwerte für die Lüftung zum Feuchteschutz in Abhängigkeit von der Größe von **eingeschossigen** NE, unterhalb derer bei Querlüftung Fensteröffnen bzw. LtM notwendig sind

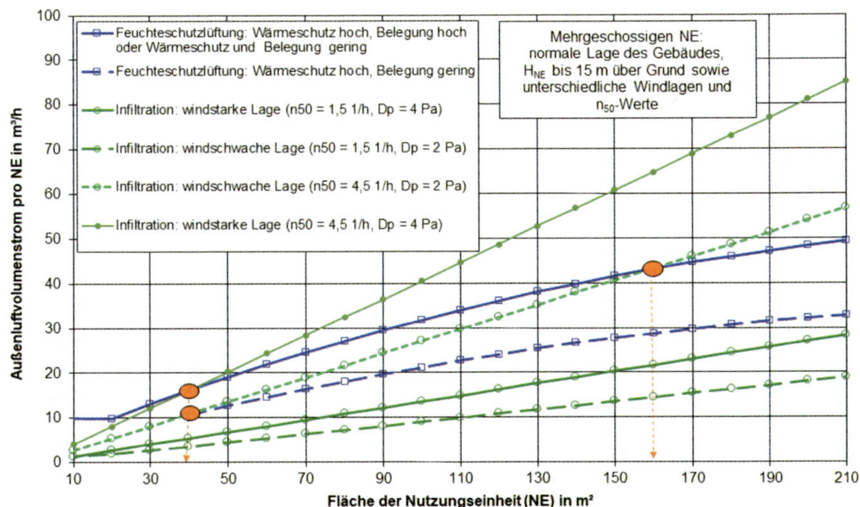

Bild 9.2: Außenluftvolumenstrom durch Luft-In- und -Exfiltration und Sollwerte für die Lüftung zum Feuchteschutz in Abhängigkeit von der Größe von **mehrgeschossigen** NE, unterhalb derer bei Querlüftung Fensteröffnen bzw. LtM notwendig sind

Liegen die Geraden für die Luft-In- und -Exfiltration unterhalb der Kurven für den Außenluftbedarf für den Feuchteschutz, sind nach [DIN 1946-6] LtM erforderlich. Die Schnittpunkte der Geraden mit den Kurven in den beiden Bildern markieren dabei jeweils das Ende der Flächen, unterhalb derer LtM notwendig sind. Für die darüber liegenden Flächen wäre dies aus Feuchteschutzgründen nicht erforderlich.

Die Geraden in Bild 9.1 und Bild 9.2 zeigen, dass in ein- und mehrgeschossigen NE von gut gedämmten Gebäuden mit einer Dichtheit von $n_{50} \leq 1{,}5\ h^{-1}$ bei freier (Quer-)Lüftung die nach [DIN 1946-6] anzustrebenden Mindestwerte des Außenluftvolumenstroms nicht erreicht werden können. Lediglich in relativ undichten Gebäuden mit n_{50}-Werten $\geq 4{,}5\ h^{-1}$ entstehen Schnittpunkte bei 56 und 160 m^2 für eingeschossige Gebäude und bei 40 und ebenfalls 160 m^2 für mehrgeschossige Gebäude.

Fazit:

In allen, vor allem aber in neu zu errichtenden Gebäuden mit hoher Luftdichtheit ($n_{50} \leq 1{,}5\ h^{-1}$) ist zusätzliche Lüftungsunterstützung durch LtM oder adäquates Fensteröffnen erforderlich, wenn das Risiko für das Auftreten von Feuchteschäden minimiert oder ausgeschlossen werden soll. Nur NE in relativ undichten (Bestands-)Gebäuden mit $n_{50} > 4{,}5\ h^{-1}$ sowie in besonders windexponierten Lagen können für die Sicherung des Feuchteschutzes im Mittel ohne LtM auskommen.

Grundsätzlich kann zwar in jedem Raum einer NE bzw. eines EFH die notwendige Lüftung durch hinreichend häufiges Öffnen der (des) Fenster(s) gesichert werden (siehe Unterabschnitt 6.2). Verlässt sich der Planer jedoch nur auf die diesbezügliche Mitwirkung des Nutzers, verbindet sich damit die Inkaufnahme eines höheren Risikos, dass entweder zu wenig oder zu viel gelüftet wird und infolgedessen zu geringe oder zu hohe Außenluftvolumenströme realisiert werden. Im ersten Falle muss mit dem Auftreten der in Abschnitt 1 beschriebenen Probleme und im zweiten mit einem (auch und vor allem nach [GEG] unerwünschten und auch unnötigen Energiemehrverbrauch gerechnet werden [Heinz14/15].

Der **Nutzer** selbst bemerkt Probleme, die auf unzureichende Lüftung zurückzuführen sind meist erst durch das Auftreten von Feuchtesymptomen in Form von Feuchte- oder Stockflecken bzw. Schimmelpilzbefall. Dabei dürfte es ihm in den seltensten Fällen möglich sein, objektiv fundierte Rückschlüsse auf die Ursache(n) zu ziehen. Unzufriedenheiten reduzieren sich daher vorwiegend auf das unmittelbar Sichtbare. Der (durch Feuchtigkeit hervorgerufene) Bauwerksschaden bzw. die unterschiedlichsten (durch erhöhte Schadstoff- bzw.

Sporen-Konzentrationen) verursachten Krankheitsanzeichen werden in der Regel nicht oder nur sehr selten als Lüftungsmangel erkannt und reklamiert.

Um solcherart ‚Unvollkommenheiten' des Nutzers weitestgehend kompensieren zu können, wird in der deutschen Normung mit [DIN 1946-6] ab 2009 versucht, eine sowohl Entscheidungs- als auch Planungsgrundlage für eine nutzerunabhängige Sicherstellung des jeweils mindestens erforderlichen Außenluftvolumenstromes zu schaffen. Das Ergebnis war die Einführung eines sogenannten Lüftungskonzeptes zur Festlegung von **lüftungstechnischen Maßnahmen** (**LtM**) in Nutzungseinheiten:

„*... Für zu modernisierende Gebäude mit lüftungstechnisch relevanten Änderungen oder für neu zu errichtende Gebäude ist... ein Lüftungskonzept zu erstellen. Das* ***Lüftungskonzept*** *umfasst die Feststellung der Notwendigkeit von lüftungstechnischen Maßnahmen, einen Vorschlag für ein nutzerunabhängig wirksames Lüftungssystem sowie die Festlegung der ggf. notwendigen weiteren nutzerunabhängigen Lüftungsmaßnahmen. Dabei sind bauphysikalische, lüftungs- und gebäudetechnische Erfordernisse sowie auch Anforderungen der* ***Hygiene*** *zu beachten. Ziel ist mindestens die Sicherstellung des* ***Bautenschutzes*** *(Schimmelpilzvermeidung) durch nutzerunabhängige Einhaltung der Lüftung zum Feuchteschutz unter üblichen Nutzungsbedingungen (teilweise reduzierte Feuchtelasten) sowie die Bereitstellung von gesundheitserhaltender Atemluft.*“.

Als Entscheidungshilfe stehen im normativen Anhang A von [DIN 1946-6] „Ablaufschema Lüftungskonzept“ entsprechende Ablaufschemata (Bild 9.3 und Bild 9.6) zur Verfügung.

Bei der Erstellung des Lüftungskonzeptes sollte nach dem normativen Anhang A, Tabellen A.1 und A.2 „Arbeitsschritte im Lüftungskonzept...“ in [DIN 1946-6] wie folgt vorgegangen werden:

Nach Feststellung aller relevanten Gebäude- und Wohnungsdaten ist zunächst zu prüfen, ob Planung und Ausführung lüftungstechnischer Maßnahmen (LtM) zwingend erforderlich sind.

Besitzt eine Wohnung (bzw. NE) fensterlose Räume, ist für Letztere eine Planung nach [DIN 18017-3] durchzuführen. In [DIN 1946-6], 4.2.1 (2), wird dazu analog festgelegt: *„Werden für besondere Räume je Nutzungseinheit aus anderen Gründen dauernd wirksame Abluftvolumenströme gefordert, z. B. für die Lüftung von fensterlosen Räumen nach DIN 18017-3, kann dies als lüftungstechnische Maßnahme ausreichend sein, wenn der Luftvolumenstrom zum Feuchtschutz* (für die gesamte NE) *erreicht wird und alle Räume der Nutzungseinheit hinreichend durchströmt werden.“*

[DIN 18017-3] wurde dafür wiederum an die aktuelle [DIN 1946-6] angeglichen. Es wäre (aus Sicht des Autors) jedoch wünschenswert gewesen, DIN 18017-3, wie im Juni 2005 im Normativen Anhang B des Entwurf von DIN 1946-6 vorgeschlagen, komplett in diese Norm zu integrieren. Das hätte nicht nur die Arbeit für den Planer vereinfacht, sondern auch geholfen, auftretende Fragen bzw. Widersprüche und Schnittstellenprobleme bei Anwendung der Norm(en) zu vermeiden. Diese können z. B. auftreten, wenn sich Planer bzw. Bauherr auf die Frage im Ablaufschema (Bild 9.3) „Weitere (lüftungstechnische) Anforderungen an Nutzungseinheit?“ für *„nein“* entscheiden. [DIN 1946-6] legt diesbezüglich in 4.1 (5) zusätzlich fest: *„Das Lüftungskonzept ist unter Beachtung der lüftungstechnischen Situation der gesamten Nutzungseinheit zu erstellen, weil jede lüftungstechnische Maßnahme in einer Nutzungseinheit immer auch Auswirkungen auf alle anderen Räume der Nutzungseinheit haben kann. Das gilt auch, wenn nur einzelne, z. B. fensterlose Räume, mit einem ventilatorgestützten Lüftungssystem gelüftet werden sollen. ...“*

Werden nach [DIN 18017-3] neben der ventilatorgestützten Lüftung der fensterlosen Sanitärräume für die Wohnung keine weiteren lüftungstechnischen Maßnahmen getroffen, kann das in nach [GEG] luftdichten Gebäuden eine unzureichende Lüftung der restlichen Räume mit dem möglichen Risiko für das Auftreten der im Unterabschnitt 1.3.3 aufgezeigten Feuchte- bzw. Schimmelpilz-Probleme zur Folge haben. Dieses Risiko kann sich noch vergrößern, wenn die ‚Entlüftungsanlage‘ (Abluftanlage) nach [DIN 18017-3], Kategorie R-PD, Tabelle 2 c, in der Betriebsweise *„Der Abluftvolumenstrom darf in Zeiten geringen Luftbedarfs auf 0 m³/h (Schaltstufe: Ventilator aus) reduziert werden, ...“* geplant und ausgeführt wird (siehe Unterabschnitt 7.3.5). Bei einer nach [Heinz94/95] im Mittel zu erwartenden Betriebsdauer einer nutzerabhängig schaltbaren Abluftanlage von ≤ 2½ Stunden pro Tag bei angenommenem durchschnittlich dreifachen Ein- und Ausschalten wird nur ein mittlerer stündlicher Luftvolumenstrom von $q_{v,Ab} \approx 8\ m^3/(h \cdot R)$ erreicht $((60\ m^3/h \cdot 2{,}5\ h/d + 3/d \cdot 15\ m^3)/24\ h = 8{,}1\ m^3/h)$.

Für eine mittelgroße Wohnung von ca. 70 m^2 sind nach [DIN 1946-6], Tabelle 7, für die niedrigste Betriebsstufe (Lüftung zum Feuchteschutz bei guter Wärmedämmung) abhängig von der Belegungsdichte vergleichsweise mindestens 15 bis 35 $m^3/(h \cdot NE)$, für Reduzierte Lüftung 55 $m^3/(h \cdot NE)$ und für Nennlüftung sogar 80 $m^3/(h \cdot NE)$ anzusetzen.

Den nach [DIN 1946-6] für Nutzungseinheiten (NE) hygienisch notwendigen Gesamt-Außenluftvolumenstrom erreichen die nach [DIN 18017-3] geforderten (Entlüftungs-) Luftvolumenströme eingeschränkt nur für sehr kleine NE.

Da in den meisten Fällen größere (Außen-)Luftvolumenströme erforderlich sind, ist es ratsam, die Notwendigkeit einer erweiterten Planung und Ausführung nach [DIN 1946-6] zu prüfen (siehe dazu auch im Unterabschnitt 9.3.3 die Ausführungen zu „Zusammenspiel von [DIN 18017-3] und [DIN 1946-6]“).

Soll in kleineren Nutzungseinheiten (NE) mit fensterlosem Bad-/WC-Raum trotzdem nur die nach [DIN 18017-3] vorhandene *‚Entlüftungsanlage‘* als Abluftanlage betrieben werden, kann das außerdem zur Folge haben, dass Küchenluft über den Wohnbereich in Richtung Bad-/WC-Raum und/oder separatem WC strömt (betrifft auch NE mit in der Küche temporär nicht eingeschaltetem Einzelventilator). Das führt nicht nur zu unerwünschten Geruchsbelästigungen, sondern auch zu einer höheren direkten Feuchtebelastung der gesamten NE.

Es ist deshalb für den Planer empfehlenswert, dem im Ablaufschema (Bild 9.3, Abschnitt 4, linke Seite), folgenden „Nein“-Pfad auf die Frage: „Notwendigkeit lüftungstechnischer Maßnahmen?“ bis zur Alternative „keine Festlegung von lüftungstechnischer Maßnahmen für Nutzungseinheiten“ nur dann bedingungslos zu folgen, wenn gesichert ist, dass die Mindestanforderungen an den nutzerunabhängig zu realisierenden Außenluftvolumenstrom nach [DIN 1946-6], Abschnitt 6, sicher erfüllt werden können. Das ist aber bei einem ventilatorgestützten Lüftungssystem, das nur den Bad-/WC-Bereich und diesen u. U. auch noch mittels abschaltbarer Lüftungstechnik nutzerabhängig ver- und entsorgt, nur bedingt bzw. nur in den Fällen möglich, in denen es sich um genügend kleine NE handelt und/oder noch hinreichend große Gebäude-Undichtheiten vorhanden sind. Nur unter diesen Bedingungen könnte und dürfte auf (weitere) LtM für die gesamte (bzw. hier restliche) NE u. U. verzichtet werden. Normgemäß heißt das bzgl. der Luftdichtheit der Gebäudehülle, dass der im Heizperiodenmittel zu erwartende wirksame In- und Exfiltrations-Luftvolumenstrom $q_{v,Inf,wirk}$ größer ist als der notwendige Außenluftvolumenstrom zum Feuchteschutz $q_{v,ges,NE,FL}$:

$$q_{v,Inf,wirk} \; (\equiv q_{v,Inf,Konzept}) > q_{v,ges,NE,FL} \tag{9.1}$$

Aber auch für den Fall, dass der Feuchteschutz allein schon durch Luft-In- und -Exfiltration gewährleistet werden könnte (in vielen NE von Gebäuden mit $n_{50} > 4{,}5\ h^{-1}$), müssen für die Sicherstellung von *„besonderen Erfordernissen“* bzw. Anforderungen an Hygiene, Energieeffizienz, Schallschutz, Komfort oder Nutzerwunsch mindestens LtM einer im Heizperiodenmittel ausreichenden **Freien Lüftung** ergriffen werden.

Die in jedem Falle größeren notwendigen Außenluftmengen für die Sicherstellung hygienischer und damit aller Gesundheitsbelange müssten dabei über zusätzliches Öffnen von Fenstern realisiert werden. Besondere Anforderungen an den Schallschutz und an die Energieeffizienz der Außenluftzuführung können damit jedoch kaum oder gar nicht erfüllt werden. An lärmexponierten Standorten (z. B. an verkehrsreichen Straßen, in der Nähe von Bahnlinien und in Einflugschneisen von Flughäfen) dürfte eine solche Form der nutzerabhängigen freien Lüftung deshalb weitestgehend ausscheiden.

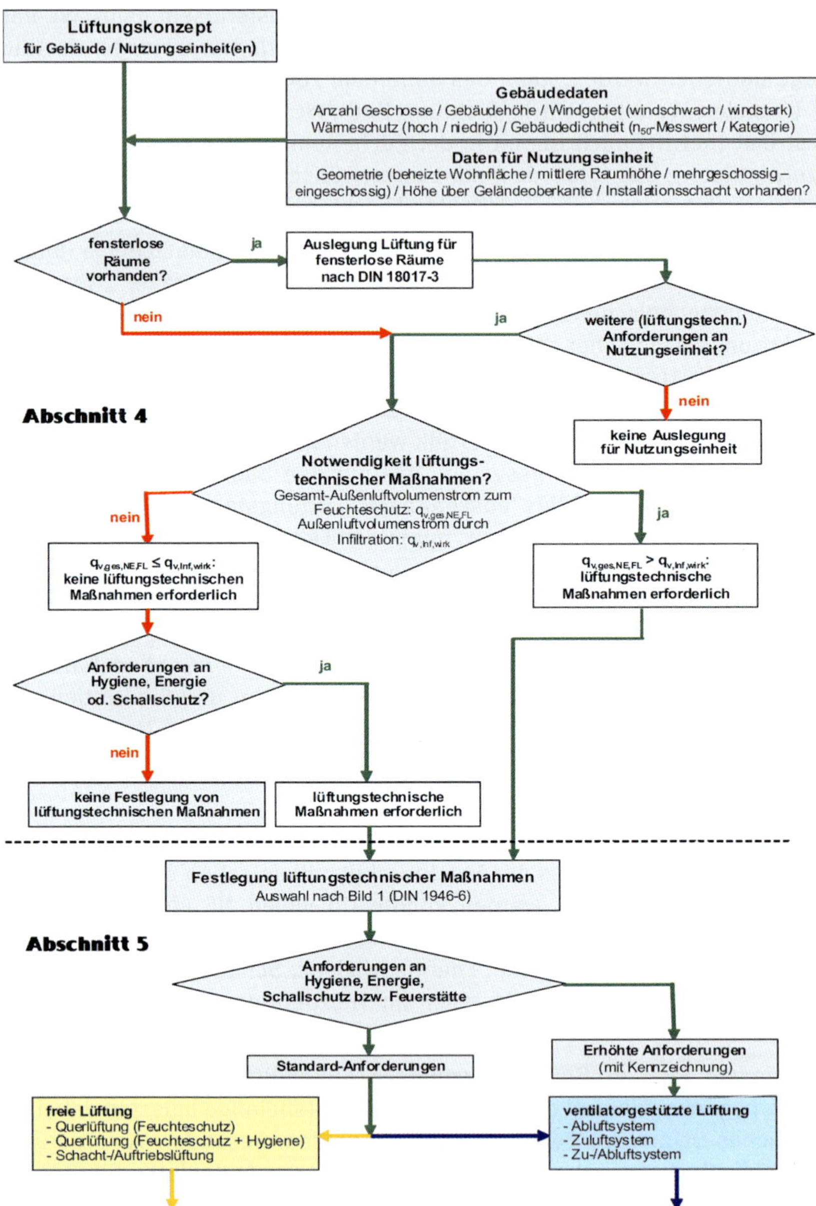

Bild 9.3: Lüftungskonzept nach [DIN 1946-6], Teil 1: Ablaufschema zur Festlegung von lüftungstechnischen Maßnahmen

„Erhöhte Anforderungen“ nach [DIN 1946-6] bedingen aus diesem Grunde zwingend den Einsatz ventilatorgestützter Lüftung (Bild 9.3, Abschnitt 5), weil nur mittels spezieller Anlagen- bzw. Gerätetechnik hinreichend große Luftvolumenströme dauernd bzw. entsprechend dem jeweiligen Bedarf gesichert werden können.

Wird vom Planer einer Anlage nach [DIN 18017-3] auf (weitere) LtM des Restes der Räume verzichtet, wird die Verantwortung für deren ausreichende und gleichzeitig energieeffiziente Lüftung komplett auf den Nutzer übertragen. Dessen einziges Hilfsmittel ist dafür das Fenster. Neben den im Unterabschnitt 3.2.1 dargestellten Einflussfaktoren auf die freie Lüftung über geöffnete Fenster spielt aber auch das unterschiedliche und in keinem Falle planbare Nutzerverhalten eine wesentliche Rolle hinsichtlich Wirksamkeit und energetischer Effizienz der Lüftung über geöffnete Fenster. Welche einzelnen Faktoren auf Letztere Einfluss nehmen, zeigt in Abhängigkeit von der Witterung bzw. dem Klima, von den jeweiligen Lebensbedingungen sowie den örtlichen Gegebenheiten Tabelle 6.3 (nach [DIN-FB 4108-8]).

Bei der Entscheidung über die Systemwahl zur Sicherung der mindestens erforderlichen Lüftung erscheint es trotzdem immer noch sinnvoll zu sein, von folgenden zwei Lüftungsstrategien auszugehen:

- **LtM** (1): Die Lüftung muss bei geschlossenen Fenstern, d. h. überwiegend nutzerunabhängig durch lüftungstechnische Maßnahmen (**LtM**) gesichert oder
- **NuL** (2): die Lüftung kann überwiegend in Form eines hinreichend intensiven Öffnens der Fenster durch den Nutzer (Nutzerlüftung – **NuL**) sichergestellt werden.

Unter Zugrundelegung des vorhandenen Erfahrungsstandes können mit hoher Treffsicherheit viele Miet-Wohnungen in Industrie- und Ballungszentren, die meisten teilmodernisierten (z. B. nach Fensterwechsel ohne Anpassung der lüftungstechnischen Maßnahmen und der Wärmedämmung der betroffenen Gebäude bzw. NE) sowie beinahe alle Wohnungen und EFH an lärmexponierten Standorten der Lüftungsstrategie **LtM** zugeordnet werden. Wie viele NE davon betroffen sein können, zeigt folgendes Beispiel: In der vermeintlich ‚ruhigen‘ Schweiz sind allein schon 28 % aller Wohnungen nachts mehr als 50 dB(A) ausgesetzt [AFJEI99]. Dieser Pegelbereich dürfte jedoch die Bereitschaft der Nutzer, die Fenster zu öffnen, sehr stark einschränken.

Darüber hinaus fallen aber auch Wohnungen, die nicht im Besitz der Nutzer sind und in denen sie zwar ständig leben, sich aber nur zum geringeren Teil des

Tages aufhalten, mangels Zeit für regelmäßiges Lüften vorwiegend unter die Lüftungsstrategie **LtM**.

Sollen in all diesen Wohnungen Risiken von vornherein vermieden werden, bedarf es entsprechender lüftungstechnischer Maßnahmen. Die Installation von Lüftungsanlagen bzw.-geräten ist dabei die sicherere Variante gegenüber der Ausrüstung mit lüftungstechnischen Einrichtungen zur freien Lüftung.

Der Lüftungsstrategie **NuL** können alle im Besitz der Nutzer befindlichen EFH und Wohnungen in nicht besonders windexponierter und ruhiger Stadt- bzw. Stadtrand- sowie in ländlicher Lage zugeordnet werden, für die die Merkmale der Wohnungen nach Lüftungsstrategie **LtM** nicht zutreffend sind. Für sie ist freie Lüftung ohne zusätzliche lüftungstechnische Maßnahmen aber auch nur dann ausreichend, wenn der Nutzer auch über Tag überwiegend anwesend ist.

Aber **Achtung:**

Mit freier Lüftung über das Öffnen der Fenster nach Lüftungsstrategie **NuL** können zwar lüftungsbedingte Risiken vermieden werden, eine Gewähr für Energieeffizienz bietet sie jedoch nicht. Im Gegenteil: Wegen der unzähligen Einflussfaktoren auf die Lüftungsintensität kann niemand einem betroffenen Nutzer hinreichend genau sagen, wie oft und wie lange er jeden Raum täglich lüften müsste, um alle Anforderungen an die Lüftung bei gleichzeitig minimalem Energiebedarf erfüllen zu können. Aus diesem Grunde müsste eigentlich immer mehr als unbedingt notwendig gelüftet werden, um Risiken mit Sicherheit ausschließen zu können. Die bessere Lösung ist deshalb in fast allen Fällen, LtM zu planen und so auszuführen, dass eine weitestgehende nutzerunabhängige Lüftung realisiert werden kann.

Lüftungsanlagen bzw. -geräte oder in geeigneten bzw. zulässigen Fällen auch Hybrid-Lüftungssysteme sollten bevorzugt bzw. müssen sogar unabhängig von der gewählten Lüftungsstrategie eingesetzt werden, wenn eine der nachfolgend aufgeführten Randbedingungen zutrifft bzw. überwiegend zutreffend ist:

- Vorhandensein fensterloser Küchen bzw. Bad-/WC-Räume;
- fehlende Möglichkeit der Querlüftung infolge Orientierung der Wohnung nach nur einer Gebäudeseite (Typ E nach Unterabschnitt 3.2.2);
- hohe Dichtheit der Gebäudehülle bei unzureichenden oder fehlenden Gebäudehüllen-Luftdurchlässen (GLD/ALD), u. a. daran erkennbar, dass die n_{50}-Kenngröße bei Messung mit nicht abgedichteten GLD/ALD wesentlich kleiner als 3 h^{-1} ist (siehe Unterabschnitt 5.3.2 sowie Bild 9.1 und Bild 9.2), z. B. in neuen oder modernisierten NE von kompakt errichteten MFH [Reich98], aber auch in auf Luftdichtheit geprüften EFH;

- Gebäude, die höher als ca. 30 m sind (und mehr als 10 Geschosse besitzen) oder die Umgebungsbebauung deutlich überragen, sowie Gebäude in besonders windexponierter Lage (Gebäudeumfeld mit geringer Oberflächen-Rauigkeit nach Unterabschnitt 5.2);
- überdurchschnittlich hohe Feuchtefreisetzung infolge fehlender Möglichkeit, die Wäsche während der Heizperiode außerhalb der Wohnung bzw. in einem Trockner zu trocknen, der die der Wäsche entzogene Feuchtigkeit sicher nach draußen transportiert;
- zusätzliche Feuchtefreisetzung infolge Gasverbrennung für die Speisenzubereitung (Gasherd bzw. Gaskocher) bzw.
- überdurchschnittlich hohe Belegungsdichte, dadurch gekennzeichnet, dass in der NE je Person weniger als ca. 20 m^2 beheizter Nutzfläche zur Verfügung stehen.

In Tabelle 9.1 sind die relevanten Einflussfaktoren und die sich daraus ableitenden Empfehlungen zur Systemwahl (ergänzend zur Auswahl eines Lüftungskonzeptes nach [DIN 1946-6]) zusammengefasst worden. Wenn damit gerechnet werden kann, dass der Nutzer regelmäßig in ausreichendem Maße lüftet (Lüftungsstrategie NuL), sind unter Beachtung des o. a. Hinweises zur Energieeffizienz der Fensterlüftung Lüftungsanlagen bzw. -geräte nicht unbedingt erforderlich. Ihre Installation ist trotzdem empfehlenswert, wenn das Lüftungsverhalten nicht sicher genug vorhersehbar oder hinreichendes Fensteröffnen nicht (schriftlich) vereinbart worden ist bzw. wenn Wert auf einen energieeffizienten Lüftungsbetrieb gelegt wird.

Unter Berücksichtigung des Kostenaufwands für Anschaffung und Installation der Anlagentechnik besitzen neben Systemen, die die Wärmerückgewinnung nutzen können, auch reine Abluftsysteme mit sensorgesteuerter Bedarfslüftung nicht nur unter den gegenwärtigen Einsatzbedingungen (Referenzsystem nach [EnEV2014]; nach [GEG] auch: *„Zentrale Abluftanlage, nicht bedarfsgeführt mit geregeltem DC-Ventilator“*), sondern auch in Zukunft noch reale Einsatzchancen. Dafür sprechen nicht nur der am tatsächlichen Bedarf ausgerichtete und deshalb häufig relativ geringe Energiebedarf, sondern auch die bedarfsabhängig gesicherte Zuführung von Außenluft in jeden Zuluftraum.

Zu den gebräuchlichen, im Abschnitt 3 beschriebenen Lüftungssystemen werden im Folgenden weitere Hinweise gegeben, die die Auswahl der jeweils geeigneten Systemlösung(en) erleichtern sollen.

Tabelle 9.1: Empfehlungen für die Wahl des Lüftungssystems in nahezu luftdichten Gebäuden in Abhängigkeit relevanter Einflussfaktoren bei überwiegend geschlossenen Fenstern

√ geeignet (√) bedingt geeignet – nicht empfehlenswert bzw. zulässig			freie Lüftung als ...		Hybrid-Lüftung	Lüftungsanlage bzw. -gerät	
			Quer-Lüftung	Schacht-Lüftung		Abluft	Zu-/Abluft
NE in Mehrfamilienhäusern	fensterlose Küche bzw. Bad-/WC-Räume		–	–	–	√	√
	NE nach nur einer Gebäudeseite orientiert		–	(√)	√	√	√
	Luftdurchlässigkeit der Gebäudehülle als Luftwechsel n_{50} bei $\Delta p = 50$ Pa und bei GLD/ALD ‚offen'	$n_{50} < 1\ h^{-1}$	–	–	–	–	√
		$1\ h^{-1} \leq n_{50} \leq 3\ h^{-1}$	–	(√)	√	√	(√)
		$3\ h^{-1} < n_{50} \leq 4{,}5\ h^{-1}$	(√)	√	√	(√)	–
		$n_{50} > 4{,}5\ h^{-1}$	√	√	√	(√)	–
	Gas für Speisenzubereitung		–	√	√	√	√
	Wäschetrocknen vorzugsweise in der NE		–	(√)	√	√	√
	überdurchschnittliche Belegungsdichte		–	(√)	(√)	√	√
	Gebäudehöhe ca.	≤ 30 m	√	√	√	√	√
		> 30 m	√	√	√	√	√
NE in Einfamilienhäusern	fensterlose Küche bzw. Bad-/WC-Räume		–	√	√	√	√
	Luftdurchlässigkeit der Gebäudehülle als Luftwechsel n_{50} bei $\Delta p = 50$ Pa und bei GLD/ALD ‚offen'	$n_{50} < 1\ h^{-1}$	–	–	(√)	(√)	√
		$1\ h^{-1} \leq n_{50} \leq 3\ h^{-1}$	(√)	(√)	√	√	(√)
		$3\ h^{-1} < n_{50} \leq 4{,}5\ h^{-1}$	√	√	√	√	–
		$n_{50} > 4{,}5\ h^{-1}$	√	√	(√)	(√)	–
	Gas für Speisenzubereitung		–	√	√	√	√
	Wäschetrocknen vorzugsweise in der NE		(√)	√	√	√	√

Die jeweilige Systemlösung kann nur dann uneingeschränkt eingesetzt werden, wenn keiner der relevanten Faktoren dagegenspricht. Eine „bedingte Eignung" liegt dann vor, wenn unter bestimmten Bedingungen die Minimallüftung nicht gewährleistet ist, z. B. bei Windstille bzw. Temperaturgleichheit zwischen dem Raum und außen bei freier Lüftung. „Lüftungsanlage bzw. -gerät" kann auch sensorgesteuerte Bedarfslüftung bedeuten. Bei Zu-/Abluftanlagen wird generell von integrierter Wärmerückgewinnung ausgegangen.

Freie Lüftung

Trotz der unzweifelhaft bestehenden Vorteile der Lüftung mit Lüftungsanlagen bzw. -geräten wird die weitaus größere Zahl der deutschen Haushalte heute immer noch frei gelüftet. Anfang 2001 waren es annähernd 79 %, davon ca. 67 % sogar ohne jegliche lüftungstechnische Maßnahmen (Tabelle 6.1) nach [Heinz04]. Es ist nicht bekannt, in wie vielen Haushalten dabei infolge zu intensiver Lüftung Heizwärme verschwendet wurde bzw. wird. Es muss aber von der Annahme ausgegangen werden, dass nahezu alle Nutzungseinheiten (NE) ohne bauphysikalisch bedingte (‚lüftungsrelevante') Schadensbilder davon betroffen waren bzw. sind. Der Anteil der Wohnungen mit Feuchteschäden bzw. sichtbarem Schimmelpilz-Befall, auch infolge ungenügender Lüftung (‚lüftungsrelevante Schäden'), lag bei 14,2 % bzw. 5,8 % (siehe Unterabschnitt 1.3.3).

Wird der Planung die Lüftungsstrategie **NuL** zugrunde gelegt, ist es sinnvoll, die Fensterlüftung nicht ausschließlich dem Ermessens-Spielraum des Nutzers zu überlassen. Kann oder will dieser einmal über einen langen Zeitraum die Fenster nicht öffnen, kann der Luftwechsel bei hoher Luftdichtheit der Gebäudehülle gegen null gehen. In [Hartm98] wurde das diesbezügliche minimale Zehntagesmittel für das RMH z. B. zu $n = 0{,}02\ h^{-1}$ ermittelt. Eine wirksame unterstützende Maßnahme wäre deshalb der Anschluss von Küche und Bad-/WC- bzw. Duschraum an eine Schachtlüftung mit Außenluft-Nachströmung über die Wohn- und Schlafräume. Um eine hinreichend gute Funktion gewährleisten zu können, wäre es dabei zweckmäßig und bei höherer Dichtheit der Gebäudehülle in Abhängigkeit von der Größe der NE häufig auch unabdingbar, ausreichend groß bemessene Gebäudehüllen- sowie in jedem Falle Überström(luft)-Luftdurchlässe zu planen (Unterabschnitt 9.3.4). Das gilt in verstärkter Form auch für NE mit reiner Querlüftung. Einen Überblick über die Abhängigkeit der freien Lüftung allein von der Windgeschwindigkeit vermitteln Bild 9.9 und Bild 9.12.

Vor der Entscheidung zum Einsatz der Schachtlüftung in NE von MFH ist es zweckmäßig zu bedenken, dass in die NE der unteren Etagen (vor allem bei großen Gebäudehöhen) überwiegend zu viel und in die NE der oberen fast ständig zu wenig Außenluft gelangt. In niedrigen Gebäuden (ein- bis 1½-geschossige EFH) ist die Funktion wegen der geringen Auftriebshöhe ständig eingeschränkt. Eine eingeschränkte Funktion ist in allen NE zudem bei hohen Außentemperaturen nicht zu vermeiden. Trotzdem kann mit Hilfe von Schachtlüftung das Risiko für das Auftreten von Feuchtigkeitsproblemen gegenüber reiner Fensterlüftung insgesamt signifikant verringert werden (siehe Bild 1.11).

Abschließend sei nochmals darauf hingewiesen, dass jede Art der freien Lüftung nur dann zufriedenstellend funktioniert, wenn die natürlichen Antriebskräfte (Wind bzw. thermischer Auftrieb) in hinreichend großem und möglichst gleichförmigem Maße zur Verfügung stehen. Das gilt auch für die Schachtlüftung. Diese hat jedoch den Vorteil, dass sie zum **Hybrid-Lüftungssystem** komplettiert und damit auch in den kritischen Monaten der Heizperiode allen Anforderungen in ausreichendem Maße gerecht werden kann.

Hybridlüftung

Mit Hilfe der Hybridlüftung (siehe auch Unterabschnitt 3.3.3) werden ganzjährig Luftvolumenströme aus der NE gefördert und damit das permanente Nachströmen hinreichend großer Außenluftvolumenströme sichergestellt.

Dafür muss nach [DIN 1946-6] der zugehörige Zentralventilator für Nennlüftung bemessen werden. Bei dessen direkter Anordnung in der Hauptleitung des Lüftungsschachtes muss bei der Auslegung der erhöhte Strömungswiderstand berücksichtigt werden. Unterhalb der Umschalttemperatur, die in der Regel unterhalb der Heizgrenztemperatur liegt (z. B. 8 °C), muss die Hybridlüftung die Anforderungen an eine nach [DIN 1946-6], Abschnitt 7, bemessene Schachtlüftung erfüllen. Oberhalb muss sie den Anforderungen an eine Zentralventilator-Lüftungsanlage für Abluftsysteme nach Abschnitt 8 genügen.

Neuere Schachtlüftungs-Aufsätze für die Realisierung einer Hybridlüftung arbeiten nicht mehr mit zwei parallelen Luftwegen. Die von einem EC-(DC-) Antrieb energetisch effizient bewegten, senkrecht gestellten Rotorblätter des drehzahlgeregelten Ventilators verengen den freien Querschnitt des zu Reinigungszwecken abklappbaren Lüftungsaufsatzes nur marginal. Sie verursachen deshalb keinen merklichen Strömungswiderstand im Fortluftweg, der die Auftriebslüftung bei (stillstehendem) Ventilator beeinträchtigen könnte.

Ventilatorgestützte Lüftung

Die größte Sicherheit, hygienische bzw. durch zu hohe Feuchte bedingte Probleme vermeiden zu können, bietet der Einsatz von Lüftungsanlagen bzw. -geräten. Bezüglich der reinen Lüftungsfunktion ist es bei korrekter Auslegung der jeweils erforderlichen Lüftungskomponenten unwesentlich, ob eine Unterdrucklüftung in Form einfacher Abluftanlagen oder eine Gleichdrucklüftung in Form von Zu-/Abluftanlagen gewählt wird. In Deutschland war zu Beginn des Jahres 2001 der in Tabelle 6.2 dargestellte Stand der Ausrüstung von Wohnungen mit ventilatorgestützter Lüftung zu verzeichnen.

Bei Unterdrucklüftung kann zwischen zentralen (ZVA) und dezentralen (EVA) **Abluftanlagen** gewählt werden (Unterabschnitt 3.3.2). ZVA stellen in Verbindung mit einer definierten Außenluft-Nachströmung vor allem für neu zu errichtende oder bei ausreichendem Platzangebot auch für zu modernisierende MFH eine Lösung dar, die bei fachgerechter Planung und Ausführung eine nahezu beanstandungsfreie kontrollierte Lüftung ermöglicht. Sie ist nicht nur die Referenzlösung nach [GEG], sondern auch eine kostengünstige Lösung für alle Anwendungsfälle, in denen anderenfalls entweder unzureichendes oder zu intensives Fensterlüften erwartet werden muss.

Bei der Auswahl der Abluftanlage als **ZVA** muss Folgendes beachtet werden:

- Sollen Hauptleitungen zum Einsatz kommen, ist ausreichend Platz für Schalldämpfer nicht nur vor und nach dem Ventilator, sondern bei Bedarf (Unterabschnitt 8.2.3) auch zwischen den Geschossen (Telefonie-Schalldämpfer) erforderlich.
- Strömungsgeräusche an den Abluftdurchlässen wirken sich in Zeiten geringen Umgebungslärms störend aus (nach [DIN 1946-6, DIN 18017-3] und [BRLüft] ist vorrangig Dauer- oder Intervallbetrieb mit Unterbrechungsdauern von ≤ 1 h gefordert) und führen deshalb nicht selten zu Nutzer-Reaktionen mit negativen Auswirkungen auf die Lüftungsfunktion. Bei der Auswahl von Luftdurchlässen ist deshalb das Kriterium Geräuscharmut von wesentlicher Bedeutung.
- Bei der Wahl des Aufstellungsortes und der Befestigung der Ventilatoren ist darauf zu achten, dass kein Schall an das Bauwerk übertragen werden kann (Risiko-Minimierung für Körperschall-Übertragung).
- Durch Umschaltung von Nenn- auf Intensivlüftung bzw. umgekehrt kann es zur Beeinflussung des Luftvolumenstroms zwischen den angeschlossenen NE bzw. Räumen kommen. Um das zu vermeiden, sind entsprechende Regelkonzepte sinnvoll (Unterabschnitt 9.6). Deren Umsetzung erfordert eine ausreichende Dichtheit der Luftleitungen.

Einzelventilator-Lüftungsanlagen (EVA), Lüftungsgeräte (LG) bzw. **Einzelraum-Lüftungsgeräte (R-LG)** mit Ein-/Ausschaltung eignen sich für die Bedarfslüftung in den EFH, die noch hinreichend luftdurchlässig sind bzw. in denen der Nutzer in der Lage und auch willens ist, regelmäßig zusätzlich die Fenster zu öffnen. Im Ergebnis eines groß angelegten europäischen Forschungsprogramms [Meyr87] wurde abgeleitet, dass sich ihre *„Anwendung auf die Nachrüstung von Küchen und Bädern (z. B. bei Feuchtigkeitsproblemen) beschränken“* wird. Folgerichtig wurden sie ab 1990 u. a. in vielen Wohnungen von MFH der industriellen Bauweise in den neuen Bundesländern („Plattenbauten“) installiert. Nach Angaben verschiedener Hersteller (u. a. in [Heinz95-2]) sind die Eigenschaften der Einzelventilatoren (EV) seither verbessert worden. Z. B. werden auch Geräte mit nicht ausschaltbarer, intervallmäßig betriebener oder

Bedarfs-Lüftung angeboten. Bei der Auswahl und Planung von EVA, LG und R-LG ist es trotzdem sinnvoll, dass folgende Besonderheiten sowohl Beachtung und als auch Berücksichtigung finden:

- Viele für fensterlose Bad-/WC-Räume eingesetzte **EVA** können und dürfen (nach [DIN 18017-3]) vom Nutzer ausgeschaltet werden. Dadurch entscheidet dieser ähnlich wie bei der freien Lüftung mit Fensterunterstützung allein über die Zeitdauer und damit über die Intensität und Wirksamkeit der Lüftung.
- In der Nutzungseinheit (NE) befindliche Ventilatoren emittieren den Schall direkt in die Aufstellungs- sowie u. U. auch in „geschützte“ Nachbarräume. Vor dem Einsatz ist deshalb zu prüfen, ob die empfohlenen Werte des zulässigen oder auch zumutbaren **Schalldruckpegels** eingehalten werden können (siehe auch Unterabschnitt 8.2).
- Arbeiten Lüftungsgeräte in der eigenen NE im nutzerunabhängigen **Dauer-** oder **Intervallbetrieb**, ist es sinnvoll, dass die Nutzer zur Vermeidung von Akzeptanzproblemen gegen deren Schallemissionen – u. U. auch unabhängig von abweichenden Regelwerks-Empfehlungen – mindestens ebenso gut geschützt werden wie gegen derartige Geräusche aus benachbarten NE.
- Die **Schallemissionen** nehmen mit wachsendem Strömungswiderstand der Lüftungskomponenten zu. Das trifft z. B. dann zu, wenn mehrere Geräte an einem Lüftungsstrang gleichzeitig in Betrieb bzw. der Luftweg im Gerät bzw. in der Hauptleitung stark verschmutzt ist.
- Wenn sich bei EVA in den Abluft-Hauptleitungen **Überdruck** aufbaut, muss die Übertragung von Abluft in fremde Wohnbereiche vermieden werden. Die betroffenen Luftleitungen müssen deshalb besonders dicht sein. Das muss vor allem bei Modernisierung von Hauptleitungen bzw. Abluftschächten beachtet werden. Überdruckklappen zwischen EV und Luftleitungssystem müssen darüber hinaus dauerhaft die Übertragung von Abluft in fremde Bereiche verhindern.
- Bei Verwendung von Sammelschächten sind auch dann **Absperrvorrichtungen** gegen Rauch- und Feuerübertragung erforderlich, wenn die Schachtwandungen die notwendige Feuerwiderstandsdauer aufweisen (siehe Unterabschnitt 8.3).
- Wegen des fetthaltigen Wrasens werden in **Küchen** erhöhte Anforderungen an die Instandhaltung und Reinigung der gesamten Technik (Motor/Ventilator/Filter/nachgeschaltete Luftleitungen) gestellt.

Zu-/Abluftanlagen bzw. **-geräte** mit Wärmerückgewinnung, die als zentrale (für mehrere NE in MFH oder für EFH) oder dezentrale (raumweise) Anlagen bzw. Geräte (Unterabschnitt 3.3.5) ausgeführt werden können, besitzen gegenüber reinen Abluftanlagen mit oder ohne Wärmerückgewinnung Vorteile. Ihre Auswahl ist empfehlenswert, wenn die Vorzüge die (zu beachtenden) Probleme dominieren (Tabelle 9.2).

Tabelle 9.2: Vorzüge und zu beachtende Probleme von Zu-/Abluftanlagen mit Wärmerückgewinnung

Vorzüge	(zu beachtende) Probleme
gezielte definierte Außenluftzufuhr (auch sensorgesteuert) in alle gewünschten Räume möglich	relativ hoher Planungs-, bau- und anlagentechnischer Aufwand und infolgedessen
Umverteilung der Luftzufuhr von Wohn- auf Schlafbereich im Rahmen von Tag-/Nachtbetrieb möglich	relativ hohe Investitionskosten und erhöhter Instandhaltungsaufwand
Zuglufterscheinungen lassen sich mit Sicherheit vermeiden durch Außen-/Zulufterwärmung und zweckmäßige Wahl von Zu(luft)-Luftdurchlass und dessen Anordnung	zusätzlicher Elektroenergiebedarf für Antrieb und Regelung der Ventilatoren zur Zuluftförderung und ggf. der Wärmepumpen
keine definierte Luftdurchlässigkeit der Gebäudehülle (z. B. in Form von ALD) erforderlich	höherer baulicher Aufwand für die Herstellung einer nachhaltig luftdichten Gebäudehülle
höchster Schutz gegen Umgebungslärm möglich	u. U. Schallprobleme durch Antriebsgeräusche (Installation der Geräte in der NE) und Luftzuführung im Raum
größtes (Primär-)Energie-Einsparpotenzial durch effiziente Wärmerückgewinnung (WRG)	u. U. zusätzlicher Elektroenergiebedarf für Eisfreihaltung des Wärmeübertragers zur WRG
Außenluftfilterung in jeder gewünschten Qualität (Pollen-Allergiker) realisierbar	energetisch anfällig gegen zusätzliches (nicht erforderliches) Fensteröffnen
beste Voraussetzungen für Nutzung der Kühlpotenziale Nachtluft/Erdreich im Sommer	zusätzlicher Platzbedarf für Zuluftanlage bzw. -gerät einschließlich Wärmerückgewinnungs-Komponenten

Zusätzlich hat die Luftdichtheit der Gebäudehülle einen u. U. nicht zu vernachlässigenden Einfluss auf den Heizwärmebedarf. Wie groß dieser sein kann, verdeutlichen die Zahlen für den durch Windkräfte verursachten Außenluftvolumenstrom in Bild 9.3 sowie der Vergleich der Luftwechselwerte in Abhängigkeit der Luftdichtheit der Gebäudehülle in Bild 9.4 [Hartm98].

Tabelle 9.3: Durch Wind verursachter Außenluftvolumenstrom eines Musterraumes mit gegenüberliegenden geschlossenen Fenstern in Abhängigkeit von deren Fugendurchlässigkeit a_{Fe}; nach [Froel89]

Fugendurchlass-Koeffizient a_{Fe}	0,1	1	2
	$m^3/(h \cdot m \cdot \{daPa\}^n)$		
Windgeschwindigkeit	1 m/s		
Außenluftvolumenstrom (Ist)	0,4 m^3/h	2,8 m^3/h	5,6 m^3/h
Windgeschwindigkeit	5 m/s		
Außenluftvolumenstrom (Ist)	1,6 m^3/h	14 m^3/h	28 m^3/h
Außenluftvolumenstrom (Soll)	$\geq$ 40 m^3/h		

Abluftanlagen gleichen diesbezügliche Unterschiede besser aus. Wegen des Unterdrucks in der Wohnung ist der Exfiltrations- kleiner als der Infiltrations-Luftvolumenstrom. Bei Zu-/Abluftanlagen sind beide annähernd gleich groß, wodurch auch die Lüftungswärmeverluste entsprechend größer ausfallen können. Im Bild 9.5 sind die Auswirkungen der Gebäudedichtheit und Gebäudelage sowie des Nutzerverhaltens auf den sich real einstellenden Wärmerückgewinnungsgrad dargestellt.

Die **Luftheizung** (siehe Unterabschnitt 3.3.5) ist derzeit in Deutschland überwiegend in EFH anzutreffen. Eine genaue Zahl der damit ausgerüsteten Gebäude ist nicht bekannt. Schätzungsweise liegt die prozentuale Verbreitung aber noch im einstelligen Promillebereich. Beispielgebend sind hier der Passiv- und Nullenergiehaus-Bereich. In MFH ist sie über das Pilot- und Demonstrations-Stadium bisher kaum hinausgekommen [Heinz86, Heinz89] und [Rinas99].

Dabei bietet die Luftheizung gegenüber einfachen Abluft- bzw. Zu-/Abluftanlagen bzw. -geräten den Vorteil, nicht nur die Lüftungsanforderungen in vollem Umfang erfüllen, sondern auch die komplette Heizungsfunktion mit übernehmen zu können. Das bedeutet, dass für Heizung und Lüftung nur eine

(Zu-/Abluft-)Anlage erforderlich ist. Das konventionelle Warmwasser-Heizungssystem mit Rohrleitungen und Heizkörpern in allen zu heizenden Räumen kann komplett entfallen.

Einen weiteren Vorteil bietet die geringe **Wärmespeicherfähigkeit** des Heizmediums Luft. Die Luftheizung kann in Verbindung mit guten Regelkonzepten damit auf Lastschwankungen infolge innerer bzw. solarer Wärmegewinne in

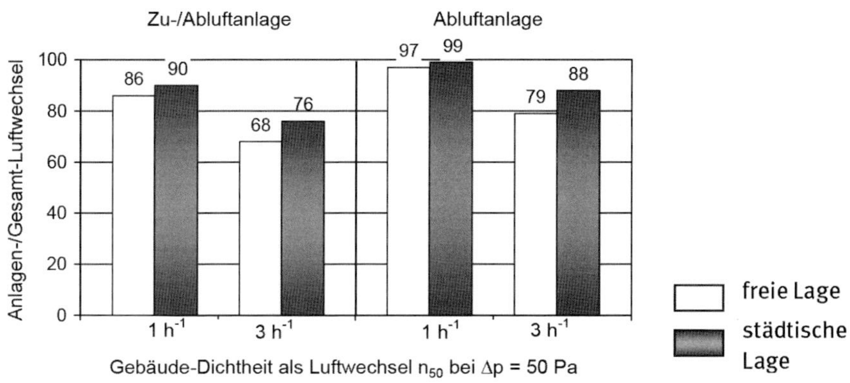

a) ohne zusätzliche Lüftung über geöffnete Fenster

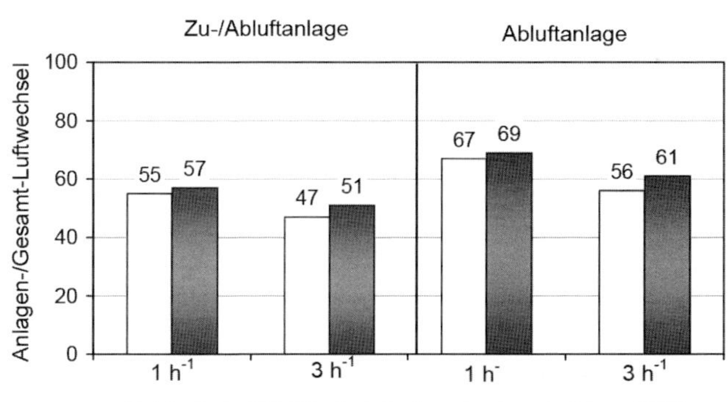

b) bei „mittlerer" Lüftung über geöffnete Fenster

Bild 9.4: Unterschiede beim jahresmittleren Verhältnis des anlagenbedingten Luftwechsels (hier 0,5 h^{-1}) zum Gesamt-Luftwechsel bei Abluftanlagen sowie Zu-/Abluftanlagen mit $q_{v,Zu} = q_{v,Ab}$ im RMH in Abhängigkeit von der Gebäude-Luftdichtheit und der Gebäudelage

wesentlich kürzerer Zeit reagieren als alle anderen Heizungssysteme. Das hilft nicht nur, zeitweilige Überheizung zu reduzieren, sondern erschließt durch die bessere Nutzbarkeit innerer und solarer Gewinne – neben der Wärmerückgewinnung ein weiteres Einsparpotenzial an Heizwärme.

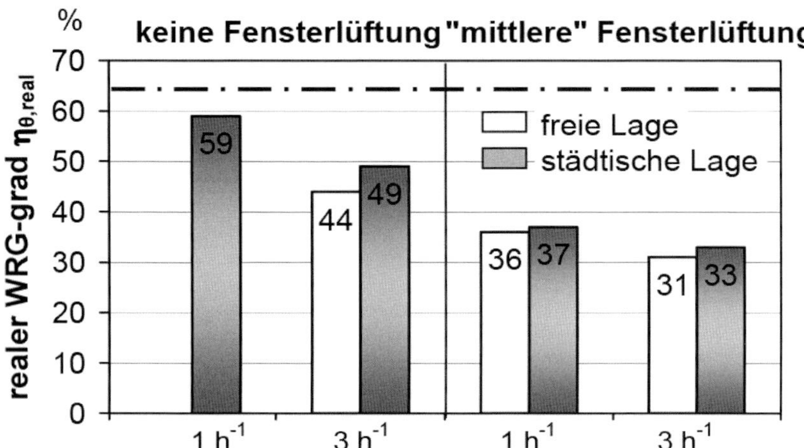

Bild 9.5: Real zu erwartender Wärmerückgewinnungsgrad $\eta_{\theta,real}$ bei einem Temperaturübertragungsgrad von 65 % und einem Anlagen-Luftwechsel von 0,5 h^{-1} für ein RMH

Weshalb Luftheizung trotzdem eine bisher nur untergeordnete Rolle spielt, könnte u. a. folgende Gründe haben:

- wenige Anbieter mit (noch) zu hohen Preisen,
- Mangel an fachkundigen Planern,
- kaum ausgereifte Konzepte für die raumweise Temperaturregelung,
- Planungs- und Ausführungs-Probleme bei der zugluft- und geräuschfreien Verteilung der Zuluft,
- Informationsdefizite sowie ein aus der Gewohnheit resultierendes Misstrauen gegen eine Heizung ohne ‚anfassbare' Heizflächen bei potenziellen Nutzern und
- negative Erfahrungen der Nutzer durch fehlerhaft geplante bzw. ausgeführte Anlagen.

Wenn es gelänge, mehr fachgerecht geplante und ausgeführte Anlagen zu erschwinglichen Preisen anzubieten, könnte sich die Luftheizung aus Sicht des Autors zu einer geringstenfalls guten Alternative zu allen anderen Lüftungs- und u. U. auch Heizungssystemen entwickeln.

9.3.3 Festlegung (Außen-)Luftvolumenströme

Die Festlegung der für die hinreichende Lüftung von Nutzungseinheiten (NE) notwendigen Außenluftvolumenströme bzw. Luftwechsel ist in den Abschnitten 2 und 4 behandelt worden. In diesem Abschnitt soll ergänzend die Planung der Luftvolumenströme in der Nutzungseinheit an praktischen Beispielen für die **Lüftungsstrategie LtM** (geschlossene Fenster) demonstriert werden. Dabei wird aus den im Unterabschnitt 2.5.3 (siehe z. B. Bild 2.11) genannten Gründen auf die Festlegung von Luftwechsel-Werten weitgehend verzichtet.

Nach [DIN 1946-6], Abschnitt 6, werden die Außenluftvolumenströme als „Gesamt-Außenluft-volumenströme" sowohl für freie als auch für ventilatorgestützte Lüftung gemäß den Lüftungs-Betriebsstufen (BS) „Lüftung zum Feuchteschutz", „Reduzierte Lüftung", „Nennlüftung" und „Intensivlüftung" (als Auslegungsgrundlage nur für Lüftungskomponenten der ventilatorgestützten Lüftung) bestimmt (siehe Fortsetzung des Ablaufschemas für ein Lüftungskonzept nach Bild 9.3 gemäß Bild 9.6).

Aus diesen können, z. B. nach [DIN 1946-6], die Luftvolumenströme für die Auslegung der einer LtM jeweils zugeordneten Lüftungskomponente (LK) (Übersicht siehe Tabelle 9.12) ermittelt werden. Der für die Auslegung der LK maßgebende Luftvolumenstrom wird aus dem für die Nutzungseinheit bzw. den einzelnen Raum notwendigen Gesamt-Außenluftvolumenstrom unter Berücksichtigung des Luftvolumenstroms durch Luft-In- und -Exfiltration nach Gleichung (9.2) auf Basis von Gleichung (2.22) bestimmt:

$$q_{v,LtM} = q_{v,ges} - (q_{v,Inf,wirk} \{+ q_{v,Fe,wirk}\}) \qquad (9.2)$$

Wie im Unterabschnitt 2.5.3 schon erläutert, wird dabei der wirksame Luftvolumenstrom durch Fensterlüftung $\{q_{v,Fe,wirk}\}$ für die Auslegung lüftungstechnischer Maßnahmen nicht berücksichtigt.

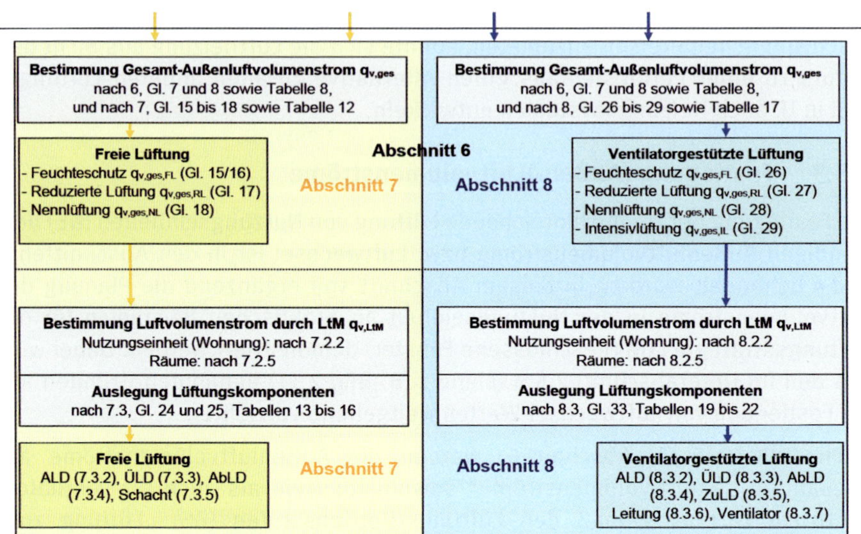

Bild 9.6: Lüftungskonzept nach [DIN 1946-6], Teil 2: Ablaufschema zur Auslegung von Lüftungssystemen und -komponenten

Freie Lüftung

- Querlüftung

  Für die freie Lüftung zeigt Bild 9.7 den beispielhaften Grundriss einer durchschnittlichen deutschen Dreiraum-Wohnung im Mehrfamilienhaus (MFH) mit der beheizten Netto-Wohnfläche von 75 m². Wird im Rahmen der Erstellung des Lüftungskonzeptes gemäß Bild 9.3 davon ausgegangen, dass die Frage nach der Notwendigkeit von lüftungstechnischen Maßnahmen mit „ja" beantwortet und keine Anforderungen an Hygiene, Energie sowie Schallschutz gestellt worden sind, kann freie Lüftung geplant werden. Da alle Räume, auch Küche und Bad-/WC-Raum, Fenster besitzen, ist als einfachste Variante der freien Lüftung Querlüftung möglich.

Mit Gleichung (2.22) kann der für deren Realisierung notwendige Gesamt-Außenluftvolumenstrom $q_{v,ges,NE}$ ermittelt werden (siehe dazu auch Unterabschnitt 2.5.3)

$$q_{v,ges,NE} = f_{LSt} (-2 \cdot 10^{-3} \cdot A_{NE}^2 + 1{,}15 \cdot A_{NE} + 11) \qquad (9.3)$$

Für $A_{NE} \approx 75\ m^2$ (Bild 9.7) ergibt sich nach Gleichung (2.22) für die gesamte NE bei der Lüftungs-(Betriebs-)stufe (LSt) Nennlüftung (NL: $f_{LSt} = 1$) $q_{v,ges,NE,NL} \approx 86\ m^3/(h \cdot NE)$. Die für die relevanten LSt ermittelten Werte betragen danach gerundet:

- Lüftung zum Feuchteschutz ($f_{LSt} = 0{,}3$): $26\ m^3/(h \cdot NE)$ – Auslegungs-Lüftungsstufe (LSt),
- Reduzierte Lüftung ($f_{LSt} = 0{,}7$): $60\ m^3/(h \cdot NE)$ – optional für Auslegung.

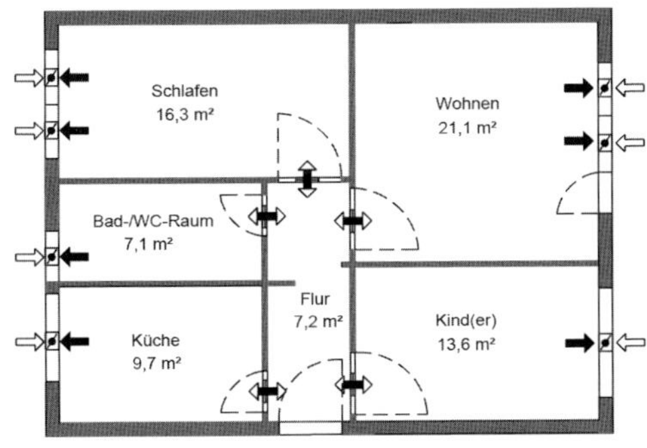

Bild 9.7: 75 m² große 3-Raum-NE in MFH mit Querlüftung über GLD/ALD und ÜLD

Dem liegen nach [DIN 1946-6] folgende Annahmen zugrunde:

- eingeschossige NE im ca. 15 m hohen MFH mit ≤ 5 Geschossen und damit $f_{therm} = 0$),
- Auslegung der Lüftungskomponenten für die Lüftungsstufe (LSt) „Feuchteschutzlüftung“
- Wärmeschutz und Belegung hoch bzw. Wärmeschutz und Belegung gering ($f_{LSt} = 0{,}3$),
- Gebäudedichtheit als Luftwechsel bei 50 Pa: $n_{50} = 1{,}5\ h^{-1}$,
- windschwache Lage ($\Delta p = 2$ Pa) ($f_{Wind} = 1$),
- lichte Raumhöhe $H_R = 2{,}50$ m.

Der im Mittel zu erwartende Infiltrations-Luftvolumenstrom $q_{v,Inf,wirk}$ ermittelt sich nach Gleichung (4.12)

$q_{v,Inf,wirk} = e_z \cdot V_{NE} \cdot n_{50}$

mit

$e_{z,fr} = 0{,}04 \cdot (f_{Wind}{}^2 + f_{therm}{}^2)^{0{,}5}$ gemäß Gleichung (4.13).

Für $f_{therm} = 0$ und $f_{Wind} = 1$ ergibt sich $e_{z,fr} = 0{,}04$.

Damit wird $q_{v,Inf,wirk} = 0{,}04 \cdot 75 \cdot 2{,}5 \cdot 1{,}5 \approx 11\ m^3/(h \cdot NE)$, entspricht $n_{NE} = 0{,}06\ h^{-1}$.

Um die Lüftungsstufe Feuchteschutz gewährleisten zu können, sind somit GLD/ALD erforderlich.

Um bei reiner Querlüftung auch bei geschlossenen Fenstern befriedigende Lüftungsergebnisse in der Größenordnung der LSt Feuchteschutz erzielen zu können, ist eine hinreichend große Luftdurchlässigkeit der Gebäudehülle (einschließlich zu planender GLD/ALD) erforderlich (Unterabschnitt 5.3).

Den ohne und mit zusätzliche(n) GLD/ALD erzielbaren Effekt zeigt beispielhaft Bild 9.8 am jahresmittleren Luftwechsel in einem RMH [Hartm98].

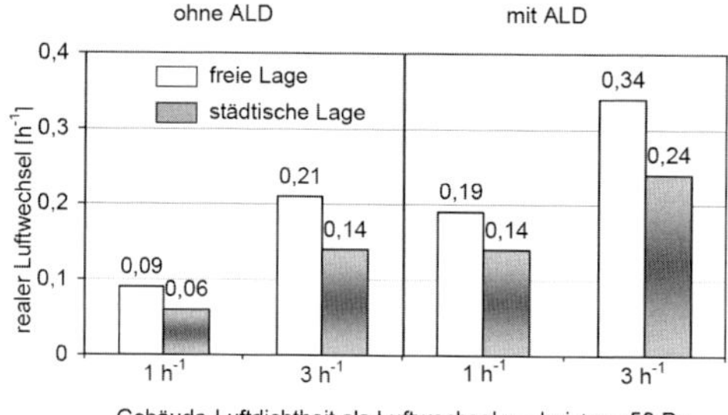

Bild 9.8: Jahresmittlerer Luftwechsel in einem RMH bei reiner Querlüftung mit und ohne GLD/ALD in Abhängigkeit von der Gebäudedichtheit

Bei der nach [DIN 1946-6] empfohlenen Luftdurchlässigkeit der Gebäudehülle im Bereich von $n_{50} \leq 1{,}5\ h^{-1}$ können auch in größeren NE (Wohnungen und EFH) nur Luftvolumenströme in der Größenordnung der LSt „Lüftung zum Feuchteschutz" gewährleistet werden, wenn entsprechend große GLD/ALD geplant und ausgeführt werden (siehe auch Bild 9.1 und Bild 9.2).

Für die endgültige Festlegung des Gesamt-Außenluftvolumenstroms $q_{v,ges}$ müssen nach [DIN 1946-6] zusätzlich auch die Werte für die einzelnen Räume bestimmt werden. Der jeweils größere der aus dem notwendigen Luftvolumenstrom für die gesamte NE $q_{v,ges,NE}$ oder aus der Summe der Luftvolumenströme für die einzelnen Räume der Nutzungseinheit $\Sigma q_{v,ges,R}$ zu ermittelnden Werte ist am Ende maßgebend, siehe dazu Gleichung (9.3):

$$q_{v,ges,fr} = \max\{q_{v,ges,NE,fr}; 0{,}5 \cdot \Sigma q_{v,ges,R,fr}\} \tag{9.3}$$

Die auf dieser Grundlage bzw. der Werte in Tabelle 11 von [DIN 1946-6] ermittelten Auslegungs-Luftvolumenströme (Bezugswert: „Lüftung zum Feuchteschutz“) für die Lüftungskomponenten bei Querlüftung können Tabelle 9.4 entnommen werden.

Tabelle 9.4: Berechnungsergebnisse für die Auslegungs-Luftvolumenströme der Lüftungskomponenten einer MFH-NE mit Querlüftung (LSt Feuchteschutz) in $m^3/(h \cdot LK)$; Wärmeschutz hoch und Belegung hoch; nach [DIN 1946-6]

Räumlichkeit	Auslegungs-Luftvolumenströme für LK Querlüftung (LSt Lüftung zum Feuchteschutz)	
	GLD/ALD	ÜLD
Küche	5	9
Bad/WC	5	9
Schlafen	7	11
Wohnen	7	11
Kinder	7	11

Da die in Tabelle 9.4 ausgewiesenen Außenluftvolumenströme in der Praxis nur bezogen auf das Heizperiodenmittel zu gewährleisten sind, kann es in Abhängigkeit von den jeweiligen Wetterparametern notwendig sein, dass die Nutzer in Zeiten geringerer bzw. gänzlich ausbleibender Antriebskräfte mit Fensterlüftung ‚nachhelfen‘ müssen. Das gilt nicht nur für die Sicherstellung des Feuchteschutzes, sondern vor allem auch für die Gewährleistung der für die hygienischen Anforderungen notwendigen Außenluftvolumenströme.

Das Ausmaß dieser Nutzermitwirkung könnte bedingt reduziert werden, wenn die Lüftungskomponenten nicht für die LSt „Feuchteschutzlüftung“, sondern wenigstens für die LSt „Reduzierte Lüftung“ ausgelegt werden. Für diesen Fall müsste jedoch der zweckmäßigen Auswahl und Anordnung der ALD noch größere Aufmerksamkeit gewidmet werden, um Zugluftbelästigungen auch beim temporären Auftreten größerer Antriebskräfte (durch Wind bzw. thermischen Auftrieb) weitestgehend vermeiden zu können (siehe dazu auch Unterabschnitt 9.3.4 und [MarkF04]).

Den prozentualen Anstieg des Außenluftvolumenstroms in Abhängigkeit von der Windgeschwindigkeit zeigt Bild 9.9. Das Beispiel gilt für Gebäude bzw.

Räume desselben mit Querlüftung über ungeregelte ALD bei $\Delta p = 4$ Pa. Die mittleren Windgeschwindigkeiten liegen in Deutschland zwischen ca. (2 und 6) m/s (Unterabschnitt 5.2). Erhöht sich die Windgeschwindigkeit z. B. von (2 auf 10) m/s, vergrößert sich der Luftdurchsatz um ca. 150 %.

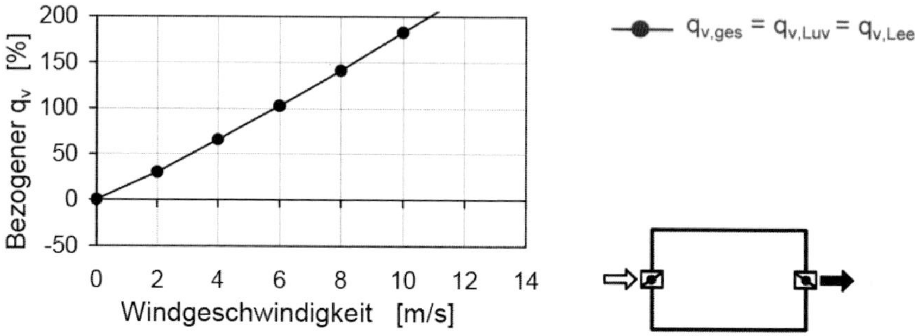

Bild 9.9: Einfluss des Windes auf den Außenluftdurchsatz bei Gebäuden/ Räumen mit Querlüftung über GLD/ALD

– **Schachtlüftung**

Andererseits können zu geringe Antriebskräfte zu einem Außenluftmangel in der NE führen. Bessere Resultate sind bei kleinen und mittleren Windkräften erzielbar, wenn in NE mit möglicher Querlüftung Küche und Bad-/WC-Raum zusätzlich an einen Lüftungsschacht zur Realisierung einer Schachtlüftung entsprechend Bild 9.10 angeschlossen werden (Unterabschnitt 3.2.3).

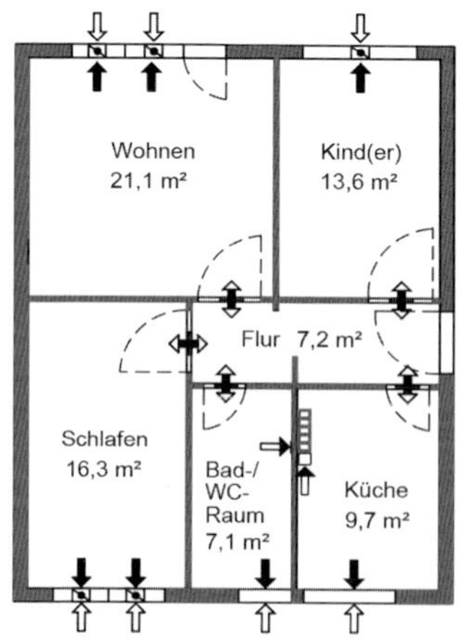

Bild 9.10: 75 m² große 3-Raum-NE im MFH mit Schachtlüftung von Küche und Bad-/WC-Raum über Einzelschacht sowie Außenluft-Nachströmung über GLD/ALD und ÜLD

Die wiederum aufs ganze Jahr bezogenen Luftwechsel für das gleiche RMH sind in Abhängigkeit von der Luftdichtheit des Gebäudes errechnet worden und in Bild 9.11 dargestellt.

Im Bild 9.12 wird ergänzend der Anstieg des bezogenen Außenluftdurchsatzes bei kombinierter Schacht- und Querlüftung über GLD/ALD in Abhängigkeit von den Windverhältnissen aufgezeigt. Die Kurven gelten für einen Temperaturunterschied zwischen innen und außen von $\theta_i - \theta_{Au} = 15$ K sowie einer (thermischen) Auftriebshöhe von $\Delta h_A = 8$ m. Es ist zu erkennen, dass bei den gewählten Auftriebsbedingungen schon ab einer Windgeschwindigkeit von knapp 3 m/s (Nulldurchgang der $q_{v,Lee}$-Kurve) neben Auftriebslüftung (Schachtlüftung) zusätzlich auch noch Querlüftung auftritt.

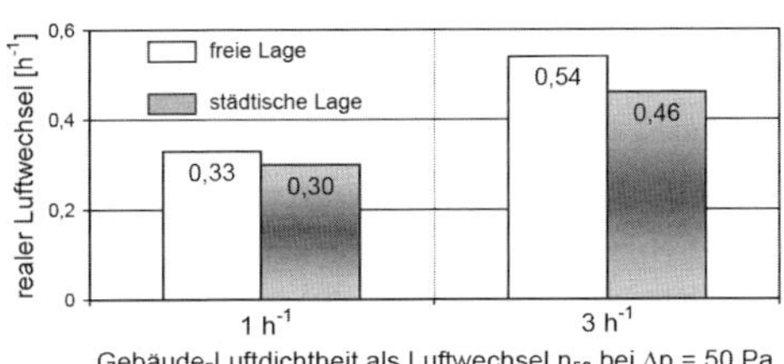

Bild 9.11: Jahresmittlerer Luftwechsel in einem RMH bei Schachtlüftung mit Querlüftung und GLD/ALD in Abhängigkeit von der Gebäudedichtheit

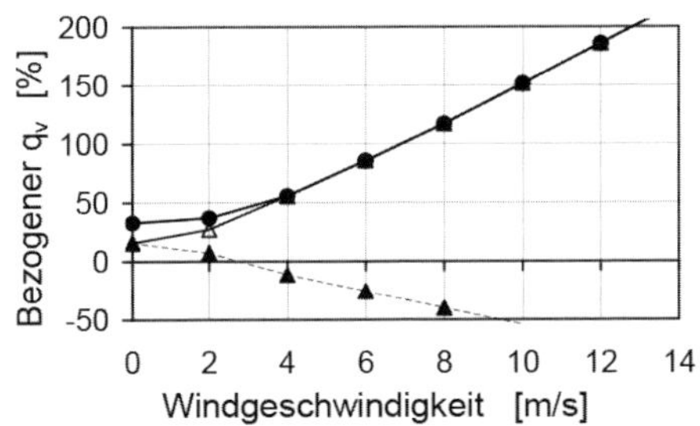

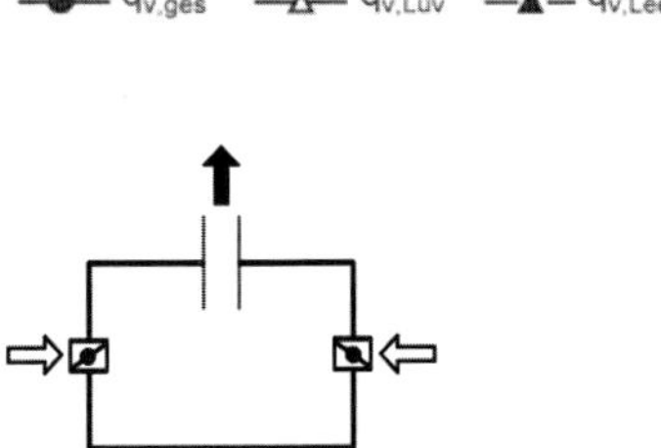

Bild 9.12: Einfluss des Windes auf den luv- und leeseitigen Luftdurchsatz bei Gebäuden/Räumen mit Schacht- und Querlüftung und GLD/ALD

Für die Planung der Schachtlüftung gelten die gleichen Standard-Randbedingungen/Vorgaben wie für das Beispiel Querlüftung. Da jedoch der Faktor ftherm bei Schachtlüftung nach [DIN 1946-6] mit $f_{therm} = 1{,}7$ einen anderen Volumenstrom-Koeffizienten ez zur Folge hat, ändert sich der wirksame Luftvolumenstrom durch Infiltration wie folgt:

$$q_{v,Inf,wirk,SchL} = e_z \cdot V_{NE} \cdot n_{50}$$

mit

$e_{z,fr} = 0{,}04 \cdot (f_{Wind}^2 + f_{therm}^2)^{0{,}5}$ gemäß Gleichung (4.13).

Für $f_{therm} = 1{,}7$ und $f_{Wind} = 1$ ergibt sich $e_{z,fr} \approx 0{,}08$.

Damit wird $q_{v,Inf,wirk} = 0{,}08 \cdot 75 \cdot 2{,}5 \cdot 1{,}5 \approx 22\ m^3/(h \cdot NE)$, entspricht $n_{NE} = 0{,}12\ h^{-1}$.

Daraus resultieren für eingeschossige NE in MFH, die an eine Schachtlüftung angeschlossen sind, die nachfolgend aufgeführten Minimalanforderungen an den Außenluftvolumenstrom der gesamten NE:

- Lüftung zum Feuchteschutz ($f_{LSt} = 0{,}3$): $26\ m^3/(h \cdot NE)$,
- Reduzierte Lüftung ($f_{LSt} = 0{,}7$): $60\ m^3/(h \cdot NE)$ – Auslegungs-LSt und
- Luft-In- und -Exfiltration: $22\ m^3/(h \cdot NE)$.

Um die Lüftungsstufe Reduzierte Lüftung gewährleisten zu können, sind somit auch bei Schachtlüftung GLD/ALD erforderlich.

Für die Auslegungs-Luftvolumenströme der Schachtlüftung $q_{v,ges,fr}$ (Bezugswert für LK: LSt Reduzierte Lüftung) erhält man unter Beachtung von Gleichung (9.4) bzw. der Werte in Tabelle 11 von [DIN 1946-6] die Werte gemäß Tabelle 9.5:

$$q_{v,ges,fr} = \max\{q_{v,ges,NE,fr}; \Sigma q_{v,ges,R,Ab,fr}\} \quad (9.4).$$

Tabelle 9.5: Berechnungsergebnisse für die Auslegungs-Luftvolumenströme der Lüftungskomponenten einer MFH-NE mit Schachtlüftung (LSt Reduzierte Lüftung) in $m^3/(h \cdot LK)$; nach [DIN 1946-6]

Räumlichkeit	Auslegungs-Luftvolumenströme für LK Schachtlüftung (LSt Reduzierte Lüftung)			
	GLD/ALD	ÜLD	AbLD	Schacht
Küche	–	30	30	30
Bad/WC	–	30	30	30
Schlafen	13	20	–	–
Wohnen	13	20	–	–
Kinder	13	20	–	–

Unterdrucklüftung (Abluftanlagen bzw. -geräte)

– Nutzungseinheiten in Mehrfamilienhäusern (MFH) –

Wird die eingeschossige NE in MFH mit gleichfalls 75 m² Netto-Wohnfläche nach Bild 9.10 anstatt an eine Schacht- an eine Unterdrucklüftung (zentrale Abluftanlage – ZVA) angeschlossen (Bild 9.13), gelten nach [DIN 1946-6] unverändert die gleichen Minimalanforderungen an den Außenluftvolumenstrom der gesamten NE bei folgendem Infiltrations-Luftvolumenstrom:

$q_{v,Inf,wirk,Ab} = e_z \cdot V_{NE} \cdot n_{50}$

mit $e_z = 0{,}21$ (ohne raumluftabhängige Feuerstätte) und $n_{50} = 1{,}0\ h^{-1}$.

Damit wird der wirksame Infiltrations-Luftvolumenstrom zu

$q_{v,Inf,wirk} = 0{,}21 \cdot 75 \cdot 2{,}5 \cdot 1{,}0 \approx 39\ m^3/(h \cdot NE)$, entspricht $n_{Inf,NE} = 0{,}21\ h^{-1}$.

(für die Planung gelten darüber hinaus die gleichen Standard-Randbedingungen/Vorgaben wie für das Beispiel Schachtlüftung; Ausnahmen: $n_{50} = 1\ h^{-1}$ und LSt: „Nennlüftung“):

- Lüftung zum Feuchteschutz ($f_{LSt} = 0{,}3$): 26 m³/(h · NE),
- Reduzierte Lüftung ($f_{LSt} = 0{,}7$): 60 m³/(h · NE),
- Nennlüftung ($f_{LSt} = 1$): 86 m³/(h · NE) – Auslegungs-Lüftungsstufe,
- Intensivlüftung ($f_{LSt} = 1{,}3$): 112 m³/(h · NE) – optional für Auslegung und
- Luft-In- und -Exfiltration: 39 m³/(h · NE).

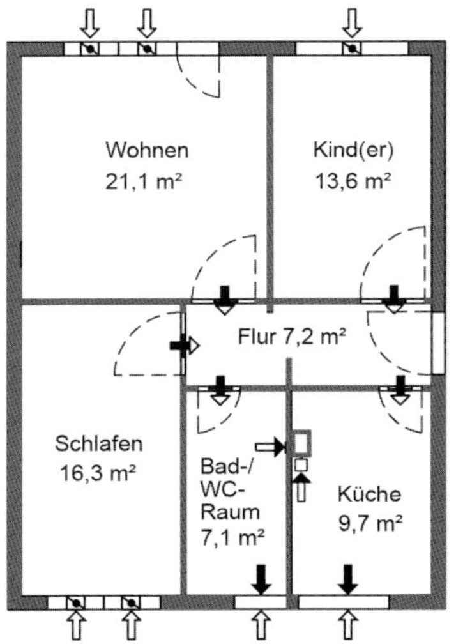

Bild 9.13: 75 m² große 3-Raum-NE in MFH mit zentraler Unterdrucklüftung, Anschluss von Küche und Bad-/WC-Raum, Außenluft-Nachströmung über GLD/ALD und ÜLD

Für die Auslegungs-Luftvolumenströme der Abluftanlage (Bezugswert für LK: LSt Nennlüftung) erhält man unter Beachtung von Gleichung (9.5) bzw. der Werte in Tabelle 16 von [DIN 1946-6] die Werte gemäß Tabelle 9.6. Dabei ist zu beachten, dass in Schlafräumen nach [DIN 1946-6], Tabelle 17 ein Luftvolumenstrom von mindestens 15 m³/h je Person bei der Auslegung sicherzustellen ist. Wird für das Schlafzimmer von 2 Personen ausgegangen, lässt sich diese Forderung im Beispiel durch die Anpassung des Faktors $f_{R,zu} = 3$ (statt Standardwert $f_{R,zu} = 2$) erreichen.

$$q_{v,ges,vg} = \max\{q_{v,ges,NE,vg};\ \min(\Sigma q_{v,ges,R,AB,vg};\ 1{,}2 \cdot q_{v,ges,NE,vg})\} \tag{9.5}$$

Tabelle 9.6: Berechnungsergebnisse für die Auslegungs-Luftvolumenströme der Lüftungskomponenten (LK) einer MFH-NE mit Unterdrucklüftung (zentrale Abluftanlage mit LSt Nennlüftung) in m³/(h · LK); nach [DIN 1946-6]

Räumlich-keit	Auslegungs-Luftvolumenströme für LK Unterdrucklüftung (LSt Nennlüftung)				
	GLD/ALD	ÜLD	AbLD	Leitung	Ventilator
NE	(47)	(86)	(86)	(86)	(86)
Küche	–	43	43	43	–
Bad/WC	–	43	43	43	–
Schlafen	18	32	–	–	–
Wohnen	18	32	–	–	–
Kinder	12	22	–	–	–

Im Gegensatz zu Bild 9.13 zeigt Bild 9.14 den Grundriss einer nach nur einer Gebäudeseite orientierten Dreiraum-Wohnung im MFH (siehe auch Bild 3.4, Unterabschnitt 3.2.2) mit fensterlosem Bad-/WC-Raum. Die Netto-Wohnfläche beträgt ca. 68 m².

Wegen der fehlenden Möglichkeit zur Querlüftung und dem Vorhandensein des fensterlosen Raumes ist unbedingt zu empfehlen, in solchen Wohnungen alle Ablufträume an eine Unterdrucklüftung anzuschließen. Dabei muss in diesem besonderen Fall (fensterloser Abluftraum) ergänzend zu [DIN 1946-6] auch [DIN 18017-3] beachtet werden (siehe Unterabschnitt 4.3 und Bild 9.3).

Nach [DIN 1946-6] werden für die betrachtete eingeschossige NE in MFH mit fensterlosem Bad-/WC-Raum, der an eine Abluftanlage angeschlossen werden muss, folgende Minimalanforderungen an den Außenluftvolumenstrom der gesamten NE ermittelt, wenn zusätzlich auch die Küche an die (eine) Abluftanlage angeschlossen wird (für die Planung gelten, bezogen auf die kleinere Grundfläche von 68 m², die gleichen Standard-Randbedingungen/Vorgaben wie für das Beispiel Unterdrucklüftung ohne fensterlose Räume):

- Lüftung zum Feuchteschutz (f_{LSt} = 0,3): 24 m³/(h · NE),
- Reduzierte Lüftung (f_{Lst} = 0,7): 56 m³/(h · NE),
- Nennlüftung (f_{LSt} = 1): 80 m³/(h · NE),
- Intensivlüftung (f_{LSt} = 1,3): 104 m³/(h · NE) und
- Luft-In- und -Exfiltration: 36 m³/(h · NE).

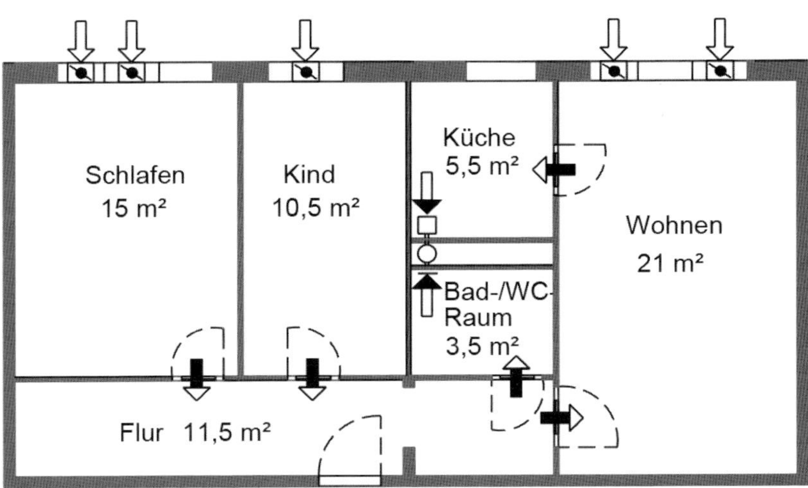

Bild 9.14: 68 m² große nach nur einer Gebäudeseite orientierte 3-Raum-NE in MFH mit einem fensterlosen Bad-/WC-Raum und zentraler Unterdrucklüftung, Anschluss von Bad-/WC-Raum (nach [DIN 18017-3]) und Küche (nach [DIN 1946-6]), Außenluft-Nachströmung über GLD/ALD und ÜLD

Für die Auslegungs-Luftvolumenströme der Abluftanlage (Bezugswert für LK: „LSt Nennlüftung") erhält man unter Beachtung von Gleichung (2.25) bzw. der Werte in Tabelle 16 von [DIN 1946-6] die Werte gemäß Tabelle 9.7.

Tabelle 9.7: Berechnungsergebnisse für die Auslegungs-Luftvolumenströme der Lüftungskomponenten (LK) in $m^3/(h \cdot LK)$ in einer MFH-NE mit Unterdrucklüftung (Abluftanlage mit LSt Nennlüftung); nach [DIN 18017-3] und [DIN 1946-6]

Räumlichkeit	Auslegungs-Luftvolumenströme für LK Unterdrucklüftung (LSt Nennlüftung)				
	GLD/ALD	ÜLD	AbLD	Leitung	Ventilator
NE	(44)	(80)	(80)	(80)	(80)
Küche	–	40	40	40	–
Bad/WC	–	40	40	40	–
Schlafen	17	30	–	–	–
Wohnen	17	30	–	–	–
Kinder	11	20	–	–	–

Um bei geschlossenen Fenstern die Luftströmung vom weniger belasteten Wohnbereich zu den Räumen mit höherer Last (Küche und Bad-/WC-Raum) lenken zu können, ist es bei Unterdrucklüftung zweckmäßig, in den Ablufträumen mit Fenster (Küche und Bad-/WC-Raum oder nur Letzterer) möglichst keine GLD/ALD zu installieren. Bei Intensivlüftungs-Betrieb ist es dem Nutzer im Bedarfsfalle (Auftreten höherer als die der Planung zugrunde liegenden Lasten) außerdem zumutbar, temporär zusätzlich die Fenster zu öffnen.

Ist für die NE gemäß Bild 9.7 und Bild 9.10 anstelle freier Lüftung eine Abluftanlage vorgesehen (Bild 9.13), können die Luftvolumenströme nach [DIN 1946-6] geplant werden. Wenn neben dem Bad-/WC-Raum auch die Küche fensterlos ist, muss neben [DIN 1946-6] und [DIN 18017-3] auch die [BRLüft] beachtet werden. Zusätzlich zu den Forderungen an die Abluftvolumenströme/Entlüftungsvolumenströme nach [DIN 18017-3] ist nach [BRLüft] eine „Stoßlüftung von Küchen" zu realisieren, für die *„die Zuluft* (gemeint Außenluft) *über eine Lüftungsanlage mit Ventilator oder über dichte Leitungen vom Freien oder über Außenluftöffnungen unmittelbar zugeführt werden muss"*. Der Außenluftvolumenstrom für diese „Stoßlüftung" muss 200 m^3/h betragen. Die Realisierung eines solch hohen Wertes ist in der Praxis besonders für sehr kleine Küchen nur unter großen Schwierigkeiten möglich und beim derzeitigen Erkenntnisstand (z. B. nach [DIN 1946-6]) auch kaum noch zu rechtfertigen [Heinz97]. Eine ständige nutzerunabhängige Lüftung mit geringen Luftdurchsätzen ist nicht nur effektiver bei der Abführung von Feuchtigkeit und Schadstoffen, sondern auch energieeffizienter als eine entsprechend große Zahl von „Stoßlüftungen".

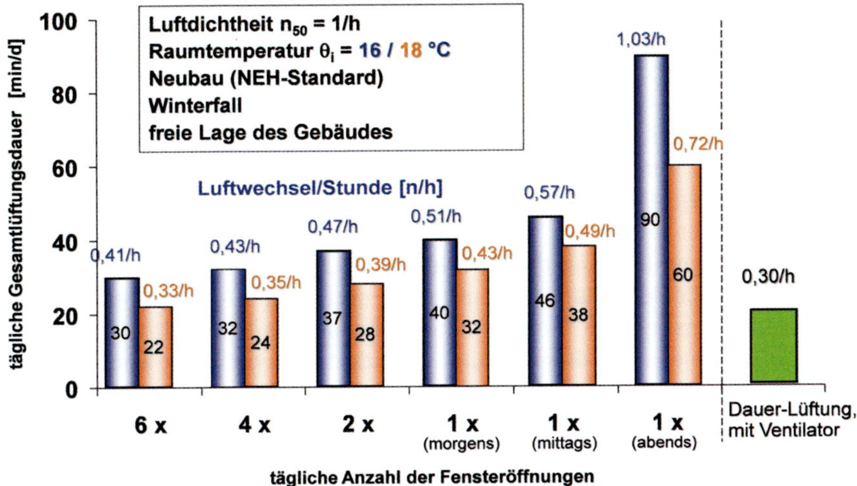

Bild 9.15: Einfluss des Lüftungsverhaltens auf den Mindestluftwechsel zur Vermeidung von Schimmelpilz-Wachstum (Beispiel Schlafzimmer)

Bild 9.15 zeigt das am Beispiel der Lüftung eines Schlafzimmers. Der ausgewiesene Luftwechsel durch Dauerlüftung hat hierbei den gleichen Effekt wie die verschiedenen Fensteröffnungs-Szenarien.

Auch wenn in Küchen mit ventilatorgestützter ‚Stoßlüftung' vielleicht ein größerer Luftvolumenstrom realisiert werden kann als mit dem geöffneten Fenster, wird fast immer der größere Teil der emittierten Feuchte in Bauwerk und Einrichtungsgegenständen gespeichert und nur der kleinere Rest direkt abgeführt werden. Eine der Ursachen ist auch der ungenügende Feuchte-Erfassungsgrad vieler Abluft-Herdhauben, für den es noch immer kein Prüfverfahren gibt [DIN EN 13141-3]. Für die notwendige Entspeicherung der Feuchte ist anschließend eine größere Zeitspanne als für deren Speicherung erforderlich. Da nicht geplant werden kann, wie lange der einzelne Nutzer die ‚Stoßlüftung' (z. B. auch bei tiefen Außentemperaturen) betreibt, bleibt die Feuchteabführung mit dieser Lüftungsform dem Zufallsprinzip überlassen. Eine nutzerunabhängige Dauerlüftung auf niedrigerem Niveau mit Zuschaltung der Intensivlüftung nach [DIN 1946-6] während feuchteintensiver Küchenprozesse bietet deshalb die wesentlich zuverlässigere Variante einer wirksamen Küchenlüftung.

Um eventuellen (auch juristischen) Problemen bei Planung und Ausführung der Lüftung fensterloser Küchen mit Sicherheit aus dem Weg zu gehen, ist es derzeitig in Deutschland immer noch am besten, nur NE zu konzipieren, in denen die Küchen Fenster haben. Das gilt zumindest für alle Bundesländer, in denen die [BRLüft] bauaufsichtlich eingeführt worden ist. Die Stabilität des Betriebs von Abluftanlagen mit Förderung der Abluft über Dach wird im Bild 9.16 dargestellt. Im Gegensatz zur Schachtlüftung (Bild 9.12) wird erst ab einer Windgeschwindigkeit von knapp 9 m/s (Nulldurchgang der $q_{v,Lee}$-Kurve) die ventilatorgestützte (Anlagen-)Lüftung durch freie (Quer-)Lüftung beeinflusst. Bis dahin verharrt der Außenluftvolumenstrom relativ stabil beim Auslegungswert. Der nachfolgende Anstieg des Gesamt-Luftvolumenstroms kann mit GLD/ALD mit oberer Luftvolumenstrom-Begrenzung verhindert bzw. reduziert werden (siehe Unterabschnitt 9.3.4).

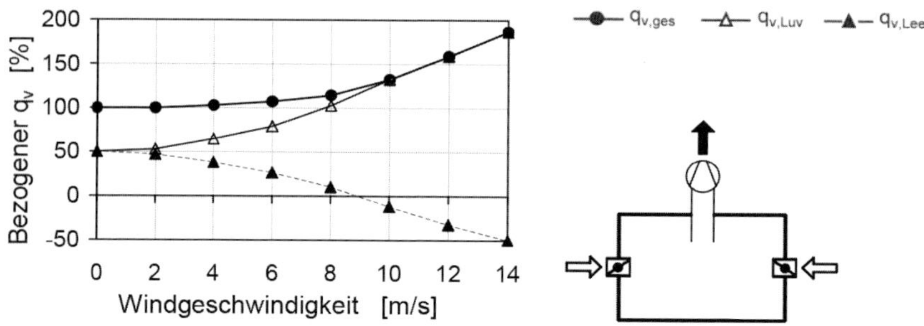

Bild 9.16: Einfluss des Windes auf die Stabilität der Luftvolumenströme bei Gebäuden/NE mit Abluftanlagen und GLD/ALD

– Nutzungseinheiten in EFH –

Eine eher selten angewandte Art der Abluftförderung ist im Bild 9.17 als dezentrale Unterdrucklüftung dargestellt. Ihr Einsatz wäre bei der Modernisierung von EFH (im Ausnahmefall auch von Nutzungseinheiten in MFH), die bisher frei gelüftet wurden und nachträglich auch keinen oder kaum Platz für Lüftungsschächte oder Luftleitungen bieten, vor allem in Verbindung mit Fensterwechsel denkbar. Bei Einsatz in NE von MFH muss jedoch bedacht werden, dass u. U. größere Belästigungen durch Abluft und zusätzlich durch Geräusche über geöffnete Fenster im Wohnbereich anderer NE auftreten könnten als bei freier Lüftung.

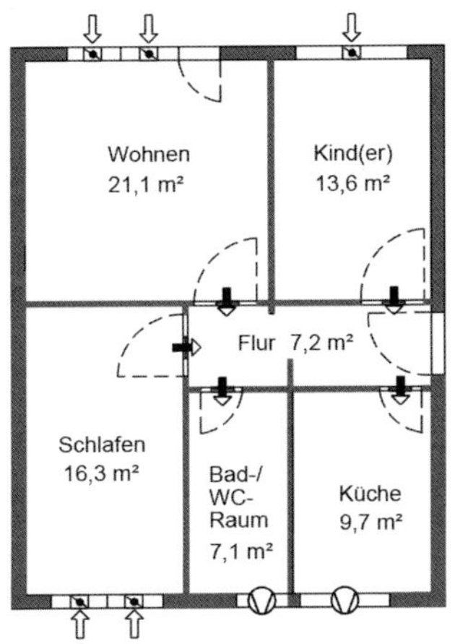

Bild 9.17: 75 m² große 3-Raum-Nutzungseinheit in MFH mit dezentralen Abluftventilatoren in Küche und Bad-/WC-Raum

Die meisten Hersteller von Lüftungsanlagen bzw. -geräten bieten mit der Aussicht auf deutliche Energieeinsparung durch Wärmerückgewinnung für EFH überwiegend nur Zu-/Abluftanlagen an. Weil solche Anlagen relativ kostenaufwendig sind (vor allem gegenüber freier Lüftung entstehen aus der Sicht vieler Bauherren zu hohe Mehrkosten), fällt am Ende die Entscheidung noch häufig auf die lüftungstechnische ‚Null-Lösung': Alle Räume besitzen Fenster, in der Küche sorgt eine „Dunstabzugshaube" (wird auch dann immer noch als ‚Abzugshaube' bezeichnet, wenn die Luft nur im Raum umgewälzt wird!) für gute(?) Verhältnisse und ‚ansonsten sei ja noch keiner erstunken'. Dass auch eine einfache Abluftanlage, die nicht nur im MFH, sondern häufig auch im EFH auftretenden Probleme mit relativ geringem (Investitions- und Betriebs-) Kostenaufwand sehr gut lösen kann, ist immer noch viel zu wenig bekannt. Das betrifft auch bedarfsgeführte (meistens über die Raumluftfeuchte gesteuerte) Abluftanlagen bzw. -geräte, die seit vielen Jahren angeboten werden. Dabei können mit ihnen nicht nur die Anforderungen an die Lüftung besser erfüllt werden als mit reiner Querlüftung mit Nutzerunterstützung (siehe Bild 1.11), sondern zusätzlich auch noch der Energiebedarf merklich reduziert werden.

– Zusammenspiel von [DIN 1946-6] und [DIN 18017-3] –

Für Wohnungen bzw. Nutzungseinheiten mit wohnähnlicher Nutzung, in denen Bäder bzw. Toiletten innen liegend sind, greifen sowohl [DIN 1946-6] als auch [DIN 18017-3]. Das Zusammenwirken beider Normen erweist sich als komplex und macht die Unterscheidung verschiedener Anwendungsfälle erforderlich. Insgesamt können vier mögliche Kombinationen (Fälle) dieser Normen unterschieden werden, wobei in allen Varianten innen liegende Bäder bzw. Toiletten existieren.

<table>
<tr><td>Fall 1</td><td>Es sind keine lüftungstechnischen Maßnahmen nach [DIN 1946-6] notwendig, da der erforderliche Luftvolumenstrom zum Feuchteschutz kleiner ist als der Luftvolumenstrom durch Infiltration ($q_{v,ges,NE,FL} \leq q_{v,Inf,wirk}$). Die Auslegung der Entlüftungsanlage erfolgt nur nach [DIN 18017-3]:
– Innen liegende Räume werden nach [DIN 18017-3] berücksichtigt.
– Es sind geeignete Zulufträume zur Luftnachströmung festzulegen und (soweit zusätzlich zur Infiltration erforderlich) mit Gebäudehüllen- (GLD/ALD) und Überström(luft)-Luftdurchlässen (ÜLD) auszurüsten.
– Die übrigen Räume werden nicht betrachtet.</td></tr>
<tr><td>Fall 2</td><td>Es sind lüftungstechnische Maßnahmen nach [DIN 1946-6] notwendig, da der erforderliche Luftvolumenstrom zum Feuchteschutz größer ist als der Luftvolumenstrom durch Infiltration ($q_{v,ges,NE,FL} > q_{v,Inf,wirk}$). Die Auslegung der Entlüftungsanlage erfolgt nach [DIN 18017-3], die Entlüftung reicht dabei im Dauerbetrieb für die gesamte Nutzungseinheit für die Betriebsstufe (LSt) Lüftung zum Feuchteschutz aus:
a) Innen liegende Räume werden mit einer Entlüftungsanlage nach [DIN 18017-3] ausgerüstet.
b) Im Dauerbetrieb der Entlüftungsanlage ist die LSt Lüftung zum Feuchteschutz für die gesamte Nutzungseinheit sichergestellt.
• Alle nicht innen liegenden Räume (auch Küchen!) werden für die Luftnachströmung genutzt und sind (soweit zusätzlich zur Infiltration erforderlich) mit GLD/ALD und ÜLD auszurüsten.
• Der Strömungsweg Küche → Aufenthaltsraum → Bad ist nicht zulässig.
• Hinweise zur Auslegung enthält [DIN 1946-6] Unterabschnitt 9.3.2 („Fall 1“)</td></tr>
</table>

Fall 3	Es sind lüftungstechnische Maßnahmen nach [DIN 1946-6] notwendig, da der erforderliche Luftvolumenstrom zum Feuchteschutz größer ist als der Luftvolumenstrom durch Infiltration ($q_{v,ges,NE,FL} > q_{v,Inf,wirk}$). Die Auslegung der Entlüftungsanlage erfolgt nach [DIN 18017-3], die Entlüftung reicht dabei im Dauerbetrieb für die gesamte Nutzungseinheit nicht für die LSt Lüftung zum Feuchteschutz aus und es ist zusätzliche Querlüftung erforderlich: a) Innen liegende Räume werden mit einer Entlüftungsanlage nach [DIN 18017-3] ausgerüstet. b) Im Dauerbetrieb der Entlüftungsanlage ist die LSt Lüftung zum Feuchteschutz für die gesamte Nutzungseinheit nicht sichergestellt. c) Alle nicht innen liegenden Räume (auch Küchen!) werden für die Luftnachströmung sowie die Querlüftung zum Feuchteschutz genutzt und sind mit GLD/ALD und ÜLD auszurüsten. d) Der Strömungsweg Küche → Aufenthaltsraum → Bad ist nicht zulässig. e) Hinweise zur Auslegung enthält [DIN 1946-6] Unterabschnitt 9.3.2 („Fall 2“)
Fall 4	Es sind lüftungstechnische Maßnahmen nach [DIN 1946-6] notwendig, da der erforderliche Luftvolumenstrom zum Feuchteschutz größer ist als der Luftvolumenstrom durch Infiltration ($q_{v,ges,NE,FL} > q_{v,Inf,wirk}$). Die Auslegung einer Abluftanlage oder einer Zu-/Abluftanlage erfolgt für die LSt Nennlüftung nach [DIN 1946-6] unter Einhaltung der Anforderungen nach [DIN 18017-3] an innen liegende Räume: a) Alle Ablufträume (innen und außen liegend) werden mit einer Abluftanlage nach [DIN 1946-6] unter Einhaltung der Luftvolumenströme nach [DIN 18017-3] ausgerüstet. • Alle Zulufträume werden für die Luftnachströmung genutzt. • Die Auslegung des Lüftungssystems erfolgt für die LSt Nennlüftung nach [DIN 1946-6] unter Einhaltung der Anforderungen nach [DIN 18017-3] für innen liegende Räume.

In Tabelle 9.8 sind die wesentlichen Randbedingungen für die Fallunterscheidung an der Schnittstelle der Normen [DIN 1946-6] und [DIN 18017-3] zusammengefasst.

Tabelle 9.8: Randbedingungen für die Fallunterscheidung an der Schnittstelle von [DIN 1946-6] und [DIN 18017-3]

<table>
<tr><th>Randbedingung</th><th>Fall 1</th><th>Fall 2</th><th>Fall 3</th><th>Fall 4</th></tr>
<tr><td>Innen liegende Räume nach [DIN 18017-3]?</td><td colspan="4">ja</td></tr>
<tr><td>Lüftungstechnische Maßnahmen nach [DIN 1946-6]?</td><td>nein</td><td colspan="3">ja ($q_{v,ges,NE,FL} > q_{v,Inf,wirk}$)</td></tr>
<tr><td colspan="5">Geplantes Lüftungssystem</td></tr>
<tr><td>Entlüftungsanlage nach [DIN 18017-3]?</td><td colspan="3">ja</td><td>inkl.</td></tr>
<tr><td>Querlüftung nach [DIN 1946-6]?</td><td colspan="2">nein</td><td>ja</td><td>nein</td></tr>
<tr><td>Abluftanlage/ Zu-/Abluftanlage nach [DIN 1946-6]?</td><td colspan="3">nein</td><td>ja</td></tr>
<tr><td colspan="5">Geplante Lüftungs-(Betriebs-)stufe</td></tr>
<tr><td>Lüftung zum Feuchteschutz?</td><td>nein</td><td colspan="2">ja</td><td rowspan="2">inkl.</td></tr>
<tr><td>Reduzierte Lüftung?</td><td colspan="2">nein</td><td>möglich</td></tr>
<tr><td>Nennlüftung?</td><td colspan="3">nein</td><td>ja</td></tr>
<tr><td colspan="5">Luftnachströmung aus</td></tr>
<tr><td>einzelnen Zulufträumen?</td><td>ja</td><td colspan="3">nein</td></tr>
<tr><td>allen Zulufträumen?</td><td>möglich</td><td colspan="3">ja</td></tr>
<tr><td>Feuchträumen (z. B. Küchen)?</td><td>nein</td><td colspan="2">ja</td><td>nein</td></tr>
</table>

Für eine beispielhaft ausgewählte Wohnung (Bild 9.18) eines vierstöckigen Mehrfamilienhauses in windstarker Lage sollen nachfolgend die Auswirkungen der Fallunterscheidungen anhand von konkreten Berechnungen verdeutlicht werden.

Die gewählte Wohnung hat bei einer mittleren lichten Raumhöhe von 2,59 m eine Grundfläche von 63,8 m², die sich wie folgt aufteilt:

- Wohnzimmer: 18,4 m²
- Schlafzimmer: 13,7 m²
- Kinderzimmer: 13,4 m²
- Küche: 9,9 m²
- innen liegendes Bad: 3,6 m²
- Flur: 4,8 m²

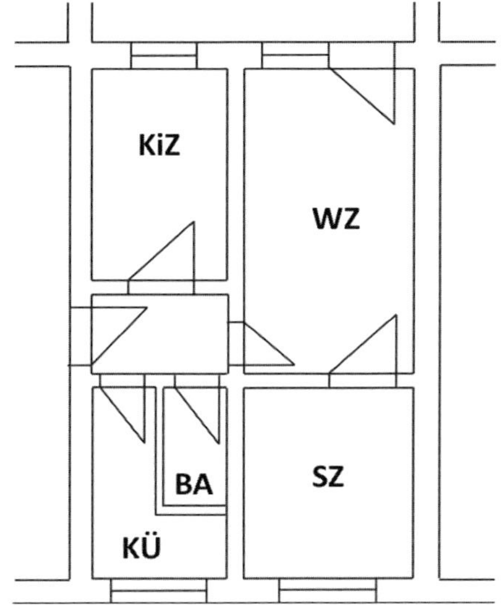

Bild 9.18: 64 m² große 3-Raum-Nutzungseinheit in MFH mit innen liegendem Bad

Fall 0:

Für Fall 0 wird ein Gebäude im Bestand mit hoher Belegung (< 40 m²/Person) unterstellt, dessen Luftdichtheit $n_{50} = 4{,}5\ h^{-1}$ beträgt. Da für die untersuchte Wohnung der Luftvolumenstrom durch Infiltration $q_{v,Inf,wirk} = 57\ m^3/h$ größer ist als der erforderliche Luftvolumenstrom für die Lüftung zum Feuchteschutz $q_{v,ges,NE,FL} = 30\ m^3/h$, sind keine lüftungstechnischen Maßnahmen nach [DIN 1946-6] notwendig.

Im innen liegenden Bad ist eine Entlüftungsanlage vorzusehen. Wird die Entlüftungsanlage nach [DIN 18017-3] für konventionellen Betrieb konzipiert, sind der Ventilator und der Überström(luft)-Luftdurchlass (ÜLD) im Bad für $q_{v,LtM} = 40\ m^3/h$ auszulegen. Für den ÜLD ergibt sich mit dem Auslegungsdifferenzdruck von 1,5 Pa eine freie Mindestfläche von 100 cm² (mit dreiseitig umlaufender Dichtung der Badtür) bzw. von 75 cm² (ohne umlaufende Dichtung der Badtür). Nach [DIN 18017-3] ist weiterhin die Luftnachströmung mit Gebäudehüllen-Luftdurchlässen (GLD/ALD) und ÜLD sicherzustellen. Ein bzw. mehrere GLD/ALD können im Fall 0 in beliebigen Räumen – außer im innen liegenden Bad oder in der Küche – angeordnet werden. Bei der Auslegung mit 8 Pa Differenzdruck ergibt sich allerdings wegen der undichten Gebäudehülle für den GLD/ALD $q_{v,LtM}$ = 0 m³/h, d. h. es kann auf den Einbau von GLD/ALD verzichtet werden, da auch im Auslegungsfall der Entlüftungsanlage ausreichend Außenluft durch Leckagen in der Gebäudehülle nachströmt.

Soll die Überströmung planmäßig vom Schlafzimmer erfolgen, ergibt sich für die Innentür zwischen Schlafzimmer und Flur mit 1,5 Pa Differenzdruck ein Luftvolumenstrom von 7 m³/h. Bei schwellenlosen Türen reicht in diesem Fall der planmäßige Türunterschnitt für die Nachströmung aus. Bild 9.19 zeigt für die Beispielwohnung die Ergebnisse der Auslegung für Fall 0.

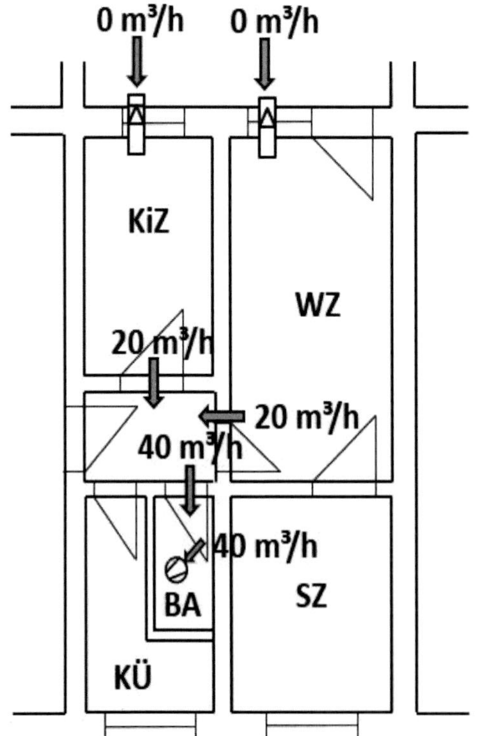

Bild 9.19: 3-Raum-Nutzungseinheit in MFH mit innen liegendem Bad – Auslegung einer Entlüftungsanlage nach [DIN 18017-3] – Fall 0

Fall 1:

Für Fall 1 wird ein Gebäude mit einer Luftdichtheit von n_{50} = 1,5 h^{-1} (Kategorie B nach [DIN 1946-6]) angenommen. Da für die untersuchte Wohnung der Luftvolumenstrom durch die Infiltration $q_{v,Inf,wirk}$ = 19 m³/h kleiner als der erforderliche Luftvolumenstrom für die Lüftung zum Feuchteschutz $q_{v,ges,NE,FL}$ = 30 m³/h ist, sind lüftungstechnische Maßnahmen nach [DIN 1946-6] erforderlich.

Unter den für die Beispielwohnung gegebenen Randbedingungen (Volumenstrom im Dauerbetrieb 50 % des Auslegungs-Luftvolumenstromes) mit einem innen liegenden Bad lässt sich Fall 1 nicht darstellen, da eine Entlüftung mit konventionellem Dauerbetrieb mit 20 m³/h (Kategorie R-ZD) und im bedarfsabhängigen Betrieb (Kategorie R-BD) mit mindestens 15 m³/h (siehe [DIN 18017-3]) nicht ausreicht, um durch Nachströmung den Außenluftvolumenstrom für die Lüftung zum Feuchteschutz mit 29 m³/h (für die restliche Nutzungseinheit ohne innen liegendes Bad mit A = 60,2 m²) zu gewährleisten. Das Lüftungskonzept für die Wohnung müsste dann neben der Luftnachströmung für die Entlüftungsanlage im Auslegungsfall mindestens noch die dauerhafte Querlüftung zum Feuchteschutz gewährleisten, womit der Übergang von Fall 1 zu Fall 2 gegeben ist.

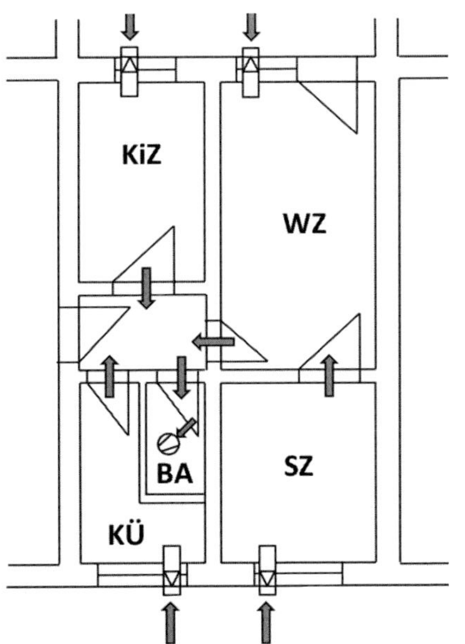

Bild 9.20 zeigt für die Beispielwohnung schematisch das Lüftungskonzept für Fall 1. Zu beachten ist, dass alle nicht innen liegenden Räume mit GLD/ALD und ÜLD zur Luftnachströmung auszurüsten sind und die Überströmung von der Küche über den Flur in das Bad (nicht über Aufenthaltsräume!) erfolgt.

Bild 9.20: 3-Raum-Nutzungseinheit in MFH mit innen liegendem Bad – Auslegung einer Entlüftungsanlage nach [DIN 18017-3] – Fall 1

Fall 2:

Wie im Fall 1 wird ein Gebäude mit einer Luftdichtheit von n_{50} = 1,5 h^{-1} (Kategorie B nach [DIN 1946-6]) angenommen. Da für die untersuchte Wohnung der Luftvolumenstrom durch die Infiltration $q_{v,Inf,wirk}$ = 19 m³/h kleiner als der erforderliche Luftvolumenstrom für die Lüftung zum Feuchteschutz $q_{v,ges,NE,FL}$ = 30 m³/h ist, sind lüftungstechnische Maßnahmen nach [DIN 1946-6] erforderlich.

Zur Realisierung des Falles 2 muss in der Beispielwohnung neben dem Entlüftungssystem noch Querlüftung zum Feuchteschutz (optional auch Querlüftung für die LSt Reduzierte Lüftung) geplant werden. Wie mit der Überlagerung dieser beiden Lüftungskonzepte umzugehen ist, wird in [DIN 1946-6] Unterabschnitt 9.3.2 als Fall 2 beschrieben. Dort heißt es:

„Dieses kombinierte Lüftungssystem wird so ausgelegt, dass für die Nutzungseinheit und die Räume ... der Nutzungseinheit mindestens die Lüftung zum Feuchteschutz über die Einrichtungen zur freien Lüftung, das Entlüftungssystem sowie die Infiltration sichergestellt ist. Eine Auslegung nach reduzierter Lüftung oder Nennlüftung kann bei weitergehenden Anforderungen erfolgen. Wird das Entlüftungssystem nicht nach den Volumenstromanforderungen des Abschnitts 8 [ventilatorgestützte Lüftung] ausgelegt, ist der Lüftungsbereich als frei gelüftet zu betrachten.

Fall 2: Die Lüftung zum Feuchteschutz der NE [Nutzungseinheit] ist nicht über das Entlüftungssystem nach DIN 18017-3 sichergestellt.

Ist der minimale Abluftvolumenstrom des Entlüftungssystems kleiner der notwendigen Lüftung zum Feuchteschutz der restlichen Nutzungseinheit, erfolgt die Auslegung der ALD nach Gleichung (39). Berücksichtigt werden dabei der maximale Luftvolumenstrom des Entlüftungssystems und auch der Luftvolumenstrom für die Lüftung zum Feuchteschutz für die restliche Nutzungseinheit. Die Aufteilung des Luftvolumenstroms $q_{v,ALD}$ kann im Verhältnis der Außenluftvolumenströme $q_{v,ges,R}$ nach Tabelle 11 erfolgen. Der Auslegungs-Differenzdruck für die ALD ist nach Gleichung (24) [ALD für freie Lüftung] zu bestimmen.

Für ÜLD erfolgt die Auslegung nach Gleichung (40) und Gleichung (41). Dabei sind zu den fensterlosen Bädern und Toiletten 1,5 Pa, zu den weiteren Räumen nicht mehr als 0,5 Pa anzusetzen. Die Aufteilung des Luftvolumenstroms $q_{v,ÜLD}$ für die restlichen Räume kann im Verhältnis der Außenluftvolumenströme $q_{v,ges,R}$ nach Tabelle 11 erfolgen.“

Unter Beachtung dieser Erläuterungen ist für die Beispielwohnung im innen liegenden Bad eine Entlüftungsanlage vorzusehen. Wird die Entlüftungsanlage nach [DIN 18017-3] für bedarfsgeführten Betrieb (Kategorie R-BD mit mindestens 15 m³/h, siehe [DIN 18017-3]) konzipiert, sind der Ventilator und der Überströmluftdurchlass im Bad für $q_{v,LtM}$ = 40 m³/h auszulegen. Für den Überströmluftdurchlass ergibt sich mit dem Auslegungs-Differenzdruck von 1,5 Pa eine freie Mindestfläche von 100 cm² (mit dreiseitig umlaufender Dichtung der Badtür) bzw. von 75 cm² (ohne umlaufende Dichtung der Badtür).

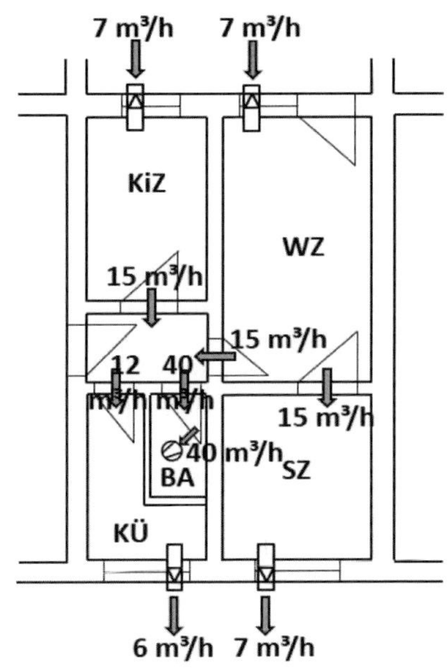

Bild 9.21: 3-Raum-Nutzungseinheit in MFH mit innen liegendem Bad – Auslegung einer Entlüftungsanlage nach [DIN 18017-3] und von Querlüftung zum Feuchteschutz nach [DIN 1946-6], Fall 2

Für die Beispielwohnung sind im Fall 2 GLD/ALD und ÜLD für alle nicht innen liegenden Räume zu planen, die Bemessung erfolgt nach [DIN 1946-6] Unterabschnitt 9.3.2 unter Einhaltung der Anforderungen für die Luftnachströmung der Entlüftungsanlage im Auslegungsfall (40 m³/h) sowie für die Querlüftung zum Feuchteschutz für die Nutzungseinheit unter Anrechnung der Entlüftungsanlage im Dauerbetrieb (15 m³/h).

Damit ergibt sich für die GLD/ALD (windstarke Lage, normale Abschirmung, mehr als 1 Fassade, maximal 4. Geschoss, eingeschossige Nutzungseinheit, Wärmeschutz gering, hohe Belegung, ohne raumluftabhängige Feuerstätte, Höhenunterschied zwischen Leckagen und GLD/ALD) $q_{v,ALD}$ = 28 m³/h. Mit der Auslegungs-Differenzdruck von 4 Pa ergibt sich für die GLD/ALD in den Aufenthaltsräumen ein Luftvolumenstrom von jeweils 7 m³/h, für die Küche von 6 m³/h.

Für die ÜLD in Räumen ohne Entlüftungssystem ergibt sich $q_{v,ÜLD}$= 58 m³/h. Für die Überströmung vom Kinderzimmer zum Flur, vom Wohnzimmer zum Flur sowie zwischen Wohn- und Schlafzimmer ergeben sich Luftvolumenströme von 15 m³/h sowie zwischen Küche und Flur von 12 m³/h mit einem Auslegungsdifferenzdruck von 0,5 Pa.

Für den daraus resultierenden freien Querschnitt von weniger als 70 cm^2 reicht bei schwellenlosen Türen der funktionsbedingte Türunterschnitt für die Nachströmung aus. Bild 9.21 zeigt für die Beispielwohnung die Ergebnisse der Auslegung für Fall 2.

Fall 3:

Im Fall 3 soll die Entlüftungsanlage nach [DIN 18017-3] zu einer Abluftanlage nach [DIN 1946-6] unter Einhaltung von [DIN 18017-3] erweitert werden. Daraus resultieren zunächst erhöhte Anforderungen an die Luftdichtheit, der n_{50}-Vorgabewert für ventilatorgestützte Lüftung nach [DIN 1946-6] beträgt n_{50} = 1,0 h^{-1} (Kategorie A). Da für die untersuchte Wohnung der Luftvolumenstrom durch Infiltration $q_{v,Inf,wirk}$ = 13 m^3/h kleiner als der erforderliche Luftvolumenstrom für die BS Lüftung zum Feuchteschutz $q_{v,ges,NE,FL}$ = 30 m^3/h ist, sind lüftungstechnische Maßnahmen nach [DIN 1946-6] erforderlich.

Mit dem Übergang von einer Entlüftungsanlage nach [DIN 18017-3] zu einem ventilatorgestützten Lüftungssystem nach [DIN 1946-6] verbunden sind weiterhin

1) die Definition aller Feuchträume als Ablufträume (Bäder, WC, Küchen, ...) und
2) die Auslegung nach Nennlüftung (oder optional nach Intensivlüftung).

Für die Beispielwohnung ergeben sich für die Abluftventilatoren (bzw. Abluftventile bei Anschluss an ein zentrales Abluftsystem) sowie für die ÜLD Auslegungs-Luftvolumenströme von 40 m^3/h für die Küche und für das innen liegende Bad. Für die ÜLD ergibt sich mit dem Auslegungsdifferenzdruck von 1,5 Pa eine freie Mindestfläche von 100 cm^2 (mit dreiseitig umlaufender Dichtung der Badtür) bzw. von 75 cm^2 (ohne umlaufende Dichtung der Badtür).

Die Luftnachströmung erfolgt über alle Zulufträume, in der Beispielwohnung sind das Wohn-, Kinder- und Schlafzimmer. Dabei ist zu beachten, dass in Schlafräumen nach [DIN 1946-6], Tabelle 17 ein Luftvolumenstrom von mindestens 15 m^3/h je Person bei der Auslegung sicherzustellen ist. Wird für das Schlafzimmer von 2 Personen ausgegangen, lässt sich diese Forderung im Beispiel durch die Anpassung des Faktors $f_{R,zu}$ = 3 (statt Standardwert $f_{R,zu}$ = 2) erreichen. Für das Wohnzimmer ($f_{R,zu}$ = 3) und für das Kinderzimmer ($f_{R,zu}$ = 2) werden hingegen die Standardwerte für die Aufteilung der zuluftseitigen Luftvolumenströme verwendet.

Mit dem Auslegungsdifferenzdruck von 8 Pa ergeben sich bei einer Infiltration von $q_{v,Inf,wirk}$ = 35 m³/h für die GLD/ALD im Wohnzimmer und im Schlafzimmer ein Luftvolumenstrom von jeweils 17 m³/h sowie für das GLD/ALD im Kinderzimmer von 11 m³/h.

Für die Auslegung der ÜLD zur Überströmung ergeben sich mit einem Auslegungsdifferenzdruck von 1,5 Pa die folgenden Luftvolumenströme und erforderlichen freien Querschnitte:

1) Kinderzimmer → Flur: 20 m³/h → 50/25 cm² (mit/ohne Dichtung)

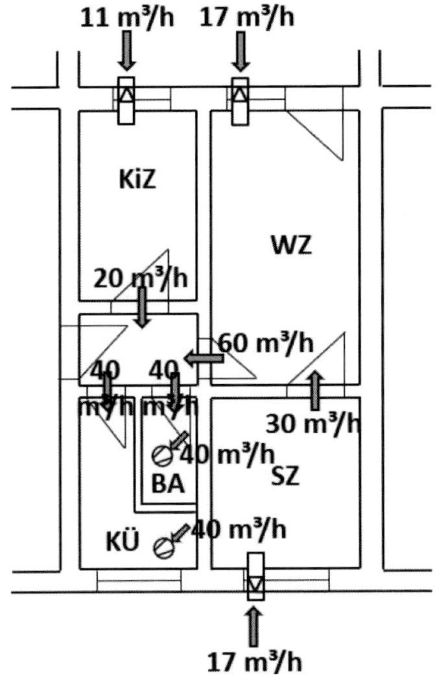

Bild 9.22: 3-Raum-Nutzungseinheit in MFH mit innen liegendem Bad – Auslegung einer Abluftanlage nach [DIN 1946-6] unter Einhaltung der Anforderungen der [DIN 18017-3], Fall 3

2) Schlafzimmer → Wohnzimmer: 30 m³/h → 75/50 cm² (mit/ohne Dichtung)

3) Wohnzimmer → Flur: 60 m³/h → 150/125 cm² (mit/ohne Dichtung)

Bild 9.22 zeigt für die Beispielwohnung die Ergebnisse der Auslegung für Fall 3.

Gleichdrucklüftung (Zu-/Abluftanlagen bzw. -geräte)

– Nutzungseinheiten in MFH –

Bild 9.23 zeigt den Grundriss einer 3-Raum-NE im MFH mit fensterloser(m) Küche und Bad-/WC-Raum und ca. 68 m^2 Netto-Wohnfläche. Sie soll mit einer Zu-/Abluftanlage (Gleichdrucklüftung) gelüftet werden.

Nach [DIN 1946-6] werden folgende Minimalanforderungen an den Außenluftvolumenstrom der gesamten NE ermittelt (für die Planung gelten die gleichen Standard-Randbedingungen/Vorgaben wie für das Beispiel Querlüftung; Ausnahmen: $n_{50} = 1\ h^{-1}$, LSt: Nennlüftung). Maßgeblich für die Auslegung sind dabei die Ablufträume (bei Nennlüftung Bad mit 40 m^3/h und Küche mit 40 m^3/h) und die nicht die Anforderungen, die aus der Größe der Wohnung resultieren.

- Lüftung zum Feuchteschutz ($f_{LSt} = 0{,}3$): 24 $m^3/(h \cdot NE)$,
- Reduzierte Lüftung ($f_{LSt} = 0{,}7$): 56 $m^3/(h \cdot NE)$,
- Nennlüftung ($f_{LSt} = 1$): 80 $m^3/(h \cdot NE)$ und
- Intensivlüftung ($f_{LSt} = 1{,}3$): 104 $m^3/(h \cdot NE)$.

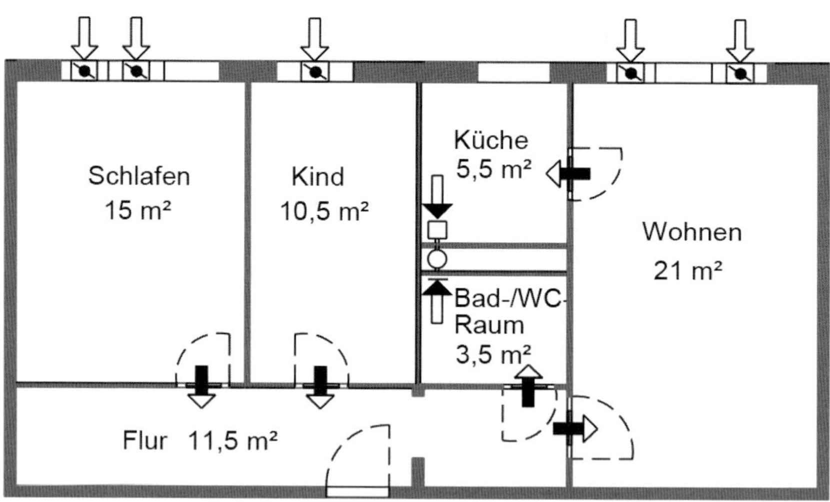

Bild 9.23: 68 m^2 große 3-Raum-NE mit fensterlosem Bad-/WC-Raum mit Gleichdrucklüftung (zentrale Zu-/Abluftanlage), Anschluss von Bad-/WC-Raum nach [DIN 18017-3] und für die Küche nach [DIN 1946-6]

Die Luft-In- und -Exfiltration spielt hier keine zu beachtende Rolle, weil sie nach [DIN 1946-6] nur für die Auslegung von GLD/ALD zu berücksichtigen ist (siehe auch Unterabschnitt 4.2.3).

Für die Auslegungs-Luftvolumenströme der Zu-/Abluftanlage (Bezugswert für LK: LSt Nennlüftung) erhält man unter Beachtung von Gleichung (2.25) bzw. der Werte in Tabelle 16 von [DIN 1946-6] die Werte gemäß Tabelle 9.9. Dabei ist zu beachten, dass in Schlafräumen nach [DIN 1946-6], Tabelle 17 ein Luftvolumenstrom von mindestens 15 m³/h je Person bei der Auslegung sicherzustellen ist. Wird für das Schlafzimmer von 2 Personen ausgegangen, lässt sich diese Forderung im Beispiel durch die Anpassung des Faktors $f_{R,zu}$ = 3 (statt Standardwert $f_{R,zu}$ = 2) erreichen.

Bei der Lüftungsstufe Intensivlüftung ist es dem Nutzer im Bedarfsfalle (Auftreten höherer als die der Planung zugrunde liegenden Lasten) auch bei Zu-/Abluftanlagen bzw. -geräten zumutbar, zusätzlich temporär die Fenster zu öffnen. Um keine Heizwärme zu verschwenden, sollte diese Lüftungsstufe aber nicht länger als maximal je zwei Stunden genutzt werden (zweckdienlich ist hierfür eine automatische Zeitbegrenzung).

Tabelle 9.9: Berechnungsergebnisse für die Auslegungs-Luftvolumenströme der Lüftungskomponenten (LK) in $m^3/(h \cdot LK)$ in einer MFH-NE mit Gleichdrucklüftung Zu-/Abluftanlage); nach [DIN 18017-3] und [DIN 1946-6]

Räumlichkeit	Auslegungs-Luftvolumenströme für LK Gleichdrucklüftung (LSt Nennlüftung)				
	ZuLD	ÜLD	AbLD	Leitungen	Ventilator
NE	(80)	(80)	(80)	(80)	(80)
Küche	–	40	40	40	–
Bad/WC	–	40	40	40	–
Schlafen	30	30	–	30	–
Wohnen	30	30	–	30	–
Kinder	20	20	–	20	–

Für die Wahl der Zuluftvolumenströme bestehen theoretisch drei Betriebsmöglichkeiten:

– Die Luftvolumenströme sind gleich (Gleichdruck-Betrieb: Tabelle 9.9), um zusätzlichen Heizwärmebedarf für die Erwärmung des Luft-In- und -Exfiltrations-Anteils und unkontrollierte Zuglufterscheinungen zu vermeiden. Diese so genannte balancierte Fahrweise ist im Regelfall zu empfehlen.

- Der Zuluft- wird kleiner als der Abluftvolumenstrom gewählt, um Unterdruck in den „Ablufträumen“ zu erzeugen und die Windanfälligkeit des Systems zu reduzieren. Die Volumenstrom-Differenz (meist im Bereich von $\leq 10\,\%$) strömt dabei als unbehandelte Außenluft über noch vorhandene Rest-Undichtheiten unkontrolliert und ohne Nutzung der Wärmerückgewinnung in die Wohnung.
- Der Zuluft- wird größer als der Abluftvolumenstrom gewählt, um Überdruck in der Nutzungseinheit zu erzeugen Die Volumenstrom-Differenz (meist im Bereich von $\leq 10\,\%$) strömt dabei als Raumluft über noch vorhandene Rest-Undichtheiten unkontrolliert und ohne Nutzung der Wärmerückgewinnung aus der Wohnung. Dies ist hinsichtlich der bauphysikalischen Effekte umstritten (mögliche Taupunktunterschreitung der abströmenden Luft in den Leckagen), hat aber den Vorteil, dass Radon (siehe auch Unterabschnitt 9.5.2) nicht aus dem Erdreich über erdreichberührte Bauteile in die Nutzungseinheit eindringen kann.

In [HARTM98, WERNER95 und 99 sowie ZELLER95] wird dem Gleichdruck-Betrieb Vorzug eingeräumt. Die gegenüber Unterdruck erzielbare Heizwärme-Einsparung würde für das RMH bei 10 % Abluftüberschuss und einem Temperaturänderungsgrad von $\eta_\theta = 65\,\%$ jedoch nur 1 % betragen [HARTM98].

Zur Installation von Einzelraum-Lüftungsgeräten (R-LG) mit alternierender Betriebsweise (auch als Push-/Pull-Geräte oder Pendellüfter bekannt) ist im Zusammenhang mit Tabelle 9.9 Folgendes anzumerken:

Diese Geräte arbeiten paarweise und sind für die Lüftung eines einzelnen Raumes oder von zwei Räumen konzipiert. Häufig erfolgt der Einsatz bei energetischen Sanierungen in Mehrfamilienhäusern oder bei der Nachrüstung in einzelnen Räumen mit Feuchtigkeits- bzw. Lüftungsproblemen. Hinsichtlich der Auslegung greifen dann die Anforderungen an kombinierte Systeme nach [DIN 1946-6], Abschnitt 9, da auch in den Räumen ohne Lüftungsgeräte auf Basis des Lüftungskonzeptes eine ausreichende Lüftung sichergestellt werden muss und ggf. Wechselwirkungen zwischen den einzelnen Lüftungssystemen zu beachten sind. Aufgrund der Funktionsweise der alternierenden Geräte sind einige Punkte besonders zu beachten, für die es zum gegenwärtigen Stand teilweise noch keine gesicherten, wissenschaftlich belegten Erkenntnisse gibt:

- Können die auf dem Prüfstand gemessenen hohen Wärmerückgewinnungseffekte auch im praktischen Betrieb und unter Störeinflüssen (z. B. Winddrücke an der Fassade oder Unterdruck von Entlüftungsanlagen in innen liegenden Bädern) erreicht werden?

- Wie störend wird der Geräteschall insbesondere in Schlafräumen unter Beachtung der regelmäßigen An- und Ausschaltvorgänge zur Drehrichtungsumkehr wahrgenommen?
- Welche Filterwirkung wird in Verbindung mit der regelmäßigen Drehrichtungsumkehr erreicht?
- Wie ist die Lüftungseffektivität bei weit voneinander angeordneten (als Paar arbeitenden) Geräten zu bewerten?
- Welche Luftvolumenströme werden unter Beachtung der An- und Ausschaltvorgänge im zeitlichen Mittel tatsächlich gefördert?
- Um wieviel höher sind die zu erwartenden Instandhaltungs-Aufwendungen gegenüber vergleichbaren anderen Lösungen mit geringerer oder keiner (bei zentralen Anlagen) Anzahl von Geräten je Nutzungseinheit?

– Nutzungseinheiten in EFH –

Im Bild 9.24 ist ein zweigeschossiges Einfamilienhaus mit zusätzlicher Einlieger-Wohnung sowie Keller und Spitzboden dargestellt. Das lüftungstechnische Konzept umfasst die beiden hell dargestellten Wohngeschosse. Haupt- und Einlieger-Wohnung werden als getrennte NE behandelt, aber über eine Anlage gelüftet. Die geheizte Nutzfläche beträgt 151,7 m^2, davon entfallen 121,5 m^2 auf die Haupt-Wohnung und 30,2 m^2 auf die Einlieger-Wohnung.

Nach [DIN 1946-6] werden die gemäß Tabelle 9.10 aufgeführten Minimalanforderungen an die Außenluftvolumenströme gestellt. Für die Planung gelten die gleichen Standard-Randbedingungen/Vorgaben wie für das Beispiel „Nutzungseinheiten in MFH“; Belegung Haupt-NE: 2 + 2 Personen; Einlieger-NE: eine Person.

Tabelle 9.10: Minimalanforderungen an die Außenluftvolumenströme $q_{v,ges,NE}$ für ein EFH mit Einlieger-NE mit Gleichdrucklüftung (zentrale Zu-/Abluftanlage); nach [DIN 1946-6]

Betriebsstufe (LSt)	Haupt-NE	Einlieger-NE	Einheit
Lüftung zum Feuchteschutz (hohe Belegung, hoher Wärmeschutz)	36	13	$m^3/(h \cdot NE)$
Reduzierte Lüftung	85	31	
Nennlüftung	121	44	
Intensivlüftung	158	57	

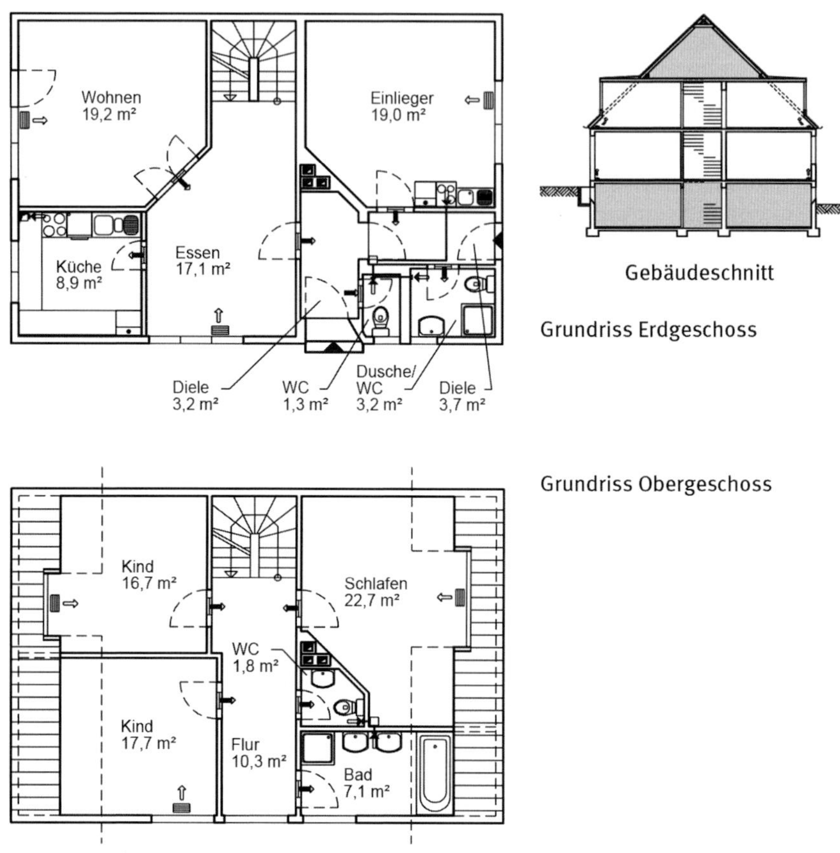

Bild 9.24: 121 m² große 5-Raum-NE zzgl. einer ca. 30 m² großen Einlieger-NE im EFH mit Gleichdrucklüftung (zentrale Zu-/Abluftanlage für beide NE)

Für die Auslegungs-Luftvolumenströme der Zu-/Abluftanlage (Bezugswert für LK: Nennlüftung) erhält man die Werte gemäß Tabelle 9.11.

Tabelle 9.11: Berechnungsergebnisse für die Auslegungs-Luftvolumenströme der Lüftungskomponenten (LK) einer NE einschließlich Einlieger-NE im EFH mit gemeinsamer Zu-/Abluftanlage (LSt Nennlüftung) in $m^3/(h \cdot LK)$; nach [DIN 1946-6]

Räumlichkeit	Auslegungs-Luftvolumenströme für LK Gleichdrucklüftung (LSt Nennlüftung)				
	ZuLD	ÜLD	AbLD	Leitungen	Ventilator
4-R-NE	(121)	–	(121)	(121)	(121)
Küche	–	48	48	48	–
Bad	–	48	48	48	–
WC	–	24	24	24	–
Wohnen	36	36	–	36	–
Schlafen	36	36	–	36	–
Kinder	24	24	–	24	–
Kinder	24	24	–	24	–
Einlieger-NE	(53)	–	(53)	(53)	(53)
Dusche	–	21	21	21	–
WC	–	11	11	11	–
Kochnische	–	-	21	21	–
Wohnen	53	32	–	53	–

Weitere umfänglich dokumentierte Auslegungsbeispiele können dem bei Redaktionsschluss noch in Bearbeitung befindlichen Beiblatt 1 zur [DIN 1946-6] entnommen werden.

9.3.4 Lüftungskomponenten

Tabelle 9.12 listet die für die Funktion von Systemen der freien und ventilatorgestützten Lüftung notwendigen Lüftungs-Komponenten auf (zusammengefasst und erweitert nach [DIN 1946-6]).

Tabelle 9.12: Lüftungskomponenten für LtM der freien und ventilatorgestützten Lüftung

Lüftungssystem	Freie Lüftung		Ventilatorgestützte Lüftung		
	Querlüftung	Schachtlüftung	Abluftsystem	Zuluftsystem	Zu-/Abluftsystem
Gebäudehüllen-Luftdurchlass (GLD/ALD)	x	x	x	x	(x)***)
Außen(luft)-Luftdurchlass (AuLD)	–	–	–	x	x
Überström(luft)-Luftdurchlass (ÜLD)	x	x	x	x	x
Ab(luft)-Luftdurchlass (AbLD)	(x)*)	x	x	x	x
Fort(luft)-Luftdurchlass (FLD)	(x)*)	x	x	x	x
Zu(luft)-Luftdurchlass (ZuLD)	–	–	–	x	x
Luftleitung(en) (LL)	–	–	x	x	x
Lüftungsschacht (LSch)	–	x	x	x	–
Ventilator(en) (V)	–	(x)4*)	x	x	x
Wärmerückgewinnung (WRG)	–	–	(x)**)	–	x
Erdreich-Luft- oder -Sole-Luft-WÜt	–	–	–	x	x

*) Auf der jeweiligen Anströmseite der Nutzungseinheit fungieren die GLD/ALD als Außen(luft)- und auf der Abströmseite als Ab(luft)-Luftdurchlässe.

**) WRG Abluft-Wasser: Kreislauf-Verbund-System bzw. Wärmepumpe

***) für wahlweise reinen Abluftbetrieb außerhalb der Heizzeit

4*) nur bei Hybridlüftung

Im Weiteren soll von den in Tabelle 9.12 aufgeführten Lüftungskomponenten nur auf die für die Planung wesentlichen Aspekte einiger Luftdurchlässe eingegangen werden, die in der Vergangenheit und nicht selten auch heute noch zu wenig Berücksichtigung gefunden haben bzw. finden (siehe dazu ergänzend auch Abschnitt 4).

– Gebäudehüllen-Luftdurchlässe (GLD/ALD) –

Freie Lüftung und Abluftanlagen funktionieren nur, wenn immer ausreichend Außenluft in die jeweils zu lüftende Raumeinheit ein- bzw. auch wieder ausströmen kann. Dafür ist eine systemabhängige Luftdurchlässigkeit der (äußeren) Gebäudehülle notwendig. Die Forderungen nach [GEG] zur Gewährleistung möglichst luftdichter Hüllkonstruktionen können diese Anforderung per se nicht erfüllen. Obwohl mit einer systemabhängigen Festlegung der zulässigen Werte versucht worden ist, auch der Lüftungsproblematik bis zu einem bestimmten Maße Rechnung zu tragen, sind wegen der Festlegung von ausschließlich oberen Bereichsgrenzen ($n_{50} \leq 3{,}0\ h^{-1}$ für freie und $n_{50} \leq 1{,}5\ h^{-1}$ für ventilatorgestützte Lüftung) auch sehr geringe Dichtheiten der Gebäudehülle im Bereich von $n_{50} < 1\ h^{-1}$ für alle Lüftungssysteme nicht nur zulässig, sondern bei sorgfältiger Bauausführung auch kaum zu vermeiden. Keinem bauausführenden Betrieb dürfte es vermutlich gelingen, ‚definiert' undicht zu bauen – z. B. entsprechend der Zielsetzung $n_{50} = 3{,}0\ h^{-1}$. Jeder wird im Gegenteil versuchen, seiner Aufgabe, nach [GEG] *„dauerhaft luftundurchlässig abgedichtete wärmeübertragende Umfassungsflächen ...“* herzustellen, so gut wie nur irgend möglich gerecht zu werden.

Wird bei der freien Lüftung ebenso wie auch bei Abluftanlagen nicht mit entsprechenden Maßnahmen zur Herstellung einer systemabhängig notwendigen Luftdurchlässigkeit gegengesteuert, kann das zu Problemen bei der ausreichenden Außenluftzufuhr führen. Diese lassen sich jedoch vermeiden, wenn die Gebäude nicht nur nach den Empfehlungen für die **Luftdichtheit**, sondern auch für eine vom Lüftungssystem abhängige **Luftdurchlässigkeit** nach [DIN 1946-6] errichtet bzw. instand gesetzt werden. Das bedeutet, dass in jedem Falle die Notwendigkeit des Einsatzes von GLD/ALD geprüft wird.

In Verbindung mit den wachsenden Anforderungen an die Luftdichtheit der Gebäudehülle ist eine hinreichend gut funktionierende nutzerunabhängige freie Lüftung bei Neubauten und nach Modernisierungen ohne GLD/ALD kaum noch möglich. Gleiches gilt, wenn auch in abgeschwächter Form, für die Lüftung mit Abluftanlagen bzw. -geräten. Die in Tabelle 9.13 auf messtechnischer Basis ermittelten systemabhängigen Luftwechselzahlen über Restundichtheiten von teilmodernisierten (nur Fensterwechsel) Wohngebäuden der industriellen Bauweise („Plattenbauten“) unterstreichen das in eindrucksvoller Form [Reich98].

Die Umsetzung dieser Erkenntnisse in die Praxis verbessert sich zunehmend. Für die Planung von Neubauten oder die Modernisierung von bestehenden Gebäuden gibt [DIN 1946-6] seit dem Jahre 2009 unter Berücksichtigung der noch nutzbaren Luft-In- und -Exfiltration zusätzlich exakte Auslegungshinweise sowohl für Systeme der freien als auch der ventilatorgestützten Lüftung. Unter- oder Überdimensionierungen von GLD/ALD können danach sowohl für sehr dichte als auch für noch relativ undichte Gebäude weitestgehend vermieden werden.

Tabelle 9.13: Möglicher Luftwechsel in Wohnungen von kompakten MFH (bezogen auf die Räume mit Fenster) über Undichtheiten [Reich98]

Lüftungssystem	wirksamer Differenzdruck	Luftwechsel über Undichtheiten
Querlüftung	4 Pa	0,04 h^{-1}
Schachtlüftung	4 Pa	0,08 h^{-1}
Abluftanlage	8 Pa	0,13 h^{-1}

Werden diese Auslegungshinweise nicht beachtet, können bei zu dichten Gebäuden mit Abluftsystemen die bekannten unangenehmen Nebenerscheinungen auftreten, wie z. B.

- messtechnischer Nachweis geplanter Abluftvolumenströme nur bei geöffnetem Fenster möglich,
- Pfeifgeräusche infolge hoher Differenzdrücke über Rest-Undichtheiten, z. B. im Bereich von Fenster- bzw. Türfugen, sowie
- verstärktes Ansaugen von Luft über innere Undichtheiten (siehe Unterabschnitt 4.2.4) bzw. Wohnungseingangstüren und damit u. a. unangenehme Geruchsübertragung.

Mit wachsender Undichtheit der Gebäudehülle nimmt andererseits der Anteil des über die ALD insgesamt in eine Raumeinheit (RE) einströmenden Außenluftvolumenstroms ab (siehe Bild 5.2, Bild 5.3 und [Reich96]). Dadurch reduziert sich die Lüftungsautorität der GLD/ALD und damit die Möglichkeit, Außenluft quantitativ gezielt in die gewünschten Räume einzubringen. Die Wirksamkeit von GLD/ALD und damit auch der gesamte Lüftungseffekt werden deshalb umso besser sein, je größer die Luftdichtheit der gesamten Hüllkonstruktion ist.

In diesem Zusammenhang ist auch der Auslegungs-(Bemessungs-)Differenzdruck der GLD/ALD von Bedeutung (Bild 9.25).

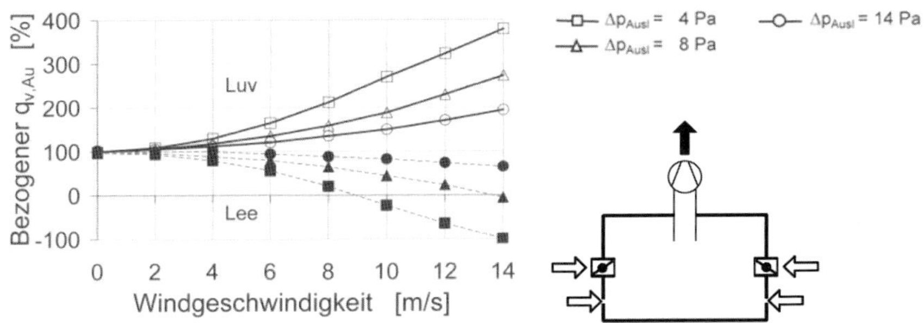

Bild 9.25: Einfluss des Auslegungs-Differenzdrucks von GLD/ALD auf die Stabilität der Luftvolumenströme von Abluftanlagen

Im Bild 9.26 wird dessen Einfluss auf die Stabilität der Außenluftvolumenströme über GLD/ALD und Gebäude-Undichtheiten bei Abluftanlagen gezeigt. Je größer er gewählt wird, desto stabiler arbeitet zwar die Abluftanlage. Andererseits reduziert ein hoher Differenzdruck aber ebenfalls die Autorität der GLD/ALD.

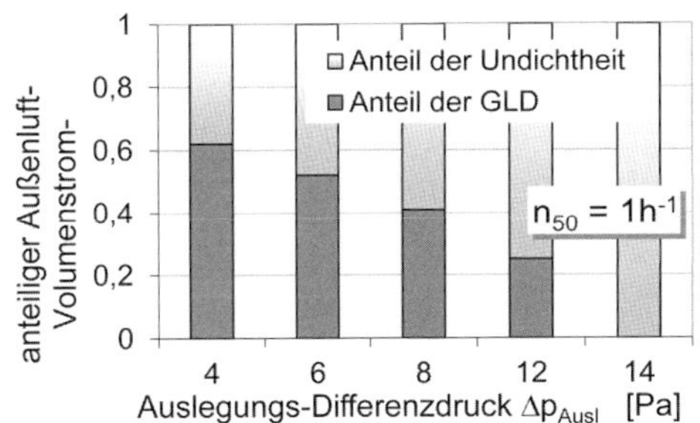

Bild 9.26: Über die GLD/ALD einströmender Außenluftanteil in Abhängigkeit vom Auslegungs-Differenzdruck Δp_{Ausl} der GLD/ALD

Nach Berechnungsergebnissen für eine Beispiel-Wohnung [REICH99 und REICH96] beträgt der Anteil der GLD/ALD beim relativ geringen Unterdruck von $\Delta p = 4$ Pa und einer vergleichsweise hohen Dichtheit gemäß $n_{50} = 1\ h^{-1}$ am Gesamt-Außenluftvolumenstrom nur etwas mehr als 60 %. Bei $\Delta p = 14$ Pa reichen die Undichtheiten allein für die (dann jedoch völlig unkontrollierte) Außenluftversorgung aus.

Im Rahmen der in [Werner95] durchgeführten Untersuchungen in 15 EFH mit Abluftanlagen wurden z. B. Differenzdrücke im Bereich von nur 0,4 Pa bis 3 Pa gemessen. Das ließe einen hohen Anteil der GLD/ALD am Außenluftvolumenstrom vermuten. In Wirklichkeit lag er im Mittel bei 34 %. Ursache für die geringe Autorität war die relativ große Undichtheit, die in einem Bereich von $n_{50} = (2{,}58 \pm 1{,}23)\ h^{-1}$ lag. Auch daraus lässt sich ableiten, dass eine möglichst hohe Dichtheit der Gebäudehülle immer Priorität vor allen anderen Maßnahmen haben sollte (siehe Unterabschnitt 5.3.2).

In [Reich99] werden folgende Differenzdrücke für die Auslegung (Auswahl) der GLD/ALD empfohlen:

- Gebäude mit relativ hoher Undichtheit (vorzugsweise bei freier Lüftung im EFH): $\Delta p_{Ausl} = (4 \ldots 6)$ Pa,
- Gebäude mit relativ hoher Dichtheit (vorzugsweise bei Abluftanlagen in kompakten MFH): $\Delta p_{Ausl} = (8 \ldots 10)$ Pa.

Dabei ist zu beachten, dass vor allem bei freier Lüftung mit ihren häufig geringen Antriebskräften folgender Widerspruch auftritt: Kleiner Auslegungs-Differenzdruck bedeutet zwar hohe Autorität der GLD/ALD, gleichzeitig aber auch zunehmende Instabilität des Systems mit wachsenden Antriebskräften (Bild 9.25). Beim Einsatz ungeregelter GLD/ALD in windexponierter Lage kann es deshalb u. U. besser sein, einen höheren Differenzdruck zu wählen, auch wenn dadurch der Infiltrationsanteil am Gesamt-Außenluftvolumenstrom wieder zunimmt.

Nach [DIN 1946-6] kann für die Auslegung der GLD/ALD bei reiner Querlüftung die **LSt Lüftung zum Feuchteschutz** zugrunde gelegt werden. Für Schacht- und Auftriebslüftung ist mindestens der Luftvolumenstrom für die **LSt Reduzierte Lüftung** maßgebend. Kleinere Werte für den Auslegungs-Luftvolumenstrom dürfen nur dann vorgegeben werden, wenn die nachfolgend aufgeführten Voraussetzungen erfüllt sind:

- relativ geringe Dichtheit der Gebäudehülle (z. B. in nicht auf Dichtheit geprüften EFH) bzw.
- hohe Wahrscheinlichkeit des zusätzlichen Fensteröffnens durch die Nutzer (Zuordnung zur Lüftungsstrategie **NuL**).

Für die Auslegung der GLD/ALD bei **Unterdrucklüftung** ist immer mindestens der Luftvolumenstrom für die **LSt Nennlüftung** anzusetzen.

Bei **Überdrucklüftung** können GLD/ALD als Ab(luft)-/Fort(luft)-Luftdurchlässe genutzt werden. Die Auslegung erfolgt analog der Unterdrucklüftung.

Nach [DIN 1946-6] *„dürfen nur manuell einstellbare und verschließbare oder über eine geeignete Führungsgröße selbsttätig regelnde ALD/GLD verwendet werden"*, wobei Letztere *„den manuell einstellbaren und verschließbaren vorzuziehen sind."*

Im geschlossenen Zustand dürfen GLD/ALD höchstens eine Luftdurchlässigkeit von 5 m³/h bei einem Differenzdruck von $\Delta p = 10$ Pa besitzen. Es wird jedoch gleichzeitig empfohlen, sie noch dichter auszuführen. Das kann dazu führen, dass geschlossene GLD/ALD ähnlich wie moderne Fenster nahezu luftdicht sind. Bei gleichzeitig luftdichter Gebäudehülle liegt die Verantwortung für die ausreichende Lüftung der Wohnung trotz vorhandener GLD/ALD bei deren geschlossenem Zustand dann wieder maßgeblich beim Nutzer. In dessen Ermessensspielraum liegt es, ob, wann und wie lange er GLD/ALD bzw. Fenster öffnet. In [HEINZ94/95] wurde im Rahmen von Befragungen dazu in Erfahrung gebracht, dass (8 ... 16) % der Nutzer die GLD/ALD nur stundenweise und (11 ... 13) % sie gar nicht öffneten. Ein ähnliches Ergebnis wurde in [REICH99] veröffentlicht: bei 18 % der Befragten waren sie während der „kalten Zeit immer" zu. Weitere diesbezügliche Ergebnisse siehe Abschnitt 13.

Weil dieser Zustand in vielen Fällen unbefriedigend ist, müssen Überlegungen angestellt werden, wie der daraus resultierenden Gefahr einer ungenügenden Lüftung durch Fehleinschätzungen oder auch bedingt durch häufigere längere Abwesenheit der Nutzer zu begegnen ist. Eine Möglichkeit wäre, so wie bei raumluftabhängigen Feuerstätten unverschließbare GLD/ALD zu installieren. Das kann jedoch nicht nur zu Zuglufterscheinungen und einem in ungünstigen Lagen unzumutbar hohen Heizwärmebedarf führen, sondern auch das Handeln der Nutzer herausfordern. Ergebnis dessen sind nicht selten permanent verschlossene GLD/ALD.

Eine bessere Alternative bietet deshalb der Einsatz selbsttätig regelnder GLD/ALD mit einer sogenannten oberen Volumenstrombegrenzung. Sie bewirkt, dass unabhängig vom anliegenden Differenzdruck zwischen außen und der betrachteten Raumeinheit und damit auch unabhängig von der Windgeschwindigkeit und vom thermischen Auftrieb ab einem bestimmten (Auslegungs-) Differenzdruck nur noch der geplante Außenluftvolumenstrom in den Raum einströmen kann.

Der Einsatz von solchen **differenzdruckabhängig regelnden GLD/ALD** ist mit folgenden Vorteilen verbunden:

- bessere Stabilität der Lüftung gegen natürliche Druckschwankungen, dadurch
- Verminderung der Zugluftgefahr über die GLD/ALD (häufig von den Nutzern auch nur in Form des ‚Gardinen-Bewegungseffekts' registriert) sowie
- Begrenzung des Heizwärmeverbrauchs für die Lüftung auf erforderliche Werte.

Nach [DIN 1946-6] soll der Außenluftvolumenstrom von differenzdruckabhängig selbsttätig regelnden GLD/ALD mit zunehmendem Winddruck den Auslegungswert nicht wesentlich überschreiten. Im Bild 9.27 wird die idealisierte Differenzdruck-Luftvolumenstrom-Kennlinie eines GLD/ALD mit oberer Außenluftvolumenstrom-Begrenzung (als vom Differenzdruck abhängig regelnder GLD/ALD) mit einem beim Regel-Differenzdruck von $\Delta p_{Reg} \approx 8$ Pa beginnenden Regelbereich gezeigt, in dem der Außenluftvolumenstrom nicht mehr wesentlich über 20 m³/h hinaus ansteigt.

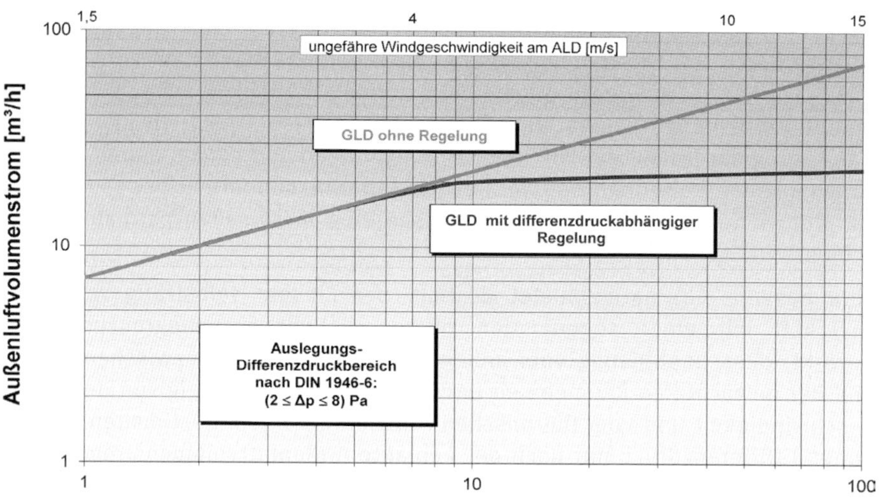

Bild 9.27: Differenzdruck-Luftvolumenstrom-Kennlinien von GLD/ALD ohne und mit obere(r) Außenluftvolumenstrom-Begrenzung

Im Bild 9.28 ist für Abluftanlagen der Unterschied der Wirksamkeit der Regelung in Abhängigkeit von Δp_{Reg} sowie von der Windgeschwindigkeit dargestellt. Zum Vergleich sind auch die Kennlinien für ungeregelte GLD/ALD eingezeichnet (siehe auch Bild 9.16 und Bild 9.25).

Es ist deutlich zu erkennen, dass sich mit der Reduktion der Regel-Differenzdrücke die Stabilität des Systems verbessert. Aber auch bei relativ hohen Regeldrücken werden bessere Ergebnisse als mit ungeregelten GLD/ALD erzielt. Mit zunehmender Windexposition des Raumes verbessert sich diese Tendenz noch [REICH99].

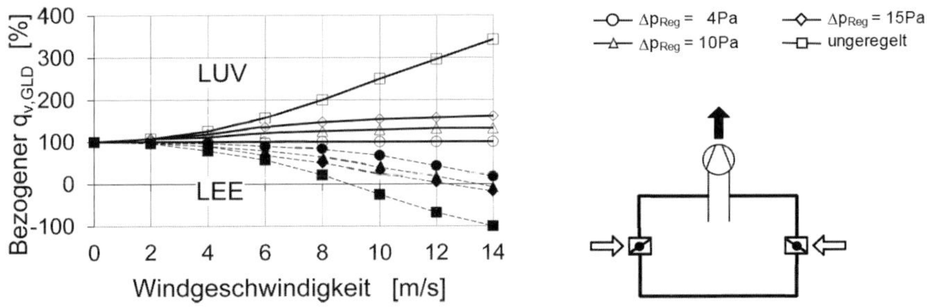

Bild 9.28: Einfluss der Regelbarkeit sowie des Regel-Differenzdrucks von GLD/ALD auf die Stabilität der Luftvolumenströme von Abluftanlagen

Eine hinreichend gute Stabilität wird erzielt, wenn der Auslegungs- nicht größer als der Regel-Differenzdruck gewählt wird: $\Delta p_{Ausl} \leq \Delta p_{Reg}$.

Geregelte GLD/ALD sollten außerdem in der Lage sein, den Volumenstrom in beiden Strömungsrichtungen (sowohl in luv- als auch in leeseitiger Lage) zu begrenzen. Vorteil eines diesbezüglich identischen Regeleffekts ist, dass die Gefahr von Rückströmungen in leeseitig liegenden Lüftungsschächten, Abgasleitungen und Schornsteinen unter Windeinwirkung verhindert oder zumindest merklich reduziert werden kann [FERCH93]. Die Mehrzahl der zz. angebotenen Geräte erfüllen diese Bedingung jedoch nur für die Durchströmung von außen nach innen (Luvlage der GLD/ALD).

Mit zweckentsprechend ausgelegten und angeordneten, vom Differenzdruck abhängig regelnden GLD/ALD könnte unter bestimmten Randbedingungen auf die aus Nutzerakzeptanz- sowie aus energetischen Gründen notwendige Verschließbarkeit der GLD/ALD verzichtet werden.

Um dabei intolerable Zuglufterscheinungen vermeiden zu können, ist die Einhaltung bestimmter Regeln empfehlenswert.

In [Markf04] wurde auf der Basis messtechnischer Untersuchungen von geregelten (Differenzdruck, Luftfeuchte und Temperatur) sowie von manuell regulierbaren GLD/ALD in einem Klimaprüfstand die Zweckmäßigkeit von Anordnung und konstruktiver Gestaltung analysiert. Ziel war es, Empfehlungen abzuleiten, bei deren Einhaltung behagliche Raumluftzustände zu erwarten sind. Folgende Randbedingungen lagen zugrunde: mittlere Raumlufttemperatur 20 °C, Außenlufttemperaturen (–5, 5, 10 und 20) °C, Windgeschwindigkeiten ($4{,}1 \leq v_{Wi} \leq 10$) m/s und daraus abgeleitet die Staudrücke an den ALD ($8 \leq \Delta p_{stau} \leq 50$) Pa, aus denen in Abhängigkeit von den untersuchten Gerätetypen die zuströmenden Außenluftvolumenströme resultierten. Bezüglich Anordnung der GLD/ALD wurden unterschiedliche Plätze im unmittelbaren Fensterbereich sowie auch außerhalb desselben mit oder ohne Heizflächeneinfluss untersucht. Neben der messtechnischen erfolgte auch eine visuelle PC-gestützte Beurteilung der erhaltenen Parameter.

Folgende **Empfehlungen** für Anordnung und konstruktive Gestaltung konnten abgeleitet werden:

- Anordnung des GLD/ALD unmittelbar hinter oder zentrisch über einem in Betrieb befindlichen Heizkörper bzw.
- außenwandparallele Luftzuführung
- mit geringer Fallhöhe über dem Fußboden sowie
- geringem Impuls p_L als Produkt aus Masse m_L und Geschwindigkeit v_L ($p_L = m_L \cdot v_L$) der in den Raum einströmenden Luft bzw.
- Wahl eines unabhängig von Anordnung und Wirkungsweise unkritischen Luftvolumenstroms im Bereich von ≤ 5 m³/(h · GLD/ALD).

Im Rahmen einer rechnerischen Simulation für schlitzförmige bzw. „optimierte" GLD/ALD, der konstante Luftwechsel von (0,25 bzw. 0,5) h^{-1} eines (virtuellen) Raumes mit den Abmessungen $(5 \cdot 4 \cdot 2{,}5)\ m^3 = 50\ m^3$ zugrunde liegen, wurden unter Berücksichtigung des Einflusses unterschiedlicher Heizungsvarianten bzgl. der Anordnung von GLD/ALD (unterschiedliche Plätze im unmittelbaren Fensterbereich sowie im Bereich der Kante Außenwand/Fußboden mit oder ohne Heizflächeneinfluss) folgende Ergebnisse erzielt [Richter03]:

- Die Anordnung unterhalb von Fenstern stellt eine akzeptable, jedoch noch keine optimale Lösung dar (problematisch vor allem beim Einsatz in Verbindung mit Flächenheizungen, weil sich eine Kaltluftschicht im Bereich der Fußbodenoberfläche bilden kann).

- Die Anordnung oberhalb von Fenstern vergrößert das Zugluftrisiko, wenn sich eine Fall-Luftströmung ausbilden kann, die sich an der glatten Fensterscheibe beschleunigt (unproblematisch nur, wenn die GLD/ALD hinsichtlich Zuströmgeschwindigkeit und -winkel entsprechend optimiert sind).
- Als besonders günstig erweist sich die Anordnung hinter einem in Betrieb befindlichen Heizkörper.
- Bei Fußbodenheizung gilt das für eine Anordnung im Bereich der Kante von Außenwand und Fußboden, wenn die Heizungsrohre gleichzeitig als Vorwärmer für die zuzuführende Außenluft genutzt werden können.

Bezüglich der konstruktiven Gestaltung von GLD/ALD sollte Folgendes angestrebt werden [Richter03]:

- ungestörte Freistrahlausbildung mit großer Raumluftinduktion und
- kleiner Austrittswinkel zur Außenwand.

Im Allgemeinen würden niedrige Zuströmgeschwindigkeiten sowie horizontale Zuströmrichtungen in den Raum zu Komfortbeeinträchtigungen führen.

Wegen unterschiedlicher Untersuchungsansätze und Wahl von Randbedingungen sind die Ergebnisse nach [Markf04] und [Richter03] nicht 100-prozentig vergleichbar. Für den Planer ist es im Zweifelsfalle deshalb am sichersten, wenn die thermische Unbedenklichkeit eines zu installierenden GLD/ALD-Typs in Form eines Prüfzeugnisses (von einer vorzugsweise neutralen Institution) bescheinigt wird bzw. worden ist.

Bei der Entscheidung zum Einsatz von GLD/ALD gewinnen zunehmend auch energetische Effekte an Bedeutung. Zahlen für die mögliche Einsparung an Heizwärme durch Einsatz von differenzdruckabhängig regelnden GLD/ALD werden für das RMH in [Hartm98] und eine Musterwohnung in [Reich99] genannt. Sie bewegen sich für Gebäude mit einer Dichtheit entsprechend $n_{50} = 1\ h^{-1}$ bei Abluftanlagen zwischen 1 % in „städtischer Lage“ und 9 % in „freier Lage“ sowie 4 % für Schachtlüftung (Querlüftung: 7 %) in „städtischer Lage“ und 6 % in „freier Lage“. Verschlechtert sich die Luftdichtheit, reduzieren sich die Einsparmöglichkeiten entsprechend. Aus energetischer Sicht ist der Einsatz solcher GLD/ALD demnach vor allem für dichte Gebäude in windexponierter Lage vorteilhaft.

Neben den differenzdruckabhängig regelnden GLD/ALD bieten auch die von der Raumluftfeuchte abhängig regelnden größere Sicherheit für die Vermeidung negativer thermischer Effekte als ungeregelte, vom Nutzer verschließbare.

Ein weiterer Einsatzfall für GLD/ALD ist die Verbrennungsluft-Zuführung für raumluftabhängige Feuerstätten, z. B. Gasgeräte der Art B, *„über Öffnungen* (GLD/ALD) *direkt ins Freie“*. Nach [TRGI G 600 (A)] müssen die GLD/ALD mindestens einen 2 mal 75 cm^2 freien Querschnitt *„in derselben (Außen-)Wand“* aufweisen und *„dürfen nicht verschließbar sein“* (siehe auch Unterabschnitt 2.5).

GLD/ALD können unter bestimmten Voraussetzungen auch bei der Lüftung mit Zu-/Abluftanlagen bzw. -geräten notwendig sein. Hat die Zuluftanlage keine Kühlfunktion, z. B. über einen vorgeschalteten Erdreich-Luft-Wärmeübertrager, kann sie außerhalb der Heizzeit aus Gründen der Elektroenergieeinsparung abgeschaltet (Sommerbetrieb) und die NE nur mit Abluft gelüftet werden. Wegen der hohen Dichtheit der Gebäudehülle ist dann jedoch der Einsatz von Nachströmöffnungen in Form von GLD/ALD für die Sicherung der Nennlüftungsfunktion empfehlenswert. Sie müssen aber während der Heizzeit unbedingt wieder dicht verschließbar sein.

Manuell regulierbare sind ebenso wie selbsttätig regelnde GLD/ALD entweder direkt ins Fenster integriert oder werden als separate Elemente angeboten, die in die Außenwand (vorzugsweise im Brüstungsbereich) oder den Fensterrahmen eingebaut werden können.

Vorteile der Fensterintegration von GLD/ALD sind:

- kein gesonderter Platzbedarf,
- Unauffälligkeit und
- minimierter Kostenaufwand.

Einsatz beschränkend wirken häufig die

- nicht ausreichende Luftleistung bzw.
- zu geringe Schalldämmung.

Mit unterschiedlichen Komponenten, die als separate Luftdurchlässe ins Fenster eingebaut werden und nicht oder nur teilweise die Fensterkonstruktion als Luftweg nutzen, können ausreichende Luftvolumenströme und hohe Schalldämmwerte realisiert werden. Sie sind dafür weniger unauffällig und häufig auch kostenaufwendiger als unmittelbar integrierte Lösungen.

Bezüglich der Schalldämmung darf nach [DIN 1946-6] *„das nach der Normenreihe DIN 4109 erforderliche resultierende bewertete Schalldämm-Maß $R'_{W,res}$ der gesamten Fassade, bestehend aus Wand, Fenster, ALD* (GLD) *und Lüftungsgerät nicht unterschritten werden.“*

Zur Akzeptanz des Einsatzes von GLD/ALD durch die Nutzer siehe Abschnitt 13.

Für die mit einer Abluftanlage ausgerüstete Wohnung gemäß Grundriss im Bild 9.13 sollen abschließend Auslegung und Auswahl der GLD/ALD beispielhaft demonstriert werden. Nach Tabelle 9.7 wurden folgende über die GLD/ALD zu realisierenden Außenluftvolumenströme für die BS „Nennlüftung" ermittelt:

$q_{v,GLD,WZ} = q_{v,GLD,SZ} = 18\,m^3/(h \cdot R)$ und

$q_{v,GLD,KZ} = 12\,m^3/(h \cdot R)$ mit

$q_{v,GLD,NE} \approx 47\,m^3/(h \cdot NE)$.

Auswahl der GLD/ALD:

Aus der Kennlinie eines GLD/ALD von einem beliebigen Hersteller wird entnommen, dass bei einem Differenzdruck von $\Delta p = 8$ Pa ca. $12\,m^3/h$ Außenluft je GLD/ALD in den Raum einströmen können. Das bedeutet, dass bei von ca. $47\,m^3/(h \cdot NE)$ auf $60\,m^3/(h \cdot NE)$ aufgerundetem Außenluftvolumenstrom in der Nutzungseinheit fünf GLD/ALD eingesetzt werden müssen. Deren Aufteilung auf die Zulufträume erfolgt entsprechend Bild 9.29.

Um bei Intensivlüftungsbetrieb und geschlossenen Fenstern einen höheren Differenzdruck als 8 Pa in der NE zu vermeiden, ist es sinnvoll, den Wert für den Auslegungs-Luftvolumenstrom $q_{v,GLD,NE}$ nach oben zu runden.

– Überström(luft)-Luftdurchlässe (ÜLD) –

Geschlossene Innentüren behindern die Luftströmung in der Wohnung (siehe dazu auch die Unterabschnitte 4.2.6, 4.3.4 und 6.2). Für einen überströmenden Luftvolumenstrom im Bereich von $q_{v,Üb} \leq 30\,m^3/h$ sollte nach [REICH96] der Fugendurchlass-Koeffizient der Türen $a_{IT} > 4\,m^3/(h \cdot m \cdot Pa^n)$ entsprechen. Messwerte von [REICH96] und [WERNER95]) liegen zwischen

$1{,}25 \leq a_{IT} \leq 6{,}6\,m^3/(h \cdot m \cdot Pa^n)$.

Ist $a_{IT} < 4\,m^3/(h \cdot m \cdot Pa^n)$, wird nicht nur die Luftnachströmung merklich behindert, sondern durch die Verringerung des an der Gebäudehülle anliegenden Differenzdrucks (Bild 9.30) gleichzeitig auch die schon im Unterabschnitt 4.2.4 beschriebene Kurzschlussströmung begünstigt: Die bei Schachtlüftung und Abluftanlagen aus den Ablufträumen abgesaugte Luft strömt dabei weniger über ÜLD und GLD/ALD in der Gebäudehülle, als vielmehr über interne Leckagen nach.

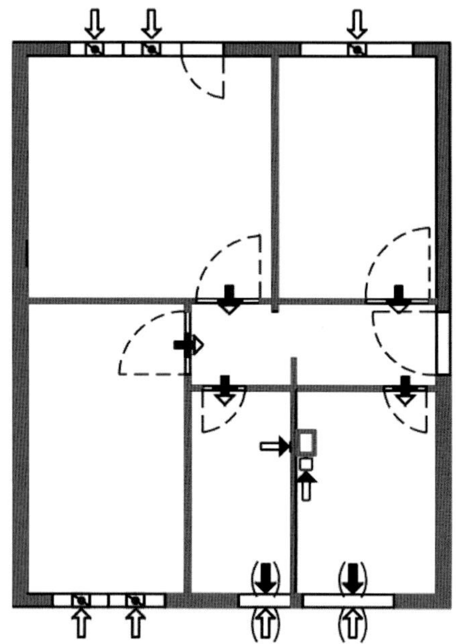

Bild 9.29: Aufteilung von fünf GLD/ALD je 12 $m^3/(h \cdot GLD)$ in einer 3-Raum-Wohnung mit Abluftanlage

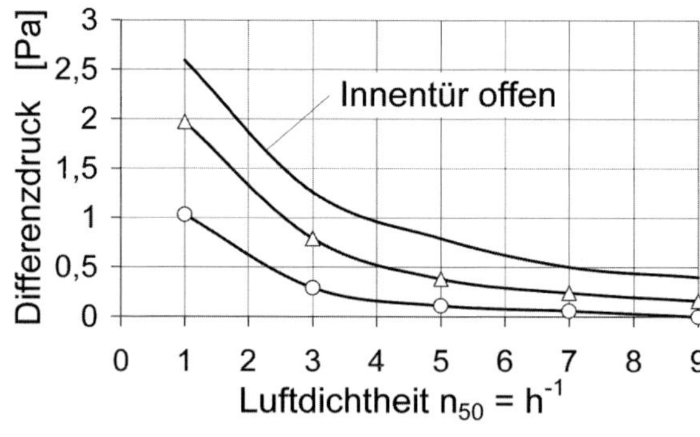

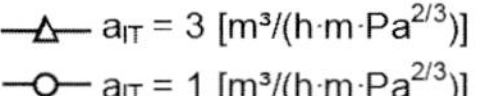

Bild 9.30: Differenzdruck an der Gebäudehülle in Abhängigkeit von der Luftdichtheit n_{50} und dem Fugendurchlass-Koeffizienten der Innentüren a_{IT} beim Betrieb von Abluftanlagen

Um das zu verhindern, sollte der durch die Tür verursachte Druckverlust nicht größer sein als $\Delta p \leq 1$ Pa (in [Werner95] wurden z. B. Werte zwischen 1 Pa und 7 Pa gemessen). Das kann entweder durch Realisierung eines Mindest-Fugendurchlass-Koeffizienten oder aber besser durch den Einbau von ÜLD geschehen.

Welchen Einfluss die Dichtheit der Innentür auf die Lüftungswirksamkeit der (freien) Querlüftung hat, zeigt Bild 9.31. In Abhängigkeit vom Fugendurchlass-Koeffizienten der Innentür a_{IT} ist die mögliche Zunahme des Außenluftvolumenstroms $q_{v,Au}$ für unterschiedliche Luftdichtheit der Gebäudehülle im Vergleich zu einer Innentür mit $a_{IT} = 1\ m^3/(h \cdot m \cdot Pa^{2/3})$ dargestellt.

Selbst bei dichten Gebäuden entsprechend $n_{50} = 1\ h^{-1}$ kann die Vergrößerung der Luftdurchlässigkeit der Innentüren (durch einen Fugendurchlass-Koeffizienten $a_{IT} > 4\ m^3/(h \cdot m \cdot Pa^{2/3})$ bzw. die Anordnung eines entsprechend großen ÜLD) zu einer angenäherten Verdopplung des Luftwechsels gegenüber Innentüren mit $a_{IT} = 1\ m^3/(h \cdot m \cdot Pa^{2/3})$ führen.

Weil die Fugendurchlass-Koeffizienten von Türen überwiegend nicht bekannt und exakte Berechnungen oder gar Messungen des Druckverlustes selten möglich sind, kann die freie Querschnittsfläche von ÜLD $A_{ÜLD}$ für Räume mit oder ohne Fenster nach Gleichung (4.17) berechnet werden (nach [DIN 1946-6]).

Die überströmende Luftmenge $q_{v,ÜLD}$ in m^3/h wird nach [DIN 1946-6] ermittelt. Der Luftvolumenstrom für die Auslegung bestimmt sich danach bei freier Lüftung auf Basis der BS „Reduzierte Lüftung" und bei ventilatorgestützter Lüftung auf Basis von „Nennlüftung" unter Berücksichtigung von wirksamen Infiltrationsanteilen.

Die zweckmäßigste Anordnung und Ausführung von ÜLD kann Bild 4.3 entnommen werden.

Das Fehlen von ÜLD kann bei geschlossenen Innentüren mit geringem Fugendurchlass-Koeffizienten zum Aussetzen der Funktion von getroffenen lüftungstechnischen Maßnahmen führen. Anfällig sind hierfür wegen der häufig nur geringen Antriebskräfte besonders die Systeme der freien Lüftung.

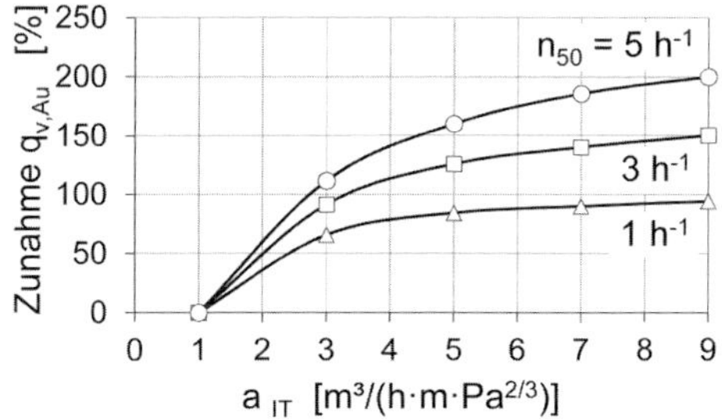

Bild 9.31: Zunahme des Außenluftvolumenstroms $q_{v,Au}$ bei Querlüftung über regulierbare GLD/ALD in Abhängigkeit des Fugendurchlass-Koeffizienten von Innentüren a_{IT} bei unterschiedlicher Luftdichtheit der Gebäudehülle n_{50}

ÜLD wirken auf der Abströmseite wie Zu(luft)-Luftdurchlässe und sollten deshalb bei der Planung von Anordnung und Auslegung auch wie solche behandelt werden. Bei Nichtbeachtung können unerwünschte Temperaturschichtungen (unten kalt und oben warm) auftreten oder kritisch hohe Luftgeschwindigkeiten, u. U. in Verbindung mit zu geringen Lufttemperaturen, zur Zugluftbildung führen. Ergänzende bzw. weiterführende Ausführungen dazu sind Gegenstand des nächsten Abschnitts.

– Zu(luft)-Luftdurchlässe (ZuLD) –

Bei Zuluftanlagen bzw. -geräten kann und wird die Außenluft im Unterschied zu Abluftanlagen mit GLD/ALD vor dem Eintritt in den Raum unterschiedlich stark erwärmt.

Möglichkeiten für die Wahl des Zulufttemperatur (θ_{Zu})-Bereichs sind:

- $\theta_{Zu} = \theta_i$ (isotherm): überwiegend unproblematisch,
- $\theta_{Zu} < \theta_i$ (Untertemperatur): günstig für Räume, in denen niedrigere Temperaturen bevorzugt werden (z. B. Schlafzimmer), sorgfältige Planung der Zuluftverteilung erforderlich, empfohlene maximale Temperaturdifferenz: $\Delta\theta_{Zu,max} = (\theta_{Zu,min} - \theta_i) \geq -(6 \ldots 8)$ K,
- $\theta_{Zu} > \theta_i$ (Übertemperatur): siehe Unterabschnitt 3.3.5, Gleichdrucklüftung als Luftheizung.

Auch die Anordnung des Zu(luft)-Luftdurchlasses ist sowohl für die Ausbildung der Raumluftströmung als auch für die Vermeidung von Zugluft von Bedeutung. In den Beispiel-Grundrissen von Bild 9.23 und Bild 9.24 sind unterschiedliche Orte im Raum für die Zuluftzuführung gewählt worden (siehe auch Bild 3.24). Im Bild 9.24 ist mit den Zu(luft)-Luftdurchlässen unterhalb der Fenster (bzw. Heizkörper) der ideale Ort für Zuluft mit Übertemperatur (Heizfunktion) bzw. Raumtemperatur dargestellt (siehe auch Unterabschnitte 3.3.5 und 4.3.4). Aber auch Luft mit Untertemperatur kann an diesen Stellen zugeführt werden. Bild 9.23 zeigt die Kompromiss-Lösung für die nachträgliche bzw. für die Platz sparende, kostengünstige Installation von Zuluftanlagen mit Anordnung der Zu(luft)-Luftdurchlässe an den Außenwänden gegenüber liegenden Innenwänden. Sie sollte aber möglichst nur dann zur Anwendung kommen, wenn die Luftleitungen nicht bis zur Außenwand geführt werden können, z. B. in NE von zu modernisierenden MFH.

Bei Zuluft mit Untertemperatur und bei von der Temperatur unabhängiger Zuführung im oberen Innenwand- bzw. auch im Deckenbereich ist es sinnvoll, die Planung vorrangig vom Fachmann, zumindest aber entsprechend den Angaben des Herstellers von Zu(luft)-Luftdurchlässen durchführen zu lassen. Planungs- bzw. Ausführungsfehler können zu Zuglufterscheinungen oder bei Anlagen mit Heizfunktion (Luftheizung) auch zu einer unbehaglichen Temperaturschichtung (‚heißer Kopf und kalte Füße') führen.

Wie bei Ab(luft)- können auch bei Zu(luft)-Luftdurchlässen störende Strömungsgeräusche auftreten, wenn diese ungünstig gestaltet bzw. nicht korrekt ausgelegt worden sind.

Bei zu dichter Lage an Wänden oder Decken ($\Delta h_{De} \ll 0{,}05 \cdot L_R$) legt sich der Zuluftstrahl sofort an diese an und erzeugt auch bei vorhandener Außenluftfilterung nach einiger Zeit störende Schmutzfahnen. Zur Verzögerung dieses Prozesses ist es zweckmäßig, den Abstand des Luftdurchlasses von der betreffenden Fläche möglichst groß zu wählen, z. B. mit $\Delta h_{De} = 0{,}05 \cdot L_R$ (entsprechend Bild 3.25).

9.4 Ausführungshinweise

9.4.1 Vorbemerkung

Die richtige Planung von Einrichtungen zur freien Lüftung sowie von Lüftungsanlagen bzw. -geräten gewährleistet nicht immer auch deren korrekte Ausführung. In diesem Abschnitt werden diesbezüglich relevante Gesichtspunkte, auf die überwiegend auch schon in vorangegangenen Abschnitten hingewiesen worden und auf die besonders zu achten ist, getrennt in Maßnahmen zur freien und ventilatorgestützten Lüftung stichpunktartig zusammengefasst.

9.4.2 Einrichtungen zur freien Lüftung

- Gebäudehüllen-Luftdurchlässe (GLD/ALD) so auslegen und anordnen, dass Zugluftbelästigungen weitestgehend vermieden werden,
- bei Einsatz von über den Differenzdruck regelnden GLD/ALD auf die Einhaltung der Luftvolumenstrom-Begrenzung ab Auslegungs-Differenzdruck ($\approx$ Regel-Differenzdruck) aufwärts achten sowie
- bevorzugt ALD mit gleichartiger Regelcharakteristik für Luv- und Leelage einsetzen,
- bei Einsatz von verschließbaren GLD/ALD auf Einhaltung der zulässigen Luftdurchlässigkeit im geschlossenen Zustand von $\leq 5\ m^3/(h \cdot GLD)$ beim Differenzdruck von $\Delta p = 10$ Pa achten und
- an lärmexponierten Standorten zulässiges resultierendes Schalldämmmaß $R'_{w,res}$ aus Gebäudehülle, Fenster und GLD/ALD nach [DIN 4109] einhalten.

- Überström(luft)-Luftdurchlässe (ÜLD) stets so planen und ausführen, dass Zugluftbelästigungen im abströmseitigen Raum weitestgehend vermieden werden.
- Die Anordnung der ÜLD unterhalb von Türen ist nur dann sinnvoll, wenn sich keine Diskomfortzone im Fußbereich des abströmseitigen Raums ausbilden kann, die den
- Nutzer zum Verschluss des freien Querschnitts animiert. Dieser muss über die Notwendigkeit des Vorhandenseins von ÜLD unbedingt informiert werden.
- Lüftungsschächte nur als möglichst luftdichte Einzelschächte je NE oder Raum,
- ungeregelte Abluftdurchlässe wegen der geringen Antriebskräfte als unverschließbare Lüftungsgitter ausführen.

9.4.3 Anlagen und Geräte zur ventilatorgestützten Lüftung

Zur Realisierung der geplanten Leistung und eines energieeffizienten Betriebs sind sowohl der

- korrekte elektrische Anschluss der Ventilatoren als auch
- die Wahl der Lage des Betriebspunktes (Schnittpunkt von Ventilator- und Anlagen-Kennlinie gemäß Bild 4.4) bei der vorwiegend gefahrenen Lüftungs-Betriebsstufe (meist Nennlüftung) im besten Wirkungsgrad- und im zulässigen Schallpegel-Bereich bei
- strömungsgünstig gestaltetem, luftdichtem (mindestens Dichtheitsklasse A nach [DIN EN 12237]) Luftleitungsnetz mit einem Minimum an Bögen, innen glattwandigen Rohren (bei Flexrohr häufig nicht gewährleistet) und geringen Luftgeschwindigkeiten in den möglichst runden Luftleitungen (≤ 5 m/s in Sammelleitungen, ≤ 3 m/s in sonstigen Leitungen nach [DIN 1946-6])

erforderlich. Des Weiteren sind folgende Hinweise von Relevanz:

- Anordnung von hinreichend groß ausgelegten Gebäudehüllen-, Überström(luft)- und Zu(luft)-Luftdurchlässen so, dass möglichst keine Zuglufterscheinungen und speziell bei ZuLD keine Flächenschwärzungen auftreten.
- Gebäudehüllen-Luftdurchlässe für Lüftungsanlagen bzw. -geräte nur an solchen Stellen anordnen, an denen die Gefahr für das Ansaugen verunreinigter Luft sowie des Zuschneiens am geringsten ist und Luft mit der jeweils günstigsten Lufttemperatur (Heizperiode Sonnenseite, heizfreie Zeit Schattenseite) angesaugt werden kann (siehe z. B. Bild 4.7).

- Räumliche Trennung von Gebäudehüllen- und Fort(luft)-Luftdurchlässen so planen und ausführen, dass Luftkurzschlüsse zwischen diesen sowie die Belästigung anderer Nutzer durch Fortluft vermieden werden. Fortluftleitungen deshalb vorzugsweise über Dach führen.
- Zu(luft)- und Ab(luft)-Luftdurchlässe so einbauen, dass Luftvolumenstrom-Messungen an diesen nicht behindert werden.
- Leichte Zugänglichkeit zu Ventilatoren, Geräten, Verstellmechanismen (z. B. Luftklappen), Brandschutzeinrichtungen, Luftdurchlässen und -filtern sowie Reinigungsöffnungen in den Luftleitungen gewährleisten.
- Luftleitungen in ungeheizten Räumen sowie bei deutlichen Temperaturunterschieden zwischen Innen- und Außenluft mit Wärmedämmung versehen.
- Luftfilter mit visueller oder akustischer Anzeige/Meldung des Verschmutzungsgrades bevorzugen.
- Ableitung von anfallendem Kondensat sowie
- Frostschutz bzw. Enteisung von Wärmeübertragern ermöglichen.
- Größtmögliche Luftdichtheit von Hüllkonstruktion,
- bauseits erstellten Luftleitungen bzw. Lüftungsschächten,
- Installations-Durchführungen (vor allem auch in Installationsschächten) durch Bauteile und
- Wohnungs-Eingangstüren (insbesondere in MFH)
- bei gleichzeitiger definierter Luftdurchlässigkeit der Gebäudehülle (in Form von GLD/ALD) sicherstellen.
- (Rohr-)Schalldämpfer zwischen Ventilator und Wohnbereich und zwischen unterschiedlichen Räumen sowie ‚Telefonie'-Schalldämpfer zwischen Nutzungseinheiten in MFH installieren und
- auf körperschallentkoppelte Aufstellung bzw. Befestigung von Ventilator und Luftleitungen achten.
- Bei gleichzeitigem Betrieb von raumluftabhängigen Feuerstätten und Ventilatoren darf im Aufstellungsraum kein größerer Unterdruck als 4 Pa gegenüber dem Freien auftreten.

Weitere Ausführungs-Hinweise können [DIN 1946-6] entnommen werden.

Zur funktionsgerechten Ausführung gehört nahezu immer auch die Einregulierung von Anlagen, es sei denn, dass gemäß Festlegung in Normen oder anderen Richtlinien, z. B. nach [DIN 18017-3], die *„Bauteile“* für Entlüftungs-/Abluftanlagen *„lüftungstechnisch so gestaltet“* worden sind, dass *„die planmäßigen Volumenströme erreicht werden, ohne dass“* mittels *„Drosseleinrichtungen o. ä. Bauteile in den Wohnungen einreguliert werden muss“* (z. B. Ab(luft)-Luftdurchlässe gemäß Bild 9.38). Ist das nicht der Fall, ist es zweckmäßig, dass sich der Planer die Option offenhält, über einstellbare Luftdurchlässe (LD) eine nachträgliche Korrektur der Luftvolumenströme vornehmen zu können.

Unverzichtbar ist der Einsatz von Regelklappen (z. B. in Form von Irisblenden), wenn zentrale Anlagen mehrere einzelne Raumgruppen (z. B. Nutzungseinheiten) versorgen. Mit diesen muss der für die jeweilige Raumgruppe erforderliche Gesamt-Luftvolumenstrom einreguliert werden. Über die LD wird anschließend nur noch die raumweise Anpassung durchgeführt. Eine ausschließliche Einregulierung über LD führt schwerlich zum gewünschten Erfolg und kann darüber hinaus ungünstige Auswirkungen auf den Geräuschpegel und auf die gewünschte Raumströmung haben.

9.4.4 Kombinierte Lüftung

[DIN 1946-6] fordert grundsätzlich, dass Lüftungskonzepte für komplette Nutzungseinheiten zu erstellen sind. Das bedeutet jedoch nicht, dass Nutzungseinheiten nur durch ein Lüftungssystem gelüftet werden müssen. Werden zwei (oder mehr) Lüftungssysteme in einer Wohnung betrieben, spricht man von so genannten kombinierten Systemen. Typische Beispiele sind:

- Einzelraum-Lüftungsgeräte:
  - Einzelraum-Lüftungsgeräte nur in ausgewählten Räumen und Querlüftung der übrigen Räume
  - Einzelraum-Lüftungsgeräte nur in ausgewählten Räumen und Abluftsystem in übrigen Räumen
- Kombinationen von [DIN 1946-6] mit [DIN 18017-3]
  - Entlüftung des innenliegenden Bades und Querlüftung der übrigen Räume
  - Entlüftung des innenliegenden Bades und Einzelraum-Lüftungsgeräte in übrigen Räumen
- freie Kombination von zwei Lüftungssystemen

Für die technische Einordnung dieser kombinierten Systeme unterscheidet [DIN 1946-6] in:

- getrennte Lüftungsbereiche ohne wesentliche Wechselwirkungen bezüglich Luftvolumenströmen und Differenzdrücken zwischen den Lüftungssystemen (Abschnitt 9.2 der Norm)
- überlagernde Lüftungsbereiche mit Wechselwirkungen bezüglich Luftvolumenströmen und Differenzdrücken zwischen den Lüftungssystemen (Abschnitt 9.3 der Norm)
- Hybridlüftung mit Lüftungssystemen, die jeweils zeitweise die Lüftung der gesamten Nutzungseinheit übernehmen (Abschnitt 9.4 der Norm)

Beispiele für die Auslegung typischer Konstellationen können [Hartm/Sol20] entnommen werden.

9.5 Betriebsweise von Lüftungsanlagen bzw. -geräten

9.5.1 Lüftung von (normalen) Aufenthaltsräumen

Eine kontrollierte Beeinflussung der einer NE zuzuführenden Luftvolumenströme ist nur mit Lüftungsanlagen/-geräten der ventilatorgestützten Lüftung möglich. Für diese fordert [DIN 1946-6], dass sie *„während der Heizperiode (unterhalb der Heizgrenztemperatur) bei Abwesenheit der Nutzer so betrieben werden müssen, dass die* LSt *Lüftung zum Feuchteschutz ständig sichergestellt ist“*. Die Lüftungsanlagen bzw. -geräte sind dazu *„dauernd oder im dauernden Intervallbetrieb zu betreiben“*. Intervallbetrieb bedeutet dabei: tägliche Mindestlaufzeit von 12 Stunden mit maximalen Unterbrechungsphasen im Bereich von jeweils maximal einer Stunde (siehe dazu auch Unterabschnitte 7.3.4 und 7.3.5).

Zum besseren Verständnis der weiteren Ausführungen ist es notwendig, nochmals kurz auf die nach [DIN 1946-6] definierten Lüftungs-(Betriebs-)stufen (LSt) *Lüftung zum Feuchteschutz FL* (Minimalbetrieb Feuchte), *Reduzierte Lüftung RL* (Minimalbetrieb Hygiene), *Nennlüftung NL* (Normalbetrieb) und *Intensivlüftung IL* (Lastbetrieb) einzugehen.

Die Lüftungs-(Betriebs-)stufe **Nennlüftung (NL)** (vormals Grundlüftung) steht für die *„notwendige Lüftung zur Sicherstellung der hygienischen Anforderungen sowie des Bautenschutzes bei Anwesenheit der Nutzer (Normalbetrieb)“* und entspricht der Mindest-Auslegungs-Lüftungs-(Betriebs-)stufe für alle Systeme der ventilatorgestützten Lüftung.

Die Betriebsstufe **Reduzierte Lüftung (RL)** (vormals Mindestlüftung) bezeichnet die *„notwendige Lüftung zur Sicherstellung der gesundheitlichen Mindestanforderungen sowie des Bautenschutzes (Feuchte) bei reduzierter Anwesenheit der Nutzer oder geringerer Raumluftqualität“*.

In [Hartm99] wurde die erst später mit RL bezeichnete LSt noch als *„die niedrigste an den Luftwechsel zu stellende Forderung angesehen, die zur Vermeidung sowohl gesundheitsschädigender Raumluftzustände als auch von Tauwasser- bzw. Schimmelpilzbildung in Verbindung mit typischen Emissionen in Wohnungen und bei üblichem Wohnverhalten der Nutzer notwendig ist“*. Der zugehörige Luftwechsel kann deshalb *„durchaus deutlich kleiner sein als der zur vollständigen Zufriedenheit der Nutzer bzw. zur Herstellung eines ausreichenden raumlufthygienischen Wohnkomforts erforderliche“*.

Die unterste Lüftungs-Betriebsstufe **Lüftung zum Feuchteschutz** (**FL**) wurde als *„notwendige Lüftung zur Sicherstellung des Bautenschutzes (Feuchte) bei zeitweiliger Abwesenheit der Nutzer und kein Wäschetrocknen“* schon in der Ausgabe von 2009 der [DIN 1946-6] neu eingeführt. Sie unterteilt sich in FL für Gebäude mit geringem und hohem Wärmeschutz sowie in Nutzungseinheiten mit geringer oder hoher Belegung.

Die oberste Lüftungs-(Betriebs-)stufe **Intensivlüftung** (**IL**) (vormals Bedarfslüftung) wird als *„zeitweilige Lüftung mit erhöhtem Luftvolumenstrom zum Abbau von Lastspitzen – Lastbetrieb)“* benötigt. Sie sollte aus Gründen der Begrenzung der Heizwärmeverluste und zu trockener Raumluft vor allem bei tieferen Außenlufttemperaturen ähnlich wie ein zeitweilig geöffnetes Fenster möglichst nicht länger als jeweils eine Stunde in Betrieb sein.

Zur Erfüllung aller Anforderungen hinsichtlich Feuchteschutz und Hygiene ist schon während der Anwesenheit des größten Teils der Nutzer der Betrieb mit der LSt Nennlüftung (NL) unbedingt zu empfehlen. Bei zeitweiliger bzw. teilweiser Abwesenheit der meisten Nutzer sowie bei tiefen Außenlufttemperaturen und (auch) daraus resultierenden Werten der relativen Raumluftfeuchte im Bereich von $\varphi_i \leq 30\,\%$ kann die Lüftungsanlage bzw. das -gerät vorübergehend auch nur mit der BS Reduzierte Lüftung (RL) betrieben werden. Lüftungsanlagen bzw. -geräte können bei mehrtägiger Abwesenheit aller Nutzer auch in die LSt Lüftung zum Feuchteschutz (FL) geschaltet werden.

Für die Zeit außerhalb der Heizperiode empfiehlt sich die gleiche Betriebsweise wie für die Heizperiode selbst (Ausnahme: bestimmte Kellerräume nach Unterabschnitt 9.5.2).

Bezüglich der Betriebsweise von Lüftungsanlagen bzw. -geräten existieren in den deutschen Normen und Richtlinien noch immer unterschiedliche Angaben. Lüftungsanlagen bzw. -geräte nach [DIN 1946-6] müssen während der Heizzeit so betrieben werden, dass mindestens die Betriebsstufe (BS) *„‚Lüftung zum Feuchteschutz‘ ständig sichergestellt ist“*. Sie sind demgemäß *„dauernd oder im fortdauernden Intervallbetrieb zu betreiben“*. Bei Letzterem *„dürfen sie bei einer täglichen Laufzeit von mindestens 12 Stunden nicht länger als jeweils* *eine Stunde ausgeschaltet sein"*. Für die heizfreie Zeit wird diese Betriebsweise empfohlen.

Nach [DIN 18017-3] werden demgegenüber an die gleichen Anlagen bzw. Geräte keine konkreten Festlegungen für die Betriebsweise getroffen. Gemäß Auflistung der zu fördernden Mindest-Abluftvolumenströme (siehe Unterabschnitt 7.3.5) dürfen die Lüftungsanlagen/-geräte sowohl zeit- und bedarfsabhängig (im Dauerbetrieb) als auch präsenzgeführt (im Dauerbetrieb oder mit Nachlauf) betrieben werden. Im letztgenannten Falle bedeutet das, dass sie vom einzelnen Nutzer auch ausgeschaltet werden dürfen. Das heißt, dass bei Anwendung von [DIN 18017-3] der Nutzer unter bestimmten Umständen allein entscheiden kann und muss, ob und wie lange Abluft aus den betroffenen fensterlosen Räumen und damit auch aus der gesamten Nutzungseinheit abgeführt wird.

Diese nach [DIN 18017-3], 3.1.1 (6), zulässige Total-Abschaltung der ventilatorgestützten Lüftung von fensterlosen Bad-/WC-Räumen durch den Nutzer birgt ein nicht zu vernachlässigendes Risiko für das Auftreten von Feuchteschäden [Brasche03, Heinz04]. Schuld sind die sich in der Praxis einstellenden Gesamt-Außenluftvolumenströme, die häufig weit unter den nach [DIN 1946-6] empfohlenen liegen (siehe dazu auch Unterabschnitt 9.2).

Eine solche Betriebsweise ist nur dann zu empfehlen, wenn dabei die Mindestanforderungen an den nutzer<u>un</u>abhängig zu realisierenden Außenluftvolumenstrom nach [DIN 1946-6] sicher erfüllt werden können. Das ist aber bei einem ventilatorgestützten Lüftungssystem, das nur Bad-/WC-Räume mittels abschaltbarer Lüftungstechnik nutzerabhängig ver- bzw. entsorgt, nur in den Fällen möglich, in denen noch hinreichend große Gebäude-Undichtheiten vorhanden sind. Fehlen diese, ist unabhängig vom Vorhandensein fensterloser Räume nach [DIN 1946-6] das (Mindest-)Kriterium für die Notwendigkeit des Ergreifens lüftungstechnischer Maßnahmen erfüllt. Nur wenn die vorhandenen oder die zu erwartenden Undichtheiten ausreichen, die in der Nutzungseinheit anfallende Feuchtigkeit mittels Luft-In- und -Exfiltration in hinreichendem Maße abzuführen, könnte und dürfte auf LtM für die gesamte (hierbei restliche) NE verzichtet werden. Normgemäß besagt das, dass der im Heizperiodenmittel zu erwartende wirksame In- und Exfiltrations-Luftvolumenstrom $q_{v,Inf,wirk}$ mindestens dem zu ermittelnden notwendigen Außenluftvolumenstrom zum Feuchteschutz $q_{v,ges,NE,FL}$ entsprechen müsste ($q_{v,ges,NE,FL} \leq q_{v,Inf,wirk}$).

Alternativ zu [DIN 18017-3] schreibt [DIN 1946-6] für ventilatorgestützte Lüftung eine weitgehend vom Eingreifen des Nutzers unabhängige Betriebsweise vor:

Danach *„müssen Ventilatorgestützte Lüftungssysteme in der Heizperiode (unterhalb der Heizgrenztemperatur) bei Abwesenheit der Nutzer so betrieben werden, dass die Lüftung zum Feuchteschutz ständig sichergestellt ist. Die*

Einzelraum- und Wohnungs-Lüftungsgeräte bzw. Zentral- und Einzelventilator-Anlagen sind dazu entweder dauernd oder im dauernden, regelmäßigen Intervallbetrieb zu betreiben. Bei Intervallbetrieb dürfen sie bei einer täglichen Laufzeit von mindestens 12 h nicht länger als jeweils eine Stunde ausgeschaltet sein. Außerhalb der Heizperiode wird dieselbe Betriebsweise empfohlen. Um unnötiges Lüften zu vermeiden, ist das Lüftungssystem im Betrieb an die Nutzung der Wohnung anzupassen. Dabei können u. a. die Personenbelegung, die Aktivität, die Raumluftfeuchte oder die Geruchsemissionen berücksichtigt werden.

Bei mehrtägiger Abwesenheit der Nutzer sollte von Nennlüftung auf die Lüftung zum Feuchteschutz geschaltet werden. Für energieeffizient betriebene Anlagen muss ein derartiger Betrieb möglich sein.

Um unnötige Heizwärmeverluste und zu trockene Raumluft während der Heizperiode zu vermeiden, sollte die Intensivlüftung nach einer bestimmten Zeitdauer, z. B. nach einer Stunde, automatisch auf Nennlüftung zurückgeschaltet werden.

Wenn bei tiefen Außentemperaturen die relative Luftfeuchte der Raumluft unter etwa 30 % abfällt, kann die Lüftungsanlage/das Lüftungsgerät auch während der Anwesenheit der Nutzer vorübergehend mit vermindertem Luftvolumenstrom, z. B. mit Reduzierter Lüftung, betrieben werden.“

Die mit einer quasiständigen (Intervall-)Lüftung zugelassenen Anlagen stellen eine Kompromiss-Lösung dar. Um damit einen vergleichbaren Lüftungs-Effekt erzielen zu können, muss der Wohnung pro Zeiteinheit mindestens die gleiche Außenluftmenge zugeführt werden wie bei ständiger Lüftung. Bezogen auf einen Tag bedeutet das bei einer betriebsfreien Zeit von z. B. 12 Stunden eine Verdoppelung des stündlichen Luftdurchsatzes während der Betriebszeit. Das hat entweder

- größer bemessene Luftleitungs- und LD-Querschnitte oder bei gleichbleibenden Querschnitten
- erhöhte Strömungsgeräusche an Luftdurchlässen (LD) sowie
- höheren temporären Elektroenergiebedarf und
- u. U. zusätzliche Geräuschbelästigungen durch die Ein- und Ausschaltvorgänge zur Folge.

Bei einer ausschließlich zeitabhängig gesteuerten Intervall-Lüftungsanlage kann es außerdem vorkommen, dass diese in einer Phase hohen Lastaufkommens gerade ausgeschaltet bleibt und sich umgekehrt in lastschwächerer Zeit einschaltet. Das kann einerseits zu einer unzulänglichen Lüftung und andererseits zum Eingriff des Nutzers in die Anlagentechnik führen.

Auch aus diesen Gründen ist es beinahe immer vorteilhafter, einen nicht oder kaum wahrnehmbaren ständigen Minimalbetrieb nach [DIN 1946-6] zu realisieren und die Einhaltung der hygienisch relevanten Grenzwerte durch Normalbetrieb während Anwesenheit der Nutzer zu sichern. Vor allem in dieser Zeit muss mit erhöhten Schadstoff- und Geruchsstoff-Emissionen gerechnet werden. Um einem ‚Empfang' in der Wohnung mit unangenehmen Gerüchen vorzubeugen, könnte es jedoch zweckmäßig sein, die Lüftung über entsprechende Steuerbefehle schon vor Betreten derselben einschalten zu lassen. Da zu einer wirksamen Zeitdauer bisher keine Erkenntnisse vorliegen, müsste das im Einzelfall vom Nutzer selbst erprobt werden. Dafür müssen ihm jedoch die notwendigen technischen Möglichkeiten geboten werden.

Darüber hinaus ist es natürlich außerordentlich sinnvoll, die Schadstoff-Freisetzung prioritär noch durch alternative Maßnahmen (z. B. konsequenten Einsatz von Einrichtungsgegenständen mit gegen null gehender Emissionstätigkeit) nachhaltig zu reduzieren.

Über den Zeitpunkt einer Schaltung des (der) Ventilators(en) in den Lastbetrieb (Intensivlüftung) muss der Nutzer unabhängig vom sonstigen Betriebsregime selbst entscheiden können. Diese LSt darf dann, vergleichbar den Auswirkungen eines geöffneten Fensters, auch hör- und spürbar sein, ohne dass Manipulationen zu befürchten wären.

Zweckmäßiger Lüftungsbetrieb zur Schadens-Prophylaxe

Viele aus mangelnder Lüftung resultierende Probleme können nachhaltig vermieden werden, wenn unabhängig von im Regelwerk zugelassenen Schaltmöglichkeiten von Lüftungsanlagen bzw. -geräten in der Heizungs- und Übergangs-Jahreszeit ein vom Nutzer nicht beeinflussbarer (nutzerunabhängiger), nicht oder kaum wahrnehmbarer ständiger Minimal-Lüftungsbetrieb realisiert wird. Zur Gewährleistung einer guten Raumluftqualität und des raschen Abbaus hoher Lastspitzen ist es zudem zweckmäßig, neben dem Normalbetrieb während Anwesenheit der Nutzer einen zusätzlichen Lastbetrieb in Form einer weiteren ventilatorgestützten Vergrößerung des Luftvolumenstroms durch Letztere zu ermöglichen.

Zwei Beispiele sollen die mögliche Betriebsweise von Lüftungsanlagen bzw. -geräten in EFH oder Wohnungen veranschaulichen. In Bild 9.32 und Bild 9.33 sind beispielhaft die relativen Luftvolumenstrom-Verläufe der einzelnen Räume sowie der gesamten Wohnung über einen Tag aufgetragen.

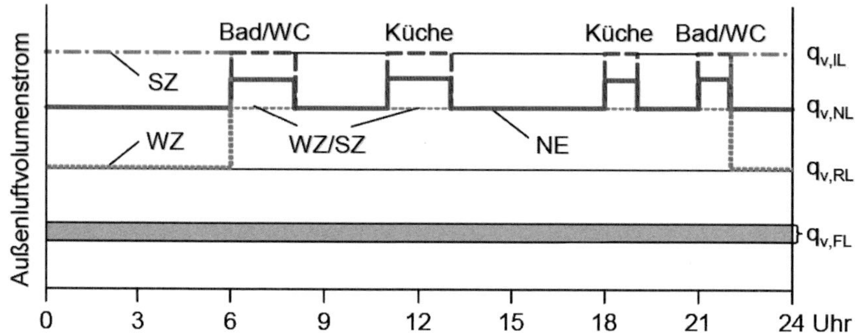

Bild 9.32: Beispiel für die tägliche Betriebsweise einer Lüftungsanlage bei Anwesenheit der Nutzer

Folgender nutzungsabhängiger Tagesablauf des Lüftungsbetriebes wäre demnach denkbar:

1) Die Ventilatoren arbeiten während der Nutzung des Hauses (bzw. der Wohnung), die auch stundenweise Abwesenheit einschließt, in der Betriebsstufe Nennlüftung (Bild 9.32). Die Lüftung im Wohnzimmer (WZ) wird nachts zugunsten des Schlafzimmers (SZ) um 50 % reduziert. Der Luftvolumenstrom für die gesamte NE bleibt dabei konstant. Im Zeitraum von ca. 6:00 bis 8:00 Uhr wird im Badezimmer und im WC der Luftvolumenstrom (u. U. auch nur zeitweilig) von Nenn- auf Intensivlüftung erhöht, wodurch sich für die gesamte NE eine Volumenstrom-Erhöhung ergibt. Das Gleiche geschieht um die Mittagszeit für zwei Stunden in der Küche (Gesamt-Volumenstrom-Erhöhung) und am Abend wiederum für je eine Stunde in der Küche und im Bad-/WC-Raum. Insgesamt resultiert daraus für die gesamte NE ein mittlerer stündlicher Luftvolumenstrom, der geringfügig über dem bei Nennlüftung liegt.

2) Wird eine Wohnung längere Zeit nicht oder nur eingeschränkt genutzt, kann in diesem Zeitraum im Minimal-Betriebsbereich gefahren werden (Bild 9.33). Diese Betriebsweise kann durch den Nutzer selbst oder auch zeit- oder anwesenheitsabhängig gesteuert werden (Tabelle 9.14). Genauso gut wäre es aber auch möglich, dass eine nutzerunabhängige Regelung die Betriebsweise der Lüftungsanlage bzw. des -geräts entsprechend dem tatsächlichen Bedarf anpasst.

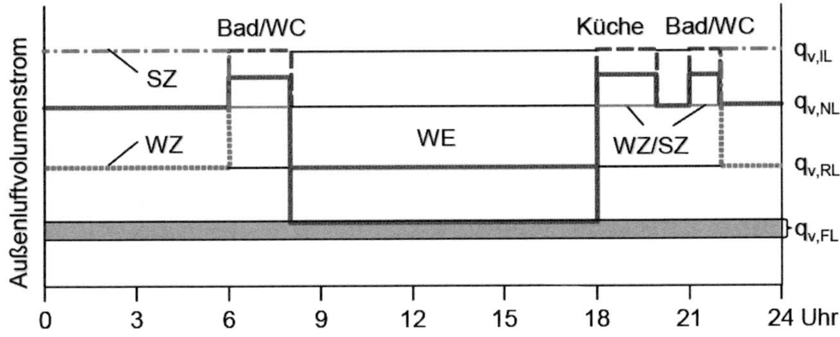

Bild 9.33: Beispiel für die tägliche Betriebsweise einer Lüftungsanlage bei zeitweiliger Abwesenheit der Nutzer

[DIN 1946-6] lässt über die beschriebenen Lüftungs-(Betriebs-)stufen (LSt) hinaus auch eine bedarfsgeführte Lüftung zu. Diese sogenannte Bedarfslüftung (BL) ist eine Form der ventilatorgestützten Lüftung, die z. B. mit Sensortechnik über die Parameter Raumluftfeuchte, Kohlendioxid- bzw. Mischgasgehalt der Raumluft oder mittels anderer geeigneter Führungsgrößen den Luftvolumenstrom an den jeweiligen Bedarf anpasst (Tabelle 9.14). Die bedarfsgeführte Lüftung soll während der Nutzungszeit im Bereich zwischen den LSt Reduzierte Lüftung und Nennlüftung arbeiten. Außerhalb der Nutzungszeit ist eine Absenkung des Luftvolumenstroms auf die LSt Lüftung zum Feuchteschutz zulässig.

Tabelle 9.14: Technische Möglichkeiten der bedarfsgeführten Lüftung

Führungsgröße	Sensor	Steuerglied	Stellglied
Tageszeit	–	Zeitschaltuhr	Ventilator, GLD/ALD*)
Anwesenheit Nutzer	Infrarot-Fühler	entsprechende Schaltung	Ventilator
relative Raumluftfeuchte	Hygrofühler	diverse firmenspezifische Lösungen, wie z. B. Kunststoffband- und „Luqas"-Sensor [Sabin07] (zzgl. weiteren Entwicklungs-Bedarfs)	Ventilator, LD
CO_2-Gehalt der Raumluft	CO_2-Fühler		Ventilator
Qualität Raumluft (VOC, CO)	Metalloxid-Halbleitergas-Fühler		Ventilator
Temperatur der Raumluft	Temperaturfühler		Ventilator, GLD/ALD*)
Temperatur der Außenluft	Temperaturfühler		Ventilator, GLD/ALD*)
*) auch als ansteuerbares Fenster			

Ein Beispiel für die Abhängigkeit des Außenluftvolumenstroms von der relativen Raumluftfeuchte für GLD/ALD mit Kunststoffband-Sensor zeigt bei unterschiedlichen Differenzdrücken Bild 9.34. Auffällig ist, dass bis zu einem Wert der relativen Feuchte von ca. 60 % eine relativ große Hysterese auftritt. Das führt dazu, dass bei abfallender Raumluftfeuchte und einem Differenzdruck im Bereich von $\Delta p \leq 8$ Pa (Unterdrucklüftung) um bis zu ca. 12 m^3/h höhere Luftvolumenströme als bei zunehmender Feuchte realisiert werden. Bei einer Vereinfachung der Darstellung durch Mittelung der Kennlinien für die Signalgebung an das Stellglied käme es dadurch im weniger kritischen Bereich bis zu 60 % zu maximalen Abweichungen von den erforderlichen Werten um bis zu ca. ± 6 m^3/h. Zu beachten ist, dass die Kennlinien für freie ($\Delta p \leq 4$ Pa) und Unterdrucklüftung ($\Delta p \leq 8$ Pa) auf unterschiedlichem Niveau verlaufen. Um die gleiche Luftleistung je Raum gewährleisten zu können, müssen demnach auch bei Bedarfslüftung vom Lüftungssystem abhängig unterschiedlich groß dimensionierte GLD/ALD installiert werden.

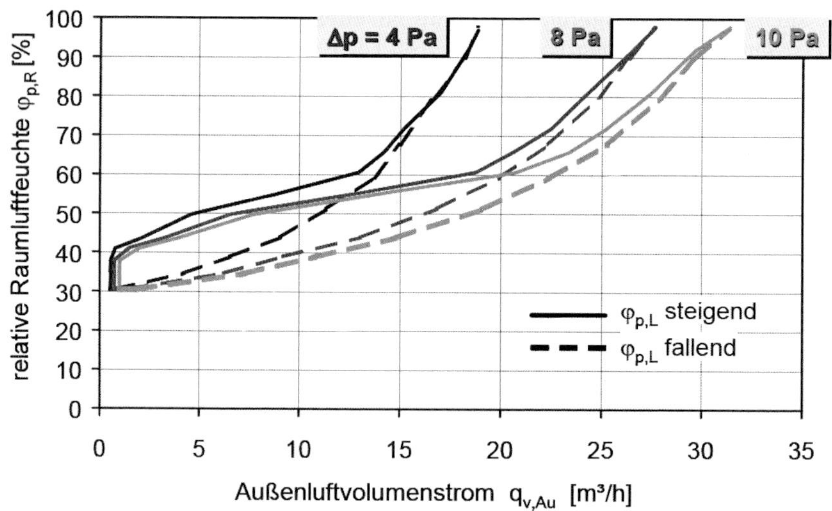

Bild 9.34: Unter Laborbedingungen ermittelte Außenluftvolumenstrom-/Raumluftfeuchte-Kennlinien für von der relativen Raumluftfeuchte abhängig geregelte Gebäudehüllen-Luftdurchlässe (GLD/ALD)

Die raumweise Anpassung des Luftvolumenstroms an den jeweiligen Bedarf hat nicht nur den Vorteil, dass immer ausreichend Außenluft angefordert wird, sondern durch die gleichzeitige Begrenzung auf das notwendige Maß bestehen auch energetische Vorteile gegenüber Lüftungskonzepten, bei denen aus den unterschiedlichsten Gründen vorsichtshalber immer etwas mehr Luft angeboten werden muss.

Bei sehr niedrigen Außentemperaturen kann die relative Raumluftfeuchte auf Werte unter ca. 30 % abfallen (siehe Unterabschnitt 2.3). Um das über längere Zeiträume zu unterbinden, dürfen Lüftungsanlagen bzw. -geräte nach [DIN 1946-6] in solchen Fällen *„auch bei Anwesenheit der Nutzer mit vermindertem Luftvolumenstrom, z. B."* entsprechend der LSt *„Reduzierte Lüftung, betrieben werden"*.

Befinden sich raumluftabhängige Feuerstätten in den NE, die (auch nur zeitweilig) einen Unterdruck verursachen, darf die Betriebssicherheit der Feuerstätten nicht beeinträchtigt werden (siehe auch Unterabschnitte 2.4 und 8.4). Nach [MFeuV] sind dafür alternativ die nachfolgend aufgeführten Bedingungen einzuhalten:

- gleichzeitiger Betrieb von Feuerstätte und Abluftanlage bzw. -gerät ist durch Sicherheitseinrichtungen zu verhindern,
- Abgasabführung durch besondere Sicherheitseinrichtungen überwachen,
- Abgase der Feuerstätten über Abluftanlage bzw. -gerät abführen oder
- anlagentechnisch sicherstellen, dass während des Betriebs der Feuerstätte kein gefährlicher Unterdruck entstehen kann.

9.5.2 Lüftung von Kellerräumen

Unter Keller- oder auch Souterrain-Räumen sollen hier alle die Räume einer Nutzungseinheit (NE) verstanden werden, deren Umfassungsflächen teilweise bis komplett direkt ans Erdreich grenzen. Bezüglich ihrer Lüftung brauchen sie in Abhängigkeit von ihrer Nutzungsfunktion während der Heizperiode nicht anders behandelt zu werden als darüber liegende „normale" Räume mit luftbegrenzten Außenwänden. Dazu muss allerdings zunächst Klarheit über deren Nutzung bestehen. Einen Anhaltspunkt für eine sinnvolle Einteilung auf Basis der Annahme von durchschnittlichen Aufenthaltsdauern liefert Tabelle 9.15 nach [DIN 1946-6], Anhang F. Ist zum Zeitpunkt der Abstimmung bereits eine spätere Nutzungsänderung (z. B. Umwidmung zum Wohnraum) absehbar bzw. zu vermuten, sollte dies in Abstimmung der Projektbeteiligten bereits bei der Planung berücksichtigt werden. Auf Basis dieser Raumeinteilung kann nachfolgend ein geeigneter Ansatz für das Lüftungs- und Heizungskonzept gewählt werden.

Während ‚normale' Räume ohne erdreichberührte Umschließungsflächen auch außerhalb der Heizperiode problemlos mittels geöffneter Fenster gelüftet werden können, trifft das auf Keller- und Souterrain-Räume nur bedingt zu.

Grund ist die Besonderheit der infolge Erdreichberührung auch außerhalb der Heizperiode niedrigen „Außenwand“-Temperaturen. Gelangt wärmere Außenluft in davon betroffene Räume, mischt sie sich mit der Raumluft. Hat die entstehende Mischluft einen höheren Feuchtegehalt als die ursprünglich in Wandnähe befindliche Luft, besteht die Gefahr, dass sie sich in Wandnähe so stark abkühlt, dass die relative (Oberflächen-)Feuchte nicht nur für längere Zeit (75 ... 80) % überschreitet (Kriterium für Schimmelpilz-Wachstum, siehe Unterabschnitt 1.3.3), sondern dass sie u. U. sogar eine Kondensatbildung mit Durchfeuchtung der Wand verursacht (Bild 9.35).

Tabelle 9.15: Einteilung der Kellerräume in Abhängigkeit von der Raumnutzung (Aufenthaltsdauer); nach [DIN 1946-6], Anhang F

Raumnutzung des Kellerraums	Geschätzte Aufenthaltsdauer in min/d	Resultierende Aufenthaltsdauer pro Jahr in h/a [a]	Bemerkung
Als Aufenthalts-raum genutzt	120 bis 1440 (bei 2 bis 24 h/d)	7 000 (bei 20 h/d)	z. B. Schlafraum, Gästezimmer oder Arbeitszimmer
Wenig genutzt	10 bis 120	ca. 60 bis 700	z. B. Waschküche, Hauswirtschafts-raum
Praktisch ungenutzt	1 bis 10	ca. 6 bis 60	z. B. Abstellraum

a Für die Betrachtung wird ein Jahr von 350 Tagen angesetzt, da im Normalfall sich die Bewohner im Normalfall nicht 365 Tage im Jahr in der Wohnung aufhalten.

Wird beispielhaft angenommen, dass sich infolge zeitweiliger Fensterlüftung Außenluft von 22 °C (Au) mit Kellerluft von 15 °C (R1) bei jeweils 50 % relativer Feuchte im Verhältnis 1:1 mischt, bildet sich die im Bild 9.35 dargestellte Mischluft von ca. 18,8 °C (R2/(M)). Da diese einen höheren absoluten Feuchtegehalt x als die ursprünglich im Raum befindliche Luft aufweist, besteht die Gefahr, dass sie sich in Wandnähe nicht nur so stark abkühlt, dass die relative (Oberflächen-)Feuchte im Monatsmittel 80 % erreicht bzw. überschreitet (Grundlage für Schimmelpilz-Wachstum nach [DIN EN ISO 13788]), sondern dass sie u. U. sogar eine Kondensatbildung mit Durchfeuchtung der Wand verursacht.

Im dargestellten Beispiel führt das dazu, dass sich die schimmelpilzkritische Temperatur in Wandnähe von S1 (7,9 °C) auf S2 (11,7 °C) und die

Kondensationstemperatur von K1 (4,7 °C) auf K2 (8,2 °C) erhöht. Die Folge ist, dass sich das Risiko für Feuchteprobleme in kritischen Wandbereichen vergrößert. Mit zunehmender Dauer des Lüftungsvorgangs nimmt das Risiko zu, weil sich (M) immer weiter nach oben verlagert. Das hat zur Folge, dass die Lüftung derartiger Räume unter anderen Randbedingungen erfolgen muss, als das für ‚normale' Räume üblich ist.

Zur Gewährleistung möglichst (energie-)effizienter Lösungen ist für direkt ans Erdreich grenzende Räume deshalb an erster Stelle eine dem jeweiligen Verwendungszweck angepasste äußere Wärmedämmung Grundvoraussetzung. Außerdem muss sichergestellt sein, dass aus dem Erdreich aufsteigende Feuchtigkeit im Vorfeld unterbunden wird und damit als Ursache für das Auftreten von Feuchtigkeitsproblemen ausscheidet.

Zum Abtransport von im Raum freigesetzter Feuchtigkeit kommen in Verbindung mit einer adäquaten Heizstrategie (die hier nicht thematisiert werden soll, siehe für weitere Informationen [DIN 1946-6], Anhang F) lüftungstechnische Maßnahmen nach Bild 9.36 für freie und ventilatorgestützte Lüftung in Betracht. In Kellerräumen sind dabei einige Besonderheiten zu beachten.

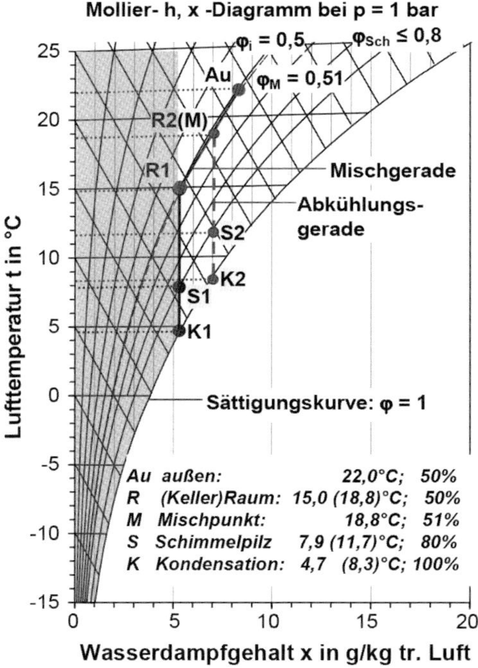

Bild 9.35: Abkühlung von Mischluft aus warmer Außenluft und Kellerraumluft an erdreichberührten Kellerwänden

Insbesondere die Möglichkeiten zur manuellen Fensterlüftung sind eingeschränkt, da aufgrund der geringen Größe und Höhe der Fenster über Grund praktisch nur sehr geringe Windeffekte zu erwarten sind und unter sommerlichen Verhältnissen (bei trotzdem niedrigen Oberflächentemperaturen der erdreichberührten Flächen) die Raumluft kaum getrocknet werden kann.

Freie Lüftung

Sollen bzw. müssen die betroffenen Räume vorwiegend über offene Fenster gelüftet werden, darf dies nur dann geschehen, wenn der Zustand der entstehenden Mischlufttemperatur unter dem schimmelpilzkritischen Zustand an der inneren Oberfläche der erdreichberührten Wände liegt. Das ist mit Sicherheit immer dann der Fall, wenn die Außenluft ‚trockener' ist als die Raumluft bei R1. Im Mollier-h, x-Diagramm muss der Mischluftpunkt dafür links von der Abkühlungsgeraden des ursprünglichen Zustands (1) ($\theta_i = 15$ °C und $\varphi_i = 0{,}5$, im Bild 9.35 grau gekennzeichnetes Feld) der Kellerluft liegen. Allein eine niedrigere Außenlufttemperatur in wenigen frühen Morgenstunden ist noch kein Garant für einen zur Entfeuchtung beitragenden Lüftungsprozess. Bei sommerlichen Außenlufttemperaturen im Bereich von $\theta_{Au} \geq \theta_i$ (auch nachts) findet dieser entweder gar nicht oder nur bei Außenluft mit einem absoluten Feuchtegehalt im Bereich von $x_{Au} < x_i$ statt. Wenn man nicht sicher ist, ob die Außenluft aktuell trockener als die Raumluft ist, ist es sinnvoller, die Fenster vorsichtshalber geschlossen zu halten.

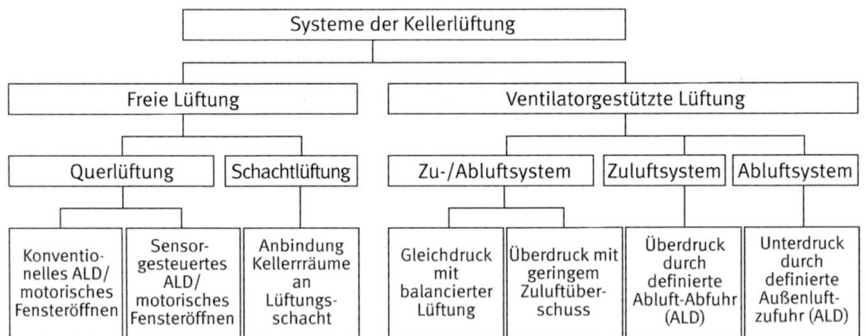

Bild 9.36: Überblick über lüftungstechnische Maßnahmen zur Reduzierung der Raumluftfeuchte in Kellerräumen, in Anlehnung an [DIN 1946-6], Tabelle F.2

Tabelle 9.16 zeigt wichtige Hinweise zur freien Lüftung von Kellerräumen.

Tabelle 9.16: Hinweise zur freien Lüftung von Kellerräumen

Lüftungstechnische Maßnahmen	Umsetzung	Bemerkung
Querlüftung	konventioneller GLD/ALD (auch als motorisches Fensteröffnen)	– für bestehende Fenster nachrüstbar – auch bei lüftungstechnischer Trennung möglich – auf Lärmexposition und Versicherungsfragen (Einbruchschutz) achten
	Sensorgesteuerter GLD/ALD (auch als motorisches Fensteröffnen)	– für bestehende Fenster nachrüstbar – auch bei lüftungstechnischer Trennung möglich – Wirksamkeit abhängig von Steuerung (am besten nach absoluter Feuchtedifferenz) – auf Lärmexposition und Versicherungsfragen (Einbruchschutz) achten
Schachtlüftung	Anbindung Kellerräume an Lüftungsschacht	– ohne separaten Lüftungsschacht bei lüftungstechnischer Trennung unwirksam – sehr geringer Luftwechsel im Sommer – sensorgesteuertes System möglich (am besten nach absoluter Feuchtedifferenz)

Ventilatorgestützte Lüftung

Für die Ermittlung des richtigen Lüftungszeitraums ist es notwendig, aus den Messungen von Außenlufttemperatur und -feuchte sowie wandnaher Raumlufttemperatur und -feuchte den Außenluftzustand zu errechnen, bei dem die einströmende Außenluft voraussichtlich einen Mischluftzustand zur Folge hat, der weniger feucht ist als der wandnahe Raumluftzustand. Nur während dieser Zeit darf ein Betriebssignal an die Lüftungsanlage bzw. das Lüftungsgerät übermittelt werden. Dabei genügt es, wenn in dem zu lüftenden Raum mittels eines Abluftventilators ein Unterdruck erzeugt wird, der zum Nachströmen der Außenluft über GLD/ALD führt.

Eine nicht in jedem Falle zielführende und deshalb auch nur eingeschränkt empfehlenswerte Kompromisslösung stellt eine rein temperaturabhängige Steuerung dar. Sie führt nur dann zum gewünschten Erfolg, wenn das von der aktuellen Raumlufttemperatur abhängige Temperaturgefälle $\Delta\theta$ zwischen Raum- und kälterer Außenluft, bei dem der Lüftungsbetrieb stattfinden soll, so groß gewählt wird, dass die sich bildende Mischluft in jedem Falle trockener als die wandnahe Raumluft ist. Im Beispiel gemäß Bild 9.35 würde es im Bereich von ca. $\Delta\theta < 10$ K liegen müssen (grau gekennzeichneter Bereich).

Nicht zu empfehlen ist die Anwendung rein zeitabhängiger Steuerungen, weil sie nicht gewährleisten können, dass auch dann Lüftungsbetrieb einsetzt, wenn das notwendige Dampfdruckgefälle bzw. die entsprechende Feuchtedifferenz als Trocknungspotenzial zwischen innen und außen nicht gegeben sind.

Die Einbindung des Kellers in ein zentrales ventilatorgestütztes Lüftungssystem erfordert eine lüftungstechnische Verbindung zwischen Keller und übrigem Gebäude. Dies kann z. B. in einem Reihenhaus mit intensiv genutztem Untergeschoss in Verbindung mit einem Zu-/Abluftsystem sinnvoll sein. Sollen hingegen die Kellerräume separat gelüftet werden, sollten diese lüftungstechnisch vom übrigen Gebäude getrennt sein. Diese könnte z. B. in einem Mehrfamilienhaus mit separaten Souterrain-Wohnungen in Kombination mit Abluftsystemen sinnvoll sein, aber auch in wenig genutzten Kellerräumen bei erhöhten Radonkonzentrationen. Wichtige Hinweise zur ventilatorgestützten Lüftung von Kellerräumen beinhaltet Tabelle 9.17.

Tabelle 9.17: Hinweise zur ventilatorgestützten Lüftung von Kellerräumen

Lüftungstechnische Maßnahmen	Umsetzung	Bemerkung
Zu-/Abluftsystem	Gleichdruck mit balancierter Lüftung	– Wirksamkeit abhängig von Steuerung (am besten nach absoluter Feuchtedifferenz) – ggf. Zielkonflikte mit Radonkonzentration, dann – lüftungstechnische Trennung erforderlich
	Überdruck mit geringem Zuluftüberschuss	– Wirksamkeit abhängig von Steuerung (am besten nach absoluter Feuchtedifferenz) – ggf. bauphysikalische Probleme durch Überdruck
Zuluftsystem	Überdruck durch kontrollierte Zuluftzuführung	– Wirksamkeit abhängig von Steuerung (nach absoluter Feuchtedifferenz) gegeben – ggf. bauphysikalische Probleme durch Überdruck
Abluftsystem	Unterdruck durch kontrollierte Abluftabführung	– Wirksamkeit abhängig von Steuerung (nach absoluter Feuchtedifferenz) gegeben – ggf. Zielkonflikte mit Radonkonzentration, dann lüftungstechnische Trennung erforderlich

Entscheidet man sich – in Abhängigkeit von der Nutzung des Kellerraumes – für ein Heizungs- und Lüftungskonzept, kann die Auslegung der Lüftung nach [DIN 1946-6], Anhang F, siehe Tabelle 9.18, erfolgen.

Tabelle 9.18: Lüftungsauslegung in Abhängigkeit von der Nutzung der Kellerräume; nach [DIN 1946-6], Anhang F

Art der Lüftung	Raumnutzung		
	Aufenthaltsraum [a] **beheizt**	**wenig genutzt** [b] **beheizbar**	**praktisch ungenutzt** [c] **unbeheizt**
Freie Lüftung	Reduzierte Lüftung oder Lüftung zum Feuchteschutz		Im Sommer nur sensorgesteuert
Ventilator-gestützte Lüftung	Nennlüftung	reduzierte Lüftung	
Kombinierte Lüftungssysteme	Hinweise aus [DIN 1946-6], Abschnitt 9 beachten		

a) Es gelten die Anforderungen an den Mindestwärmeschutz nach [DIN 4108-2].

b) Wenn als Trockenraum für Wäsche genutzt, dann Auslegung nach Nennlüftung nach [DIN 1946-6] empfohlen.

c) Besteht ein positives Trocknungspotenzial (Wassergehalt der Außenluft kleiner als Wassergehalt der Raumluft), ist eine dauerhafte Lüftung möglich, auf eventuell niedrige Außentemperaturen ist dabei zu achten. Besteht ein negatives Trocknungspotenzial, ist sensorgesteuert darauf zu reagieren.

Reicht eine – wie oben beschriebene – feuchtegeführte Lüftung z. B. bei intensiver Nutzung der Kellerräume nicht aus, um dauerhaft einen raumlufthygienisch und bauphysikalisch unbedenklichen Zustand herzustellen, kann zeitweise, insbesondere also unter sommerlichen Bedingungen, auf aktive Entfeuchtungsgeräte zurückgegriffen werden. Dies kann auch erforderlich werden, wenn durch Lüften neben der Begrenzung der Luftfeuchte auch die Radonkonzentration im Raum verringert werden soll. Hier entsteht ein klassischer Zielkonflikt (Feuchte → zeitweises Lüften vs. Radon → dauerhafte Lüftung), der sich im Sommer ggf. nur durch zeitweise Entfeuchtung lösen lässt.

9.6 Regelung von Lüftungsanlagen bzw. -geräten

Für die Umsetzung der beschriebenen Betriebsweisen sind unterschiedliche Regelungskonzepte möglich. Bewährt haben sich Lösungen mit zentraler Regelung des Ventilatorbetriebs, ergänzt durch dezentrale (raumweise) Veränderung der Luftvolumenströme über unterschiedliche Luftdurchlässe. Nachfolgend sollen nur einzelne repräsentative Beispiele aufgeführt werden. Die Industrie bietet ständig neue Lösungen an, die besser den aktuellen technischen Dokumentationen entnommen werden sollten.

Die zentrale Regelung bewirkt bei Anlagen, die mehrere Räume in EFH bzw. ganze Nutzungseinheiten in Mehrfamilienhäusern versorgen, die Veränderung des jeweiligen gesamten Luftvolumenstroms für alle Räume bzw. NE. Sie sollte die Lüftungs-(Betriebs-)Stufen (LSt) nach [DIN 1946-6] oder auch einen stufenlos einstellbaren Betrieb mit für den Nutzer erkennbaren Markierungen für die einzelnen LSt ermöglichen. Die LSt können über Veränderungen der Ventilator-Drehzahl realisiert werden. Dafür kann das sogenannte Phasenanschnitt-Verfahren genutzt werden (z. B. für die Differenzdruck-Regelung). Mit ihm verringert sich mit der Absenkung der Drehzahl auf vorteilhafte Weise auch die elektrische Leistungsaufnahme des Antriebsmotors. Letztere kann durch Einsatz von Frequenz-Umrichtern weiter reduziert werden. Den geringsten Strombedarf verursachen EC-Motoren (siehe auch Unterabschnitt 7.3).

Während Minimal- bis Normal-Betrieb direkt über die Änderung der Ventilator-Drehzahl eingestellt werden, wird der Last-Betrieb, wenn er nicht zeitabhängig ebenfalls über Drehzahländerung gesteuert wird *(„Lüftung mit gemeinsam veränderlichen Volumenströmen“)*, über eine Querschnittsänderung im Luftdurchlass raum- und damit meistens auch wohnungsweise beeinflusst *(„Lüftung mit wohnungsweise veränderlichen Volumenströmen“)*. Indirekt führt das ebenfalls zu einer Drehzahländerung des Ventilators.

Um die Benachteiligung anderer Nutzer von NE in MFH bei Umschaltung von z. B. Nenn- auf Intensivlüftung und umgekehrt zu vermeiden, wird bei ZVA die Drehzahl des Ventilators über eine Differenzdruck-Regelung angeglichen. Bei dieser wird der Gesamt-Luftvolumenstrom an die jeweils geänderten Einzel-Luftvolumenströme angepasst.

Bild 9.37 zeigt den Vorgang im Kennlinienfeld (siehe Bild 4.4): Durch Einschalten einer höheren LSt vergrößert sich im gewählten Beispiel der Luftvolumenstrom entsprechend Verschiebung des Betriebspunktes auf der Ventilator-Kennlinie von B1 nach B1'. Ein daraufhin vom Drucksensor ausgehendes elektrisches Signal, ausgelöst durch die Abnahme des Differenzdrucks, veranlasst den Regler, über eine Zunahme der Betriebsspannung die

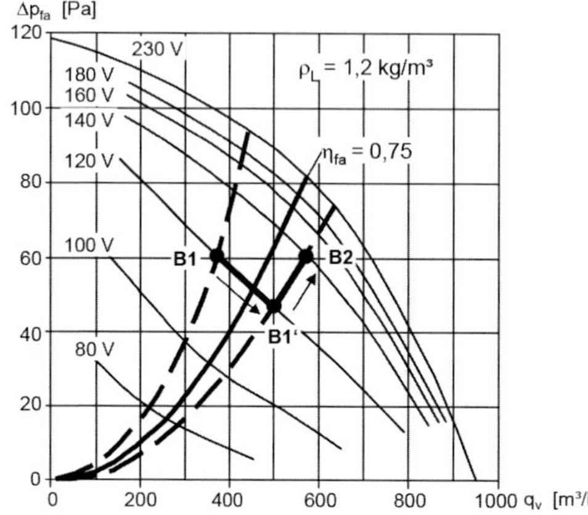

Bild 9.37: Differenzdruck-Regelung von Ventilatoren; Darstellung im Kennlinienfeld

Drehzahl so weit zu erhöhen, dass der Ausgangswert des Differenzdrucks wieder erreicht wird (Betriebspunkt B2). Der Drucksensor muss an einer vorgegebenen Stelle in der Hauptleitung so platziert werden, dass sich an allen Anschlussstellen wieder der gleiche Druck wie vor dem Schaltvorgang einstellt.

Die Volumenstromkonstanz bei EVA für fensterlose Ablufträume ist nach [DIN 18017-3] geregelt.

Werden die Luftvolumenströme nach [DIN 1946-6] ausgelegt, ist bei Lüftung mit wohnungsweise veränderlichen Luftvolumenströmen auf Basis einer druckabhängigen Drehzahlregelung eine gute Erfüllung der gestellten Anforderungen zu erwarten. Bedingung für die einwandfreie Regelfunktion ist, dass Luftleitungssystem bzw. Lüftungsschacht möglichst luftdicht sind. Nach [DIN 1946-6] entspricht das mindestens der Dichtheitsklasse B nach [DIN EN 12237]. Die größte zulässige Undichtheit („Luftleckrate“) f_{max} in $m^3/(h \cdot m^2)$ wird dabei in Abhängigkeit vom absoluten Gesamtdruck p_t in Pa nach Gleichung (9.6)

$$f_{max} = 0{,}0324 \cdot p_t^{0{,}65} \tag{9.6}$$

ermittelt (siehe Bild 10.7). Die Grenzwerte für p_t betragen dabei 1 000 Pa für Überdruck und 750 Pa für Unterdruck.

Für die raumweise Regelung werden die unterschiedlichsten Luftdurchlässe genutzt. Bild 9.38 zeigt ein Beispiel für die Möglichkeit der Querschnitts-Variation mit Hilfe einer Luftklappe mit zwei verschiedenen freien Flächen.

Wenn die Regelklappe um 90° gedreht wird, wird der freie Querschnitt des Luftdurchlasses entweder erweitert oder reduziert und damit auch der Durchfluss entsprechend der jeweils offenen Lochfläche entsprechend verändert.
Die Verstellung entsprechender Regelklappen wird entweder mechanisch (manuell) oder über ein elektrisches Signal realisiert, das mit dem Lichtschalter oder einem separaten Schalter (meist in fensterlosen Räumen) gekoppelt oder aber vorzugsweise einem bedarfsgeführten Regelungskonzept unterworfen ist.

Daneben gibt es weitere Abluftdurchlässe, die den freien Querschnitt des Luftdurchlasses selbsttätig so verändern, dass unabhängig vom Differenzdruck ab einem bestimmten Differenzdruckbereich die Luftvolumenströme z. B. bei Nennlüftung nahezu konstant bleiben.

Der dafür erforderliche Mindest-Differenzdruck Δp_{min} nach Bild 9.39 ist von der Größe des Luftvolumenstroms abhängig.

Für dezentrale Lösungen werden seit Längerem auch computergesteuerte Lösungen für die Veränderung und den Abgleich der Luftvolumenströme angeboten. Da dem Autor bislang keine belastbaren Untersuchungsergebnisse vorlagen, muss auf entsprechende Herstellerangaben verwiesen werden.

Bei der Festlegung des Regelungskonzepts sollte auch der Bedarf an Heizwärme und elektrischem Strom berücksichtigt werden. Das betrifft sowohl die Festlegung der Luftvolumenströme und ihrer täglichen Förderdauer als auch Auswahl und Bemessung aller bewegten Anlagen- und Geräteteile einschließlich der Luftdurchlässe mit ihrem häufig notwendigen Strombedarf für Steuer- und Regelungsvorgänge (Unterabschnitt 7.3) sowie notwendige Enteisungs-Vorrichtungen bei Wärmerückgewinnungs-Technik.

Das Bestreben, Energie einzusparen, darf aber nicht zu der Schlussfolgerung führen, dass die ausgeschaltete Lüftung in jedem Falle die sparsamste Lüftung ist. Ein ausgeschalteter Ventilator verbraucht zwar keine Elektroenergie, verursacht dafür aber infolge notwendigerweise länger geöffneter Fenster in der kalten Jahreszeit u. U. einen höheren Heizwärmebedarf, als wenn er ständig auf kleiner Stufe bei geschlossenen Fenstern betrieben würde. Natürlich gibt es auch Fälle, in denen bei ausgeschaltetem Ventilator nicht nur der Elektroenergie-, sondern auch der Heizwärmebedarf geringer ist. Das geht dann aber häufig (bei dichter Bauweise sogar mit erhöhtem Risiko) auf Kosten der Luftqualität und der Sicherung des Bautenschutzes.

Die Lüftungskomponenten (LK) von Lüftungsanlagen sind nach [DIN 1946-6] für Nennlüftungsbetrieb zu konzipieren. Sie müssen zusätzlich auch einen abgesenkten (Minimal-) Lüftungsbetrieb ermöglichen. Das gilt auch für die Ventilatoren. Ihre Auslegung nach LSt Intensivlüftung wird empfohlen.

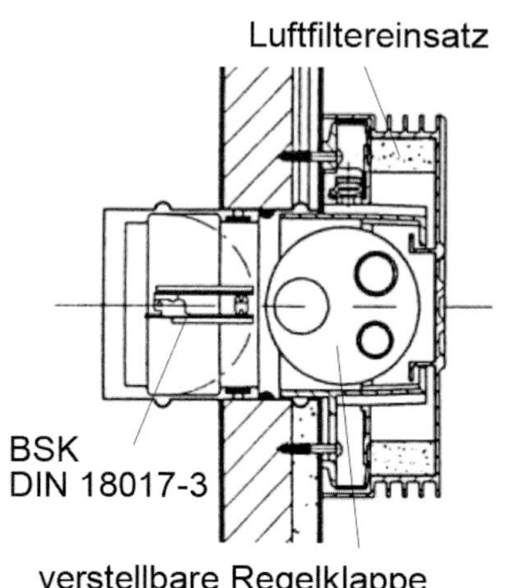

Bild 9.38: Abluftdurchlass mit variabler (verstellbarer) Luftdurchlässigkeit

Die Schaltung der **Intensivlüftung** erfolgt entweder über eine Veränderung der Drehzahl des Ventilators bzw. bei zentralen Anlagen auch durch nutzerabhängige Veränderung der Strömungsquerschnitte der den einzelnen Räumen zugeordneten Luftdurchlässe. Bei Zu-/Abluftanlagen sind das die Zu(luft)- und Ab(luft)-Luftdurchlässe, die dafür miteinander elektronisch verriegelt sein müssen. Bei Abluftanlagen müssten die Ab(luft)-Luftdurchlässe (z. B. entsprechend Bild 9.38) sowie, soweit vorhanden, möglichst auch die Gebäudehüllen-Luftdurchlässe (GLD/ALD) verstellbar sein. Bei Auslegung der GLD/ALD nach der LSt Nennlüftung darf davon ausgegangen werden, dass der Nutzer bei Schaltung der LSt Intensivlüftung entweder ein nahegelegenes Fenster öffnet oder vorübergehend einen höheren Differenzdruck in Kauf nimmt. Wichtig ist, dass er über die Konsequenzen des Letzteren (Abschwächung der Lüftungsintensität bzw. Ansaugung von u. U. belasteter Luft aus benachbarten Bereichen) informiert ist.

Wird für die manuelle Schaltung der LSt Intensivlüftung über die Ventilatordrehzahl (vorzugsweise in fensterlosen Räumen) eine Kopplung mit dem Lichtschalter bevorzugt, muss bedacht werden, dass für einige nutzerabhängige Lastspitzen, wie z. B. infolge Backens, Geschirrspüler- und Waschmaschinenbetriebs sowie vor allem auch durch das Wäschetrocknen, kein Licht erforderlich ist. Infolgedessen wird für diese Vorgänge nur selten der Intensiv-Luftvolumenstrom zur Verfügung stehen. Andererseits ist bei lastfreier bzw. -armer Nutzung des Badezimmers bzw. des WC (hier entsteht bei nächtlicher Nutzung häufig zusätzlich ein Geräuschproblem) keine Intensivlüftung erforderlich. Aus diesen Gründen ist es in den meisten Fällen günstiger, den Nutzer in die Lage zu versetzen, die LSt Intensivlüftung separat ein-/ausschalten zu können. Bei realisierter Reduzierter bzw. Nenn-Dauerlüftung ist auch beim ansonsten sparsamen Nutzer kaum mit Problemen zu rechnen. Diese treten eher dann auf, wenn die Lüftung ausschließlich über den Lichtschalter oder auch über Licht- bzw. Infrarot-Sensoren geschaltet wird. Es ist z. B. kaum zu erwarten, dass ein Nutzer im Badezimmer über Nacht das Licht angeschaltet lässt, um morgens getrocknete Wäsche vorzufinden.

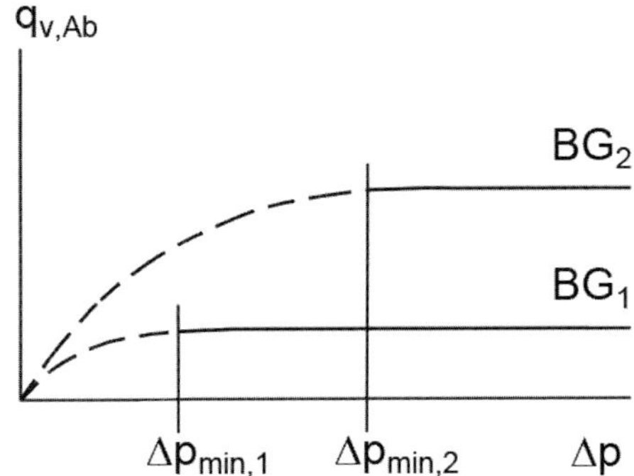

Bild 9.39: Kennlinien selbsttätig regelnder Abluftdurchlässe (Prinzipdarstellung)

Voraussetzung für einen **bedarfsgeführten Lüftungsbetrieb** ist der Einsatz geeigneter Sensoren, mit deren Hilfe der Außenluftvolumenstrom automatisch (nutzerunabhängig) dem aktuellen Bedarf angepasst werden kann. Optimal wäre es, wenn die Sensoren dabei nicht nur auf einen Lastparameter ansprechen würden. Auch wenn sich Feuchte- und CO_2-Gehalt der Raumluft allein durch eine feuchteabhängige Regelung unter allen Einsatzbedingungen zuverlässig in zulässigen Grenzen halten ließen (siehe dazu auch [Krus09-1]), ist noch nicht 100-prozentig gesichert, dass es zu keinerlei unzulässigen Anreicherungen an Schadstoffen in der Raumluft kommt. Es dürfte deshalb zweckmäßig sein, parallel zur Raumluftfeuchte auch die Raumluftqualität zu erfassen und die Ergebnisse in die Volumenstrom-Regelung mit einfließen zu lassen. Dafür würden neben Feuchte- und CO_2- zusätzlich auch Mischgas-Sensoren [VDMA 24772] benötigt.

Während rein feuchtegeführte Anlagen schon seit Längerem angeboten und installiert werden, beschränkt sich der Einsatz von CO_2- und Mischgassensorisch geführten Lüftungsanlagen bzw. -geräten bisher nur auf Einzelfälle bzw. auf die Erfassung des Istzustandes für Forschungszwecke. Von daher ist bekannt, dass z. B. im nächtlichen Schlafzimmer bei geschlossenem dichten Fenster in vielen, wenn nicht sogar in den meisten Fällen der empfohlene Grenzwertbereich des CO_2-Gehaltes der Raumluft (siehe Unterabschnitt 2.2) regelmäßig überschritten wird (Bild 9.40) [Werner98/99].

Bisher liegen nur wenige hinreichend verallgemeinerungsfähige Untersuchungsergebnisse sowohl für den feuchte- als auch für den schadstoffgeführten Lüftungsbetrieb vor. Unklar ist z. B. der günstigste Ort für das Anbringen der jeweiligen Fühler (Sensoren). Zur nachhaltigen Schadensverhütung ist es mit Sicherheit am günstigsten, wenn sich die Sensoren in den Räumen mit den höchsten Feuchte- und Schadstofflasten (z. B. Bade- und Schlafzimmer (s. Tabelle 1.9 und Tabelle 1.10) oder Zimmer, in denen geraucht wird) in der Nähe der potenziellen Schadensstellen bzw. Emissionsquellen befinden. In [VDMA 24773] wird ohne nähere Begründung die „Nähe des Abluftdurchlasses" angegeben. Das Beispiel Schlafzimmer zeigt, dass zumindest bezüglich der CO_2-Konzentration darüber noch weiter nachgedacht werden muss. Es ist fraglich, ob die im Bild 9.40 dargestellte Kurve auf einem wesentlich niedrigeren Niveau verlaufen würde, wenn sich lediglich im Abluftstrom des Badezimmers ein Fühler befände.

Richtig wäre es, wenn der **CO_2-Sensor** im Schlafzimmer nahe und in Höhe der Liegefläche angeordnet würde. Grund dafür ist, dass nicht nur CO, sondern auch CO_2 schwerer als Luft ist und deshalb im unteren Raumbereich in größerer Konzentration auftritt als im oberen.

Ähnlich verhält es sich mit der relativen Luftfeuchtigkeit als Regelgrenzwert für das Schimmelpilz-Wachstum. Sie müsste sowohl im Badezimmer als auch im (vor allem nächtlichen Schlafzimmer) über Feuchte-Fühler in der Nähe der kritischen Stellen im Bereich der Außenwand (Raumkanten und -ecken sowie konstruktiv bedingte weitere Wärmebrücken) erfasst werden, weil sie dort bestimmt höher sein dürfte als am fernen warmen Ab(luft)-Luftdurchlass.

Darüber hinaus ist es aber auch erforderlich, dass Lüftungsanlagen bzw. -geräte in der Lage sind, immer ausreichend Außenluft in die betreffenden Räume zu fördern. Während das bei Zu-/Abluftanlagen kein Problem darstellen dürfte, sind bei reinen Abluftanlagen regelbare GLD/ALD erforderlich, die vom Markt zz. jedoch noch nicht in der wünschenswerten Breite angeboten werden. Solch sensorisch ansteuerbare GLD/ALD reagieren auf den jeweils vorhandenen Bedarf durch Veränderung der freien Querschnittsfläche. Das hat z. B. zur Folge, dass sich dieser nachts in den Schlafräumen vergrößert, während er in den Tagesaufenthalts-Räumen kleiner wird. Am Tage ist es bei Anwesenheit der Nutzer gerade umgekehrt.

Für ganzjährig betriebene Anlagen sei auf eine Besonderheit der Regelung mit Feuchte-Sensoren hingewiesen: Infolge der im **Sommer** üblichen hohen absoluten **Außenluftfeuchte**, die sich mit Verzögerung auch auf die Innenräume überträgt, wird der feuchteabhängig geregelten Anlage die Notwendigkeit eines hohen Luftvolumenstroms signalisiert, ohne dass dadurch eine bessere Entfeuchtungs-Wirkung zu erwarten ist. Ein solches Verhalten kann durch eine zusätzliche temperaturabhängige Begrenzung des Luftvolumenstroms in der Form verhindert werden, dass ab einer bestimmten Außenluft-Temperatur, z. B. im Bereich von $\geq$ (20 ... 22) °C, höchstens noch Nenn- oder sogar nur Reduzierte Lüftung möglich ist.

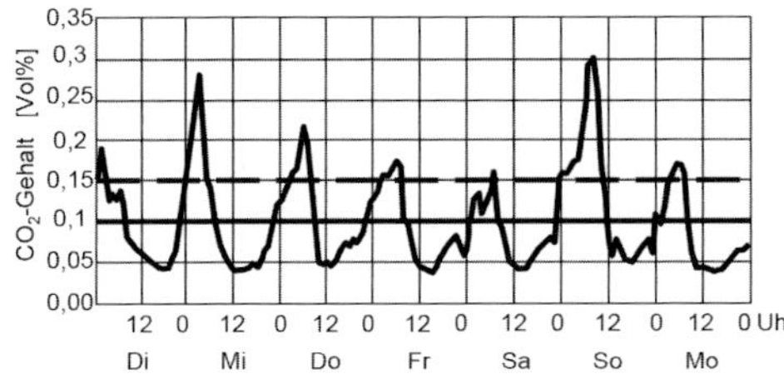

Bild 9.40: Messwerte des CO_2-Verlaufs über 7 Tage im Schlafzimmer einer Wohnung

Ist zu erwarten, dass Lüftungs- und hier vornehmlich Abluftanlagen über längere Zeiträume hinweg mit erhöhten Luftvolumenströmen betrieben werden, muss die zugehörige **Heizungsanlage** so ausgelegt sein, dass es nicht zu Heizleistungsdefiziten bzw. zu Zuglufterscheinungen kommen kann.

Bei **Zuluftanlagen ohne Heizungsfunktion** muss, falls erforderlich, die Nachwärmung der Luft so mit der Wärmelieferung der konventionellen Heizungsanlage abgestimmt sein, dass bei gewollten (z. B. nächtlichen) Absenkungen der Heizungs-Vorlauftemperatur der Zu(luft)-Lufterwärmer diese Maßnahme zur Energieeinsparung nicht mit einer entsprechenden Temperaturerhöhung zu kompensieren versucht. Bei Nichtbeachtung ist nicht ausgeschlossen, dass der Nutzer mit dem Verschluss des Zu(luft)-Luftdurchlasses reagiert.

Bei **Zuluftanlagen mit Heizungsfunktion** darf die Zuluft keine unzumutbaren Belästigungen durch zu hohe Temperaturen hervorrufen. Es sollte deshalb eine Zulufttemperatur von 50 °C nicht dauerhaft überschritten werden. Das gilt besonders für reine **Luftheizungsanlagen** (Unterabschnitt 3.3.5). Die bei diesen Anlagen immer noch gebräuchliche Regelung der Raumlufttemperatur über die ausschließliche Veränderung des Luftvolumenstroms ist nicht besonders empfehlenswert. Sie kann im nächtlichen Schlafzimmer, in dem es der Nutzer überwiegend gerne etwas kühler hätte [Künzel79 und Herme04], zu einem Außenluftdefizit und im voll besetzten Wohnzimmer, für das etwas mehr kühlere Frischluft gewünscht wird, zu einem Überangebot an Wärme führen. Eine gut funktionierende, d. h. schnell auf den jeweiligen Bedarf reagierende Luftheizung besitzt deshalb neben der Möglichkeit, den Luftvolumenstrom raumweise anzupassen, für jeden zu heizenden Raum auch mindestens ein eigenes Heizregister, über das die Zulufttemperatur unabhängig von der Zuluftmenge reguliert werden kann [Heinz89 und Heinz86]. Alternativ kann bei Vorhandensein nur eines Wärmeübertragers pro NE (aus Kostengründen) aber auch mit Bypässen für die Schlafräume gearbeitet werden, die durch teilweise oder komplette Umgehung des Nachheizregisters eine Reduktion der Zulufttemperatur gegenüber dem restlichen Wohnbereich ermöglichen [Schnied04].

Bei der häufig als Alternative zur nutzerunabhängigen Lüftung mittels Lüftungsanlagen bzw. -geräten angebotenen **sensorgesteuerten Fensteröffnung** soll das Lüftungsproblem durch bedarfsabhängiges motorisch gesteuertes Fensteröffnen in Abhängigkeit von den relevanten Führungsgrößen gelöst werden. Um auf diese Weise eine zielführende und möglichst störungsfreie freie Lüftung gewährleisten zu können, ist es empfehlenswert, die nachfolgend aufgeführten Hinweise bzw. Tipps zu beachten:

- Bei widrigen **Wetterverhältnissen** und starker externer **Lärmentwicklung** sollten die Fenster möglichst geschlossen bleiben. Andernfalls ist mit einem erhöhten Risiko bezüglich Feuchteeintrag sowie Zugluft- und Lärmbelästigung zu rechnen.
- Auch für die Dauer der **Abwesenheit der Nutzer** sind aus Diebstahl-Verhinderungs- und versicherungsrechtlichen Gründen geschlossene Fenster sinnvoll.
- Möglichst geräuschlose **Öffnungs-** und **Schließvorgänge** sind vor allem für die Schlafräume wichtig.
- Für Wohnungen mit fensterlosen Räumen sind alternative Lösungen zweckmäßiger ([DIN 18017-3] in Verbindung mit [DIN 1946-6]).
- Das sensorisch ermittelte Signal zur Fensteröffnung führt nach Vollzug nur dann auch zum notwendigen Luftwechsel infolge **freier Lüftung,** wenn jeweils hinreichend große **Antriebskräfte** (bedingt durch Wind bzw. Temperaturunterschied zwischen innen und außen bei messbarer vorhandener Auftriebshöhe) zur Verfügung stehen.

10 Inbetriebnahme inklusive Abnahme

10.1 Vorbemerkung

Vor der endgültigen Inbetriebnahme geplanter und ausgeführter lüftungstechnischer Maßnahmen steht die Nachweisführung der *„Erfüllung der in den Abschnitten 4 ... 6 und 8 festgelegten Anforderungen“* nach [DIN 1946-6]. Dieser *„Nachweis muss im Rahmen der Übergabe der Einrichtungen zur freien Lüftung bzw. der Lüftungsanlagen/-geräte vom Auftragnehmer (AN)* (Bau- bzw. Lüftungsfirma) *an den Auftraggeber (AG)* (Unternehmen oder einzelner Bauherr, Betreiber) *bzw. der Übernahme durch den AG vom AN geführt werden.“*

Der Nachweisvorgang ist zu komplettieren durch die Übergabe von Bestandsunterlagen und einer Beschreibung, aus der Aufbau, Funktionsweise und Betrieb der Einrichtungen zur freien Lüftung bzw. der Lüftungsanlagen/-geräte hervorgeht. Unverzichtbar sind die zugehörigen Bedienungs- und Instandhaltungs-Anleitungen. Eine Dokumentation der festgestellten *„Mess- und Prüfergebnisse aus Inbetriebnahme bzw. Inspektionen“* sollte die Einhaltung der vereinbarten Anforderungen belegen (geschah in der Vergangenheit aber eher selten). Üblicherweise wird der gesamte Vorgang dann im Begriff Abnahme (nach [VDI 3810] *„Einseitige empfangsbedürftige Willenserklärung des AG, dass das Werk im Wesentlichen fertiggestellt und mängelfrei ist, mit bestimmten Rechtsfolgen“*) zusammengefasst.

10.2 Freie Lüftung

Funktionsprüfungen/-messungen entfallen bei freier Lüftung, weil sie wegen der Abhängigkeit der Ergebnisse von den ständig wechselnden Randbedingungen nicht reproduzierbar und damit auch nicht belegbar sind. Empfohlen wird jedoch die Überprüfung der lüftungstechnischen Eignung (Einhaltung der vorgegebenen Luftdurchlässigkeit) der Hüllkonstruktion (siehe Unterabschnitt 5.3).

Die Vollständigkeit der Lüftungskomponenten und sorgfältige Ausführung der nachfolgend aufgeführten Maßnahmen müssen überprüft und protokolliert werden (siehe auch [DIN EN 14134]).

- **Gebäudehüllen-Luftdurchlässe** (GLD/ALD)

  Auslegung (Differenzdruck-Volumenstrom-Kennlinie), Verschließbarkeit bzw. Regelbarkeit, Anordnung (Zugluftkriterium) und Reinigungsmöglichkeit
- **Überström**(luft)-**Luftdurchlässe** (ÜLD)

  Auslegung und Anordnung siehe GLD/ALD

- (Abluft-)**Lüftungsschacht** (LSch)

  lotrechte Anordnung, Maßhaltigkeit, Unversehrtheit (Luftdichtheit), Revisionsöffnungen, Reinigungsmöglichkeit (luftdichter Reinigungsverschluss im untersten Geschoss/Keller), Einhaltung der Brandschutz-Vorschriften sowie der TRGI bei Anschluss von Gasfeuerstätten

- **Ab**(luft)-**Luftdurchlässe** (AbLD)

  Auslegung (Sicherstellung der freien Fläche), Unverschließbarkeit, Reinigungsmöglichkeit der Gitter und Schachtanbindungen

Alle Lüftungskomponenten müssen darüber hinaus unversehrt und frei von jeglichen Verunreinigungen übergeben werden.

10.3 Ventilatorgestützte Lüftung

10.3.1 Allgemeines

Sind Lüftungsanlagen bzw. -geräte installiert worden, ist es geboten, die sorgfältige Ausführung der anlagentechnischen und baulichen Maßnahmen mittels Funktionsprüfungen und -messungen zu kontrollieren. „*Über die Durchführung der Funktionsprüfungen bzw. -messungen sind* nach [DIN 1946-6] *Protokolle anzufertigen*".

Im Sinne der Übergabe nachhaltig beanstandungsfreier Technik ist es empfehlenswert, sie gemäß Tabelle 10.1 zu modifizieren bzw. zu ergänzen (siehe auch [DIN EN 14134]).

Tabelle 10.1: Parameter für den messtechnischen Funktionsnachweis von Lüftungsanlagen bzw. -geräten

Messgröße	Maß-einheit	Unter-	Gleich-	Über-	Grenzwert nach (Toleranz-Bereich)
		druck-Lüftung			
Lüftungsanlage bzw. -gerät (1)					
Ab(luft)-Luftvolumenstrom je LD	m³/h	✓	✓	–	[DIN 1946-6] (± 15 %)
Zu(luft)-Luftvolumenstrom je LD	m³/h	–	✓	✓	
Druckverlust (Differenzdruck über) LD[1)]	Pa	(✓)	(✓)	(✓)	
Dichtheit[2)] LLN bzw. Lüftungsschacht	m³/(h · m²)	(✓)	(✓)	✓	[DIN 1946-6]

Messgröße	Maß-einheit	Unter-	Gleich-	Über-	Grenzwert nach (Toleranz-Bereich)
		druck-Lüftung			
elektrische Leistungs-aufnahme[3)]	W	(✓)	(✓)	(✓)	[DIN 4719], Tab. 7.2
spezifische elektr. Leistungsaufnahme[3)]	$W/(m^3 \cdot h^{-1})$	(✓)	(✓)	(✓)	
Nutzungseinheit (2)					
Luftgeschwindigkeit Aufenthalts-Bereich[4)]	m/s	(✓)	(✓)	(✓)	≤ (0,15 ... 0,17)
Lufttemperatur Aufent-halts-Bereich[4)]	°C				[DIN EN 12831]
Schalldruckpegel[5)]	dB(A)	(✓)	(✓)	(✓)	Abschnitt 8.2
Gebäudehülle (3)					
Luftvolumenstrom bei 50 Pa Unterdruck[6)]	m^3/h	✓			[GEG], [DIN 4108-7]
Luftvolumenstrom bei 50 Pa Überdruck[6)]	m^3/h	✓			
Differenzdruck-Luft-volumenstrom-Kenn-linie zwischen 10 und 60 (100 Pa)[7)]	$m^3/h = f(\Delta p)$	✓	(✓)	✓	[DIN 1946-6]

1) für Korrektur der Luftvolumenstrom-Messung an Luftdurchlässen (LD), z. B. beim 7 Pa-Verfahren

2) bei Instandsetzung von Lüftungsschächten bzw. bauseitiger Erstellung von Luftleitungen ohne Dichtheits-Nachweis; unverzichtbar für Abluftleitungen oder -schächte mit Überdruck, die durch fremde NE geführt werden

3) für Bewertung der energetischen Qualität, wenn diese nicht Gegenstand der „Allgemeinen Bauaufsichtlichen Zulassung" ist

4) gezielte Kontrollen bei Zugluftbelästigung, angegebener Luftgeschwindigkeits-Bereich gilt nach [DIN EN ISO 7730] für maximal 20 % Unzufriedene bei (20 ... 22) °C und Turbulenzgrad 40 %, kritischster Höhenbereich: $(0{,}1 \leq h_R \leq 1{,}1)$ m

5) stichprobenweise Kontrollen bei störender Geräuschwahrnehmung

6) zur Bestimmung des n_{50}-Wertes der Gebäudehülle

7) zur Kontrolle bzw. Feststellung der geplanten Luftdurchlässigkeit der Gebäudehülle für Lüftungszwecke

✓ notwendig

(✓) von Fall zu Fall notwendig, für den Funktionsnachweis aber in jedem Falle empfehlenswert

Die Funktionsprüfungen und -messungen werden üblicherweise vom Auftragnehmer durchgeführt. Dafür muss dieser fachkompetentes Personal stellen. Weil Anlagenfirmen bzw. Baubetriebe aber in den seltensten Fällen über die notwendige fehlerarme und damit meist auch kostenintensive Messtechnik verfügen und außerdem als befangen gelten müssen, ist es sinnvoll, die Messungen im gegenseitigen Einvernehmen an unabhängige Dienstleister zu vergeben. Z. B. ist in einigen Bundesländern die *„Überprüfung auf einwandfreie Gebrauchsfähigkeit von Lüftungsanlagen“* Gegenstand der „Verordnung über die Kehrung und Überprüfung von Anlagen“ im Rahmen der Kehr- und Überprüfungsordnungen [KÜO] der Länder. Auch spezielle Instandhaltungs-(Wartungs-)Betriebe führen solche Arbeiten aus.

Die mit der Vergabe entstehenden zusätzlichen Kosten lohnen sich in zweierlei Hinsicht: Einerseits ist die externe Abnahme Ansporn für den Auftragnehmer, noch sorgfältiger als sonst zu arbeiten, und andererseits werden mit größerer Sicherheit Folgekosten vermieden, die aus unzureichend funktionierenden Lüftungsanlagen bzw. -geräten resultieren können. Für welche Parameter die messtechnische Erfassung zur Bewertung der Funktion sinnvoll ist, zeigt Tabelle 10.1. Die Messgrößen wurden darin in die drei Gruppen Lüftungsanlage bzw. -gerät, Nutzungseinheit sowie Gebäude aufgeteilt. Auch nach den geltenden Normen besteht keine Pflicht, alle aufgeführten Parameter messtechnisch zu überprüfen (siehe Grenzwert-Anmerkungen und Fußnoten). Doch je umfangreicher geprüft wird, desto mehr verringert sich das Risiko bezüglich fehlender Nutzerakzeptanz.

10.3.2 Anlagen- und Geräteparameter (1)

In Gruppe (1) von Tabelle 10.1 sind die Anlagenwerte zusammengefasst. Momentan werden überwiegend nur die Luftvolumenströme kontrolliert. Nicht selten sind die diesbezüglichen Messungen jedoch in kaum zu tolerierender Weise fehlerbehaftet. Die Fehler sind dabei auf nicht vorhandenes Fachwissen, nicht selten aber auch auf die Verwendung ungeeigneter Messtechnik zurückzuführen.

Tabelle 10.2 gibt deshalb einen Überblick über die Eignung bekannter Messverfahren für die raumseitige Messung von Luftvolumenströmen, einem der problematischsten Fachgebiete der lüftungstechnischen Messtechnik. Weil aber auch weniger gut geeignete Verfahren bei Abnahmen Anwendung finden, werden einige davon hier ebenfalls mit aufgeführt.

Tabelle 10.2: Eignung von Messverfahren für die Luftvolumenstrom-Messung an Luftdurchlässen in NE; in [HdbKt88]

Nr.	Messverfahren	Eignung für Abnahme-Messung
Zuluft		
1	Druckabfall-Verfahren: mit Mikromanometer und Kennlinienfeld (Bild 10.1)	Fehler ≥ 20 %: in der Regel nicht geeignet
Abluft		
2	Einlaufdüse (Bild 10.6)	Fehler ≤ –10 %: anwendbar
3	7 Pa-Verfahren (Bild 10.4 und Bild 10.5)	Fehler ± 5 %: gut geeignet
Zu- und Abluft		
4	Schleifen-Verfahren: mit Flügelrad-Anemometer	Fehler ± 20 %: nicht geeignet
5	Netz-Verfahren: mit unterschiedlichen Methoden	Fehler > ± 10 %: nicht geeignet
6	Ansatzkanal: mit Flügelrad-Anemometer (Bild 10.3)	Fehler vom Flügelrad und vom Druckverlust der Vorrichtung abhängig: anwendbar
7	Differenzdruck-Kompensations-Verfahren (nach [VDMA 21168]) (Bild 10.5)	Fehler ≤ ± 5 %: größte Genauigkeit, für die Praxis aber noch zu aufwendig

Zu Letzteren gehört die Luftvolumenstrom-Bestimmung an Zu(luft)-Luftdurchlässen (Tabelle 10.2, Nr. 1) mit Hilfe der Messung des Druckabfalls (Bild 10.1). Wegen der vielfältigen Einflussfaktoren (z. B. Einbausituation und Einstellung des Luftdurchlasses, sehr kleine Differenzdrücke) ist sie außerhalb des Labors in der Regel so stark fehlerhaft, dass sie zwar für Relativmessungen im Rahmen der Einregulierung, jedoch *„nicht für Abnahme-Messungen in Betracht kommt"*. Ähnliches gilt für das Schleifen- (Nr. 4) sowie das Netzverfahren (Nr. 5), die bei Zu- und Abluftvolumenstrom-Messungen angewandt werden können. Wegen des großen Zeitaufwands ist das Netzverfahren zudem auch für die Einregulierung wenig empfehlenswert [HdbKt88].

Von den geeigneten Verfahren (Nrn. 2, 3 und 6, 7 in Tabelle 10.2), die hier nicht näher beschrieben werden können (siehe dazu [HdbKt88] und [VDMA 24168]), ist das Differenzdruck-Kompensations-Verfahren (Nr. 7, Bild 10.2) das genaueste. Leider ist es für Routine-Feldmessungen (noch) zu unhandlich und wird deshalb überwiegend nur im Labor angewandt. Wegen seiner Genauigkeit kann es dort aber auch zur Bewertung und Kalibrierung anderer Messverfahren herangezogen werden.

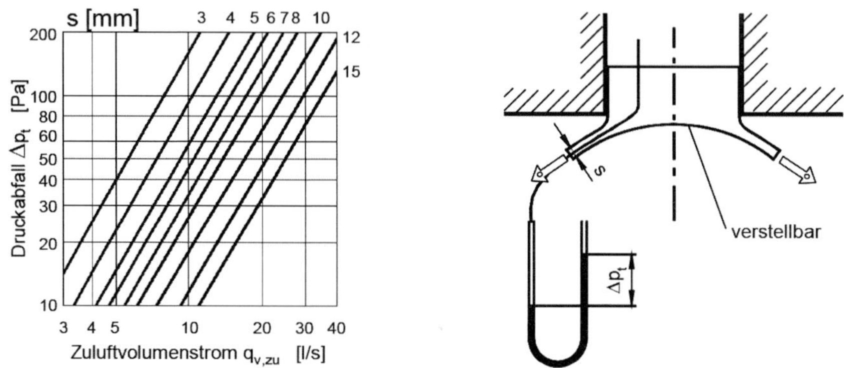

Bild 10.1: Bestimmung des Zuluftvolumenstroms mit dem Druckabfall-Verfahren über ein Kennlinienfeld

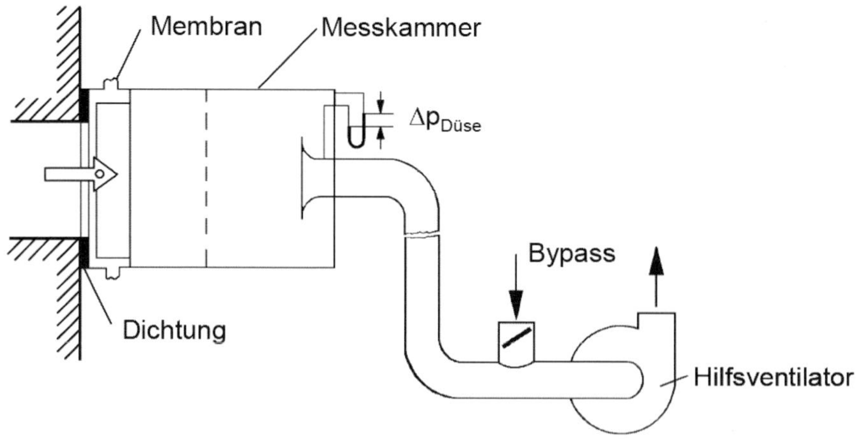

Bild 10.2: Bestimmung des Zu- oder Abluftvolumenstroms mit dem Druck-Kompensations-Verfahren

Einen bei hinreichender Genauigkeit geringeren Aufwand erfordert das Ansatzkanal-Verfahren (Nr. 6, Bild 10.3).

Zur Verkürzung der Messdauer werden neben dem im Bild 10.3 dargestellten auch solche Verfahren angewandt, die Ansatzkanäle mit Ausströmdüse nutzen. Diese ermöglichen mittels Geschwindigkeitsmessung oder mit der genaueren Methode der Druckabfall-Erfassung die Bestimmung des Luftvolumenstroms über eine Einmalmessung.

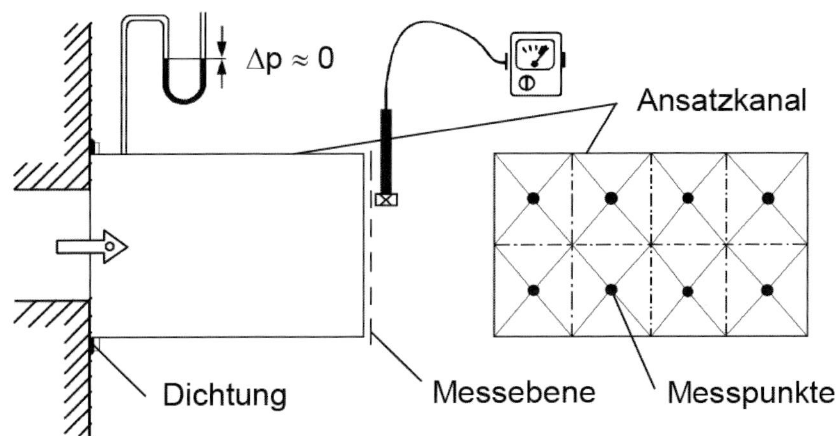

Bild 10.3: Bestimmung des Zu- oder Abluftvolumenstroms mit dem Ansatzkanal-Verfahren

Außer bei der Druck-Kompensations-Methode wird in allen Fällen, bei denen mehrere Luftdurchlässe von einem Ventilator ent- oder versorgt werden (gilt im Prinzip für alle Anlagen außer EVA), immer eine Abweichung der Ergebnisse mit der Tendenz zu geringeren Luftvolumenströmen auftreten. Ursache ist die Erhöhung des Druckabfalls durch das zeitweilige Einbringen des Messgerätes in den Strömungsweg. Um den dabei auftretenden Fehler zu minimieren, ist es günstig, Messgeräte mit geringem Eigendruckverlust zu verwenden. Ein solches ist das direkt ablesbare 7 Pa-Gerät, mit dem der Verlust bei jeder Messkonstellation nur ≈ 7 Pa beträgt (Nr. 3, Bild 10.4 und Bild 10.5). Mit Hilfe des ebenfalls dargestellten Fehlerkorrektur-Diagramms kann eine für Abnahme-Messungen an allen Ab(luft)-Luftdurchlässen von Lüftungsanlagen und -geräten (in Wänden oder an Decken) hinreichend gute Genauigkeit des Abluftvolumenstrom-Wertes erzielt werden.

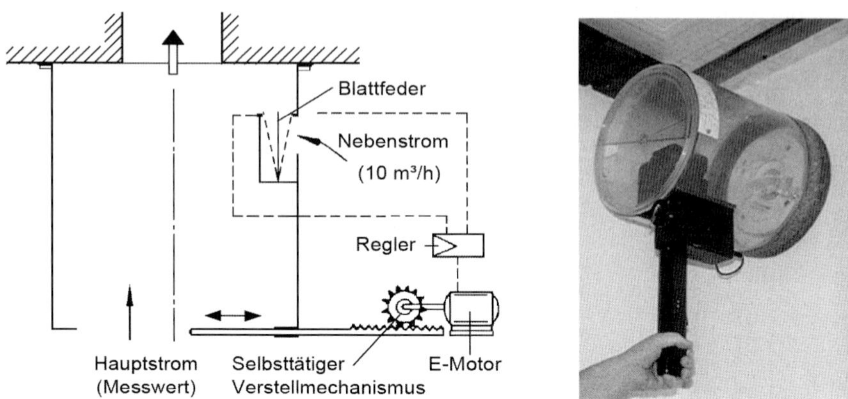

Bild 10.4: Messung des Abluftvolumenstroms mit dem 7 Pa-Verfahren (im Bild Messung ohne Aufsatz und Luftfiltereinsatz)

Für alle Messungen, bei denen Anemometer oder Manometer verwendet werden, ist darauf zu achten, dass die Geräte regelmäßig in nicht zu großem zeitlichen Abstand kalibriert und wenn möglich auch justiert werden. Je nach Qualität und Einsatzhäufigkeit der Geräte sollte das mindestens einmal pro Jahr geschehen.

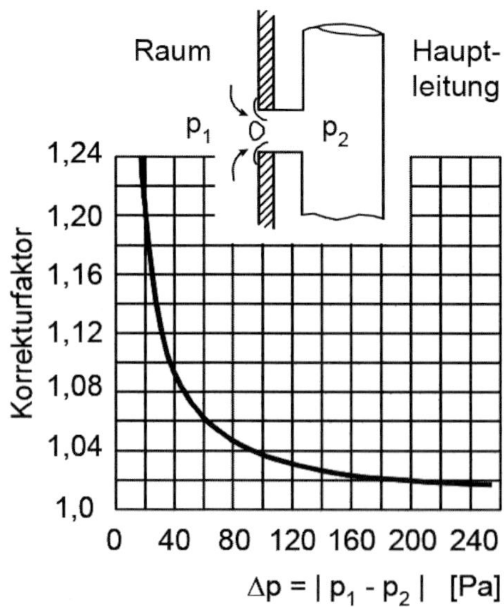

Bild 10.5: Diagramm zur Korrektur des Luftvolumenstroms in Abhängigkeit vom Differenzdruck Δp beim 7 Pa-Verfahren

Zur Fehlereinschätzung bzw. Luftvolumenstrom-Korrektur ist es dabei aber immer erforderlich, neben dem Luftvolumenstrom zusätzlich auch den Differenzdruck $\Delta p = p_1 - p_2$ über dem Luftdurchlass zu messen.

Befriedigende Ergebnisse verspricht auch die Messung mit Einlaufdüse (Nr. 2; Tabelle 10.2, Bild 10.6), wenn der Öffnungswinkel des Diffusors kleiner als 10° ist.

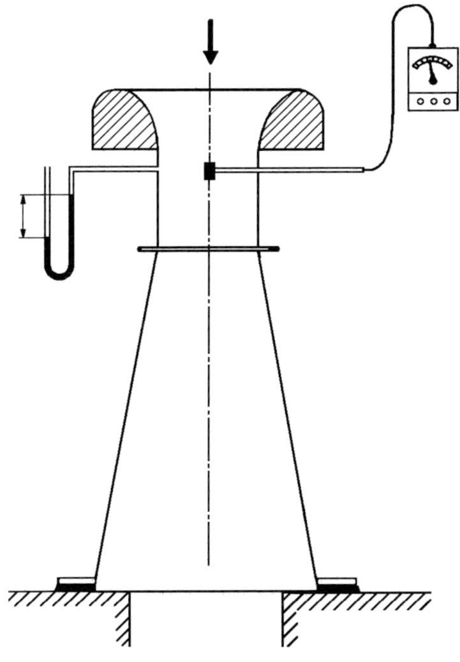

Bild 10.6: Bestimmung des Abluftvolumenstroms mit Einlaufdüse

Die messtechnische Erfassung der Leistungsaufnahme der Anlagen bzw. Geräte ist notwendig, um den zu erwartenden Elektroenergiebedarf abschätzen zu können. Zur Leistungsaufnahme gehört auch der Leistungsbedarf für die Regelung (Unterabschnitt 7.3.4). Nach Berechnung der spezifischen Leistungsaufnahme kann mit den Werten in Tabelle 10.2 durch Vergleich die energetische Effektivität der Lüftungsanlagen bzw. -geräte beurteilt werden. Das gilt besonders für diejenigen, für die keine „Allgemeine Bauaufsichtliche Zulassung" des Deutschen Instituts für Bautechnik, Berlin, vorliegt, die Rückschlüsse auf die energetische Qualität zulässt.

Die Einhaltung der Dichtheit des Luftleitungsnetzes (LLN) bzw. der Lüftungsschächte ist nicht nur aus energetischer und bei Überdruck auch aus hygienischer Sicht, sondern bei Differenzdruckregelung auch aus Funktionsgründen unbedingt erforderlich. Die Durchführung diesbezüglicher Messungen ist bei Modernisierungsmaßnahmen unter Beibehaltung des vorhandenen LLN bzw. der Lüftungsschächte sowie bei bauseits erstellten Luftleitungen, die keinen anerkannten Luftdichtheits-Nachweis besitzen, zumindest stichprobenweise sinnvoll. Die nach [DIN 1946-6] auf der Basis von [DIN EN 12237] zulässigen Grenzwerte der Undichtheit („Luftleckrate") f_{max} je m^2 Luftleitungs- bzw. Schachtoberfläche für die Dichtheitsklassen A und B gehen aus Bild 10.7 hervor (siehe auch Unterabschnitt 9.6).

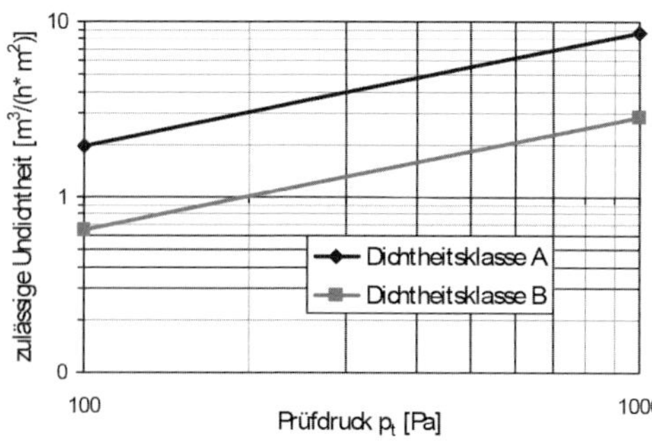

Bild 10.7: Mögliche Undichtheit f („Luftleckrate") von Luftleitungen bzw. Lüftungsschächten in Abhängigkeit vom Prüfdruck p_t (Dichtheitsklassen A und B nach [DIN EN 12237])

10.3.3 Raumparameter (2)

Neben den anlagentechnischen Parametern ist es bei ventilatorgestützter Lüftung empfehlenswert, sowohl die Schalldruckpegel als auch die Luftgeschwindigkeit im Aufenthaltsbereich wenigstens stichprobenweise zu messen (Gruppe (2) in Tabelle 10.1). Diese Messungen sind nicht zwingend vorgeschrieben. Die Einhaltung der empfohlenen bzw. vorgeschriebenen Grenzwerte ist jedoch hinsichtlich der Nutzerakzeptanz (Abschnitt 13) von besonderer Bedeutung. Sie sind deshalb auch nach [DIN EN 12599] notwendig.

Beim Schall genügt es im Allgemeinen, die Grenzwerte (Unterabschnitt 8.2) bei reduzierter- bzw. Nennlüftung einzuhalten. Wenn die Intensivlüftung nutzerunabhängig geschaltet wird, ist es zweckmäßig, die Geräuschpegel auch bei dieser höheren Lüftungsstufe messtechnisch zu kontrollieren.

Solange es für die zulässige Luftgeschwindigkeit im Aufenthaltsbereich von Wohnungen keine differenzierten normativen Forderungen gibt, können die Empfehlungen nach [DIN EN ISO 7730] als Abnahmekriterium angewendet werden. Fußnote 4 in Tabelle 10.1 zeigt daraus den mittleren zulässigen Luftgeschwindigkeits-Bereich in Abhängigkeit von Lufttemperatur und Turbulenzgrad der Luftströmung im Raum für sitzende wohnungsübliche Tätigkeit bei leichter bis mittlerer Kleidung. Für die Messungen sollten richtungsunabhängige Sensoren mit diversen weiteren Anforderungen eingesetzt werden.

Anmerkung:

Die häufig bei Luftdichtheits-Untersuchungen bei hohen Differenzdrücken gemessenen Luftgeschwindigkeiten an undichten Wandstellen bzw. Installationsdurchführungen besitzen für die Beurteilung der Behaglichkeit nur dann Relevanz, wenn sie auch bei normalen Druckverhältnissen kritische Werte gemäß Fußnote 4 in Tabelle 10.1 im unmittelbaren Aufenthaltsbereich zur Folge haben.

Die Nachweise in Gruppe (3), Tabelle 10.1, die die Dichtheit bzw. die notwendige Luftdurchlässigkeit der Gebäudehülle (mit oder ohne GLD/ALD) betreffen, gewinnen mehr und mehr an Bedeutung. Sie werden deshalb im nachfolgenden Abschnitt gesondert behandelt.

10.4 Lüftungstechnische Gebäudeeigenschaften (3)

10.4.1 Allgemeines

Mit der geforderten Luftdichtheit der Gebäudehülle können die gegenwärtig geltenden Anforderungen an die Planungs- und Ausführungsqualität der Hüllkonstruktion, nicht aber in jedem Falle die lüftungstechnischen Erfordernisse erfüllt werden. Freie Lüftung und Abluftanlagen funktionieren nur, wenn immer ausreichend Außenluft über die Gebäudehülle und die in ihr geplant vorhandenen Luftdurchlässe in die zu lüftende Raumeinheit ein- und auch wieder ausströmen kann. Die differenzierten Vorgaben zur systemabhängig definierten Luftdichtheit nach [GEG] zur Gewährleistung möglichst dichter Hüllkonstruktionen, können diese Anforderung per se nicht erfüllen. Obwohl mit der systemabhängigen Festlegung der zulässigen Werte versucht worden ist, auch der Lüftungsproblematik bis zu einem bestimmten Maße Rechnung zu tragen, sind wegen der Festlegung von ausschließlich oberen Bereichsgrenzen sehr geringe Dichtheiten der Gebäudehülle (z. B. $n_{50} < 1\ h^{-1}$) auch für Lüftungssysteme der freien Lüftung zulässig. Aber nicht nur bei freier Lüftung, sondern auch bei Unter- und Überdrucklüftung kann das zu Problemen bei der Außenluftzuführung bzw. Abluftabführung führen.

Dieser scheinbare Widerspruch zwischen lüftungstechnischen Erfordernissen und energetischen Anforderungen an die Luftdurchlässigkeit bzw. Luftdichtheit von Gebäudehüllen lässt sich leicht lösen, wenn bei der Errichtung bzw. Modernisierung von Gebäuden auch die diesbezüglichen Empfehlungen nach [DIN 1946-6] beachtet werden. Zur Funktionssicherung der Lüftung geht diese Norm nicht nur von möglichst luftundurchlässigen Umfassungsflächen aus, sondern zeigt gleichzeitig auch systemabhängig die für Lüftungszwecke notwendige Luftdurchlässigkeit auf, wenn Luft-In- und -Exfiltration über Rest-Undichtheiten dafür nicht mehr ausreichen.

Sind solch geplante Luftdurchlässigkeiten in Form von Gebäudehüllen-Luftdurchlässen (GLD/ALD) bei Inbetriebnahme/Abnahme von Einrichtungen zur freien Lüftung bzw. Lüftungsanlagen oder -geräten vorhanden, ist eine Zweiteilung der Luftdichtheits-Prüfung zweckdienlich.

In Prüfung Nr. 1 müsste gemäß [GEG] wie bisher die Einhaltung der Forderungen hinsichtlich luftdichtheitsbezogener Qualität von konstruktiver Gestaltung und Ausführung der reinen Gebäudehülle geprüft und bewertet werden. Basis sind die Kenngrößen beim Mess-Differenzdruck von $\Delta p = 50$ Pa als Luftwechsel n_{50} in h^{-1} bzw. Luftvolumenstrom q_{50} in $m^3/(h \cdot m^2)$. Die seit Januar 2011 systemabhängig empfohlenen nationalen Höchstwerte für Messungen von n_{50} bzw. q_{50} nach [DIN 4108-7] können Tabelle 5.6 entnommen werden.

Prüfung Nr. 2 würde dazu dienen, die lüftungstechnische Eignung der gesamten Hüllkonstruktion (also auch der inneren Luftdurchlässigkeit in Form von Undichtheiten und zusätzlich geplanten und ausgeführten Überström(luft)-Luftdurchlässen (ÜLD)) als systemabhängige Luftdurchlässigkeit $q_{v,ist} = f(\Delta p_{ist})$ in $m^3/(h \cdot NE)$ unter realen Druckbedingungen Δp_{ist}, z. B. nach [DIN 1946-6], nachzuweisen. Dabei müssten, abweichend von den Vorgaben nach [DIN EN 13829] und aktuell auch nach [DIN EN 13829], die Innentüren gemäß des real zu erwartenden Nutzungszustands während der Prüfung jedoch geschlossen sein. Die Ergebnisse dieser Messung könnten Planern und Ausführenden Gewissheit verschaffen, dass getroffene lüftungstechnische Maßnahmen erfolgreich umgesetzt worden sind.

Bevor mit den Messungen gemäß vorgenannter Prüfung 1 begonnen werden kann, muss die Hüllkonstruktion hinsichtlich der Durchlässigkeit der in ihr vorhandenen Öffnungen zu Lüftungs- oder auch anderen Zwecken entsprechend vorbereitet werden. Als Grundlage war dafür ursprünglich [DIN EN 13829] gedacht. Die darin beschriebenen Verfahren A und B ließen aber keine eindeutige Zuordnung zu den vorgenannten zwei Prüfungen zu. Folge war, dass in Fachkreisen lange Zeit diskutiert wurde, welches wann das richtige Verfahren ist. Der Vorschlag, ein zusätzliches Verfahren C nach [ISO 9972] einzuführen, führte schließlich zu einer Einigung auf Basis der neuen [DIN EN ISO 9972]. Dort heißt es im Nationalen Anhang NA: *„Die Gebäudevorbereitung für eine messtechnische Prüfung erfolgt nach ... Verfahren 3 ...“*. In dieser Norm sind alle relevanten Vorbereitungsmaßnahmen entweder beschrieben oder tabellarisch aufgeführt worden.

Zusätzlich werden Hinweise zum Zeitpunkt der Messdurchführung gegeben:

„ ... die Prüfung der Gebäudehülle kann erst stattfinden, wenn die Luftdichtheit der Gebäudehülle inklusive aller Durchdringungen fertiggestellt ist.“

Solange nach [GEG] bei der Forderung nach Luftdichtheit der Gebäudehülle noch in Gebäude mit freier *(„ohne RLT-Anlagen“)* und ventilatorgestützter Lüftung *(„mit RLT-Anlagen“)* unterschieden wird, muss auch abgegrenzt werden, in welchen Fällen es sich worum handelt. Für den Ausführenden der Luftdichtheitsprüfung ist das aber ohne klar vorgegebene Definitionen von *„ohne“* und *„mit RLT-Anlagen“* nicht eindeutig zu bestimmen. Grund sind die im Wohnungsbau unterschiedlichen Ausführungsmöglichkeiten beider Systeme sowie etwaige Überschneidungen, wie z. B. bei Kombinierten Lüftungssystemen. Wie soll z. B. bei einer NE mit fensterlosen Bad-/WC-Räumen, bei der nur die Ablufträume nach [DIN 18017-3] ventilatorgestützt, die restlichen Räume aber frei gelüftet sind oder bei Hybridlüftung und Kombinierten Lüftungssystemen nach [DIN 1946-6] entschieden werden? Wegen des Fehlens einer diesbezüglichen Regelung wird hier ein Vorschlag zur Abgrenzung der Wohnungslüftungs-Systeme nach [GEG] entsprechend Tabelle 10.3 unterbreitet.

Am 09.01.2015 wurde zu dieser Thematik in [FK-BMK20] außerdem folgender *‚**Leitsatz**‘* postuliert, der analog der vorher geltenden EnEV wie folgt auch auf § 26 [GEG] anzuwenden sein dürfte:

„Badentlüfter, Dunstabzugshauben in Küchen von Wohngebäuden und ähnliche Einzellüfter sind nicht als ‚raumlufttechnische Anlagen“ im Sinne von § 26 [GEG] anzusehen und bedingen im Zusammenhang mit der dort vorgesehenen Dichtheitsprüfung für sich allein noch nicht die Anwendung des Grenzwerts für „Gebäude mit raumlufttechnischen Anlagen‘.“

Des Weiteren findet sich in dieser Auslegungsschrift unter 3. folgende Feststellung:

„Auch die Vorschrift in Anlage 1 Nummer 2.7 EnEV 2013, die die Anrechnung von Vorteilen mechanisch betriebener Lüftungsanlagen auf solche Anlagen beschränkt, die zur Sicherstellung des Mindestluftwechsels für das gesamte Gebäude geeignet sind, legt nahe, dass z. B. Badentlüftungen nach DIN 18017-3, aber auch Dunstabzugshauben in Küchen von Wohngebäude sowie

ähnlicheEinzellüfter, die nicht zum dauerhaften Betrieb vorgesehen sind, nicht als raumlufttechnische Anlagen im Sinne von Anlage 4 EnEV 2013 zu verstehen sind.“

Es kann davon ausgegangen werden, dass diese Interpretation auch für das [GEG] fortgeschrieben wird.

Tabelle 10.3: Einordnung von Gebäuden in die Kategorien „mit“ oder „ohne RLT-Anlagen“; nach [GEG]

Lüftungssystem (kursiv: Bezeichnungen nach [GEG])	nach ...	**Anteil der gelüfteten Fläche A_{Vent} an der Nutzungsfläche A_{NE} der NE in %**	**zulässiger n_{50}-Wert in h^{-1}**	
			1,5	**3,0**
freie Lüftung *(„ohne RLT-Anlagen“)*	[DIN 1946-6]	100	–	✓
ventilatorgestützte Lüftung**) *(„mit RLT-Anlagen“)* einschließlich bei „Kombinierter Lüftung“ (im [GEG] nicht aufgeführt)	[DIN 1946-6] und/oder [DIN 18017-3]	> 80***)	✓	–
		< 20*)	–	✓
		> 80***)	✓	–
		< 20*)	–	✓
ventilatorgestützte Lüftung bei Hybridlüftung (im [GEG] nicht aufgeführt)	[DIN 1946-6]	> 80***)	✓	–
		< 20*)	–	✓

*) 80 % oder mehr der geheizten Nutzungsfläche ANE der NE sind frei gelüftet.

**) Bei einem weniger als 12-stündigen täglichen Betrieb ohne Angleichung des zugeführten Außenluftvolumenstroms an die nach [DIN 1946-6] geforderten Werte wird in die [GEG]-Kategorie *„ohne RLT-Anlagen“* ($n_{50} \leq 3{,}0\ h^{-1}$) eingeordnet.

***) Der geplante Nennluftvolumenstrom beträgt an mindestens 12 h/d mindestens 80 % des nach [DIN 1946-6] empfohlenen, und es werden mehr als 80 % von ANE ventilatorgestützt gelüftet.

Unabhängig von der Einstufung von Wohnungen in solche *„mit“* oder *„ohne RLT- Anlagen“* und den daraus folgenden Grenzwerten für ihre zulässige Luftdichtheit n_{50} nach [GEG] sei auf die im Abschnitt 5 **Anmerkungen zu den nationalen (Grenz-)Werten** ausgeführten Hinweise zur modernen Bauausführung und der mit Letzterer zu erzielenden Luftdichtheit der Gebäudehülle hingewiesen. Danach ist nur noch in seltenen Fällen zu erwarten, dass neu errichtete (Wohn-) Gebäude größere Undichtheiten mit Werten nahe $n_{50} = 3{,}0\ h^{-1}$ aufweisen. Auch für die Sicherstellung der Verbrennungsluft von häuslichen Feuerstätten ist keine definiert hohe Undichtheit der gesamten Gebäudehülle mehr wie früher noch häufig erforderlich. Sollte es trotzdem zu finalen Messwerten $n_{50} > 1{,}5\ h^{-1}$ in Wohnungen mit freier Lüftung kommen, würde dafür nach wie vor der in der Praxis überwiegend unrealistische und damit sich eigentlich erübrigende Grenzwert von $n_{50} \leq 3{,}0\ h^{-1}$ nach [GEG] gelten.

Darüber hinaus ließe sich aber auch hier folgende klare Festlegung treffen: Sobald eine energetische Anrechnung von RLT-Anlagen erfolgen soll, sind auch bei nur flächenanteiliger Ausrüstung der Gebäude (bzw. der Zone bei Gebäuden mit mehreren Zonen) mit solchen Anlagen die höheren Anforderungen an die Luftdichtheit von NE *„mit RLT-Anlagen“* zu erfüllen.

10.4.2 Luftdichtheits-Messung (Beispiel)

An dem Beispiel einer Drei-Raum-Nutzungseinheit mit fensterlosem Küche- und Bad-/WC-Bereich, der an eine zentrale Abluftanlage (ZVA) angeschlossen ist (Bild 10.8), wird gezeigt, wie aus der Luftdichtheits-Messung sowohl Aussagen zur Qualität der Hüllkonstruktion als auch zur lüftungstechnischen Eignung der Nutzungseinheit für den Betrieb von Lüftungsanlagen oder (Wohnungs-) Lüftungsgeräten bzw. auch für die freie Lüftung abgeleitet werden können.

Die eigentliche Durchführung von Luftdichtheits-Messungen kann hier nur in Kurzform beschrieben werden (Näheres dazu siehe [FLiB-B12]):

Tabelle 10.4: Numerische Darstellung der Untersuchungsergebnisse als Luftvolumenströme/Luftwechsel beim Mess-Differenzdruck $\Delta p_{MD} = 50$ Pa und Berechnungsergebnisse für reale Druckverhältnisse bei Abluftanlagen ($\Delta p_{U,real} = 8$ Pa) und Schachtlüftung ($\Delta p_{U,real} = 3$ Pa); nach [DIN 1946-6]

lfd. Nr.	Δp	1 Pa	50 Pa		8 Pa		3 Pa	
	n	$k_1 = q_{v,1}$	$q_{v,50}$	n_{50}	$q_{v,Au,8}$	$n_{Au,8}$	$q_{v,Au,5}$	$n_{Au,5}$
	–	$m^3/(h \cdot Pa^n)$	m^3/h	h^{-1}	m^3/h	h^{-1}	m^3/h	h^{-1}
1.0	0,533	29,5	237	1,48	49,7	0,31	18,7	0,12
1.1	0,526	23,2	182	1,14	38,3	0,24	14,4	0,09
1.2	0,641	8,0	98	0,61	20,5	0,13	7,7	0,05

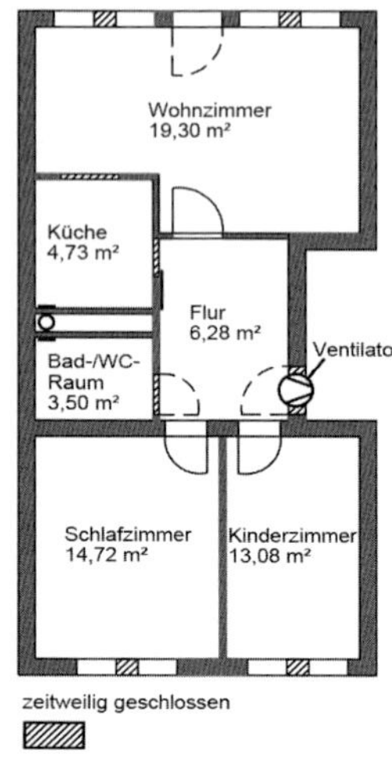

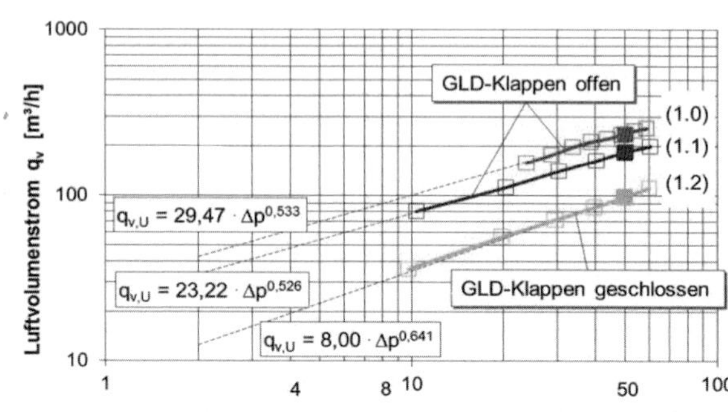

$A_{NE} = 61{,}6\ m^2$;
$h_{NE} = 2{,}6\ m$: $V_{NE} \approx 160\ m^3$

(1.0) nur AbLD in Küche und Bad-/WC-Raum abgedichtet

(1.1) wie (1.0), aber Küche und Bad-/WC-Raum-Türen abgedichtet

(1.2) wie (1.1), zusätzlich alle GLD/ALD abgedichtet

Die Luftvolumenstrom-Differenzdruck-Kennlinien wurden nur bei Unterdruck ($q_{v,U}$) aufgenommen.

links Grundriss-Darstellung

rechts Untersuchungs-Ergebnis bei Unterdruck für unterschiedliche Präparations-Varianten

Bild 10.8: Luftdichtheits-Untersuchung einer Wohnung

Ein stufenlos regelbarer kalibrierter Ventilator wird mittels Einbaurahmen vorzugsweise in den Türrahmen der geöffneten Tür einer NE (Wohnung oder EFH) eingespannt und erzeugt darin beliebige Unter- oder Überdrücke von bis zu ca. 60 (100) Pa (Bild 10.8 und Bild 10.9). Aus den beim jeweiligen Differenzdruck aus den bzw. in die NE geförderten Luftvolumenströmen werden die numerischen Werte der Kenngrößen (Tabelle 10.4) ermittelt und mit den zulässigen Werten (z. B. nach EnEV/[GEG] bzw. nach [DIN 4108-7]) verglichen. Zu beachten ist, dass die Messungen nur dann zu hinreichend genauen Ergebnissen führen, wenn der (Wind-)Differenzdruck während der gesamten Messdurchführung nicht größer als 3 Pa ist [DIN EN 13829].

Der Luftvolumenstrom $q_{v,Au,\Delta p} \equiv q_{v,ges,wirk}$ bei real auftretenden Differenzdrücken Δp_{real} berechnet sich dabei gemäß Gleichung (4.12) nach [DIN 1946-6]

$$q_{v,ges,wirk} = e_z \cdot V_{NE} \cdot n_{50} \qquad (4.12).$$

Mit $\mathbf{V_{NE}} = 2{,}6 \cdot 61{,}6 \approx \mathbf{160\ m^3}$ (s. Bild 10.8) wird für eingeschossige Nutzungseinheiten in MFH mit Unterdrucklüftung/Abluftsystem ohne raumluftabhängige Feuerstätte

$\mathbf{e_{z,Ab} = 0{,}21}$

und bei freier Lüftung/Schachtlüftung in windschwacher und normaler Lage bei einer Gebäudehöhe von $H_{NE} \leq 15$ m sowie zwei dem Wind ausgesetzten Fassaden nach [DIN 1946-6]

$e_{z,fr} = 0{,}04\ (f_{Wi}^2 + f_A^2)^{0{,}5}$ (4.13)

mit $f_A = 1{,}7$ und

$f_{Wi} = 1$ (4.14)

$\mathbf{e_{z,fr} = 0{,}079.}$

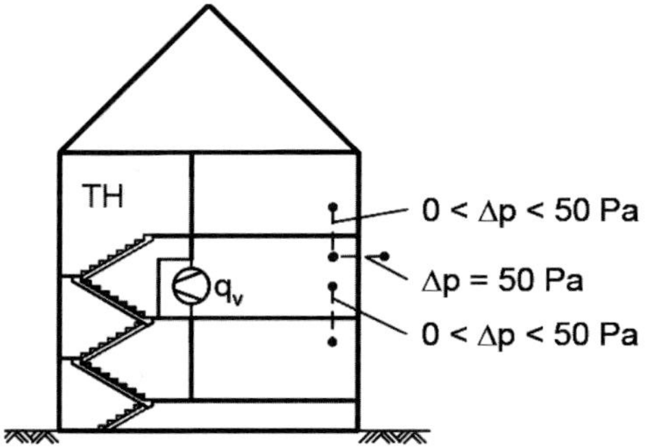

Bild 10.9: Anordnung des Mess-Ventilators zur Messung des Leckluftvolumenstroms $q_{v,Leck}$ für die Luftdichtheitsprüfung einer einzelnen Nutzungseinheit (NE) im MFH

Zur Kontrolle der Planungs- und Ausführungsqualität nach EnEV genügt es, die Luftvolumenströme bei $\Delta p = 50$ Pa Über- und Unterdruck zu messen, daraus die Mittelwerte der Kenngrößen zu bilden (bei Unterdrucklüftung genügt auch nur eine Unterdruck-Messung) und mit den geforderten Werten zu vergleichen (siehe dazu aber auch Unterabschnitt 5.3.2).

Die für ein Beispiel gemäß Bild 10.8 ermittelten Werte für n_{50} (für Unterdrucklüftung) können Tabelle 10.4 entnommen werden.

Wird beabsichtigt, die lüftungstechnischen Eigenschaften einer Nutzungseinheit (NE) zu untersuchen, sollten mindestens 6 bis 8 Messwerte zwischen ca. 30 und mindestens 60 Pa – genauere Ergebnisse werden mit Messungen bis 100 Pa erzielt – aufgenommen werden. Mit Hilfe der sich daraus in der doppelt-logarithmischen Darstellung ergebenden Regressionsgeraden nach Gleichung (4.10), siehe Unterabschnitt 4.2.3, können die Luftvolumenströme bzw.

Luftwechsel bei real auftretenden Differenzdrücken ermittelt und bewertet werden. Das funktioniert aber nur dann hinreichend genau, wenn auch während des Lüftungsbetriebs wie bei der Luftdichtheits-Messung der jeweilige Differenzdruck an der gesamten äußeren Hüllfläche anliegt und die Innentüren während der Messungen entsprechend dem ungünstigsten, aber durchaus üblichen Nutzungszustand geschlossen bleiben. Dieser Konstellation entsprechen Systeme der Unterdrucklüftung, z. B. in Form von Abluftanlagen (z. B. Bild 3.16), bei geringen Windgeschwindigkeiten am ehesten. Bei Querlüftung (Bild 3.5) sowie bei höheren Windgeschwindigkeiten in eingeschränktem Maße auch bei Schachtlüftung (Bild 3.11) sind die Verhältnisse komplizierter. Abweichend von den mit Hilfe des (Mess-)Ventilators erzeugten Druckbedingungen während der Messungen ist auf einer Seite der Wohnung bzw. des EFH überwiegend Über- und auf der anderen Seite Unterdruck zu verzeichnen (siehe Bild 3.6).

Werden in einem MFH nur einzelne Nutzungseinheiten untersucht, was überwiegend der Fall ist, spielen für die Genauigkeit des Ergebnisses auch die inneren Undichtheiten zwischen den NE und zu benachbarten Bereichen eine nicht zu unterschätzende Rolle (Bild 4.2). Zur Fehlerreduktion wurden in dem gewählten Beispiel deshalb wenigstens die Türen zu den Ablufträumen mit dem dazwischen liegenden Installationsschacht abgeklebt (Messung Nr. (1.1)).

Im betrachteten Beispiel (Bild 10.8) werden die Unterschiede bezüglich der Größe des nachströmenden Außenluftvolumenstroms zwischen den drei Messungen sichtbar. Außerdem zeigen die Berechnungen für Messung Nr. (1.1) bei Unterdrucklüftung mit $\Delta p_{U,real} = 8$ Pa sowie Schachtlüftung mit $\Delta p_{U,real} = 3$ Pa (Tabelle 10.4) auch die zu erwartenden Unterschiede für den über die Gebäudehülle nachströmenden Außenluftvolumenstrom bei realen Druckverhältnissen (allerding standen hierbei die Innentüren zum Zeitpunkt der Messungen offen). Bei Abluftanlagen können $q_{v,Au} = 38{,}3\ m^3/h$ nachströmen, was einem Luftwechsel von $n_{Au} = 0{,}24\ h^{-1}$ entspricht. Bei (freier) Schachtlüftung, für die nach [DIN 1946-6] ein mittlerer Differenzdruck von $\Delta p_{U,real} = 3$ Pa angenommen worden ist (siehe Tabelle 4.2), sind die vergleichbaren Werte mit im Mittel $q_{v,Au} = 14{,}4\ m^3/h$ und $n_{Au} = 0{,}09\ h^{-1}$ entsprechend kleiner.

Wenn der Strömungsexponent n in Gleichung (4.10) nicht aus einer Messung bekannt ist, wird er allgemein mit dem gemittelten Wert von 2/3 angesetzt. Trägt man für real auftretende Differenzdrücke Δp_{real} den Außenluftwechsel n_{Au} über dem Exponenten n in Diagrammen für Gebäude mit unterschiedlicher Luftdichtheit n_{50} auf (Bild 10.10 mit Berechnungsgleichung (10.1)), wird ersichtlich, dass der mögliche Luftwechsel nicht nur vom anliegenden Differenzdruck, sondern auch unterschiedlich stark von der tatsächlichen Größe des Exponenten n abhängig ist.

$$n_{Au} = n_{50} \cdot \left(\frac{\Delta p_{real}}{50} \right)^{n} \tag{10.1}$$

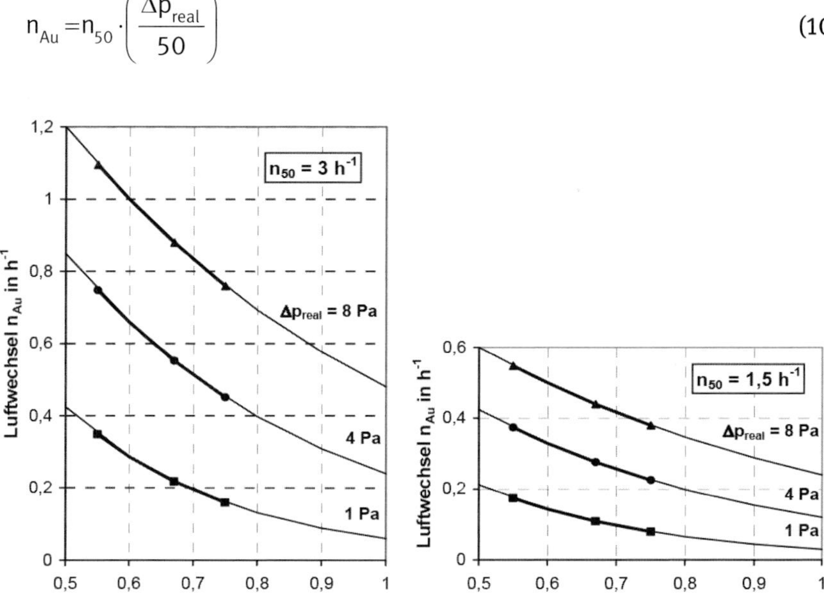

Bild 10.10: Abhängigkeit des (Außen-)Luftwechsels n_{Au} vom Strömungs-Exponenten n für real auftretende Differenzdrücke Δp_{real} und unterschiedliche Gebäudedichtheiten n_{50}

Die fett dargestellten **Kurvenabschnitte** kennzeichnen den in der Praxis am häufigsten auftretenden Bereich für den Strömungs-Exponenten ($0{,}55 \leq n \leq 0{,}75$) mit dem markierten ‚Mittelwert' n = 2/3. In [REICH98] wurden Werte im Bereich von ca. 0,55 bis 0,95 gemessen, der Mittelwert betrug 0,72. Die unteren Bereiche gelten jeweils vorzugsweise für größere Undichtheit bzw. Luftdurchlässigkeit (z. B. offene GLD/ALD), die oberen für weniger auffällige Undichtheiten (wie z. B. Fugen, Risse, enge Spalte) (siehe auch Werte in Tabelle 10.4). Aus den Kurvenverläufen wird zusätzlich deutlich, dass mit zunehmender Gebäudedichtheit (abnehmender n_{50}-Wert) auch der Einfluss des Strömungs-Exponenten n auf den real zu erwartenden Luftwechsel n_{Au} abnimmt (die Kurven verlaufen flacher). Die Kurvenverläufe machen aber auch deutlich, dass die Annahme eines ‚gemittelten' Wertes von n = 2/3 zu einer fehlerhaften Beurteilung der Größe des Luftwechsels führen kann, wenn der tatsächliche Wert des Exponenten größer oder kleiner ist. Würde er beim Differenzdruck von z. B. $\Delta p = 4$ Pa n = 0,55 betragen, läge der angenommene Außenluftwechsel

n_{AU} um $\Delta n_{Au} \approx -0{,}2\ h^{-1}$ bei $n_{50} = 3{,}0\ h^{-1}$ und um $\Delta n_{Au} \approx -0{,}1\ h^{-1}$ bei $n_{50} = 1{,}5\ h^{-1}$ unterhalb des tatsächlichen Wertes. Qualitativ umgekehrt wäre es bei $n > 2/3$, z. B. $n = 0{,}75$.

Werden bei bekanntem n_{50}-Wert die im Bild 10.10 dargestellten Diagramme zur Abschätzung des real zu erwartenden Luftwechsels verwendet, ist außerdem Folgendes zu beachten:

Der an der Ordinate ablesbare Luftwechsel n_{Au} liefert nur wie bereits beschrieben (siehe Unterabschnitt 4.2.3) für Unterdrucklüftung bei geringen Windgeschwindigkeiten hinreichend genaue Werte. Bei reiner Querlüftung können sich die Werte bis auf ca. 50 % der Ordinatenwerte verringern, bei Schachtlüftung liegen sie im Bereich von 50 % bis 100 %. Aber auch bei Unterdrucklüftung (z. B. mit Abluftanlagen) liegen sie vermutlich nur im Bereich von 80 % bis 90 % der gemessenen Werte.

Zu beachten ist außerdem, dass der messtechnisch auf diese Art und Weise ermittelte Luftwechsel bzw. Luftvolumenstrom in der NE im MFH nur dann auch ein Außenluftwechsel ist, wenn bei der Messung das gesamte Gebäude erfasst wird. Werden nur einzelne NE gemessen, ist das Ergebnis infolge der nie vollständig zu eliminierenden inneren Undichtheiten immer zusätzlich fehlerbehaftet. Die tatsächlichen (Außenluft-)Werte werden stets unter den Messwerten und den aus ihnen abgeleiteten Luftwechsel- bzw. Luftvolumenstrom-Werten liegen (siehe dazu auch den nachfolgenden Abschnitt „Messgenauigkeit").

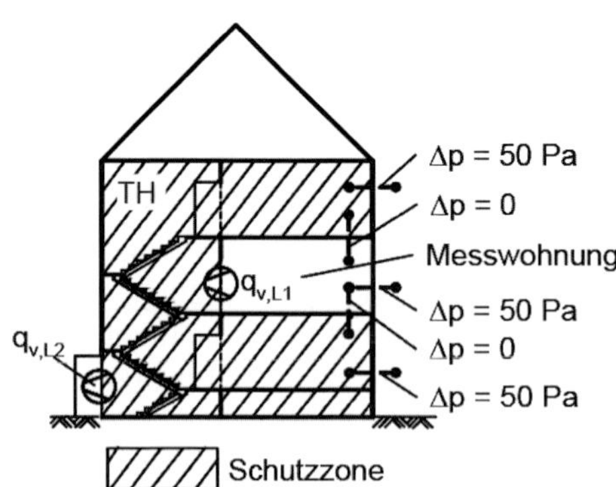

Bild 10.11: Anordnung der Ventilatoren für die Schutzzonen-Luftdichtheits-Messung

Messgenauigkeit

Während der bei der Ermittlung der Kennwerte auftretende Fehler sich in EFH auf den Messfehler des Verfahrens beschränkt, treten bei der messtechnischen Untersuchung von einzelnen NE in MFH (Bild 10.9) weitere, wesentlich größere Abweichungen vom tatsächlichen Wert des Außenluft-Volumenstroms auf. Sie resultieren aus den nicht vermeidbaren inneren Undichtheiten (siehe Unterabschnitt 4.2.4). Diesbezügliche Fehler können nur durch eine sogenannte Schutz-Zonen-Messung zuverlässig vermieden werden. Bei dieser erzeugt ein zweiter Ventilator synchron zum eigentlichen Messventilator in allen die Messwohnung umgebenden Räumen den gleichen Differenzdruck. Auf diese Weise kann nur zwischen der Messwohnung und außen ein Druckunterschied entstehen, der ausschließlich Außenluft in sie ein- bzw. Raumluft aus ihr ins Freie ausströmen lässt (Bild 10.11).

Der Aufwand für diese oder ähnliche Messverfahren [Geissl97] ist für die Praxis meist zu groß. Um auch mit der einfachen Methode nach Bild 10.9 verwertbare Ergebnisse bei der Bestimmung der außenluftbezogenen Kennwerte erhalten zu können, müssen folgende Voraussetzungen erfüllt sein:

- guter baulicher Zustand der NE ohne sichtbare oder (infolge Luftbewegung durch hohen Unterdruck) fühlbare Risse und Spalte,
- komplette Tapezierung (kann die Dichtheit um (20 ... 40) % verbessern [Reich98]) bzw. Verfliesung mit luftdichter Kantenausbildung und
- keine merklichen Undichtheiten im Bereich von Installationsdurchführungen und -schächten (Bild 10.12 und Bild 10.13), gilt auch für Steckdosen und Kabelanschlüsse.

Werden im Messbereich Undichtheiten zu Nachbarbereichen festgestellt – man findet sie bei hohem Unterdruck im Raum (≥ 60 Pa) mit der bloßen Hand, mit Hitzdraht-Sonden oder auch mit Hilfe von Rauchröhrchen –, müssen sie für die Messdauer sorgfältig abgedichtet werden.

Bild 10.12: Undichtheiten im Bereich von Installationsdurchführungen

Bild 10.13: Undichte „Verfüllung“ eines Installationsschachtes

Es sei an dieser Stelle aber nochmals darauf hingewiesen, dass selbst bei sorgfältigster Abdichtung, die meist als Abklebung ausgeführt wird, keine absolute Luftdichtheit erreicht werden kann. Das bedeutet, dass alle Messungen gemäß Bild 10.9 fehlerbehaftet sein werden, ohne dass die Fehlergrenzen exakt quantifiziert werden können. Um den nicht vermeidbaren Fehler möglichst klein zu halten, muss auf eine gründliche **Messvorbereitung** besonders großer Wert gelegt werden. Je mehr und je besser Undichtheiten beseitigt werden, desto genauer wird das Ergebnis sein und desto tauglicher ist das gesamte Verfahren als Hilfsmittel sowohl zum Aufspüren von Problemen und zur Beurteilung der energetischen und ausführungstechnischen Qualität der Gebäudehülle als auch der lüftungstechnischen Eigenschaften der jeweils betrachteten NE.

Abschätzung der Größenordnung interner Undichtheiten

Um die Größenordnung des Fehlers interner Undichtheiten auf den n_{50}-Wert messtechnisch ermitteln zu können, sind mindestens zwei Messungen bei 50 Pa erforderlich: Messung Nr. 1 erfolgt beim vorgefundenen Zustand der Wohnung (lediglich die Luftdurchlässe von Lüftungsanlagen bzw. -geräten oder Lüftungsschächten werden vorher abgedichtet). Messung Nr. 2 wird nach Abdichten aller sicht- bzw. fühlbaren inneren Undichtheiten durchgeführt. Aus der Differenz der Messwerte kann auf den Anteil aller inneren Leckagen geschlossen werden. Sollen nur die Undichtheiten in den maßgeblichen Installationsbereichen (z. B. Installationsschacht im Bereich von Ablufträumen) ermittelt werden, wird die zweite Messung zweckmäßigerweise durch Abkleben der Türen und eventueller weiterer Undichtheiten (z. B. bei vorhandenen Durchreichen zwischen Küche und Wohnraum/Essbereich) der an die Installationsbereiche angrenzenden Räume durchgeführt (Tabelle 10.4, Bild 10.8).

Für das dargestellte Beispiel folgt aus der Differenz der berechneten Mittelwerte für n_{50}, dass der Anteil der inneren Leckluftvolumenströme (vorwiegend über die Installationsdurchführungen im Bereich der Ablufträume) ca. 23 % (100 · ((237 – 182)/237) $m^3/(h \cdot NE)$) beträgt. Das zeigt deutlich, dass vor allem in NE von MFH die Beseitigung von Undichtheiten mit besonderer Sorgfalt durchgeführt werden muss, wenn es um die Bewertung der Qualität der Gebäudehülle geht. Wie groß der Einfluss auf das Ergebnis im Mittel sein kann, wurde schon im Unterabschnitt 4.2.4 dargestellt (siehe auch [Reich98]).

Überprüfung der Wirksamkeit von eingebauten GLD/ALD

Auch für die Überprüfung der Wirksamkeit lüftungstechnischer Maßnahmen, z. B. in Form von installierten GLD/ALD, müssen zwei Messreihen aufgenommen werden: Messreihe Nr. 1 wie zuvor beschrieben und Messreihe Nr. 2 bei zusätzlich verschlossenen bzw. abgeklebten GLD/ALD. Aus der Differenz der Messwerte bei dem jeweils relevanten Differenzdruck kann auf deren Luftdurchlässigkeit und damit der getroffenen lüftungstechnischen Maßnahmen im Nachströmbereich geschlossen werden. Im dargestellten Beispiel gewährleisten die GLD/ALD bei Abluftanlagen ($\Delta p = 8$ Pa) das Nachströmen von ca. 18 $m^3/(h \cdot NE)$ (38,3 – 20,5 $\approx$ 18) und bei Schachtlüftung ($\Delta p = 3$ Pa) von ca. 7,5 $m^3/(h \cdot NE)$ (14,4 – 7,7 = 7,4) Außenluft.

Zu beachten ist, dass bei Einsatz von differenzdruckabhängig regelnden GLD/ALD (und damit oberer Volumenstrombegrenzung) auch im unteren Differenzdruckbereich möglichst viele Messpunkte aufgenommen werden müssen. Weil das mit einer größeren Messungenauigkeit verbunden ist, die sich beim geringsten Windeinfluss noch verstärkt, werden die Ergebnisse die Realität selten hinreichend genau widerspiegeln. Soll nur die Wirksamkeit der

GLD/ALD beurteilt werden, ist es für diesen Einsatzfall deshalb besser, im Prüfstand ermittelte Kennlinien zu verwenden.

Fazit Luftdichtheits-Untersuchungen:

Auf eine Luftdichtheits-Untersuchung mit ihren Möglichkeiten sowohl zur Überprüfung der energetisch determinierten Planungs- und Ausführungsqualität als auch der lüftungstechnischen Eignung der Hüllkonstruktion sollte bei der **Abnahme** auf keinen Fall verzichtet werden.

Die mit ihrer Hilfe erzielbaren Ergebnisse stellen ein wirksames Hilfsmittel zur Prophylaxe von Feuchteschäden einschließlich Schimmelpilzbefall sowie von hygienischen Beeinträchtigungen dar, weil sie Auskunft auch über die Größenordnung der unter realen Druckbedingungen zu erwartenden Außenluftvolumenströme bzw. Luftwechselwerte geben können.

11 Instandhaltung

11.1 Allgemeines

Instandhaltung ist nach [DIN 31051] (erarbeitet unter Anpassung an und in Ergänzung zu [DIN EN 13306][*)]) die *„Kombination aller technischen und administrativen Maßnahmen sowie Maßnahmen des Managements während des Lebenszyklus eines Objekts, die dem Erhalt oder der Wiederherstellung ihres funktionsfähigen Zustands dient, sodass es die geforderte Funktion erfüllen kann“.*

Die Instandhaltungs-Maßnahmen beinhalten Wartung, Inspektion, Instandsetzung und Verbesserung. Die **Wartung** beinhaltet die *„Maßnahmen zur Verzögerung des Abbaus des vorhandenen Abnutzungsvorrats“*, die **Inspektion** die *„Prüfung auf Konformität der maßgeblichen Merkmale eines Objekts, durch Messung, Beobachtung oder Funktionsprüfung“.*

Die **Instandsetzung** ist die *„Physische Maßnahme, die ausgeführt wird, um die Funktion eines fehlerhaften Objekts wiederherzustellen“.*

Die **Verbesserung/Verbesserung der Funktionssicherheit** schließlich stellt die *„Kombination aller technischen und administrativen Maßnahmen sowie Maßnahmen des Managements zur Steigerung der immanenten Zuverlässigkeit und/oder Instandhaltbarkeit und/oder Sicherheit eines Objekts, ohne seine ursprüngliche Funktion zu ändern“.*

Als „Objekte“ der Wohnungslüftung kommen alle Lüftungssysteme mit ihren für die Lüftungsfunktion notwendigen Komponenten (siehe Tabelle 9.12) sowie alle lüftungsrelevanten Gebäudeteile bzw. -einbauten in Frage. Eine Änderung derselben im Sinne einer Modernisierung gehört nach neuer Definition nicht (mehr) direkt zur Instandhaltung.

Das gilt auch für die Reinigung, die im Rahmen der Instandhaltung ausschließlich in [DIN EN 13306] unter dem Unterbegriff „Routine-Instandhaltung“ nur kurz in der folgenden Feststellung Erwähnung findet: *„regelmäßige oder wiederholte einfache präventive Instandhaltungstätigkeiten“.*

Für die beanstandungsfreie Funktion von Einrichtungen zur Freien Lüftung ebenso wie für Lüftungsanlagen bzw. -geräten spielt sie aber eine – vor allem auch bezüglich Hygiene- und Brandschutzfragen – außerordentlich wichtige Rolle.

Unabhängig von der Instandhaltung befasst sich deshalb die Euronorm [DIN EN 15780] direkt mit der „Sauberkeit von Lüftungsanlagen“. Sie legt im Einzelnen *„allgemeine Anforderungen und Verfahren fest, die zur Beurteilung* *und Aufrechterhaltung der Sauberkeit von Luftleitungsanlagen erforderlich sind, darunter:*

- *Einstufung der Sauberkeitsqualität;*
- *Vorgehensweise bei der Beurteilung des Reinigungsbedarfs (optisch, Messungen);*
- *Häufigkeit der Beurteilung (allgemeine Hinweise); Anleitung für Überprüfungen der Anlage nach EN 15239 und EN 15240, sofern zutreffend;*
- *Wahl des Reinigungsverfahrens – um im Einklang mit der Übergabe-Dokumentation nach EN 12599 zu stehen;*
- *Vorgehensweise bei der Beurteilung des Ergebnisses der Reinigung.“*

National wird die Reinigung von Lüftungsanlagen bzw. -geräten für Wohnungen nach [DIN 1946-6] der Instandhaltung/Wartung zugeordnet. Mit dieser Norm existieren darüber hinaus bundeseinheitliche Empfehlungen zur Überwachung des funktionsfähigen Zustands lüftungstechnischer Maßnahmen. In den DIN-Anhängen B „Instandhaltung (normativ)“ und C „Augenscheinlichkeits- bzw. Funktionskontrollen (informativ)“ sind detaillierte Hinweise für Augenscheinlichkeits- und Funktionskontrollen als Grundlage für die Aufrechterhaltung eines funktionsgerechten Betriebs aufgeführt.

Auch das Gesetz über das Schornsteinfegerwesen (Schornsteinfegergesetz – [SchfG]) sah eine *„Überprüfung ... von Lüftungsanlagen oder ähnlichen Einrichtungen auf ihre Feuersicherheit in den Gebäuden, in denen Arbeiten nach den Rechtsverordnungen nach § 1 Abs. 1 Satz 2 und 3 des Schornsteinfeger-Handwerksgesetzes oder der Kehr- und Überprüfungsordnung, der Verordnung über Kleinfeuerungsanlagen – 1. BImSchV oder den landesrechtlichen Bauordnungen auszuführen“* sind, *„durch persönliche Besichtigung innerhalb von fünf Jahren“* vor. Basierend darauf und auf der Grundlage des Passus im Einigungsvertrag, *„Zu den Aufgaben des Bezirksschornsteinfegermeisters ... gehört auch ... die Überprüfung der Funktionsfähigkeit ... privater Be- und Entlüftungsanlagen“*, hatten per 1997/98 Berlin/Ost, Brandenburg, Sachsen, Sachsen-Anhalt und Thüringen geringfügig unterschiedlich modifizierte Vorschriften zur turnusmäßigen Prüfung von Lüftungsanlagen in die [KÜO] aufgenommen.

Im neueren [SchfHwG] wird unter § 1 „Eigentümerpflichten; Verordnungsermächtigungen“ lediglich noch festgestellt, dass „das Bundesministerium für Wirtschaft und Energie ermächtigt wird, ... durch Rechtsverordnung zu bestimmen, welche ... Lüftungsanlagen oder sonstigen Einrichtungen (Anlagen) in welchen Zeiträumen gereinigt oder überprüft werden müssen“.

Weitere zu beachtende Normen und Richtlinien für die Instandhaltung sind darüber hinaus [DIN EN 15239], [VDI 3810] und [VDI 6022] sowie die VDMA-Einheitsblätter [VDMA 24176, VDMA 24186-0 und -1].

Fazit

Instandhaltung einschließlich Reinigung haben neben Planung und Ausführung wesentlichen Einfluss auf die Funktion und damit auch auf die Wirksamkeit aller lüftungstechnischen Maßnahmen. Vernachlässigte Technik kann einschließlich lüftungsrelevanter baulicher Maßnahmen nicht nur zu hygienischen sowie bauten- und brandschutztechnischen, sondern auch zu den mehrfach angesprochenen Akzeptanz-Problemen führen. Auf die Organisation und die konsequente Durchführung der Instandhaltung muss deshalb großer Wert gelegt werden.

11.2 Anforderungen an lüftungstechnische Maßnahmen zur freien und ventilatorgestützten Lüftung

Um Einrichtungen zur freien Lüftung und Lüftungsanlagen bzw. -geräte hinreichend gut instand halten zu können, müssen schon im Rahmen der Planung und nachfolgend auch bei der Ausführung folgende Voraussetzungen geschaffen werden:

- leichte Zugänglichkeit zu Ventilatoren, Luftfiltern, Wärmeübertragern, Absperrvorrichtungen für den Brandschutz (die in vertikalen Leitungen keine die ungehinderte Strömung beeinträchtigende Querschnittsverengung besitzen dürfen), Einrichtungen zur Einregulierung von Luftvolumenströmen, Rückschlagklappen sowie zu Inspektionsöffnungen in Luftleitungen/-schächten (auch nach ihrer Verkleidung bzw. Wärmedämmung),
- Vorhandensein von Inspektions- bzw. Reinigungsöffnungen in Luftleitungen/-schächten in ausreichender Anzahl und Größe mit gewährleisteter Luftdichtheit ihrer Öffnungsfugen auch nach wiederholter Nutzung (vorzugsweise von Verschmutzung betroffen: horizontal verlegte Leitungen, Luftklappen, Formstücke und Querschnittsverengungen),
- (De-)Montierbarkeit von Luftdurchlässen und Luftfiltereinsätzen ohne Spezialwerkzeug,
- (optisches und/oder akustisches) Signal für das Erreichen des Grenzdurchlassgrades von Luftfiltereinsätzen auf der Basis des Differenzdrucks empfehlenswert,

- Verwendung von Abluftfiltern in Küchen nach [DIN 1946-6] notwendig, für andere Ablufträume ebenfalls zu empfehlen,
- nach [DIN 1946-6] Wahl der Filterklassen von Außenluftfiltern in Abhängigkeit von der vereinbarten Zuluftqualität: unter Verweis auf [DIN EN ISO 16890] für alle ventilatorgestützten Lüftungssysteme bei Grundanforderungen (Kategorie G) mindestens Filter mit ISO Coarse ≥ 45 % und bei Hygieneanforderungen (Kategorie H) mindestens Filter mit ISO ePM1 ≥ 50 % einsetzen,
- Dämmung von Ab-/Fortluftleitungen beim Durchgang durch unbeheizte (Dach-)Räume zur Vermeidung von Kondensatbildung vorsehen,
- (Brandschutz-)Lüftungsschächte aus möglichst abriebfestem Material erstellen,
- Nutzer über die Notwendigkeit von vorhandenen Einrichtungen zur freien Lüftung, Lüftungsanlagen bzw. -geräten sowie zu den Mitwirkungspflichten bei der Instandhaltung inklusive Reinigung informieren.

11.3 Inspektion

Im Rahmen der **Inspektion** sind nach [DIN 1946-6] nur *„alle System- und Anlagenkomponenten der ventilatorgestützten Lüftung ... und deren Zubehör ... auf Verschmutzung, Korrosion und Beschädigungen zu überprüfen“*. Außerdem *„ist anlagentechnisch das Hauptaugenmerk auf die Kontrolle der Luftvolumenströme bei Nennlüftung zu legen. Bei entsprechenden Beanstandungen kann es aber auch notwendig sein, Geräusch- bzw. Zugluftprobleme messtechnisch zu untersuchen.“*

Nach [E DIN EN 16798-1] wird unter Inspektion die Feststellung und Beurteilung des Istzustandes einer technischen Anlage verstanden. Diese sollte regelmäßiges Prüfen, Messen, Beurteilen, Ableiten von Konsequenzen und das Aufzeigen von Verbesserungen beinhalten.

Die Inspektion hat im Bedarfsfalle mindestens Wartung einschließlich Reinigung bzw. auch Instandsetzung zur Folge. Nach VDI 3801 (inzwischen zurückgezogen) sollte *„mindestens einmal jährlich eine Zustands- und Funktionsprüfung sowie -messung erfolgen“*. Nach [VDI 3810], Blatt 4 *„ist der Umfang von Inspektionen entweder gesetzlich festgelegt oder zwischen den Vertragsparteien zu vereinbaren“*.

Die dazugehörige **messtechnische Überprüfung** sollte sich, wie oben schon aufgeführt, dabei vor allem auf die Anlagenparameter (1) (Tabelle 10.1) konzentrieren, mit dem Hauptaugenmerk auf der Kontrolle der **Luftvolumenströme**.

In Schweden werden z. B. nicht nur der Gesamt-Luftvolumenstrom, sondern in repräsentativen Wohnungen stichprobenhaft auch Einzel-Luftvolumenströme gemessen. Europäisch ist die *„Luftvolumenstrommessung in Lüftungssystemen“* nach [DIN EN 16211] geregelt.

Sollten Feuchtigkeitserscheinungen bzw. Schimmelpilzbefall aufgetreten sein, ist eine Prüfung der Luftdurchlässigkeit der Hüllkonstruktion zur Feststellung ihrer lüftungstechnischen Eignung (Unterabschnitt 10.4) für die Ursachenforschung hilfreich, u. U. sogar unverzichtbar.

Für die zerstörungsfreie Überprüfung des allgemeinen Zustands von **Luftleitungen/-schächten** bieten sich Verfahren der Industrie-Endoskopie in Verbindung mit entsprechender Videotechnik an. Zu beachten ist, dass die Ergebnisse der Endoskopie keine ausreichenden Rückschlüsse auf die Luftdichtheit nach [DIN EN 12237] (Unterabschnitt 10.3.2 und Bild 10.7) zulassen. Dafür ist eine messtechnische Prüfung des Luftleitungsnetzes bzw. des Lüftungsschachtes analog zur Luftdichtheits-Untersuchung der Gebäudehülle notwendig.

Inspektionen sind auch zur wiederholten **Information der Wohnungsnutzer** über die Bedeutung einer wirksamen Lüftung sowie die notwendigen Mitwirkungspflichten zur Erhaltung der Funktionsfähigkeit lüftungstechnischer Einrichtungen oder Lüftungsanlagen bzw. -geräte sinnvoll. Das betrifft besonders die regelmäßige Reinigung von Luftdurchlässen/-gittern und Luftfiltereinsätzen. Außerdem ist es zweckdienlich, wenn nicht nachweislich vorhanden, Betriebs- und Wartungsanleitungen auszugeben und (u. U. auch wiederholt) zu erläutern.

Wie notwendig und wichtig regelmäßige Inspektionen einschließlich Unterrichtung der Nutzer sind, zeigt eine Befragung von 53 Wohnungsunternehmen, an der sich 18 davon beteiligt haben [CLAUS97]. Im Ergebnis musste festgestellt werden, dass die Anzahl der bei Kontrollen vorgefundenen *„offensichtlichen Mängel“* mehrfach größer war, als die Meldungen der Mieter vermuten ließen. Bei den Mängeln/Schäden handelte es sich vorzugsweise um *„verschmutzte Lüftungsgitter* (in 74 % der Fälle) *und Schächte/Rohre* (25 %), *zugeklebte oder übertapezierte Lüftungsschlitze* (66 %), *Vogelnester in Schächten* (26 %), *bewusste Nichtbenutzung der Anlagen durch die Mieter* (43 %), *defekte Ventilatoren* (43 %), *Geruchsübertragung aus anderen Wohnungen* (45 %) und *Nichtmeldung von Störungen seitens der Mieter“* (26 %).

Nach [VDI 3810], Blatt 4 *„setzen Inspektionen eine besondere Fachausbildung oder Qualifikation voraus. ... In der Regel sind mehrjährige Erfahrungen auf den Gebieten der Planung, Berechnung, Ausführung und/oder Inbetriebnahme* *ebenso eine notwendige Voraussetzung wie die Kenntnis des Vorschriften- und technischen Regelwerks. Im Fall von gesetzlich geregelten Inspektionen, z. B. dem Baurecht oder der EnEV, sind die entsprechenden Anforderungen an das Prüfpersonal einzuhalten.“*

Darüber hinaus *„sind Inspektionen/Prüfungen in aussagefähiger Weise zu dokumentieren. Der Umfang hängt von den zwischen den Vertragspartnern vereinbarten gesetzlichen, normativen oder auch vertraglichen Anforderungen ab.“*

Beispiele für die Berichterstellung per Formblatt über durchgeführte Inspektionen können [DIN 1946-6] entnommen werden.

11.4 Wartung

Inspektion und Wartung sind meist untrennbar miteinander verbunden. Die Wartung als *„Verzögerung des Abbaus des vorhandenen Abnutzungsvorrats“* beinhaltet nach [DIN 31051] auf der Basis eines *Wartungsplanes* u. a. die Einzelmaßnahmen *„Durchführung“* und *„Funktionsprüfung“*.

Nach [VDI 3810], Blatt 4 *„sind die Intervalle“* der *„Wartungsmaßnahmen durch den Anlagenbetreiber in der Betriebsanweisung festzulegen.“*

Darunter ist bei Systemen der **freien Lüftung** vorrangig Reinigung von Lüftungsschächten und Luftdurchlässen für Außen- und Abluft zu verstehen. Dabei muss darauf geachtet werden, dass zur Funktionssicherung Letzterer deren planmäßige Einstellung nicht verändert wird. Gegebenenfalls ist sie nach der Reinigung zu überprüfen und wenn notwendig zu korrigieren. Dafür ist das Vorhandensein der vollständigen relevanten Planungsdaten erforderlich.

Bei Systemen der **ventilatorgestützten Lüftung** steht darüber hinaus bedarfsabhängig Reparatur oder Austausch defekter bzw. verschlissener Lüftungskomponenten an. Dazu gehören auch alle vorhandenen Luftfilter einschließlich abgenutzter Filtereinsätze.

Auf die Auswirkungen verschmutzter **Lüftungskomponenten** hinsichtlich erhöhten Leistungsbedarfs wurde schon im Unterabschnitt 7.3.2 bzgl. Luftfilterung eingegangen. Sind von der Verschmutzung z. B. auch die Laufradschaufeln von Ventilatoren betroffen, erhöht sich nicht nur der Leistungsbedarf, sondern infolge damit verbundener Unwucht meist auch die Schallemission. Damit verbunden ist u. U. eine gleichzeitige Verringerung der Lebensdauer der Lager. Selbst größere Luftleitungsquerschnitte können sich in Abhängigkeit von der Konsistenz der Luftverunreinigungen nach gewisser Zeit zusetzen, wenn keine Gegenmaßnahmen getroffen werden (Bild 11.1). Daraus leitet sich die unbedingte Notwendigkeit der turnusmäßigen Reinigung aller Luftleitungs- sowie Anlagen-/Geräteteile ab.

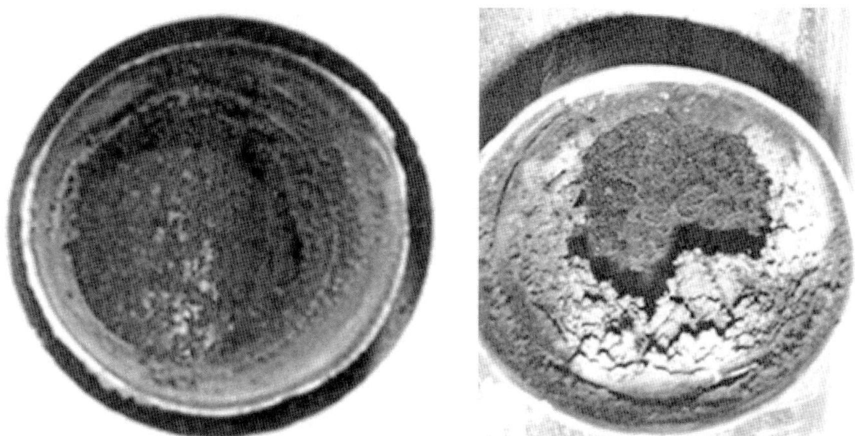

Bild 11.1: Verschmutzte Luftleitungs-Anschlüsse hinter filterlosen Abluftdurchlässen einer ZVA: Küche nach ca. 2½ (links) und Bad-/WC-Raum nach ca. 17½ Jahren (rechts)

Die im Bild 11.1 sichtbaren Verschmutzungen sind ein Beleg für die Notwendigkeit einer regelmäßigen Reinigung sowie für die Zweckmäßigkeit der Abluftfilterung. Letztere führt aber nur dann zum gewünschten Ergebnis, wenn auch die **Luftfiltereinsätze** regelmäßig rechtzeitig gewechselt bzw. gereinigt werden. Die notwendige Häufigkeit ist dabei sehr stark abhängig von der Größe und Beschaffenheit der Einsätze [Heinz95-3] und der Intensität der Küchen- und Bad-/WC-Raum-Nutzung, wobei Letztere in demselben Haushalt im Sommer anders sein kann als im Winter. Die Tabelle 11.1 enthält Anhaltswerte für den notwendigen Filterwechsel- bzw. -reinigungszyklus, die aus Untersuchungen und Befragungen [Heinz94/95 und Heinz95-3] resultieren.

In diesem Zusammenhang muss nochmals auf die u. U. nicht gewährleistete Bereitschaft bzw. die fehlende **Möglichkeit der Nutzer** hingewiesen werden, regelmäßig die Luftfiltereinsätze zu reinigen/zu wechseln. Um diese anzuregen, müsste der Zeitpunkt des Wechsels der Einsätze für den Nutzer durch ein optisches bzw. akustisches Signal erkennbar gemacht werden. Filterreinigung bzw. Filterwechsel können außerdem durch Ausgabe bzw. Vorortverkauf von Luftfiltereinsätzen unmittelbar im Rahmen von Inspektions- bzw. Wartungsdurchführungen nachhaltig aktiviert werden.

Aus der Erfahrung heraus ist es empfehlenswert, ein- bis zweimal jährlich eine Inspektion der Luftfilter und, wenn notwendig, auch gleich einen zusätzlichen Filterwechsel durchführen zu lassen.

Tabelle 11.1: Empfohlene durchschnittliche Mindesthäufigkeit des Filterwechsel- bzw. Filterreinigungs-Zyklus in NE von MFH

Küche		Bad-/WC-Raum
mit	ohne	
Abluft-Herdhaube		
9-mal/Jahr	5-mal/Jahr	7-mal/Jahr
alle 6 Wochen	alle 10 Wochen	alle 8 Wochen

In Luftheizungs- sowie in Zu-/Abluftanlagen mit Wärmerückgewinnung führen verschmutzte Wärmeübertrager zu einem Heizleistungsdefizit. Die der Wärmerückgewinnung dienenden Wärmeübertrager sollten deshalb zumindest abluftseitig mit separaten Luftfiltern ausgerüstet sein (siehe Bild 4.16).

Tabelle 11.2: Empfohlener Inspektions- und Reinigungszyklus für die Sauberhaltung von Abluftanlagen mit oder ohne Abluftfilter

Lüftungs-Komponenten		Abluftanlagen mit Filter			
		mit[1] (1)		ohne[2] (2)	
		Filterwartungsgarantie			
		Inspektion alle ...	Reinigung bei Bedarf, längstens nach ...[3]	Inspektion alle ...	Reinigung bei Bedarf, längstens nach ...[3]
a	gerade vertikale Leitungen mit gleichbleibendem Durchmesser	6 Jahre	12 Jahren	3 Jahre	6 Jahren
b	wie a, aber horizontal, Querschnittsänderungen, Vereinigungen, Umlenkungen	4 Jahre	8 Jahren	2 Jahre	4 Jahren
c	– Ventilatoren, Klappen, Luftdurchlässe, Blenden, Lochbleche, Wärmeübertrager – Querschnitt verengende Einbauten (z. B. Kulissenschalldämpfer)	2 Jahre	4 Jahren	jedes Jahr	2 Jahren

		Abluftanlagen ohne Filter[2] (3)	
		Inspektion alle ...	Reinigung bei Bedarf, längstens nach ...[3]
a	siehe oben	2 Jahre	4 Jahren
b		2 Jahre	4 Jahren
c		jedes Jahr	2 Jahren

1) Eine Filterwartungsgarantie ist gegeben bei regelmäßiger Überprüfung durch geschultes Personal oder mindestens jährlicher Kontrolle von Anlagen mit Grenzdruck-Signalgebung, die von den Wohnungsnutzern selbst gewartet werden.

2) Bei Anlagen nach (2) und (3) sollten bei Einsatz von Abluft-Herdhauben die Überprüfungszyklen nach Bedarf verringert werden.

3) Bedarf liegt vor, wenn die Funktion beeinträchtigende Querschnittsverengungen festgestellt werden oder vor dem nächsten Überprüfungszeitpunkt zu erwarten sind.

In Tabelle 11.2 werden pauschale Empfehlungen für Inspektions- und Reinigungszyklen zum Zwecke der Sauberhaltung von Abluftanlagen mit oder ohne Abluftfilter gegeben. Die Tabellenangaben sind als Einstiegs-Richtwerte zu betrachten. Der mit der Wartung Beauftragte kann sie nach einer gewissen Erfahrungszeit in Absprache mit dem Vermieter bzw. Eigentümer bei Notwendigkeit objektbezogen neu festlegen. Zuluftanlagen sollten wegen möglicher Gesundheitsgefährdungen in jedem Falle wenigstens halbjährlich überprüft und bei Bedarf auch gereinigt werden.

Für die Außenluftfilterung, deren Häufigkeit stark von der Partikelbelastung der Umgebung des Gebäudes abhängt, gilt prinzipiell das Gleiche. Es empfiehlt sich, den Filterwechsel mindestens 4-mal jährlich durchzuführen. Die Überprüfungen sind dabei vorzugsweise so zu terminieren, dass gleiche zeitliche Abstände gewährleistet sind. Stellt sich nach mindestens zwei Überprüfungen heraus, dass die Zyklen im speziellen Falle verlängerbar sind oder verkürzt werden müssen, sollte der Wartungsplan entsprechend den Erfordernissen der jeweiligen Anlage modifiziert werden.

Lüftungsanlagen bzw. Einrichtungen zur freien Lüftung sind nach [DIN 1946-6] in regelmäßigen ½- bis ein- höchstens jedoch zweijährigen Abständen instand zu halten. Für Luftfilter wird ein halbjährlicher Turnus empfohlen. Dabei ist auch darauf zu achten, dass die Luftfiltereinsätze vor Feuchtigkeit geschützt werden.

[VDI 3810], Blatt 4 beschäftigt sich über die Instandhaltung hinaus auch mit dem **Betreiben** von Lüftungsanlagen („RLT-Anlagen") *„im Verbund mit anderen gebäudetechnischen Anlagen bei Sicherstellung der Gesundheit für den Menschen und dem Schutz der Umwelt"*.

Die **Wartungspflicht** von **Absperrvorrichtungen** (AV) für den Brandschutz wurde schon im Unterabschnitt 8.3.2 behandelt.

11.5 Instandsetzung

Das Instandsetzungsspektrum ist abhängig vom Charakter der eingesetzten Technik. Den geringsten Aufwand werden die Einrichtungen zur freien Lüftung, den größten Zu-/Abluftanlagen mit den unterschiedlichen Wärmerückgewinnungs-Verfahren bzw. alle dezentralen Lösungen mit vielen einzelnen bewegten Anlagen- bzw. Geräteteilen verursachen.

Je nachdem, wie groß die normative bzw. reale Lebensdauer in Verbindung mit der zeitlichen Inanspruchnahme sowie die Wartungssorgfalt ist, müssen nach ca. 10 bis 15 Jahren Komponenten und einzelne Anlagen- bzw. Geräteteile komplett erneuert werden. Kriterien dafür sind neben dem sichtbaren und technisch-aktuellen Verschleiß die Störanfälligkeit, die Vergrößerung der Schallemission und u. U. auch zu hoher Elektroenergieverbrauch. Ein Schema wie für Inspektion und Wartung lässt sich für die Instandsetzung deswegen nicht aufstellen.

Auch für Instandsetzungsarbeiten ist es unabdingbar, dass *„nachweislich angemessen qualifiziertes Personal"* [VDI 3810] eingesetzt wird.

11.6 Verbesserung

Die Verbesserung an Lüftungsanlagen dient nach [VDI 3810] *„der Verlängerung der Lebensdauer, Erhöhung der Qualität, Steigerung der Funktionssicherheit und Erhöhung der Verfügbarkeit sowie der Wirtschaftlichkeit"*.

Neben der *„Kombination aller technischen und administrativen Maßnahmen ... zur Steigerung der Funktionssicherheit ..."* spielt bei einer Verbesserung also auch der Energiebedarf eine wichtige Rolle. Nach [DIN 1946-6] sind gemäß EU-GR10 (EPBD) und [GEG] neben Maßnahmen *„zur Sicherstellung der energetischen Qualität"* deshalb auch *„Verbesserungs-Maßnahmen im Rahmen von energetischen Inspektionen durchzuführen"*. Letztere können als nachgewiesen gelten, wenn alle Maßnahmen zur *„besonders effizienten Energienutzung"* getroffen und ausgeführt worden sind.

Nach [DIN EN 16798-17] *„besteht der Hauptzweck der Inspektion darin, Betreiber und Eigentümer von Gebäuden dahingehend zu beraten, wie sie deren energieverbrauch reduzieren können“* bei *„gleichzeitiger Aufrechterhaltung akzeptabler Innenraumklimabedingungen“*. Zu diesem Zweck sei ein Bericht zu erstellen, der die durch die Umsetzung abgeleiteter Empfehlungen zu erzielenden Vorteile in Form von Verbesserungen sichtbar macht.

Bezüglich freier Lüftung ist dabei auch auf Veränderungen im Fensterbereich (z. B. infolge Fensterwechsels) zu achten, weil diese für die lüftungstechnischen Eigenschaften der gesamten Nutzungseinheit von Relevanz sein können. Die Konsequenz könnte eine entsprechende Anpassung vorhandener Gebäudehüllen- und Ab(luft)-Luftdurchlässe sein.

Bei ventilatorgestützter Lüftung sind die Vorschläge auf alle vorhandenen bzw. zusätzlich notwendigen Lüftungskomponenten auszuweiten.

12 Unzulänglichkeiten in der Praxis

12.1 Vorbemerkung

In diesem Abschnitt werden in zusammengefasster Form einige vor allem bei Instandsetzungs- und Modernisierungs-Maßnahmen auftretende lüftungsrelevante Mängel bzw. mängelbehaftete Planungs-, Ausführungs- und Instandhaltungs-Gewohnheiten aufgeführt, auf die in den vorangegangenen Abschnitten meist schon ausführlicher eingegangen worden ist. Da ein Großteil der Mängel auch im Neubau auftreten kann, ist es empfehlenswert, Neubau-Planungen ebenfalls daraufhin zu überprüfen (siehe dazu auch [GREML04]).

12.2 Planung

- Die Lüftungsplanung basiert nicht durchgängig auf dem neuesten ingenieurtechnischen Kenntnisstand einschließlich Beachtung geltender Regelwerke. Das kann zur Folge haben, dass z. B.
- der Planung kein Lüftungskonzept (konsequent nach [DIN 1946-6], Anhänge A und F) zugrunde liegt und infolgedessen anstelle der wegen einer luftdichten Gebäudehülle notwendigen Realisierung lüftungstechnischer Maßnahmen die ausreichende Lüftung dem Zufall bzw. allein der (hoffentlich vorhandenen) Umsicht des Nutzers überlassen wird – womit dieser im luftdichten Gebäude jedoch nicht selten überfordert sein dürfte,
- nicht alle potenziellen Ablufträume an vorhandene Lüftungsanlagen bzw. -geräte angeschlossen sind und dadurch
- die geplanten bzw. realisierten Luftvolumenströme nicht für die Lüftung der gesamten NE ausreichen und zusätzlich belastete Luft aus den nicht angeschlossenen potenziellen Ablufträumen durch den Wohnbereich strömen muss,
- die Außenluft-Nachströmung (über Gebäudehüllen-Luftdurchlässe – GLD/ALD) bei Schacht- oder bei Unterdrucklüftung nicht entsprechend den zu erwartenden oder zulässigen Differenzdrücken gesichert ist und
- innerhalb der Wohnung die Luft infolge des Fehlens von ausreichend ausgelegten Überström(luft)-Luftdurchlässen nicht ungehindert von den Zuluft- zu den Ablufträumen (bei reiner Querlüftung auch umgekehrt) strömen kann.

Beim Fensterwechsel (herkömmliche Fenster gegen solche mit umlaufenden Dichtprofilen), der maßgeblich zur entscheidenden Verbesserung der

Luftdichtheit der Gebäudehülle beiträgt, wird nicht beachtet, dass diese bauseitige Maßnahme u. U. gravierend in die lüftungstechnischen Eigenschaften der betroffenen Nutzungseinheit(en) eingreift. Das kann zur Folge haben, dass z. B.

- auch der minimal notwendige (Außen-)Luftwechsel (Lüftungsbetriebsstufen „Lüftung zum Feuchteschutz“ bzw. „Reduzierte Lüftung“) bei freier Lüftung und bei Unterdrucklüftung häufig nur noch über geöffnete Fenster gesichert werden kann,
- dadurch vermehrt feuchtebedingte (Schimmelpilz-Wachstum) sowie hygienische Probleme auftreten und
- nachträgliche „Lösungen“ in Form von Perforation bzw. partiellem Ausschneiden der Dichtgummis im Fensterbereich andere, z. B. schallschutztechnische, Probleme nach sich ziehen.

Andererseits führt bei nicht gewährleisteter Luftdichtheit der Hüllkonstruktion die Ausrüstung von Gebäuden/NE mit Zu-/Abluftanlagen mit Wärmerückgewinnung nicht zu der entsprechend Planung zu erwartenden Reduktion des Heizwärmebedarfs.

Bei der Ausrüstung von Wohnungen mit Lüftungsanlagen bzw. -geräten wird zu wenig auf mögliche Geräuschbelästigungen in der eigenen Wohnung geachtet. Dadurch kommt es nicht selten zu Selbsthilfe-Reaktionen der Nutzer, die im Resultat fast immer auch eine Reduktion der Lüftungswirksamkeit zur Folge haben.

Ausschließlich über Lichtschalter gesteuerte Lüftung führt überwiegend zu einer zu geringen Lüftung der betroffenen sowie meistens auch der lüftungsseitig vorgeschalteten Räume.

Die (Weiter-)Verwendung schon lange Zeit vorhandener Lüftungsschächte bzw. Luftleitungen (LL) ohne vorherige Dichtheitsprüfung und daraus eventuell folgende notwendige Instandsetzung kann bei Überdruck im Lüftungsschacht bzw. in der LL (z. B. bei Einsatz von Einzelventilatoren) zu Geruchsbelästigungen und bei Differenzdruck abhängig regelnden Zentralventilator-Anlagen zu Betriebsstörungen führen.

Zu hohe Luftgeschwindigkeiten in Luftleitungen/-schächten haben überhöhten Elektroenergiebedarf und u. U. Geräuschprobleme zur Folge.

Wird bei (ursprünglich vorzugsweise in den neuen Bundesländern) vorhandenen Zu-/Abluftanlagen in Hochhäusern (≥ 11 Geschosse) die Zuluft weiterhin dem Flur oder dem Küche-/Sanitärbereich zugeführt, kann dadurch der Heizwärmebedarf für die Lüftung bis auf das Doppelte ansteigen. Bei

Stilllegung der Zuluftanlage und unveränderter Weiterführung des Abluftbetriebs muss mit Problemen bei der Gewährleistung der Nachströmung der Außenluft gerechnet werden.

Nicht geteilte Hauptleitungen mit Anschluss von mehr als 6 (bis maximal 8) Geschossen bzw. Nutzungseinheiten können darüber hinaus zu (Geräusch-) Problemen infolge notwendiger Einregulierung der Luftvolumenströme vor allem in den dem Ventilator am nächsten gelegenen Räumen führen. Ursache ist, dass zur Begrenzung der Luftvolumenströme auf die geplanten Werte zu hohe Differenzdrücke und damit auch zu hohe Luftgeschwindigkeiten an den Luftdurchlässen notwendig werden können.

12.3 Ausführung/Einregulierung

Alle sichtbaren und nicht sichtbaren Ausführungsfehler können zu einer unbefriedigenden Funktionsweise oder u. U. sogar zur Nichtwirksamkeit sowohl der Einrichtungen zur freien Lüftung als auch der Lüftungsanlagen bzw. -geräte führen. Häufigste Ausführungsfehler sind:

- (partiell) große Undichtheit im Bereich der vertikalen Installations-Durchführungen in NE von Mehrfamilienhäusern,
- zu geringe freie Überströmquerschnitte zwischen Zu- und Ablufträumen,
- unkorrekt angeschlossene Ventilatoren,
- absichtliche Einregulierung zu kleiner Luftvolumenströme, um Geräuschprobleme in den den Ventilatoren am nächsten gelegenen (meistens oberen) Geschossen zu vermeiden,
- Einregulierung falscher Luftvolumenströme infolge ungenügend genauer Messtechnik bzw. ungeeigneter Messmethoden,
- fehlende oder ungenügend bemessene Körperschalldämmung sowie
- undichte bauseitig errichtete Luftschächte infolge mangelhafter bzw. nicht dauerhaft beständiger Verklebung/Abdichtung der Stöße oder unbeachteter Transport- bzw. Montagebeschädigungen

12.4 Instandhaltung

Inspektionen werden häufig erst nach Vorliegen von Fehlermeldungen durchgeführt, was auf Dauer zu unbefriedigend arbeitenden Anlagen führen kann. Das betrifft vor allem Anlagen, bei denen die Nutzer zur Selbsthilfe gegriffen haben, ohne dass es der Anlagenbetreiber bzw. der von ihm mit der Aufrechterhaltung der Funktion Betraute wahrnimmt. Gründe für ein solches Verhalten können vor allem zu hohe Geräuschpegel, tatsächlich wahrgenommene oder auch nur eingebildete Zugluftbelästigungen bzw. vermeintlich zu hohe Elektroenergiekosten für den Anlagen- bzw. Gerätebetrieb sein.

Die Nutzer werden nicht oder nicht ausreichend über die Notwendigkeit und Funktionsweise der Lüftung informiert. Wartungspläne werden nur in den seltensten Fällen ausgegeben und hinreichend erläutert.

Am häufigsten sind verschmutzte Luftfiltereinsätze bzw. auch Luftdurchlässe Störfall-Ursache. Auf das Nichtvermögen vieler Nutzer, die Luftfilter in regelmäßigen Zeitabständen zu warten (reinigen), wird nicht in entsprechend zweckdienlicher Weise reagiert, so dass viele Luftdurchlässe schon nach einigen Wochen bis Monaten keine planmäßige Lüftung der angeschlossenen Räume mehr gewährleisten können. Ein optisches bzw. akustisches Signal bei Erreichen des höchstens zulässigen Druckverlustes (Differenzdruckes) könnte möglicherweise entscheidend zur Entschärfung dieser Situation beitragen.

Anmerkung:

Bezüglich Wartung, Reinigung und Messungen (im Rahmen von Inspektionen) bzw. Anforderungen an das Betriebs- und Wartungspersonal zeigte eine europaweite Umfrage, dass in einigen europäischen Ländern diesbezüglich schon gesetzliche Forderungen bestehen. Vielleicht sollte aus gegebenem Anlass auch in Deutschland über derartige bundesweit verbindliche Regelungen nachgedacht werden. Die Umfrageergebnisse können [HeaVe2011] entnommen werden.

13 Nutzerakzeptanz von lüftungstechnischen Maßnahmen

13.1 Vorbemerkung

Trotz zuweilen noch vorhandener Unzulänglichkeiten bei Planung und Ausführung von Lüftungsanlagen und Lüftungsgeräten wird die Möglichkeit einer weitestgehenden Befreiung des Nutzers von der schwierigen Lüftungsaufgabe von diesem überwiegend positiv aufgenommen. Dabei finden sowohl die noch immer umstrittenen Gebäudehüllen-Luftdurchlässe als auch Zu-/Abluftanlagen mit Wärmerückgewinnung mehrheitlich Anklang, wie bisher durchgeführte Befragungen belegen.

13.2 Gebäudehüllen-Luftdurchlässe (GLD/ALD)

Auf die Akzeptanz von Gebäudehüllen-Luftdurchlässen (GLD/ALD) wird in [REICH99] und [HAUSL92] eingegangen. In [HAUSL92] wurden in 8 Wohnanlagen von 1989 bis 1991 die Bewohner von 185 Haushalten befragt. Die wesentlichsten Ergebnisse waren:

- Die Lüftungswirkung muss spürbar sein.
- Geringe Zuglufterscheinungen werden in Kauf genommen, wenn Querschnittsänderungen bis hin zum vollständigen Schließen der GLD/ALD möglich sind.
- Der Einbauort (über, neben oder unter dem Fenster) war ohne Relevanz für die Akzeptanz.
- Gute Zugänglichkeit und die Möglichkeit der Reinigung (die Verschmutzung war meist nur gering) sind anzustreben.
- Komponenten mit Ventilator fanden wegen der monotonen Lärmbelästigung keine Akzeptanz.

Die Ergebnisse der Befragung zur Akzeptanz (‚ja') von GLD/ALD in 114 Haushalten einer Wohnanlage können Bild 13.1 entnommen werden.

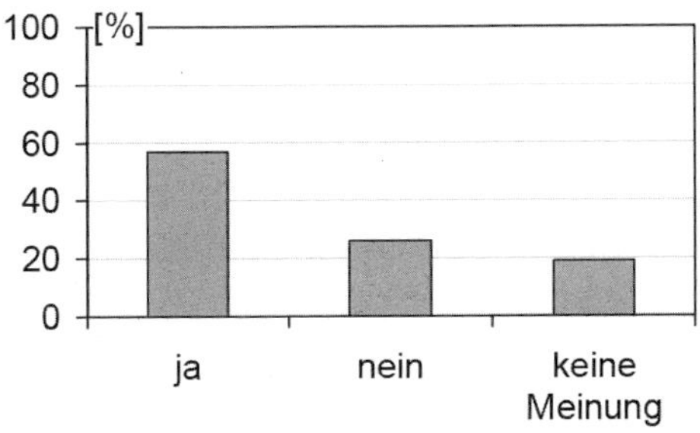

Bild 13.1: Nutzerakzeptanz von GLD/ALD

In [Reich99] wurden 1 300 Haushalte in 5 Städten zur Akzeptanz regulierbarer und unregulierbarer GLD/ALD befragt. Das Ergebnis aus 288 an der Befragung beteiligten Haushalten (entspricht ca. 22 %) zeigt Bild 13.2.

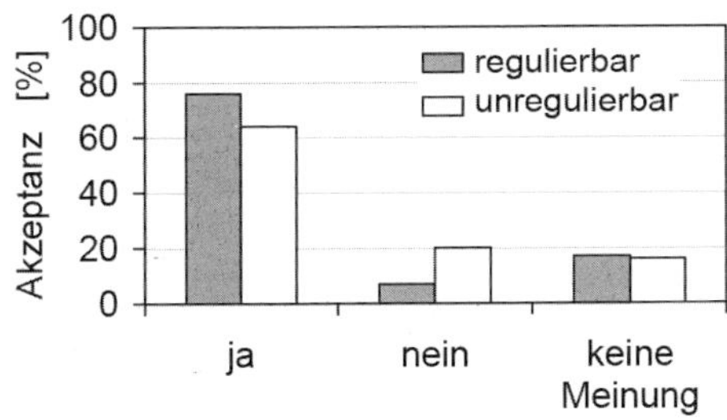

Bild 13.2: Vergleich der Akzeptanz regulierbarer und unregulierbarer GLD/ALD bei 288 von ca. 1.300 Nutzern

Es ist zu er kennen, dass GLD/ALD, auf die der Nutzer einwirken kann, mehr Zustimmung finden als solche, bei denen es ihm nicht möglich ist, z. B. auf Zuglufterscheinungen mit einer zeitweiligen Unterbindung oder Reduzierung der Außenluftzuführung zu reagieren. In diesem Zusammenhang gaben 90 % der Beteiligten an, nie (60 %) oder nur selten (30 %) Zuglufterscheinungen zu verspüren, wenn die GLD/ALD regulierbar sind. Im alternativen Falle waren das insgesamt nur 69 % (38 + 31) % gegenüber 90 %. *„Häufige bzw. sehr häufige Zugbelästigungen"* stellten 10 % bei vorhandener und 31 % bei fehlender Reguliermöglichkeit fest.

Der Verfasser kommt zu dem Schluss, dass *„93 % der Nutzer keine Bedenken gegen den Einbau von ALD (GLD) haben"*, wenn eine *„Regulierfähigkeit des Luftdurchsatzes"* im Sinne der *„Verschließbarkeit"* gewährleistet ist und deshalb *„häufig geäußerte Vorurteile gegenüber ... ALD* (GLD) *unbegründet sind"*.

Anzumerken ist jedoch, dass es sich bei den in allen befragten Haushalten vorhandenen GLD/ALD nicht um solche mit oberer Volumenstrom-Begrenzung gehandelt hat. Bei deren Einsatz und gleichzeitig richtiger Auslegung und zweckmäßiger Anordnung dürfte das Ergebnis vermutlich noch günstiger ausfallen. Entsprechende Befragungsergebnisse lagen dem Autor bisher jedoch nicht vor.

13.3 Zu-/Abluftanlagen mit Wärmerückgewinnung

In nicht repräsentativen Befragungsergebnissen aus 65 von 65 möglichen Wohnungen in industriell errichteten Wohngebäuden (‚Plattenbauten') in ruhiger ländlicher Lage reagierten die befragten Nutzer überwiegend positiv auf die Modernisierung der schon vorhanden gewesenen Lüftungstechnik. Die ursprünglich mit zentralen Abluftanlagen gelüfteten Zwei-, Drei- und Vier-Raum-Wohnungen wurden im Rahmen eines umfassenden Modernisierungsprogramms mit wohnungszentralen Zu-/Abluftgeräten mit Luft-/Luft-Wärmerückgewinnung ausgerüstet.

Auf die Frage „Welche neue Wohnung würden Sie bevorzugen, wenn Sie die Wahl hätten?“ erwiderten die Mieter auf die vorgegebenen Antwortmöglichkeiten

1) Wohnung mit Lüftungsanlage,

2) Wohnung ohne Lüftungsanlage, d. h. nur mit Fensterlüftung, oder

3) weiß (noch) nicht

entsprechend Bild 13.3 [Heinz05].

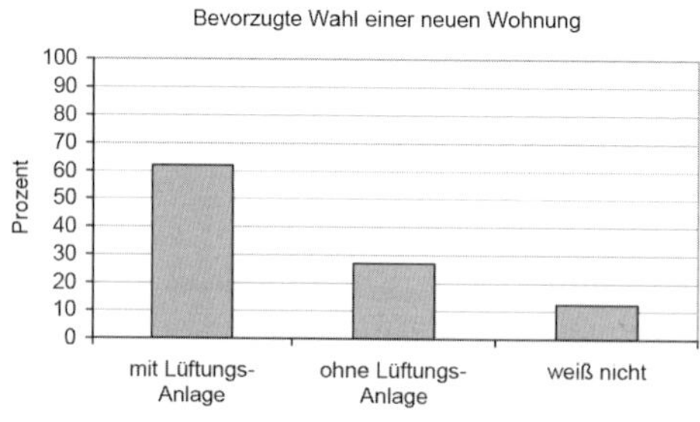

Bild 13.3: Ergebnis einer Mieterbefragung in Wohnungen mit Zu-/Abluftgerät mit WRG je NE zur bevorzugten Lüftungsart bei eventueller zukünftiger Wohnungswahl

Obwohl Konzeption und Planung ebenso wie die überwiegend von den Nutzern abhängige Entscheidung über die jeweilige Betriebsweise in den messtechnisch begleiteten Wohnungen [Heinz05] noch verbesserungsfähig waren, würde nur ca. ¼ der Mieter lieber wieder in eine frei gelüftete Wohnung ziehen. Das zeigt ebenso wie das mit ‚gut' bis ‚sehr gut' ausgefallene

Befragungsergebnis zur allgemeinen Zufriedenheit mit der vorhandenen Lüftungskonzeption (Bild 13.4), dass die anscheinend immer noch vorhandene allgemeine Zurückhaltung der deutschlandweiten Nutzerschaft gegenüber Lüftungstechnik in der eigenen Wohnung eher auf fehlende eigene Erfahrungen zurückzuführen ist. Klimaanlagen in privaten Pkw stießen vor noch nicht allzu langer Zeit auch noch auf Skepsis. Nachdem aber immer mehr Pkw-Fahrer die Vorzüge angepasster Temperaturen bei geschlossenen Fenstern auch in den Sommermonaten kennen und schätzen gelernt hatten, darf bzw. sollte es heute bei den Pkw-Haltern sogar eine möglichst automatisch funktionierende Technik sein.

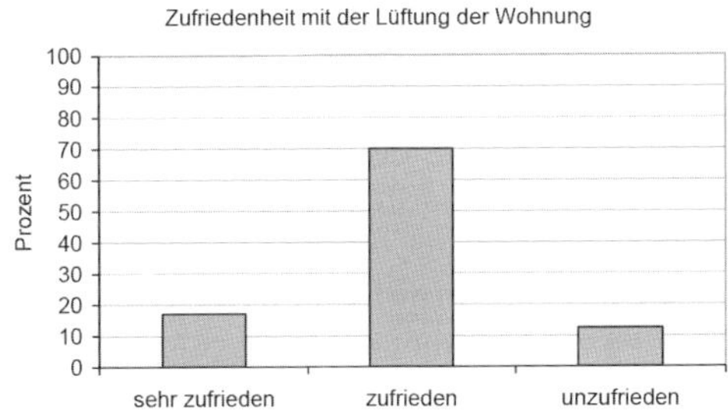

Bild 13.4: Ergebnis einer Mieterbefragung in Wohnungen mit Zu-/Abluftgerät mit WRG zur allgemeinen Zufriedenheit mit der Lüftung der eigenen Wohnung

In einer weiteren Befragung [GREML04], die unter 110 teilnehmenden Nutzern von überwiegend neuen Zu-/Abluftanlagen mit Wärmerückgewinnung im Jahre 2003 in allen österreichischen Bundesländern (ausgenommen Wien) durchgeführt worden ist, gaben 87 % an, dass *„die persönlichen Erwartungen“* erfüllt worden seien. Zur teilweise noch angezeigten Unzufriedenheit führten in der Hauptsache störende Geräusche. Von den Autoren festgestellte *„Probleme der Anlagen lagen in deren allgemeiner Konzeption, in unzureichenden Anlagenkomponenten und im steuerungstechnischen Bereich“*.

13.4 Fazit

Um den Wunsch nach Lüftungstechnik in der eigenen oder gemieteten Wohnung unter potenziellen Nutzern wecken bzw. vergrößern zu können, müssen Planung und Ausführung von LtM in jeder Phase auch unter dem Gesichtspunkt einer weitestgehend uneingeschränkten Nutzerakzeptanz erfolgen. Neben der Kostenfrage (Investitions- und Betriebskosten) spielen dabei folgende Aspekte eine besondere bzw. nicht zu unterschätzende Rolle:

– Die Luftdichtheit bzw. Luftdurchlässigkeit der Gebäudehülle muss an die jeweilige Systemlösung angepasst sein (siehe [DIN 1946-6] und [DIN 4108-7]

sowie die noch darüber hinausgehenden Passivhaus-Anforderungen), um deren Funktionssicherheit gewährleisten sowie unnötigen Energiebedarf vermeiden zu können.

- Zu(luft)- und Gebäudehüllen-Luftdurchlässe, Überström(luft)-Luftdurchlässe und direkt in die Räume von NE ‚einblasende' Einzelraum-Lüftungsgeräte müssen so bemessen und angeordnet werden, dass auch bei Nennbetrieb keine Belästigungen durch Zugluft entstehen.
- Zentrale Ventilatoren und dezentrale (auch in der eigenen Wohnung befindliche) Lüftungsgeräte sowie in der NE angeordnete Luftdurchlässe dürfen keine belästigenden Dauergeräusche im Wohn- und Schlaf-Bereich verursachen. Dazu können in Abhängigkeit von den jeweiligen Nutzungsgewohnheiten auch sogenannte Wohnküchen gehören.
- Zur Vermeidung von Strömungsgeräuschen an Undichtheiten im Bereich von Fenstern, Türen und anderen konstruktiv bedingten Undichtheiten in der Hüllkonstruktion müssen überhöhte Differenzdrücke (> 8 Pa) bei Abluftanlagen durch Planung und Ausführung einer ausreichenden definierten Luftdurchlässigkeit der Gebäudehülle (in Form von geplanten GLD/ALD) ausgeschlossen werden (Ausnahme: Betriebsstufe Intensivlüftung).
- Bei selbsttätig schaltender (‚Bedarfs-')Lüftung (z. B. Lüftung mit gemeinsam veränderlichen Luftvolumenströmen oder Intervall-Lüftung) ist es sinnvoll, Zeitpunkte und jeweilige Intervallabschnitte mit den Nutzern (unter Beachtung der geltenden Regeln) vorher abzustimmen.
- Die nutzerabhängige Lüftung eines (Abluft-)Raumes mit Ventilatoren sollte nicht mit zusätzlichem Elektroenergiebedarf für gleichzeitig eingeschaltete Beleuchtung ‚erkauft' werden müssen. Das spielt insbesondere in den für das Wäschetrocknen genutzten Räumen eine Rolle, in denen der Lüftungsbetrieb nur über den Lichtschalter aktiviert werden kann.
- Das Ansaugen von Luft aus anderen NE, das bei ventilatorgestützter Lüftung vorzugsweise in Ablufträumen infolge undichter Installationsbereiche bzw. unzureichender Überström-Möglichkeiten aus dem Wohnbereich auftritt, muss unbedingt vermieden werden. Das damit verbundene Einbringen stärker belasteter (Ab-)Luft mit den unvermeidlichen Geruchsbelästigungen in die zu lüftende NE kann zu einem schwerwiegenden Aspekt für die Ablehnung der lüftungstechnischen Maßnahme (LtM) durch den Nutzer führen. Insofern spielt nicht nur die Qualität der LtM, sondern immer auch die GEG-gerechte Ausführung der Hüllkonstruktion des Gebäudes eine nicht unwesentliche Rolle bei Fragen zur Nutzerakzeptanz.

Zeichenerklärung

Formelzeichen

α	Wärmeübergangszahl[W/(m² · K)]; Durchfluss- oder Kontraktionszahl
ε	Lüftungseffektivität; Leistungszahl von Wärmepumpen; Korrekturfaktor für Lage von NE
η	Wirkungsgrad, Änderungsgrad [%]
φ_p	relative Luftfeuchte [%]
λ	(Rohr-)Reibungszahl
θ	Temperatur [°C] oder [K]
ρ	Dichte [kg/m³]
τ	Zeit [s] oder [h]
ζ	Widerstandsbeiwert
Δ	Differenz
Φ	Leistung (Energie/Wärmestrom) [W]
A	Fläche; äquivalente Schall dämpfende Fläche [m²]
a	Fugendurchlass-Koeffizient [m³/(h · m · Paⁿ)]; (Kanal-) Seitenlänge [cm, m]
B, b	Breite [m]
b	(Kanal-)Seitenlänge [cm, m]
c	Feuchtelast [g Wasserdampf/Zeiteinheit pro m³ zugeführte Außen-(Zu-) luft/Zeiteinheit]; Faktor
C	Konzentration [Vol-%]; empfundene Luftqualität [dp]
C_p	aerodynamischer Druckbeiwert; Winddruck-Koeffizient
COP	Coeffizient Of Performance (Leistungszahl für Wärmepumpen)
d	Durchmesser in mm, cm oder m
E	Arbeit (Energie) [J (Ws]) oder [kWh]
e_z	Volumenstrom-Koeffizient
f	energetischer Aufwandsfaktor für Bereitstellung von Endenergie [kWh_p/kWh_{end}]; unterschiedliche Korrekturfaktoren zur Bestimmung des Außenluftvolumenstroms durch Infiltration nach [DIN 1946-6]
G	Geruchs-/Verunreinigungslast [olf]
Gt	Gradtagszahl [K · d/a]
h, H	Höhe [m]
k_1	Luftdurchlässigkeits-Koeffizient bei $\Delta p = 1$ Pa [$m^3/(h \cdot Pa^n)$]
K	Korrekturfaktor für die Windgeschwindigkeit in Abhängigkeit von der Geländebeschaffenheit
L, l	Länge [m]
L	Schallpegel [dB]
n	Luftwechsel [h^{-1}]; Drehzahl [U/min]; Anzahl
n_{50}	Luftwechsel [h^{-1}] bei $\Delta p = 50$ Pa
p	Druck [Pa]; Impuls; Effektivwert des Drucks (Schall) [Pa]
P	Leistung, Leistungsaufnahme [W]; Schall-Leistung [W]
PD	Quote unzufriedener Personen [%]

q_m	Luftmassestrom [kg/h]
q_v	Luftvolumenstrom [m³/h]
Q	Arbeit (Wärmemenge) [J (Ws)] oder [kWh]; Richtungsfaktor (Schall)
r	Entfernung (Radius) von der Schallquelle [m]
R	Gaskonstante für Luft: 287 J/(kg · K); Reibungs-Druckverlust der Luftleitung [Pa/m]
s	Spaltweite [mm]
S, S_0	Fläche (Schall) [m²]; Bezugsfläche [m²]
SFP/ P_{SFP}	spezifische (auf den Luftvolumenstrom bezogene) Leistung [W/(m³/h)];
t	Abstand [m]; Zeit [s] oder [h]
T	absolute Temperatur [K]; Nachhallzeit [s] (Schall)
U	Wärmedurchgangszahl [W/(m² · K)]; Umfang eines Kanals
v	Geschwindigkeit [m/s]
V	Volumen [m³]
x	absolute Luftfeuchte [g Wasserdampf/kg trockene Luft (g/kg)]
z	Höhe über Gelände [m]; Anzahl
Z	Summe der Einzelwiderstände in LLN

Abkürzungen

a	Jahr(e)
AV	Absperrvorrichtung
AW	Außenwand
B	Betriebspunkt auf Ventilator-Kennlinie
BL	Bedarfslüftung
d	Tag(e)
DH	Doppelhaus
DHH	Doppelhaus-Hälfte
EFH	Einfamilienhaus
Fe	Fenster
FL	Lüftung zum Feuchteschutz
G	Geschoss
h	Stunde(n)
HSch	Hauptschacht
IL	Intensivlüftung
IT	Innentür
Kü	Küche
KWK	Kraft-Wärme-Kopplung
KZ	Kinderzimmer
LSt	Lüftungs-(Betriebs-)Stufe
LtM	Lüftungsstrategie: Lüftung vorrangig nutzerunabhängig durch lüftungstechnische Maßnahme
MFH	Mehrfamilienhaus
MiL	Mischluft
NBV	Nettogrundfläche bezogener Luftvolumenstrom
NE	Nutzungseinheit
NL	Nennlüftung
NSch	Nebenschacht
NuL	Lüftungsstrategie: Lüftung vorrangig durch den Nutzer
P	Person(en)
RH	Reihenhaus

RL Reduzierte Lüftung
RMH Reihenmittelhaus
REH Reihenendhaus
SZ Schlafzimmer
UmL Umluft
VFB auf die Hüllfläche bezogener Luftvolumenstrom
WB Wohnbereich
WP Wärmepumpe
WRG Wärmerückgewinnung
WÜt Wärmeübertrager
WZ Wohnzimmer
(weitere Abkürzungen siehe Abschnitt 0)

Indizes

θ Temperatur
0 Kennzeichnung für Verdampfungszustand
Ab Abluft
Absch Abschirmung
Au Außenluft
Au1 Außenluft vor WRG
Au2 Außenluft nach WRG
Fo Fortluft
Üb Überströmluft
Zu Zuluft
Abst Abstand
Absch Abschirmung
ALD Außenbauteil-Luftdurchlass
Anl Lüftungsanlage (ventilatorgestützte Lüftung)
Aufw Aufwand
Ausl Auslegung, Bemessung
A thermischer Auftrieb
Az Aufenthaltszone im Raum
B Betriebspunkt auf Ventilator-Kennlinie
Bas Basis
BL Bedarfslüftung
C bezogen auf Carnot-Prozess
CO_2 Kohlendioxid
d dynamisch; (pro) Tag, täglich
dicht dicht, abgedichtet
D Druckseitig; dicht; andauernd, Langzeit-
e gleichwertig (Durchmesser)
eff effektiv
el elektrisch
Em gebäudebezogene Emissionen als chemische Substanzen aus Baumaterialien je m^2
end Endenergie, endenergetisch
Exf (Luft-)Exfiltration
f Faktor
fa frei ausblasend
fr freie Lüftung
frei freier Querschnitt
F Förder-
Fe Fenster
Fek angekipptes Fenster
FL Lüftungs-Betriebsstufe Lüftung zum Feuchteschutz
FS Feuerstätte
Fu Fuge
ger gering
ges gesamt, Summe
gl gleichwertig
G Grundfläche einer Raumeinheit; Gewinn
h Höhe (bezogen); hydraulisch
H Hauptleitung; Heizung; Höhenlage; Hüllfläche einer NE/eines Gebäudes

Hg	Heizgrenze
i	innen, im Raum
ist	tatsächlicher (Ist-)Wert
IL	Lüftungs-Betriebsstufe Intensivlüftung
Inf	(Luft-)In- und -Exfiltration
IT	Innentür
K	kurzzeitig, Kurzzeit-; Kanal, Schacht (Schall)
Komp	Lüftungskomponente
Ku	Kugel (Schall)
KZ	Kinderzimmer
l	latent
L	Luft, Lüftung
LD	Luftdurchlass
Lage	Gebäudelage
Leck	Leckage, Leckluft-
Lee	vom Wind abgekehrte Seite
LK	Lüftungs-Komponente
LL	Luftleitung
LS	Lüftungssystem
LSch	Lüftungsschacht
LSt	Lüftungs-(Betriebs-)Stufe
LtM	lüftungstechnische Maßnahme
Luv	dem Wind zugekehrte Seite
max	Maximum, Höchst-
m	auf die Masse bezogen
mi	Mittel, mittlere(r)
min	Minimum, mindest-
mon	Monat(e)
MD	Mess-Differenzdruck
Met	Meteorologisch(e Station)
Mi	Misch-
ne	netto
NE	Nutzungseinheit
NL	Lüftungs-Betriebsstufe Nennlüftung
Nu	Nutzung, Nutzer, Nutzen, Nutz-
O	Oberfläche
p	auf den Druck bezogen; Primärenergie, primärenergetisch
P	Personen bezogen
Pot	Potenzial, potenziell vorhanden
Q	Querlüftung
real	in Wirklichkeit vorhanden
R	Raum
RE	Raumeinheit
Ref	Referenz-Wert
Reg	Regelung, geregelt
RL	Lüftungs-Betriebsstufe Reduzierte Lüftung; Rücklauf (Heizung)
s	sensibel (Wärme); spezifisch (Schall)
soll	Sollwert
st	statisch; Staudruck
stör	Stör-
S	Spalt; saugseitig
SchL	Schachtlüftung
Sp	Speicherung
Sys	(Lüftungs-)System
SZ	Schlafzimmer
t	total, gesamt (als Überdruck);
ta	absolut
U	Unterdruck; Umgebung; Umlenkung
UE	Überdruck
Üb	Überström-
ÜLD	Überström(luft)-Luftdurchlass
v	auf das Volumen bezogen
vert	vertikal
vg	ventilatorgestützt

V Ventilator; Verlust; Verbrennungs-
V-Anl Verbrennungs-Anlage
Vd Verdampfung
Vf Verflüssigung, Kondensation
VL Vorlauf (Heizung)
w,res resultierendes Schalldämm-Maß (Schall)
wirk wirksam
W Wasser, Wasserdampf, Feuchtigkeit; Leistung (Schall)
Wi Wind
WP Wärmepumpe
WZ Wohnzimmer
zul zulässig
zus zusätzliche Verbrennungsluft
Z Einzelwiderstand

Exponenten

a Exponent für die Abhängigkeit der Windgeschwindigkeit von der Geländebeschaffenheit
n Differenzdruck-Exponent, beschreibt die Luftströmung durch geometrisch unterschiedlich ausgebildete Durchlässigkeiten

Sonstige Abkürzungen (zu 8.3 Brandschutz)

aBG Allgemeine Bauartgenehmigung (aBG) nach § 16a MBO
abP Allgemeines bauaufsichtliches Prüfzeugnis (abP) nach §§ 16 a, 17, 19 MBO
abZ Allgemeine bauaufsichtliche Zulassung (abZ) nach §§ 17, 18 MBO
ARGEBAU Arbeitsgemeinschaft der für Städtebau, Bau- und Wohnungswesen zuständigen Minister und Senatoren der 16 Länder der Bundesrepublik Deutschland (Bauministerkonferenz)
BauPVO Bauproduktenverordnung
BRL Bauregellisten
DIBt Deutsches Institut für Bautechnik
DoP Declaration of Performance/Leistungserklärung
ETA Europäisch Technische Bewertung/European Technical Assessment
hEN harmonisierte europäische Produktnorm
IS-ARGEBAU Informationssystem der Bauministerkonferenz
LTB Liste der technischen Baubestimmungen
MHHR Muster-Hochhaus-Richtlinie (MHHR)
MLAR Muster-Richtlinie über brandschutztechnische Anforderungen an Leitungsanlagen (Muster- Leitungsanlagen-Richtlinie – MLAR)

MRA Maschinelle Rauchabzugsanlage

MVV TB Muster-Verwaltungsvorschrift Technische Baubestimmungen

NRA Natürliche Rauchabzugsanlage

RWA Rauch- und Wärmeabzugsanlagen

vBG Vorhabenbezogene Bauartgenehmigung (vBG) nach § 16a MBO

ZiE Nachweis der Verwendbarkeit von Bauprodukten im Einzelfall „*Zustimmung im Einzelfall*" nach § 20 MBO

Literatur

[AFJEI99] Afjei, Th.: Wohnungslüftung in der Schweiz – Trends und Marktchancen; Vortrag HEA/VEW-Fachtagung, Dortmund November 1999

[BAFA10] Erneuerbare Energien – Wärmepumpen mit Prüfzertifikat des COP-Wertes – Voraussetzung für die Förderfähigkeit: Bundesamt für Wirtschaft und Ausfuhrkontrolle (BAFA), Oktober 2010

[BAHKE07] Bahke, T.: Technische Regelsetzung auf nationaler, europäischer und internationaler Ebene: Organisation, Aufgaben, Entwicklungsperspektiven, DIN e. V. 2007

[BAUMG89] Baumgartner, T.; Bley, H.; Bruhweiler, P.; Hartmann, P. et al.: Luftaustausch in Gebäuden; Handbuch für die praktische Anwendung von Berechnungsmethoden – deutsche Ausgabe von Dornier System GmbH/AIVC (Nov. 1989); Ursprung: Liddament, M. W.: „Air change in buildings – Air Infiltration Calculation Techniques – An Applications Guide", Juni 1986

[Beschl92] Beschluss des Bundesrates für einen verbesserten Schutz vor Luftverunreinigungen in Innenräumen – Bundesrats-Drucksache 480/92, 25. September 1992 – ISBN 3-17-003361-1

[BfS05] Bundesamt für Strahlenschutz/Bundesinstitut für Risikobewertung/Umweltbundesamt: Gesünder Wohnen – aber wie? – Broschüre – Salzgitter/Berlin/Dessau, März 2005

[BORN01] Bornehag, C. G. et al.: Dampness in buildings and health – Indoor Air 11, 2001

[BPhK09] Fouad, N. A. (Hrsg.): Bauphysik-Kalender 2009 – Schwerpunkt: Schallschutz und Akustik; Ernst & Sohn/A. Wiley Company, Berlin April 2009 – ISBN: 3-433-02910-5

[BRASCHE03] Brasche, S.; E. Heinz; Th. Hartmann; W. Richter; W. Bischof: Vorkommen, Ursachen und gesundheitliche Aspekte von Feuchteschäden in Wohnungen – Bundesgesundheitsblatt – Gesundheitsforschung – Gesundheitsschutz 8 (2003) 46, S. 683–693

[BRASCHE06] Brasche, S.; Th. Hartmann; E. Heinz; W. Richter; W. Bischof: Feuchte in Wohnungen und lüftungstechnische Maßnahmen – unveröff. Fachbericht, geförd. durch den Zentralinnungsverband (ZIV) des Bundesverbands des Schornsteinfegerhandwerks; Jena/Dresden/Berlin, Mai 2006

[CANAD07] Canadell, J. G.; C. Le Quéré; M. R. Raupach; Ch. B. Field; E. T. Buitenhuis; Ph. Ciais; Th. J. Conway; N. P. Gillett; R. A. Houghton; G. Marland: Contributions to accelerating atmospheric CO_2 growth from economic activity, carbon intensity, and efficiency of natural sinks PNAS November 20, 2007 vol. 104 no. 47, S. 18866–18870

[CLAUS97] Clausnitzer, K.-D.; K. Jahn: Zur Notwendigkeit der Überprüfung und Reinigung von Lüftungsanlagen in Wohngebäuden – Bremer Energie-Institut im Auftrag des Bundesverbandes des Schornsteinfegerhandwerks (ZIV) – Sankt Augustin/Bremen, Jan. 1997

[CYRIS96] Cyris, G.; M. Helbig: Wohnungslüftung im Rahmen des novellierten Bauordnungsrechts; Elektrowärme international 54 (1996) A1, S. A 32–A 36

[DFG09] Deutsche Forschungsgemeinschaft: MAK-Werte 2009 – Maximale Arbeitsplatzkonzentrationen und biologische Arbeitsstofftoleranzwerte – Senatskommission zur Prüfung gesundheitsschädlicher Arbeitsstoffe, Mitteilung 35

[DFG07] Deutsche Forschungsgemeinschaft: MAK-Werte-Liste 2007 – Maximale Arbeitsplatzkonzentrationen – Senatskommission zur Prüfung gesundheitsschädlicher Arbeitsstoffe

[EISOLD75] Eisold, G.: Zur Lüftung und zum bauklimatischen Verhalten innenliegender Wohnungsküchen – Stadt- und Gebäudetechnik 29 (1975) 04/05, S. 122–126

[ERH98] Erhorn, H.: Fördert oder schadet die europäische Normung der Niedrigenergiebauweise in Deutschland? – gi Gesundheits-Ingenieur 119 (1998) 5, S. 236–239

[ERH97] Erhorn, H.: Wohnfeuchte und Raumlüftung – in: Schimmel-Bildung in Wohnungen; Vortragsunterlagen Haus der Technik Essen, März 1997

[ERH94] Erhorn, H. u. a.: Niedrigenergiehäuser Heidenheim – Fraunhofer IBP – WB 75/94; Stuttgart 1994

[ERH86] Erhorn, H.; K. Gertis: Mindestwärmeschutz oder/und Mindestluftwechsel; gi Gesundheits-Ingenieur 107 (1986) 4, S. 12–14, 71–76

[ESDORN78] Esdorn, H.; J. Rheinländer: Zur rechnerischen Ermittlung von Fugendurchlass-Koeffizienten und Druckexponenten für Bauteilfugen – HLH 29 (1978) 3, S. 101–108

[FANGER88-1] Fanger, P. O.: Eine Lösung für das Geheimnis kranker Gebäude; Vortrag auf dem 10. Internationalen Velta-Kongress, in: Bauorga 8 (1988) 6, S. 124-127

[FANGER88-2] Fanger, P. O.: Introduction of the Olf and the dezipol Units to Quantify Air Pollution Perceived by Humans Indoors, in: Energy and Buildings (1988) 12, S. 1–6

[Ferch93] Ferchland, S.; W. Richter: Lüftung in Wohnungen mit Einzelfeuerstätten – F 2229; Bauforschungsberichte des BM für Raumordnung, Bauwesen und Städtebau; IRB Verlag, Stuttgart April 1993

[Fitzner04] Fitzner, K.; O. Böttcher: Zur Ermittlung und Berechnung der Empfundenen Stofflast; Ki Luft- und Kältetechnik (2004) 6, S. 226–232

[Fitzner96] Fitzner, K.; U. Finke: Bestimmung der empfundenen Luftqualität in Bürogebäuden; Ergebnisse und Wertungen – gi Gesundheits-Ingenieur 117 (1996) 4, S. 192–201

[FK-BMK10] Konferenz der für Städtebau, Bau- und Wohnungswesen zuständigen Minister und Senatoren der Länder (ARGEBAU) – Fachkommission Bautechnik der Bauministerkonferenz; Auslegungsfragen zur Energieeinsparverordnung – Teil 12, DIBt 2010

[FLiB-B12] Gebäude-Luftdichtheit Band 1 – Fachverband Luftdichtheit im Bauwesen (Hrsg.), 2., aktualisierte Auflage, Berlin 2012 – ISBN 978-3-00-039398-3

[Froel89] Froelich, H.; R. Daler: Feuchtigkeitsabfuhr aus Wohnungen durch natürliche Lüftung; unveröffentlichter Bericht, i.f.t. Rosenheim1989

[Fürst99] Fürst, W.; E. Heinz u. a.: Versuchs- und Demonstrationsbauvorhaben P2 Cottbus – Beitrag zur energiegerechten Sanierung von Plattenbauten mit dem Schwerpunkt Wohnungslüftung gefördert vom BMB+F: FKZ 032 92 26 I – Schlussbericht IEMB e. V., Berlin Januar 1999

[Geig87] Geiger, B.; L. Rouvel: Lüftung im Wohnungsbau – Fensterlüftung; HLH 38 (1987) 4, S. 185–190

[Geissl97] Geißler, A.: Blower Door-Messungen – erweiterte Messmethoden – 8. EUZ Baufachtagung Energie- und Umweltzentrum am Deister, Springe-Eldagsen 1997

[Greml04] Greml, A.; E. Blümel; R. Kapferer; W. Leitzinger: Technischer Status von Wohnraumlüftungen Evaluierung bestehender Wohnraumlüftungsanlagen bezüglich ihrer technischen Qualität und Praxistauglichkeit – Endbericht (298 Seiten) – (österr.) Bundesministerium für Verkehr, Innovation und Technologie – Kufstein, Februar 2004 (http://www.nachhaltigwirtschaften.at/hdz_pdf/endbericht_greml_id2746.pdf)

[Grün03] Grün, L.: Innenraumluftverunreinigungen – Ursachen und Bewertung; in: Protokollband Nr. 23: Einfluss der

Lüftungsstrategie auf die Schadstoffkonzentration und -ausbreitung im Raum, Passivhaus-Institut 2003

[HABER88] Haberda, F.; L. Trepte: Mindestluftwechsel – Zusammenfassung des Abschlussberichtes – Annex IX Phasen I und II, Juli 1988

[HARTM/SOL20] Hartmann, Th.; O. Solcher: Lüftungsanlagen für Wohnungen – Konzepte und Praxisbeispiele nach DIN 1946-6 Beuth Verlag 2020

[HARTM08] Hartmann, Th.: unveröffentlichte Zuarbeit zum DIN-Fachbericht 4108-8 „Vermeidung von Schimmelwachstum in Wohnungen“

[HARTM06] Hartmann, Th.; S. Brasche; E. Heinz; W. Richter; W. Bischof: Feuchte in Wohnungen und lüftungstechnische Maßnahmen – Schornsteinfegerhandwerk, Magazin des Bundesverbandes 60 (2006) 8, S. 8–12

[HARTM04] Hartmann, Th.; S. Brasche; E. Heinz; W. Richter; W. Bischof: Feuchteschäden und Schimmelpilzbefall in Wohnungen – BundesBauBlatt 53 (2004) 3

[HARTM01-1] Hartmann, Th.; D. Reichel; W. Richter: Feuchteabgabe in Wohnungen – alles gesagt? gi Gesundheits-Ingenieur 122 (2001) 4, S. 189–195

[HARTM01-2] Hartmann, Th.; R. Gritzki; J. Bolsius; A. Kremonke; A. Persck; W. Richter: Bedarfslüftung im Wohnungsbau – TU Dresden/ITT – Abschlussbericht 2001; gefördert durch das BBR – Förder-Kennzeichen II 13-800199-13

[HARTM99] Hartmann, Th.; A. Kremonke; D. Reichel; W. Richter: Gewährleistung einer guten Raumluftqualität bei weiterer Senkung der Lüftungswärmeverluste – Forschungsbericht, gefördert vom BMBau: RS III 4-6741-97.118 – TU Dresden, ITT, Januar 1999

[HARTM98] Hartmann, Th.; W. Richter: Effektivität von Wohnungslüftungsanlagen aus energetischer Sicht unveröff. Forschungsbericht – TU Dresden, Institut für Thermodynamik und TGA, 1998

[HAUSER05] Hauser, G.; C. Kempkes: Der Einfluß von windinduzierten Druckschwankungen auf das thermisch-hygrische Verhalten von durchströmten Leckagen – AIF-Forschungsvorhaben 13625N – unveröff. Abschlussbericht für Zeitraum 04.2003 bis 10.2004 – ZUB e. V. – Kassel, Mai 2005

[HAUSER95] Hauser, G.; A. Geißler: Kenngrößen zur Beschreibung der Luftdichtheit von Gebäuden; wksb – Sonderausgabe, Dezember 1995

[Hausl03] Hausladen, G.; A. Wimmer; J. Kaiser: Technikakzeptanz im Niedrigenergiehaus; HLH 54 (2003) 7, S. 22–26 und 12, S. 49–53

[Hausl92] Hausladen, G.; G. Oehmig: Zuluftelemente in Wohnungen – HLH 43 (1992) 2, S. 73-75

[HdbKt10] Band 2: Anwendungen – Verlag C. F. Müller; Heidelberg 2010; ISBN 978-3-7880-7826-3

[HdbKt08] Handbuch der Klimatechnik – Band 1: Grundlagen. Verlag C. F. Müller, Heidelberg 2008 – ISBN 978-3-7880-7820-1; Schmidt, M.: Meteorologische Grundlagen (2); Janssen, J.: Strömungstechnische Grundlagen (7)

[HdbKt89] Handbuch der Klimatechnik – Band 1: Grundlagen. Verlag C. F. Müller, Karlsruhe 1989

[HdbKt88] Presser, K.-H.: Meßverfahren und Meßgeräte für RLT-Anlagen in Handbuch der Klimatechnik – Band 3 – Verlag C. F. Müller, Karlsruhe 1988

[HeaVe2011] Brelih, N.; Goeders, G.; Litiu, A.: Existing Buildings, Building Codes, Ventilation Standards and Ventilation in Europe – Final Draft Report, unveröffentlicht, Brüssel September 2011

[Heinz19] Heinz, E.: Terminologie in der Technischen Gebäudeausrüstung (TGA). Moderne Gebäudetechnik, 74 (2019) 7-8, S. 52-54

[Heinz14/15] Heinz, E.: Planung lüftungstechnischer Maßnahmen (Teil 1). Moderne Gebäudetechnik, 69 (2014) 11, S. 64–70

[Heinz13] Heinz, E.: Lüftungsproblem in EnEV-gerecht errichteten Wohngebäuden – zufriedenstellende Lösung mit Fensterlüftung? Moderne Gebäudetechnik, Sonderausgabe 2013 „Das Objektgeschäft“, S. 28–31

[Heinz09] Heinz, E.: Lüftung vs. Feuchtigkeit (Schimmelpilz) und Gesundheitsgefährdung in Wohnungen Planung lüftungstechnischer Maßnahmen nach neuer DIN 1946-6. gi Gesundheits-Ingenieur – 130 (2006) 2, S. 65–77

[Heinz06] Heinz, E.: Über die Notwendigkeit der geplanten Luftdurchlässigkeit luftdichter Gebäudehüllen im Wohnungsbau – AIR-Tec 4 (2006) 1 und 2, jeweils S. 4–9

[Heinz05] Heinz, E.; D. Markfort; Th. Behr et al.: Untersuchung und Bewertung der Zuverlässigkeit und energetischen Qualität lüftungstechnischer Maßnahmen im instand gesetzten bzw. modernisierten Mehrfamilienhausbau – unveröffentlichter Fachbericht des IEMB e. V. an der TU Berlin gefördert vom BMVBW, Berlin Februar 2005

[Heinz04] Heinz, E.; S. Brasche; Th. Hartmann; W. Richter; W. Bischof: Feuchtigkeitsschäden einschließlich Schimmelpilz-Wachstum in deutschen Wohnungen. AIRTec 02 (2004) 1, S. 6–15 und Moderne Gebäudetechnik 58 (2004) 11, S. 24–30

[Heinz97] Heinz, E.: Richtlinie in der Kritik – Vorschlag für eine Ausnahmeregelung zur Stoßlüftung fensterloser Küchen in bestehenden Gebäuden. Stadt- und Gebäudetechnik 51 (1997) 06, S. 22–23

[Heinz96] Heinz, E.: Freie oder erzwungene (maschinelle) Lüftung? – Möglichkeiten zur Senkung des Energiebedarfs für die Lüftung von Wohnungen in Mehrfamilien-Häusern. gi Gesundheits-Ingenieur – 117 (1996) 5, S. 260–269

[Heinz95-3] Heinz, E.; H.-D. Krüger: Sanierungsgrundlagen Plattenbau – Lüftung. Hrsg.: Institut für Erhaltung und Modernisierung von Bauwerken (IEMB) e. V.; IRB Verlag – Fraunhofer-Informationszentrum Raum und Bau, Stuttgart 1995; ISBN 3-8167-4132-0

[Heinz95-2] Heinz, E.; H.-D. Krüger; H. Winkler: Sanierung raumlufttechnischer Anlagen in Mehrfamilienhäusern der Plattenbauweise – Untersuchungen in einem Demonstrationsobjekt – Stadt- und Gebäudetechnik 49 (1995) 03: S. 40–46, 04: S. 20–24, 05: S. 20–25, 06: S. 17–19

[Heinz95-1] Heinz, E.; H. Schüller; E. Sonntag: Bewertung von Fenstern mit Spaltlüftungsfunktion; unveröffentlichter Fachbericht (Nr. 2-4/1995) – Institut für Erhaltung und Modernisierung von Bauwerken (IEMB) e. V., Berlin 1995

[Heinz94/95] Heinz, E.: Lüftung in den industriell errichteten Wohngebäuden der neuen Bundesländer einschließlich Berlin-Ost – IKZ-Haustechnik 21/1994, S. 25-31; 2/1995, S. 102–106

[Heinz89] Heinz, E.; S. Sawert: Zwangslüftung/Luftheizung mit Wärmerückgewinnung im Wohnungsbau; Ki Klima-Kälte-Heizung 17 (1989) 5, S. 250–254

[Heinz86] Heinz, E.; S. Sawert: Zwangslüftung/Luftheizung mit Wärmerückgewinnung im Wohnungsbau; Ki Klima-Kälte-Heizung 14 (1986) 10, S. 419–422

[Hering82] Hering, G.: Zur Auslegung von Zwangslüftungsanlagen für Wohngebäude. Stadt- und Gebäudetechnik 36 (1982) 06, S. 166–170

[Herme04] Hermelink, A.: Werden Wünsche wahr? Temperaturen in Passivhäusern für Mieter in: Temperaturdifferenzierung in der Wohnung – Protokollband Nr. 25 – Passivhaus-Institut, Darmstadt 2004

[IEA05] Internationale Energieagentur: Energy Conservation in Buildings and Community Systems (ECBCS) – Annex 35 HybVent – veröffentlicht in zwei Teilberichten, 2005

[IEA89] Luftaustausch in Gebäuden – Handbuch für die praktische Anwendung von Berechnungsmethoden – Internationale Energieagentur (IEA) – dt. Ausgabe des AIVC, November 1989

[IHLE97] Ihle, C.: Lüftung und Luftheizung (6. Auflage) – Band 3 in: Der Heizungsingenieur. Werner-Verlag GmbH, Neuwied 1997 – ISBN 3-8041-2129-2

[JAHN86] Jahn, A. u. a.: Entwicklung von Testreferenzjahren für Klimaregionen in Deutschland (TRY) – Forschungsbericht des BMFT T 86-051, Juli 1986

[JÜTTEM99] Jüttemann, H.: Wärme- und Kälterückgewinnung in raumlufttechnischen Anlagen – 4. Auflage Werner Verlag GmbH & Co. KG, Düsseldorf 1999 – ISBN 3-8041-2229-9

[KAULB91] Kaulbach, S.; H.-J. Hogh: Stickstoffdioxid-Belastung der Raumluft in Wohnungen. gi Gesundheits-Ingenieur – 112 (1991) 3, S. 129–133

[KNÖBEL84] Knöbel, U.; R. Daler; E. Hirsch; F. Haberda; W. Krüger: Bestandsaufnahmen von Einrichtungen zur freien Lüftung im Wohnungsbau – Forschungsbericht T 84-028 des BMFT, Februar 1984

[KRÜGER96] Krüger, H.-D.; E. Heinz: Messbedingungen und energetische Kennzahlen Wohnungslüftung; Forschungsbericht IEMB e. V. an der TU Berlin – IRB-Verlag Stuttgart, Dezember 1996

[KRUS09-2] Krus, M.; K. Sedlbauer: Einfluss von Ecken und Möblierung auf die Schimmelpilzgefahr – in [KÜNZEL09], S. 226-230

[KÜNZEL09] Künzel, H. (Hrsg.): Wohnungslüftung und Raumklima – Grundlagen, Ausführungshinweise, Rechtsfragen – Fraunhofer IRB Verlag, 2. Auflage, Stuttgart 2009 – ISBN 978-3-8167-7659-8

[KÜNZEL79] Künzel, H. et al.: Repräsentativumfrage über die Heiz- und Lüftungsverhältnisse in Wohnungen – gi Gesundheits-Ingenieur – 100 (1979) 9, S. 261–265

[LAI04] Bewertung von Schadstoffen, für die keine Immissionswerte festgelegt sind – Orientierungswerte für die Sonderfallprüfung und für die Anlagenüberwachung sowie Zielwerte für langfristige Luftreinhalteplanung unter besonderer Berücksichtigung der Beurteilung krebserzeugender Luftschadstoffe: Bericht des Länderausschusses für Immissionsschutz (LAI) ; September 2004

[LANUV09] Landesamt für Natur, Umwelt und Verbraucherschutz NRW: www.lanuv.nrw.de/luft, 2009

[LILL95] Lillich, K.: Anmerkungen zur neuen Wärmeschutzverordnung. Technik am Bau 08/95, S. 57–64

[LOEW95] Loewer, H.: Die Raumluftqualität in der nationalen und internationalen Normung. Ki Luft- und Kältetechnik – (1995) 9, S. 411–414

[MAAS95] Maas, A.: Experimentelle Quantifizierung des Luftwechsels bei Fensterlüftung. Dissertationsschrift, Kassel 1995

[MARKF04] Markfort, D., E. Heinz et al.: Untersuchung und Verbesserung der kontrollierten Außenluftzuführung über Außenwand-Luftdurchlässe unter besonderer Berücksichtigung der thermischen Behaglichkeit in Wohnräumen – Bauforschung für die Praxis, Band 69. Fraunhofer IRB-Verlag, Stuttgart 2004

[MARQU88] Marquardt, G. et al. : Wärmerückgewinnung aus Fortluft (2. Auflage) – VEB Verlag Technik Berlin 1988 – ISBN 3-341-00273-1

[MEYR87] Meyringer, V.; L. Trepte: Lüftung im Wohnungsbau – Broschüre – BMFT/Verlag C. F. Müller; Karlsruhe 1987

[MOOR87] Moor, H.: Physikalische Grundlagen der Gebäudeaerodynamik im Hinblick auf die Berechnung des Luftaustausches (vorwiegend abgestützt auf die AIC-Notes 13 und 13.1) – Dornier System GmbH/NTE AIVC, Jan. 1987

[OLES03/04] Olesen, B. W.: Wie viel wird in der Zukunft gelüftet? HLH 54 (2003) 12, S. 37–42 und 55 (2004) 1, S. 53–58

[OSTER97] Ostertag, D.; M. Helbig: Bauordnungs- und energiesparrechtliche Anforderungen an Wohnungslüftungsgeräte, Mitteilungen DIBt 1/1997, S. 4–6

[PARK97] Park, Ph. et al: Radonbelastung in Innenräumen – Eine Studie zur Prävention und Sanierung – gi Gesundheits-Ingenieur 118 (1997) 4, S. 205–213

[PAUL10] Paul, E.: Wohnungslüftung mit Wärmerückgewinnung – Effizienzkriterien bei Wärmetauschern und der Materialfluss – Moderne Gebäudetechnik 64 (2010) 5, S. 52–58

[PESCH95] Pesch, B.; K. H. Jöckel; H. E. Wichmann: Luftverunreinigungen und Lungenkrebs – Informatik, Biometrie und Epidemiologie in Medizin und Biologie – 26 (1995) 2, S. 134–153

[PETT1858] Pettenkofer, M.: Besprechung allgemeiner auf die Ventilation bezüglicher Fragen in: Über den Luftwechsel in Wohngebäuden, S. 69–126 – J. G. Cottasche Buchhandlung, 1858

[PLU96] Pluschke, P.: Luftschadstoffe in Innenräumen – Ein Leitfaden – Springer-Verlag 1996 – ISBN 3-540-59310-1

[PrfLG02] Vereinbarungen des Sachverständigen-Ausschusses A „Lüftungstechnik“ zur Prüfung von Lüftungsgeräten als Grundlage für die Erteilung allgemeiner bauaufsichtlicher Zulassungen – DIBt Berlin – LÜ-A Nr. 20, 07. 10. 2002

[RAD98] Radünz, A.: Bauprodukte und gebäudebedingte Erkrankungen – Hrsg.: Enquete-Kommission „Schutz des Menschen und der Umwelt“ des 13. Deutschen Bundestages – Springer-Verlag 1998 – ISBN 3-540-63687-0

[Rat87] Rat von Sachverständigen für Umweltfragen: Luftverunreinigungen in Innenräumen (Sondergutachten) – BT Drucksache 11/613 – Stuttgart: Kohlhammer, Mai 1987; ISBN 3-17-003361-1

[REICH99] Reichel, D.: Zur Zuluftsicherung von nahezu fugendichten Gebäuden mittels dezentraler Lüftungseinrichtungen – Dissertationsschrift, Dresden 1999

[REICH98] Reichel, D.: Kritische Anmerkungen zur Zuluftversorgung von Etagenwohnungen; TAB Technik am Bau 12/1998, Sonderdruck und W. Richter; D. Reichel: Luftdichtigkeit von industriell errichteten Wohngebäuden in den neuen Bundesländern – Bauforschung für die Praxis 44 Fraunhofer IRB Verlag, Stuttgart 1998 – ISBN 978-3-8167-4243-2

[REICH96] Reichel, D.; Richter, W.: Wirksamkeit von Lüftungsgeräten – Zuluftversorgung von Wohnungen mit dezentralen Lüftungseinrichtungen – Bauforschung für die Praxis, Band 33 – Fraunhofer IRB Verlag, Stuttgart 1996

[REICH94] Reichel, D.; W. Richter: Rauchfreihaltung von Treppenräumen in mehrgeschossigen Wohngebäuden durch Sicherheits-Überdruck-Anlagen – Untersuchungsbericht TU Dresden/ITT, August 1994

[REINM96] Reinmuth, F.: Raumlufttechnik – Vogel Buchverlag – Würzburg 1996 – ISBN 3-8023-1538-3

[REINM94] Reinmuth, F.: Energieeinsparung in der Gebäudetechnik – Gebäudehüllflächen und Systeme der Energieverwendung – Vogel Buchverlag – Würzburg 1994

[REISS01] Reiß, J.; H. Erhorn; J. Ohl: Klassifizierung des Nutzerverhaltens bei der Fensterlüftung; HLH 52 (2001) 8, S. 22-26

[REISS95] Reiß, J.; H. Erhorn: Effizienz von Solar-, Lüftungs- und Heizungssystemen im Mietwohnungsbau – Messergebnisse und rechnerische Analyse. gi Gesundheits-Ingenieur 116 (1995) 5, S. 233-249

[RICHTER03] Richter, W. et al.: Handbuch der thermischen Behaglichkeit – Heizperiode – Schriftenreihe der Bundesanstalt für Arbeitsschutz und Arbeitsmedizin – Forschung – Fb 991 – ISSN 1433-2086; ISBN 3-86509-013-3; Dortmund/Berlin/Dresden 2003

[RICHTER97] Richter, W.; H. Bach u. a.: Vom Wärmeschutz zur Energieeinsparung – Grundsatzuntersuchung NOWA zur ESV 2000 – TU Dresden/Universität Stuttgart 1997

[RICHTER83] Richter, W.: Lüftung im Wohnungsbau – Verlag für Bauwesen, Berlin 1983

[RIEDEL90] Riedel, W.: Tauwasserschutz im Wohnungsbau – Bauklimatische Zusammenhänge, Einflußgrößen, Bemessungsverfahren, Schlußfolgerungen (23 Seiten) – Bauforschung-Baupraxis Bauinformation, Berlin 1990

[RINAS99] Rinas, F.: Energiegerechte Sanierung eines bisher ofenbeheizten WBS 70-Gebäudes mit Umrüstung auf ein solargestütztes Luftheizungssystem – Vortrag bei EnSan-Tagung des BMWi Stuttgart, 22.07.1999

[ROLFS10] Rolfsmeier, S.; K. Vogel, T. Bolender: Ringversuche zu Luftdurchlässigkeitsmessungen vom Fachverband Luftdichtheit im Bauwesen FLiB e. V. – Vortrag bei Buildair 2010

[RSSch19/20]

[RSSch13/14] Recknagel – Sprenger – Schramek (Hrsg.): Taschenbuch für Heizung und Klimatechnik; Oldenbourg Industrieverlag München – 76. Auflage 2013/14

[RYDBERG60] Rydberg, J.: Ventilationsstörungen in mehrgeschossigen Wohnhäusern. gi Gesundheits-Ingenieur 81 (1960) 8, S. 225–256

[SABIN07] Sabin, S.: Bedarfslüftung – Regelgröße Raumluftschadstoffe – TGA Fachplaner (2007) 6, S. 51–53 – Alfons W. Gentner Verlag GmbH & Co. KG Stuttgart

[SAUER06] Sauer, Th.: EC-Technik für Ventilator- und Gebläseantriebe – HLH 57 (2006) 3, S. 55–57

[Schad96] Schadstoffe in der Wohnraumluft – Gesundheitsgefahren erkennen, beseitigen und vermeiden Verbraucher-Zentrale NRW und Autoren – Hermesdruck, Düsseldorf 1996

[SCHNIED04] Schnieders, J.: Temperaturdifferenzen gezielt herstellen – wie geht's? in: Temperaturdifferenzierung in der Wohnung – Protokollband Nr. 25 – Passivhaus-Institut – Darmstadt 2004

[SHAW] Shaw, C. Y. u. a.: Overall and Component airtightness values of a five-story Apartment building – in [REICH98]

[SEDLB02] Sedlbauer, K.; Th. Gabrio; M. Krus: Schimmelpilze – Gesundheitsgefährdung und Vorhersage – gi Gesundheits-Ingenieur 123 (2002) 6, S. 285–295

[SEIF03] Seifert, J.; R. Gritzki; M. Rösler; W. Richter: Bestimmung des realen Luftwechsels bei Fensterlüftung aus energetischer und bauphysikalischer Sicht – Forschungsbericht im Auftrag des BBR (Az: Z 6 – 5.4-01.14/II 13-80010114) – TU Dresden ITT, 2003 sowie Seifert, J.; R. Gritzki; M. Rösler; W. Richter: Bestimmung des hygienischen und energetischen Luftwechsels bei Fensterlüftung – KI Luft- und Kältetechnik 5/2004, S. 176–180

[TANS09] Tans, P.: NOAA/ESRL – Current Trends in CO_2 (ESRL Website 2009)

[TRAUER15] Trauernicht, H.: Statistik über Blower-Door-Messergebnisse; www.luftdicht.de/statistik, Juli 2015

[TRY91] Testreferenzjahre – Meteorologische Grundlagen für technische Simulation von heiz- und raumlufttechnischen Anlagen. BINE Profi-Info-Service Nr. 1 – Fachinformationszentrum Karlsruhe, Oktober 1991

[TREPTE86] Trepte, L.: Gesundes Wohnen durch richtiges Lüften – Anforderungen an den Luftwechsel. Ki Klima-Kälte-Heizung 12/1986, S. 501–504

[TROG09] Trogisch, A.: Planungshilfen Lüftungstechnik – 3. überarbeitete und erweiterte Auflage; C. F. Müller Verlag, Heidelberg 2009

[TZWL19] eBulletin 19.1. Liste für Wohnungslüftungsgeräte mit und ohne Wärmerückgewinnung; Europäisches Testzentrum für Wohnungslüftungsgeräte (TZWL) e. V. – Edition 2019 Update 1; Dortmund, 2019

[UBA08-1] Bekanntmachung des Umweltbundesamtes. Bundesgesundheitsbl – Gesundheitsforsch – Gesundheitsschutz 2008 · 51:1358-1369 – Springer Medizin Verlag 2008

[UBA08-2] Umweltbundesamt (online): Strahlenexposition der Bevölkerung durch Radon in Gebäuden – Stand 10.2008

[UBA05] Umweltbundesamt: Leitfaden zur Ursachensuche und Sanierung bei Schimmelpilzwachstum in Innenräumen – Broschüre, Dessau 2005

[UBA02] Umweltbundesamt: Leitfaden zur Vorbeugung, Untersuchung, Bewertung und Sanierung von Schimmelpilzwachstum in Innenräumen – Broschüre – Berlin, März 2002

[ULLRICH85] Ullrich, D.: Auswertung meteorologischer Daten – unveröff. Arbeit am IHLGB der Bauakademie der DDR, Berlin 1985

[UNGEM97] Ungemach, M.: Gleichstromlüfter in Wohnungslüftungsanlagen mit Wärmerückgewinnung – Elektrowärme International Heft A 1/1997, S. 24–26

[VZBV05] Verbraucherzentrale Bundesverband e. V.: Feuchtigkeit und SchimmelBildung in Wohnräumen – Broschüre (12. Auflage), Berlin 2005 – ISBN 3-936350-02-7

[WARREN76] Warren, P. R.: Natural Infiltration Routesand their Magnitude in Houses – Part 1: Preliminary Studies of domestic Ventilation Building Research Establishment, Garston 1976

[WERNER99] Werner, J.: Gebäudedichtheit nach WI 00089005 – Abhängigkeiten und Zusammenhänge – Vortrag HEA/VEW-Fachtagung – Dortmund, November 1999

[WERNER98/99] Werner, J.; M. Laidig et al.: Gute Luft will geplant sein – Neue Lösungen zur hygienischen Wohnungslüftung – Seminar-Dokumentation Impuls-Programm Hessen, 1998/99

[WERNER95] Werner, J.; U. Rochard; J. Zeller; M. Laidig,: Messtechnische Überprüfung und Dokumentation von Wohnungslüftungsanlagen in hessischen Niedrigenergiehäusern IWU Darmstadt (Hrsg.) – Endbericht, Januar 1995

[WITTEN93] Witten, G.; A. Ullman,: Sanierung der Schachtlüftung in mehrgeschossigen Plattenbauten – Stadt- und Gebäudetechnik 47 (1993) 11, S. 32–35

[WITTH93] Witthauer, J.; H. Horn; W. Bischof: Raumluftqualität – Belastung, Bewertung, Beeinflussung – Verlag C. F. Müller, Karlsruhe 1993

[Wohn95] Wohnen ohne Gift – Stiftung Warentest – Ratgeber Umwelt. Verein für Konsumenteninformation Wien, 1995

[ZELLER97] Zeller, J.; J. Werner: Luftdurchlässigkeitsmessungen nach dem Schutzdruckverfahren; 8. EUZ Baufachtagung – Springe-Eldagsen 1997

[ZELLER95] Zeller, J.; S. Dorschky; R. Borsch-Laaks; W. Feist: Luftdichtigkeit von Gebäuden; Luftdurchlässigkeitsmessungen mit der Blower Door in Niedrigenergiehäusern und anderen Gebäuden – Institut Wohnen und Umwelt GmbH – Darmstadt, August 1995

Technische Regelwerke und Rechtsvorschriften

Nationale und europäische Normen, Richtlinien und Fachberichte:

DIN 1055-4 Einwirkungen auf Tragwerke; Teil 4: Windlasten; März 2005 (zurückgezogen und ersetzt durch DIN EN 1991-1-4:2010-12; DIN EN 1991-1-4/Nationaler Anhang NA:2010-12)

DIN 1946-6 Raumlufttechnik; Teil 6: Lüftung von Wohnungen: Allgemeine Anforderungen, Anforderungen an die Auslegung, Ausführung, Inbetriebnahme und Übergabe sowie Instandhaltung; Dezember 2019 Beiblatt 1: Beispielberechnungen für ausgewählte Lüftungssysteme; September 2012 *(bei Redaktionsschluss neuere Fassung noch in der Bearbeitungsphase, aktuell siehe www.din.de);* Beiblatt 3: Gemeinsamer und nicht gemeinsamer Betrieb von Lüftungsgeräten und Einzelraumfeuerstätten für feste Brennstoffe – Installationsregel; Juni 2017; Beiblatt 4: Gemeinsamer Betrieb von Lüftungsgeräten und Einzelraumfeuerstätten für feste Brennstoffe – Installationsbeispiele; Juni 2017

DIN 4102 Brandverhalten von Baustoffen und Bauteilen; Teil 1: Baustoffe; Begriffe, Anforderungen und Prüfungen; Mai 1998; Teil 4: Zusammenstellung und Anwendung klassifizierter Baustoffe, Bauteile und Sonderbauteile; Mai 2016; Teil 11: Rohrummantelungen, Rohrabschottungen, Installationsschächte und -kanäle sowie Abschlüsse ihrer Revisionsöffnungen Begriffe, Anforderungen und Prüfungen; Dezember 1985

DIN 4108 Wärmeschutz und Energie-Einsparung in Gebäuden; Teil 2: Mindestanforderungen an den Wärmeschutz; Februar 2013; Beiblatt 2: Wärmebrücken – Planungs- und Ausführungsbeispiele; Juni 2019 Teil 3: Klimabedingter Feuchteschutz – Anforderungen, Berechnungsverfahren und Hinweise für Planung und Ausführung; Oktober 2018; Teil 6: Berechnung des Jahresheizwärme- und des Jahresheizenergiebedarfs; Juni 2003 (Vornorm); Teil 7: Luftdichtheit von Gebäuden, Anforderungen, Planungs- und Ausführungs-Empfehlungen sowie -Beispiele; Januar 2011

DIN-FB 4108-8	DIN-Fachbericht 4108-8; Teil 8: Vermeidung von Schimmelwachstum in Wohngebäuden, September 2010
DIN 4109	Schallschutz im Hochbau; Teil 1: Mindestanforderungen; Januar 2018; Teil 4: Bauakustische Prüfungen; Juli 2016; Teil 5: Erhöhte Anforderungen; August 2020; Beiblatt 2: Hinweise für Planung und Ausführung – Vorschläge für einen erhöhten Schallschutz – Empfehlungen für den Schallschutz im eigenen Wohn- oder Arbeitsbereich; November 1989 *(zurückgezogen und ersetzt durch DIN 4109-1; -5; -32; -34; -35; 36)*
DIN V 4701	Energetische Bewertung heiz- und raumlufttechnischer Anlagen; Teil 10: Heizung, Trinkwassererwärmung, Lüftung; August 2003
DIN 4710	Statistiken meteorologischer Daten zur Berechnung des Energiebedarfs von heiz- und raumlufttechnischen Anlagen in Deutschland; Januar 2003; Berichtigung 1; November 2006
DIN 4719	Lüftung von Wohnungen – Anforderungen, Leistungsprüfung und Kennzeichnung von Lüftungsgeräten; Juli 2009
E DIN 4749	Terminologie; Mai 2018 *(ersatzlos zurückgezogen November 2020)*
DIN 18017	Lüftung von Bädern und Toilettenräumen ohne Außenfester; Teil 1: Einzelschachtanlagen ohne Ventilator; Februar 1987 *(ersatzlos zurückgezogen August 2010);* Teil 3: Lüftung mit Ventilatoren; Mai 2020
DIN 18055	Kriterien für die Anwendung von Fenstern und Außentüren nach DIN EN 14351-1; September 2020
E DIN/TS 18117-1	Bauliche und lüftungstechnische Maßnahmen zum Radonschutz – Teil 1: Begriffe, Grundlagen und Beschreibung von Maßnahmen; April 2020
DIN 18232	Rauch- und Wärmefreihaltung; Teil 1: Begriffe, Aufgabenstellung; Februar 2002; Teil 2: Natürliche Rauchabzugsanlagen (NRA); Bemessung, Anforderungen und Einbau; November 2007; Teil 5: Maschinelle Rauchabzugsanlagen (MRA); Anforderungen, Bemessung; November 2012
DIN 18379	VOB Vergabe- und Vertragsordnung für Bauleistungen; Teil C: Allgemeine Technische Vertragsbedingungen für Bauleistungen (ATV); Raumlufttechnische Anlagen; September 2019

DIN 31051 Grundlagen der Instandhaltung; Juni 2019

DIN 52210 Bauakustische Prüfungen – Luft- und Trittschalldämmung; Teil 6: Bestimmung der Schachtpegeldifferenz; Juli 2013

DIN V 18599 Energetische Bewertung von Gebäuden – Berechnung des Nutz-, End- und Primärenergiebedarfs für Heizung, Kühlung, Lüftung, Trinkwarmwasser und Beleuchtung; Teil 1: Allgemeine Bilanzierungsverfahren, Begriffe, Zonierung und Bewertung der Energieträger; September 2018; Teil 2: Nutzenergiebedarf für Heizen und Kühlen von Gebäudezonen; September 2018; Teil 6: Endenergiebedarf von Wohnungslüftungsanlagen, Luftheizungsanlagen und Kühlsystemen für den Wohnungsbau; September 2018 Teil 10: Nutzungsrandbedingungen, Klimadaten; September 2018

DIN EN 81 Sicherheitsregeln für die Konstruktion und den Einbau von Aufzügen; Teil 3: Elektrisch und hydraulisch betriebene Kleingüteraufzüge; Juni 2011 ..., Aufzüge für den Personen- und Gütertransport; Teil 20: Personen- und Lastenaufzüge; Juni 2020

DIN EN 308 Wärmeaustauscher; Prüfverfahren zur Bestimmung der Leistungskriterien von Luft-/Luft- und Luft-/Abgas-Wärmerückgewinnungsanlagen; Juni 1997

E DIN EN 308 (Entwurf): Prüfverfahren zur Bestimmung der Leistungskriterien von Luft/Luft- und Luft/Abgas-Wärmerückgewinnungsanlagen; Juni 2020

DIN EN 779 Partikel-Luftfilter für die allgemeine Raumlufttechnik – Bestimmung der Filterleistung; Oktober 2012(ersetzt durch Reihe DIN EN ISO 16890 *Luftfilter für die allgemeine Raumlufttechnik;*)

DIN EN 1026 Fenster und Türen – Luftdurchlässigkeit – Prüfverfahren; September 2016

DIN SPEC 91139 DIN-Fachbericht CEN/TR 1749:2014; Europäischer Leitfaden für die Klassifizierung von Gasgeräten nach der Art der Abgasabführung (Arten); 2015-08, Deutsche Fassung CENT/TR 1749:2014 (ersetzt durch DIN EN 1749)

DIN EN 1366 Feuerwiderstandsprüfungen für Installationen; Teil 1: Lüftungsleitungen; November 2020; Teil 2: Brandschutzklappen; September 2015; Teil 3: Abschottungen; Juli 2009

DIN EN 1749	Klassifizierung von Gasgeräten nach der Art der Verbrennungsluftzuführung und Abgasabführung (Arten); April 2020
DIN EN 12097	Lüftung von Gebäuden – Luftleitungen – Anforderungen an Luftleitungsbauteile zur Wartung von Luftleitungssystemen; November 2006
DIN EN 12101	Rauch- und Wärmefreihaltung; Teil 1; Bestimmungen für Rauchschürzen; Juni 2006; Entwurf: DIN EN 12101-1; Oktober 2018; Teil 2: Natürliche Rauch- und Wärmeabzugsgeräte; Februar 2017; Teil 3: Bestimmungen für maschinelle Rauch- und Wärmeabzugsgeräte; Dezember 2015
DIN EN 12207	Fenster und Türen – Luftdurchlässigkeit – Klassifizierung; März 2017
DIN EN 12237	Lüftung von Gebäuden – Luftleitungen – Festigkeit und Dichtheit von Luftleitungen mit rundem Querschnitt aus Blech; Juli 2003
DIN EN 12354	Bauakustik – Berechnung der akustischen Eigenschaften von Gebäuden aus den Bauteileigenschaften; Teil 5: Installationsgeräusche; Mai 2009; Berichtigung 1; Februar 2019
DIN EN 12599	Lüftung von Gebäuden – Prüf- und Messverfahren für die Übergabe eingebauter raumlufttechnischer Anlagen; Januar 2013
DIN EN 12792	Lüftung von Gebäuden – Symbole, Terminologie und graphische Symbole; Januar 2004; Berichtigung 1; Mai 2004
DIN EN 12831	Energetische Bewertung von Gebäuden – Verfahren zur Berechnung der Norm-Heizlast; Teil 1: Raumheizlast, Modul M3-3: 2017-09
DIN/TS 12831	Verfahren zur Berechnung der Raumheizlast – Teil 1: Nationale Ergänzungen zur DIN EN 12831-1; April 2020; Beiblatt 1: Nationaler Anhang NA; Juli 2008; Beiblatt 1, Berichtigung 1; November 2010
DIN EN 13141	Lüftung von Gebäuden; Leistungsprüfungen von Bauteilen/Produkten für die Lüftung von Wohnungen; Teil 1: Außenwand- und Überström-Luftdurchlässe; April 2019; Teil 2: Abluft- und Zuluftdurchlässe; Dezember 2010; Teil 3: Dunstabzugshauben für den Hausgebrauch ohne Ventilator; September 2017; Teil 4: Ventilatoren in Lüftungsanlagen für Wohnungen; September 2011; Entwurf:

Aerodynamische, elektrische und akustische Leistung von unidirektionalen Lüftungsgeräten; September 2018 *(bei Redaktionsschluss neue Fassung in Bearbeitung);* Teil 5: Hauben und Dach-Fortluftdurchlässe; Januar 2005 Entwurf: Juni 2019 *(bei Redaktionsschluss neue Fassung in Bearbeitung);* Teil 6: Baueinheiten für Abluftanlagen für eine einzelne Wohnung; Februar 2015; Teil 7: Leistungsprüfung von mechanischen Zuluft- und Ablufteinheiten (einschließlich Wärmerückgewinnung) für mechanische Lüftungsanlagen in Wohneinheiten (Wohnung oder Einfamilienhaus); Januar 2011; Entwurf: Leistungsprüfung von mechanischen Zuluft- und Ablufteinheiten (einschließlich Wärmerückgewinnung); September 2018 *(bei Redaktionsschluss neue Fassung in Berabeitung);* Teil 8: Leistungsprüfung von mechanischen Zuluft- und Ablufteinheiten ohne Luftführung (einschließlich Wärmerückgewinnung) für ventilatorgestützte Lüftungsanlagen von einzelnen Räumen; September 2014; Entwurf: Leistungsprüfung von mechanischen Zuluft- und Ablufteinheiten ohne Luftführung (einschließlich Wärmerückgewinnung); Februar 2021; Teil 9: Feuchtegeregelte Zuluftdurchlässe; September 2008; Teil 10: Feuchtegeregelte Abluftdurchlässe; Oktober 2008; Teil 11: Zuluftsysteme, Juli 2015

DIN EN 13142 Lüftung von Gebäuden; Bauteile/Produkte für die Lüftung von Wohnungen – Geforderte und frei wählbare Leistungskenngrößen; April 2004; Entwurf: September 2018 *(bei Redaktionsschluss neue Fassung in Bearbeitung)*

DIN EN 13182 Lüftung von Gebäuden – Gerätetechnische Anforderungen für Messungen der Luftgeschwindigkeit in belüfteten Räumen; Dezember 2002

DIN EN 13306 Instandhaltung – Begriffe der Instandhaltung; Februar 2018

DIN EN 13501 Klassifizierung von Bauprodukten und Bauarten zu ihrem Brandverhalten; Teil 2: Klassifizierung mit den Ergebnissen aus den Feuerwiderstandsprüfungen, mit Ausnahme von Lüftungsanlagen; Dezember 2016; Teil 3: Feuerwiderstandsfähige Leitungen und Brandschutzklappen; Februar 2010; Entwurf: Klassifizierung mit den Ergebnissen aus den Feuerwiderstandsprüfungen an Bauteilen von haustechnischen Anlagen und elektrischen

	Kabeln; August 1019; Teil 4: Klassifizierung mit den Ergebnissen aus den Feuerwiderstandsprüfungen von Anlagen zur Rauchfreihaltung; Dezember 2016
DIN EN 13779	Lüftung von Nichtwohngebäuden; Allgemeine Grundlagen und Anforderungen für Lüftungs- und Klimaanlagen und Raumkühlsysteme; September 2007 (zurückgezogen November 2017 ersetzt durch DIN EN 16798- 3 November 2017)
DIN EN 14134	Lüftung von Gebäuden – Leistungsprüfung und Einbaukontrollen von Lüftungsanlagen von Wohnungen; Mai 2019
DIN EN 15239	Lüftung von Gebäuden – Gesamtenergieeffizienz von Gebäuden – Leitlinien für die Inspektion von Lüftungsanlagen; August 2007 *(zurückgezogen Novembetr 2017)* (ersetzt durch DIN EN 16798-17)
DIN EN 15242	Lüftung von Gebäuden – Berechnungsverfahren zur Bestimmung der Luftvolumenströme in Gebäuden einschließlich Infiltration; September 2007 *(zurückgezogen September 20??)* (ersetzt durch DIN EN 16798-7)
DIN EN 15251	Eingangsparameter für das Raumklima zur Auslegung und Bewertung der Energieeffizienz von Gebäuden – Raumluftqualität, Temperatur, Licht und Akustik; Dezember 2012
DIN EN 15650	Lüftung von Gebäuden – Brandschutzklappen; September 2010; Entwurf: April 2020
DIN EN 15665	Lüftung von Gebäuden – Bestimmung von Leistungskriterien für Lüftungssysteme in Wohngebäuden; Juli 2009
DIN EN 15780	Lüftung von Gebäuden – Luftleitungen – Sauberkeit von Lüftungsanlagen; Januar 2012
E DIN EN 15871	Lüftung von Gebäuden – Feuerwiderstandsfähige Leitungen; Entwurf: August 2017
DIN EN 16211	Lüftung von Gebäuden – Luftvolumenstrommessung in Lüftungssystemen – Verfahren; September 2015
DIN EN 16445	Lüftung von Gebäuden – Luftverteilung; Aerodynamische Prüfung und Bewertung von Mischstromanwendungen: Nicht-isothermes Verfahren für einen Kaltluftstrahl; Mai 2013
DIN EN 16798	Gesamtenergieeffizienz von Gebäuden; Teil 1: Eingangsparameter für das Innenraumklima zur Auslegung und Bewertung der Energieeffizienz von Gebäuden

	bezüglich Raumluftqualität, Temperatur, Licht und Akustik; April 2021 – (Ersatz für DIN EN 15251); Energetische Bewertung von Gebäuden – Lüftung von Gebäuden; Eingangsparameter für das Innenraumklima zur Auslegung und Bewertung der Energieeffizienz von Gebäuden bezüglich Raumluftqualität, Temperatur, Licht und Akustik, Teil 3: Lüftung von Nichtwohngebäuden – Leistungsanforderungen an Lüftungs- und Klimaanlagen und Raumkühlsysteme; November 2017 (Ersatz für DIN EN 13779; September 2007); Teil 4: FD CEN/TR 16798-4 – Lüftung von Gebäuden – Interpretation der Anforderungen der EN 16798-3 Lüftung von Nichtwohngebäuden – Anforderungen an die Leistung von Lüftungs- und Klimaanlagen und Raumkühlsystemen; Oktober 2017; Teil 7: Berechnungsmethoden zur Bestimmung der Luftvolumenströme in Gebäuden einschließlich Infiltration; November 2017 (Ersatz für DIN EN 15242); Teil 17: Leitlinien für die Inspektion von Lüftungs- und Klimaanlagen; November 2017
DIN EN 45020	Normung und damit zusammenhängende Tätigkeiten – Allgemeine Begriffe (ISO/IEC Guide 2:2004) – Dreisprachige Fassung EN 45020:2006; März 2007
DIN EN ISO 717	Akustik – Bewertung der Schalldämmung in Gebäuden und von Bauteilen; Teil 1: Luftschalldämmung; November 2006; Entwurf: Januar 2020
DIN EN ISO 9972	Wärmetechnisches Verhalten von Gebäuden – Bestimmung der Luftdurchlässigkeit von Gebäuden – Differenzdruckverfahren; Dezember 2018
DIN EN ISO 7730	Ergonomie der thermischen Umgebung – Analytische Bestimmung und Interpretation der thermischen Behaglichkeit durch Berechnung des PMV- und des PPD-Indexes und Kriterien der lokalen thermischen Behaglichkeit; Mai 2006 Berichtigung 1; Juni 2007
DIN EN ISO 10052	Akustik – Messung der Luftschalldämmung und Trittschalldämmung und des Schalls von haustechnischen Anlagen in Gebäuden – Kurzverfahren; Oktober 2010; Entwurf: August 2020
DIN EN ISO 10211	Wärmebrücken im Hochbau – Wärmeströme und Oberflächentemperaturen – Detaillierte Berechnungen; März 2018

DIN EN ISO 13788 Wärme- und feuchtetechnisches Verhalten von Bauteilen und Bauelementen – Raumseitige Oberflächentemperatur zur Vermeidung kritischer Oberflächenfeuchte und TauwasserBildung im Bauteilinneren – Berechnungsverfahren; Mai 2013

DIN EN ISO 13789 Wärmetechnisches Verhalten von Gebäuden –Transmissions- und Lüftungswärmetransfer-Koeffizient – Berechnungsverfahren; April 2018

DIN EN ISO 16890 Luftfilter für die allgemeine Raumlufttechnik;Teil 1: Technische Bestimmungen, Anforderungen und Effizienzklassifizierungssystem, basierend auf dem Feinstaubabscheidegrad (ePM) (ISO 16890-1:2016); August 2017; Teil 2: Ermittlung des Fraktionsabscheidegrades und des Durchflusswiderstandes; August 2017; Entwurf: September 2020

DIN EN 1749 Klassifizierung von Gasgeräten nach der Art der Verbrennungsluftzuführung und Abgasabführung (Arten); April 2020

CEN/TR 14788 DIN-Fachbericht CEN/TR 14788: Lüftung von Gebäuden – Ausführung und Bemessung der Lüftungssysteme von Wohnungen; Oktober 2006

EU-GR10 Richtlinie 2010/31/EU des Europäischen Parlaments und des Rates über die Gesamtenergieeffizienz von Gebäuden (EWG-RL-2010-31); 19. Mai 2010

Nationale Gesetze, Vorschriften und Verordnungen:

ARGEBAU IS-ARGEBAU

Informationssystem der Bauministerkonferenz, www.is-argebau.de

BauPVO Bauproduktenverordnung (BauPVO); Verordnung (EU) 305/2011 des europäischen Parlaments und des Rates vom 09.03.2011 zur Festlegung harmonisierter Bedingungen für die Vermarktung von Bauprodukten und zur Aufhebung der Richtlinie 89/106/EWG des Rates

Bauregelliste Bauregellisten A, B und C – Deutsches Institut für Bautechnik (DIBt); Dezember 2014

BImSchG10 Neununddreißigste Verordnung zur Durchführung des Bundes-Immissionsschutzgesetzes über Luftqualitätsstandards und Emissionshöchstmengen; BGBl. I S. 1065, 2. August 2010

BRLüft Bauaufsichtliche Richtlinie über die Lüftung fensterloser Küchen, Bäder und Toilettenräume in Wohnungen – Entwurf Musterrichtlinie – Fachkommission Bauaufsicht der ARGEBAU, April 2009, zuletzt geändert durch Beschluss der Fachkommission Bauaufsicht vom 01. Juli 2010

EnEV14 (EnEV 2013) Verordnung über energiesparenden Wärmeschutz und energiesparende Anlagentechnik bei Gebäuden (Energieeinsparverordnung – EnEV); hier: Energieeinsparverordnung 2014; 01. Mai 2014

GefStoffV Verordnung zum Schutz vor Gefahrstoffen (Gefahrstoffverordnung – GefStoffV) vom 23. Dezember 2004 (BGBl. I S 3758), geändert 2007 (BGBl. I S. 2382) und 2008 (BGBl. I S. 2768)

GEG Gesetz zur Vereinheitlichung des Energiesparrechts für Gebäude – Bundesrat Drucksache 584/19: Gesetz zur Einsparung von Energie und zur Nutzung erneuerbarer Energien zur Wärme-und Kälteerzeugung in Gebäuden (Gebäudeenergiegesetz – GEG); Artikel 1: Umsetzung; November 2020

IEA18 Global Energy & CO_2 Status Report 2018 – International Energy Agency (Hrsg.); März 2019

KÜO Verordnung über die Kehrung und Überprüfung von Anlagen (Bundeskehr- und Überprüfungsordnung – KÜO); 15. Mai 2020

LüAR NRW Richtlinie über brandschutztechnische Anforderungen an Lüftungsanlagen; Lüftungsanlagen-Richtlinie; Mai 2003

MBO Musterbauordnung, Fassung November 2002, zuletzt geändert durch Beschluss der Bauministerkonferenz vom 27.09.2019

MFeuV Muster-Feuerungsverordnung (MFeuV); Fachkommission Bauaufsicht der ARGEBAU; September 2007, geändert 2016/17

MHHR Muster-Richtlinie über den Bau und Betrieb von Hochhäusern (Muster-Hochhaus-Richtlinie), Fassung April 2008, zuletzt geändert durch Beschluss der Fachkommission Bauaufsicht vom Februar 2012

MLAR Muster-Richtlinie über brandschutztechnische Anforderungen an Leitungsanlagen (Muster-Leitungsanlagen-Richtlinie); Fassung 10. 2. 2015 (Redaktionsstand 5. 4. 2016)

M-LüAR	Muster-Richtlinie über brandschutztechnische Anforderungen an Lüftungsanlagen – Muster-Lüftungsanlagen-Richtlinie (M-LüAR); Oktober 2005; geändert Juli 2010; Kommentar mit Anwendungsempfehlungen und Praxisbeispielen. Feuertrutz Verlag, 2010; Entwurf Mai 2015
MVVTB	Muster-Verwaltungsvorschrift Technische Baubestimmungen (MVV TB), Ausgabe 2019/1; DIBt-Mitteilungen vom 15. 01. 2020
RbALü	Bauaufsichtlichen Richtlinie über die brandschutztechnischen Anforderungen an Lüftungsanlagen; Januar 1984 und Entwurf Musterrichtlinie; August 1996
SchfG	Gesetz über das Schornsteinfegerwesen (Schornsteinfegergesetz – SchfG); August 1998; geändert April 2009, zum 31. Dezember 2012 außer Kraft getreten
SchfHwG	Gesetz über das Berufsrecht und die Versorgung im Schornsteinfegerhandwerk; Schornsteinfeger-Handwerksgesetz 26. 11. 2008; geändert Dezember 2019
StrlSchG	Gesetz zum Schutz vor der schädlichen Wirkung von ionisierender Strahlung – Strahlenschutzgesetz (StrlSchG); Juni 2017
VOB	Vergabe- und Vertragsordnung für Bauleistungen 2009; Teil C: Allgemeine technische Vertragsbedingungen (ATV) für Bauleistungen Raumlufttechnische Anlagen *(siehe auch DIN 18379)*
WSchV95	Verordnung über einen energiesparenden Wärmeschutz und energiesparende Anlagentechnik bei Gebäuden – Wärmeschutzverordnung 1995; 5. Juli 1994

Nationale technische Regeln:

DEGA103	DEGA-Empfehlung 103; Schallschutz im Wohnungsbau – Schallschutzausweis. Deutsche Gesellschaft für Akustik e. V. Berlin; Januar 2018
DEGA BR 0104	Memorandum „Schallschutz im eigenen Wohnbereich“. Deutsche Gesellschaft für Akustik e. V. Berlin, Fachausschuss Bau- und Raumakustik; Februar 2015
FK-BMK10	Konferenz der für Städtebau, Bau- und Wohnungswesen zuständigen Minister und Senatoren der Länder (ARGEBAU) – Fachkommission Bautechnik der

	Bauministerkonferenz Auslegungsfragen zur Energieeinsparverordnung; Staffel 12 und Staffel 14, DIBt 2010
FK-BMK14	... Staffel 19, DIBt 2014
FK-BMK20	... Staffel 20, DIBt 2015
FK-BMK24	... Staffel 24, DIBt 2017
PHI-2007/1	Fachinformation Passivhaus-Institut – Passivhaus Projektierungs-Paket 2007; Anforderungen an qualitätsgeprüfte Passivhäuser
TRGI G 600 (A)	DVGW-Regelwerk Gasinstallation – Technische Regel für Gasinstallationen DVGW-TRGI – Deutscher Verein des Gas- und Wasserfaches e. V. Technisch-wissenschaftlicher Verein; Arbeitsblatt G 600 – Bonn; September 2018
TRGI	Kommentar Praxis der Gasinstallation – Der Kommentar zur Technischen Regel für Gasinstallationen – DVGW-TRGI 2018, Bonn 2018
TRGI G625/10	DVGW-Regelwerk Gasinstallation – Technische Regeln für Gasinstallationen DVGW-TRGI 2010 – Arbeitsblatt G 625; Messtechnischer Nachweis ausreichender Verbrennungsluftversorgung; Juni 2010
TRGS18	TRGS 900: Technische Regeln für Gefahrstoffe – Bundesministerium für Arbeit und Soziales – Arbeitsplatzgrenzwerte; Stand 01.2018
UBA19	Umwelt-Bundesamt: Ausschuss für Innenraumrichtwerte; 2019

VDI-Richtlinien:

VDI 2071	Wärmerückgewinnung in raumlufttechnischen Anlagen – Richtlinie Dezember 1997
VDI 2081 Blatt 1:	Geräuscherzeugung und Lärmminderung in Raumlufttechnischen Anlagen; Richtlinie Juli 2001; Überprüfung Januar 2007
VDI 2058 Blatt 1:	Beurteilung von Arbeitslärm in der Nachbarschaft; September 1985; zurückgezogen März 1999; Anwendungs-Empfehlung: TA Lärm; August 1998
VDI 2087	Luftleitungssysteme – Bemessungsgrundlagen – Richtlinie; Dezember 2006; Berichtigung zu VDI 2087; April 2008

VDI 2310 Maximale Immissions-Werte – Richtlinie 1974-09 (2003-03 zurückgezogen)

VDI 2719 Schalldämmung von Fenstern und deren Zusatzeinrichtungen; August 1987

VDI 3810 Blatt 4 Betreiben und Instandhalten von Gebäuden und gebäudetechnischen Anlagen – Raumlufttechnische Anlagen; Dezember 2013

VDI 3819 Brandschutz in der Gebäudetechnik; Blatt 1: Gesetze, Verordnungen, Technische Regeln; Januar 2002 und neu: Grundlagen – Begriffe, Gesetze, Verordnungen, Technische Regeln; Entwurf November 2015; Blatt 2: Funktionen und Wechselwirkungen; Juli 2013

VDI 4100 Schallschutz im Hochbau; Wohnungen – Beurteilung und Vorschläge für erhöhten Schallschutz; Richtlinie Oktober 2012

VDI 4700 Blatt 1 Begriffe der Bau- und Gebäudetechnik; Oktober 2015

VDI 6022 Raumlufttechnik – Raumluftqualität; Blatt 1: Hygiene-Anforderungen an Raumlufttechnische Anlagen und Geräte (VDI Lüftungsregeln); Juli 2011; Blatt 3: Beurteilung der Raumluftqualität; Juli 2011

VDMA-Richtlinien:

VDMA 24168 Lufttechnische Geräte und Anlagen – Luftdurchlässe – Bestimmung des Luftstroms mit der Druckkompensationsmethode (Nullmethode); April 1975

VDMA 24176 Inspektion von technischen Anlagen und Ausrüstungen in Gebäuden; Januar 2007

VDMA 24186 Leistungsprogramm für die Wartung von technischen Anlagen und Ausrüstungen in Gebäuden; Teil 0: Übersicht und Gliederung, Nummernsystem, Allgemeine Anwendungshinweise; Januar 2007; Teil 1: Lufttechnische Geräte und Anlagen; September 2002

VDMA 24772 Sensoren zur Messung der Raumluftqualität in Innenräumen; Begriffe, Anforderungen, Prüfungen – Richtlinie; März 1991

VDMA 24773 Bedarfsgeregelte Lüftung – Begriffe, Anforderungen, Regelstrategien; März 1997

Internationale Standards:

ASHRAE 62.1 ANSI/ASHRAE Standard 62.1 – 2007: Ventilation for Acceptable Indoor Air Quality

BS 5925/91 Code of practice for Ventilation principles and designing for natural ventilation; British Standards Institution; 1991

ISO 9972 Wärmetechnisches Verhalten von Gebäuden – Bestimmung der Luftdurchlässigkeit von Gebäuden – Differenzdruckverfahren; 2015-08

ISO 15927 Wärme- und feuchteschutztechnisches Verhalten von Gebäuden – Berechnung und Darstellung von Klimadaten – Teil 1: Monats- und Jahresmittelwerte einzelner meteorologischer Elemente; 2003-11

Sachwort-Register

M

N

P

R

S

Bildnachweis

Alle nachfolgend nicht aufgeführten Bilder und Fotos entstammen Arbeiten der Autoren oder wurden für dieses Buch extra angefertigt bzw. als Fotos aufgenommen.

<table>
<tr><th>Nr.</th><th>Quelle</th></tr>
<tr><td>1.1</td><td>Pesch, B.; K. H. Jöckel; H. E. Wichmann: Luftverunreinigungen und Lungenkrebs. Informatik, Biometrie und Epidemiologie in Medizin und Biologie 26 (1995) 2, S. 134–153</td></tr>
<tr><td>1.5</td><td>Krus, M.; K. Sedlbauer: Einfluss von Ecken und Möblierung auf die Schimmelpilzgefahr; in [KÜNZEL09], S. 226–230</td></tr>
<tr><td>1.10</td><td rowspan="2">Ryssel, T.: unveröffentlichte Arbeiten des IEMB e. V. an der TU Berlin</td></tr>
<tr><td>6.7</td></tr>
<tr><td>1.11</td><td rowspan="2">Brasche, S.; E. Heinz; Th. Hartmann; W. Richter; W. Bischof: Vorkommen, Ursachen und gesundheitliche Aspekte von Feuchteschäden in Wohnungen. Bundesgesundheitsblatt – Gesundheitsforschung – Gesundheitsschutz 8 (2003) 46, S. 683–693</td></tr>
<tr><td>1.12</td></tr>
<tr><td>2.3</td><td>Witthauer, J.; H. Horn; W. Bischof: Raumluftqualität – Belastung, Bewertung, Beeinflussung – Verlag C. F. Müller, Karlsruhe 1993</td></tr>
<tr><td>1.14</td><td rowspan="3">Meyringer, V.; L. Trepte: Lüftung im Wohnungsbau – Broschüre. BMFT/Verlag C. F. Müller Karlsruhe; 1987</td></tr>
<tr><td>2.8</td></tr>
<tr><td>6.1</td></tr>
<tr><td>3.14</td><td rowspan="3">Knöbel, U.; R. Daler; E. Hirsch; F. Haberda; W. Krüger: Bestandsaufnahmen von Einrichtungen zur freien Lüftung im Wohnungsbau. Forschungsbericht T 84-028 des BMFT; Februar 1984</td></tr>
<tr><td>6.3</td></tr>
<tr><td>6.4</td></tr>
<tr><td>3.19</td><td>Witten, G.; A. Ullmann: Sanierung der Schachtlüftung in mehrgeschossigen Plattenbauten; Stadt- und Gebäudetechnik 47 (1993) 11, S. 32–35</td></tr>
<tr><td>4.5</td><td>nach DIN 18017-3: Lüftung von Bädern und Toilettenräumen ohne Außenfester. Teil 3: Lüftung mit Ventilatoren; September 2009</td></tr>
<tr><td>5.1</td><td>Ullrich, Detlev: aus unveröffentlichten Arbeiten beim IHLGB der Bauakademie der DDR</td></tr>
</table>

Nr.	Quelle
6.6	Haberda, F.; L.Trepte: Mindestluftwechsel. Zusammenfassung des Abschlussberichtes – Annex IX Phasen I und II; Juli 1988
6.10 10.13	Oehler, Gisela: aus unveröffentlichten Arbeiten beim IEMB e. V. an der TU Berlin
7.1	Lillich, K.: Anmerkungen zur neuen Wärmeschutzverordnung – Technik am Bau 08/95, S. 57–64
7.6	Sauer, Th.: EC-Technik für Ventilator- und Gebläseantriebe – HLH 57 (2006) 3, S. 55–57
7.7	Ungemach, M.: Gleichstromlüfter in Wohnungslüftungsanlagen mit Wärmerückgewinnung – Elektrowärme International A 1/1997, S. 24–26 – Vulkan-Verlag Essen
7.9	Amtsblatt der Europäischen Union L 337/27, Delegierte Verordnung (EU) der Kommission Nr. 1254/2014 vom 11. Juli 2014
8.3 ... 8.6; 8.8 ... 8.11	Muster-Lüftungsanlagen-Richtlinie (M-LüAR) (bei Redaktionsschluss Oktober 2020 aktuell)
9.3, 9.6	nach DIN 1946: Raumlufttechnik; Teil 6: Lüftung von Wohnungen: Allgemeine Anforderungen zur Bemessung, Ausführung und Kennzeichnung, Übergabe und Instandhaltung; Mai 2009
9.4, 9.5, 9.8, 9.11	Hartmann, Th.; W. Richter: Effektivität von Wohnungslüftungsanlagen aus energetischer Sicht unveröffentlichter Forschungsbericht. TU Dresden, Institut für Thermodynamik und TGA; März 1998
9.9, 9.12, 9.16, 9.25, 9.26, 9.28, 13.2	Reichel, D.: Zur Zuluftsicherung von nahezu fugendichten Gebäuden mittels dezentraler Lüftungseinrichtungen Dissertationsschrift. Dresden 1999

Nr.	Quelle
9.15	Hartmann, Th.; A. Kremonke; D. Reichel; W. Richter: Gewährleistung einer guten Raumluftqualität bei weiterer Senkung der Lüftungswärmeverluste – Forschungsbericht, gefördert unter: RS III 4–6741–97.118 – TU Dresden – ITT; Januar 1999
9.24	Weiß, F. K.: Normengerechtes Bauen 1 – Kosten, Grundflächen und Rauminhalte von Hochbauten nach DIN 276/DIN 277 – 17. Auflage, Verlag Rudolf Müller; August 1998
9.27	Reichel, D.: Kritische Anmerkungen zur Zuluftversorgung von Etagenwohnungen. TAB Technik am Bau 12/1998, Sonderdruck
9.30, 9.31	Reichel, D.; W. Richter: Wirksamkeit von Lüftungsgeräten – Zuluftversorgung von Wohnungen mit dezentralen Lüftungseinrichtungen – Bauforschung für die Praxis, Band 33 Fraunhofer IRB Verlag; Stuttgart 1996
9.34	Markfort, D.; E. Heinz et al.: Untersuchung und Verbesserung der kontrollierten Außenluftzuführung über Außenwand-Luftdurchlässe unter besonderer Berücksichtigung der thermischen Behaglichkeit in Wohnräumen – Bauforschung für die Praxis, Band 69. Fraunhofer IRB-Verlag; Stuttgart 2004
9.38	Darstellung nach FirmenBild von Strulik GmbH und Steinicke Handelsges. mbH
9.40	Werner, J.; M. Laidig et al.: Gute Luft will geplant sein – Neue Lösungen zur hygienischen Wohnungslüftung – Seminar-Dokumentation Impuls-Programm Hessen; 1998/99
10.1 10.3 ... 10.6	Presser, K.-H.: Meßverfahren und Meßgeräte für RLT-Anlagen – in Handbuch der Klimatechnik – Band 3. Verlag C. F. Müller; Karlsruhe 1988
10.2	nach VDMA 24168: Lufttechnische Geräte und Anlagen – Luftdurchlässe. Bestimmung des Luftstroms mit der Druckkompensationsmethode (Nullmethode); April 1975
10.7	nach DIN EN 12237: Lüftung von Gebäuden – Luftleitungen – Festigkeit und Dichtheit von Luftleitungen mit rundem Querschnitt aus Blech; März 2003
13.1	Hausladen, G.; G. Oehmig: Zuluftelemente in Wohnungen. HLH 43 (1992) 2, S. 73–75